이 책을 펴고 있는 그대를 환영합니다.

똑. 똑. 똑

호기심과 질문으로

지식의 문을 힘차게 두드리기를

쿵. 쿵. 쿵

알아가는 즐거움으로

심장이 벅차게 뛰기를

이 책을 펴고 있는 그대를 응원합니다.

BETTER CONTENT BETTER LIFE

중등 수학 1-2

WRITERS

미래엔콘텐츠연구회

No.1 Content를 개발하는 교육 콘텐츠 연구회

COPYRIGHT

인쇄일 2024년 12월 1일(1판1쇄)

발행일 2024년 12월 1일

펴낸이 신광수

펴낸곳 (주)미래엔

등록번호 제16–67호

교육개발1실장 하남규

개발책임 주석호 **개발** 김윤지, 이슬비, 이선희, 남예지, 김희성

디자인실장 손현지

디자인책임 김병석 **디자인** 교육디자인1팀

CS본부장 강윤구

제작책임 강승훈

ISBN 979-11-7311-124-2

반복 학습으로 실력을 완성하는 개념 기본서

리:피트

개념 책 Book

중등 **수학**

1-2

STRUCTURE
특장과 구성

개념 책(Book)과 반복 책(Check)을 1 : 1 매칭하여 자연스럽게 반복 학습을 할 수 있도록 구성하였다.

① 개념 학습

완벽한 개념 정리, 개념 Bridge와 개념을 바로 적용하여 풀 수 있는 check 문제로 구성하였다.

② 필수 유형 익히기

반드시 익혀야 하는 유형을 선별하여 대표 문제와 쌍둥이 문제로 구성하였다.

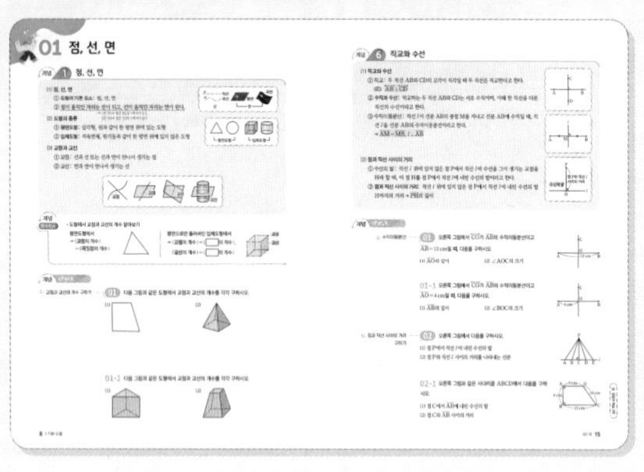

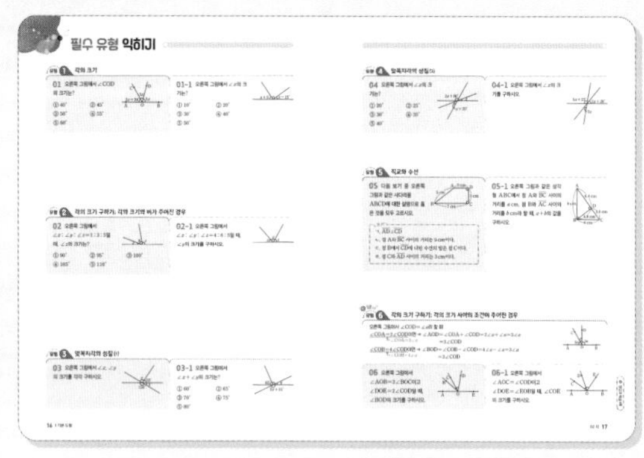

개념 반복

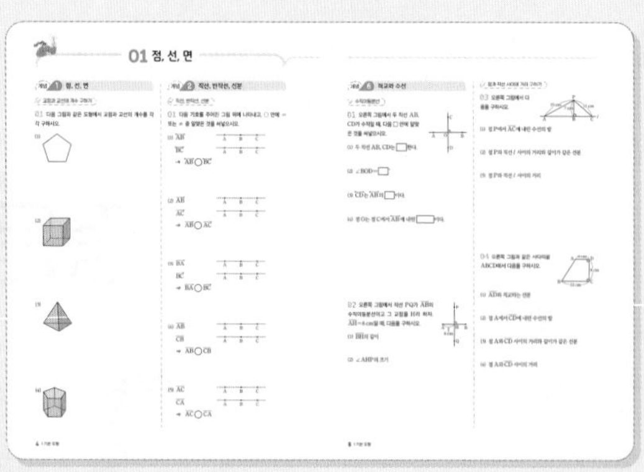

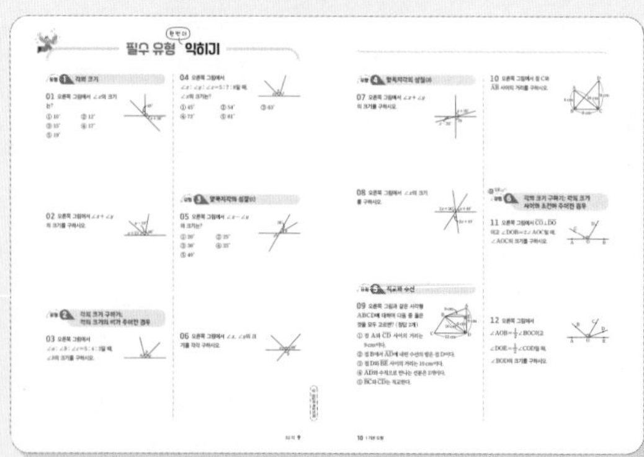

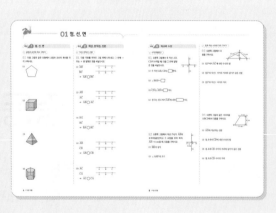

3 서술형 감잡기

구체적인 단계를 통해 서술형 문제를 연습하면서 서술형에 대한 감각을 기를 수 있도록 하였다.

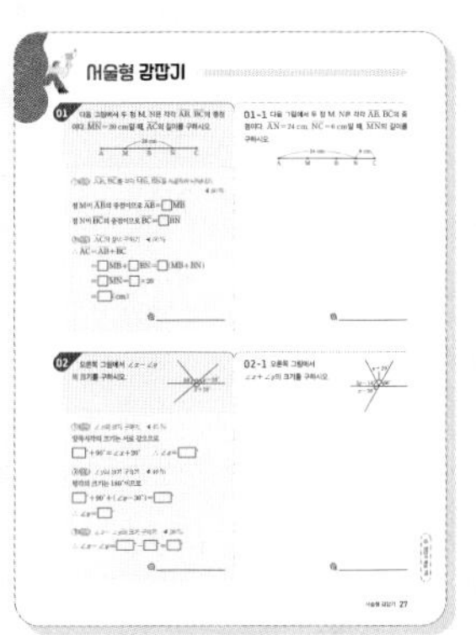

4 단원 마무리하기

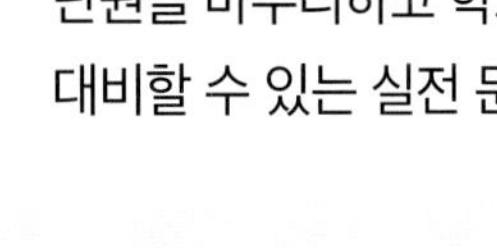

단원을 마무리하고 학교 시험에 대비할 수 있는 실전 문제로 구성하였다.

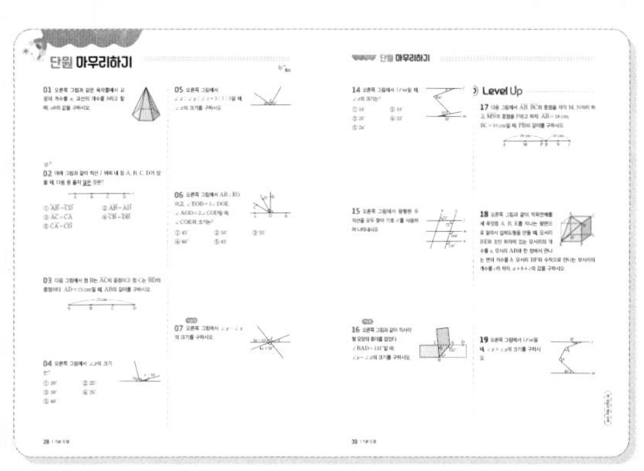

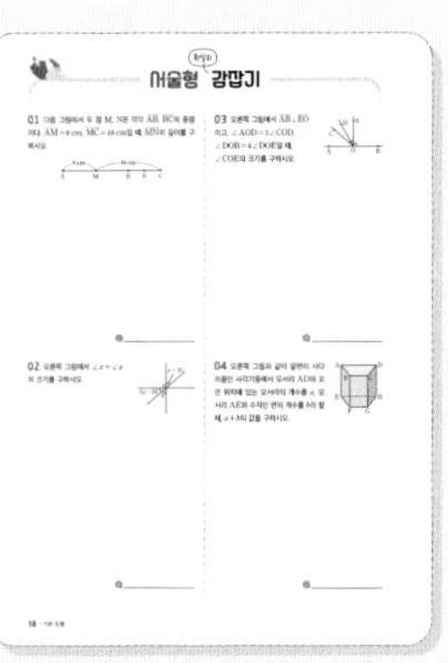

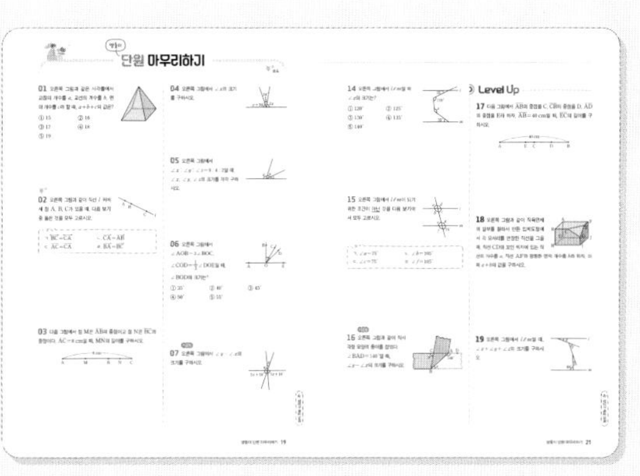

CONTENTS
차례

4 원과 부채꼴

5 다면체와 회전체

6 입체도형의 부피와 겉넓이

7 자료의 정리와 해석

행복의 원칙은

첫째, 어떤 일을 할 것

둘째, 어떤 사람을 사랑할 것

셋째, 어떤 일에 희망을 가질 것이다.

- 엠마누엘 칸트 -

1 기본 도형

01 점, 선, 면

개념 1 점, 선, 면

(1) **점, 선, 면**

① **도형의 기본 요소**: 점, 선, 면

② 점이 움직인 자리는 선이 되고, 선이 움직인 자리는 면이 된다.
→ 선은 무수히 많은 점으로 이루어져 있고, 면은 무수히 많은 선으로 이루어져 있다.

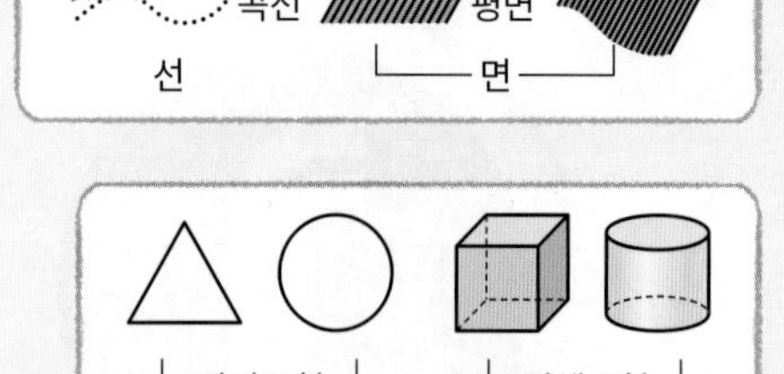

(2) **도형의 종류**

① **평면도형**: 삼각형, 원과 같이 한 평면 위에 있는 도형

② **입체도형**: 직육면체, 원기둥과 같이 한 평면 위에 있지 않은 도형

평면도형 입체도형

(3) **교점과 교선**

① **교점**: 선과 선 또는 선과 면이 만나서 생기는 점

② **교선**: 면과 면이 만나서 생기는 선

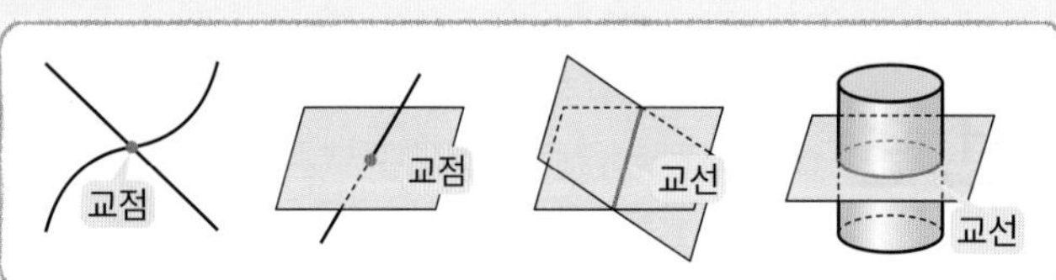

개념 Bridge

• 도형에서 교점과 교선의 개수 알아보기

평면도형에서
→ (교점의 개수)
=(꼭짓점의 개수)

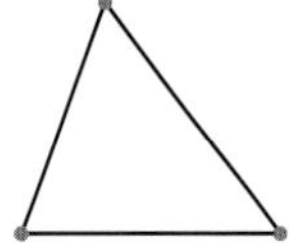

평면으로만 둘러싸인 입체도형에서
→ (교점의 개수)=(　　의 개수),
(교선의 개수)=(　　의 개수)

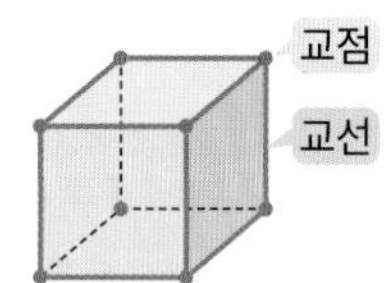

개념 check

교점과 교선의 개수 구하기

01 다음 그림과 같은 도형에서 교점과 교선의 개수를 각각 구하시오.

(1)

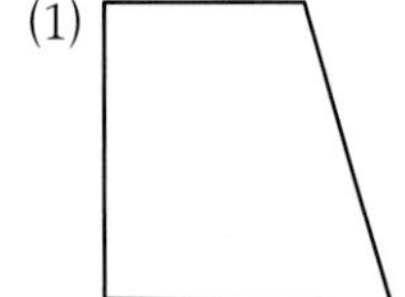

(2)

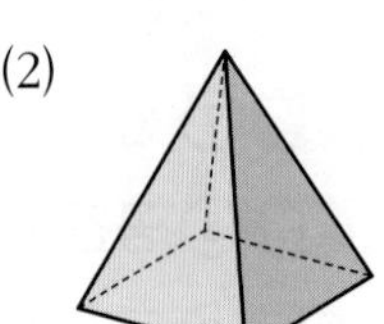

01-1 다음 그림과 같은 도형에서 교점과 교선의 개수를 각각 구하시오.

(1)

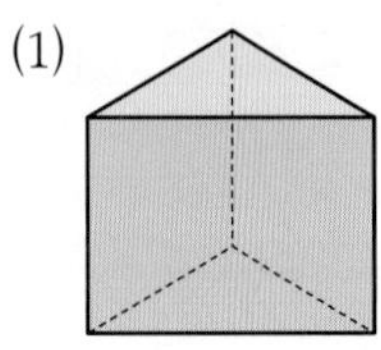

(2)

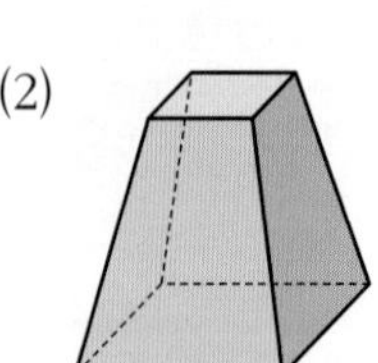

개념 2 직선, 반직선, 선분

(1) **직선이 정해질 조건**

한 점을 지나는 직선은 무수히 많지만 서로 다른 두 점을 지나는 직선은 오직 하나뿐이다.

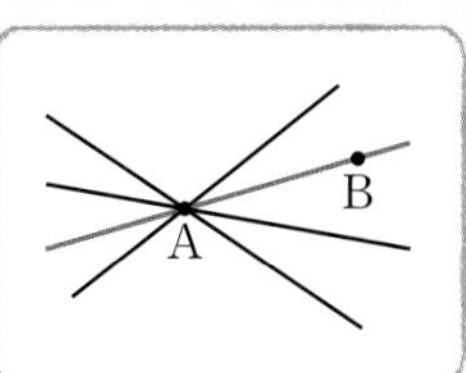

(2) **직선, 반직선, 선분**

① **직선 AB**: 서로 다른 두 점 A, B를 지나는 직선 ➡ $\overleftrightarrow{AB}$ ← $\overleftrightarrow{AB}$와 $\overleftrightarrow{BA}$는 같은 직선이다.

② **반직선 AB**: 직선 AB 위의 점 A에서 시작하여 점 B의 방향으로 한없이 뻗은 부분 ➡ $\overrightarrow{AB}$

③ **선분 AB**: 직선 AB 위의 점 A에서 점 B까지의 부분 ➡ $\overline{AB}$ ← $\overline{AB}$와 $\overline{BA}$는 같은 선분이다.

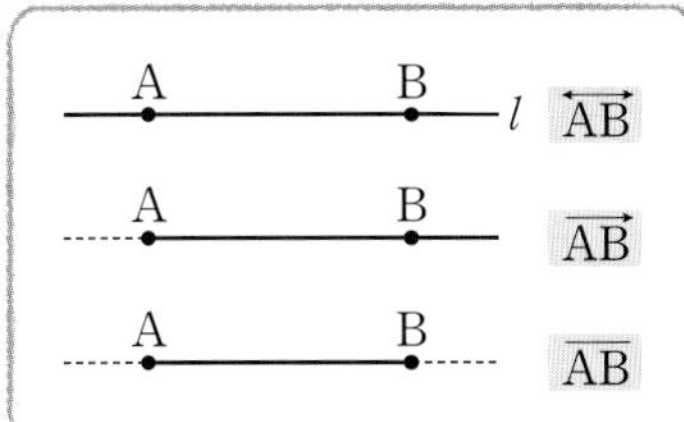

개념 Bridge

• 직선, 반직선, 선분의 표현 알아보기

이름	그림	기호	
직선 AB	A B	□	$\overleftrightarrow{AB}$ □ $\overleftrightarrow{BA}$
반직선 AB	A B	□	$\overrightarrow{AB}$ □ $\overrightarrow{BA}$
선분 AB	A B	□	$\overline{AB}$ □ $\overline{BA}$

개념 check

✓ 직선, 반직선, 선분

01 다음 기호를 주어진 그림 위에 나타내고, □ 안에 = 또는 ≠ 중 알맞은 것을 써넣으시오.

(1) $\overleftrightarrow{AB}$: A B C , $\overleftrightarrow{AC}$: A B C → $\overleftrightarrow{AB}$ □ $\overleftrightarrow{AC}$

(2) $\overrightarrow{AC}$: A B C , $\overrightarrow{CA}$: A B C → $\overrightarrow{AC}$ □ $\overrightarrow{CA}$

(3) $\overline{AB}$: A B C , $\overline{BC}$: A B C → $\overline{AB}$ □ $\overline{BC}$

01-1 오른쪽 그림과 같이 직선 l 위에 세 점 A, B, C가 있을 때, 다음 □ 안에 = 또는 ≠ 중 알맞은 것을 써넣으시오.

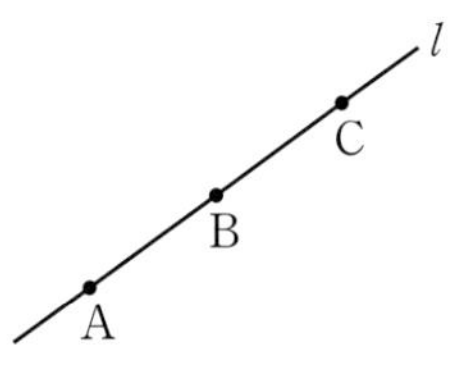

(1) $\overleftrightarrow{AB}$ □ $\overleftrightarrow{BC}$ (2) $\overrightarrow{AB}$ □ $\overrightarrow{AC}$

(3) $\overrightarrow{BA}$ □ $\overrightarrow{BC}$ (4) $\overline{AB}$ □ $\overline{AC}$

정답과 해설 2쪽

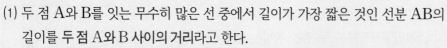

개념 3 두 점 사이의 거리

(1) 두 점 A와 B를 잇는 무수히 많은 선 중에서 길이가 가장 짧은 것인 선분 AB의 길이를 **두 점 A와 B 사이의 거리**라고 한다.

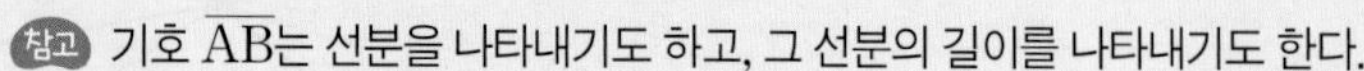

참고 기호 $\overline{AB}$는 선분을 나타내기도 하고, 그 선분의 길이를 나타내기도 한다.

예 ① 선분 AB의 길이가 5 cm이다. → $\overline{AB}=5$ cm

② 선분 AB와 선분 CD의 길이가 같다. → $\overline{AB}=\overline{CD}$

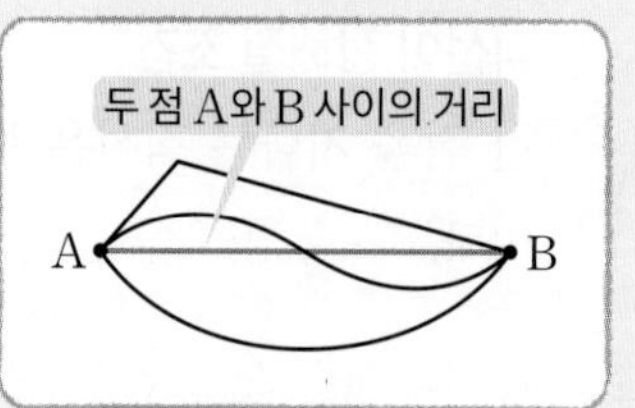

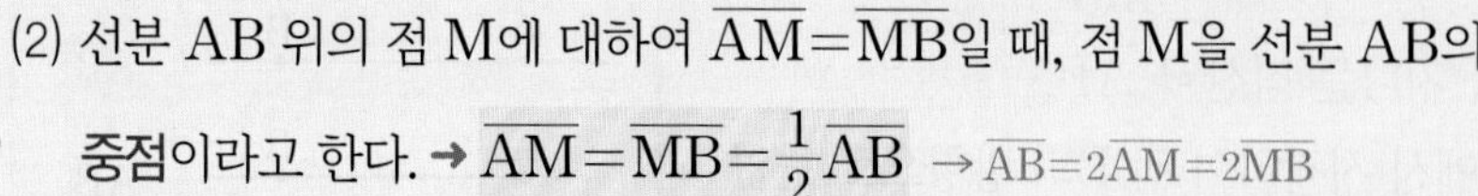

(2) 선분 AB 위의 점 M에 대하여 $\overline{AM}=\overline{MB}$일 때, 점 M을 선분 AB의 **중점**이라고 한다. → $\overline{AM}=\overline{MB}=\frac{1}{2}\overline{AB}$ → $\overline{AB}=2\overline{AM}=2\overline{MB}$

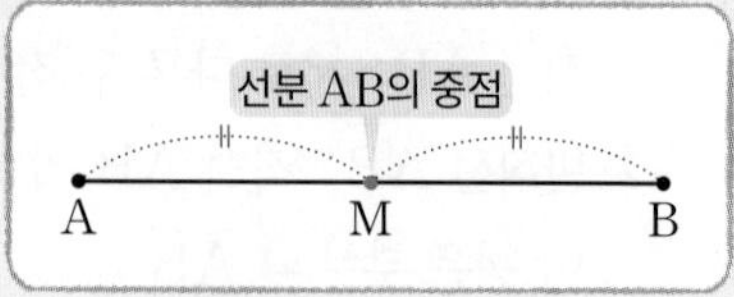

개념 Bridge

• 두 점 사이의 거리 구하기

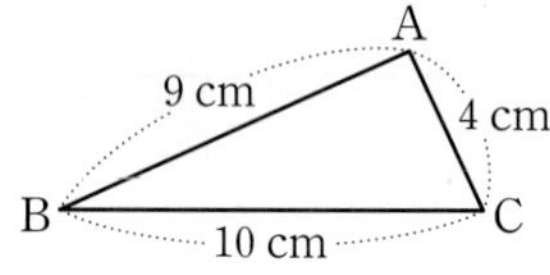

(1) 두 점 A와 B 사이의 거리 → 선분 □의 길이 → □ cm

(2) 두 점 A와 C 사이의 거리 → 선분 □의 길이 → □ cm

(3) 두 점 B와 C 사이의 거리 → 선분 □의 길이 → □ cm

개념 check

✓ 두 점 사이의 거리와 선분의 중점

01 오른쪽 그림에서 점 M은 선분 AB의 중점이고 $\overline{AM}=6$ cm일 때, 다음 □ 안에 알맞은 수를 써넣으시오.

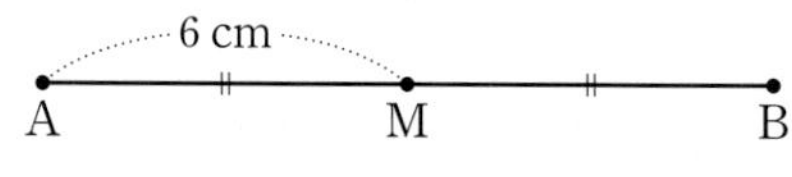

(1) $\overline{MB}=\overline{AM}=$ □ cm

(2) $\overline{AB}=$ □ $\overline{AM}=$ □ cm

01-1 오른쪽 그림에서 점 M은 선분 AB의 중점이고 점 N은 선분 MB의 중점이다. $\overline{AB}=28$ cm일 때, 다음 □ 안에 알맞은 수를 써넣으시오.

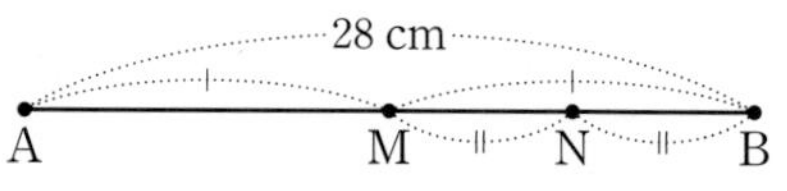

(1) $\overline{AM}=\overline{MB}=$ □ $\overline{AB}=$ □ cm

(2) $\overline{MN}=\overline{NB}=$ □ $\overline{MB}=$ □ cm

01-2 오른쪽 그림에서 점 M은 선분 AB의 중점이고 점 N은 선분 AM의 중점이다. $\overline{AM}=10$ cm일 때, 다음 선분의 길이를 구하시오.

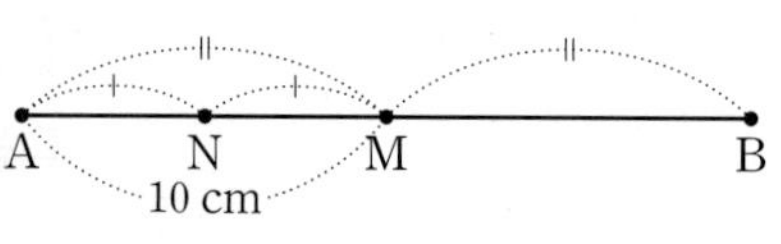

(1) $\overline{AB}$ (2) $\overline{NM}$ (3) $\overline{NB}$

필수 유형 익히기

유형 1 도형의 이해

01 다음 보기 중 옳은 것을 모두 고르시오.

> 보기
> ㄱ. 선은 무수히 많은 점으로 이루어져 있다.
> ㄴ. 사각기둥, 구는 입체도형이다.
> ㄷ. 육각뿔에서 교점의 개수는 모서리의 개수와 같다.
> ㄹ. 서로 다른 두 점을 지나는 직선은 하나뿐이다.

01-1 다음 중 옳지 않은 것은?

① 선이 움직인 자리는 면이 된다.
② 삼각형, 사각형, 오각형은 평면도형이다.
③ 입체도형은 점, 선, 면으로 이루어져 있다.
④ 한 점을 지나는 직선은 2개이다.
⑤ 두 점 A, B를 잇는 선 중에서 길이가 가장 짧은 것은 $\overline{AB}$이다.

유형 2 교점과 교선

02 오른쪽 그림과 같은 오각기둥에서 교점의 개수를 a, 교선의 개수를 b, 면의 개수를 c라 할 때, $a-b+c$의 값을 구하시오.

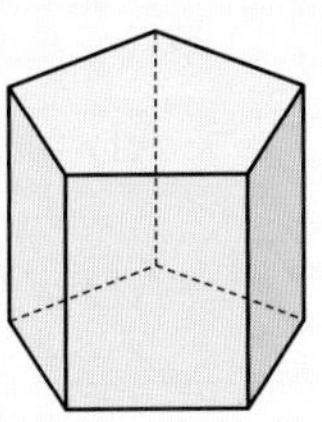

02-1 오른쪽 그림과 같은 오각뿔에서 교점의 개수를 a, 교선의 개수를 b, 면의 개수를 c라 할 때, abc의 값을 구하시오.

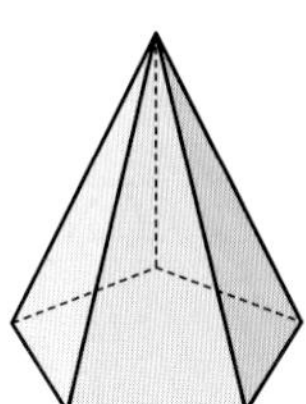

유형 3 직선, 반직선, 선분

03 오른쪽 그림과 같이 직선 l 위에 세 점 A, B, C가 있을 때, 다음 중 $\overrightarrow{AB}$와 같은 것은?

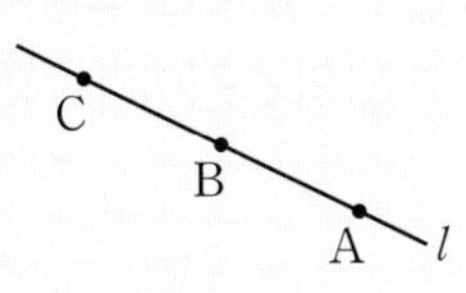

① $\overline{AB}$　② $\overleftrightarrow{AB}$　③ $\overrightarrow{AC}$
④ $\overrightarrow{BA}$　⑤ $\overrightarrow{BC}$

03-1 오른쪽 그림과 같이 직선 l 위에 세 점 A, B, C가 있을 때, 다음 중 서로 같은 것끼리 짝지으시오.

A　B　C　l

$\overline{AB}$, $\overrightarrow{AC}$, $\overleftrightarrow{AB}$, $\overline{BA}$, $\overline{BC}$, $\overrightarrow{CA}$, $\overleftrightarrow{CB}$

정답과 해설 2쪽

필수 유형 익히기

유형 4 직선, 반직선, 선분의 개수

04 오른쪽 그림과 같이 한 직선 위에 있지 않은 세 점 A, B, C가 있다. 이 중 두 점을 지나는 서로 다른 직선, 반직선, 선분의 개수를 차례대로 구하시오.

04-1 오른쪽 그림과 같이 한 원 위에 네 점 A, B, C, D가 있다. 이 중 두 점을 이어서 만들 수 있는 서로 다른 직선의 개수를 구하시오.

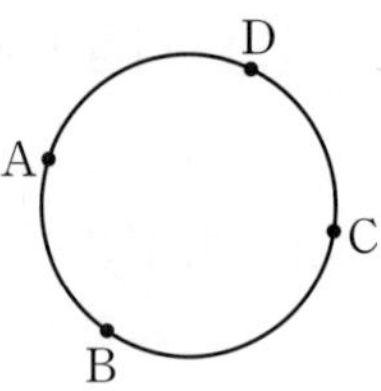

유형 5 선분의 중점

05 아래 그림에서 점 M은 $\overline{AB}$의 중점이고, 점 N은 $\overline{AM}$의 중점일 때, 다음 중 옳지 않은 것은?

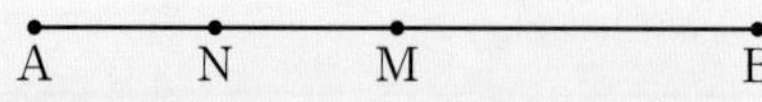

① $\overline{AM}=\frac{1}{2}\overline{AB}$ ② $\overline{MB}=2\overline{AN}$

③ $\overline{AN}=\frac{1}{3}\overline{AB}$ ④ $\overline{NM}=\frac{1}{4}\overline{AB}$

⑤ $\overline{NB}=\frac{3}{4}\overline{AB}$

05-1 아래 그림에서 $\overline{AB}=\overline{BC}=\overline{CD}$일 때, 다음 보기 중 옳은 것을 모두 고르시오.

보기

ㄱ. $\overline{AB}=\frac{1}{3}\overline{AD}$ ㄴ. $\overline{AC}=\overline{BD}$

ㄷ. $\overline{AD}=\frac{4}{3}\overline{BD}$ ㄹ. $\overline{BD}=3\overline{AB}$

유형 6 두 점 사이의 거리; 중점이 주어진 경우

06 다음 그림에서 점 M은 $\overline{AB}$의 중점이고, 점 N은 $\overline{MB}$의 중점이다. $\overline{AB}=16$ cm일 때, $\overline{AN}$의 길이는?

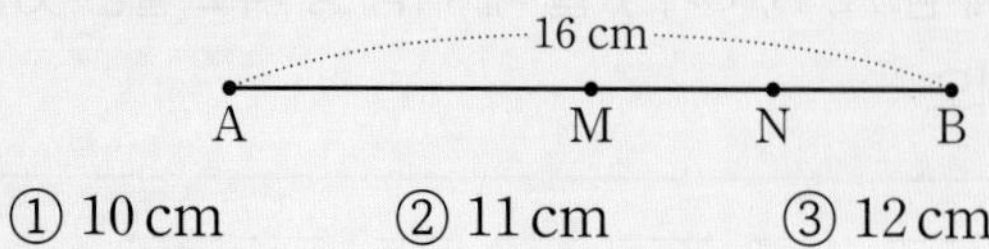

① 10 cm ② 11 cm ③ 12 cm
④ 13 cm ⑤ 14 cm

06-1 다음 그림에서 점 M은 $\overline{AB}$의 중점이고, 점 N은 $\overline{AM}$의 중점이다. $\overline{NM}=3$ cm일 때, $\overline{AB}$의 길이는?

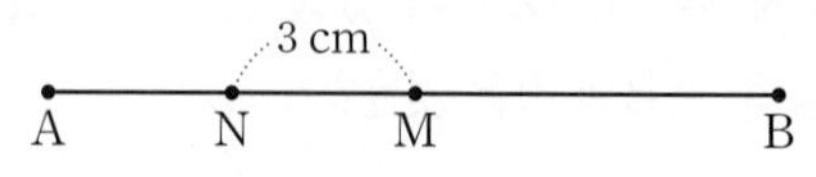

① 10 cm ② 12 cm ③ 14 cm
④ 16 cm ⑤ 18 cm

02 각

개념 4 각

(1) 각

① 각 AOB: 두 반직선 OA와 OB로 이루어진 도형

기호 $\angle AOB$, $\angle BOA$, $\angle O$, $\angle a$

각의 꼭짓점은 항상 가운데에 쓴다.

② 각 AOB의 크기: $\angle AOB$에서 꼭짓점 O를 중심으로 변 OB가 변 OA까지 회전한 양

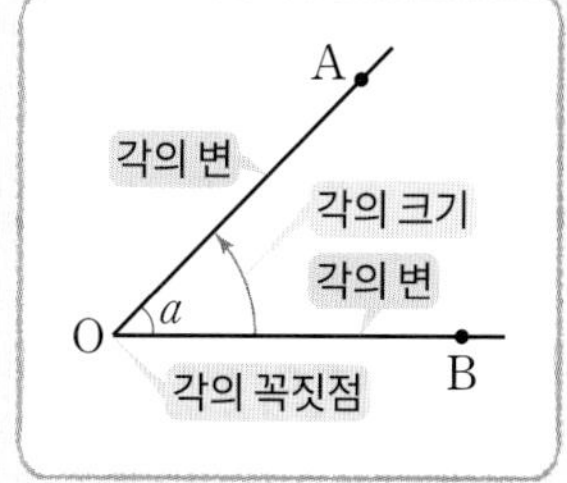

참고 $\angle AOB$는 각을 나타내기도 하고, 그 각의 크기를 나타내기도 한다.

예 ① $\angle AOB$의 크기가 30°이다. ➜ $\angle AOB=30^\circ$

② $\angle a$와 $\angle b$의 크기가 같다. ➜ $\angle a=\angle b$

(2) 각의 분류

① 평각: 각의 두 변이 꼭짓점을 중심으로 서로 반대쪽에 있으면서 한 직선을 이룰 때의 각, 즉 크기가 180°인 각

② 직각: 평각의 크기의 $\frac{1}{2}$인 각, 즉 크기가 90°인 각

③ 예각: 크기가 0°보다 크고 90°보다 작은 각

④ 둔각: 크기가 90°보다 크고 180°보다 작은 각

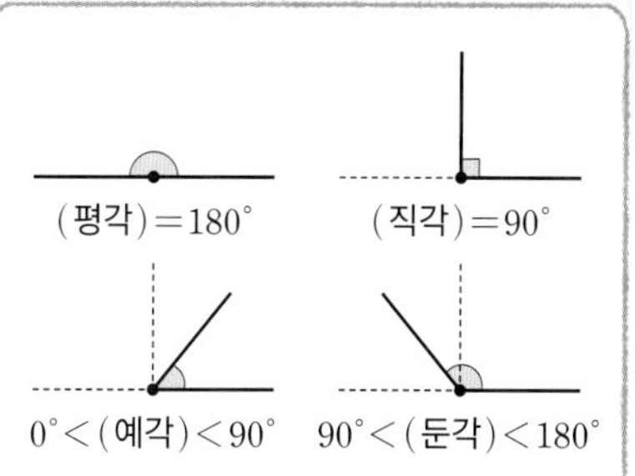

개념 Bridge

• 각을 기호로 나타내기

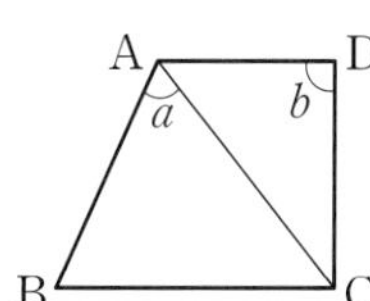

➜ $\angle a=\angle BAC=$ ☐

$\angle b=\angle D=$ ☐ $=$ ☐

개념 check

각의 크기 구하기

01 다음 그림에서 $\angle x$의 크기를 구하시오.

(1)

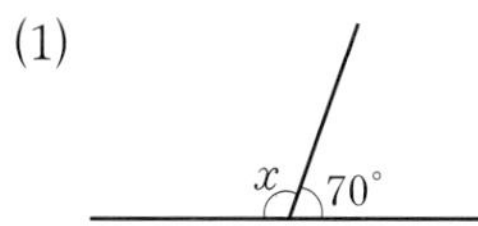

(2)

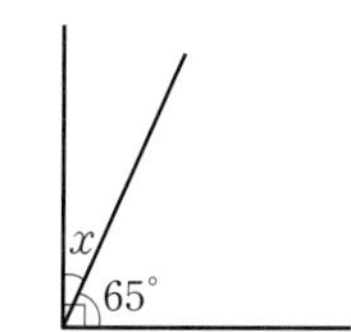

01-1 다음 그림에서 $\angle x$의 크기를 구하시오.

(1)

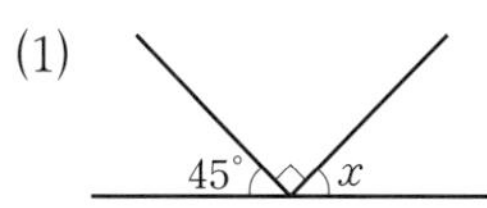

(2)

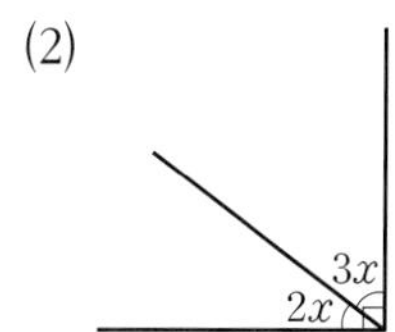

정답과 해설 3쪽

개념 5 맞꼭지각

(1) **교각**: 두 직선이 한 점에서 만날 때 생기는 네 각 → $\angle a$, $\angle b$, $\angle c$, $\angle d$

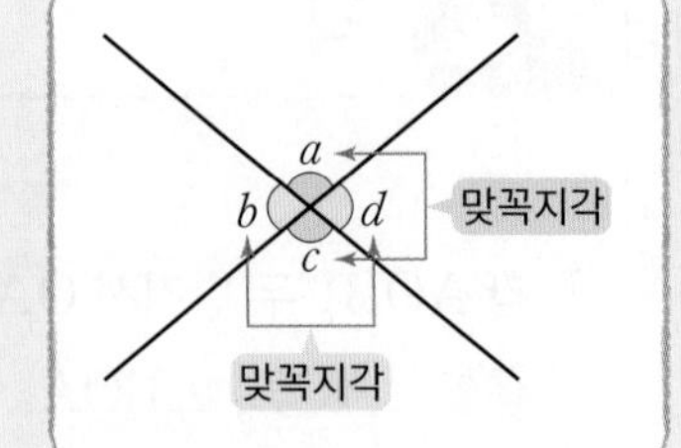

(2) **맞꼭지각**: 서로 마주 보는 교각 → $\angle a$와 $\angle c$, $\angle b$와 $\angle d$

주의 마주 보는 각이라 해서 항상 맞꼭지각이 되는 것은 아니다. 예를 들어 오른쪽 그림에서 $\angle a$와 $\angle c$, $\angle b$와 $\angle d$는 맞꼭지각이 아니다.
→ 반드시 두 직선이 만나서 생기는 교각 중에서 마주 보는 각이어야 맞꼭지각이다.

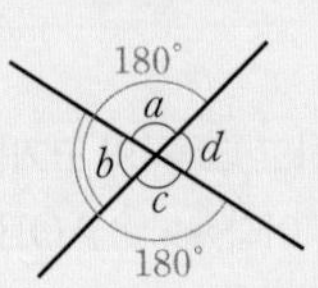

(3) **맞꼭지각의 성질**: 맞꼭지각의 크기는 서로 같다. → $\angle a=\angle c$, $\angle b=\angle d$

참고 $\angle a+\angle b=180°$, $\angle b+\angle c=180°$이므로
$\angle a=180°-\angle b$, $\angle c=180°-\angle b$ $\therefore \angle a=\angle c$
같은 방법으로 하면 $\angle b=\angle d$

개념 Bridge

• 맞꼭지각 찾기

$\angle$AOC의 맞꼭지각 → ❶

$\angle$FOD의 맞꼭지각 → ❷

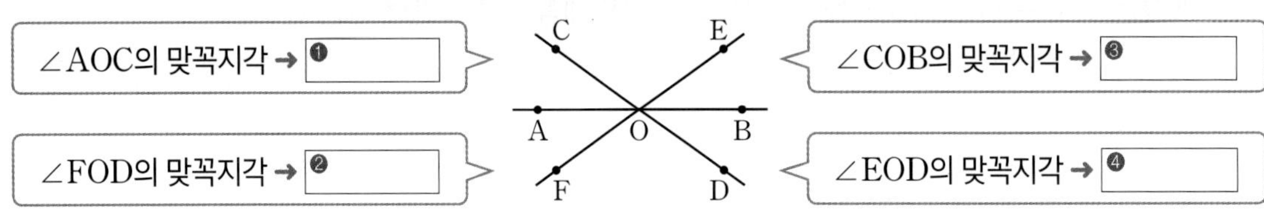

$\angle$COB의 맞꼭지각 → ❸

$\angle$EOD의 맞꼭지각 → ❹

개념 check

맞꼭지각의 크기 구하기

01 다음 그림에서 $\angle x$, $\angle y$의 크기를 각각 구하시오.

(1)

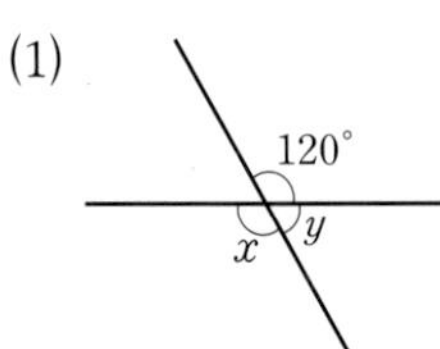

(2)

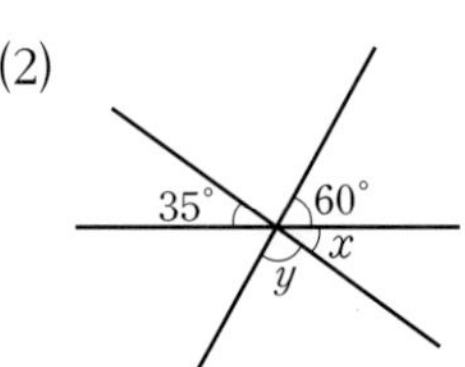

01-1 다음 그림에서 $\angle x$, $\angle y$의 크기를 각각 구하시오.

(1)

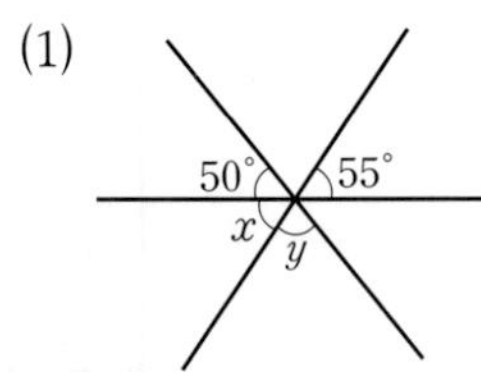

(2)

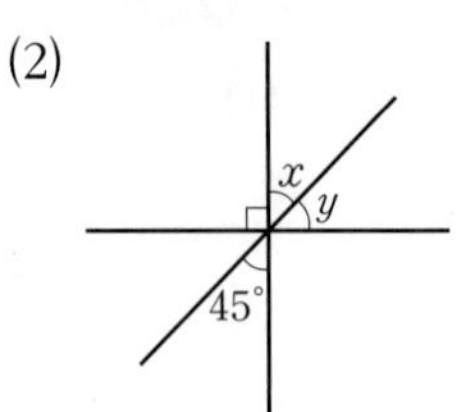

01-2 다음 그림에서 $\angle x$의 크기를 구하시오.

(1)

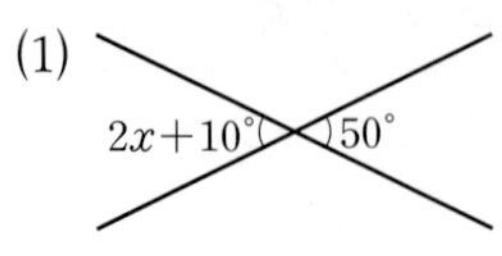

(2)

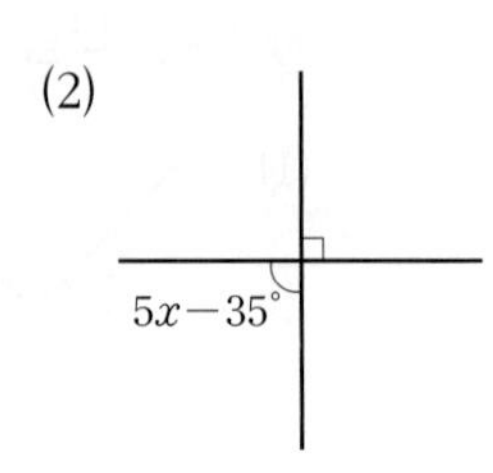

개념 6 직교와 수선

(1) **직교와 수선**

① **직교**: 두 직선 AB와 CD의 교각이 직각일 때 두 직선은 직교한다고 한다.
기호 $\overleftrightarrow{AB} \perp \overleftrightarrow{CD}$

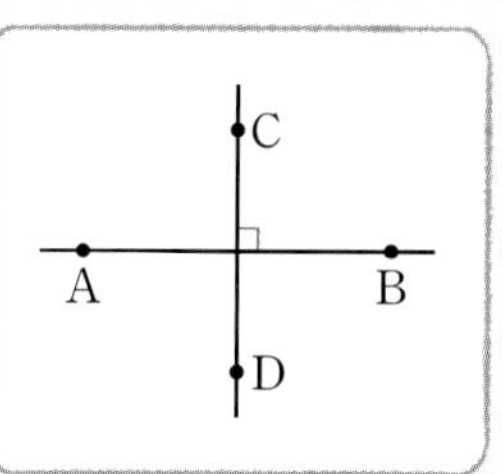

② **수직과 수선**: 직교하는 두 직선 AB와 CD는 서로 수직이며, 이때 한 직선을 다른 직선의 수선이라고 한다.

③ **수직이등분선**: 직선 l이 선분 AB의 중점 M을 지나고 선분 AB에 수직일 때, 직선 l을 선분 AB의 수직이등분선이라고 한다.
→ $\overline{AM}=\overline{MB}$, $l \perp \overline{AB}$

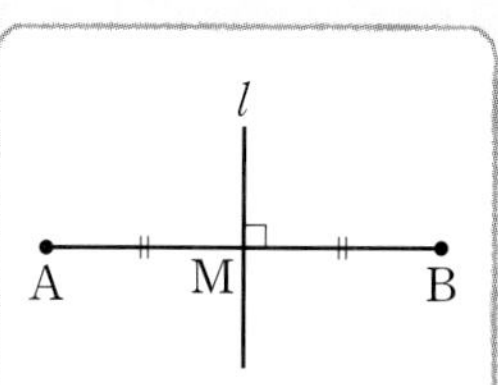

(2) **점과 직선 사이의 거리**

① **수선의 발**: 직선 l 위에 있지 않은 점 P에서 직선 l에 수선을 그어 생기는 교점을 H라 할 때, 이 점 H를 점 P에서 직선 l에 내린 수선의 발이라고 한다.

② **점과 직선 사이의 거리**: 직선 l 위에 있지 않은 점 P에서 직선 l에 내린 수선의 발 H까지의 거리 → $\overline{PH}$의 길이

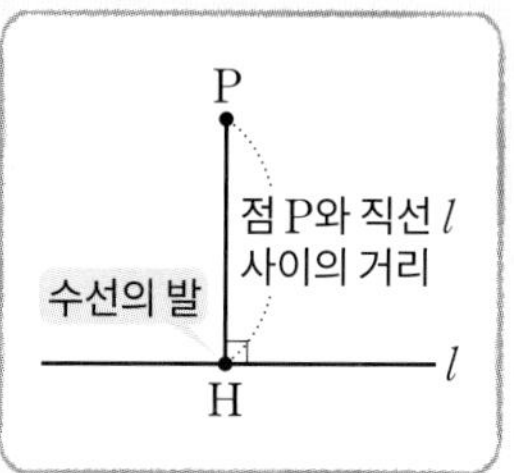

개념 check

수직이등분선

01 오른쪽 그림에서 $\overleftrightarrow{CO}$가 $\overline{AB}$의 수직이등분선이고 $\overline{AB}=12\text{ cm}$일 때, 다음을 구하시오.

(1) $\overline{AO}$의 길이 (2) $\angle AOC$의 크기

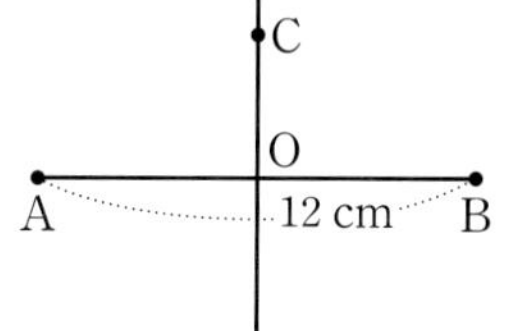

01-1 오른쪽 그림에서 $\overleftrightarrow{CO}$가 $\overline{AB}$의 수직이등분선이고 $\overline{AO}=4\text{ cm}$일 때, 다음을 구하시오.

(1) $\overline{AB}$의 길이 (2) $\angle BOC$의 크기

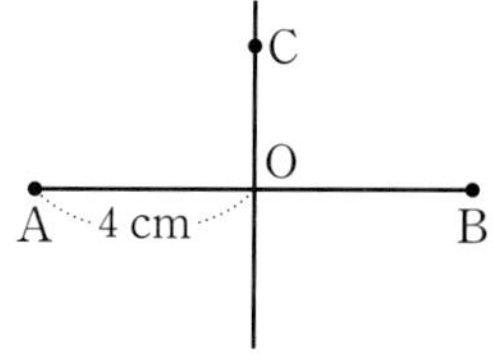

점과 직선 사이의 거리 구하기

02 오른쪽 그림에서 다음을 구하시오.

(1) 점 P에서 직선 l에 내린 수선의 발

(2) 점 P와 직선 l 사이의 거리를 나타내는 선분

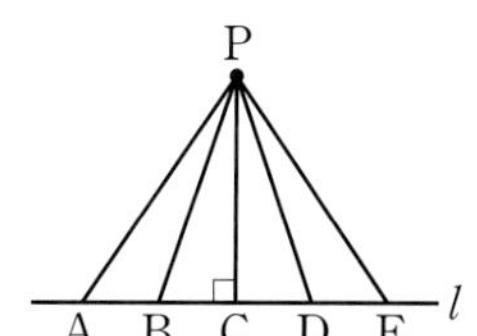

02-1 오른쪽 그림과 같은 사다리꼴 ABCD에서 다음을 구하시오.

(1) 점 C에서 $\overline{AB}$에 내린 수선의 발

(2) 점 C와 $\overline{AB}$ 사이의 거리

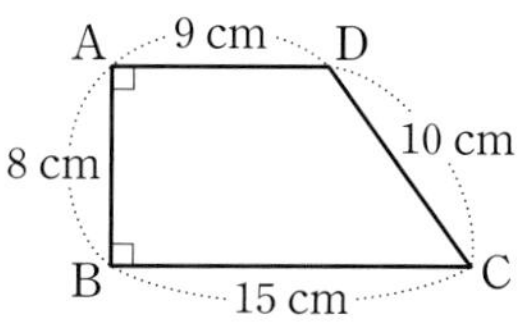

정답과 해설 3쪽

필수 유형 익히기

유형 1 각의 크기

01 오른쪽 그림에서 $\angle\text{COD}$의 크기는?

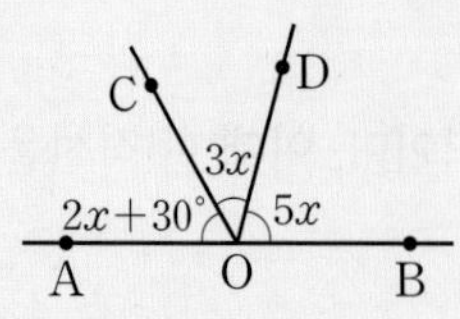

① $40°$ ② $45°$
③ $50°$ ④ $55°$
⑤ $60°$

01-1 오른쪽 그림에서 $\angle x$의 크기는?

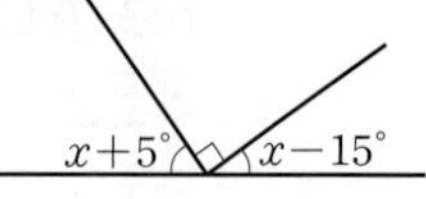

① $10°$ ② $20°$
③ $30°$ ④ $40°$
⑤ $50°$

유형 2 각의 크기 구하기; 각의 크기의 비가 주어진 경우

02 오른쪽 그림에서 $\angle x : \angle y : \angle z = 1 : 3 : 5$일 때, $\angle z$의 크기는?

① $90°$ ② $95°$ ③ $100°$
④ $105°$ ⑤ $110°$

02-1 오른쪽 그림에서 $\angle x : \angle y : \angle z = 4 : 6 : 5$일 때, $\angle y$의 크기를 구하시오.

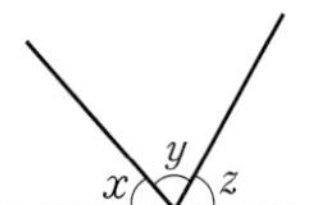

유형 3 맞꼭지각의 성질 (1)

03 오른쪽 그림에서 $\angle x$, $\angle y$의 크기를 각각 구하시오.

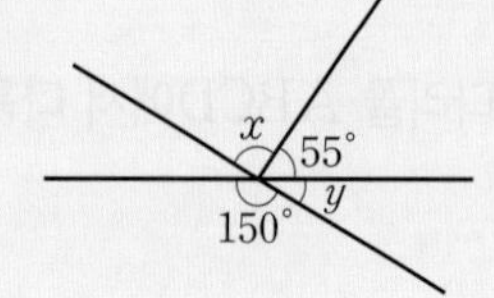

03-1 오른쪽 그림에서 $\angle x + \angle y$의 크기는?

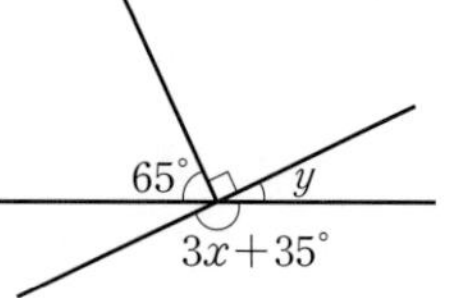

① $60°$ ② $65°$
③ $70°$ ④ $75°$
⑤ $80°$

유형 4 맞꼭지각의 성질 (2)

04 오른쪽 그림에서 $\angle x$의 크기는?

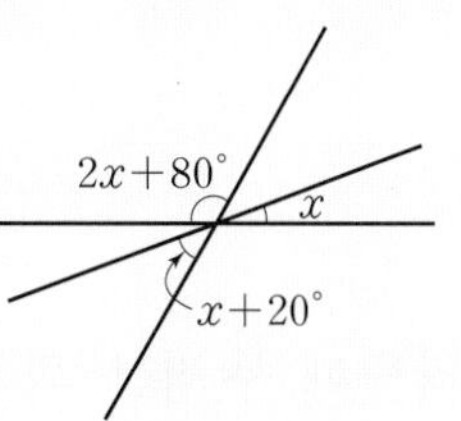

① 20° ② 25°
③ 30° ④ 35°
⑤ 40°

04-1 오른쪽 그림에서 $\angle x$의 크기를 구하시오.

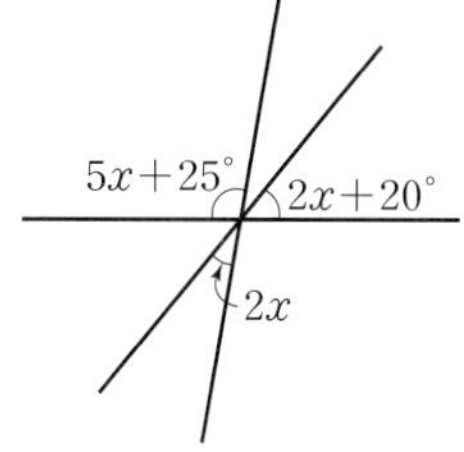

유형 5 직교와 수선

05 다음 보기 중 오른쪽 그림과 같은 사다리꼴 ABCD에 대한 설명으로 옳은 것을 모두 고르시오.

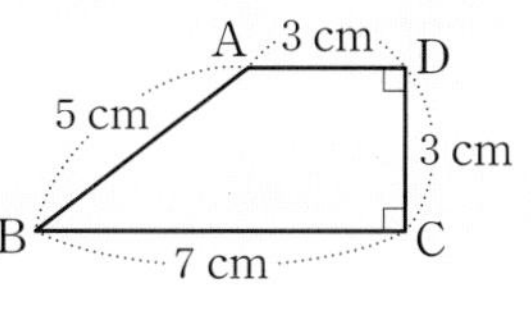

보기

ㄱ. $\overline{AD} \perp \overline{CD}$
ㄴ. 점 A와 $\overline{BC}$ 사이의 거리는 5 cm이다.
ㄷ. 점 B에서 $\overline{CD}$에 내린 수선의 발은 점 C이다.
ㄹ. 점 C와 $\overline{AD}$ 사이의 거리는 3 cm이다.

05-1 오른쪽 그림과 같은 삼각형 ABC에서 점 A와 $\overline{BC}$ 사이의 거리를 a cm, 점 B와 $\overline{AC}$ 사이의 거리를 b cm라 할 때, $a+b$의 값을 구하시오.

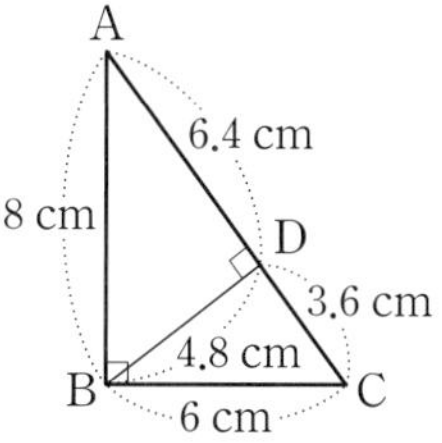

한 걸음 더

유형 6 각의 크기 구하기; 각의 크기 사이의 조건이 주어진 경우

오른쪽 그림에서 $\angle COD=\angle a$라 할 때

$\angle COA=2\angle COD$이면 → $\angle AOD=\angle COA+\angle COD=2\angle a+\angle a=3\angle a$
↑ $\angle COA=2\angle a$ $=3\angle COD$

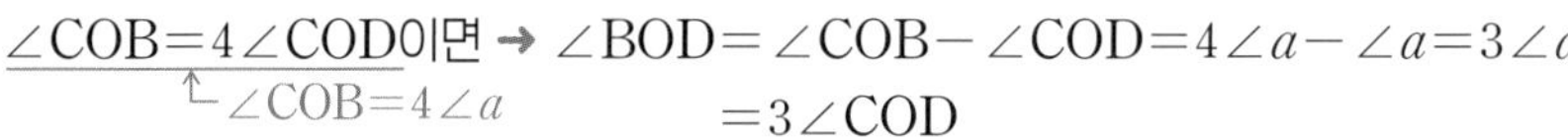

$\angle COB=4\angle COD$이면 → $\angle BOD=\angle COB-\angle COD=4\angle a-\angle a=3\angle a$
↑ $\angle COB=4\angle a$ $=3\angle COD$

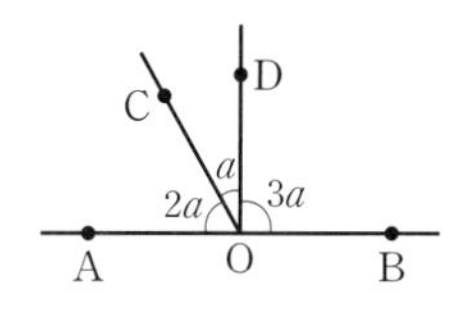

06 오른쪽 그림에서 $\angle AOB=2\angle BOC$이고 $\angle DOE=2\angle COD$일 때, $\angle BOD$의 크기를 구하시오.

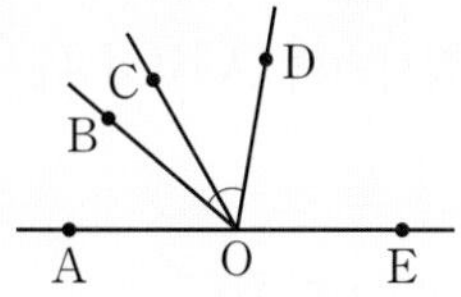

06-1 오른쪽 그림에서 $\angle AOC=\angle COD$이고 $\angle DOE=\angle EOB$일 때, $\angle COE$의 크기를 구하시오.

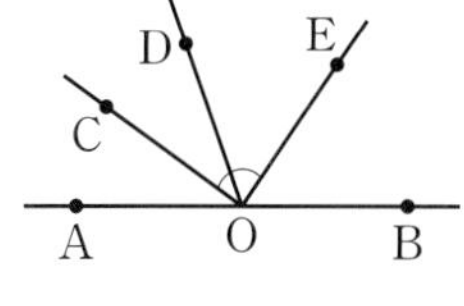

정답과 해설 4쪽

03 위치 관계

개념 7 평면에서 두 직선의 위치 관계

(1) **점과 직선의 위치 관계**

① 점 A는 직선 l 위에 있다. → 직선 l이 점 A를 지난다.

② 점 B는 직선 l 위에 있지 않다. → 직선 l이 점 B를 지나지 않는다.
점 B가 직선 l 밖에 있다.

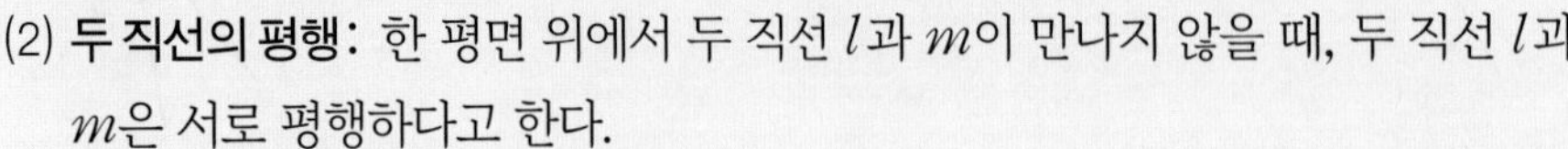

(2) **두 직선의 평행**: 한 평면 위에서 두 직선 l과 m이 만나지 않을 때, 두 직선 l과 m은 서로 평행하다고 한다.

기호 $l /\!/ m$

참고 이때 평행한 두 직선을 평행선이라고 한다.

(3) **평면에서 두 직선의 위치 관계**

① 한 점에서 만난다.

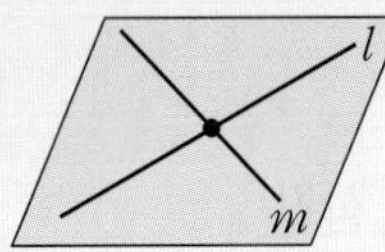

② 일치한다.

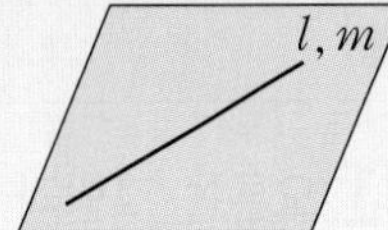

③ 평행하다.

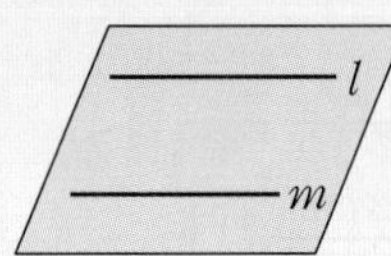

참고 일반적으로 평면은 평행사변형 모양으로 그리고, $P, Q, R, \dots$과 같이 나타낸다.

개념 check

점과 직선의 위치 관계

01 오른쪽 그림에서 다음을 구하시오.

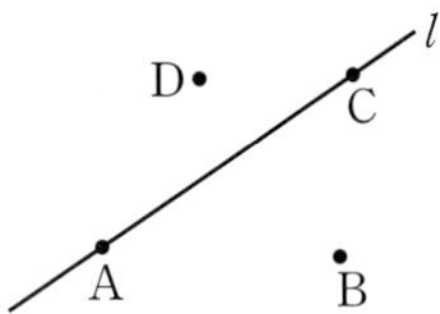

(1) 직선 l 위에 있는 점

(2) 직선 l 위에 있지 않은 점

평면에서 두 직선의 위치 관계

02 오른쪽 그림과 같은 직사각형 ABCD에서 다음을 구하시오.

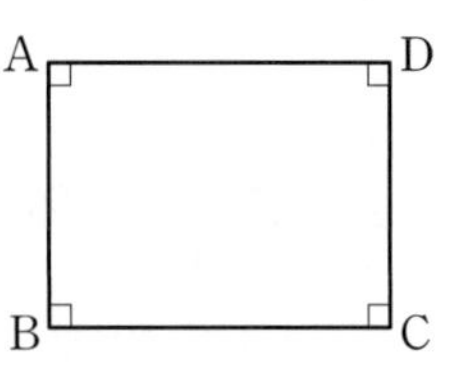

(1) 변 AB와 평행한 변

(2) 변 AB와 한 점에서 만나는 변

(3) 점 C에서 만나는 두 변

02-1 오른쪽 그림과 같은 평행사변형 ABCD에서 다음 물음에 답하시오.

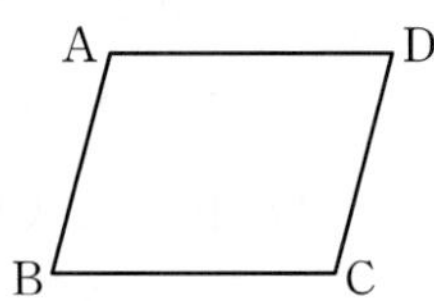

(1) 변 AB와 한 점에서 만나는 변을 구하시오.

(2) 서로 평행한 두 변을 찾아 그 관계를 기호로 나타내시오.

개념 8 공간에서 두 직선의 위치 관계

(1) **꼬인 위치**: 공간에서 두 직선이 만나지도 않고 평행하지도 않을 때, 두 직선은 꼬인 위치에 있다고 한다.

(2) **공간에서 두 직선의 위치 관계**

① 한 점에서 만난다.　② 일치한다.　③ 평행하다.　④ 꼬인 위치에 있다.

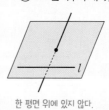

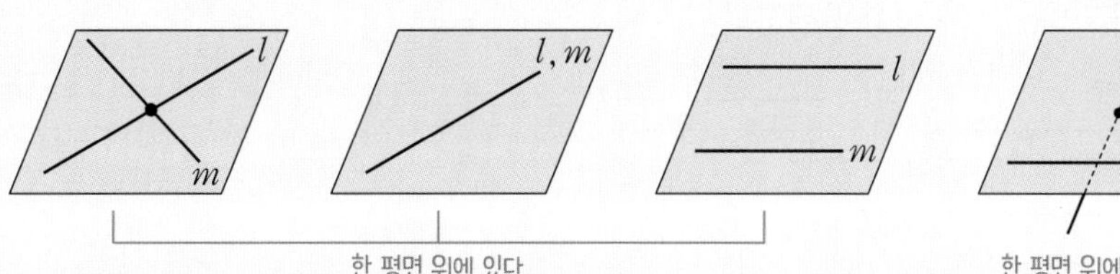

• 직육면체에서 두 직선의 위치 관계 알아보기

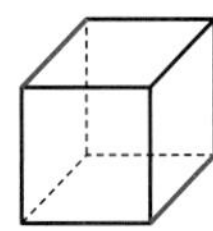

→ 두 직선은 (한 점에서 만난다, 평행하다, 꼬인 위치에 있다).

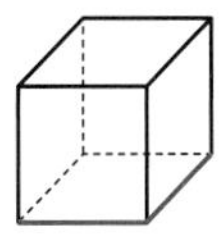

→ 두 직선은 (한 점에서 만난다, 평행하다, 꼬인 위치에 있다).

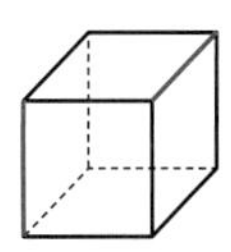

→ 두 직선은 (한 점에서 만난다, 평행하다, 꼬인 위치에 있다).

개념 check

✓ 공간에서 두 직선의 위치 관계

01 오른쪽 그림과 같은 직육면체에서 다음을 구하시오.

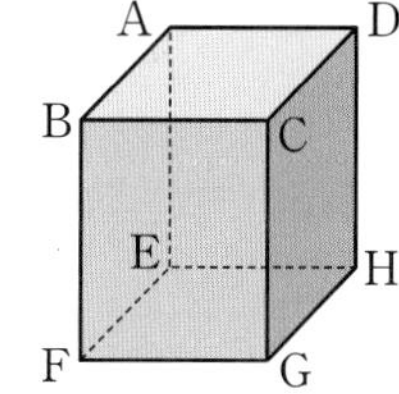

(1) 모서리 AB와 한 점에서 만나는 모서리

(2) 모서리 AB와 평행한 모서리

(3) 모서리 AB와 꼬인 위치에 있는 모서리

01-1 오른쪽 그림과 같은 삼각기둥에서 다음을 구하시오.

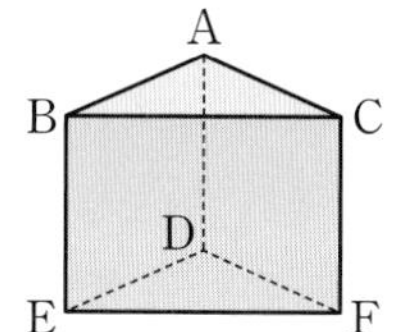

(1) 모서리 AC와 한 점에서 만나는 모서리

(2) 모서리 BE와 평행한 모서리

(3) 모서리 EF와 꼬인 위치에 있는 모서리

01-2 오른쪽 그림과 같은 삼각뿔에서 다음 모서리와 꼬인 위치에 있는 모서리를 구하시오.

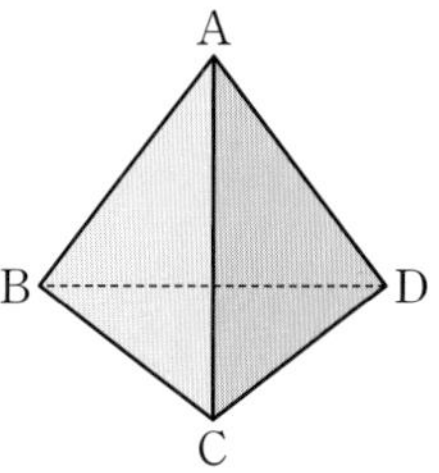

(1) 모서리 AB

(2) 모서리 BC

정답과 해설 5쪽

개념 9 공간에서 직선과 평면의 위치 관계

(1) **직선과 평면의 평행**: 직선 l과 평면 P가 만나지 않을 때, 직선 l과 평면 P는 서로 평행하다고 한다.

기호 $l /\!/ P$

(2) **공간에서 직선과 평면의 위치 관계**

① 한 점에서 만난다. ② 포함된다. ③ 평행하다.

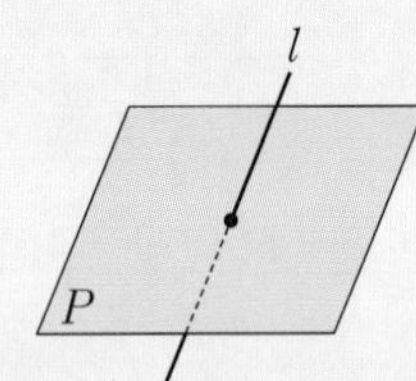

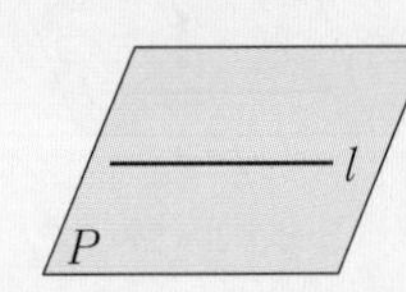

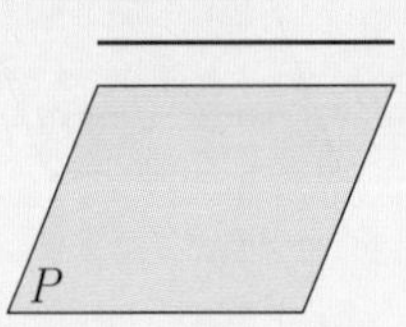

(3) **직선과 평면의 수직**

직선 l이 평면 P와 한 점 H에서 만나고 점 H를 지나는 평면 P 위의 모든 직선과 수직일 때, 직선 l과 평면 P는 서로 수직이다 또는 직교한다고 한다.

기호 $l \perp P$

참고 ① 직선 l을 평면 P의 수선이라 하고, 점 H를 수선의 발이라고 한다.
② 직선 l 위의 점 A와 평면 P 사이의 거리는 $\overline{\mathrm{AH}}$의 길이이다.

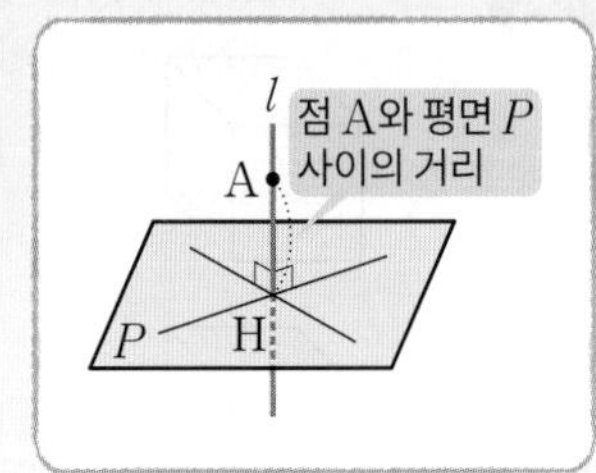

개념 Bridge

• 직육면체에서 직선과 평면의 위치 관계 알아보기

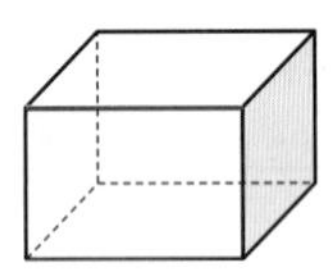

→ 직선과 평면은 (한 점에서 만난다, 평행하다).

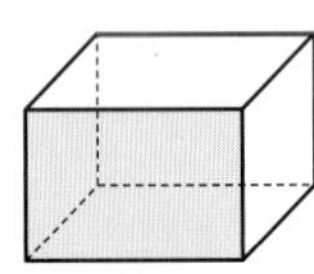

→ 직선과 평면은 (한 점에서 만난다, 평행하다).

개념 check

✓ 공간에서 직선과 평면의 위치 관계

01 오른쪽 그림과 같은 직육면체에서 다음을 구하시오.

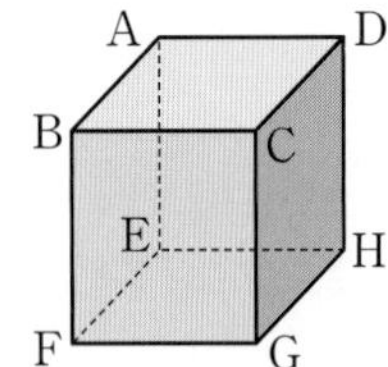

(1) 면 ABCD와 한 점에서 만나는 모서리

(2) 모서리 BF를 포함하는 면

(3) 면 CGHD와 평행한 모서리

(4) 면 EFGH에 수직인 모서리

01-1 오른쪽 그림과 같은 오각기둥에서 다음을 구하시오.

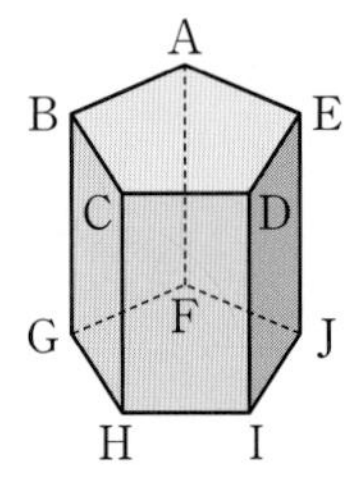

(1) 면 ABCDE와 한 점에서 만나는 모서리

(2) 모서리 AB를 포함하는 면

(3) 면 CHID와 평행한 모서리

(4) 면 FGHIJ에 수직인 모서리

필수 유형 익히기

유형 1 평면에서 두 직선의 위치 관계

01 오른쪽 그림과 같은 사다리꼴 ABCD에서 각 변을 연장한 직선을 그을 때, 다음 보기 중 옳은 것을 모두 고르시오.

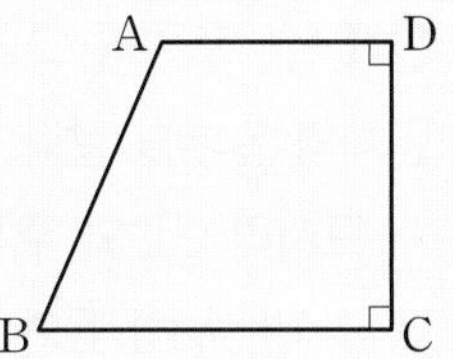

보기
ㄱ. $\overleftrightarrow{AB}$와 $\overleftrightarrow{CD}$는 만나지 않는다.
ㄴ. $\overleftrightarrow{AB}$와 $\overleftrightarrow{BC}$는 수직이다.
ㄷ. $\overleftrightarrow{AD}$와 $\overleftrightarrow{BC}$는 평행하다.
ㄹ. $\overleftrightarrow{AD}$와 $\overleftrightarrow{CD}$는 한 점에서 만난다.

01-1 다음 중 오른쪽 그림에 대한 설명으로 옳지 않은 것은?

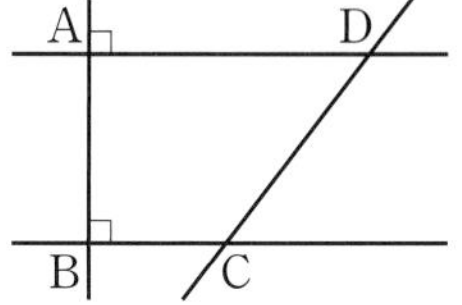

① $\overleftrightarrow{AB} \perp \overleftrightarrow{BC}$
② $\overleftrightarrow{AB} \perp \overleftrightarrow{AD}$
③ $\overleftrightarrow{AB}$와 $\overleftrightarrow{CD}$는 한 점에서 만난다.
④ 점 A에서 $\overleftrightarrow{CD}$에 내린 수선의 발은 점 D이다.
⑤ $\overleftrightarrow{BC}$와 $\overleftrightarrow{CD}$의 교점은 점 C이다.

유형 2 꼬인 위치

02 다음 중 오른쪽 그림과 같이 밑면이 정사각형인 사각뿔에서 모서리 BC와 만나지도 않고 평행하지도 않은 모서리는?

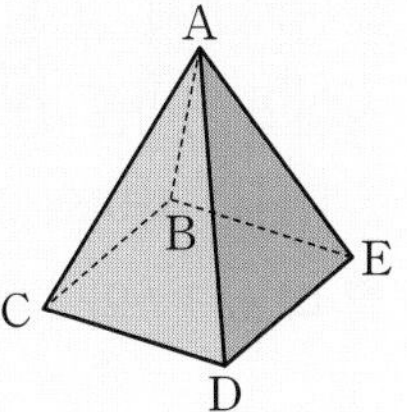

① $\overline{AB}$
② $\overline{AC}$
③ $\overline{AD}$
④ $\overline{CD}$
⑤ $\overline{DE}$

02-1 다음 중 오른쪽 그림과 같은 직육면체에서 선분 AC와 꼬인 위치에 있는 모서리의 개수를 구하시오.

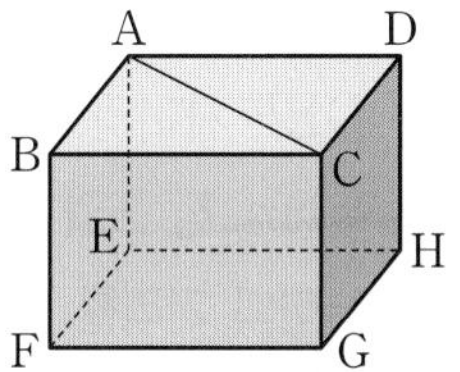

$\overline{AE}$, $\overline{BF}$, $\overline{CG}$, $\overline{DH}$,
$\overline{EF}$, $\overline{EH}$, $\overline{FG}$, $\overline{GH}$

유형 3 공간에서 두 직선의 위치 관계

03 다음 보기 중 오른쪽 그림과 같은 정육면체에 대한 설명으로 옳은 것을 모두 고르시오.

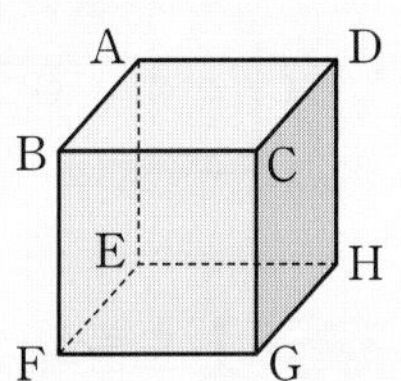

보기
ㄱ. 모서리 AB와 모서리 CG는 평행하다.
ㄴ. 모서리 AD와 모서리 BF는 꼬인 위치에 있다.
ㄷ. 모서리 CD와 한 점에서 만나는 모서리는 4개이다.
ㄹ. 모서리 FG와 평행한 모서리는 3개이다.

03-1 다음 중 오른쪽 그림과 같이 밑면이 정육각형인 육각기둥에서 모서리 EF와의 위치 관계가 나머지 넷과 다른 하나는?

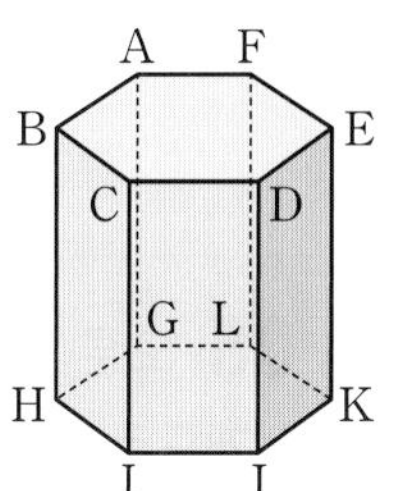

① $\overline{BH}$
② $\overline{CI}$
③ $\overline{HG}$
④ $\overline{HI}$
⑤ $\overline{JK}$

정답과 해설 5쪽

필수 유형 익히기

유형 4 공간에서 직선과 평면의 위치 관계

04 다음 중 오른쪽 그림과 같은 삼각기둥에 대한 설명으로 옳지 않은 것은?

① $\overline{AD} /\!/ \overline{BE}$
② $\overline{DF} \perp \overline{CF}$
③ 면 DEF와 평행한 모서리는 1개이다.
④ 모서리 BE와 수직인 면은 2개이다.
⑤ 모서리 DF와 꼬인 위치에 있는 모서리는 3개이다.

04-1 오른쪽 그림과 같이 직육면체의 일부를 잘라 낸 입체도형에서 모서리 CD와 수직인 면의 개수를 a, 면 ABFE와 평행한 모서리의 개수를 b라 할 때, ab의 값을 구하시오.

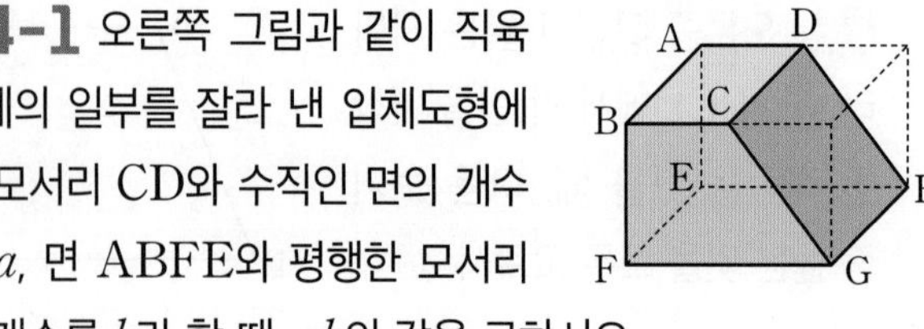

유형 5 점과 평면 사이의 거리

05 오른쪽 그림과 같은 삼각기둥에서 점 B와 면 DEF 사이의 거리를 x cm, 점 A와 면 CBEF 사이의 거리를 y cm라 할 때, $x+y$의 값을 구하시오.

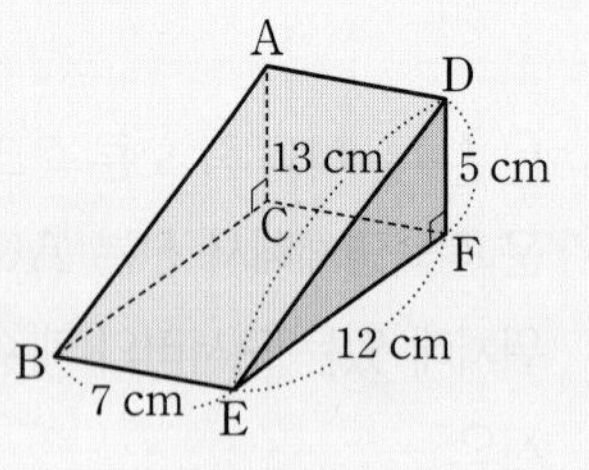

05-1 오른쪽 그림과 같은 직육면체에서 점 D와 면 ABFE 사이의 거리를 a cm, 점 F와 면 AEHD 사이의 거리를 b cm라 할 때, $a+b$의 값을 구하시오.

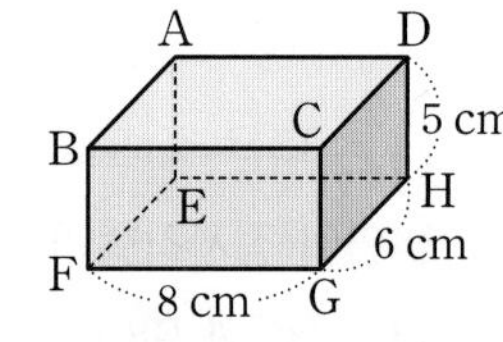

한 걸음 더 유형 6 전개도가 주어진 입체도형에서의 위치 관계

주어진 전개도로 만들어지는 입체도형의 겨냥도를 그려서 위치 관계를 파악한다. 이때 겹쳐지는 꼭짓점은 모두 표시한다.

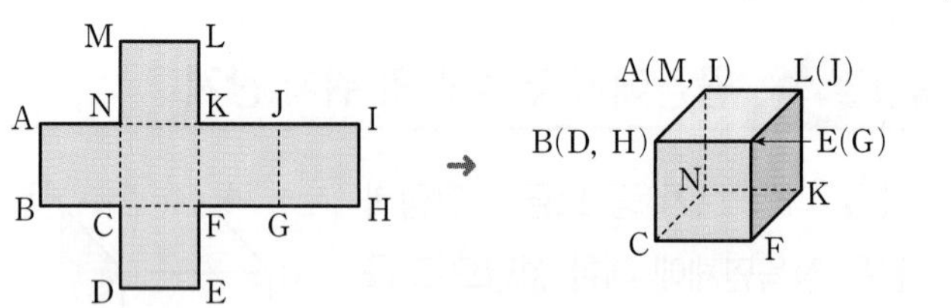

06 오른쪽 그림과 같은 전개도로 직육면체를 만들었을 때, 다음 중 모서리 CD와 꼬인 위치에 있는 모서리는?

① $\overline{AB}$　② $\overline{FG}$　③ $\overline{GH}$
④ $\overline{JI}$　⑤ $\overline{KJ}$

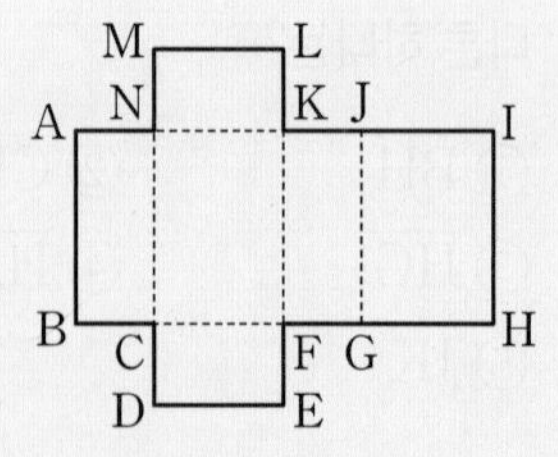

06-1 오른쪽 그림과 같은 전개도로 삼각뿔을 만들었을 때, 모서리 AF와 만나지 않는 모서리를 구하시오.

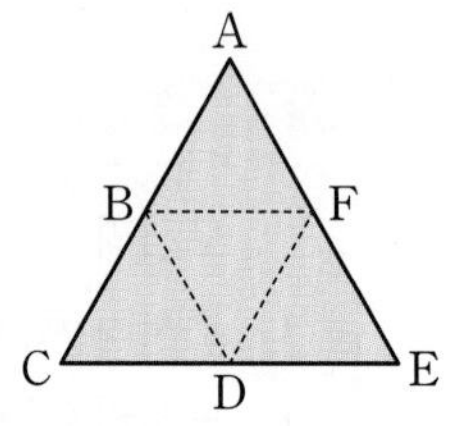

04 평행선의 성질

개념 10 동위각과 엇각

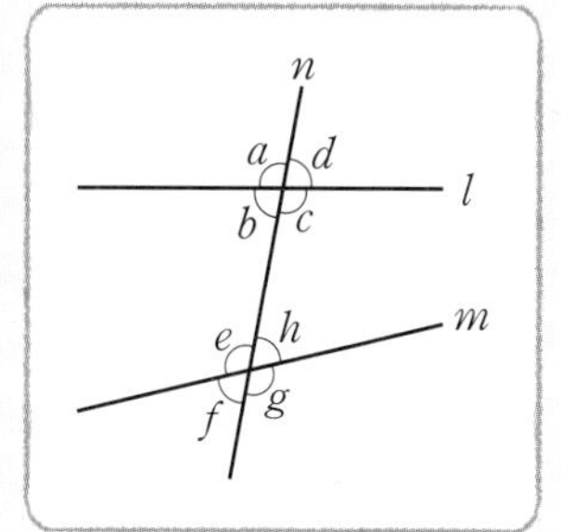

한 평면 위에서 서로 다른 두 직선 l과 m이 다른 한 직선 n과 만나서 생기는 8개의 각 중에서

(1) 동위각: 서로 같은 위치에 있는 두 각
→ $\angle a$와 $\angle e$, $\angle b$와 $\angle f$, $\angle c$와 $\angle g$, $\angle d$와 $\angle h$

(2) 엇각: 서로 엇갈린 위치에 있는 두 각
→ $\angle b$와 $\angle h$, $\angle c$와 $\angle e$

주의 엇각은 두 직선 l, m 사이에 있는 각이므로 바깥쪽에 있는 각은 생각하지 않는다. → $\angle a$와 $\angle g$, $\angle d$와 $\angle f$는 엇각이 아니다.

개념 Bridge

• 동위각과 엇각 찾기

알파벳 F 모양 →

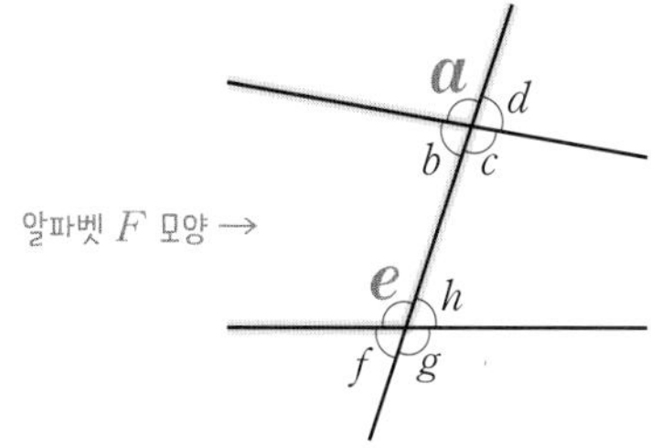

$\angle a$의 동위각: ☐

← 알파벳 Z 모양

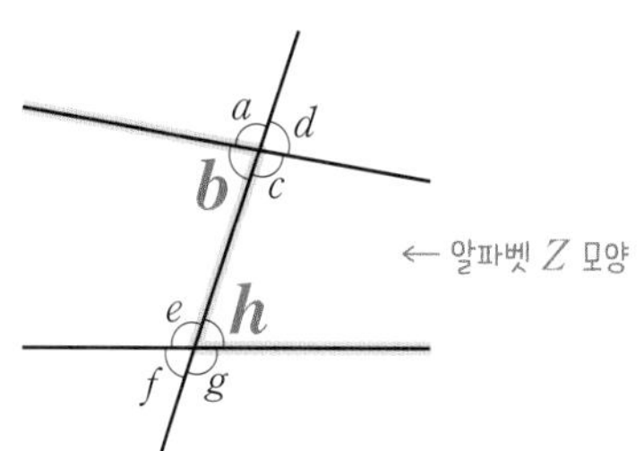

$\angle b$의 엇각: ☐

개념 check

동위각과 엇각

01 오른쪽 그림과 같이 서로 다른 두 직선이 다른 한 직선과 만날 때, 다음 각을 찾고 그 크기를 구하시오.

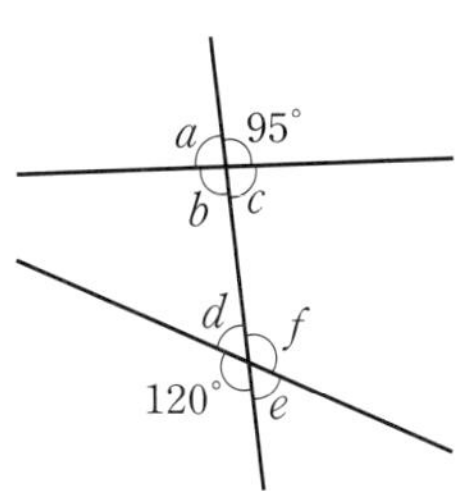

(1) $\angle a$의 동위각

(2) $\angle f$의 엇각

01-1 오른쪽 그림과 같이 서로 다른 두 직선이 다른 한 직선과 만날 때, 다음 각을 찾고 그 크기를 구하시오.

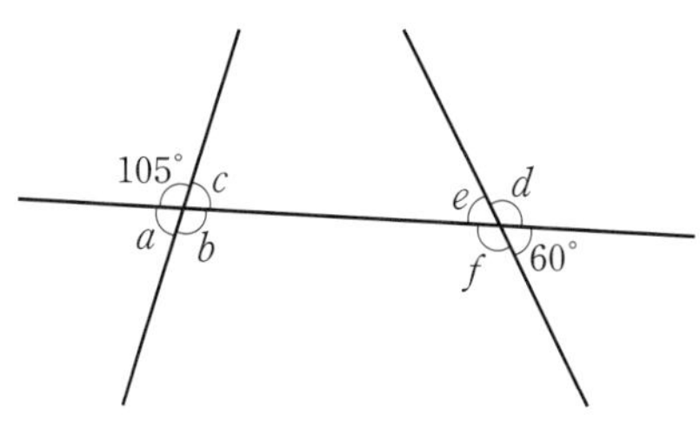

(1) $\angle a$의 동위각

(2) $\angle e$의 엇각

정답과 해설 6쪽

개념 11 평행선의 성질

(1) 평행선의 성질

한 평면 위에서 서로 다른 두 직선이 한 직선과 만날 때

① 두 직선이 평행하면 동위각의 크기는 서로 같다.

→ $l /\!/ m$이면 $\angle a = \angle b$

② 두 직선이 평행하면 엇각의 크기는 서로 같다.

→ $l /\!/ m$이면 $\angle c = \angle d$

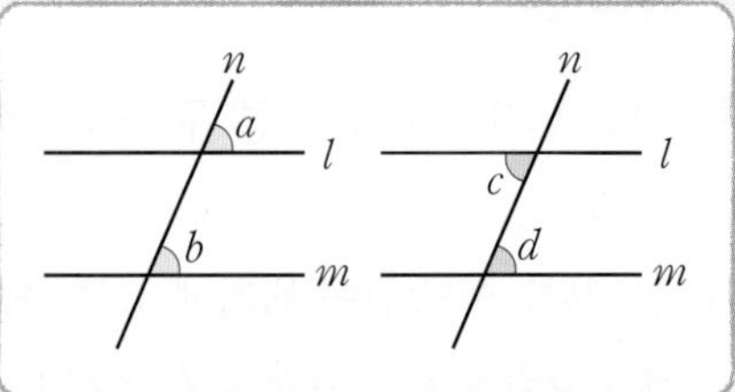

(2) 두 직선이 평행하기 위한 조건

한 평면 위에서 서로 다른 두 직선이 한 직선과 만날 때

① 동위각의 크기가 같으면 두 직선은 서로 평행하다.

→ $\angle a = \angle b$이면 $l /\!/ m$

② 엇각의 크기가 같으면 두 직선은 서로 평행하다.

→ $\angle c = \angle d$이면 $l /\!/ m$

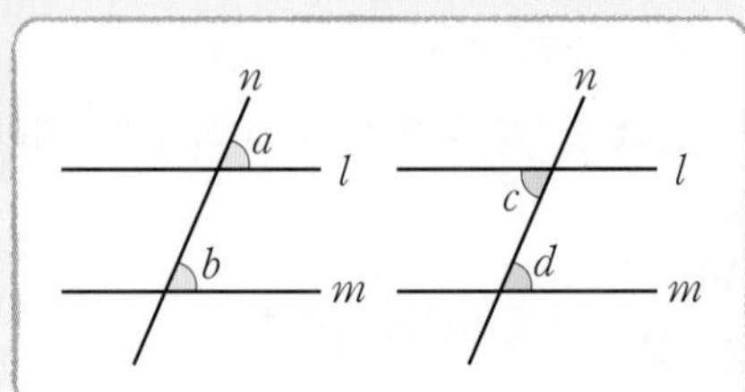

개념 check

평행선의 성질

01 다음 그림에서 $l /\!/ m$일 때, $\angle x$, $\angle y$의 크기를 각각 구하시오.

(1)

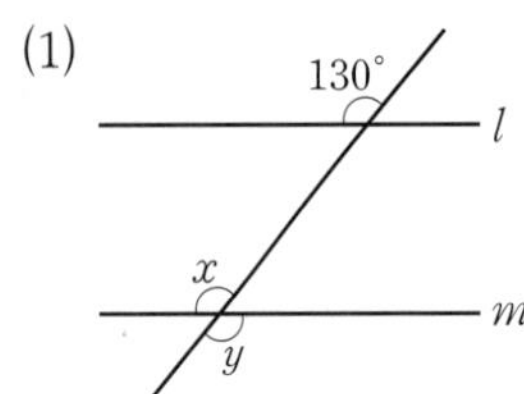

(2)

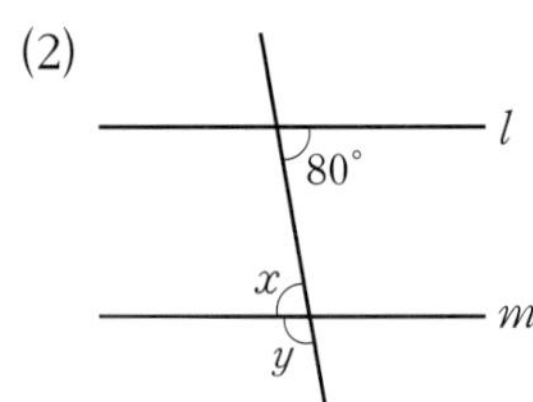

01-1 다음 그림에서 $l /\!/ m$일 때, $\angle x$, $\angle y$의 크기를 각각 구하시오.

(1)

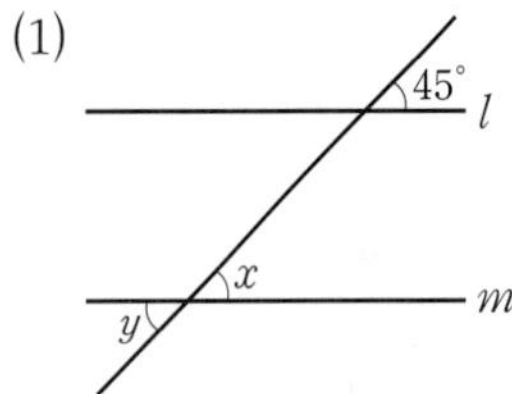

(2)

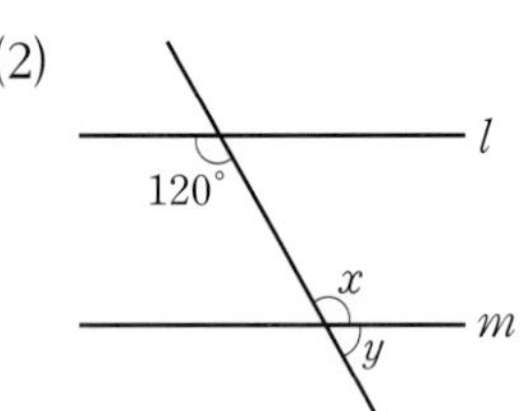

평행선 찾기

02 다음 그림에서 두 직선 l, m이 평행하면 ○표, 평행하지 않으면 ×표를 하시오.

(1)

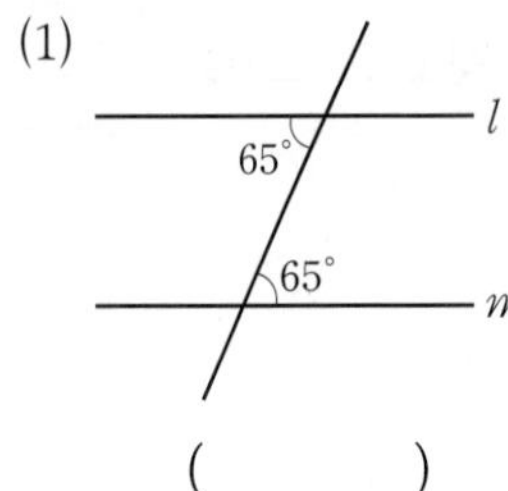

( )

(2)

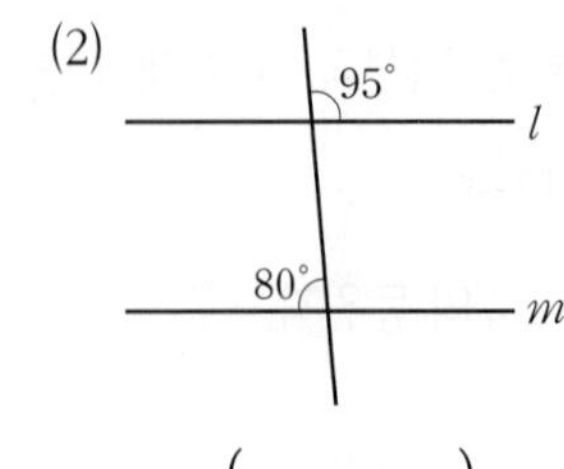

( )

(3)

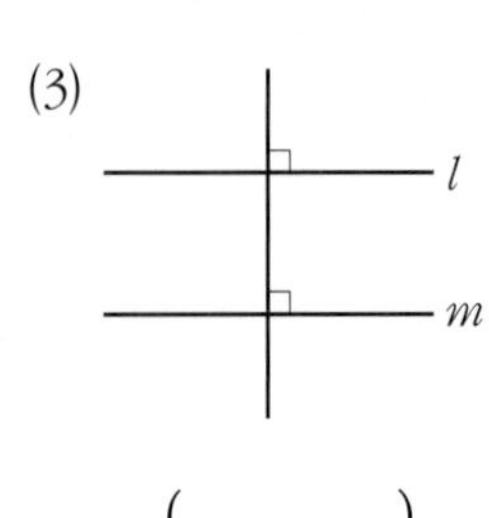

( )

필수 유형 익히기

유형 1 동위각과 엇각

01 오른쪽 그림과 같이 두 직선 l, m이 다른 한 직선 n과 만날 때, 다음 중 옳지 않은 것은?

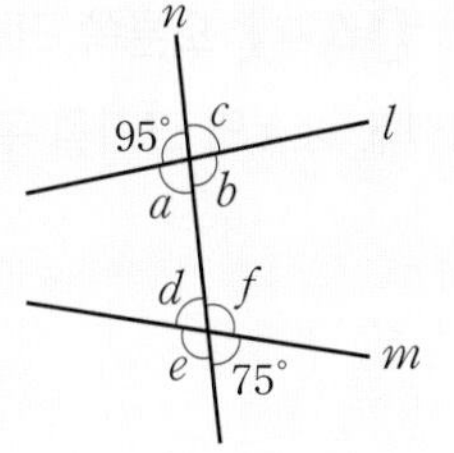

① $\angle c$의 동위각은 $\angle f$이다.
② $\angle b$의 엇각은 $\angle d$이다.
③ $\angle f$의 동위각의 크기는 $85°$이다.
④ $\angle a$의 동위각의 크기는 $105°$이다.
⑤ $\angle d$의 엇각의 크기는 $75°$이다.

01-1 오른쪽 그림과 같이 두 직선 l, m이 다른 한 직선 n과 만날 때, 다음 보기 중 옳은 것을 모두 고르시오.

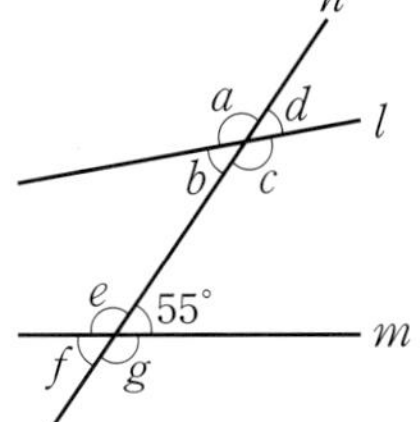

보기
ㄱ. $\angle a$의 동위각의 크기는 $55°$이다.
ㄴ. $\angle b$의 동위각의 크기는 $55°$이다.
ㄷ. $\angle c$의 엇각의 크기는 $125°$이다.
ㄹ. $\angle c$의 크기와 $\angle g$의 크기는 같다.

유형 2 평행선에서 각의 크기 구하기

02 오른쪽 그림에서 $l /\!/ m$일 때, $\angle x$의 크기는?

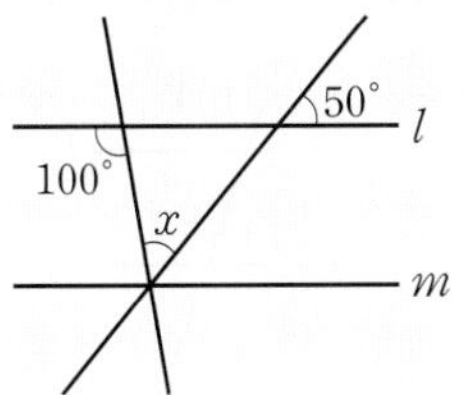

① $40°$ ② $45°$
③ $50°$ ④ $55°$
⑤ $60°$

02-1 오른쪽 그림에서 $l /\!/ m$일 때, $\angle x$의 크기는?

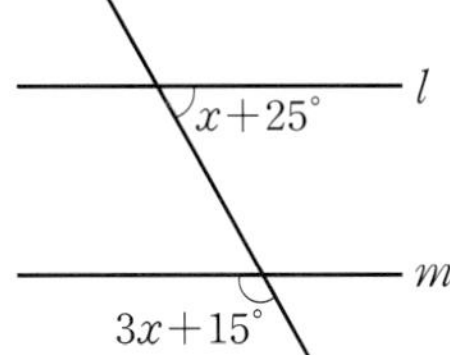

① $20°$ ② $25°$
③ $30°$ ④ $35°$
⑤ $40°$

유형 3 평행선에서 각의 크기 구하기; 삼각형의 성질 이용

03 오른쪽 그림에서 $l /\!/ m$일 때, $\angle x$의 크기는?

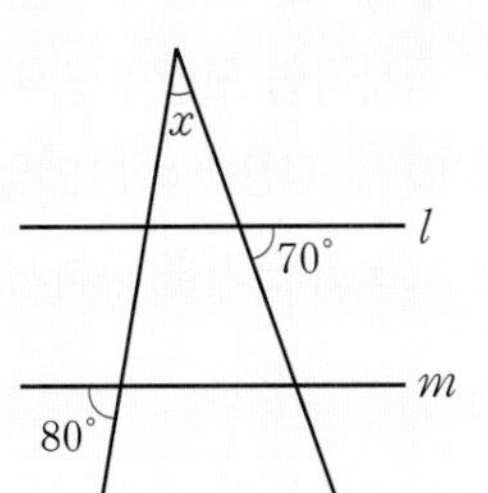

① $24°$ ② $26°$
③ $28°$ ④ $30°$
⑤ $32°$

03-1 오른쪽 그림에서 $l /\!/ m$일 때, $\angle x$의 크기를 구하시오.

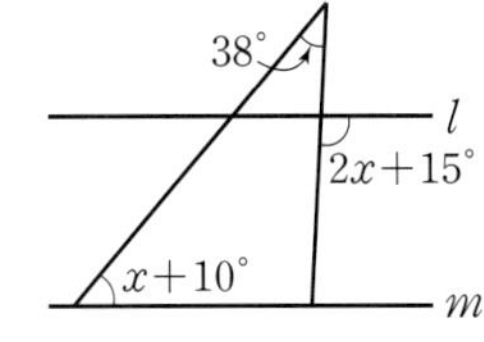

정답과 해설 6쪽

필수 유형 익히기

유형 4 평행선에서 각의 크기 구하기; 보조선 긋기

04 오른쪽 그림에서 $l /\!/ m$일 때, $\angle x$의 크기를 구하시오.

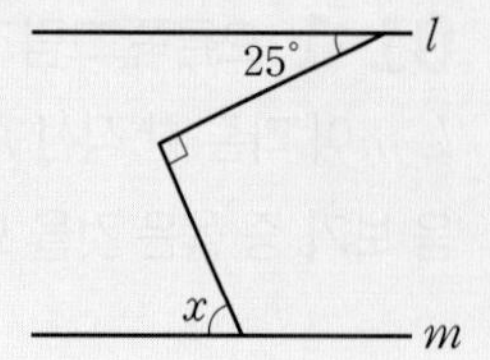

04-1 오른쪽 그림에서 $l /\!/ m$일 때, $\angle x$의 크기를 구하시오.

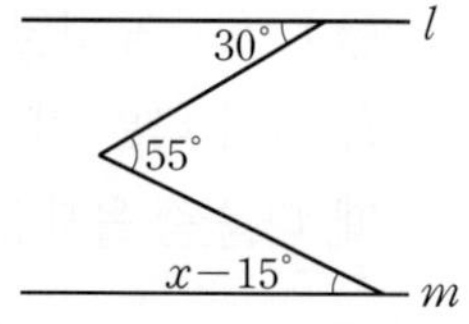

유형 5 두 직선이 평행할 조건

05 다음 보기 중 두 직선 l, m이 평행한 것을 모두 고르시오.

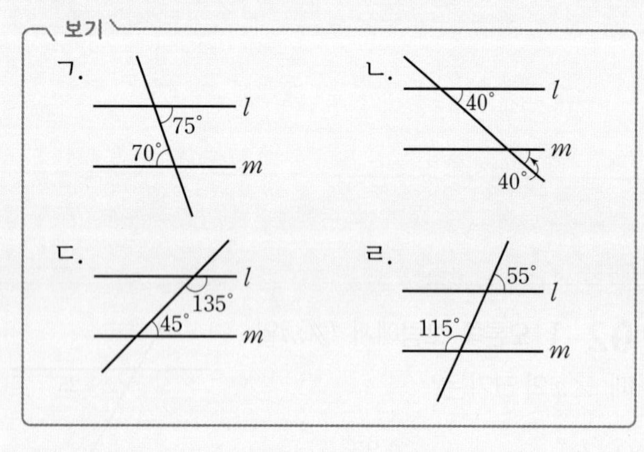

05-1 다음 중 두 직선 l, m이 평행한 것은?

①
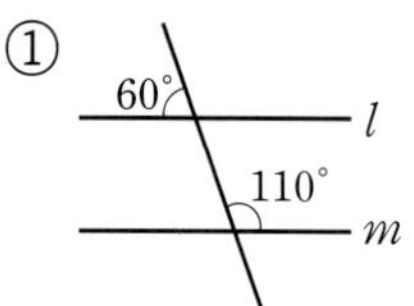

②
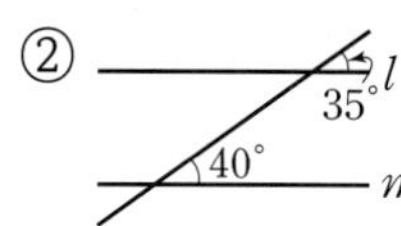

③
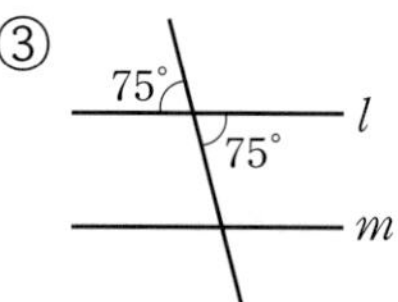

④
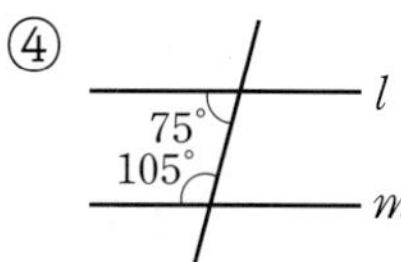

⑤
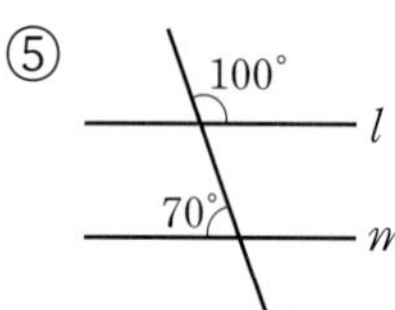

한 걸음 더

유형 6 종이 접기

직사각형 모양의 종이를 접었을 때, 다음을 이용한다.

① 접은 각의 크기가 서로 같다.

② 직사각형에서 마주보는 두 변은 평행하고, 평행선에서 엇각의 크기가 서로 같다.

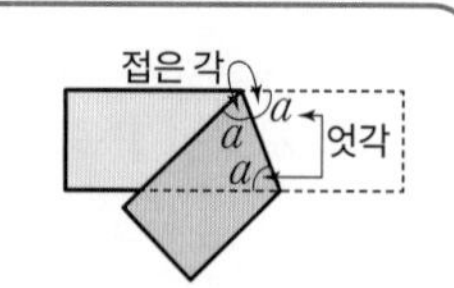

06 오른쪽 그림과 같이 직사각형 모양의 종이를 접었다. $\angle EGF = 30°$일 때, 다음 물음에 답하시오.

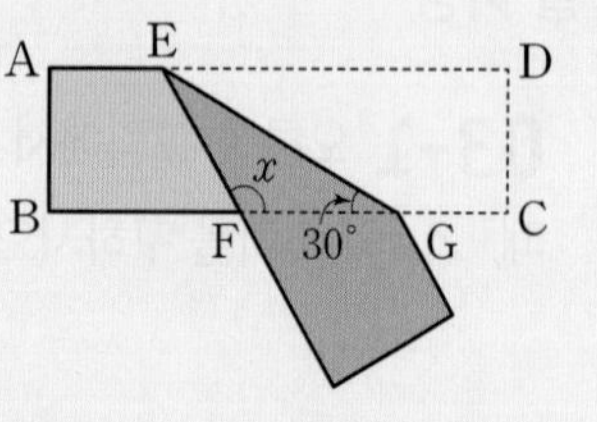

(1) $\angle EGF$와 크기가 같은 각을 모두 구하시오.

(2) $\angle x$의 크기를 구하시오.

06-1 오른쪽 그림과 같이 직사각형 모양의 종이를 접었다. $\angle CBD = 112°$일 때, $\angle x$의 크기를 구하시오.

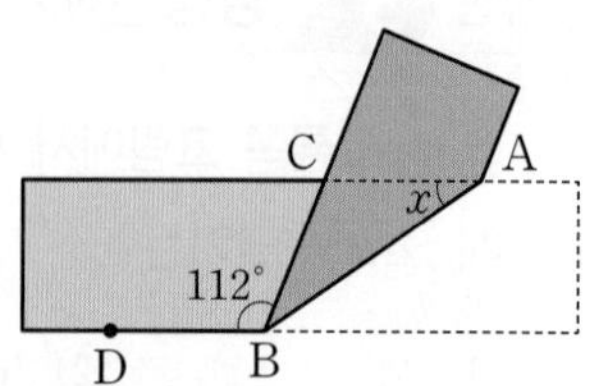

서술형 감잡기

01 다음 그림에서 두 점 M, N은 각각 $\overline{AB}$, $\overline{BC}$의 중점이다. $\overline{MN}=20$ cm일 때, $\overline{AC}$의 길이를 구하시오.

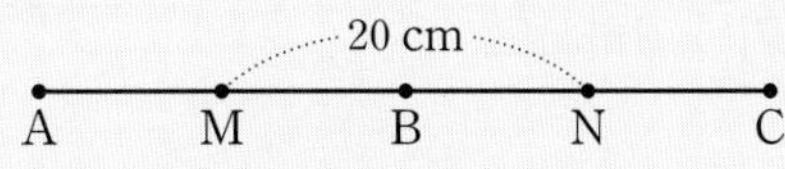

① 단계 $\overline{AB}$, $\overline{BC}$를 각각 $\overline{MB}$, $\overline{BN}$을 사용하여 나타내기 ◀ 50 %

점 M이 $\overline{AB}$의 중점이므로 $\overline{AB}=\square\overline{MB}$

점 N이 $\overline{BC}$의 중점이므로 $\overline{BC}=\square\overline{BN}$

② 단계 $\overline{AC}$의 길이 구하기 ◀ 50 %

$\therefore \overline{AC}=\overline{AB}+\overline{BC}$

$=\square\overline{MB}+\square\overline{BN}=\square(\overline{MB}+\overline{BN})$

$=\square\overline{MN}=\square\times 20$

$=\square$(cm)

답 ________________

01-1 다음 그림에서 두 점 M, N은 각각 $\overline{AB}$, $\overline{BC}$의 중점이다. $\overline{AN}=24$ cm, $\overline{NC}=6$ cm일 때, $\overline{MN}$의 길이를 구하시오.

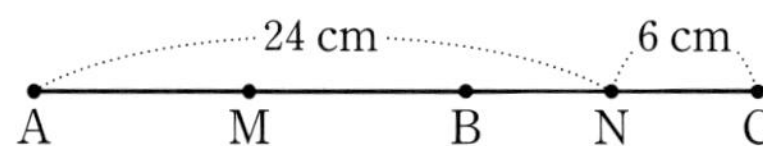

답 ________________

02 오른쪽 그림에서 $\angle x-\angle y$의 크기를 구하시오.

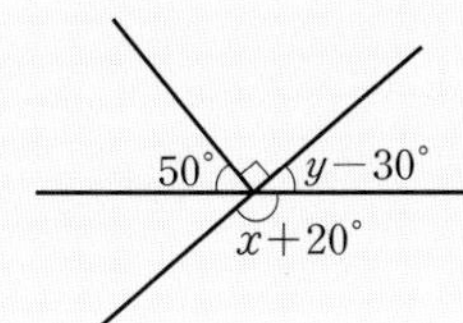

① 단계 $\angle x$의 크기 구하기 ◀ 40 %

맞꼭지각의 크기는 서로 같으므로

$\square^\circ+90^\circ=\angle x+20^\circ$ $\therefore \angle x=\square^\circ$

② 단계 $\angle y$의 크기 구하기 ◀ 40 %

평각의 크기는 180°이므로

$\square^\circ+90^\circ+(\angle y-30^\circ)=\square^\circ$

$\therefore \angle y=\square^\circ$

③ 단계 $\angle x-\angle y$의 크기 구하기 ◀ 20 %

$\therefore \angle x-\angle y=\square^\circ-\square^\circ=\square^\circ$

답 ________________

02-1 오른쪽 그림에서 $\angle x+\angle y$의 크기를 구하시오.

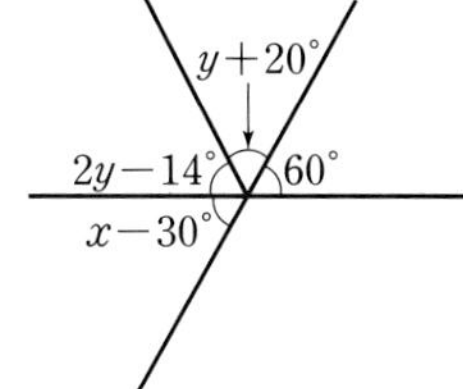

답 ________________

정답과 해설 7쪽

단원 마무리하기

01 오른쪽 그림과 같은 육각뿔에서 교점의 개수를 a, 교선의 개수를 b라고 할 때, ab의 값을 구하시오.

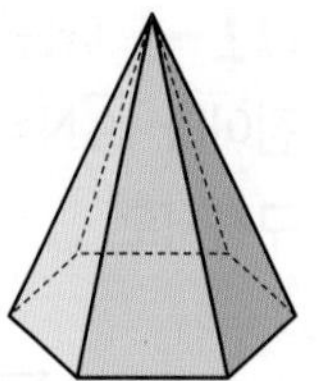

02 아래 그림과 같이 직선 l 위에 네 점 A, B, C, D가 있을 때, 다음 중 옳지 않은 것은?

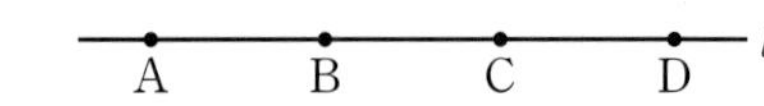

① $\overleftrightarrow{AB}=\overleftrightarrow{CD}$　② $\overrightarrow{AB}=\overrightarrow{AD}$
③ $\overline{AC}=\overline{CA}$　④ $\overleftrightarrow{CB}=\overleftrightarrow{DB}$
⑤ $\overrightarrow{CA}=\overrightarrow{CD}$

03 다음 그림에서 점 B는 $\overline{AC}$의 중점이고 점 C는 $\overline{BD}$의 중점이다. $\overline{AD}=15\text{ cm}$일 때, $\overline{AB}$의 길이를 구하시오.

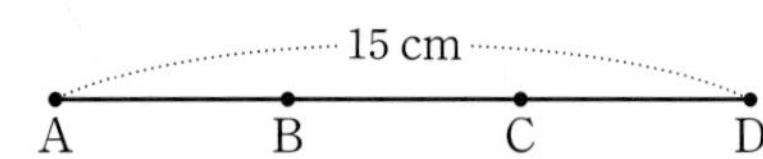

04 오른쪽 그림에서 $\angle x$의 크기는?

① 20°　② 25°
③ 30°　④ 35°
⑤ 40°

05 오른쪽 그림에서 $\angle x : \angle y : \angle z = 3 : 7 : 5$일 때, $\angle x$의 크기를 구하시오.

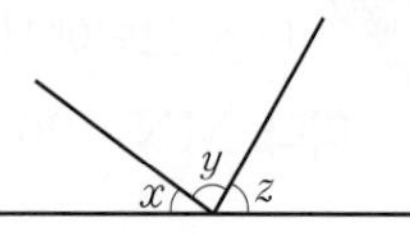

06 오른쪽 그림에서 $\overline{AB}\perp\overline{EO}$이고, $\angle\text{EOB}=3\angle\text{DOE}$, $\angle\text{AOD}=2\angle\text{COD}$일 때, $\angle\text{COE}$의 크기는?

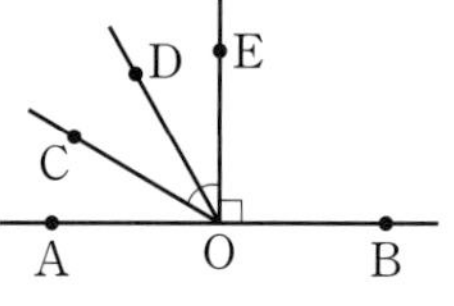

① 45°　② 50°　③ 55°
④ 60°　⑤ 65°

서술형

07 오른쪽 그림에서 $\angle y-\angle x$의 크기를 구하시오.

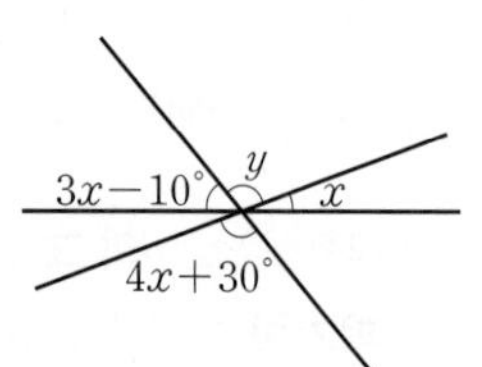

08 다음 보기 중 오른쪽 그림과 같은 직사각형 ABCD에 대한 설명으로 옳은 것을 모두 고르시오.

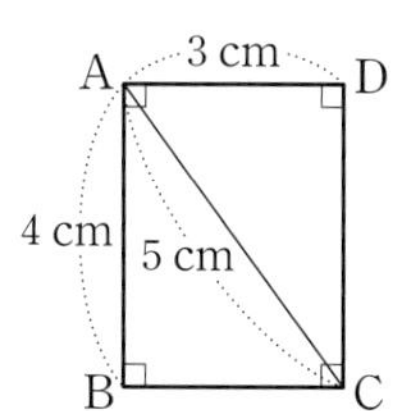

보기
ㄱ. $\overline{AB} \perp \overline{BC}$이다.
ㄴ. 점 A에서 $\overline{BC}$에 내린 수선의 발은 점 C이다.
ㄷ. 점 A와 $\overline{CD}$ 사이의 거리는 5 cm이다.
ㄹ. 점 B와 $\overline{CD}$ 사이의 거리는 3 cm이다.

11 오른쪽 그림과 같은 전개도로 정육면체를 만들었을 때, 다음 중 모서리 AB와 꼬인 위치에 있는 모서리를 모두 고르시오.

$\overline{IH}$, $\overline{DE}$, $\overline{EF}$, $\overline{JK}$, $\overline{ML}$, $\overline{KF}$, $\overline{NK}$

09 오른쪽 그림과 같은 정육면체에서 모서리 AE와 평행하고 선분 BD와 꼬인 위치에 있는 모서리는?

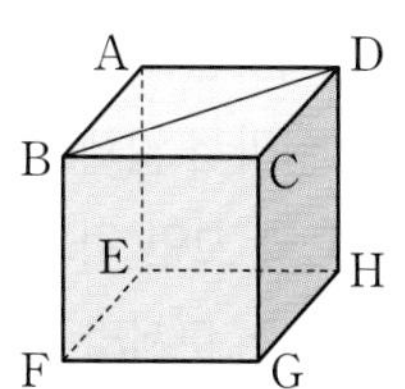

① $\overline{AD}$　② $\overline{BF}$
③ $\overline{CG}$　④ $\overline{DH}$
⑤ $\overline{EF}$

12 오른쪽 그림과 같이 세 직선이 만날 때, 다음 중 $\angle c$의 엇각을 모두 고른 것은?

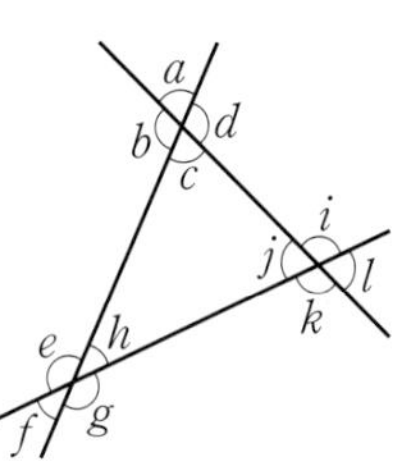

① $\angle e$, $\angle i$　② $\angle e$, $\angle j$
③ $\angle h$, $\angle i$　④ $\angle h$, $\angle j$
⑤ $\angle g$, $\angle i$

10 오른쪽 그림과 같이 밑면이 정오각형인 오각기둥에서 각 모서리를 연장한 직선을 그을 때, 다음 중 옳지 않은 것을 모두 고르면? (정답 2개)

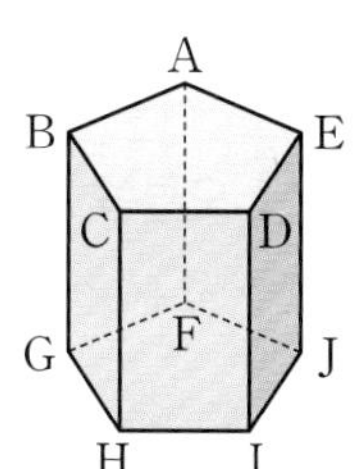

① $\overleftrightarrow{DE}$와 $\overleftrightarrow{IJ}$는 평행하다.
② $\overleftrightarrow{AB}$와 $\overleftrightarrow{CD}$는 꼬인 위치에 있다.
③ $\overleftrightarrow{BC}$는 면 ABCDE에 포함된다.
④ 면 BGHC와 $\overleftrightarrow{FJ}$는 평행하다.
⑤ 면 ABCDE와 수직인 모서리는 5개이다.

서술형
13 오른쪽 그림에서 $l /\!/ m$일 때, $\angle x$의 크기를 구하시오.

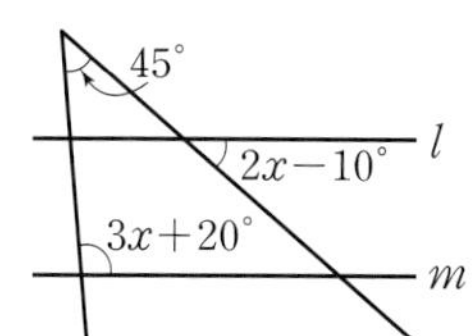

정답과 해설 9쪽

14 오른쪽 그림에서 $l /\!/ m$일 때, $\angle x$의 크기는?

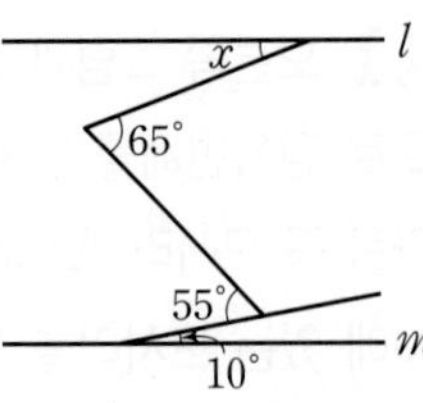

① 16°　② 18°
③ 20°　④ 22°
⑤ 24°

15 오른쪽 그림에서 평행한 두 직선을 모두 찾아 기호 $/\!/$를 사용하여 나타내시오.

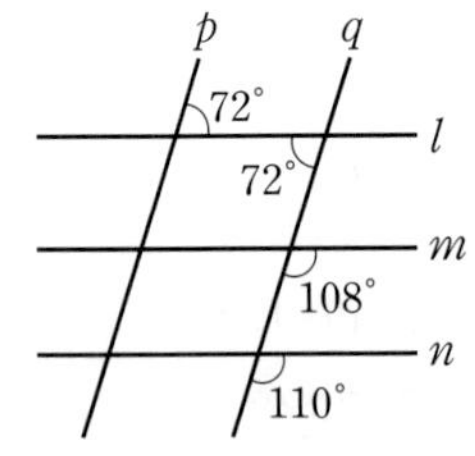

서술형

16 오른쪽 그림과 같이 직사각형 모양의 종이를 접었다. $\angle BAD=132°$일 때, $\angle y-\angle x$의 크기를 구하시오.

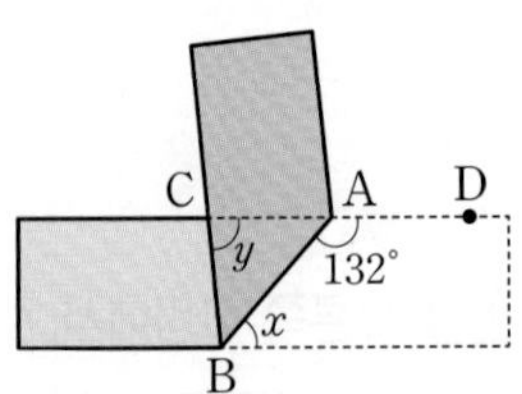

Level Up

17 다음 그림에서 $\overline{AB}$, $\overline{BC}$의 중점을 각각 M, N이라 하고, $\overline{MN}$의 중점을 P라고 하자. $\overline{AB}=18\text{ cm}$, $\overline{BC}=10\text{ cm}$일 때, $\overline{PB}$의 길이를 구하시오.

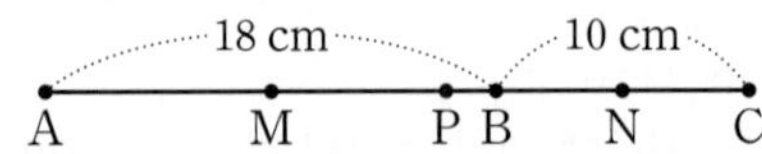

18 오른쪽 그림과 같이 직육면체를 세 꼭짓점 A, B, E를 지나는 평면으로 잘라서 입체도형을 만들 때, 모서리 BE와 꼬인 위치에 있는 모서리의 개수를 a, 모서리 AB와 한 점에서 만나는 면의 개수를 b, 모서리 BF와 수직으로 만나는 모서리의 개수를 c라 하자. $a+b+c$의 값을 구하시오.

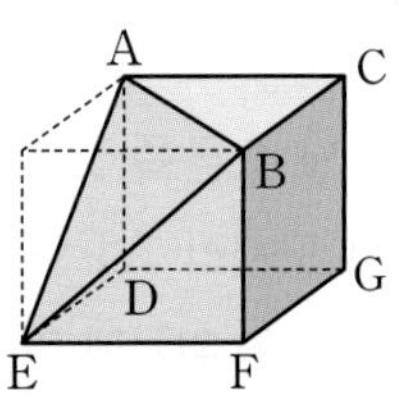

19 오른쪽 그림에서 $l /\!/ m$일 때, $\angle x+\angle y$의 크기를 구하시오.

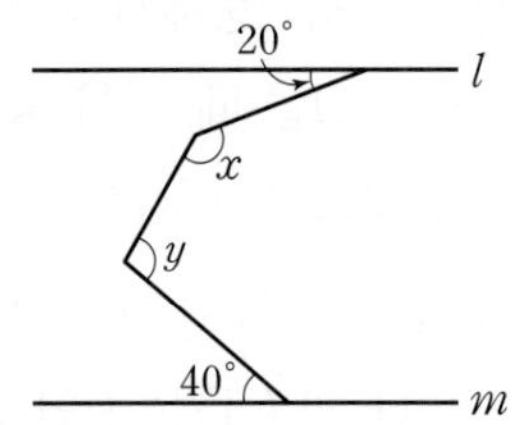

정답과 해설 10쪽

작도와 합동

01 삼각형의 작도

개념 1 길이가 같은 선분의 작도

(1) **작도**: 눈금 없는 자와 컴퍼스만을 사용하여 도형을 그리는 것

① **눈금 없는 자**: 두 점을 연결하여 선분을 그리거나 선분을 연장하는 데 사용한다.

② **컴퍼스**: 원을 그리거나 주어진 선분의 길이를 옮기는 데 사용한다.

(2) **길이가 같은 선분의 작도**: 선분 AB와 길이가 같은 선분은 다음과 같이 작도한다.

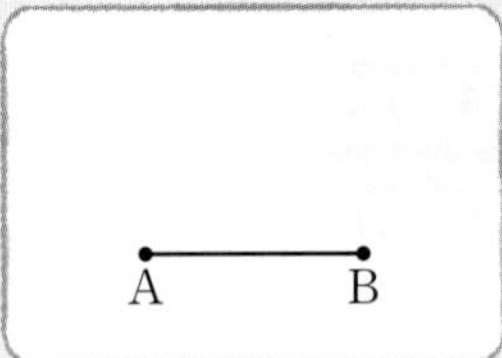

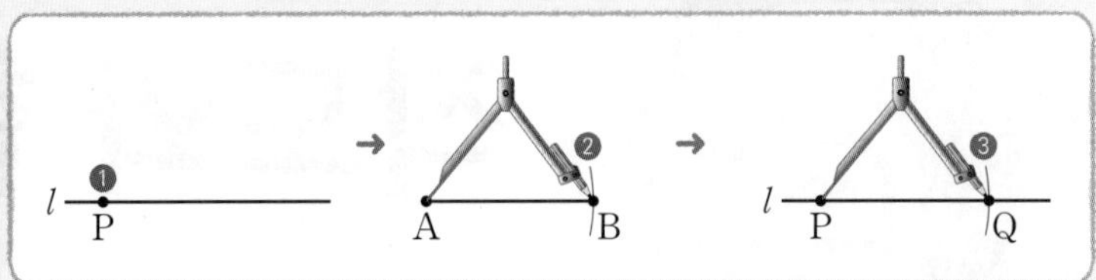

❶ 눈금 없는 자를 사용하여 직선 l을 긋고, 그 위에 점 P를 잡는다.

❷ 컴퍼스를 사용하여 $\overline{AB}$의 길이를 잰다.

❸ 점 P를 중심으로 반지름의 길이가 $\overline{AB}$인 원을 그려 직선 l과의 교점을 Q라 하면, $\overline{PQ}$가 구하는 선분이다.

개념 check

작도

01 다음 중 작도에 대한 설명으로 옳은 것은 ○표, 옳지 않은 것은 ×표를 하시오.

(1) 선분의 길이를 잴 때 눈금 없는 자를 사용한다. (　　)

(2) 두 점을 연결하여 선분을 그릴 때 컴퍼스를 사용한다. (　　)

(3) 원을 그릴 때 컴퍼스를 사용한다. (　　)

길이가 같은 선분의 작도

02 오른쪽 그림은 선분 AB와 길이가 같은 선분 PQ를 작도한 것이다. 작도 순서를 바르게 나열하시오.

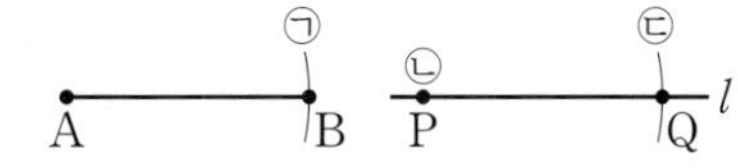

02-1 오른쪽 그림은 선분 AB를 점 B의 방향으로 연장하여 $\overline{AC}=2\overline{AB}$인 $\overline{AC}$를 작도하는 과정이다. □ 안에 알맞은 것을 써넣으시오.

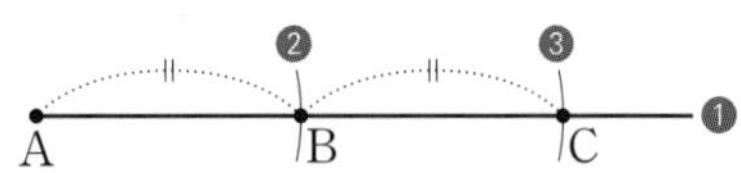

❶ □를 이용하여 $\overline{AB}$를 점 B의 방향으로 연장한다.

❷ □를 사용하여 $\overline{AB}$의 길이를 잰다.

❸ 점 □를 중심으로 반지름의 길이가 □인 원을 그려 $\overline{AB}$의 연장선과의 교점을 C라 한다. → $\overline{AC}=$□$\overline{AB}$

개념 2 크기가 같은 각의 작도

$\angle XOY$와 크기가 같고 반직선 AB를 한 변으로 하는 각은 다음과 같이 작도한다.

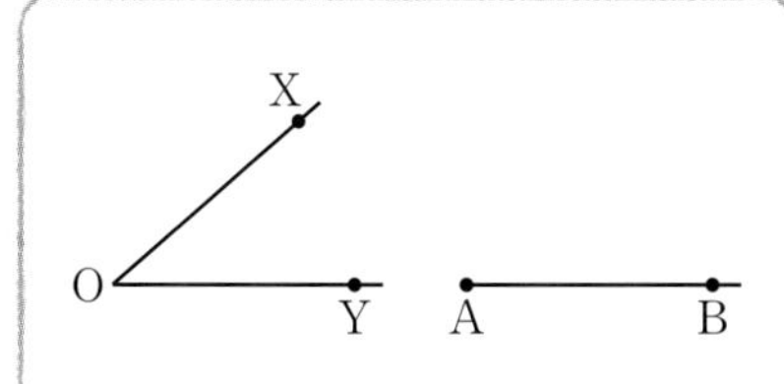

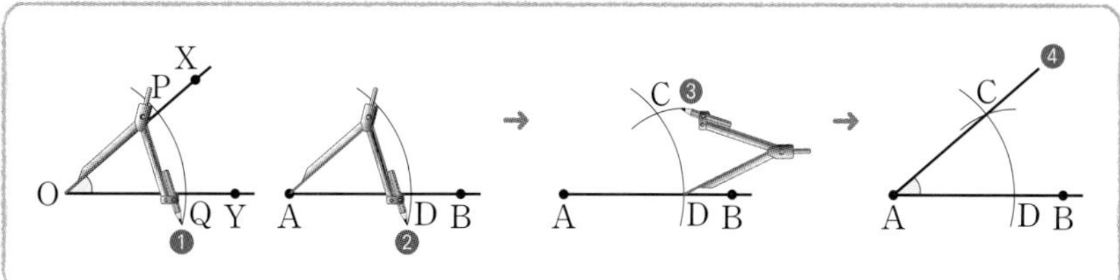

❶ 점 O를 중심으로 적당한 원을 그려 $\overrightarrow{OX}$와의 교점을 P라 하고, $\overrightarrow{OY}$와의 교점을 Q라 한다.

❷ 점 A를 중심으로 반지름의 길이가 $\overline{OP}$인 원을 그려 $\overrightarrow{AB}$와의 교점을 D라 한다.

❸ $\overline{PQ}$의 길이를 잰 후, 점 D를 중심으로 반지름의 길이가 $\overline{PQ}$인 원을 그려 ❷에서 그린 원과의 교점을 C라 한다.

❹ $\overrightarrow{AC}$를 그으면 $\angle CAB$가 구하는 각이다.

개념 check

✓ 크기가 같은 각의 작도

01 오른쪽 그림은 $\angle XOY$와 크기가 같고 반직선 PQ를 한 변으로 하는 $\angle CPD$를 작도한 것이다. 작도 순서를 바르게 나열하시오.

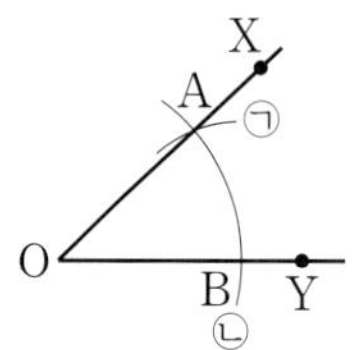

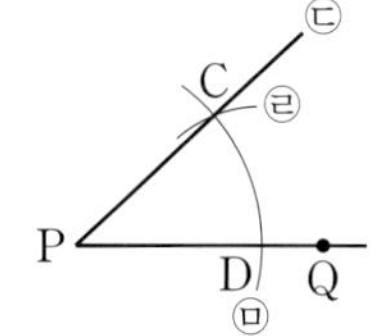

✓ 평행선의 작도

02 다음은 직선 l 위에 있지 않은 한 점 P를 지나고 직선 l에 평행한 직선 m을 작도하는 과정이다. □ 안에 알맞은 것을 써넣으시오.

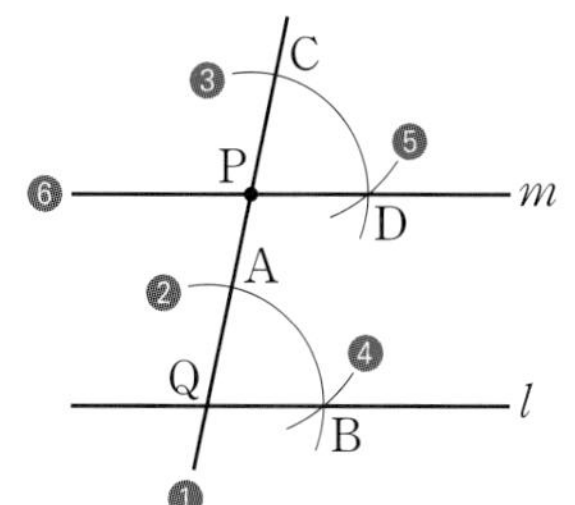

❶ 점 P를 지나는 직선을 그어 직선 l과의 교점을 □라 한다.

❷ 점 Q를 중심으로 적당한 원을 그려 $\overleftrightarrow{PQ}$, 직선 l과의 교점을 각각 □, □라 한다.

❸ 점 P를 중심으로 반지름의 길이가 $\overline{QA}$인 원을 그려 $\overleftrightarrow{PQ}$와의 교점을 □라 한다.

❹ 컴퍼스로 □의 길이를 잰다.

❺ 점 C를 중심으로 반지름의 길이가 □인 원을 그려 ❸에서 그린 원과의 교점을 □라 한다.

❻ $\overleftrightarrow{PD}$를 그으면 $\overleftrightarrow{PD}$가 구하는 직선 m이다. → $l /\!/ m$

정답과 해설 11쪽

개념 3 삼각형 ABC

(1) **삼각형 ABC**: 세 점 A, B, C를 꼭짓점으로 하는 삼각형 → △ABC

① **대변**: 한 각과 마주 보는 변

② **대각**: 한 변과 마주 보는 각

참고 △ABC에서 ∠A, ∠B, ∠C의 대변의 길이를 a, b, c로 나타낸다.

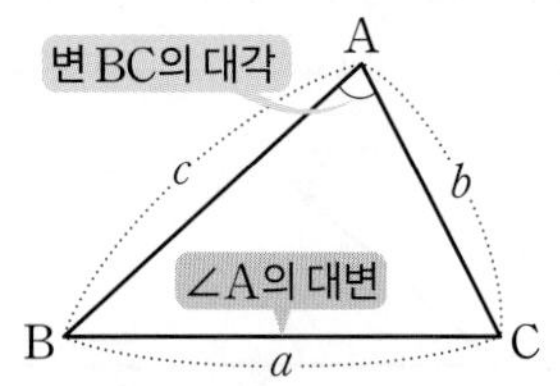

변 BC의 대각
∠A의 대변

(2) **삼각형의 세 변의 길이 사이의 관계**

삼각형에서 한 변의 길이는 나머지 두 변의 길이의 합보다 작다.

→ (가장 긴 변의 길이) < (나머지 두 변의 길이의 합)

개념 Bridge

• 삼각형에서 대변과 대각 알아보기

오른쪽 그림과 같은 삼각형 ABC에서

(1) ∠A의 대변 → ☐, ∠B의 대변 → ☐, ∠C의 대변 → ☐

(2) 변 AB의 대각 → ☐, 변 BC의 대각 → ☐, 변 AC의 대각 → ☐

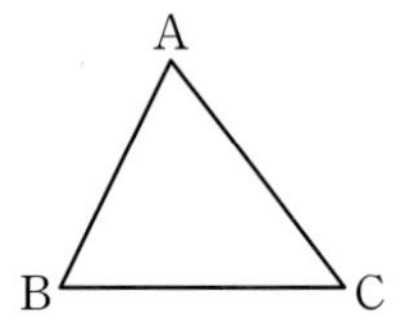

개념 check

삼각형 ABC

01 오른쪽 그림과 같은 삼각형 ABC에서 다음을 구하시오.

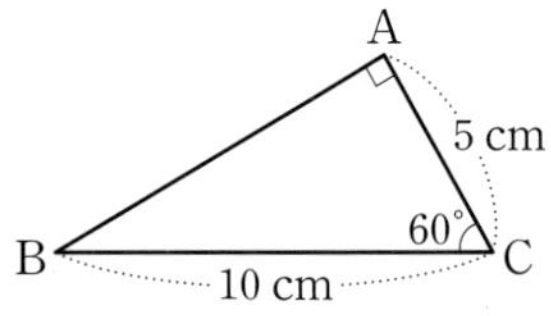

(1) ∠A의 대변의 길이

(2) ∠B의 대변의 길이

(3) 변 AB의 대각의 크기

(4) 변 AC의 대각의 크기

삼각형의 세 변의 길이 사이의 관계

02 세 선분의 길이가 다음과 같을 때, 삼각형을 만들 수 있으면 ○표, 만들 수 없으면 × 표를 하시오.

(1) 3 cm, 5 cm, 7 cm ( )

(2) 2 cm, 7 cm, 10 cm ( )

(3) 3 cm, 6 cm, 9 cm ( )

(4) 6 cm, 6 cm, 6 cm ( )

02-1 다음 보기 중 삼각형의 세 변의 길이가 될 수 있는 것을 모두 고르시오.

보기

ㄱ. 3, 4, 5

ㄴ. 4, 5, 7

ㄷ. 6, 8, 14

ㄹ. 7, 7, 15

개념 4 삼각형의 작도

다음과 같은 세 가지 경우에 삼각형을 하나로 작도할 수 있다.

(1) **세 변의 길이가 주어질 때**

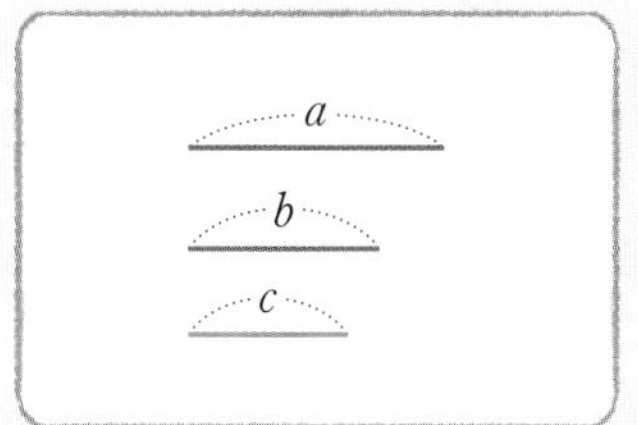

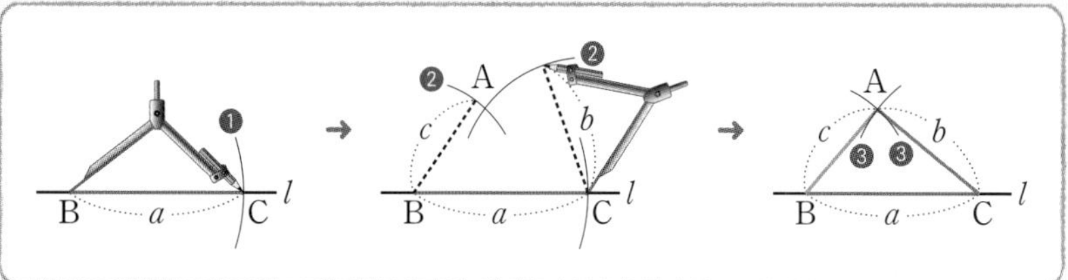

❶ 직선 l을 긋고, 그 위에 길이가 a인 $\overline{BC}$를 작도한다.

❷ 점 B를 중심으로 반지름의 길이가 c인 원을, 점 C를 중심으로 반지름의 길이가 b인 원을 그려, 두 원의 교점을 A라 한다.

❸ $\overline{AB}$와 $\overline{AC}$를 그으면 $\triangle ABC$가 구하는 삼각형이다.

(2) **두 변의 길이와 그 끼인각의 크기가 주어질 때**

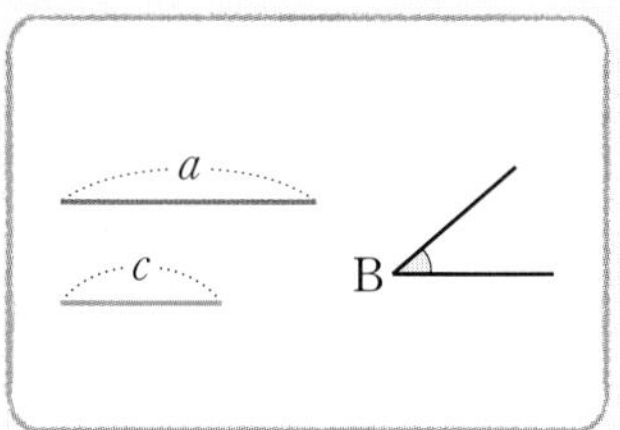

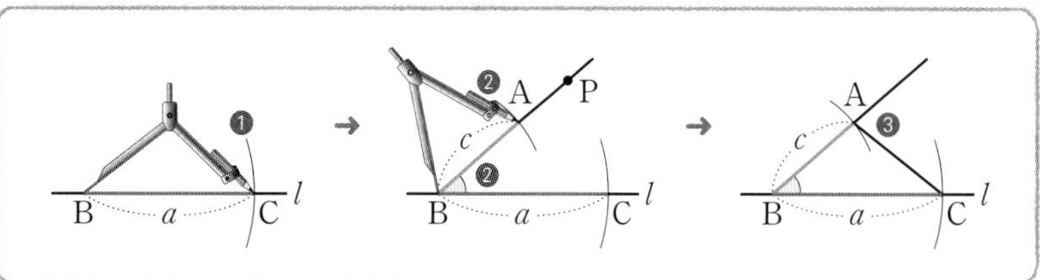

❶ 직선 l을 긋고, 그 위에 길이가 a인 $\overline{BC}$를 작도한다.

❷ $\overrightarrow{BC}$를 한 변으로 하고 $\angle B$와 크기가 같은 $\angle PBC$를 작도하고, 점 B를 중심으로 반지름의 길이가 c인 원을 그려 $\overrightarrow{BP}$와의 교점을 A라 한다.

❸ $\overline{AC}$를 그으면 $\triangle ABC$가 구하는 삼각형이다.

(3) **한 변의 길이와 그 양 끝 각의 크기가 주어질 때**

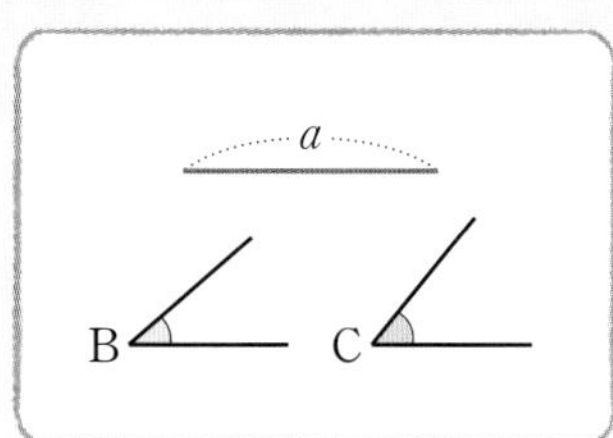

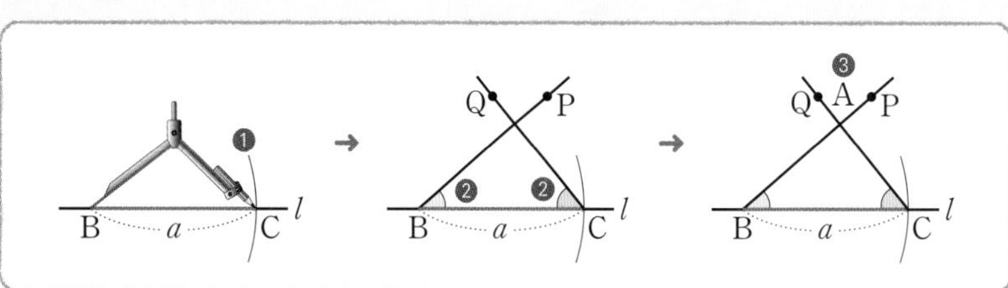

❶ 직선 l을 긋고, 그 위에 길이가 a인 $\overline{BC}$를 작도한다.

❷ $\overrightarrow{BC}$를 한 변으로 하고 $\angle B$와 크기가 같은 $\angle PBC$를, $\overrightarrow{CB}$를 한 변으로 하고 $\angle C$와 크기가 같은 $\angle QCB$를 작도한다.

❸ $\overrightarrow{BP}$와 $\overrightarrow{CQ}$의 교점을 A라 할 때, $\triangle ABC$가 구하는 삼각형이다.

정답과 해설 11쪽

개념 check

삼각형의 작도

01 다음은 세 변의 길이를 이용하여 △ABC와 합동인 △DEF를 작도하는 과정이다. □ 안에 알맞은 것을 써넣으시오.

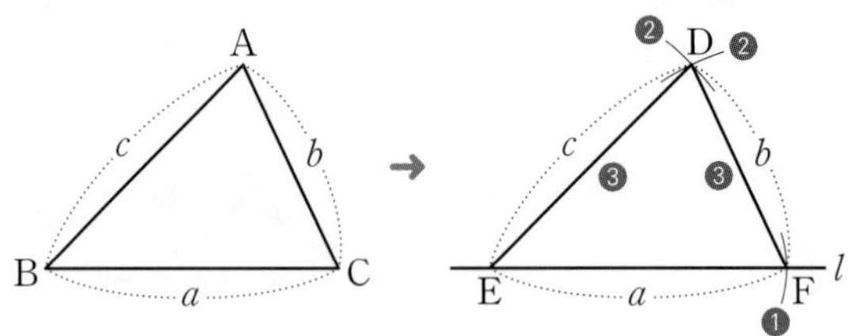

❶ 직선 l을 긋고, 그 위에 길이가 □인 $\overline{EF}$를 작도한다.
❷ 점 □를 중심으로 반지름의 길이가 □인 원을, 점 F를 중심으로 반지름의 길이가 □인 원을 그려, 두 원의 교점을 □라 한다.
❸ $\overline{DE}$와 $\overline{DF}$를 그으면 △DEF가 구하는 삼각형이다.

01-1 다음은 두 변의 길이와 그 끼인각의 크기를 이용하여 △ABC와 합동인 △DEF를 작도하는 과정이다. □ 안에 알맞은 것을 써넣으시오.

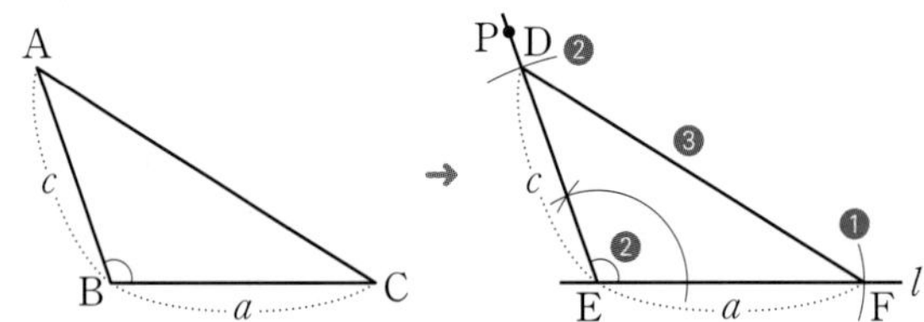

❶ 직선 l을 긋고, 그 위에 길이가 □인 $\overline{EF}$를 작도한다.
❷ $\overrightarrow{EF}$를 한 변으로 하고 ∠□와 크기가 같은 ∠PEF를 작도하고, 점 □를 중심으로 반지름의 길이가 c인 원을 그려 $\overrightarrow{EP}$와의 교점을 □라 한다.
❸ $\overline{DF}$를 그으면 △DEF가 구하는 삼각형이다.

01-2 다음은 한 변의 길이와 그 양 끝 각의 크기를 이용하여 △ABC와 합동인 △DEF를 작도하는 과정이다. □ 안에 알맞은 것을 써넣으시오.

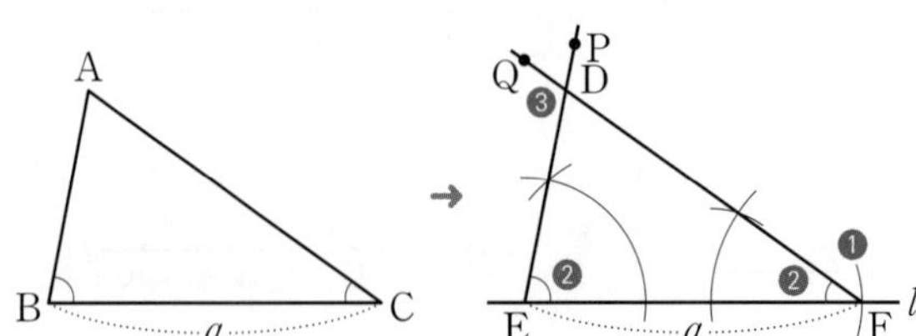

❶ 직선 l을 긋고, 그 위에 길이가 □인 $\overline{EF}$를 작도한다.
❷ $\overrightarrow{EF}$를 한 변으로 하고 ∠□와 크기가 같은 ∠PEF를, $\overrightarrow{FE}$를 한 변으로 하고 ∠C와 크기가 같은 ∠QFE를 작도한다.
❸ $\overrightarrow{EP}$와 $\overrightarrow{FQ}$의 교점을 □라 할 때, △DEF가 구하는 삼각형이다.

개념 5 삼각형이 하나로 정해지는 경우

(1) **삼각형이 하나로 정해지는 경우**

① 세 변의 길이가 주어질 때

② 두 변의 길이와 그 끼인각의 크기가 주어질 때

③ 한 변의 길이와 그 양 끝 각의 크기가 주어질 때

참고 한 변의 길이와 그 양 끝 각이 아닌 두 각의 크기가 주어진 경우에는 삼각형의 세 각의 크기의 합이 180°임을 이용하여 나머지 한 각의 크기를 구할 수 있으므로 한 변의 길이와 그 양 끝 각의 크기가 주어진 경우와 같다.

(2) **삼각형이 하나로 정해지지 않는 경우**

① 가장 긴 변의 길이가 나머지 두 변의 길이의 합보다 크거나 같을 때

② 두 변의 길이와 그 끼인각이 아닌 다른 한 각의 크기가 주어질 때

③ 세 각의 크기가 주어질 때

참고 ① (가장 긴 변의 길이) ≥ (나머지 두 변의 길이의 합)일 때 ➜ 삼각형이 그려지지 않는다.

예

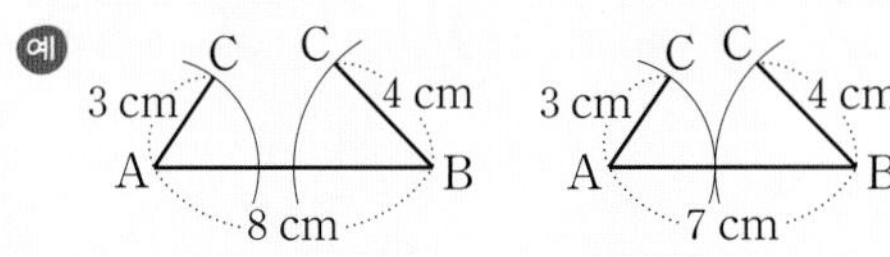

② 두 변의 길이와 그 끼인각이 아닌 다른 한 각의 크기가 주어질 때 ➜ 삼각형이 그려지지 않거나 1개 또는 2개로 그려진다.

예

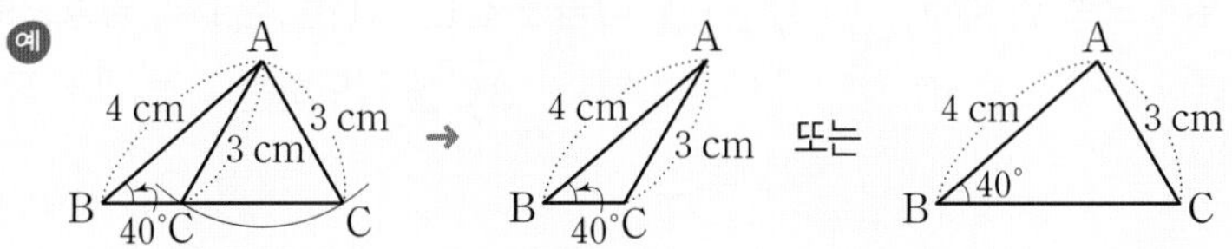

③ 세 각의 크기가 주어질 때 ➜ 모양은 같고 크기가 다른 삼각형이 무수히 많이 그려진다.

예

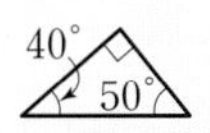

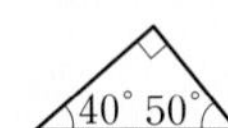

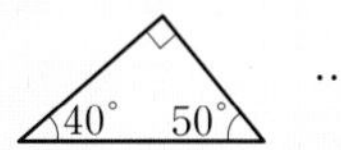

…

개념 check

삼각형이 하나로 정해지는 경우

01 다음과 같은 조건이 주어질 때, △ABC가 하나로 정해지면 ○표, 정해지지 않으면 ×표를 하시오.

(1) $\overline{AB}=2\,\text{cm}$, $\overline{BC}=4\,\text{cm}$, $\overline{CA}=5\,\text{cm}$ (　　　)

(2) $\overline{AB}=3\,\text{cm}$, $\overline{BC}=4\,\text{cm}$, $\angle C=40^\circ$ (　　　)

(3) $\overline{AC}=5\,\text{cm}$, $\angle B=80^\circ$, $\angle C=40^\circ$ (　　　)

01-1 다음 보기 중 △ABC가 하나로 정해지는 것을 모두 고르시오.

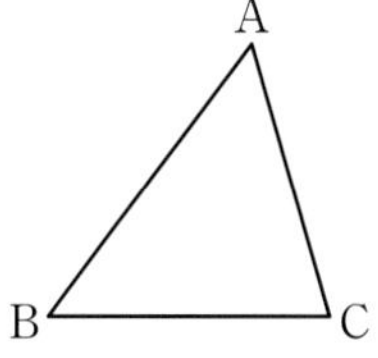

보기

ㄱ. $\angle A=50^\circ$, $\angle B=60^\circ$, $\angle C=70^\circ$

ㄴ. $\overline{AB}=9$, $\angle A=120^\circ$, $\angle B=30^\circ$

ㄷ. $\angle A=50^\circ$, $\overline{BC}=8$, $\angle C=60^\circ$

ㄹ. $\overline{AB}=5$, $\overline{BC}=4$, $\angle A=50^\circ$

ㅁ. $\overline{AB}=5$, $\overline{BC}=12$, $\overline{CA}=6$

정답과 해설 11쪽

필수 유형 익히기

유형 1 작도

01 다음 보기 중 작도에 대한 설명으로 옳은 것을 모두 고르시오.

보기
ㄱ. 눈금 없는 자와 컴퍼스만을 사용하여 도형을 그리는 것을 작도라고 한다.
ㄴ. 두 점을 지나는 직선을 그릴 때 컴퍼스를 사용한다.
ㄷ. 선분의 길이를 잴 때 컴퍼스를 사용한다.
ㄹ. 선분을 연장할 때 눈금 없는 자를 사용한다.

01-1 다음 보기 중 작도할 때 컴퍼스의 용도로 옳은 것을 모두 고르시오.

보기
ㄱ. 원을 그린다.
ㄴ. 선분을 연장한다.
ㄷ. 선분의 길이를 옮긴다.
ㄹ. 두 점을 연결하여 선분을 그린다.

유형 2 길이가 같은 선분의 작도

02 다음 그림은 선분 AB를 점 B의 방향으로 연장하여 $\overline{AC}=2\overline{AB}$인 $\overline{AC}$를 작도하는 과정이다. 작도 순서를 바르게 나열하시오.

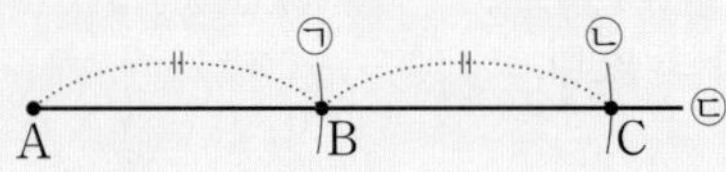

02-1 다음은 선분 AB를 점 B의 방향으로 연장하여 $\overline{AC}=3\overline{AB}$인 $\overline{AC}$를 작도하는 과정이다. 작도 순서를 바르게 나열하시오.

㉠ 눈금 없는 자를 사용하여 $\overline{AB}$를 점 B의 방향으로 연장한다.
㉡ 점 B를 중심으로 반지름의 길이가 $\overline{AB}$인 원을 그려 $\overline{AB}$의 연장선과의 교점을 D라 한다.
㉢ 컴퍼스를 사용하여 $\overline{AB}$의 길이를 잰다.
㉣ 점 D를 중심으로 반지름의 길이가 $\overline{AB}$인 원을 그려 $\overline{AB}$의 연장선과의 교점을 C라 한다.

유형 3 크기가 같은 각의 작도

03 아래 그림은 각 $\angle XOY$와 크기가 같고 반직선 PQ를 한 변으로 하는 각을 작도한 것이다. 다음 보기 중 옳은 것을 모두 고르시오.

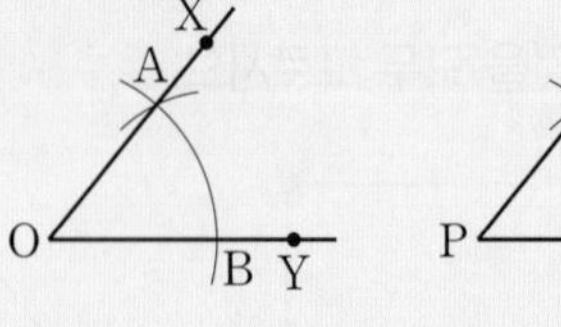

보기
ㄱ. $\overline{OA}=\overline{OB}$ ㄴ. $\overline{AB}=\overline{CD}$
ㄷ. $\angle AOB=\angle CPD$ ㄹ. $\overline{OB}=\overline{CD}$

03-1 아래 그림은 $\angle XOY$와 크기가 같고 반직선 PQ를 한 변으로 하는 각을 작도한 것이다. 다음 중 길이가 나머지 넷과 다른 하나는?

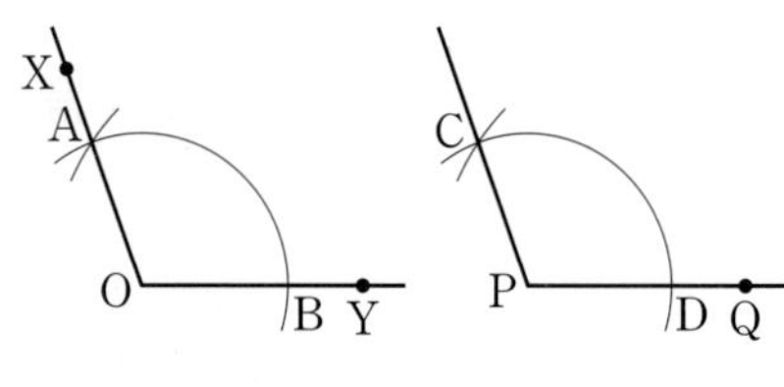

① $\overline{OA}$ ② $\overline{OB}$ ③ $\overline{CD}$
④ $\overline{PC}$ ⑤ $\overline{PD}$

유형 4 평행선의 작도

04 오른쪽 그림은 직선 l 위에 있지 않은 한 점 P를 지나고 직선 l에 평행한 직선을 작도한 것이다. 다음 중 옳지 않은 것은?

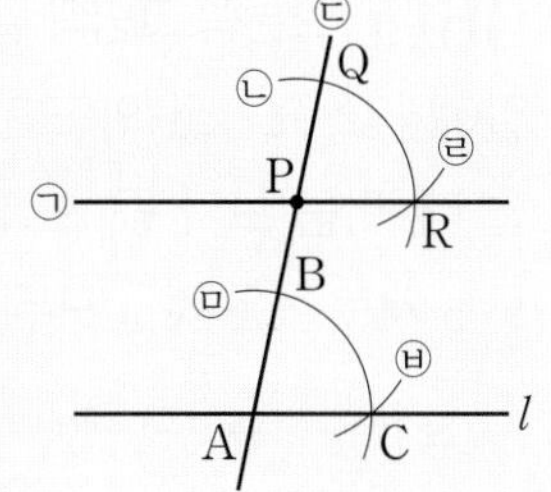

① $\overline{PQ}=\overline{PR}$
② $\overline{BC}=\overline{PQ}$
③ $\angle BAC=\angle QPR$
④ 작도 순서는 ㉢ → ㉤ → ㉡ → ㉥ → ㉣ → ㉠이다.
⑤ 동위각의 크기가 같으면 두 직선은 서로 평행하다는 성질을 이용한 것이다.

04-1 오른쪽 그림은 직선 l 위에 있지 않은 한 점 P를 지나고 직선 l에 평행한 직선 m을 작도한 것이다. 다음 보기 중 옳은 것을 모두 고르시오.

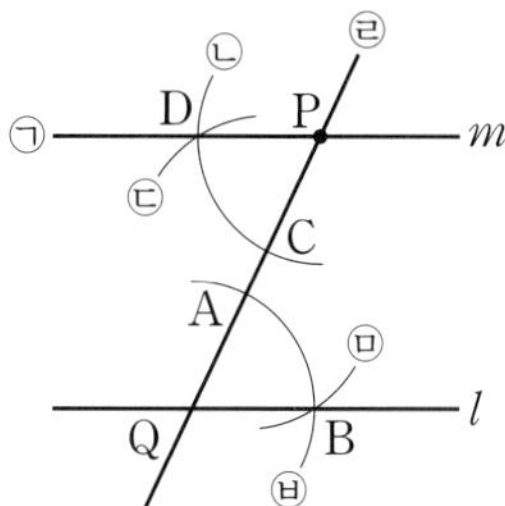

보기
ㄱ. $\overline{PC}=\overline{QA}$
ㄴ. $\overline{AB}=\overline{CD}$
ㄷ. 작도 순서는 ㉣ → ㉤ → ㉢ → ㉥ → ㉡ → ㉠이다.
ㄹ. 엇각의 크기가 같으면 두 직선은 서로 평행하다는 성질을 이용한 것이다.

유형 5 삼각형의 세 변의 길이 사이의 관계

05 다음은 삼각형의 세 변의 길이가 2, 5, x일 때, x의 값이 될 수 있는 자연수의 개수를 구하는 과정이다. □ 안에 알맞은 수를 써넣으시오.

(i) 가장 긴 변의 길이가 x일 때
$x<2+\square$
$\therefore x<\square$
(ii) 가장 긴 변의 길이가 5일 때
$\square<x+2$
$\therefore x>\square$
(i), (ii)에서 x의 값이 될 수 있는 자연수는
□, □, □
의 □개이다.

05-1 삼각형의 세 변의 길이가 4 cm, 8 cm, x cm일 때, x의 값이 될 수 있는 자연수를 모두 구하시오.

정답과 해설 12쪽

필수 유형 익히기

유형 6 삼각형의 작도

06 오른쪽 그림과 같이 $\overline{AB}$, $\overline{BC}$의 길이와 $\angle B$의 크기가 주어졌을 때, 다음 중 $\triangle ABC$의 작도 순서로 옳지 않은 것은?

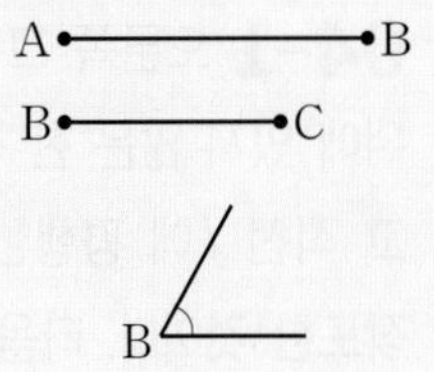

① $\angle B \to \overline{AB} \to \overline{BC}$
② $\angle B \to \overline{BC} \to \overline{AB}$
③ $\overline{AB} \to \angle B \to \overline{BC}$
④ $\overline{AB} \to \overline{BC} \to \angle B$
⑤ $\overline{BC} \to \angle B \to \overline{AB}$

06-1 오른쪽 그림과 같이 $\overline{AB}$의 길이와 $\angle A$, $\angle B$의 크기가 주어졌을 때, 다음 보기 중 $\triangle ABC$의 작도 순서로 옳은 것을 모두 고르시오.

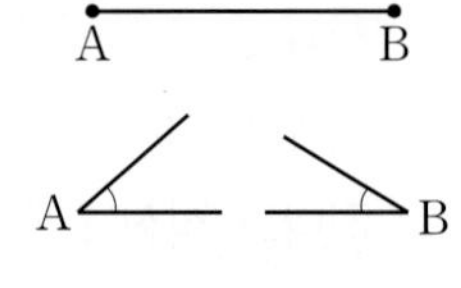

보기
ㄱ. $\overline{AB} \to \angle A \to \angle B$
ㄴ. $\overline{AB} \to \angle B \to \angle A$
ㄷ. $\angle A \to \overline{AB} \to \angle B$
ㄹ. $\angle A \to \angle B \to \overline{AB}$

유형 7 삼각형이 하나로 정해지는 경우

07 다음 보기 중 $\triangle ABC$가 하나로 정해지는 것을 모두 고르시오.

보기
ㄱ. $\overline{AB}=10\,\text{cm}$, $\overline{AC}=5\,\text{cm}$, $\overline{BC}=7\,\text{cm}$
ㄴ. $\overline{AB}=5\,\text{cm}$, $\overline{BC}=4\,\text{cm}$, $\angle B=60°$
ㄷ. $\overline{AC}=7\,\text{cm}$, $\overline{BC}=9\,\text{cm}$, $\angle B=35°$
ㄹ. $\overline{BC}=4\,\text{cm}$, $\angle B=130°$, $\angle C=50°$

07-1 다음 중 $\triangle ABC$가 하나로 정해지지 않는 것은?

① $\overline{AB}=5\,\text{cm}$, $\overline{BC}=5\,\text{cm}$, $\overline{AC}=5\,\text{cm}$
② $\overline{AB}=7\,\text{cm}$, $\overline{AC}=5\,\text{cm}$, $\angle A=40°$
③ $\overline{BC}=6\,\text{cm}$, $\angle B=70°$, $\angle C=85°$
④ $\overline{AC}=5\,\text{cm}$, $\angle A=60°$, $\angle B=30°$
⑤ $\angle A=45°$, $\angle B=55°$, $\angle C=80°$

유형 8 삼각형이 하나로 정해지기 위해 필요한 조건

08 오른쪽 그림과 같은 $\triangle ABC$에서 $\angle A$의 크기가 주어졌을 때, $\triangle ABC$가 하나로 정해지기 위해 필요한 조건으로 알맞은 것을 다음 보기에서 모두 고르시오.

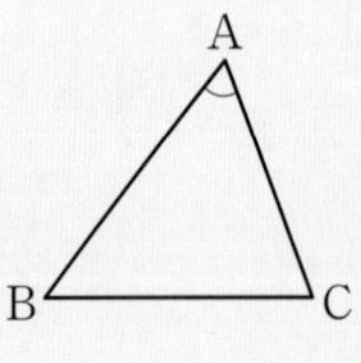

보기
ㄱ. $\overline{AB}$와 $\overline{AC}$
ㄴ. $\angle B$와 $\overline{AB}$
ㄷ. $\angle B$와 $\angle C$
ㄹ. $\angle C$와 $\overline{BC}$

08-1 $\overline{AB}=10\,\text{cm}$, $\angle A=45°$일 때, $\triangle ABC$가 하나로 정해지기 위해 필요한 나머지 한 조건으로 알맞은 것을 다음 보기에서 모두 고르시오.

보기
ㄱ. $\angle B=135°$
ㄴ. $\angle C=60°$
ㄷ. $\overline{BC}=8\,\text{cm}$
ㄹ. $\overline{CA}=6\,\text{cm}$

02 삼각형의 합동

개념 6 도형의 합동

(1) △ABC와 △DEF가 서로 합동일 때, 기호로 △ABC≡△DEF와 같이 나타낸다.

(2) **합동인 도형의 성질**
두 도형이 서로 합동이면
① 대응변의 길이가 서로 같다.
② 대응각의 크기가 서로 같다.

참고 • △ABC=△DEF: △ABC와 △DEF의 넓이가 서로 같다.
• △ABC≡△DEF: △ABC와 △DEF는 서로 합동이다.

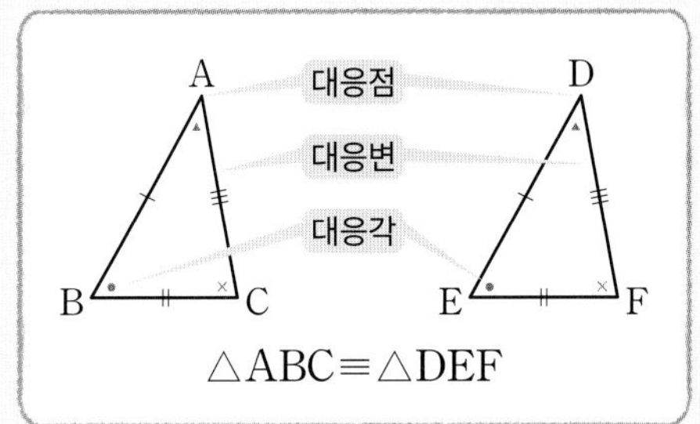

개념 Bridge

• 합동인 삼각형 알아보기

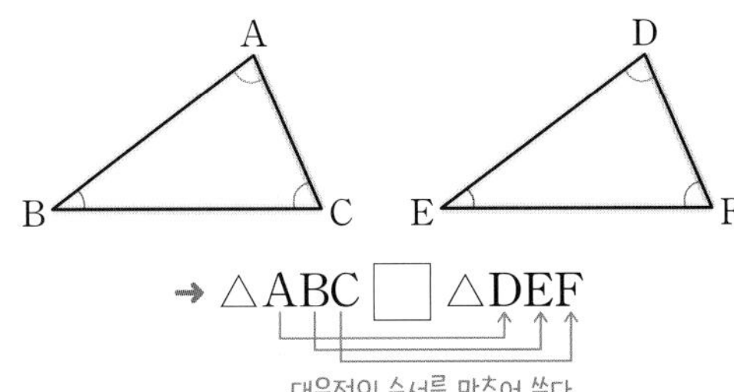

→ △ABC □ △DEF

(1) 점 A의 대응점 → 점 □

(2) $\overline{BC}$의 대응변 → □

(3) ∠C의 대응각 → ∠□

개념 check

✓ 합동인 도형의 성질

01 오른쪽 그림에서 △ABC≡△DEF일 때, 다음을 구하시오.

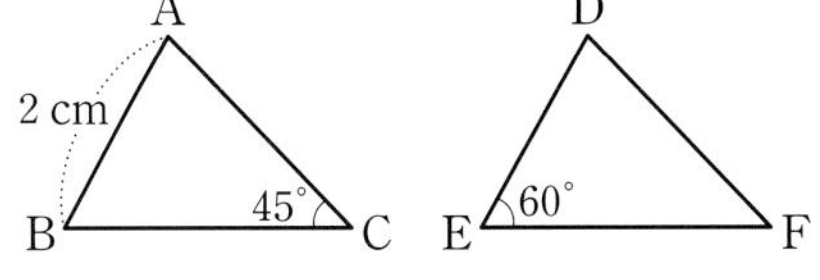

(1) $\overline{DE}$의 길이

(2) ∠B의 크기

(3) ∠D의 크기

01-1 오른쪽 그림에서 사각형 ABCD와 사각형 EFGH가 서로 합동일 때, 다음을 구하시오.

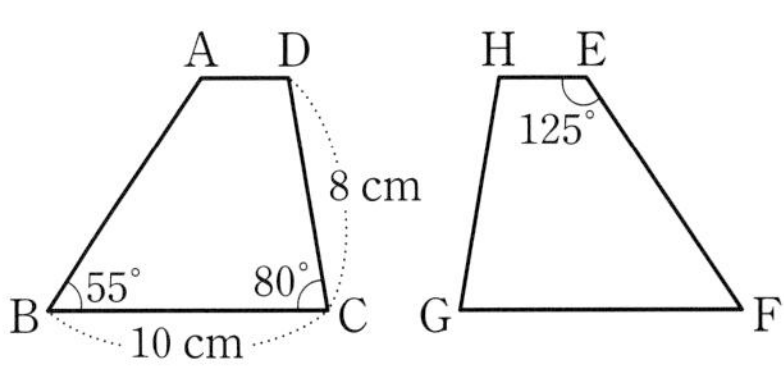

(1) $\overline{HG}$의 길이

(2) ∠A의 크기

(3) ∠H의 크기

정답과 해설 12쪽

개념 7 삼각형의 합동 조건

(1) **삼각형의 합동 조건:** 두 삼각형은 다음 각 경우에 서로 합동이다.

① 대응하는 세 변의 길이가 각각 같을 때 (SSS 합동)

② 대응하는 두 변의 길이가 각각 같고, 그 끼인각의 크기가 같을 때 (SAS 합동)

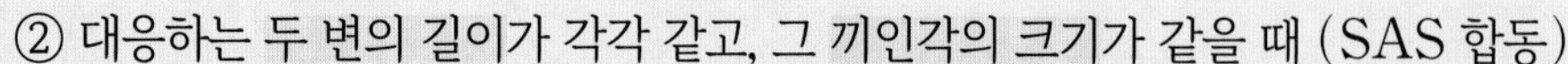

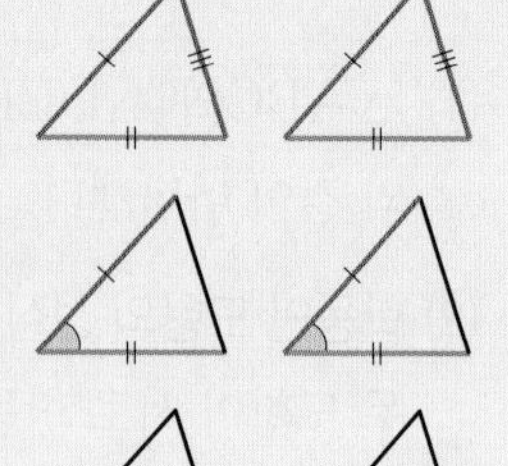

③ 대응하는 한 변의 길이가 같고, 그 양 끝 각의 크기가 각각 같을 때 (ASA 합동)

개념 Bridge

• 삼각형의 합동 조건 알아보기

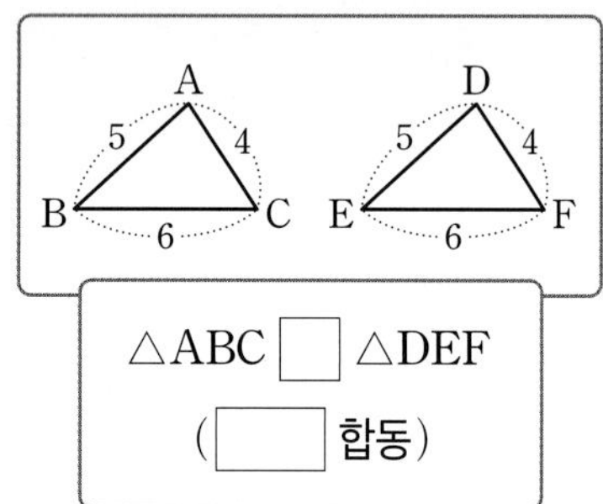

△ABC ☐ △DEF
(☐ 합동)

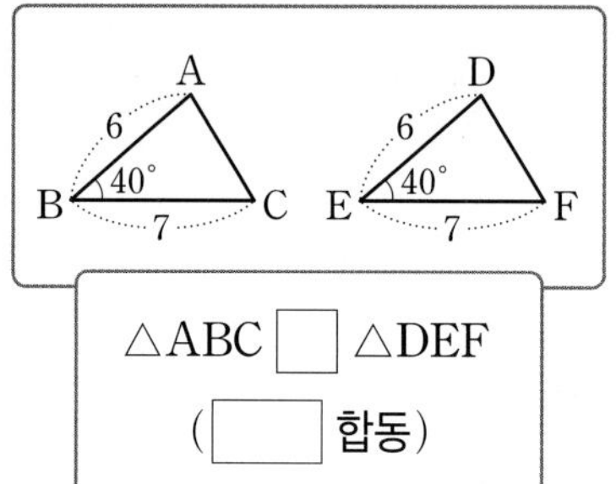

△ABC ☐ △DEF
(☐ 합동)

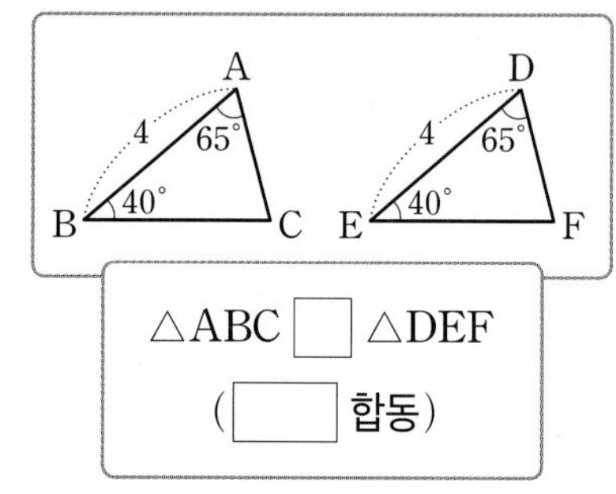

△ABC ☐ △DEF
(☐ 합동)

개념 check

삼각형의 합동 조건

01 다음 그림에서 두 삼각형이 서로 합동일 때, 기호 ≡를 사용하여 나타내고, 합동 조건을 말하시오.

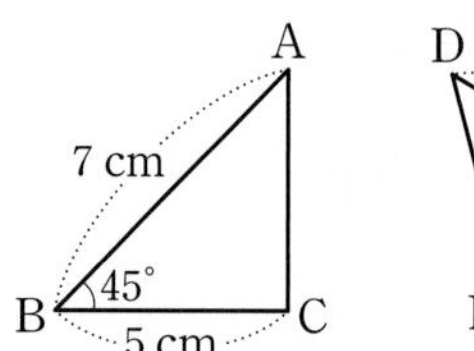

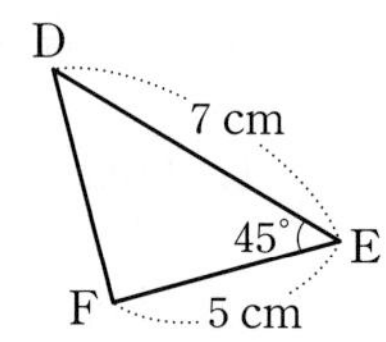

01-1 다음 **보기** 중 서로 합동인 삼각형끼리 짝 지어 보고, 각각의 합동 조건을 말하시오.

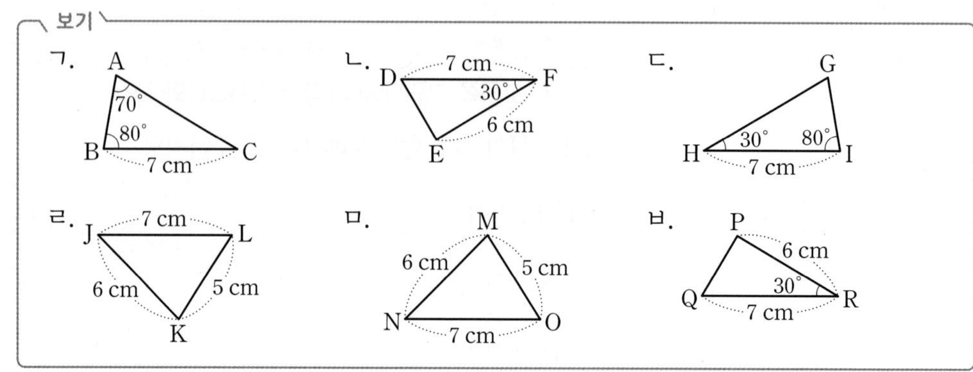

필수 유형 익히기

유형 1 합동인 도형의 성질

01 다음 그림에서 $\triangle ABC \equiv \triangle DEF$일 때, $\overline{EF}$의 길이와 $\angle F$의 크기를 차례대로 구하면?

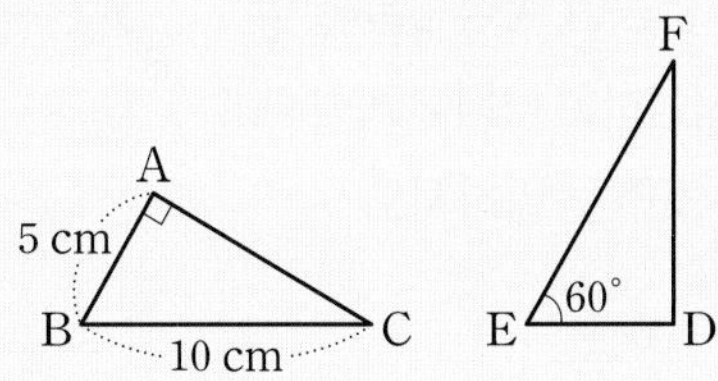

① 5 cm, 90° ② 5 cm, 30° ③ 10 cm, 90° ④ 10 cm, 60° ⑤ 10 cm, 30°

01-1 아래 그림에서 사각형 ABCD와 사각형 PQRS가 서로 합동일 때, 다음 중 옳지 않은 것은?

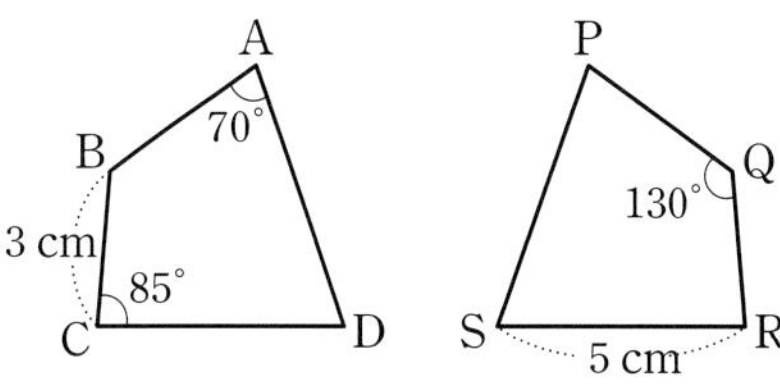

① $\angle P=70°$ ② $\overline{CD}=5\,cm$ ③ $\angle R=85°$ ④ $\angle D=75°$ ⑤ $\overline{PQ}=3\,cm$

유형 2 합동인 삼각형 찾기

02 다음 보기 중 오른쪽 그림의 삼각형과 합동인 것을 모두 고르시오.

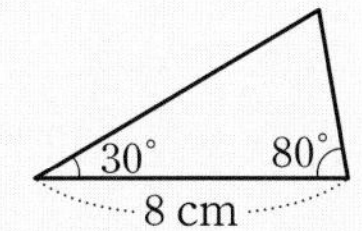

보기

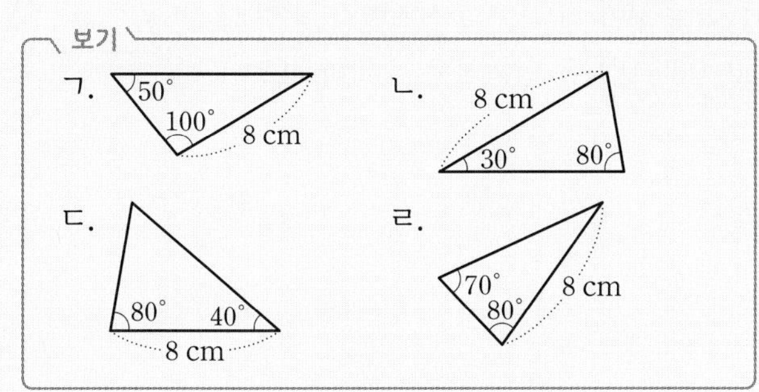

02-1 다음 중 $\triangle ABC \equiv \triangle DEF$가 아닌 것은?

① $\overline{AB}=\overline{DE}$, $\angle A=\angle D$, $\angle B=\angle E$
② $\overline{AC}=\overline{DF}$, $\overline{BC}=\overline{EF}$, $\angle C=\angle F$
③ $\overline{AC}=\overline{DF}$, $\angle A=\angle D$, $\angle C=\angle F$
④ $\overline{AB}=\overline{ED}$, $\overline{BC}=\overline{DF}$, $\overline{AC}=\overline{EF}$
⑤ $\overline{AB}=\overline{DE}$, $\angle B=\angle E$, $\angle C=\angle F$

유형 3 두 삼각형이 합동일 조건

03 오른쪽 그림의 $\triangle ABC$와 $\triangle DEF$에서 $\overline{AC}=\overline{DF}$일 때, 다음 중 $\triangle ABC \equiv \triangle DEF$가 되기 위해 필요한 나머지 두 조건이 아닌 것은?

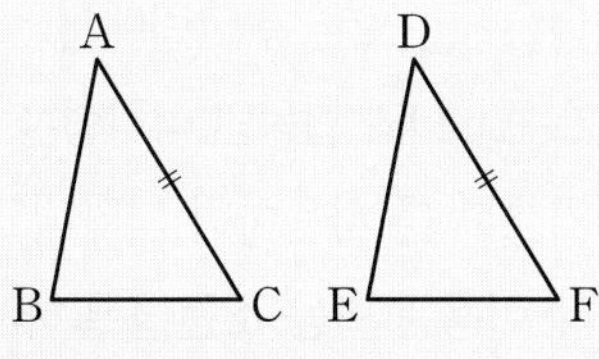

① $\overline{AB}=\overline{DE}$, $\overline{BC}=\overline{EF}$
② $\overline{BC}=\overline{EF}$, $\angle C=\angle F$
③ $\overline{AB}=\overline{DE}$, $\angle C=\angle F$
④ $\angle A=\angle D$, $\angle B=\angle E$
⑤ $\angle A=\angle D$, $\angle C=\angle F$

03-1 오른쪽 그림의 $\triangle ABC$와 $\triangle DEF$에서 $\angle B=\angle E$, $\angle C=\angle F$일 때, 다음 보기 중 $\triangle ABC \equiv \triangle DEF$가 되기 위해 필요한 나머지 조건과 그때의 합동 조건을 바르게 나열한 것을 고르시오.

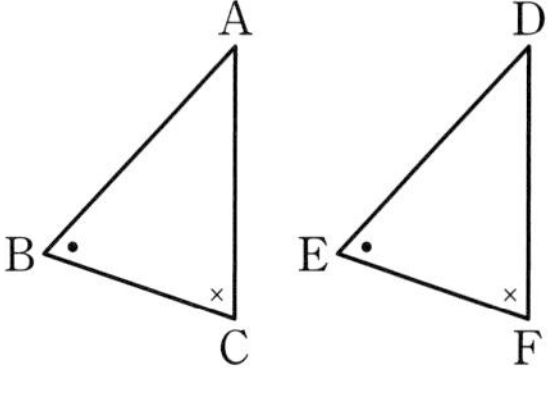

보기

ㄱ. $\overline{AB}=\overline{DE}$, SAS 합동
ㄴ. $\overline{BC}=\overline{EF}$, ASA 합동
ㄷ. $\overline{AC}=\overline{DF}$, ASA 합동
ㄹ. $\angle A=\angle D$, SSS 합동

정답과 해설 13쪽

필수 유형 익히기

유형 4 삼각형의 합동 조건; SSS 합동

04 다음은 오른쪽 그림에서 $\overline{AB}=\overline{AC}$, $\overline{BM}=\overline{CM}$일 때, $\triangle ABM \equiv \triangle ACM$임을 설명하는 과정이다. □ 안에 알맞은 것을 써넣으시오.

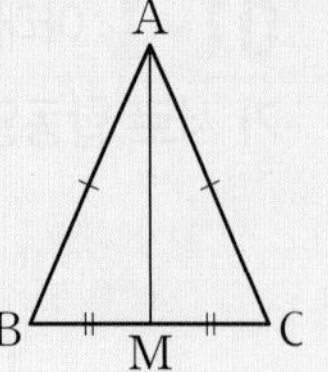

> $\triangle ABM$과 $\triangle ACM$에서
> $\overline{AB}=\overline{AC}$, $\overline{BM}=\overline{CM}$, □은 공통
> $\therefore \triangle ABM \equiv \triangle ACM$ (□ 합동)

04-1 오른쪽 그림에서 $\overline{AB}=\overline{CD}$, $\overline{AD}=\overline{BC}$일 때, $\triangle ABD$와 합동인 삼각형을 찾아 기호 ≡를 사용하여 나타내고, 이때 이용된 합동 조건을 말하시오.

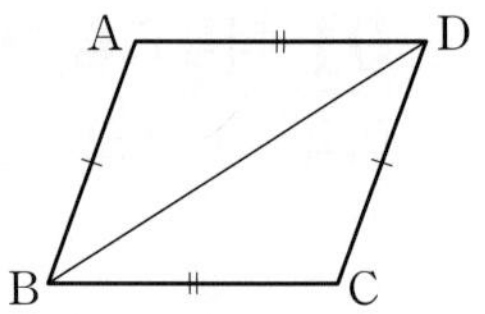

유형 5 삼각형의 합동 조건; SAS 합동

05 다음은 오른쪽 그림에서 점 O는 $\overline{AC}$와 $\overline{BD}$의 교점이고 $\overline{AO}=\overline{CO}$, $\overline{BO}=\overline{DO}$일 때, $\triangle OAB \equiv \triangle OCD$임을 설명하는 과정이다. □ 안에 알맞은 것을 써넣으시오.

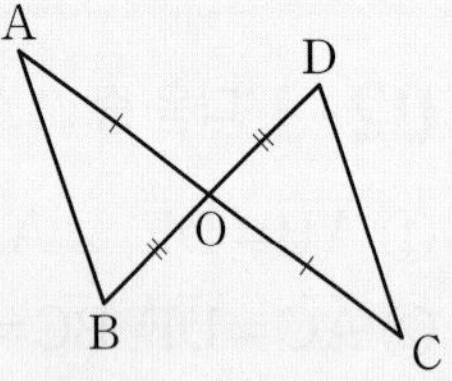

> $\triangle OAB$와 $\triangle OCD$에서
> $\overline{AO}=\overline{CO}$, $\overline{BO}=\overline{DO}$,
> $\angle AOB=$□ (맞꼭지각)
> $\therefore \triangle OAB \equiv \triangle OCD$ (□ 합동)

05-1 오른쪽 그림에서 $\triangle ABC$는 $\overline{AB}=\overline{AC}$인 이등변삼각형이고 $\overline{AD}=\overline{AE}$이다. $\triangle ABE$와 합동인 삼각형을 찾아 기호 ≡를 사용하여 나타내고, 이때 이용된 합동 조건을 말하시오.

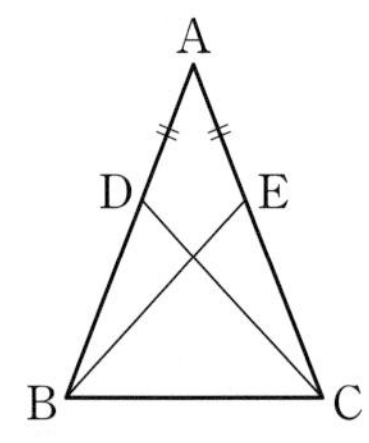

유형 6 삼각형의 합동 조건; ASA 합동

06 다음은 오른쪽 그림에서 점 O는 $\overline{AC}$와 $\overline{BD}$의 교점이고 $\overline{AD} /\!/ \overline{BC}$, $\overline{AD}=\overline{BC}$일 때, $\triangle OAD \equiv \triangle OCB$임을 설명하는 과정이다. □ 안에 알맞은 것을 써넣으시오.

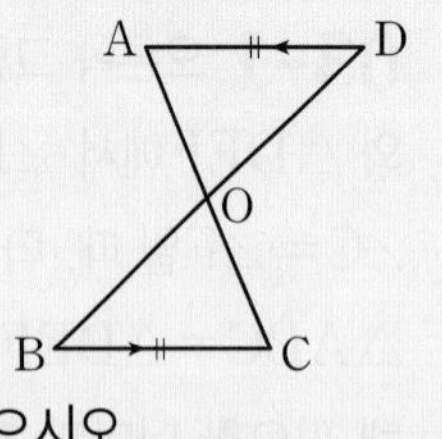
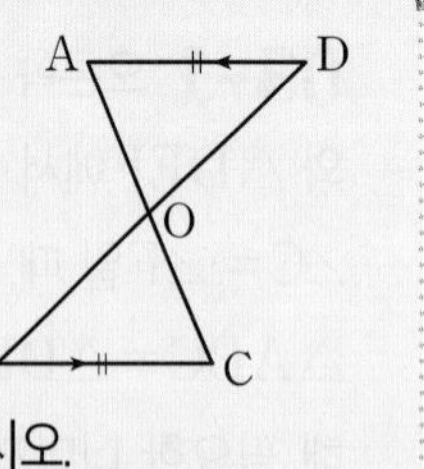

> $\triangle OAD$와 $\triangle OCB$에서 $\overline{AD}=\overline{CB}$이고
> $\overline{AD} /\!/ \overline{BC}$이므로 $\angle ADO=$□ (엇각),
> $\angle DAO=\angle BCO$ (엇각)
> $\therefore \triangle OAD \equiv \triangle OCB$ (□ 합동)

06-1 오른쪽 그림에서 $\triangle ABD$와 합동인 삼각형을 찾아 기호 ≡를 사용하여 나타내고, 이때 이용된 합동 조건을 말하시오.

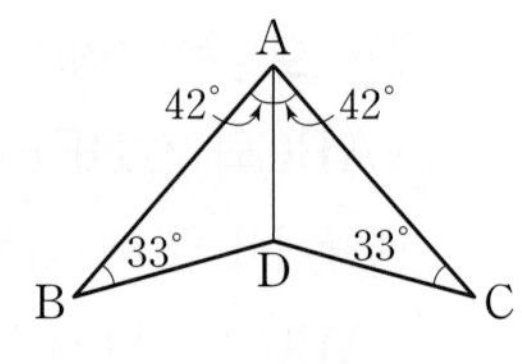

서술형 감잡기

01 다음 그림에서 사각형 ABCD와 사각형 EFGH가 서로 합동일 때, $x+y$의 값을 구하시오.

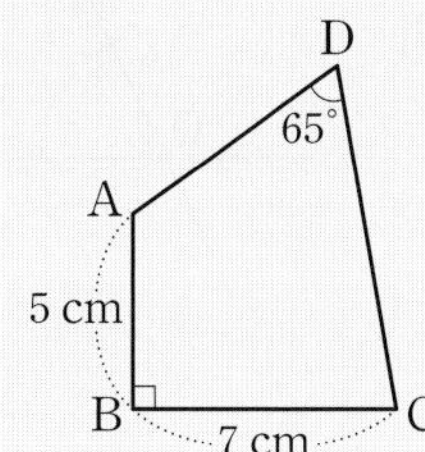

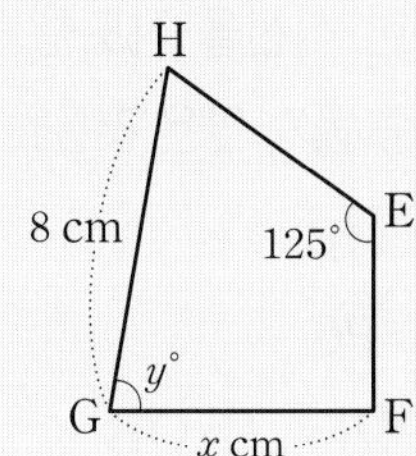

① 단계 x의 값 구하기 ◀ 40 %

$\overline{FG}$의 대응변은 ☐이므로

$\overline{FG}=$☐$=$☐cm $\quad\therefore x=$☐

② 단계 y의 값 구하기 ◀ 40 %

$\angle A$의 대응각은 $\angle$☐이므로 $\angle A=\angle$☐$=$☐°

$\angle G$의 대응각은 $\angle$☐이므로

$\angle G=\angle$☐$=360°-(65°+$☐$°+90°)=$☐°

$\therefore y=$☐

③ 단계 $x+y$의 값 구하기 ◀ 20 %

$\therefore x+y=$☐$+$☐$=$☐

답 ______________

01-1 다음 그림에서 사각형 ABCD와 사각형 EFGH가 서로 합동일 때, $x+y$의 값을 구하시오.

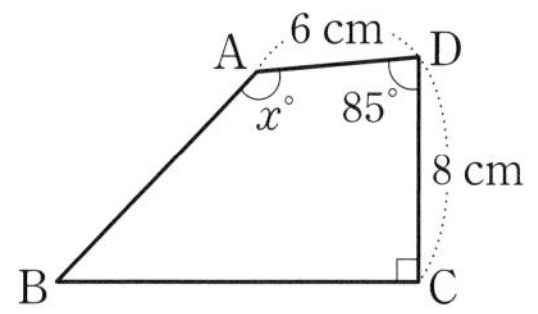

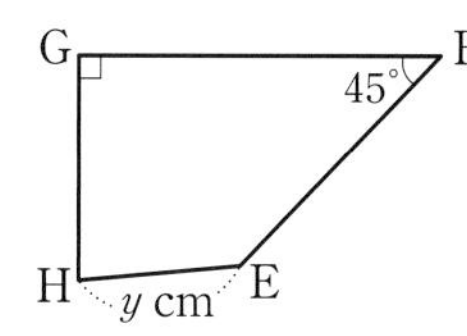

답 ______________

02 오른쪽 그림에서 $\overline{OA}=\overline{OC}$, $\overline{AB}=\overline{CD}$일 때, $\triangle AOD$와 합동인 삼각형을 찾고, 이때 이용된 합동 조건을 말하시오.

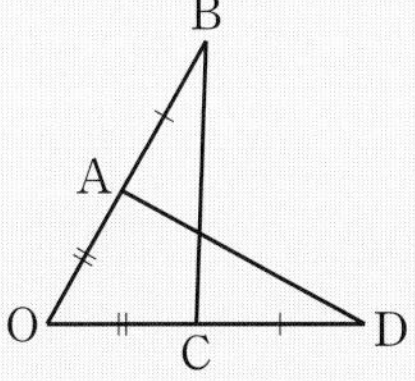

① 단계 $\triangle AOD$와 합동인 삼각형 찾기 ◀ 50 %

$\triangle AOD$와 ☐에서 $\overline{OA}=\overline{OC}$, ☐는 공통,

$\overline{OD}=\overline{OC}+\overline{CD}=$☐$+\overline{AB}=$☐

$\therefore \triangle AOD\equiv$☐

② 단계 이용된 합동 조건 말하기 ◀ 50 %

$\triangle AOD$와 ☐는 대응하는 두 변의 길이가 각각 같고, 그 끼인각의 크기가 같으므로 ☐ 합동이다.

답 ______________

02-1 오른쪽 그림에서 $\overline{OA}=\overline{OC}$, $\angle B=\angle D$일 때, $\triangle AOD$와 합동인 삼각형을 찾고, 이때 이용된 합동 조건을 말하시오.

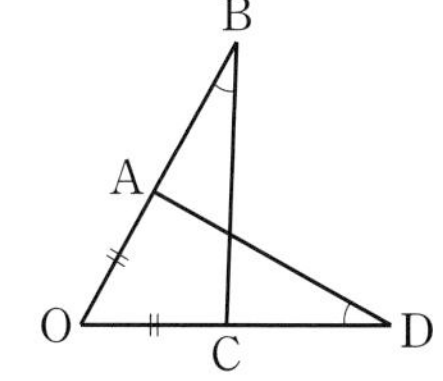

답 ______________

정답과 해설 14쪽

단원 마무리하기

01 다음 보기 중 작도에 대한 설명으로 옳은 것을 모두 고르시오.

보기
ㄱ. 주어진 점으로부터 일정한 거리에 있는 점들을 그릴 때 컴퍼스를 사용한다.
ㄴ. 크기가 같은 각을 그릴 때 각도기를 사용한다.
ㄷ. 두 선분의 길이를 비교할 때 컴퍼스를 사용한다.

02 다음은 선분 AB와 길이가 같은 선분 PQ를 작도하는 과정이다. 작도 순서를 바르게 나열하시오.

㉠ 컴퍼스를 사용하여 $\overline{AB}$의 길이를 잰다.
㉡ 눈금 없는 자를 사용하여 직선 l을 긋고, 그 위에 점 P를 잡는다.
㉢ 점 P를 중심으로 반지름의 길이가 $\overline{AB}$인 원을 그려 직선 l과의 교점을 Q라 한다.

03 아래 그림과 같이 $\angle XOY$와 크기가 같은 각 $\angle CPD$를 작도했을 때, 다음 중 $\overline{OB}$와 길이가 같은 선분이 아닌 것을 모두 고르면? (정답 2개)

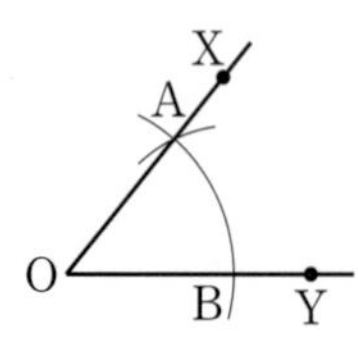

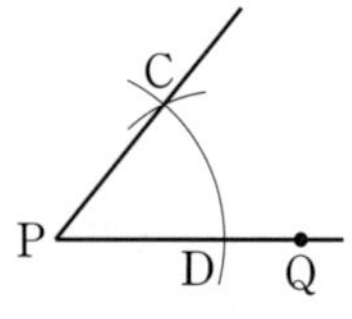

① $\overline{OA}$ ② $\overline{AB}$ ③ $\overline{PC}$
④ $\overline{PD}$ ⑤ $\overline{CD}$

중요

04 오른쪽 그림은 직선 l 위에 있지 않은 한 점 P를 지나고 직선 l에 평행한 직선을 작도한 것이다. 다음 중 옳지 않은 것은?

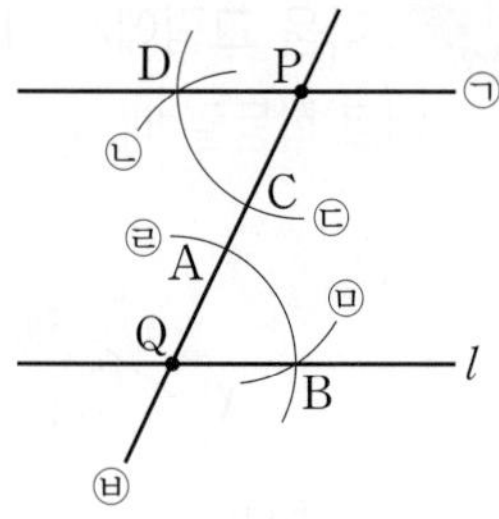

① $\overline{PD}=\overline{QB}$
② $\overline{AB}=\overline{PC}$
③ $\angle CPD=\angle AQB$
④ 엇각의 크기가 같으면 두 직선은 서로 평행하다는 사실을 이용한 것이다.
⑤ 작도 순서는 ㉥ → ㉣ → ㉢ → ㉤ → ㉡ → ㉠이다.

05 다음 중 오른쪽 그림과 같은 $\triangle ABC$에 대한 설명으로 옳지 않은 것은?

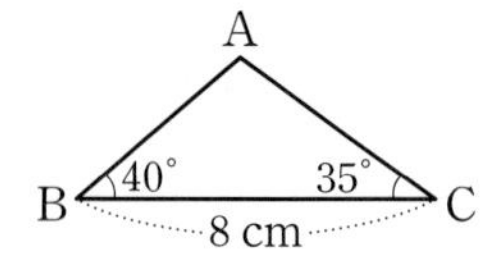

① 변 AB의 대각은 $\angle C$이다.
② $\angle A$의 대변의 길이는 8 cm이다.
③ 변 BC의 대각의 크기는 95°이다.
④ $\overline{AB}+\overline{AC}>\overline{BC}$
⑤ $\angle A+\angle B+\angle C=180°$

서술형

06 삼각형의 세 변의 길이가 3 cm, 7 cm, x cm일 때, x의 값이 될 수 있는 자연수의 개수를 구하시오.

07 다음은 길이가 같은 선분의 작도를 이용하여 주어진 선분 AB를 한 변으로 하는 정삼각형을 작도하는 과정이다. (가), (나), (다)에 알맞은 것을 구하시오.

❶ 두 점 A, B를 중심으로 반지름의 길이가 (가) 인 원을 각각 그려 두 원이 만나는 점을 C라 한다.

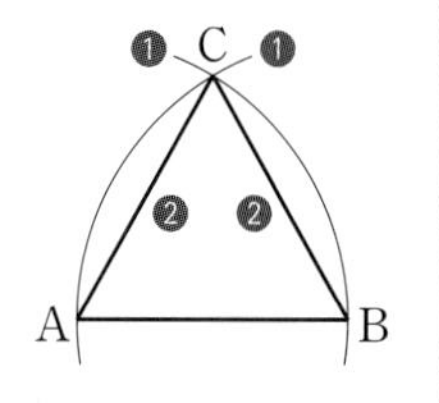

❷ $\overline{AC}$와 $\overline{BC}$를 각각 그으면 $\overline{AC}=\overline{BC}=$ (나) 이므로 △ABC는 (다) 이다.

08 $\angle A=90°$, $\overline{AB}=7$ cm일 때, 다음 중 △ABC가 하나로 정해지기 위해 필요한 나머지 한 조건이 아닌 것을 모두 고르면? (정답 2개)

① $\angle B=70°$
② $\angle B=90°$
③ $\angle C=40°$
④ $\overline{BC}=5$ cm
⑤ $\overline{CA}=8$ cm

09 오른쪽 그림에서 △ABC≡△DEF일 때, x, y의 값을 각각 구하시오.

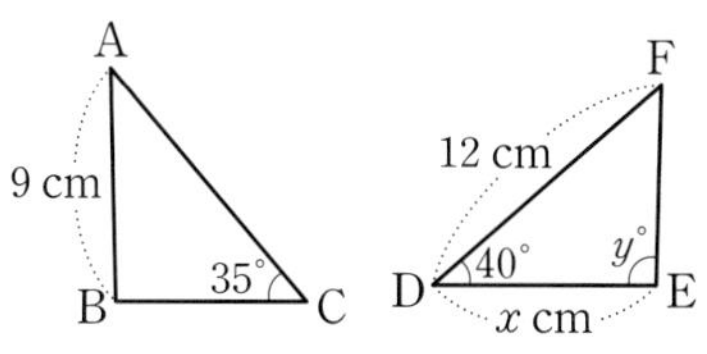

10 다음 보기 중 합동인 두 도형에 대한 설명으로 옳은 것을 모두 고르시오.

보기
ㄱ. 합동인 두 도형은 서로 완전히 겹쳐진다.
ㄴ. 합동인 두 도형은 대응각의 크기가 서로 같다.
ㄷ. 합동인 두 도형은 넓이가 서로 같다.
ㄹ. 넓이가 같은 두 도형은 서로 합동이다.

11 다음 보기 중 오른쪽 그림의 삼각형과 합동인 것을 모두 고르시오.

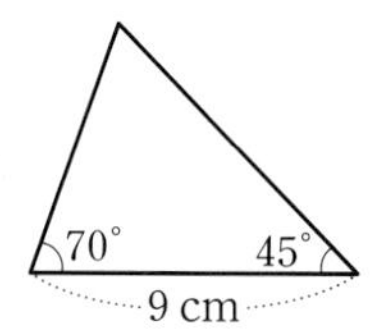

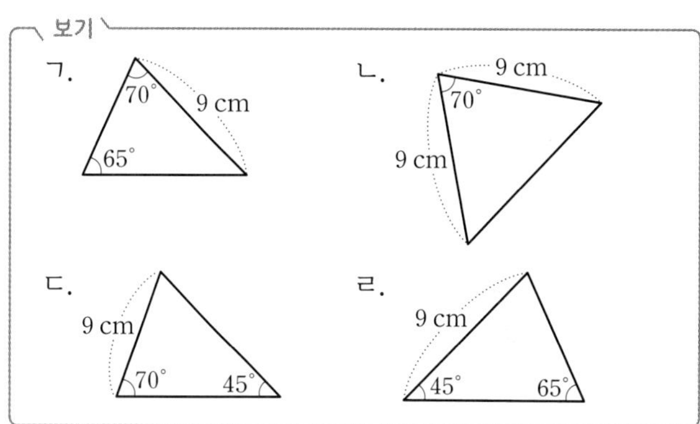

12 아래 그림의 △ABC와 △DEF에서 $\overline{AB}=\overline{DE}$, $\angle B=\angle E$일 때, 다음 중 △ABC≡△DEF이기 위해 필요한 나머지 한 조건이 아닌 것을 모두 고르면? (정답 2개)

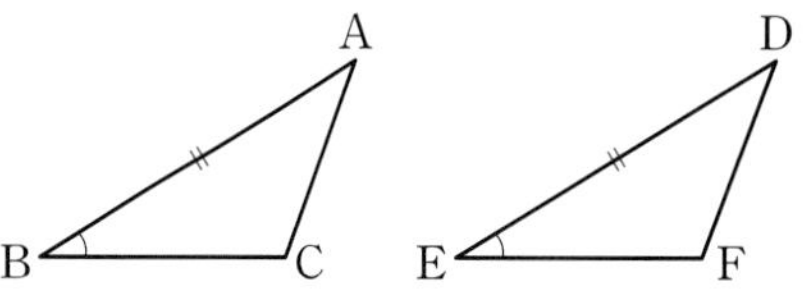

① $\overline{AC}=\overline{DF}$
② $\overline{BC}=\overline{EF}$
③ $\overline{CA}=\overline{EF}$
④ $\angle A=\angle D$
⑤ $\angle C=\angle F$

정답과 해설 15쪽

13 오른쪽 그림과 같은 사각형 ABCD에서 $\overline{AB}=\overline{CB}$, $\overline{AD}=\overline{CD}$일 때, 다음 보기 중 옳은 것을 모두 고르시오.

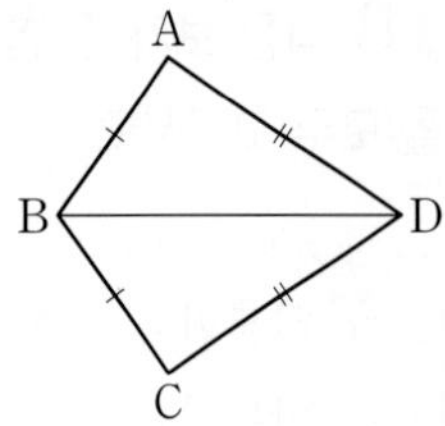

보기
ㄱ. $\angle BAD=\angle BCD$
ㄴ. $\angle BDC=\angle ABD$
ㄷ. $\angle ABD+\angle BDC+\angle DCB=180°$
ㄹ. $\triangle ABD$와 $\triangle CBD$는 SAS 합동이다.

14 오른쪽 그림에서 점 M이 $\overline{BC}$의 중점일 때, 점 C를 지나고 $\overline{AB}$에 평행한 직선이 $\overline{AM}$의 연장선과 만나는 점을 D라 하자. $\triangle ABM$과 합동인 삼각형을 찾고, 이때 이용된 합동 조건을 말하시오.

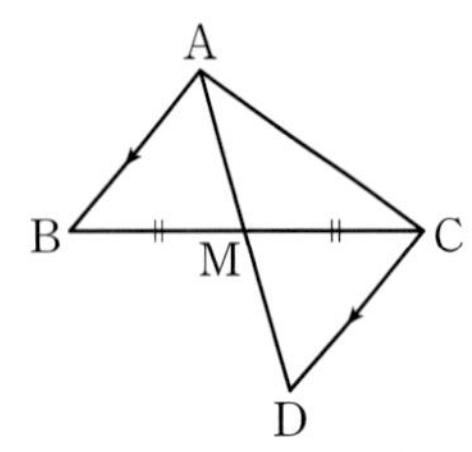

서술형

15 오른쪽 그림에서 $\overline{AB}=\overline{AD}$, $\overline{BE}=\overline{DC}$이고 $\angle BAC=70°$, $\angle ACB=30°$일 때, $\angle ADE$의 크기를 구하시오.

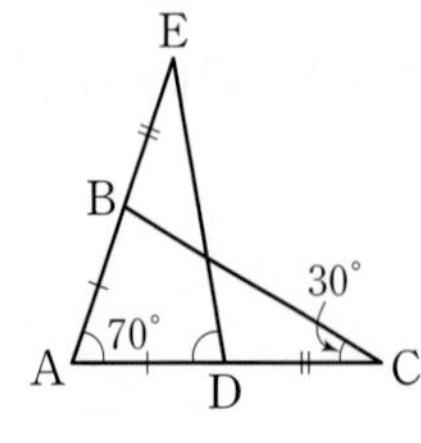

Level Up

16 길이가 다음과 같은 막대가 각각 하나씩 있다. 이 중 3개의 막대로 만들 수 있는 서로 다른 삼각형의 개수를 구하시오.

4 cm, 6 cm, 7 cm, 10 cm

17 오른쪽 그림에서 사각형 ABCD와 사각형 CEFG가 모두 정사각형일 때, $\triangle BCG$와 합동인 삼각형을 찾고, $\overline{DE}$의 길이를 구하시오.

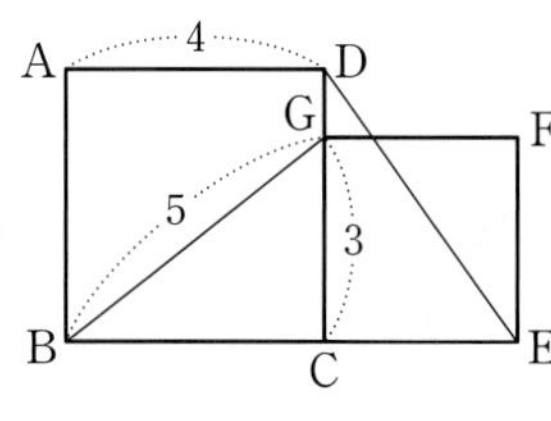

18 오른쪽 그림에서 $\triangle ABC$와 $\triangle ECD$가 모두 정삼각형이고, 점 C는 $\overline{BD}$ 위의 점일 때, $\angle BPD$의 크기를 구하시오.

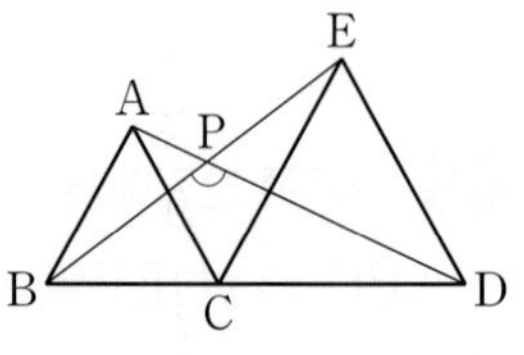

정답과 해설 16쪽

다각형

01 다각형

개념 1 다각형

(1) **다각형**: 여러 개의 선분으로 둘러싸인 평면도형 → 변이 n개인 다각형을 n각형이라고 한다.

(2) **내각과 외각**

① 내각: 다각형에서 이웃하는 두 변으로 이루어진 내부의 각

② 외각: 다각형의 각 꼭짓점에서 한 변과 그 변에 이웃한 변의 연장선으로 이루어진 각

③ 다각형의 한 꼭짓점에서 내각과 외각의 크기의 합은 180°이다.

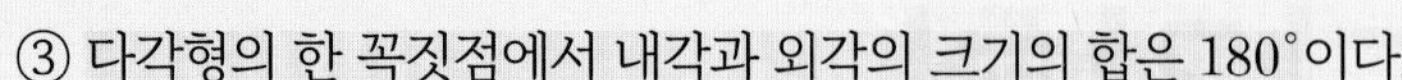

참고 다각형에서 한 내각에 대한 외각은 두 개이지만 맞꼭지각으로 그 크기가 같으므로 외각은 두 개 중에서 하나만 생각한다.

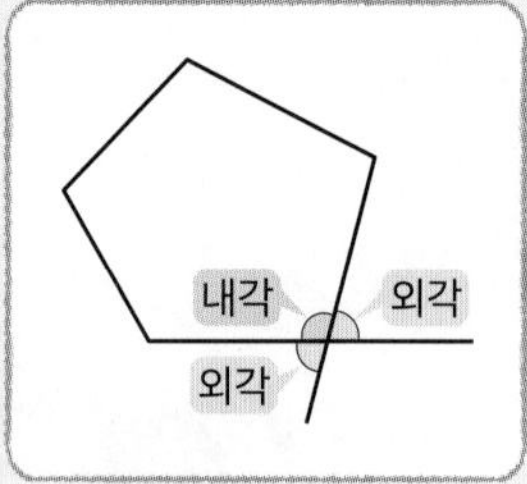

개념 Bridge

• 사각형에서 내각과 외각 알아보기

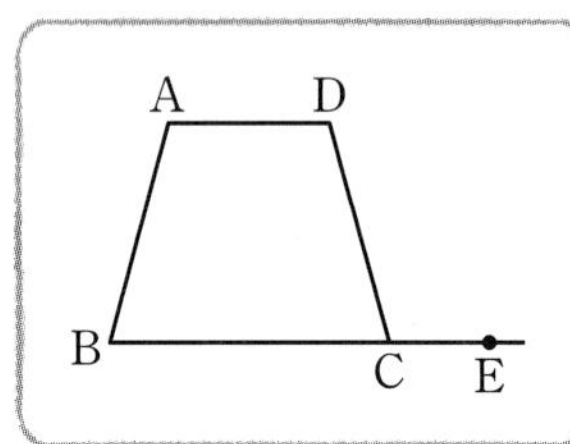

(1) $\angle BCD$는 $\angle C$의 ☐이다.

(2) $\angle DCE$는 $\angle C$의 ☐이다.

(3) $\angle BCD + \angle DCE =$ ☐$^\circ$
→ ($\angle C$의 내각의 크기) + ($\angle C$의 외각의 크기)

개념 check

✓ 다각형의 내각과 외각의 크기 구하기

01 오른쪽 그림과 같은 $\triangle ABC$에서 $\angle B$의 외각을 표시하고, 그 크기를 구하시오.

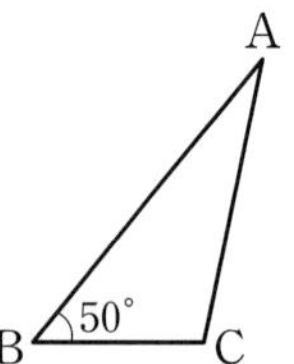

01-1 오른쪽 그림과 같은 오각형 ABCDE에서 $\angle D$의 외각을 표시하고, 그 크기를 구하시오.

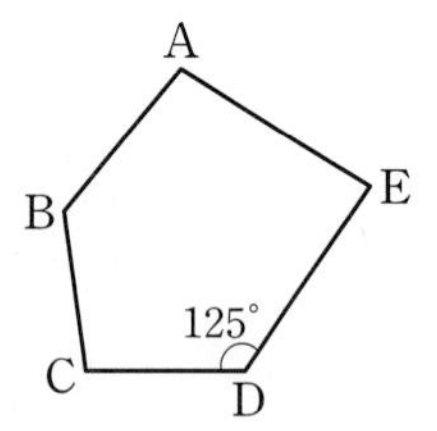

01-2 오른쪽 그림과 같은 사각형 ABCD에서 다음 각의 크기를 구하시오.

(1) $\angle A$의 내각

(2) $\angle C$의 외각

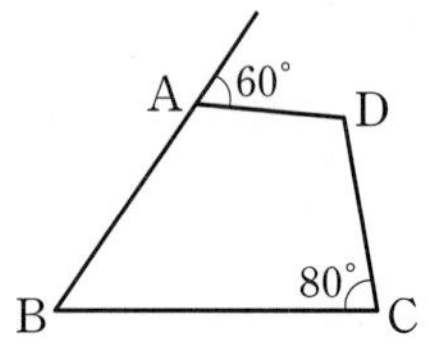

개념 2 다각형의 대각선

(1) **대각선:** 다각형의 한 꼭짓점에서 이와 이웃하지 않는 다른 한 꼭짓점을 이은 선분

(2) **대각선의 개수**

① n각형의 한 꼭짓점에서 그을 수 있는 대각선의 개수 → $n-3$

② n각형의 대각선의 개수 → $\frac{n(n-3)}{2}$

다각형	사각형	오각형	육각형	…	n각형
꼭짓점의 개수	4	5	6	…	n
한 꼭짓점에서 그을 수 있는 대각선의 개수	$4-3=1$	$5-3=2$	$6-3=3$	…	$n-3$
대각선의 개수	$\frac{4\times(4-3)}{2}=2$	$\frac{5\times(5-3)}{2}=5$	$\frac{6\times(6-3)}{2}=9$	…	$\frac{n(n-3)}{2}$

→ 자기 자신과 이웃하는 2개의 꼭짓점을 제외한 나머지 $(n-3)$개의 꼭짓점에 대각선을 그을 수 있다.

→ $n(n-3)$은 한 대각선을 2번씩 센 것이므로 2로 나눈다.

개념 check

대각선의 개수 구하기

01 팔각형에 대하여 다음을 구하시오.

(1) 한 꼭짓점에서 그을 수 있는 대각선의 개수

(2) 대각선의 개수

01-1 다음 다각형의 대각선의 개수를 구하시오.

(1) 십각형 (2) 십삼각형

대각선의 개수가 주어진 다각형 구하기

02 다음은 한 꼭짓점에서 그을 수 있는 대각선의 개수가 6인 다각형을 구하는 과정이다. □ 안에 알맞은 것을 써넣으시오.

> 구하는 다각형을 n각형이라 하면 $n-3=$□ ∴ $n=$□
>
> 따라서 구하는 다각형은 □이다.

02-1 한 꼭짓점에서 그을 수 있는 대각선의 개수가 다음과 같은 다각형의 이름을 말하시오.

(1) 1 (2) 12

정답과 해설 17쪽

개념 3 삼각형의 내각과 외각의 성질

(1) 삼각형의 세 내각의 크기의 합은 $180°$이다.

→ $\triangle ABC$에서 $\angle A+\angle B+\angle C=180°$

(2) 삼각형의 한 외각의 크기는 그와 이웃하지 않는 두 내각의 크기의 합과 같다.

→ $\triangle ABC$에서 ($\angle C$의 외각의 크기)$=\angle A+\angle B$

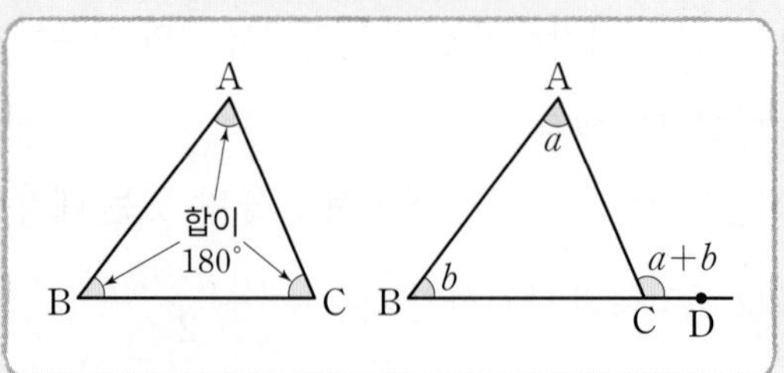

참고 오른쪽 그림과 같이 $\triangle ABC$에서 변 BC의 연장선 위에 점 D를 잡고, 꼭짓점 C에서 $\overline{BA}$에 평행한 반직선 CE를 그으면 $\overline{BA} /\!/ \overline{CE}$이므로 $\angle A=\angle ACE$ (엇각), $\angle B=\angle ECD$ (동위각)

(1) $\angle A+\angle B+\angle C=\angle ACE+\angle ECD+\angle C=180°$

(2) $\angle ACD=\angle ACE+\angle ECD=\angle A+\angle B$

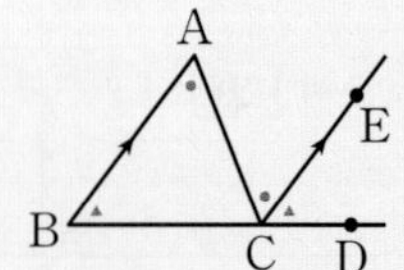

개념 Bridge

• 삼각형의 내각과 외각의 성질 알아보기

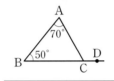

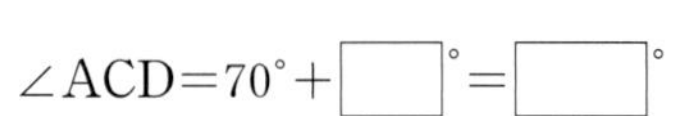	삼각형의 내각의 크기의 합	삼각형의 내각과 외각 사이의 관계
A, 70°, B, 50°, C, D	$70°+50°+\angle C=\square°$ $\therefore \angle C=\square°$	$\angle ACD=70°+\square°=\square°$

개념 check

✓ 삼각형의 내각과 외각의 성질

01 다음 그림에서 $\angle x$의 크기를 구하시오.

(1)
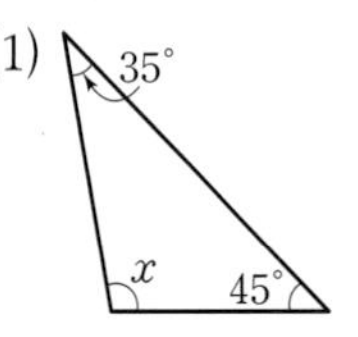

(2)
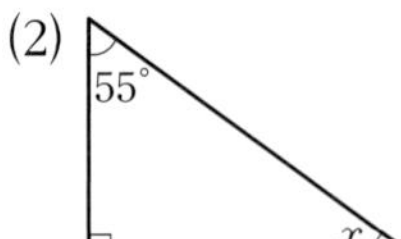

(3)
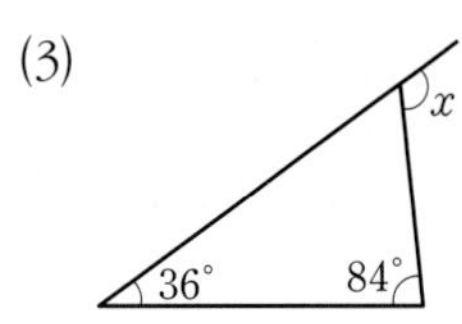

(4)
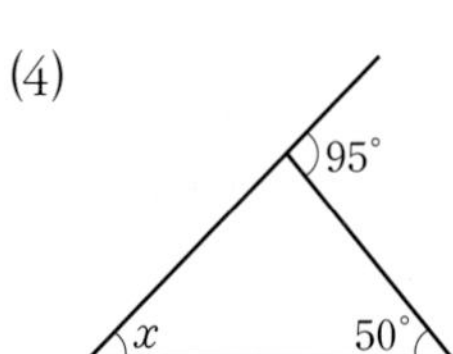

01-1 다음 그림에서 $\angle x$의 크기를 구하시오.

(1)
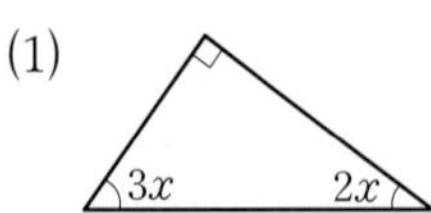

(2)
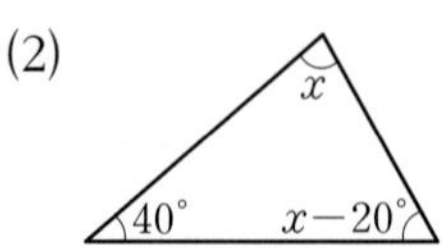

(3)
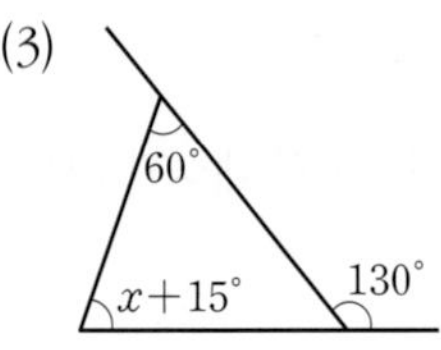

(4)
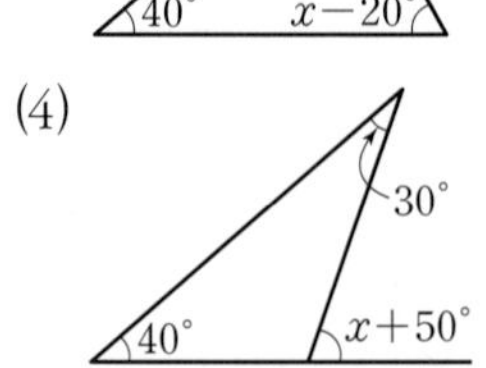

필수 유형 익히기

유형 1 다각형의 내각과 외각

01 오른쪽 그림에서 $\angle x$, $\angle y$의 크기를 각각 구하시오.

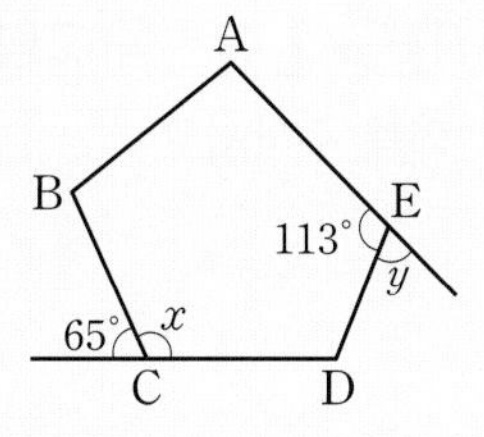

01-1 오른쪽 그림에서 $\angle x-\angle y$의 크기는?

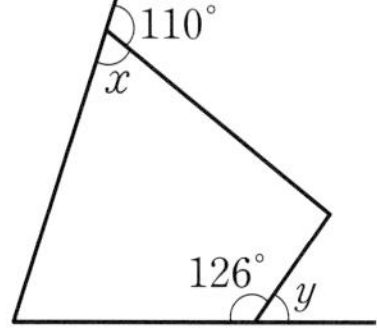

① 12° ② 14° ③ 16° ④ 18° ⑤ 20°

유형 2 다각형의 대각선의 개수

02 십오각형의 한 꼭짓점에서 그을 수 있는 대각선의 개수를 a, 모든 대각선의 개수를 b라 할 때, $b-a$의 값을 구하시오.

02-1 십각형의 한 꼭짓점에서 그을 수 있는 대각선의 개수를 a, 모든 대각선의 개수를 b라 할 때, $a+b$의 값을 구하시오.

유형 3 대각선의 개수가 주어질 때 다각형 구하기

03 대각선의 개수가 65인 다각형의 이름을 말하시오.

03-1 대각선의 개수가 77인 다각형의 변의 개수를 구하시오.

유형 4 삼각형의 세 내각의 크기의 합

04 오른쪽 그림에서 $\angle x$의 크기를 구하시오.

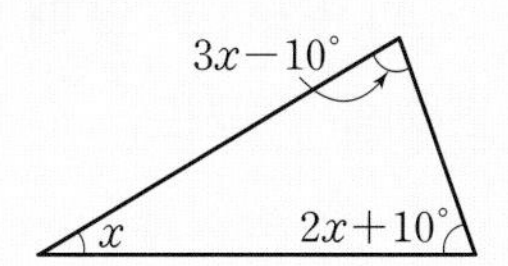

04-1 오른쪽 그림에서 $\angle x$의 크기를 구하시오.

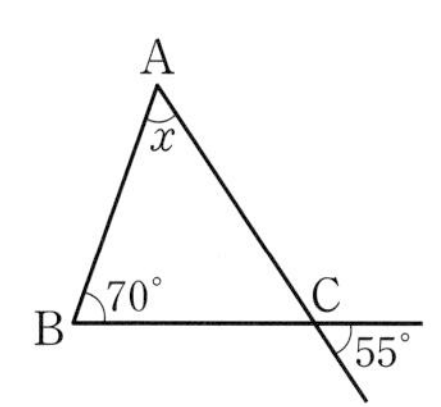

정답과 해설 17쪽

필수 유형 익히기

유형 5 삼각형의 내각과 외각 사이의 관계

05 오른쪽 그림에서 $\angle x$의 크기를 구하시오.

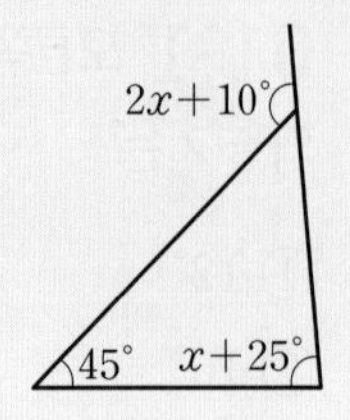

05-1 오른쪽 그림에서 $\angle x$의 크기를 구하시오.

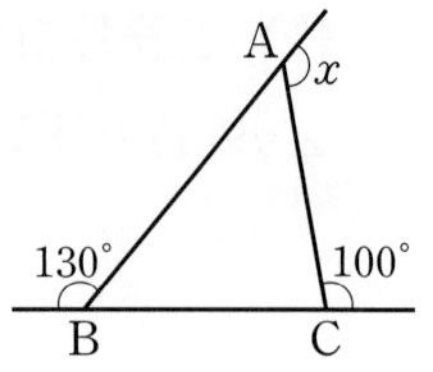

유형 6 삼각형의 내각과 외각의 크기

06 다음 그림에서 $\angle x$, $\angle y$의 크기를 각각 구하시오.

(1)

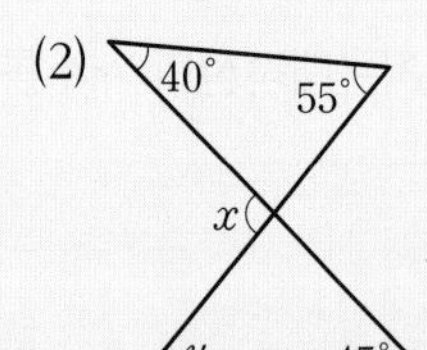

(2)

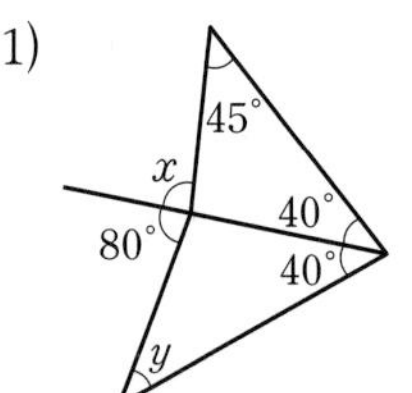

06-1 다음 그림에서 $\angle x$, $\angle y$의 크기를 각각 구하시오.

(1)

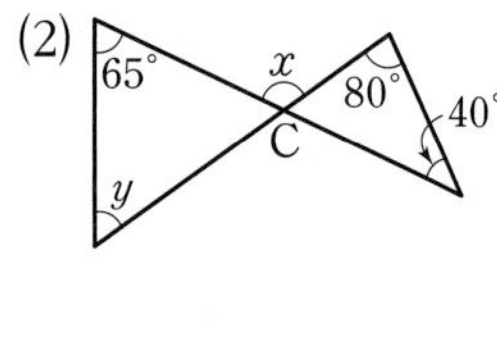

(2)

65°, x, 80°, 40°, C, y

한 걸음 더 유형 7 삼각형의 내각과 외각의 활용; 이등변삼각형

오른쪽 그림에서 $\overline{AB}=\overline{AC}=\overline{CD}$일 때, $\angle ABC=\angle a$라 하면

$\triangle ABC$에서 $\angle ACB=\angle a$, $\angle DAC=\angle a+\angle a=2\angle a$

$\triangle ACD$에서 $\angle CDA=2\angle a$

$\triangle DBC$에서 $\angle DCE=2\angle a+\angle a=3\angle a$

→ 이등변삼각형의 두 밑각의 크기는 같다.

→ 삼각형의 한 외각의 크기는 그와 이웃하지 않는 두 내각의 크기의 합과 같다.

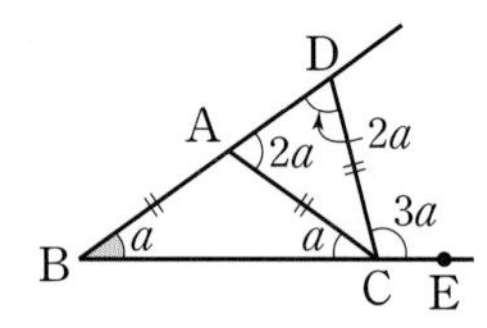

07 오른쪽 그림에서 $\overline{AB}=\overline{AC}=\overline{CD}$이고 $\angle B=28°$일 때, 다음을 구하시오.

(1) $\angle DAC$의 크기

(2) $\angle DCE$의 크기

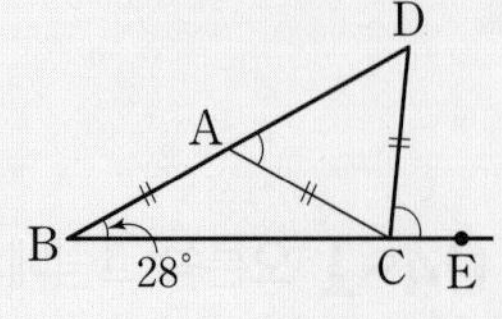

07-1 오른쪽 그림에서 $\overline{AB}=\overline{AC}=\overline{CD}$이고 $\angle ADE=150°$일 때, $\angle x$의 크기를 구하시오.

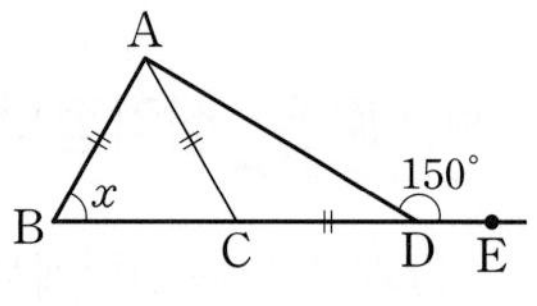

02 다각형의 내각과 외각

개념 4 다각형의 내각의 크기의 합

(1) **다각형의 내각의 크기의 합:** n각형의 내각의 크기의 합은 $180^\circ\times(n-2)$이다.

다각형	사각형	오각형	육각형	…	n각형
한 꼭짓점에서 대각선을 모두 그었을 때 생기는 삼각형의 개수	2	3	4	…	$n-2$
내각의 크기의 합	$180^\circ\times2=360^\circ$	$180^\circ\times3=540^\circ$	$180^\circ\times4=720^\circ$	…	$180^\circ\times(n-2)$

n각형은 $(n-2)$개의 삼각형으로 나누어진다.

180° → 삼각형의 세 내각의 크기의 합

(2) **정다각형의 한 내각의 크기**

정다각형은 내각의 크기가 모두 같으므로

정다각형 → 변의 길이가 모두 같고 내각의 크기가 모두 같은 다각형

$$(\text{정}n\text{각형의 한 내각의 크기})=\frac{180^\circ\times(n-2)}{n}$$

← 내각의 크기의 합
← 꼭짓점의 개수

개념 check

다각형의 내각의 크기의 합

01 다음 다각형의 내각의 크기의 합을 구하시오.

(1) 칠각형　　(2) 십각형

01-1 오른쪽 그림과 같은 오각형에 대하여 다음을 구하시오.

(1) 내각의 크기의 합

(2) $\angle x$의 크기

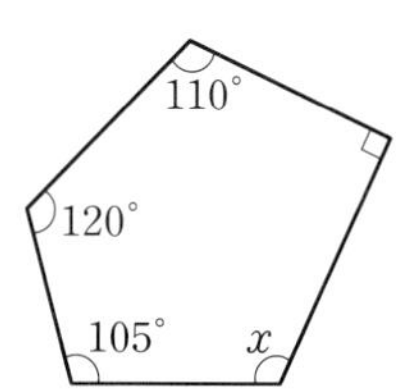

정다각형의 한 내각의 크기

02 다음 정다각형의 한 내각의 크기를 구하시오.

(1) 정팔각형　　(2) 정십이각형

02-1 한 내각의 크기가 다음과 같은 정다각형의 이름을 말하시오.

(1) 140°　　(2) 144°

정답과 해설 18쪽

개념 5 다각형의 외각의 크기의 합

(1) 다각형의 외각의 크기의 합은 360°이다.

→ 한 꼭짓점에서 내각과 외각의 크기의 합은 180°이다.

	다각형	삼각형	사각형	오각형	…	n각형
❶ →	(내각의 크기의 합) +(외각의 크기의 합)	$180° \times 3$	$180° \times 4$	$180° \times 5$	…	$180° \times n$
❷ →	내각의 크기의 합	$180°$	$180° \times 2$	$180° \times 3$		$180° \times (n-2)$
❶−❷ →	외각의 크기의 합	$360°$	$360°$	$360°$	…	$360°$

(2) **정다각형의 한 외각의 크기**

정다각형은 외각의 크기가 모두 같으므로

$(\text{정}n\text{각형의 한 외각의 크기}) = \dfrac{360°}{n}$ ← 외각의 크기의 합 / ← 꼭짓점의 개수

개념 check

✓ 다각형의 외각의 크기의 합

01 다음 그림에서 $\angle x$의 크기를 구하시오.

(1)

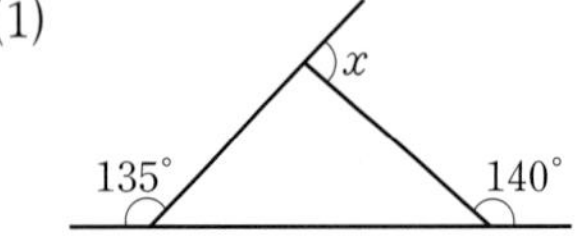

(2)

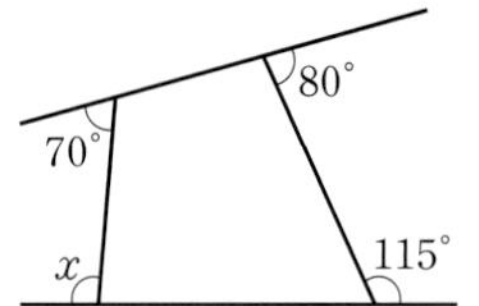

01-1 다음 그림에서 $\angle x$의 크기를 구하시오.

(1)

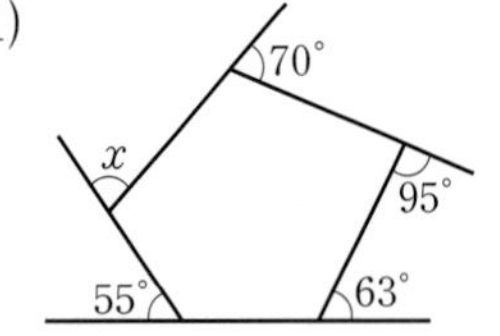

(2)

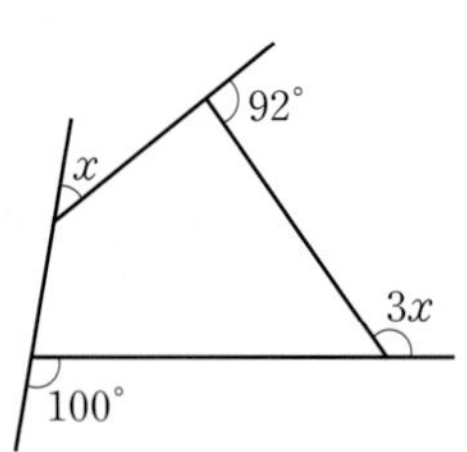

✓ 정다각형의 한 외각의 크기

02 다음 정다각형의 한 외각의 크기를 구하시오.

(1) 정육각형 (2) 정십각형

02-1 한 외각의 크기가 다음과 같은 정다각형의 이름을 말하시오.

(1) 24° (2) 45°

필수 유형 익히기

유형 1 다각형의 내각의 크기의 합 (1)

01 다음 보기 중 다각형과 그 다각형의 내각의 크기의 합을 나열한 것으로 옳은 것을 모두 고르시오.

보기

ㄱ. 육각형, 540° ㄴ. 팔각형, 1080°

ㄷ. 십일각형, 1620° ㄹ. 이십각형, 3000°

01-1 내각의 크기의 합이 2700°인 다각형의 변의 개수를 구하시오.

유형 2 다각형의 내각의 크기의 합 (2)

02 다음 그림에서 $\angle x$의 크기를 구하시오.

(1)

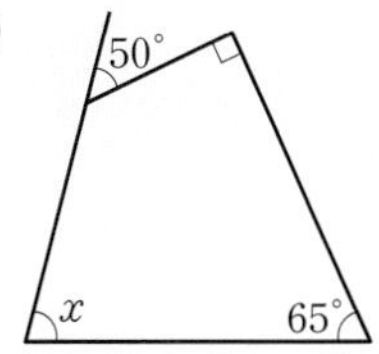

(2)

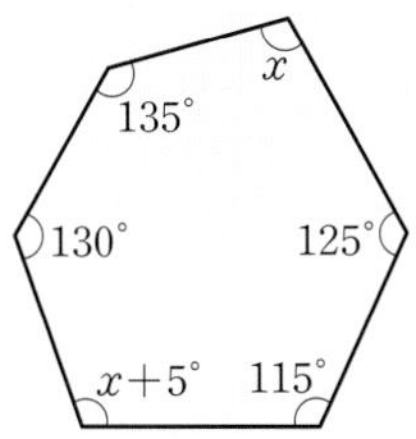

02-1 다음 그림에서 $\angle x$의 크기를 구하시오.

(1)

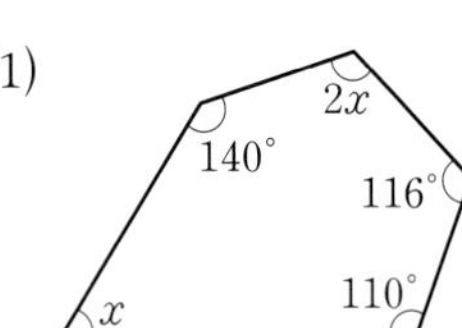

(2)

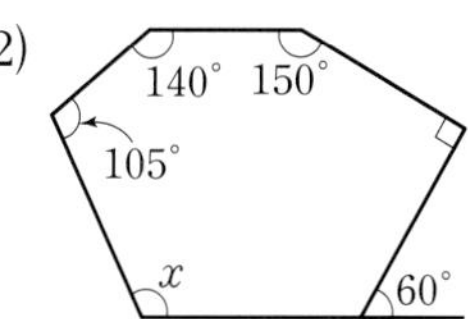

유형 3 정다각형의 한 내각의 크기

03 한 내각의 크기가 156°인 정다각형의 꼭짓점의 개수는?

① 12 ② 13 ③ 14
④ 15 ⑤ 16

03-1 대각선의 개수가 9인 정다각형의 한 내각의 크기를 구하시오.

정답과 해설 19쪽

필수 유형 익히기

유형 4 다각형의 외각의 크기의 합

04 오른쪽 그림에서 $\angle x+\angle y$의 크기는?

① $145°$ ② $150°$
③ $155°$ ④ $160°$
⑤ $165°$

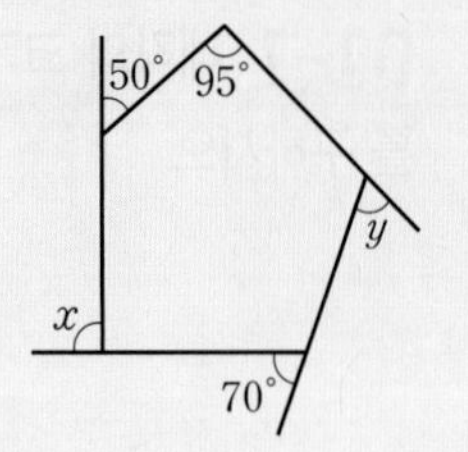

04-1 오른쪽 그림에서 $\angle x$의 크기를 구하시오.

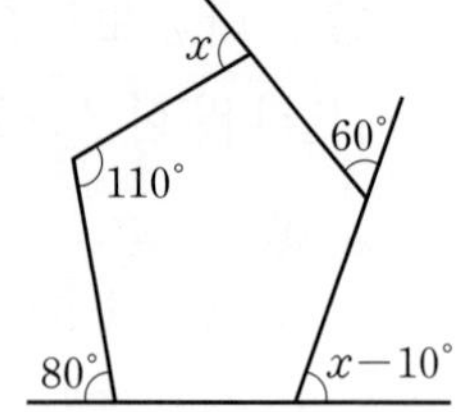

유형 5 정다각형의 한 외각의 크기

05 한 외각의 크기가 $24°$인 정다각형의 내각의 크기의 합은?

① $1800°$ ② $1980°$ ③ $2160°$
④ $2340°$ ⑤ $2520°$

05-1 대각선의 개수가 135인 정다각형의 한 외각의 크기를 구하시오.

한 걸음 더

유형 6 정다각형의 한 내각의 크기와 한 외각의 크기의 비

정다각형에서
(한 내각의 크기)+(한 외각의 크기)$=180°$이므로
(한 내각의 크기) : (한 외각의 크기)$=a:b$이면
(한 내각의 크기)$=180°\times\dfrac{a}{a+b}$, (한 외각의 크기)$=180°\times\dfrac{b}{a+b}$

06 한 내각의 크기와 한 외각의 크기의 비가 $3:1$인 정다각형을 구하려고 한다. 다음 물음에 답하시오.

(1) 한 외각의 크기를 구하시오.
(2) 조건을 만족시키는 정다각형의 이름을 말하시오.

06-1 한 내각의 크기와 한 외각의 크기의 비가 $7:2$인 정다각형의 이름을 말하시오.

서술형 감잡기

01 오른쪽 그림에서 $\angle x$의 크기를 구하시오.

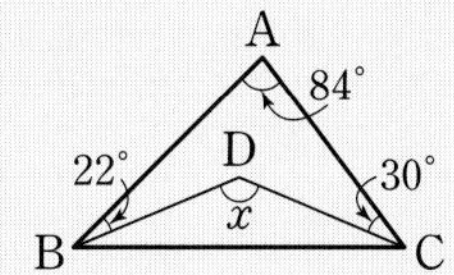

① 단계 $\angle \mathrm{ABC}+\angle \mathrm{ACB}$의 크기 구하기 ◀ 30 %

$\triangle \mathrm{ABC}$에서

$\angle \mathrm{ABC}+\angle \mathrm{ACB}=180^\circ-\square^\circ=\square^\circ$

② 단계 $\angle \mathrm{DBC}+\angle \mathrm{DCB}$의 크기 구하기 ◀ 30 %

$\angle \mathrm{DBC}+\angle \mathrm{DCB}$

$=(\angle \mathrm{ABC}-22^\circ)+(\angle \mathrm{ACB}-30^\circ)$

$=(\angle \mathrm{ABC}+\angle \mathrm{ACB})-52^\circ=\square^\circ-52^\circ=\square^\circ$

③ 단계 $\angle x$의 크기 구하기 ◀ 40 %

$\triangle \mathrm{DBC}$에서

$\angle x=180^\circ-(\angle \mathrm{DBC}+\angle \mathrm{DCB})$

$=180^\circ-\square^\circ=\square^\circ$

답 ______________

01-1 오른쪽 그림에서 $\angle x$의 크기를 구하시오.

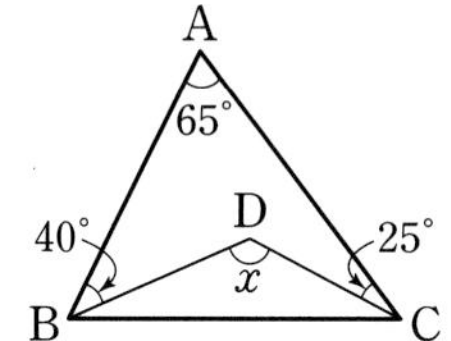

답 ______________

02 내각의 크기의 합과 외각의 크기의 합을 더했더니 3600°인 정다각형이 있다. 이 정다각형의 한 외각의 크기를 구하시오.

① 단계 조건을 만족시키는 정다각형 구하기 ◀ 70 %

주어진 정다각형을 정n각형이라 하면 정n각형의 내각의 크기의 합은 $180^\circ\times(n-2)$이고, 외각의 크기의 합은 $\square^\circ$이므로 $180^\circ\times(n-2)+\square^\circ=3600^\circ$

$180^\circ\times n=\square^\circ$ $\quad\therefore n=\square$

즉, 주어진 정다각형은 $\square$이다.

② 단계 조건을 만족시키는 정다각형의 한 외각의 크기 구하기 ◀ 30 %

따라서 $\square$의 한 외각의 크기는 $\dfrac{360^\circ}{\square}=\square^\circ$

답 ______________

02-1 내각의 크기의 합과 외각의 크기의 합을 더했더니 8100°인 정다각형이 있다. 이 정다각형의 한 외각의 크기를 구하시오.

답 ______________

정답과 해설 20쪽

단원 마무리하기

중요

01 오른쪽 그림에서 $\angle x+\angle y$의 크기는?

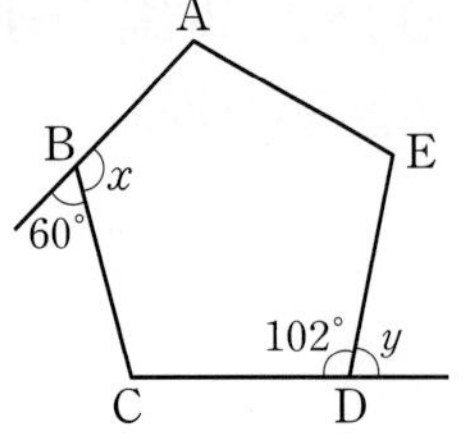

① 190° ② 192° ③ 194° ④ 196° ⑤ 198°

서술형

02 십각형의 한 꼭짓점에서 그을 수 있는 대각선의 개수를 a, 십오각형의 모든 대각선의 개수를 b라 할 때, $a+b$의 값을 구하시오.

03 다음 조건을 모두 만족시키는 다각형의 이름을 말하시오.

> (가) 모든 변의 길이가 같고, 모든 내각의 크기가 같다.
> (나) 대각선의 개수가 104이다.

04 오른쪽 그림에서 $\angle x$의 크기를 구하시오.

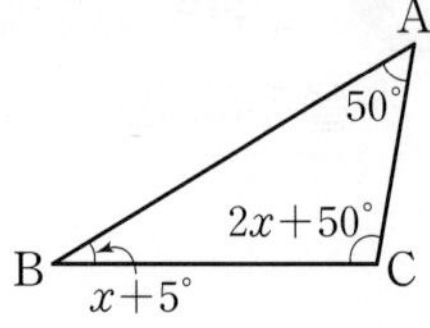

05 삼각형의 세 내각의 크기의 비가 $4:5:9$일 때, 가장 작은 내각의 크기는?

① 35° ② 40° ③ 45° ④ 50° ⑤ 55°

06 오른쪽 그림에서 $\overline{AB}=\overline{AC}=\overline{CD}$이고, $\angle CDE=108°$일 때, $\angle x$의 크기는?

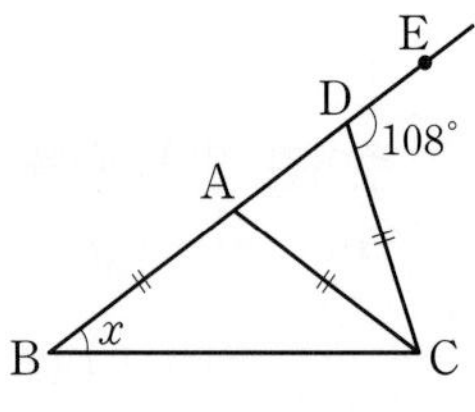

① 32° ② 34° ③ 36° ④ 38° ⑤ 40°

서술형

07 오른쪽 그림과 같은 $\triangle ABC$에서 $\angle BAD=\angle CAD$일 때, $\angle x$의 크기를 구하시오.

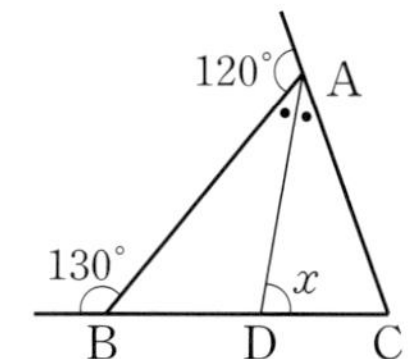

10 오른쪽 그림에서 $\angle x-\angle y$의 크기를 구하시오.

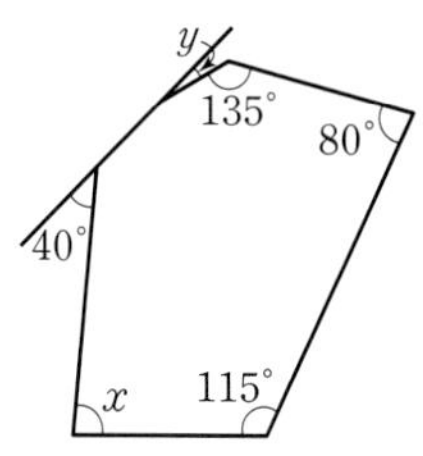

08 오른쪽 그림에서 $\angle x$의 크기는?

① 95°　② 100°
③ 105°　④ 110°
⑤ 115°

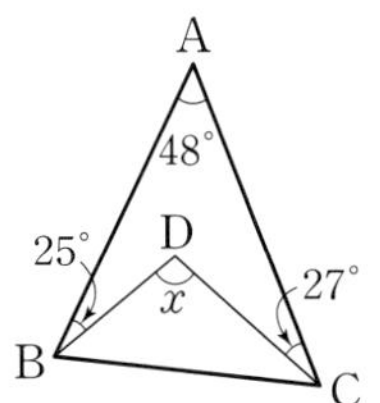

11 오른쪽 그림에서 $\angle x$의 크기는?

① 65°　② 70°
③ 75°　④ 80°
⑤ 85°

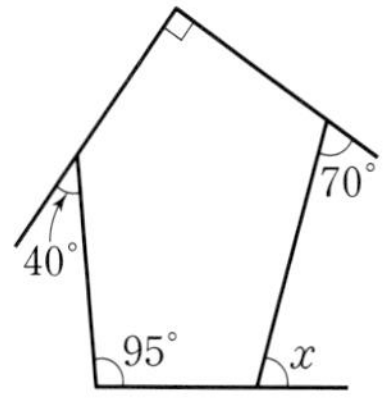

09 대각선의 개수가 119인 다각형의 내각의 크기의 합은?

① 2520°　② 2700°　③ 2880°
④ 3060°　⑤ 3240°

12 다음 중 정팔각형에 대한 설명으로 옳지 않은 것은?

① 한 꼭짓점에서 그을 수 있는 대각선의 개수는 5이다.
② 대각선의 개수는 20이다.
③ 내각의 크기의 합은 900°이다.
④ 한 내각의 크기는 135°이다.
⑤ 한 외각의 크기는 45°이다.

정답과 해설 21쪽

13 내각의 크기의 합이 3960°인 정다각형의 한 외각의 크기는?

① 15° ② 18° ③ 20°
④ 24° ⑤ 30°

14 어떤 정다각형의 한 내각의 크기가 한 외각의 크기의 5배일 때, 이 정다각형의 내각의 크기의 합은?

① 1260° ② 1440° ③ 1620°
④ 1800° ⑤ 1980°

서술형

15 오른쪽 그림은 한 변의 길이가 같은 정육각형과 정팔각형의 한 변을 붙여 놓은 것이다. $\angle x$의 크기를 구하시오.

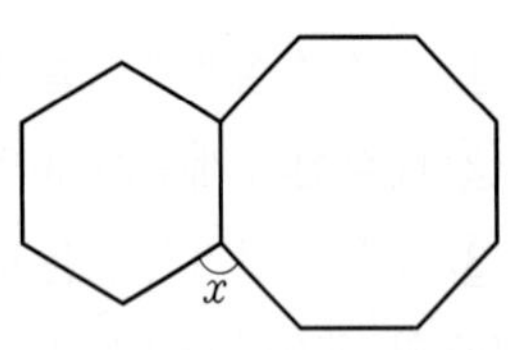

Level Up

16 오른쪽 그림과 같이 원탁에 5명의 학생이 앉아 있다. 학생들끼리 서로 한 번씩 악수를 할 때, 악수는 모두 몇 번을 하게 되는가?

① 5번 ② 10번
③ 15번 ④ 20번
⑤ 25번

17 오른쪽 그림에서 다음을 구하시오.

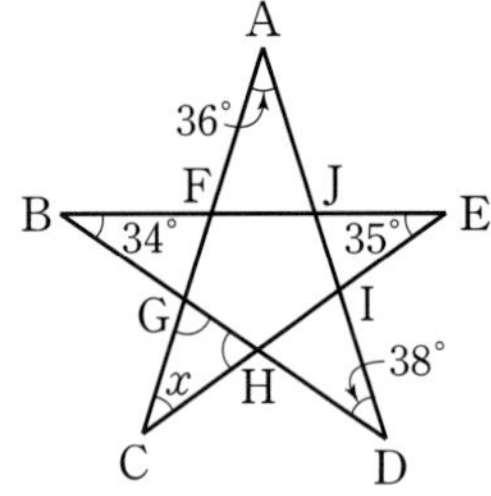

(1) ∠CGH의 크기
(2) ∠CHG의 크기
(3) $\angle x$의 크기

18 오른쪽 그림에서
$\angle a+\angle b+\angle c+\angle d+\angle e+\angle f+\angle g$
의 크기를 구하시오.

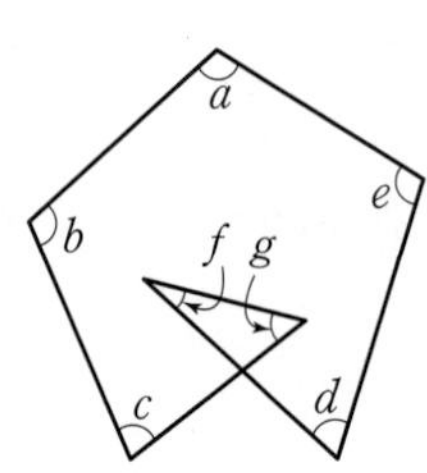

정답과 해설 22쪽

원과 부채꼴

01 원과 부채꼴

개념 1 원과 부채꼴

(1) **원**: 평면 위의 한 점 O로부터 일정한 거리에 있는 모든 점으로 이루어진 도형으로, 원 O로 나타낸다.

(2) **호**: 원 위의 두 점 A, B를 잡았을 때 나누어지는 원의 두 부분 → $\overset{\frown}{AB}$

(3) **할선**: 원 위의 두 점을 지나는 직선

(4) **현**: 원 위의 두 점 A, B를 이은 선분

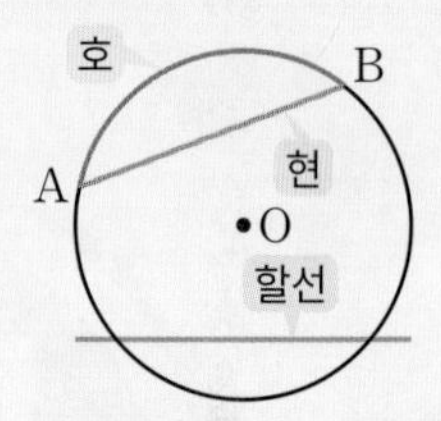

(5) **부채꼴 AOB**: 원 O에서 두 반지름 OA와 OB 및 호 AB로 이루어진 도형

(6) **중심각**: 원 O에서 두 반지름 OA와 OB가 이루는 각 ∠AOB

→ 부채꼴 AOB의 중심각 또는 호 AB에 대한 중심각

(7) **활꼴**: 원에서 현 CD와 호 CD로 이루어진 도형

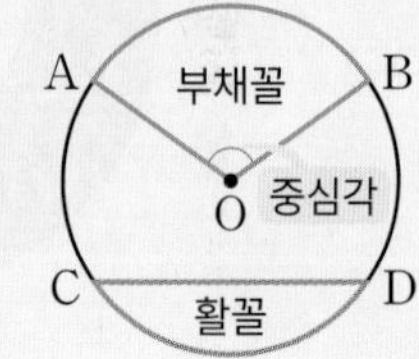

참고 ① 일반적으로 $\overset{\frown}{AB}$는 길이가 짧은 쪽의 호를 나타내고, 길이가 긴 쪽의 호를 나타낼 때는 그 호 위에 한 점 C를 잡아 $\overset{\frown}{ACB}$와 같이 나타낸다.

② 원의 중심을 지나는 현은 그 원의 지름이고, 원의 지름은 그 원에서 길이가 가장 긴 현이다.

개념 Bridge

• 원과 부채꼴에서 여러 가지 용어 알아보기

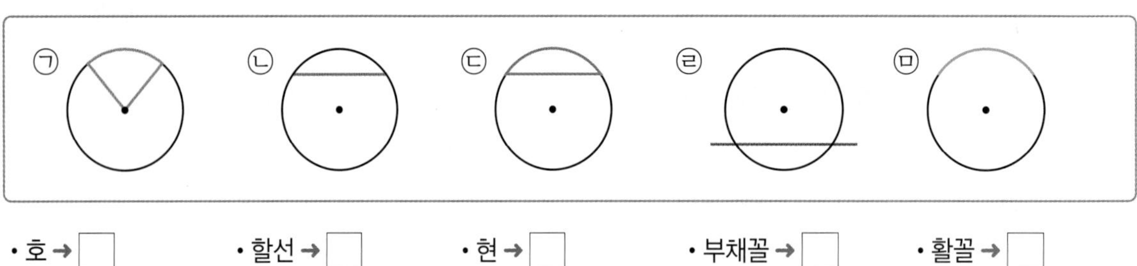

• 호 → ☐ • 할선 → ☐ • 현 → ☐ • 부채꼴 → ☐ • 활꼴 → ☐

개념 check

원과 부채꼴

01 오른쪽 그림과 같이 $\overline{AC}$를 지름으로 하는 원 O에 대하여 다음을 기호로 나타내시오.

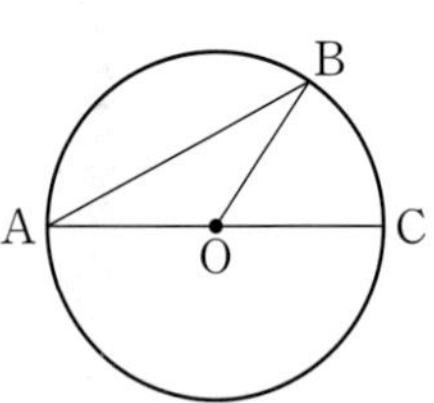

(1) ∠AOB에 대한 호 (2) ∠AOB에 대한 현

(3) 부채꼴 AOB의 중심각 (4) $\overset{\frown}{BC}$에 대한 중심각

01-1 오른쪽 그림과 같이 $\overline{AC}$를 지름으로 하는 원 O에 대하여 다음을 기호로 나타내시오.

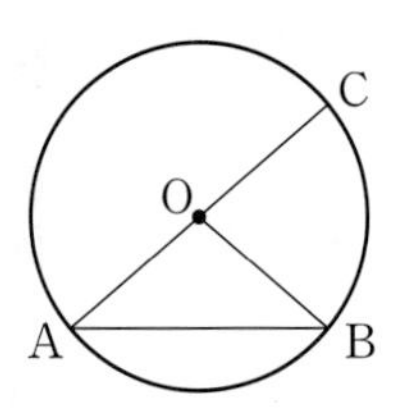

(1) ∠BOC에 대한 호 (2) ∠AOB에 대한 현

(3) 부채꼴 BOC의 중심각 (4) $\overset{\frown}{AB}$에 대한 중심각

개념 2 부채꼴의 중심각의 크기와 호의 길이, 넓이 사이의 관계

한 원에서

(1) 중심각의 크기가 같은 두 부채꼴의 호의 길이와 넓이는 각각 같다.
　└ 서로 합동이다.

(2) 부채꼴의 호의 길이와 넓이는 각각 중심각의 크기에 정비례한다.
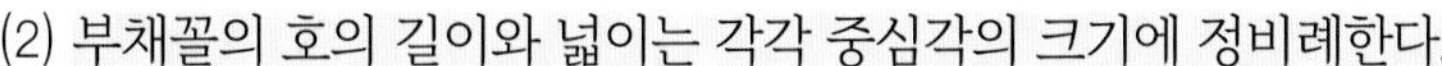
　└ 부채꼴의 중심각의 크기가 2배, 3배, …가 되면 부채꼴의 호의 길이와 넓이도 각각 2배, 3배, …가 된다.

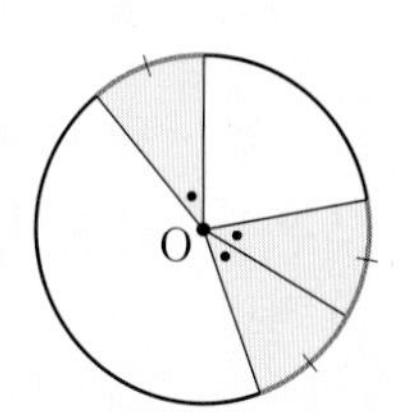

개념 Bridge

• 부채꼴의 중심각의 크기와 호의 길이, 넓이

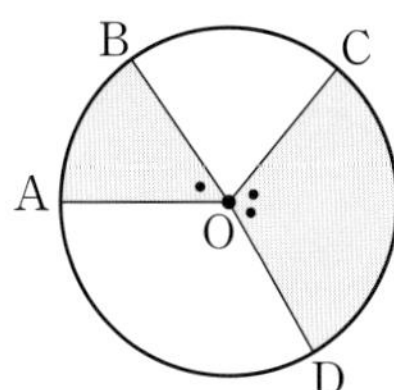

$\angle$AOB : $\angle$COD$=1:2$이면

(1) $\overset{\frown}{AB}:\overset{\frown}{CD}=\square:\square$ → (중심각의 크기의 비) = (부채꼴의 호의 길이의 비)

(2) (부채꼴 AOB의 넓이) : (부채꼴 COD의 넓이)$=\square:\square$ → (중심각의 크기의 비) = (부채꼴의 넓이의 비)

개념 check

✓ 중심각의 크기와 호의 길이, 넓이

01 다음 그림의 원 O에서 x의 값을 구하시오.

(1)

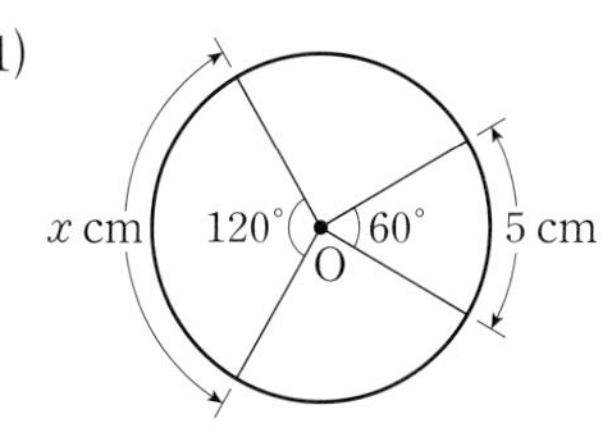

(2)

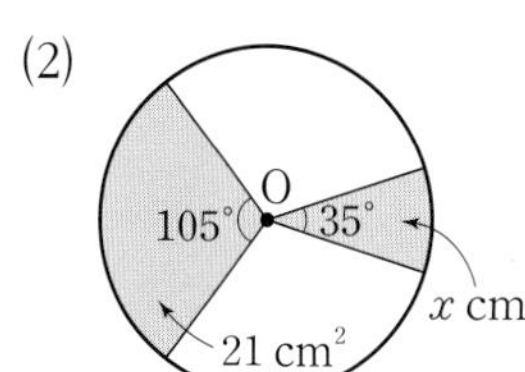

01-1 다음 그림의 원 O에서 x의 값을 구하시오.

(1)

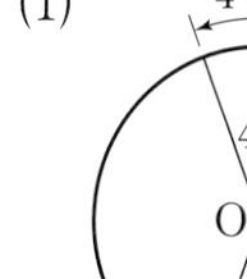
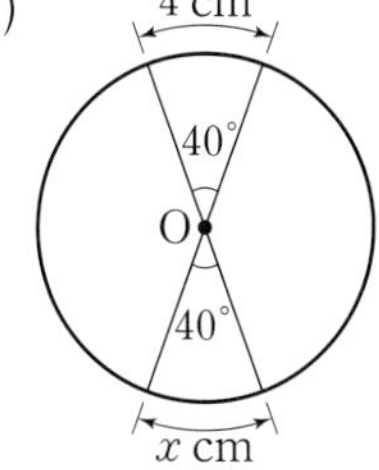

(2)

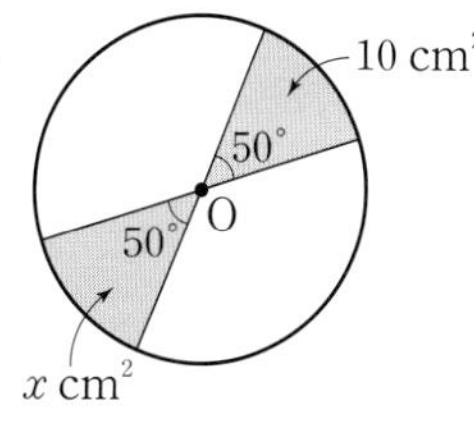

(3)

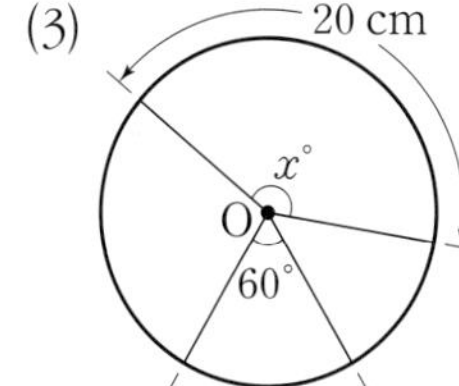

(4)

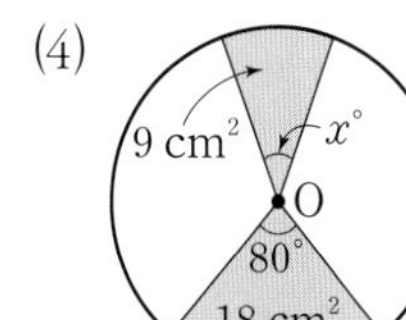

정답과 해설 23쪽

개념 3 부채꼴의 중심각의 크기와 현의 길이 사이의 관계

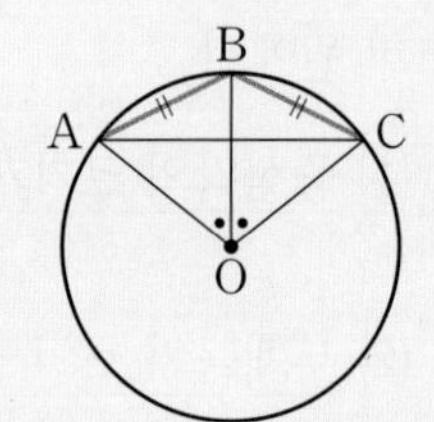

한 원에서

(1) 중심각의 크기가 같은 두 현의 길이는 같다. (← 길이가 같은 두 현에 대한 중심각의 크기는 같다.)

(2) 현의 길이는 중심각의 크기에 정비례하지 않는다.

참고 원 O 위의 두 점 A, B에 대하여 $\angle AOB=\angle BOC$이면

① $\triangle AOB$와 $\triangle COB$에서
$\overline{OA}=\overline{OC}$(반지름), $\angle AOB=\angle COB$, $\overline{OB}$는 공통
이므로 $\triangle AOB \equiv \triangle COB$(SAS 합동) $\therefore \overline{AB}=\overline{CB}$
즉, 중심각의 크기가 같은 두 현의 길이는 같다.

② $\angle AOC=2\angle AOB$이지만 $\triangle ACB$에서 $\overline{AB}=\overline{BC}$이므로
$\overline{AC}<\overline{AB}+\overline{BC}=2\overline{AB}$ → 삼각형의 세 변의 길이 사이의 관계
즉, 현의 길이는 중심각의 크기에 정비례하지 않는다.

개념 Bridge

• 부채꼴의 중심각의 크기와 현의 길이

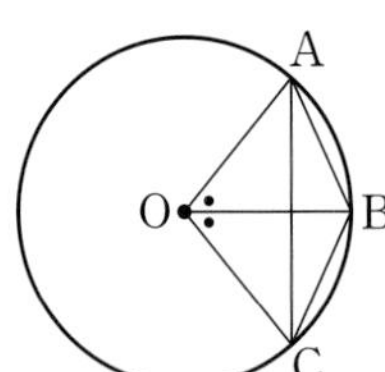

(1) $\angle AOB=\angle BOC \rightarrow \overline{AB}$ ☐ $\overline{BC}$

(2) $\angle AOB : \angle AOC$ ☐ $\overline{AB} : \overline{AC}$

개념 check

중심각의 크기와 현의 길이

01 다음 그림의 원 O에서 x의 값을 구하시오.

(1)

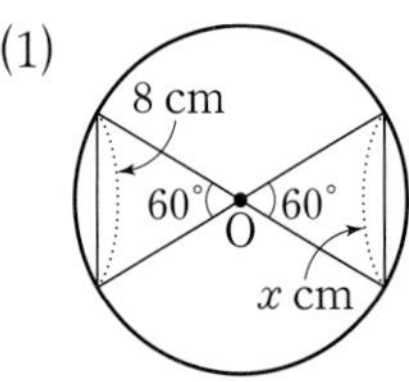

(2)

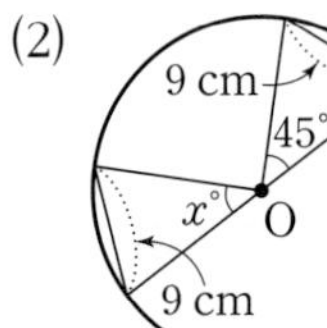

01-1 다음 그림의 원 O에서 x의 값을 구하시오.

(1)

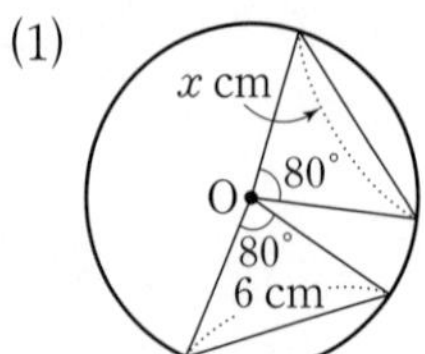

(2)

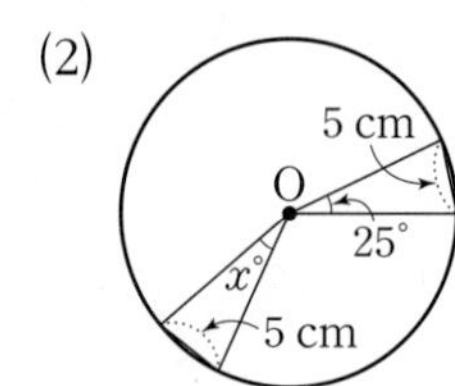

필수 유형 익히기

유형 1 원과 부채꼴

01 오른쪽 그림의 원 O에 대한 설명으로 옳은 것을 다음 보기에서 모두 고르시오.

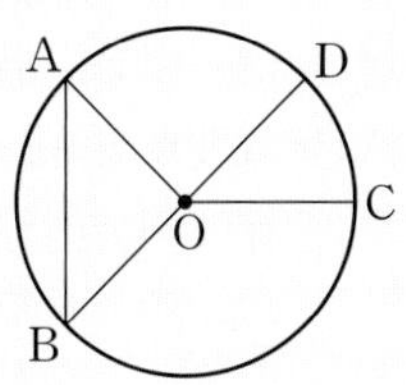

보기
ㄱ. 부채꼴 BOC의 중심각은 ∠BOC이다.
ㄴ. ∠BOD=180°일 때, $\overline{BD}$는 원 O의 지름이다.
ㄷ. $\overline{AB}$와 $\widehat{AB}$로 이루어진 도형은 활꼴이다.
ㄹ. $\overline{AB}=\overline{OB}$이면 $\widehat{AB}$에 대한 중심각의 크기는 90°이다.

01-1 다음 중 오른쪽 그림의 원 O에 대한 설명으로 옳지 않은 것은? (단, 세 점 A, O, C는 한 직선 위에 있다.)

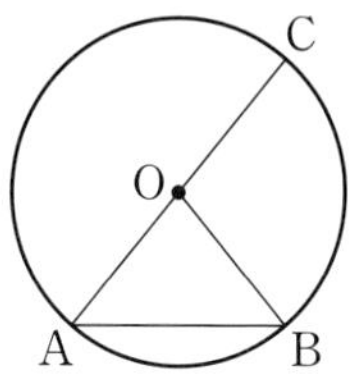

① $\overline{AB}$는 현이다.
② ∠AOB는 $\widehat{BC}$에 대한 중심각이다.
③ $\overline{AC}$는 원 O에서 가장 긴 현이다.
④ $\overline{OA}=\overline{OB}=\overline{OC}$이다.
⑤ $\widehat{AB}$와 두 반지름 $\overline{OA}$, $\overline{OB}$로 이루어진 도형은 부채꼴이다.

유형 2 중심각의 크기와 호의 길이

02 오른쪽 그림의 원 O에서 x, y의 값을 각각 구하시오.

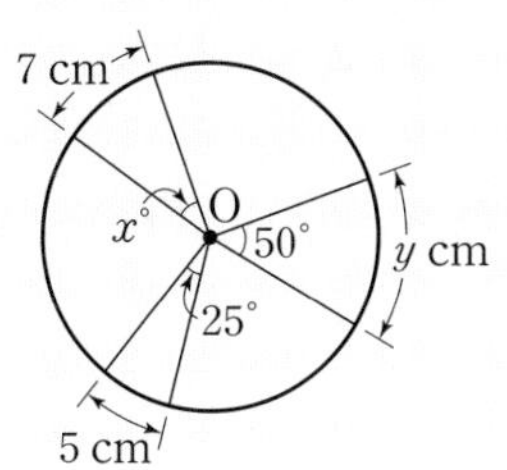

02-1 오른쪽 그림에서 $\overline{AB}$가 원 O의 지름일 때, $x+y$의 값을 구하시오.

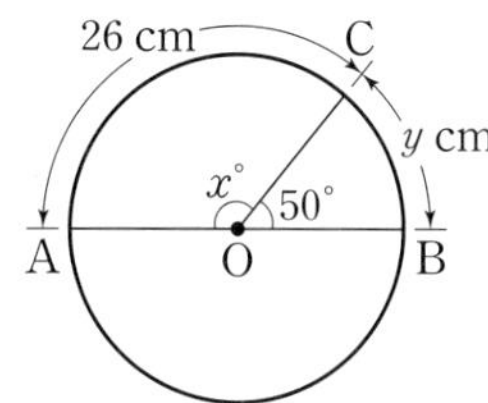

유형 3 중심각의 크기와 호의 길이; 비가 주어진 경우

03 오른쪽 그림에서 $\overline{AB}$는 원 O의 지름이고 $\widehat{AC}:\widehat{CB}=5:4$일 때, ∠COB의 크기를 구하시오.

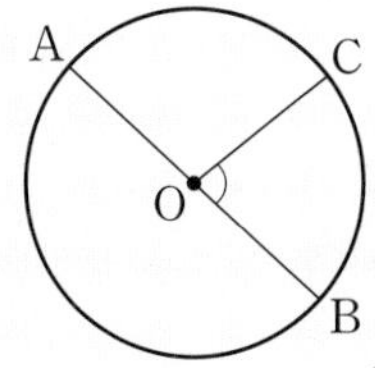

03-1 오른쪽 그림에서 $\overline{AB}$는 원 O의 지름이고 $\widehat{AC}:\widehat{CB}=4:1$일 때, ∠COB의 크기를 구하시오.

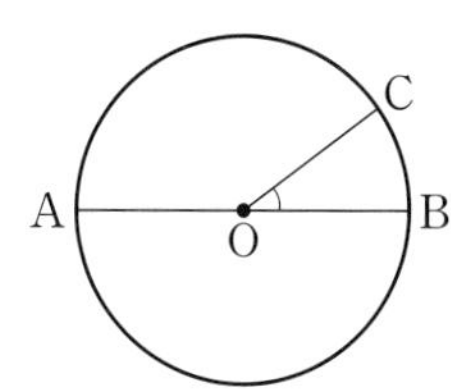

유형 4 중심각의 크기와 부채꼴의 넓이

04 오른쪽 그림의 원 O에서 x의 값을 구하시오.

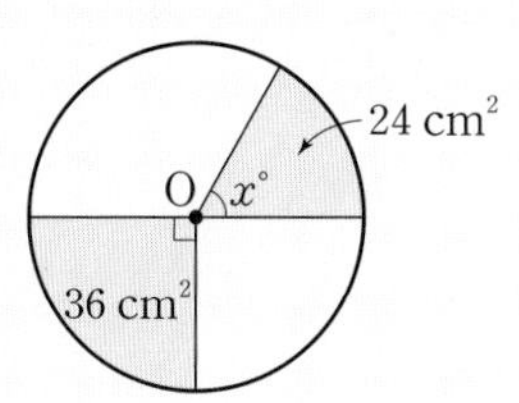

04-1 오른쪽 그림의 원 O에서 중심각의 크기가 40°인 부채꼴의 넓이가 10 cm²일 때, 원 O의 넓이를 구하시오.

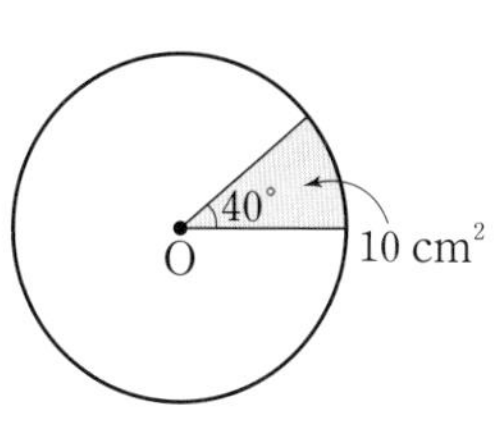

정답과 해설 23쪽

필수 유형 익히기

유형 5 중심각의 크기와 현의 길이

05 오른쪽 그림의 원 O에서 $\overline{AB}=\overline{CD}=\overline{DE}$이고 $\angle COE=130^\circ$일 때, $\angle AOB$의 크기를 구하시오.

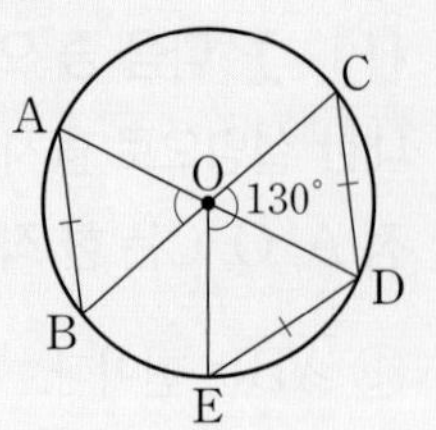

05-1 오른쪽 그림의 원 O에서 $\overline{AB}=\overline{CD}=\overline{DE}=\overline{EF}$이고 $\angle AOB=27^\circ$일 때, $\angle COF$의 크기를 구하시오.

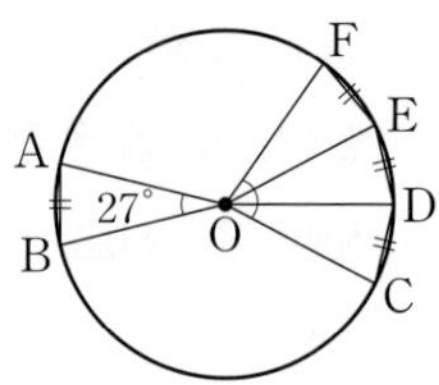

유형 6 중심각의 크기에 정비례하는 것

06 오른쪽 그림의 원 O에서 $\angle AOB=90^\circ$, $\angle COD=30^\circ$일 때, 다음 보기 중 옳은 것을 모두 고르시오.

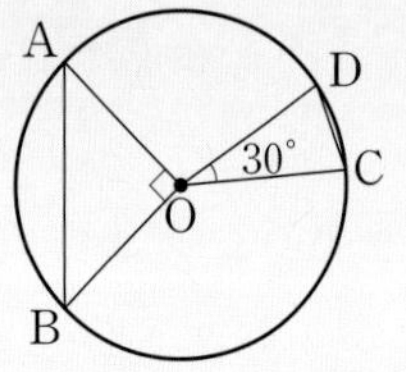

보기

ㄱ. $\overset{\frown}{AB}=3\overset{\frown}{CD}$ ㄴ. $\overline{CD}=\frac{1}{3}\overline{AB}$

ㄷ. $\angle OAB=45^\circ$ ㄹ. $\overset{\frown}{AD}=\overset{\frown}{BC}$

ㅁ. (부채꼴 COD의 넓이) $=\frac{1}{3}\times$(부채꼴 AOB의 넓이)

06-1 오른쪽 그림의 원 O에서 $\overset{\frown}{AB}=\overset{\frown}{BC}$일 때, 다음 중 옳지 않은 것은?

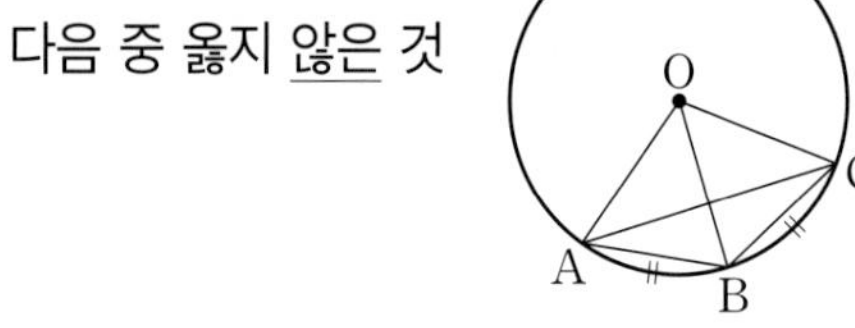

① $\overset{\frown}{AC}=2\overset{\frown}{BC}$

② $\overline{AB}=\overline{BC}$

③ $\overline{AC}=2\overline{AB}$

④ $\angle AOC=2\angle BOC$

⑤ (부채꼴 AOB의 넓이) $=$ (부채꼴 BOC의 넓이)

한 걸음 더

유형 7 중심각의 크기와 호의 길이; 평행선이 주어진 경우

원 또는 반원에서 평행선이 주어진 경우 다음을 이용한다.

① 이등변삼각형의 두 밑각의 크기는 같다. → $\angle DAO=\angle ADO$

② 평행한 두 직선이 다른 한 직선과 만날 때 생기는 동위각 또는 엇각의 크기는 서로 같다.

→ $\angle DAO=\angle COB$(동위각), $\angle ADO=\angle DOC$(엇각)

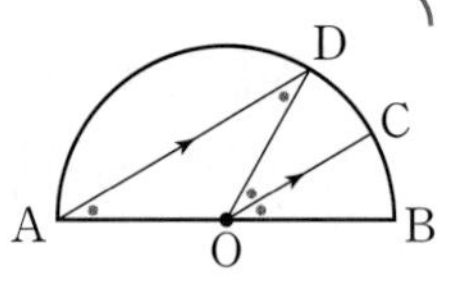

07 오른쪽 그림과 같이 $\overline{AB}$가 지름인 원 O에서 $\overline{AD}/\!/\overline{OC}$이고 $\angle COB=30^\circ$, $\overset{\frown}{BC}=9\,\text{cm}$일 때, 다음을 구하시오.

(1) $\angle AOD$의 크기

(2) $\overset{\frown}{AD}$의 길이

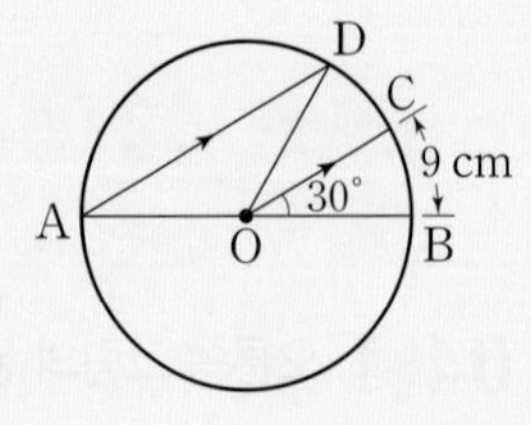

07-1 오른쪽 그림의 반원 O에서 $\overline{BD}/\!/\overline{OC}$이고 $\angle AOC=20^\circ$, $\overset{\frown}{BD}=14\,\text{cm}$일 때, $\overset{\frown}{AC}$의 길이를 구하시오.

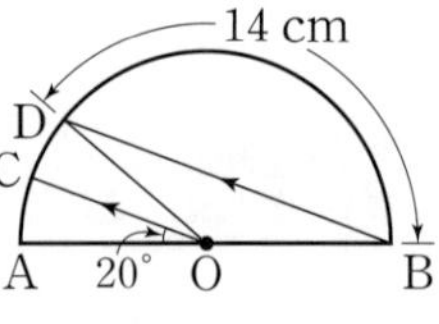

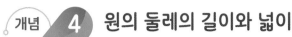

02 부채꼴의 호의 길이와 넓이

개념 4 원의 둘레의 길이와 넓이

(1) **원주율:** 원의 지름의 길이에 대한 원의 둘레의 길이(→ 원주)의 비를 원주율이라 하고 기호로 π와 같이 나타내며 '파이'라고 읽는다.

$$(\text{원주율})=\frac{(\text{원의 둘레의 길이})}{(\text{원의 지름의 길이})}=\pi$$

참고 원주율은 원의 크기에 상관없이 항상 일정하고, 그 값은 실제로 3.141592…로 소수점 아래의 숫자가 불규칙하게 한없이 계속되는 소수이다.

(2) **원의 둘레의 길이와 원의 넓이**

반지름의 길이가 r인 원의 둘레의 길이를 l, 넓이를 S라 하면

① $l=2\times(\text{반지름의 길이})\times(\text{원주율})=2\times r\times\pi=2\pi r$

② $S=(\text{반지름의 길이})\times(\text{반지름의 길이})\times(\text{원주율})=r\times r\times\pi=\pi r^2$

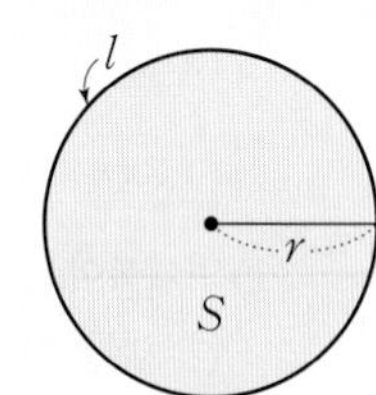

개념 check

✓ 원의 둘레의 길이와 넓이

01 오른쪽 그림과 같이 반지름의 길이가 3 cm인 원의 둘레의 길이 l과 넓이 S를 각각 구하시오.

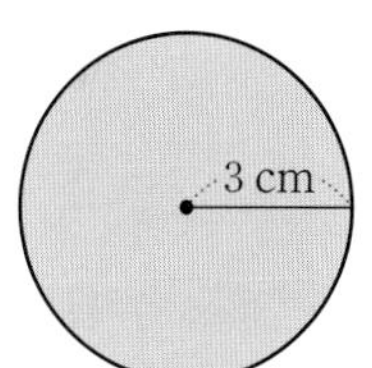

01-1 오른쪽 그림과 같이 지름의 길이가 10 cm인 원의 둘레의 길이 l과 넓이 S를 각각 구하시오.

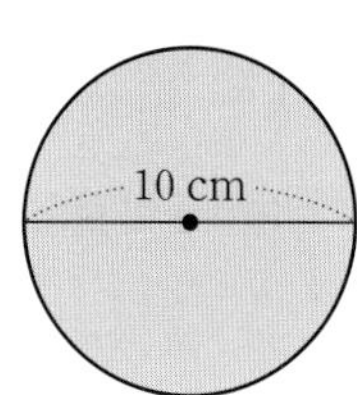

✓ 둘레의 길이와 넓이가 주어진 원의 반지름의 길이 구하기

02 다음은 둘레의 길이가 20π cm인 원의 반지름의 길이를 구하는 과정이다. □ 안에 알맞은 것을 써넣으시오.

> 원의 반지름의 길이를 r cm라 하면
>
> $2\pi\times\square=20\pi$ $\therefore r=\square$
>
> 따라서 원의 반지름의 길이는 □ cm이다.

02-1 다음과 같은 원의 반지름의 길이를 구하시오.

(1) 둘레의 길이가 12π cm인 원

(2) 넓이가 81π cm^2인 원

정답과 해설 24쪽

개념 5 부채꼴의 호의 길이와 넓이

(1) 부채꼴의 호의 길이와 넓이

반지름의 길이가 r, 중심각의 크기가 $x°$인 부채꼴의 호의 길이를 l, 넓이를 S라 하면

① $l=2\pi r\times\dfrac{x}{360}$

② $S=\pi r^2\times\dfrac{x}{360}$

참고 ① 부채꼴의 호의 길이는 중심각의 크기에 정비례하므로

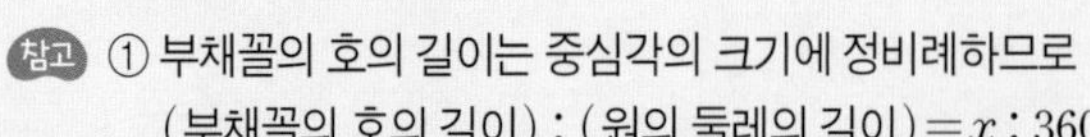

(부채꼴의 호의 길이) : (원의 둘레의 길이)$=x:360$

$l:2\pi r=x:360$ $\quad\therefore l=2\pi r\times\dfrac{x}{360}$

② 부채꼴의 넓이는 중심각의 크기에 정비례하므로

(부채꼴의 넓이) : (원의 넓이)$=x:360$

$S:\pi r^2=x:360$ $\quad\therefore S=\pi r^2\times\dfrac{x}{360}$

(2) 부채꼴의 호의 길이와 넓이 사이의 관계

반지름의 길이가 r, 호의 길이가 l인 부채꼴의 넓이를 S라 하면

$S=\dfrac{1}{2}rl$

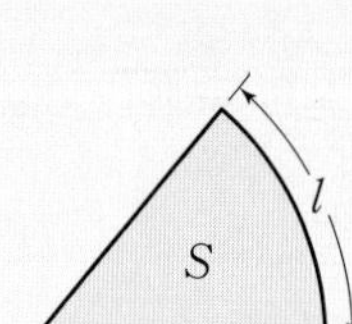

참고 부채꼴의 중심각의 크기가 $x°$이면

$l=2\pi r\times\dfrac{x}{360}$에서 $\dfrac{x}{360}=\dfrac{l}{2\pi r}$이므로 $S=\pi r^2\times\dfrac{x}{360}=\pi r^2\times\dfrac{l}{2\pi r}=\dfrac{1}{2}rl$

개념 check

부채꼴의 호의 길이와 넓이

01 다음 그림과 같은 부채꼴의 호의 길이 l과 넓이 S를 각각 구하시오.

(1)

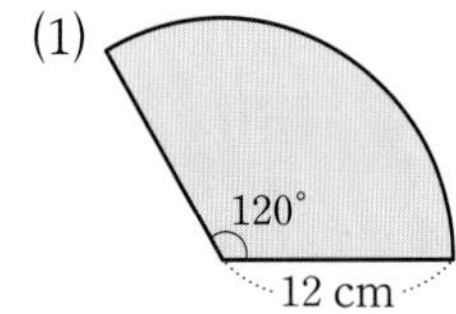

(2)

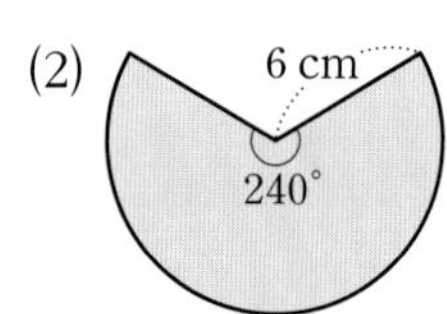

부채꼴의 호의 길이와 넓이 사이의 관계

02 다음 그림과 같은 부채꼴의 넓이를 구하시오.

(1)

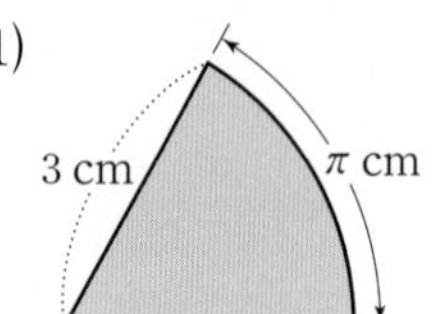

(2)

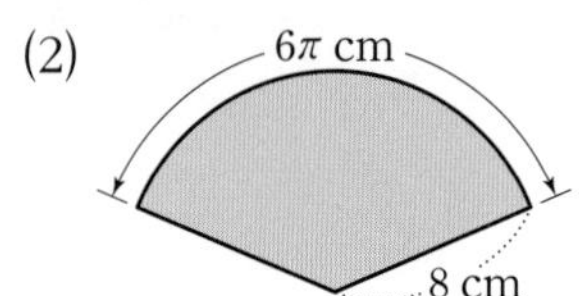

필수 유형 익히기

유형 1 원의 둘레의 길이와 넓이

01 오른쪽 그림과 같은 두 원 O, O′에 대하여 다음을 구하시오.

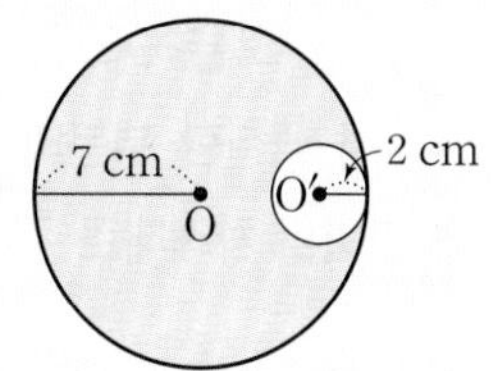

(1) 색칠한 부분의 둘레의 길이

(2) 색칠한 부분의 넓이

01-1 오른쪽 그림에서 다음을 구하시오.

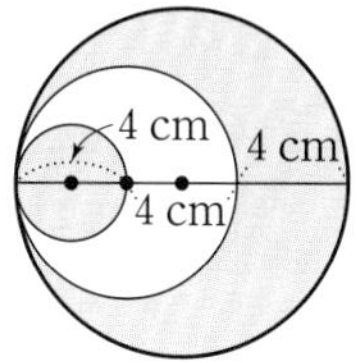

(1) 색칠한 부분의 둘레의 길이

(2) 색칠한 부분의 넓이

유형 2 부채꼴의 호의 길이와 넓이

02 다음은 오른쪽 그림과 같이 반지름의 길이가 $9\,\text{cm}$이고 호의 길이가 $10\pi\,\text{cm}$인 부채꼴의 중심각의 크기를 구하는 과정이다. □ 안에 알맞은 수를 써넣으시오.

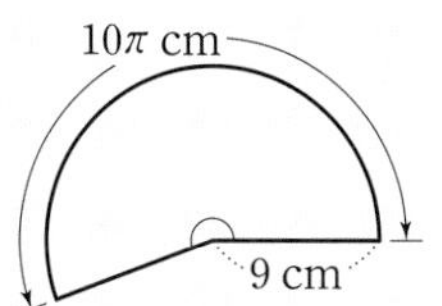

> 부채꼴의 중심각의 크기를 $x°$라 하면
>
> $2\pi\times\square\times\dfrac{x}{360}=\square$
>
> $\therefore x=\square$
>
> 따라서 부채꼴의 중심각의 크기는 □°이다.

02-1 오른쪽 그림과 같이 중심각의 크기가 $120°$이고 넓이가 $75\pi\,\text{cm}^2$인 부채꼴의 반지름의 길이를 구하시오.

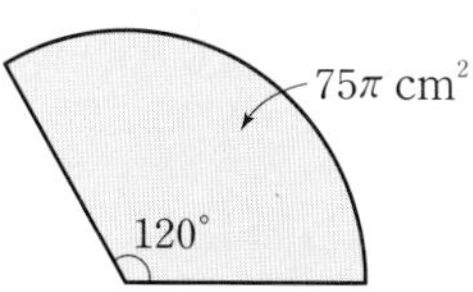

유형 3 부채꼴의 호의 길이와 넓이 사이의 관계

03 오른쪽 그림과 같이 반지름의 길이가 $18\,\text{cm}$이고, 넓이가 $45\pi\,\text{cm}^2$인 부채꼴의 호의 길이는?

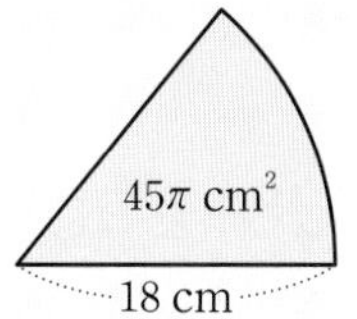

① $3\pi\,\text{cm}$　② $4\pi\,\text{cm}$　③ $5\pi\,\text{cm}$
④ $6\pi\,\text{cm}$　⑤ $7\pi\,\text{cm}$

03-1 오른쪽 그림과 같이 호의 길이가 $4\pi\,\text{cm}$이고, 넓이가 $12\pi\,\text{cm}^2$인 부채꼴의 반지름의 길이와 중심각의 크기를 차례대로 구하시오.

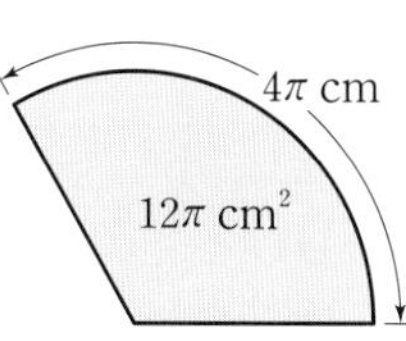

정답과 해설 25쪽

유형 4 색칠한 부분의 둘레의 길이와 넓이(1)

04 오른쪽 그림과 같은 부채꼴에서 색칠한 부분의 둘레의 길이와 넓이를 차례대로 구하시오.

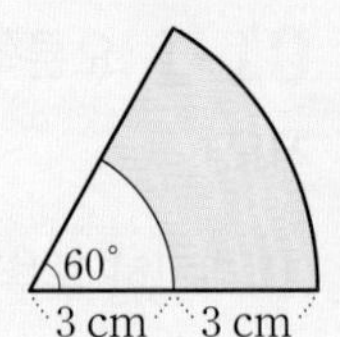

04-1 오른쪽 그림과 같은 부채꼴에서 색칠한 부분의 둘레의 길이와 넓이를 차례대로 구하시오.

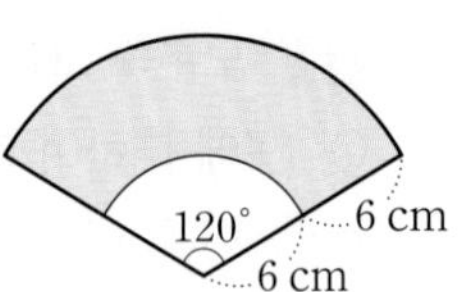

유형 5 색칠한 부분의 둘레의 길이와 넓이(2)

05 오른쪽 그림과 같은 도형에서 색칠한 부분의 둘레의 길이와 넓이를 차례대로 구하시오.

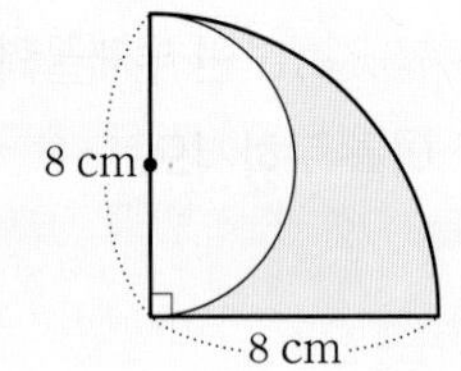

05-1 오른쪽 그림과 같은 도형에서 색칠한 부분의 둘레의 길이와 넓이를 차례대로 구하시오.

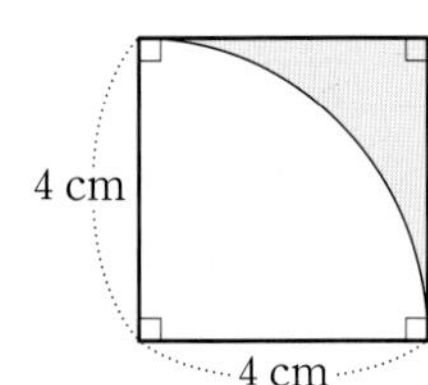

한 걸음 더

유형 6 색칠한 부분의 넓이; 도형의 일부분을 이동하는 경우

주어진 도형에 보조선을 그은 후, 도형의 일부분을 적당히 이동하여 색칠한 부분을 간단한 모양으로 만들어서 넓이를 구한다.

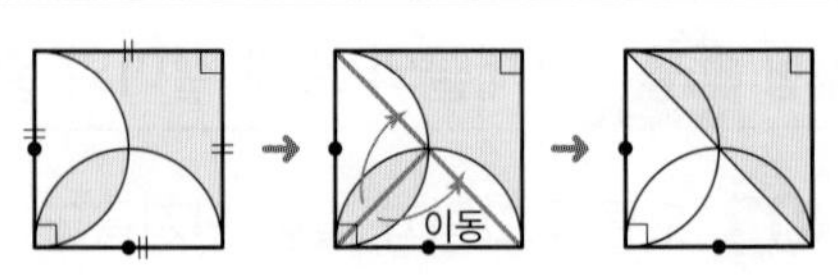

06 오른쪽 그림에서 색칠한 부분의 넓이를 구하시오.

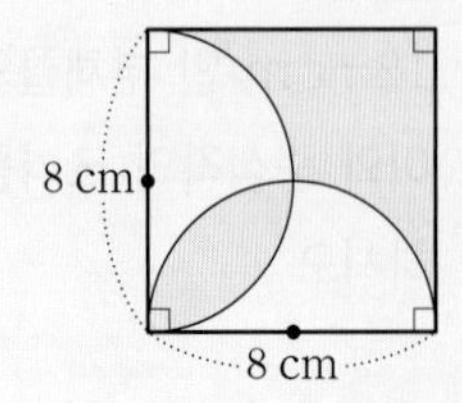

06-1 오른쪽 그림에서 색칠한 부분의 넓이를 구하시오.

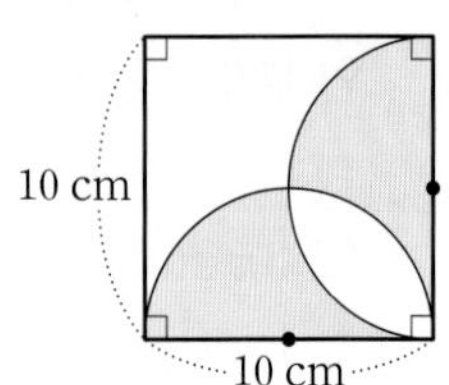

서술형 감잡기

01 오른쪽 그림과 같이 $\overline{AB}$가 지름인 원 O에서 $\overline{AD} /\!/ \overline{OC}$이고 $\angle BOC=40^\circ$, $\widehat{AD}=15\,\text{cm}$일 때, $\widehat{BC}$의 길이를 구하시오.

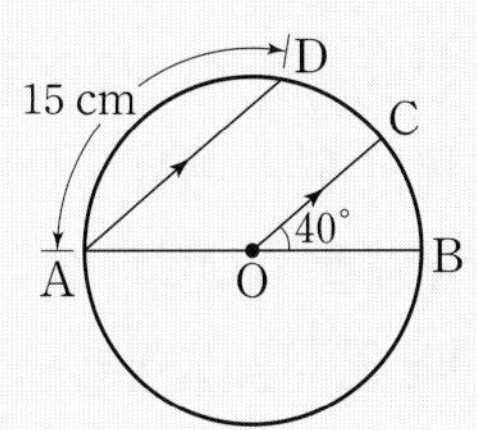

① 단계 $\angle OAD$의 크기 구하기 ◀ 30 %

$\overline{AD} /\!/ \overline{OC}$이므로 $\angle OAD=\angle\square=\square^\circ$ (동위각)

② 단계 $\overline{OD}$를 긋고, $\angle AOD$의 크기 구하기 ◀ 40 %

$\overline{OD}$를 그으면 $\triangle AOD$는 $\overline{OA}=\overline{OD}$인 이등변삼각형이므로

$\angle ODA=\angle\square=\square^\circ$

$\therefore \angle AOD=180^\circ-(\square^\circ+\square^\circ)=\square^\circ$

③ 단계 $\widehat{BC}$의 길이 구하기 ◀ 30 %

$\square : 40=15 : \widehat{BC}$에서 $\square : 2=15 : \widehat{BC}$

$\square\,\widehat{BC}=30$ $\therefore \widehat{BC}=\square\,\text{cm}$

답 ____________________

01-1 오른쪽 그림과 같이 $\overline{AB}$가 지름인 원 O에서 $\overline{AB} /\!/ \overline{CD}$이고 $\angle OCD=50^\circ$, $\widehat{CD}=48\,\text{cm}$일 때, $\widehat{AC}$의 길이를 구하시오.

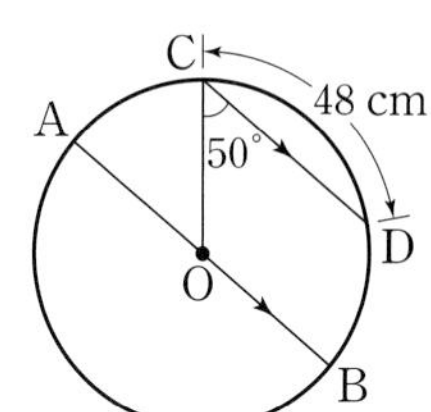

답 ____________________

02 오른쪽 그림에서 색칠한 부분의 둘레의 길이와 넓이를 차례대로 구하시오.

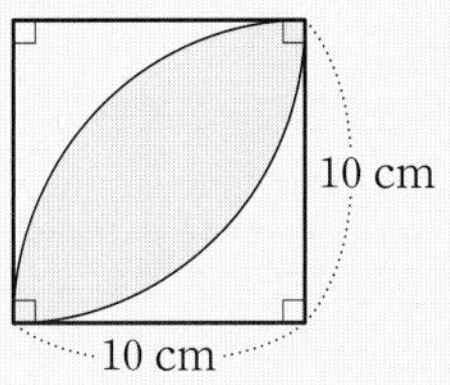

① 단계 둘레의 길이 구하기 ◀ 50 %

(둘레의 길이) = (부채꼴의 호의 길이) × 2

$=\left(2\pi\times\square\times\dfrac{90}{360}\right)\times2=\square\,(\text{cm})$

② 단계 넓이 구하기 ◀ 50 %

정사각형에 대각선을 그으면 색칠한 부분의 넓이는 다음과 같이 구할 수 있다.

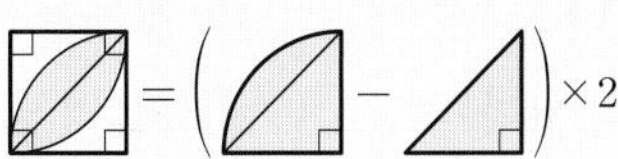

(넓이) = {(부채꼴의 넓이) − (직각삼각형의 넓이)} × 2

$=\left(\pi\times\square^2\times\dfrac{90}{360}-\dfrac{1}{2}\times10\times10\right)\times2$

$=(\square-50)\times2=\square\,(\text{cm}^2)$

답 ____________________

02-1 오른쪽 그림에서 색칠한 부분의 둘레의 길이와 넓이를 차례대로 구하시오.

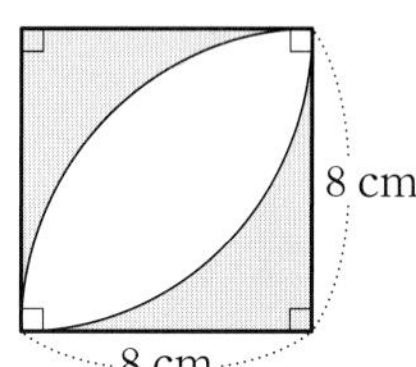

답 ____________________

정답과 해설 26쪽

단원 마무리하기

중요

01 오른쪽 그림의 원 O에서 $x+y$의 값을 구하시오.

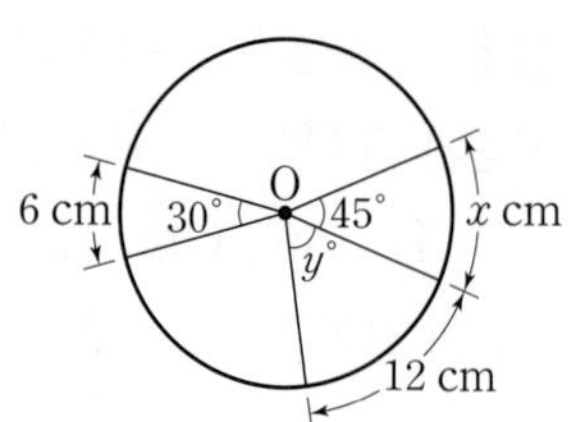

02 오른쪽 그림의 원 O에서 $\angle x$의 크기는?

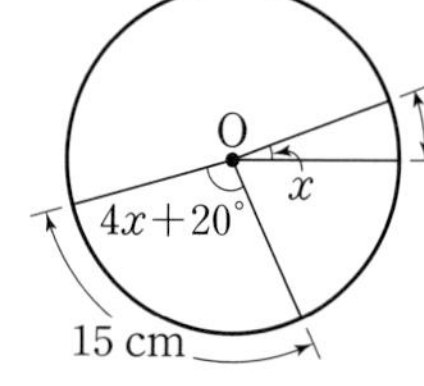

① 15° ② 20°
③ 25° ④ 30°
⑤ 35°

03 오른쪽 그림의 원 O에서 $3\angle\mathrm{AOB}=7\angle\mathrm{COD}$이고 부채꼴 AOB의 넓이가 $84\ \mathrm{cm}^2$일 때, 부채꼴 COD의 넓이는?

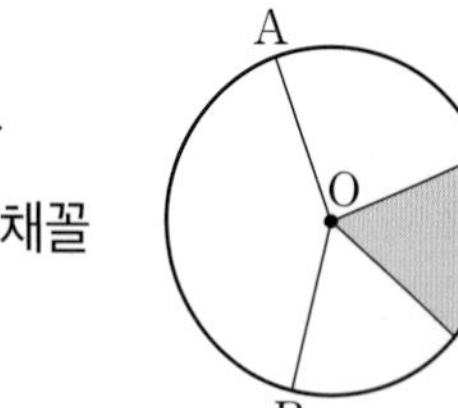

① $32\ \mathrm{cm}^2$ ② $34\ \mathrm{cm}^2$
③ $36\ \mathrm{cm}^2$ ④ $38\ \mathrm{cm}^2$
⑤ $40\ \mathrm{cm}^2$

서술형

04 오른쪽 그림과 같이 $\overline{\mathrm{AB}}$가 지름인 원 O에서 $\angle\mathrm{OBC}=30°$이고 부채꼴 AOC의 넓이가 $15\ \mathrm{cm}^2$일 때, 원 O의 넓이를 구하시오.

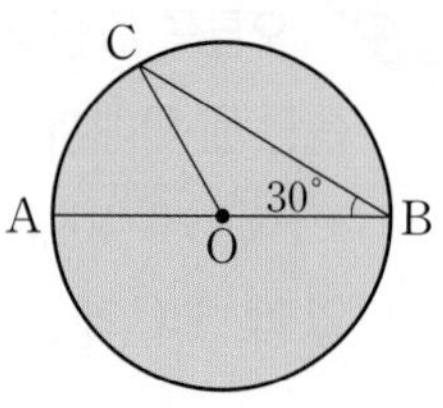

05 오른쪽 그림의 원 O에서 $\widehat{\mathrm{AB}}=\widehat{\mathrm{BC}}$이고 $\overline{\mathrm{AB}}=4\ \mathrm{cm}$, $\overline{\mathrm{OA}}=5\ \mathrm{cm}$일 때, 색칠한 부분의 둘레의 길이를 구하시오.

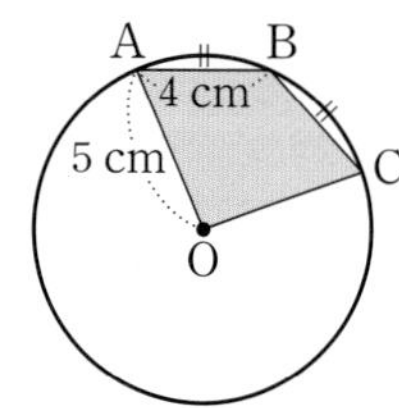

06 오른쪽 그림의 원 O에서 $\angle\mathrm{AOB}=\angle\mathrm{BOC}=\angle\mathrm{DOE}$일 때, 다음 중 옳지 않은 것은?

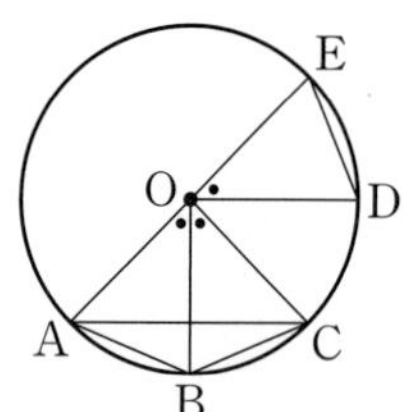

① $\widehat{\mathrm{AB}}=\widehat{\mathrm{DE}}$
② $\overline{\mathrm{AB}}=\overline{\mathrm{BC}}$
③ $\widehat{\mathrm{AB}}=\frac{1}{2}\widehat{\mathrm{AC}}$
④ (부채꼴 AOC의 넓이)$=2\times$(부채꼴 DOE의 넓이)
⑤ ($\triangle\mathrm{AOC}$의 넓이)$=2\times$($\triangle\mathrm{DOE}$의 넓이)

07 오른쪽 그림의 원 O에서 $\overline{AO} /\!/ \overline{BC}$이고 $\widehat{BC}=4\widehat{AB}$일 때, $\angle x$의 크기는?

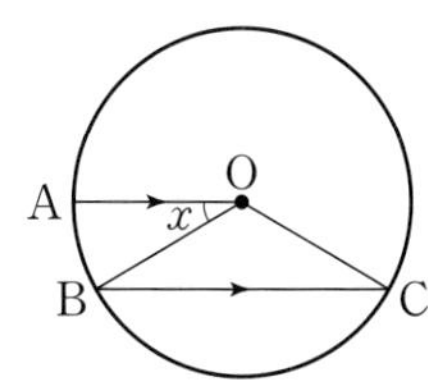

① 24°　　② 26°
③ 28°　　④ 30°
⑤ 32°

서술형

08 오른쪽 그림의 반원 O에서 $\overline{AD} /\!/ \overline{OC}$이고 $\angle BOC=25°$, $\widehat{BC}=10$ cm일 때, $\widehat{AD}$의 길이를 구하시오.

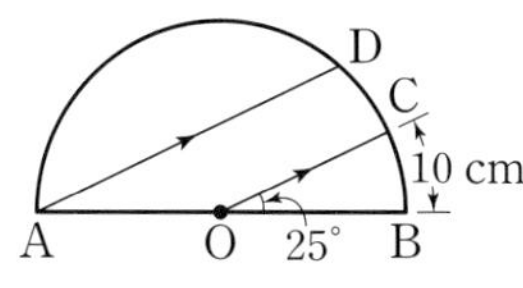

09 오른쪽 그림에서 $\overline{AB}=\overline{BC}=\overline{CD}=5$ cm이고, $\overline{AD}$가 가장 큰 원의 지름일 때, 색칠한 부분의 둘레의 길이는?

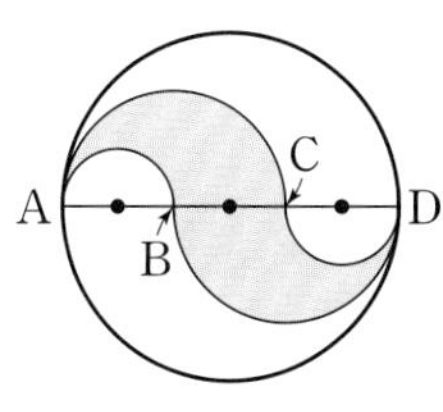

① 15π cm　　② 16π cm　　③ 17π cm
④ 18π cm　　⑤ 19π cm

10 오른쪽 그림과 같이 중심각의 크기가 72°, 호의 길이가 4π cm인 부채꼴의 넓이는?

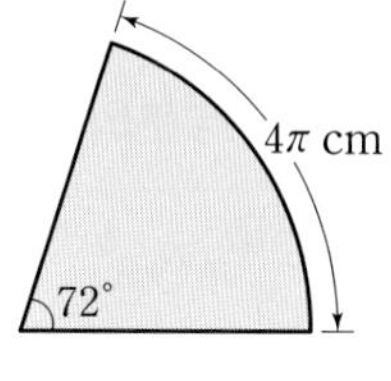

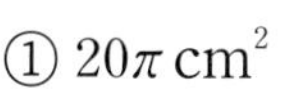

① $20\pi\ \text{cm}^2$　　② $25\pi\ \text{cm}^2$
③ $30\pi\ \text{cm}^2$　　④ $35\pi\ \text{cm}^2$
⑤ $40\pi\ \text{cm}^2$

11 다음 그림에서 두 부채꼴의 넓이가 같을 때, x의 값을 구하시오.

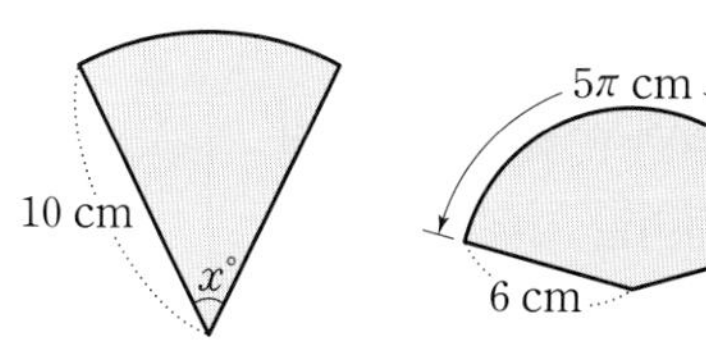

12 오른쪽 그림에서 색칠한 부분의 둘레의 길이는?

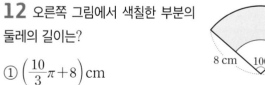

8 cm　100°　4 cm

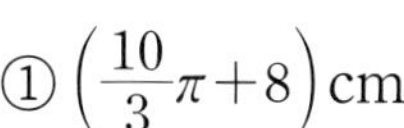

① $\left(\frac{10}{3}\pi+8\right)$ cm

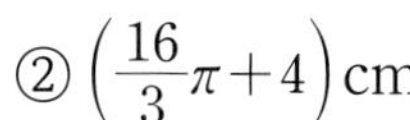

② $\left(\frac{16}{3}\pi+4\right)$ cm

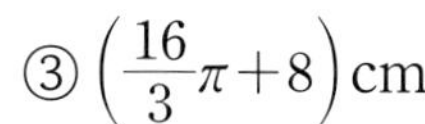

③ $\left(\frac{16}{3}\pi+8\right)$ cm

④ $\left(\frac{20}{3}\pi+4\right)$ cm

⑤ $\left(\frac{20}{3}\pi+8\right)$ cm

정답과 해설 27쪽

13 오른쪽 그림과 같은 부채꼴에서 색칠한 부분의 넓이는?

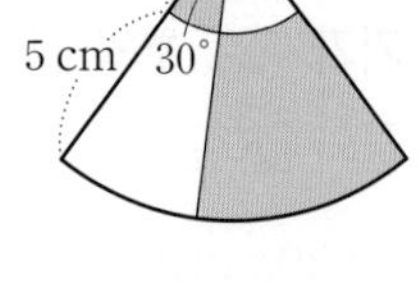

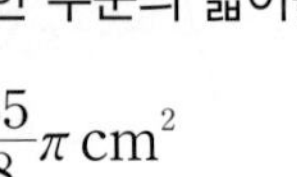
① $\frac{55}{8}\pi\,\text{cm}^2$　② $\frac{29}{4}\pi\,\text{cm}^2$

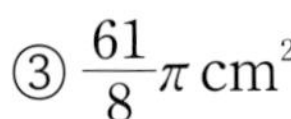
③ $\frac{61}{8}\pi\,\text{cm}^2$　④ $8\pi\,\text{cm}^2$

⑤ $\frac{67}{8}\pi\,\text{cm}^2$

서술형

14 오른쪽 그림에서 색칠한 부분의 둘레의 길이와 넓이를 차례대로 구하시오.

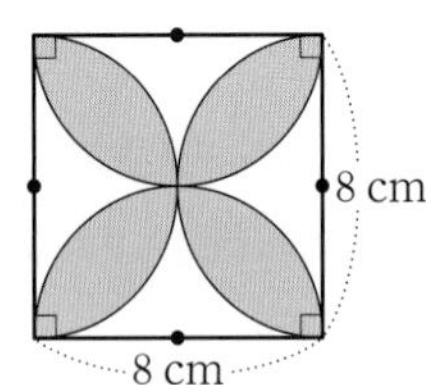

15 오른쪽 그림에서 색칠한 부분의 넓이를 구하시오.

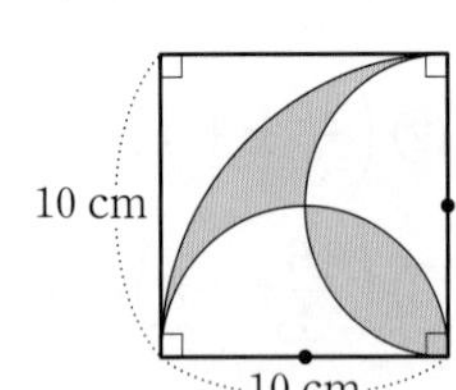

Level Up

16 오른쪽 그림의 원 O에서 지름 $\overline{AD}$의 연장선과 현 BC의 연장선의 교점을 E라 하자. $\overline{OD}=\overline{CE}$, $\widehat{CD}=5$ cm이고 $\angle CED=25°$일 때, $\widehat{AB}$의 길이는?

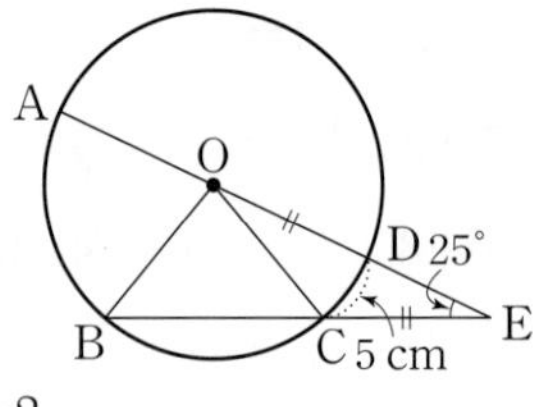

① 10 cm　② 12 cm　③ 15 cm
④ 18 cm　⑤ 20 cm

17 오른쪽 그림에서 색칠한 부분의 넓이를 구하시오.

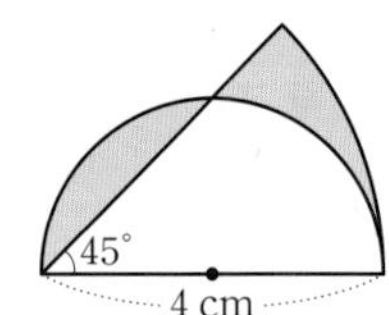

18 오른쪽 그림과 같이 한 변의 길이가 9 cm인 정육각형에서 색칠한 부채꼴의 넓이를 구하시오.

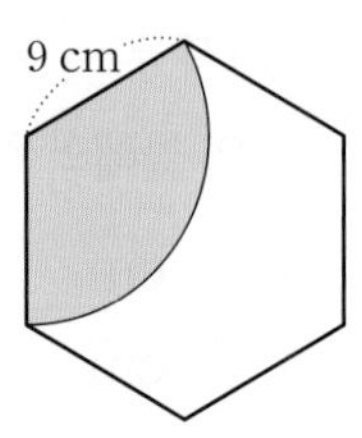

정답과 해설 28쪽

다면체와 회전체

01 다면체

개념 1 다면체

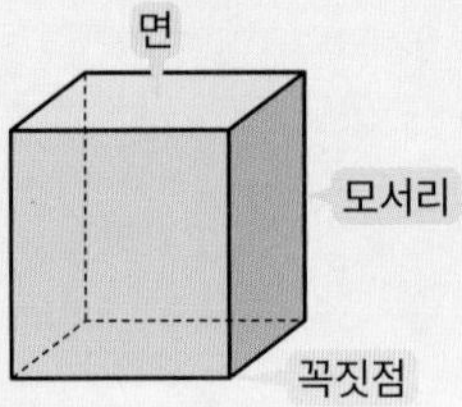

(1) **다면체**: 다각형인 면으로만 둘러싸인 입체도형
① **면**: 다면체를 둘러싸고 있는 다각형
② **모서리**: 다면체를 둘러싸고 있는 다각형의 변
③ **꼭짓점**: 다면체를 둘러싸고 있는 다각형의 꼭짓점

(2) 다면체는 면의 개수에 따라 사면체, 오면체, 육면체, ...라고 한다.

참고 원기둥, 원뿔, 구 등과 같이 원이나 곡면으로 둘러싸인 입체도형은 다면체가 아니다.

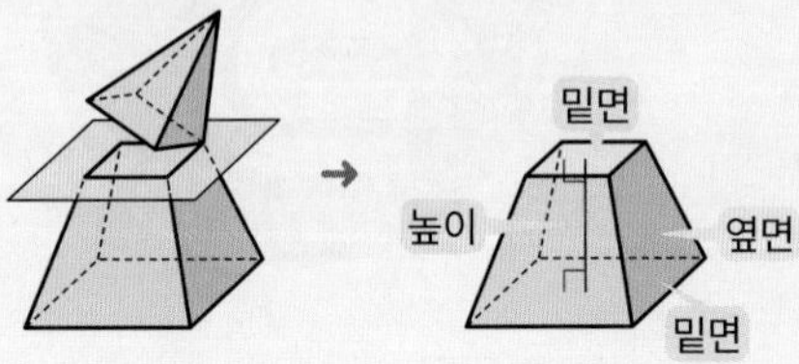

(3) **각뿔대**: 각뿔을 밑면에 평행한 평면으로 자를 때 생기는 두 입체도형 중에서 각뿔이 아닌 쪽의 입체도형
① **밑면**: 서로 평행한 두 면
② **높이**: 두 밑면에 수직인 선분의 길이
③ **옆면**: 밑면이 아닌 면 ← 각뿔대의 옆면의 모양은 모두 사다리꼴이다.

(4) 각뿔대는 밑면의 모양에 따라 삼각뿔대, 사각뿔대, 오각뿔대, ...라고 한다.

참고 ① 각기둥: 두 밑면은 서로 평행하고 합동인 다각형이며, 옆면은 모두 직사각형인 다면체
② 각뿔대: 두 밑면은 서로 평행하지만 합동은 아닌 다각형이고, 옆면은 모두 사다리꼴인 다면체

개념 Bridge

• 다면체의 종류

	각기둥		각뿔		각뿔대	
겨냥도	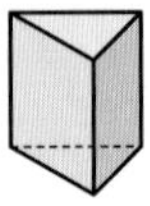 삼각기둥	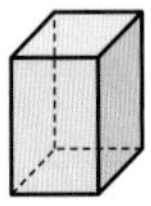 사각기둥	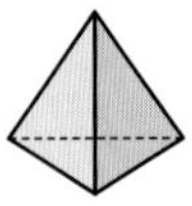 삼각뿔	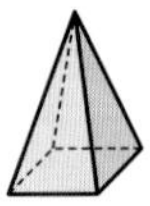 사각뿔	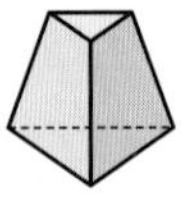 삼각뿔대	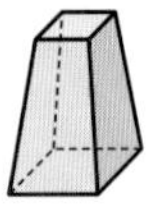 사각뿔대
밑면의 개수	□		1		□	
옆면의 모양	직사각형		□		□	

개념 check

다면체 ······ **01** 다음 표를 완성하시오.

다면체	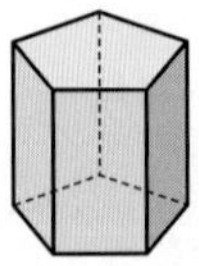	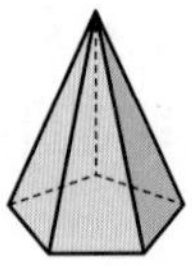	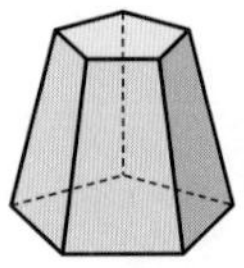
다면체의 이름	오각기둥		
면의 개수		6	
몇 면체인가?			칠면체
모서리의 개수			15
꼭짓점의 개수	10	6	

필수 유형 익히기

유형 1 다면체

01 다음 중 다면체가 아닌 것은?

① 삼각기둥 ② 칠각뿔대 ③ 팔각형
④ 정육면체 ⑤ 사각뿔

01-1 다음 중 다면체의 개수를 구하시오.

칠각기둥	구	직육면체
사각뿔대	팔각뿔	십각형

유형 2 다면체의 면의 개수

02 오른쪽 그림의 입체도형은 몇 면체인가?

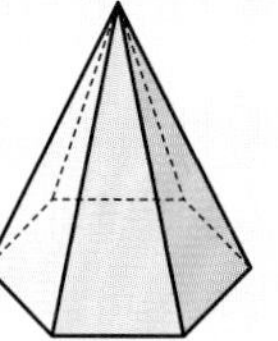

① 사면체 ② 오면체
③ 육면체 ④ 칠면체
⑤ 팔면체

02-1 다음 중 다면체와 그 다면체가 몇 면체인지 바르게 짝 지어지지 않은 것은?

① 삼각뿔 – 사면체 ② 삼각기둥 – 오면체
③ 오각기둥 – 칠면체 ④ 육각뿔대 – 팔면체
⑤ 십각뿔대 – 십일면체

유형 3 다면체의 모서리, 꼭짓점의 개수

03 다음 다면체 중 모서리의 개수가 12인 것은?

① 삼각뿔 ② 삼각뿔대 ③ 사각기둥
④ 사각뿔 ⑤ 오각기둥

03-1 다음 중 꼭짓점의 개수가 가장 많은 다면체는?

① 삼각기둥 ② 정육면체 ③ 오각뿔
④ 사각뿔 ⑤ 삼각뿔대

유형 4 다면체의 면, 모서리, 꼭짓점의 개수의 활용

04 육각기둥의 모서리의 개수를 x, 팔각뿔대의 꼭짓점의 개수를 y라 할 때, $x+y$의 값은?

① 30 ② 32 ③ 34
④ 36 ⑤ 38

04-1 칠각뿔의 면의 개수를 a, 육각뿔대의 모서리의 개수를 b라 할 때, $b-a$의 값을 구하시오.

정답과 해설 29쪽

필수 유형 익히기

유형 5 다면체의 옆면의 모양

05 다음 중 다면체와 그 옆면의 모양이 바르게 짝 지어지지 않은 것은?

① 삼각기둥 – 직사각형 ② 오각뿔 – 삼각형
③ 사각기둥 – 직사각형 ④ 사각뿔대 – 사다리꼴
⑤ 육각뿔 – 육각형

05-1 다음 중 옆면의 모양이 사각형인 다면체의 개수를 구하시오.

정육면체	칠각뿔	원기둥	육각기둥
사각뿔대	구각기둥	직육면체	오각뿔대

유형 6 다면체의 이해

06 다음 중 다면체에 대한 설명으로 옳지 않은 것은?

① 사각뿔은 오면체이다.
② 각기둥의 옆면의 모양은 직사각형이다.
③ 각뿔대의 두 밑면은 서로 평행하다.
④ 오각기둥의 밑면의 개수는 1이다.
⑤ 육각뿔의 꼭짓점의 개수는 7이다.

06-1 다음 중 각뿔대에 대한 설명으로 옳은 것은?

① 두 밑면은 합동이다.
② 옆면의 모양은 직사각형이다.
③ 옆면과 밑면은 수직이다.
④ 삼각뿔대의 모서리의 개수는 7이다.
⑤ 각뿔대의 이름은 밑면의 모양으로 결정된다.

한 걸음 더

유형 7 주어진 조건을 만족시키는 다면체 찾기

(1) 옆면의 모양으로 다면체의 종류를 결정한다.
① 직사각형 → 각기둥
② 삼각형 → 각뿔
③ 사다리꼴 → 각뿔대
(2) 면, 꼭짓점, 모서리의 개수를 이용하여 밑면의 모양을 결정한다.

07 다음 조건을 모두 만족시키는 다면체를 구하려고 한다. 물음에 답하시오.

> (가) 팔면체이다.
> (나) 옆면의 모양은 직사각형이 아닌 사다리꼴이다.
> (다) 밑면의 개수가 2이다.

(1) 조건 (나), (다)에서 이 다면체는 각기둥, 각뿔, 각뿔대 중 어느 것인지 말하시오.
(2) 주어진 조건을 모두 만족시키는 다면체의 이름을 말하시오.

07-1 다음 조건을 모두 만족시키는 다면체의 이름을 말하시오.

> (가) 두 밑면은 서로 평행하다.
> (나) 옆면의 모양은 직사각형이다.
> (다) 모서리의 개수가 24이다.

02 정다면체

개념 2 정다면체

(1) 다음 두 조건을 만족시키는 다면체를 정다면체라고 한다.

① 모든 면이 합동인 정다각형이다.
② 각 꼭짓점에 모인 면의 개수가 모두 같다.
→ 두 조건 중 어느 한 가지만을 만족시키는 것은 정다면체가 아니다.

(2) **정다면체의 종류**

정다면체는 정사면체, 정육면체, 정팔면체, 정십이면체, 정이십면체의 다섯 가지뿐이다.

정다면체	정사면체	정육면체	정팔면체	정십이면체	정이십면체
겨냥도					
면의 모양	정삼각형	정사각형	정삼각형	정오각형	정삼각형
한 꼭짓점에 모인 면의 개수	60° 60° 60° 3	90° 90° 90° 3	60° 60° 60° 60° 4	108° 108° 108° 3	60° 60° 60° 60° 60° 5
면의 개수	4	6	8	12	20
꼭짓점의 개수	4	8	6	20	12
모서리의 개수	6	12	12	30	30
전개도					

개념 check

정다면체 **01** 아래 보기 중 다음 조건을 만족시키는 정다면체를 모두 고르시오.

보기
ㄱ. 정사면체 ㄴ. 정육면체 ㄷ. 정팔면체
ㄹ. 정십이면체 ㅁ. 정이십면체

(1) 면의 모양이 정삼각형인 정다면체
(2) 한 꼭짓점에 모인 면의 개수가 3인 정다면체

01-1 다음 정다면체에 대한 설명으로 옳은 것은 ○표, 옳지 않은 것은 ×표를 하시오.

(1) 각 면이 합동인 정다각형으로 이루어져 있다. ( )
(2) 정다면체의 종류는 무수히 많다. ( )
(3) 각 면이 정오각형인 정다면체는 정십이면체이다. ( )
(4) 한 꼭짓점에 모인 면이 6개인 정다면체가 있다. ( )

정답과 해설 29쪽

정다면체의 전개도

02 아래 그림과 같은 전개도로 만든 정다면체에서 □ 안에 알맞은 것을 써넣고, 다음을 구하시오.

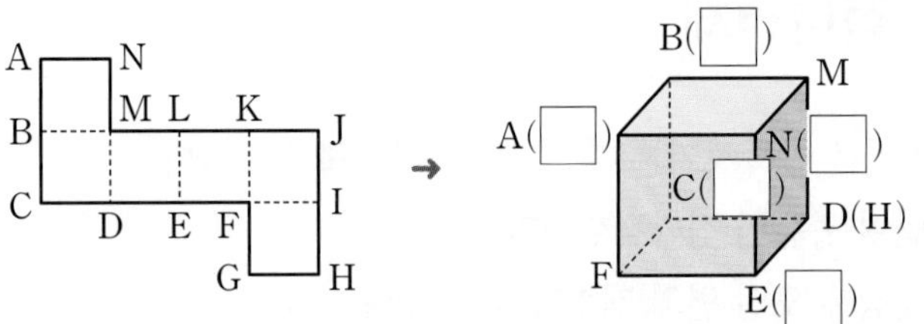

(1) 정다면체의 이름
(2) 점 A와 겹치는 꼭짓점
(3) $\overline{CD}$와 겹치는 모서리

02-1 아래 그림과 같은 전개도로 만든 정다면체에서 □ 안에 알맞은 것을 써넣고, 다음을 구하시오.

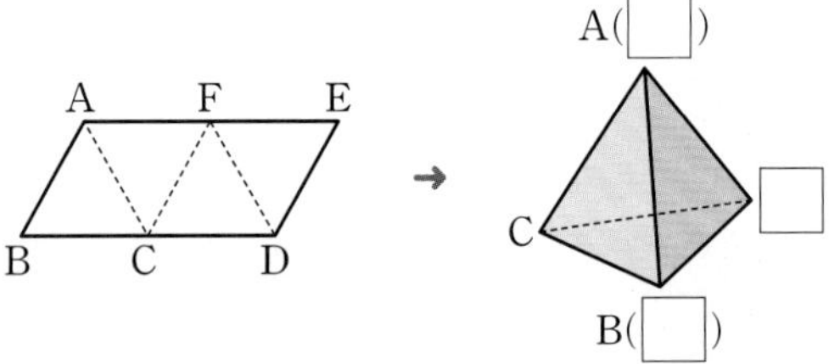

(1) 정다면체의 이름
(2) 점 A와 겹치는 꼭짓점
(3) $\overline{AB}$와 겹치는 모서리

02-2 아래 그림과 같은 전개도로 만든 정다면체에서 □ 안에 알맞은 것을 써넣고, 다음을 구하시오.

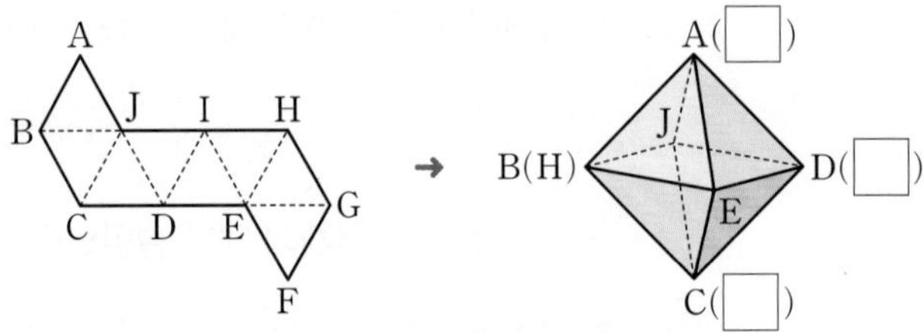

(1) 정다면체의 이름
(2) 점 C와 겹치는 꼭짓점
(3) $\overline{AB}$와 겹치는 모서리

필수 유형 익히기

유형 1 정다면체의 면, 모서리, 꼭짓점의 개수

01 다음 표의 빈칸에 들어갈 것으로 옳지 않은 것은?

	정사면체	정육면체	정팔면체	정십이면체	정이십면체
면의 개수	4	6	①	12	②
모서리의 개수	6	12	12	③	30
꼭짓점의 개수	④	8	6	20	⑤

① 8　② 20　③ 30
④ 4　⑤ 20

01-1 정팔면체의 꼭짓점의 개수를 a, 정십이면체의 모서리의 개수를 b, 정이십면체의 한 꼭짓점에 모인 면의 개수를 c라 할 때, $a+b-c$의 값은?

① 30　② 31　③ 32
④ 33　⑤ 34

유형 2 정다면체의 이해

02 다음 중 정다면체에 대한 설명으로 옳지 않은 것은?

① 모든 면이 합동인 정다각형이고 각 꼭짓점에 모인 면의 개수가 같은 다면체를 정다면체라 한다.
② 정다면체의 종류는 5가지뿐이다.
③ 정팔면체의 한 꼭짓점에 모인 면의 개수는 4이다.
④ 면의 모양이 정오각형인 정다면체는 정십이면체이다.
⑤ 정이십면체의 면의 개수는 12이다.

02-1 다음 보기 중 정다면체에 대한 설명으로 옳은 것을 모두 고르시오.

보기
ㄱ. 한 꼭짓점에 모인 면의 개수가 가장 많은 정다면체는 정십이면체이다.
ㄴ. 면의 모양이 정사각형인 정다면체는 정육면체이다.
ㄷ. 면의 모양이 정육각형인 정다면체는 없다.

유형 3 정다면체의 전개도

03 오른쪽 그림과 같은 전개도로 만든 정다면체에서 $\overline{CD}$와 겹치는 모서리는?

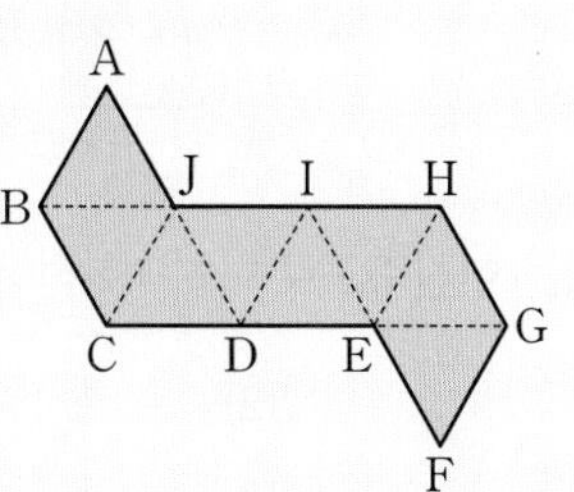

① $\overline{AJ}$　② $\overline{BG}$
③ $\overline{GF}$　④ $\overline{IH}$
⑤ $\overline{JI}$

03-1 오른쪽 그림과 같은 전개도로 만든 정사면체에서 $\overline{AC}$와 꼬인 위치에 있는 모서리를 구하시오.

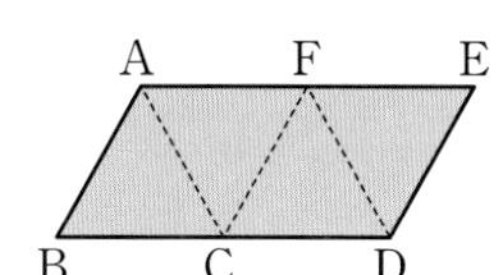

정답과 해설 30쪽

03 회전체

개념 3 회전체

(1) **회전체**: 평면도형을 한 직선을 축으로 하여 1회전 시킬 때 생기는 입체도형

① **회전축**: 회전시킬 때 축으로 사용한 직선

② **모선**: 회전하여 옆면을 만드는 선분

(2) **원뿔대**: 원뿔을 밑면에 평행한 평면으로 잘라서 생기는 두 입체도형 중에서 원뿔이 아닌 쪽의 입체도형

① **밑면**: 서로 평행한 두 면

② **높이**: 두 밑면에 수직인 선분의 길이

③ **옆면**: 밑면이 아닌 면

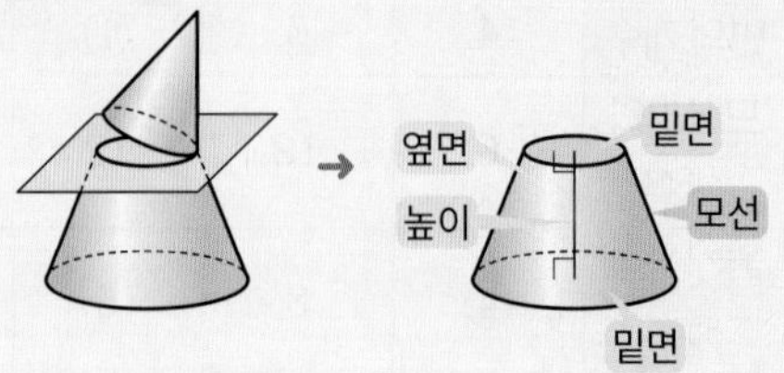

(3) **회전체의 종류**: 원기둥, 원뿔, 원뿔대, 구 등이 있다.

회전체	원기둥	원뿔	원뿔대	구
겨냥도	l	l	l	l
회전 시키기 전의 평면도형	직사각형	직각삼각형	두 각이 직각인 사다리꼴	반원

개념 Bridge

• 회전체 찾기

입체도형				
회전체인가?				

개념 check

회전체

01 다음 평면도형을 직선 l을 회전축으로 하여 1회전 시킬 때 생기는 회전체를 그리시오.

(1)

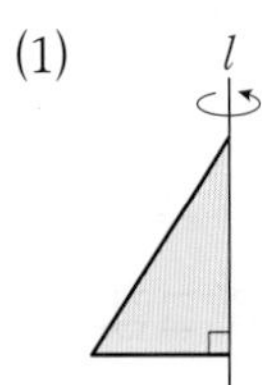

(2)

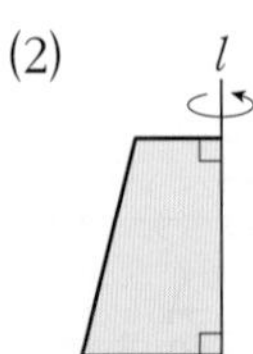

01-1 다음 평면도형을 직선 l을 회전축으로 하여 1회전 시킬 때 생기는 회전체를 그리시오.

(1)

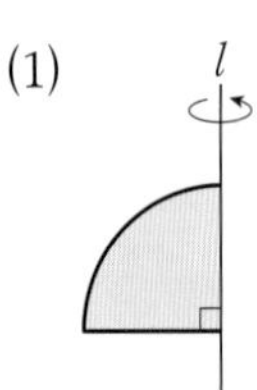

(2)

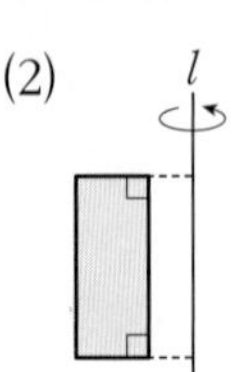

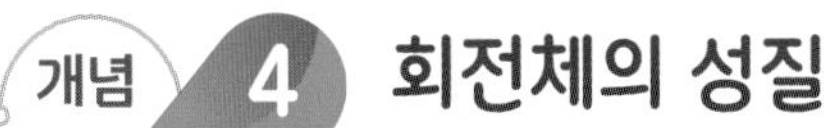

회전체의 성질

(1) 회전체를 회전축에 수직인 평면으로 자른 단면의 경계는 항상 원이다.

(2) 회전체를 회전축을 포함하는 평면으로 자른 단면은 모두 합동이고, 회전축에 대한 선대칭도형이다.

→ 한 평면도형을 어떤 직선을 따라 접었을 때 완전히 겹쳐지는 도형을 선대칭도형이라 한다.

회전체	원기둥	원뿔	원뿔대	구
회전축에 수직인 평면으로 자른 단면의 모양	원	원	원	원
회전축을 포함하는 평면으로 자른 단면의 모양	직사각형	이등변삼각형	사다리꼴	원

개념 check

회전체의 성질

01 다음 회전체를 회전축에 수직인 평면으로 자른 단면의 모양과 회전축을 포함하는 평면으로 자른 단면의 모양을 차례대로 말하시오.

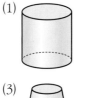

01-1 다음 회전체를 회전축에 수직인 평면으로 자른 단면의 모양과 회전축을 포함하는 평면으로 자른 단면의 모양을 그리시오.

입체도형	회전축에 수직인 평면으로 자른 단면의 모양	회전축을 포함하는 평면으로 자른 단면의 모양

정답과 해설 30쪽

5 회전체의 전개도

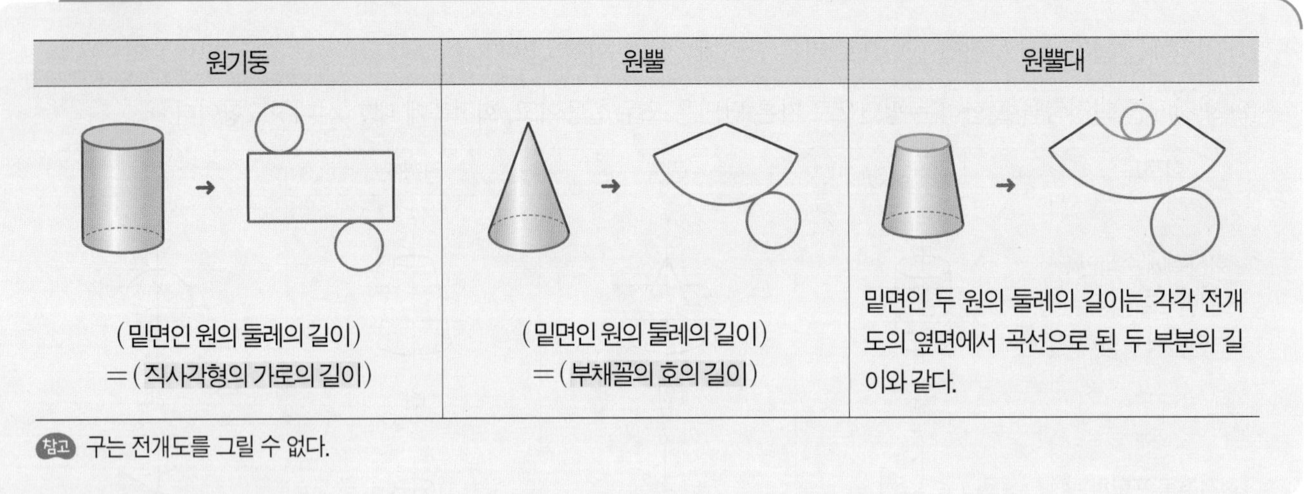

원기둥	원뿔	원뿔대
(밑면인 원의 둘레의 길이) =(직사각형의 가로의 길이)	(밑면인 원의 둘레의 길이) =(부채꼴의 호의 길이)	밑면인 두 원의 둘레의 길이는 각각 전개도의 옆면에서 곡선으로 된 두 부분의 길이와 같다.

참고 구는 전개도를 그릴 수 없다.

회전체의 전개도

01 다음 그림은 원기둥과 그 전개도이다. □ 안에 알맞은 것을 써넣으시오.

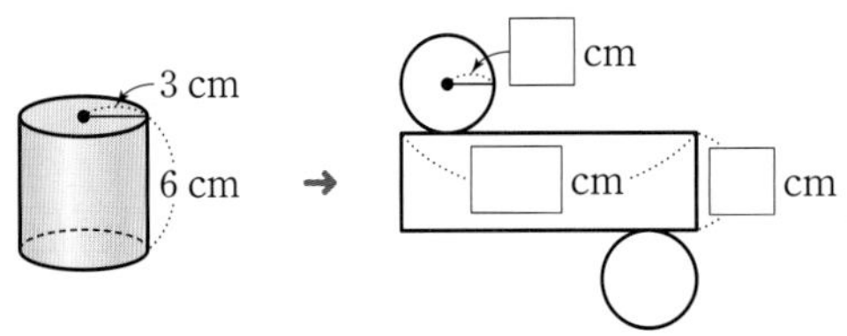

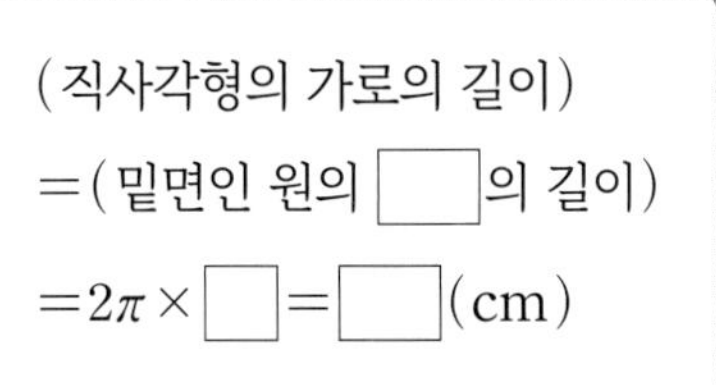

(직사각형의 가로의 길이)
=(밑면인 원의 □의 길이)
$=2\pi\times$ □ $=$ □(cm)

01-1 다음 그림은 원뿔과 그 전개도이다. □ 안에 알맞은 것을 써넣으시오.

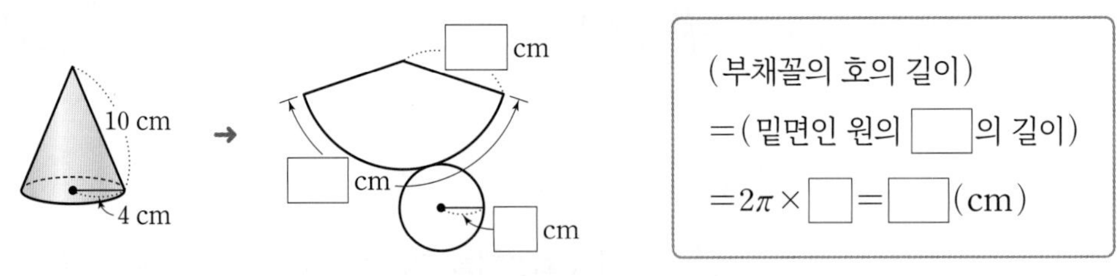

(부채꼴의 호의 길이)
=(밑면인 원의 □의 길이)
$=2\pi\times$ □ $=$ □(cm)

01-2 다음 그림은 원뿔대와 그 전개도이다. □ 안에 알맞은 것을 써넣으시오.

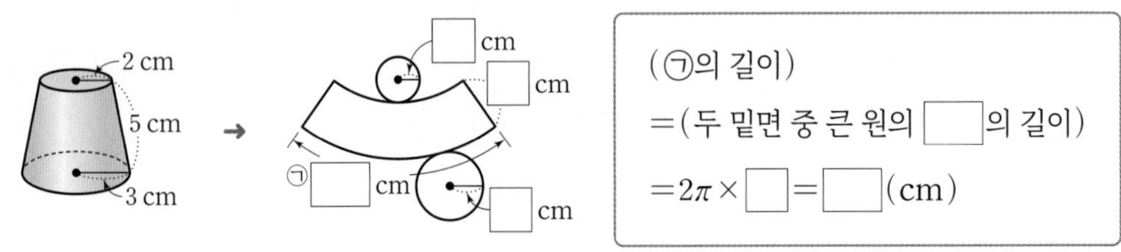

(㉠의 길이)
=(두 밑면 중 큰 원의 □의 길이)
$=2\pi\times$ □ $=$ □(cm)

필수 유형 익히기

유형 1 회전체

01 다음 중 회전체가 아닌 것은?

① 원기둥 ② 정사면체 ③ 구
④ 원뿔 ⑤ 원뿔대

01-1 다음 보기 중 회전체를 모두 고르시오.

보기
ㄱ. 삼각뿔대 ㄴ. 구 ㄷ. 원뿔
ㄹ. 사각기둥 ㅁ. 원뿔대 ㅂ. 정팔면체

유형 2 평면도형과 회전체

02 다음 중 오른쪽 그림과 같은 평면도형을 직선 l을 회전축으로 하여 1회전 시킬 때 생기는 회전체는?

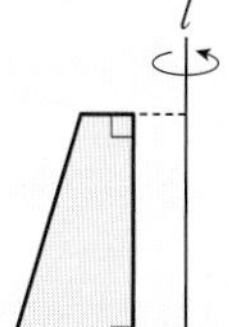

① 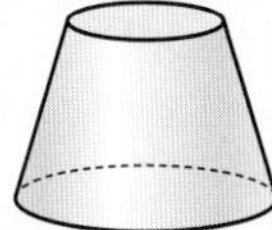
② 
③ 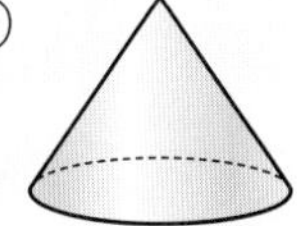
④ 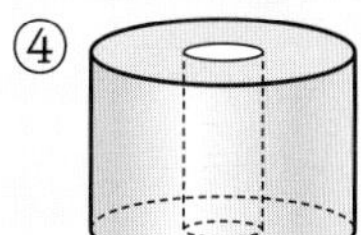
⑤

02-1 다음 중 평면도형과 그 평면도형을 직선 l을 회전축으로 하여 1회전 시킬 때 생기는 회전체로 옳지 않은 것은?

① 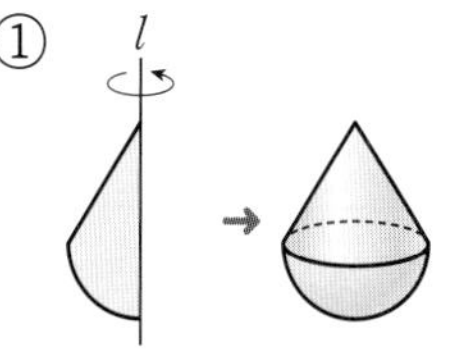
② 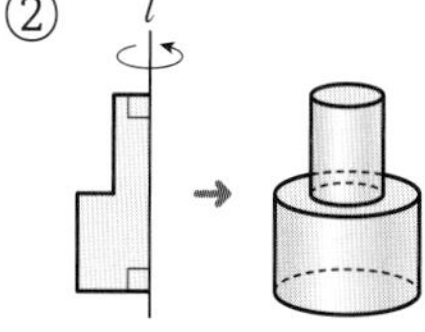
③ 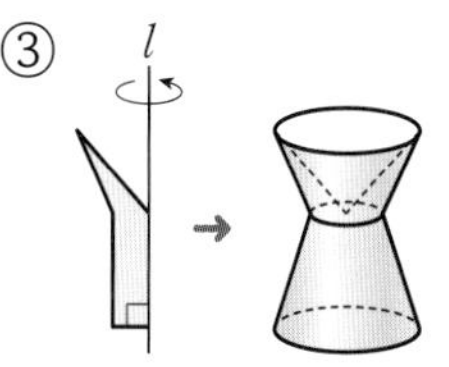
④ 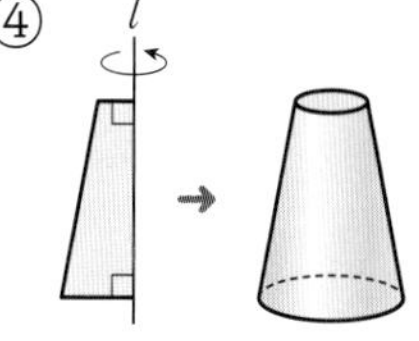
⑤ 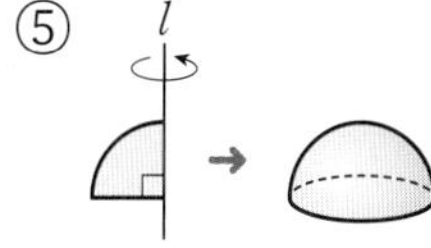

유형 3 회전체의 단면의 모양

03 다음 중 회전체와 그 회전체를 회전축을 포함하는 평면으로 자를 때 생기는 단면의 모양이 바르게 짝 지어지지 않은 것은?

① 원기둥 – 직사각형 ② 원뿔 – 이등변삼각형
③ 원뿔대 – 사다리꼴 ④ 구 – 원
⑤ 반구 – 원

03-1 다음 중 회전체를 평면으로 자를 때 생기는 단면의 모양이 바르게 짝 지어지지 않은 것은?

	회전체		평면		단면의 모양
①	원기둥	–	회전축을 포함하는 평면	–	직사각형
②	원뿔	–	회전축에 수직인 평면	–	이등변삼각형
③	원뿔대	–	회전축을 포함하는 평면	–	사다리꼴
④	구	–	회전축에 수직인 평면	–	원
⑤	반구	–	회전축을 포함하는 평면	–	반원

정답과 해설 31쪽

필수 유형 익히기

유형 4 회전체의 전개도

04 다음 그림과 같은 직사각형을 직선 l을 회전축으로 하여 1회전시킬 때 생기는 회전체의 전개도에서 xyz의 값을 구하시오.

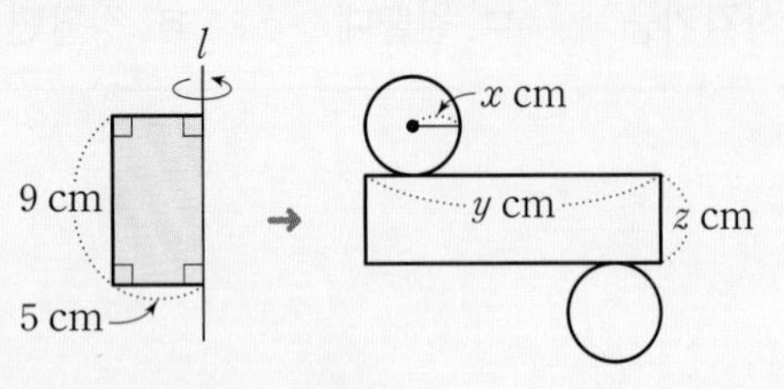

04-1 다음 그림은 원뿔대와 그 전개도이다. 이때 $a+b+c$의 값을 구하시오.

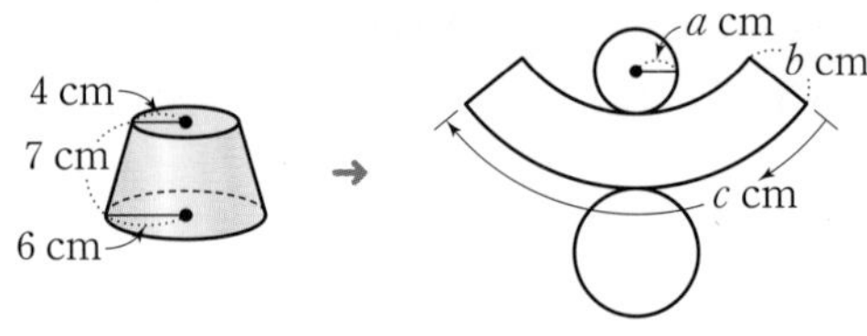

유형 5 회전체의 이해

05 다음 보기 중 회전체에 대한 설명으로 옳지 않은 것을 모두 고르시오.

보기
ㄱ. 원기둥, 원뿔대, 구는 모두 회전체이다.
ㄴ. 반원을 지름을 회전축으로 하여 1회전 시키면 반구가 된다.
ㄷ. 회전체를 회전축을 포함하는 평면으로 자를 때 생기는 단면은 모두 합동이다.
ㄹ. 원뿔의 밑면인 원의 둘레의 길이는 원뿔의 전개도에서 부채꼴의 호의 길이와 같다.

05-1 다음 중 회전체에 대한 설명으로 옳은 것은?

① 모든 회전체의 회전축은 무수히 많다.
② 모든 회전체는 전개도를 그릴 수 있다.
③ 원뿔대의 두 밑면은 서로 평행하고 합동이다.
④ 원뿔을 회전축을 포함하는 평면으로 자르면 원뿔대가 생긴다.
⑤ 회전체를 회전축을 포함하는 평면으로 자를 때 생기는 단면은 선대칭도형이다.

한 걸음 더

유형 6 회전체의 단면의 넓이

(1) 회전체를 회전축에 수직인 평면으로 자를 때 생기는 단면의 넓이 → 단면은 항상 원이므로 원의 넓이를 구하는 공식을 이용한다.
(2) 회전체를 회전축을 포함하는 평면으로 자를 때 생기는 단면의 넓이 → 회전시키기 전의 평면도형을 이용한다.

06 오른쪽 그림과 같은 평면도형을 직선 l을 회전축으로 하여 1회전 시킬 때 생기는 회전체에 대하여 다음 물음에 답하시오.

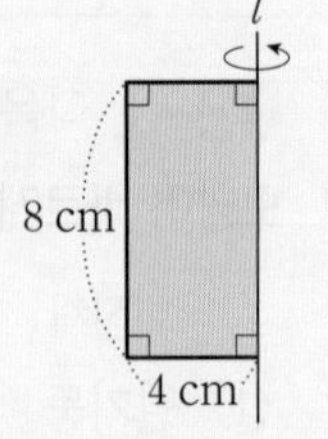

(1) 회전축에 수직인 평면으로 자를 때 생기는 단면의 넓이를 구하시오.
(2) 회전축을 포함하는 평면으로 자를 때 생기는 단면의 넓이를 구하시오.

06-1 오른쪽 그림과 같은 사다리꼴을 직선 l을 회전축으로 하여 1회전 시킬 때 생기는 회전체를 회전축을 포함하는 평면으로 잘랐을 때 생기는 단면의 넓이를 구하시오.

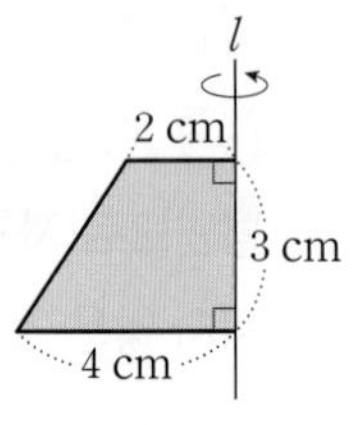

서술형 감잡기

01 모서리의 개수가 21인 각뿔대의 면의 개수를 a, 꼭짓점의 개수를 b라 할 때, $b-a$의 값을 구하시오.

① 단계 조건을 만족시키는 입체도형의 이름 말하기 ◀ 40 %

주어진 각뿔대를 n각뿔대라 하면

$n\times\square=21$ $\therefore n=\square$

따라서 주어진 입체도형은 $\square$이다.

② 단계 a, b의 값 각각 구하기 ◀ 40 %

$\square$의 면의 개수는 $\square+2=\square$이므로 $a=\square$

$\square$의 꼭짓점의 개수는 $\square\times 2=\square$이므로

$b=\square$

③ 단계 $b-a$의 값 구하기 ◀ 20 %

$\therefore b-a=\square-\square=\square$

답 ______

01-1 꼭짓점의 개수가 18인 각기둥의 면의 개수를 a, 모서리의 개수를 b라 할 때, $a+b$의 값을 구하시오.

답 ______

02 오른쪽 그림과 같은 전개도로 만들어지는 원기둥의 밑면의 넓이를 구하시오.

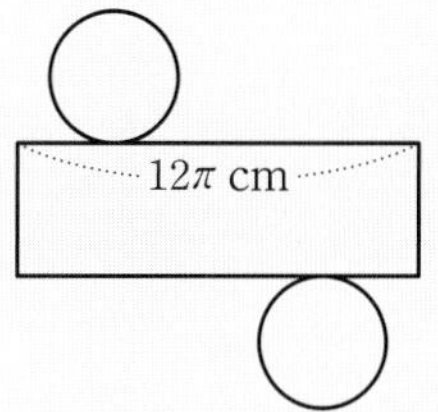

① 단계 밑면인 원의 반지름의 길이 구하기 ◀ 60 %

직사각형의 가로의 길이는 밑면인 원의 $\square$의 길이와 같으므로 밑면인 원의 반지름의 길이를 r cm라 하면

$2\pi r=\square$ $\therefore r=\square$

따라서 밑면인 원의 반지름의 길이는 $\square$ cm이다.

② 단계 밑면의 넓이 구하기 ◀ 40 %

따라서 원기둥의 밑면의 넓이는

$\pi\times\square^2=\square(\text{cm}^2)$

답 ______

02-1 오른쪽 그림과 같은 전개도로 만들어지는 원뿔의 밑면의 넓이를 구하시오.

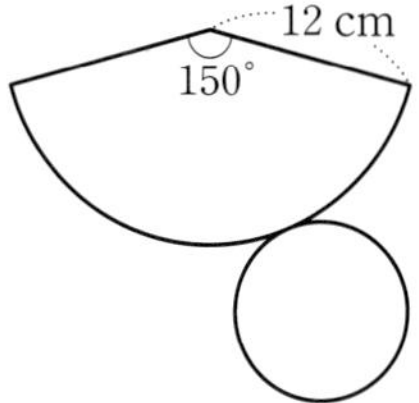

답 ______

정답과 해설 31쪽

단원 마무리하기

01 다음 중 다면체가 아닌 것을 모두 고르면? (정답 2개)

① 정육면체 ② 반구 ③ 사각뿔
④ 십각기둥 ⑤ 원기둥

02 다음 중 면의 개수가 가장 많은 다면체는?

① 사각뿔대 ② 오각뿔 ③ 오각기둥
④ 육각뿔대 ⑤ 육각뿔

03 다음 중 그 값이 가장 큰 것은?

① 삼각뿔의 꼭짓점의 개수
② 사각기둥의 모서리의 개수
③ 오각뿔의 면의 개수
④ 육각기둥의 꼭짓점의 개수
⑤ 칠각뿔의 모서리의 개수

서술형

04 육각뿔의 모서리의 개수를 a, 구각뿔대의 꼭짓점의 개수를 b, 십각기둥의 면의 개수를 c라 할 때, $a+b+c$의 값을 구하시오.

05 다음 중 다면체와 그 옆면의 모양이 바르게 짝 지어지지 않은 것은?

① 삼각뿔 – 삼각형
② 삼각뿔대 – 사다리꼴
③ 사각뿔 – 사각형
④ 오각뿔대 – 사다리꼴
⑤ 오각기둥 – 직사각형

06 다음 중 다면체에 대한 설명으로 옳지 않은 것은?

① n각뿔의 면의 개수는 $(n+1)$이다.
② n각기둥의 꼭짓점의 개수는 $2n$이다.
③ n각뿔대의 모서리의 개수는 $3n$이다.
④ n각기둥과 n각뿔대의 면의 개수는 같다.
⑤ n각뿔의 면의 개수는 꼭짓점의 개수보다 많다.

07 다음 조건을 모두 만족시키는 다면체는?

(가) 밑면의 개수는 2이다.
(나) 옆면의 모양은 모두 직사각형이다.
(다) 꼭짓점의 개수가 20이다.

① 팔각기둥 ② 구각뿔 ③ 구각기둥
④ 십각기둥 ⑤ 십각뿔

서술형

08 면의 모양이 정삼각형인 정다면체의 종류는 a가지, 한 꼭짓점에 모인 면의 개수가 3인 정다면체의 종류는 b가지이다. 이때 $a-b$의 값을 구하시오.

09 다음 조건을 모두 만족시키는 정다면체의 이름을 말하시오.

(가) 모든 면이 합동인 정삼각형이다.
(나) 각 꼭짓점에 모인 면의 개수가 5이다.

10 다음 중 정다면체에 대한 설명으로 옳지 않은 것은?

① 모든 면이 합동인 정다각형으로 이루어져 있다.
② 정다면체는 무수히 많은 종류가 있다.
③ 면이 가장 많은 정다면체는 정이십면체이다.
④ 한 꼭짓점에 모인 면의 개수가 5인 정다면체는 1가지이다.
⑤ 정십이면체와 정이십면체의 모서리의 개수는 같다.

11 다음 중 오른쪽 그림과 같은 전개도로 만든 정다면체에 대한 설명으로 옳지 않은 것은?

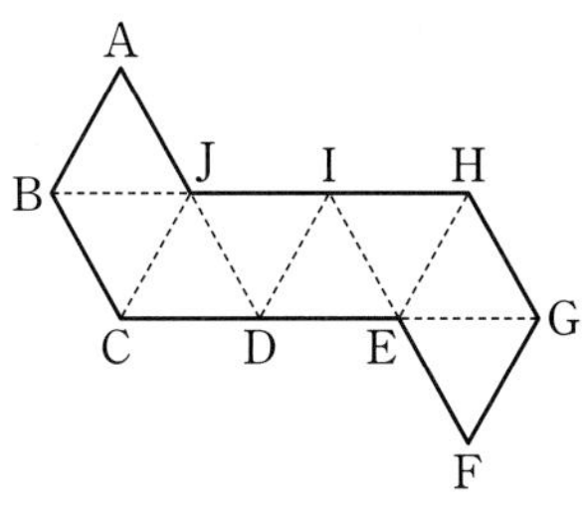

① $\overline{EF}$와 평행한 모서리는 $\overline{BJ}$이다.
② 점 F와 겹치는 점은 점 D이다.
③ $\overline{DE}$와 겹치는 모서리는 $\overline{EF}$이다.
④ 삼각형 BCJ와 삼각형 DEI는 평행하다.
⑤ $\overline{AJ}$와 $\overline{EG}$는 꼬인 위치에 있다.

12 다음 중 회전체가 아닌 것을 모두 고르면? (정답 2개)

① 원뿔대 ② 삼각뿔 ③ 구
④ 오각기둥 ⑤ 원기둥

13 다음 중 오른쪽 그림과 같은 평면도형을 직선 l을 회전축으로 하여 1회전 시킬 때 생기는 회전체는?

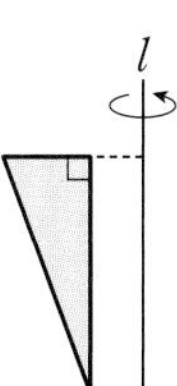

① 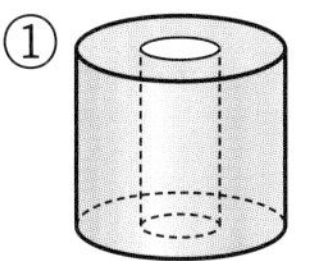
② 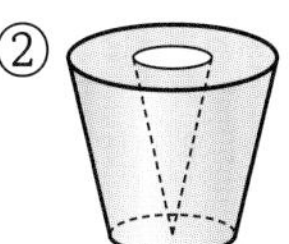
③ 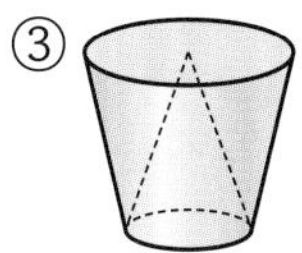
④ 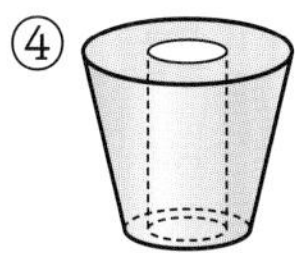
⑤ 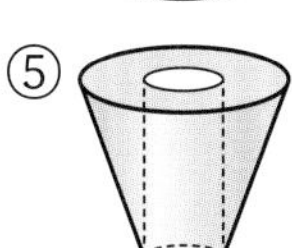

정답과 해설 32쪽

14 다음 중 어떤 평면으로 잘라도 단면이 항상 원이 되는 회전체는?

① 원뿔 ② 원기둥 ③ 원뿔대
④ 반구 ⑤ 구

서술형

15 오른쪽 그림과 같은 전개도로 만들어지는 원뿔대에서 두 밑면 중 큰 원의 반지름의 길이를 구하시오.

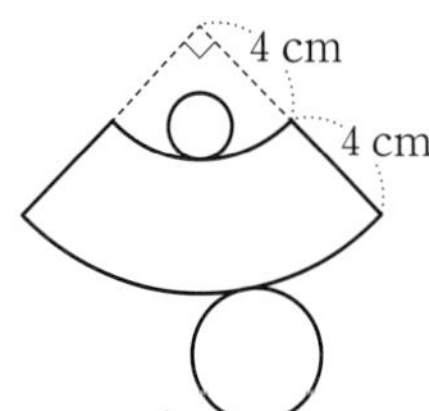

16 다음 중 회전체에 대한 설명으로 옳은 것은?

① 원뿔대의 회전축은 무수히 많다.
② 직각삼각형의 한 변을 회전축으로 하여 1회전 시키면 항상 원뿔이 된다.
③ 회전축에 수직인 평면으로 자를 때 생기는 단면의 경계는 항상 합동인 원이다.
④ 회전축을 포함하는 평면으로 자를 때 생기는 단면은 선대칭도형이지만 모두 합동은 아니다.
⑤ 구를 평면으로 자를 때, 구의 중심을 지나도록 자른 단면의 넓이가 가장 크다.

Level Up

17 십이면체인 각기둥, 각뿔, 각뿔대의 이름을 각각 말하고 각 꼭짓점의 개수의 합을 구하시오.

18 다음 보기 중 오른쪽 그림과 같은 전개도로 만들어지는 정다면체에 대한 설명으로 옳은 것을 모두 고르시오.

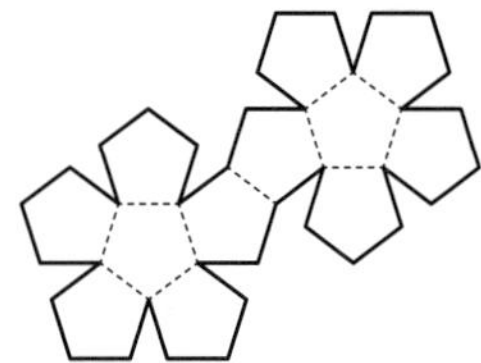

보기
ㄱ. 각 면은 모두 합동이다.
ㄴ. 꼭짓점의 개수는 12이다.
ㄷ. 모서리의 개수는 30이다.
ㄹ. 한 꼭짓점에 모인 면의 개수는 5이다.

19 오른쪽 그림과 같은 평면도형을 직선 l을 회전축으로 하여 1회전 시킬 때 생기는 회전체를 회전축에 수직인 평면으로 잘랐다. 이때 생기는 단면 중 넓이가 가장 작은 단면의 넓이를 구하시오.

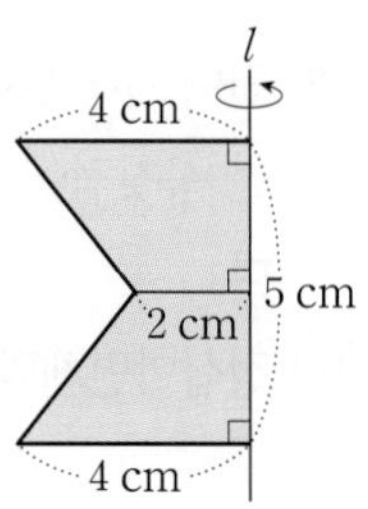

정답과 해설 33쪽

입체도형의 부피와 겉넓이

01 기둥의 부피와 겉넓이

개념 1 기둥의 부피

(1) **각기둥의 부피**

각기둥은 여러 개의 삼각기둥으로 나눌 수 있으므로, 각기둥의 부피는 삼각기둥의 부피의 합으로 구할 수 있다.

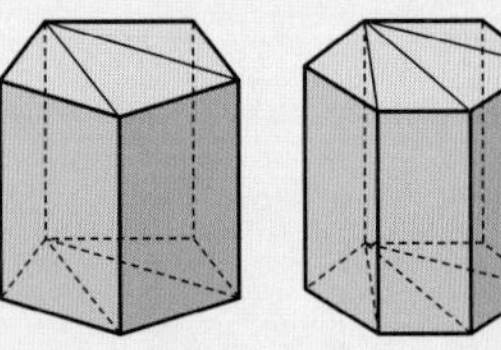

→ (각기둥의 부피) = (삼각기둥의 부피의 합)

= n × (삼각기둥의 부피)

= n × (삼각기둥의 밑넓이) × (높이)

= (밑넓이) × (높이)

삼각기둥의 개수

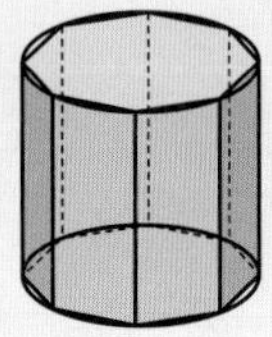

= $\frac{1}{2}$ × (직육면체의 부피)

= $\frac{1}{2}$ × (직육면체의 밑넓이) × (높이)

= (삼각기둥의 밑넓이) × (높이)

(2) **원기둥의 부피**

원기둥 속에 꼭 맞게 들어가는 밑면이 정다각형인 각기둥에서 밑면의 변의 수를 계속 늘려 나가면 각기둥은 원기둥에 가까워진다. → (원기둥의 부피) = (밑넓이) × (높이)

참고 밑면인 원의 반지름의 길이가 r이고 높이가 h인 원기둥에서
(원기둥의 부피) = $\pi r^2 \times h = \pi r^2 h$

개념 Bridge

• 기둥의 부피

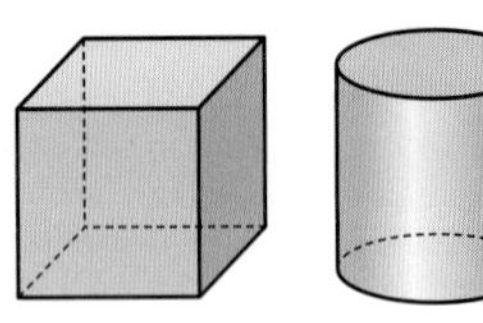

→ (기둥의 부피) = (□) × (높이)

개념 check

기둥의 부피

01 아래 그림과 같은 기둥에서 다음을 구하시오.

(1)

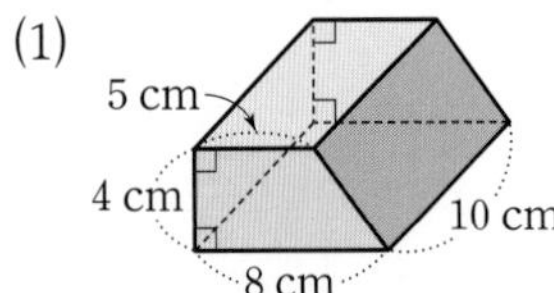

① 밑넓이
② 높이
③ 부피

(2)

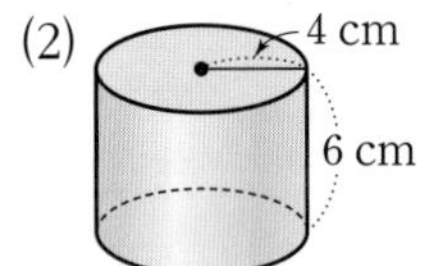

① 밑넓이
② 높이
③ 부피

01-1 다음 그림과 같은 기둥의 부피를 구하시오.

(1)

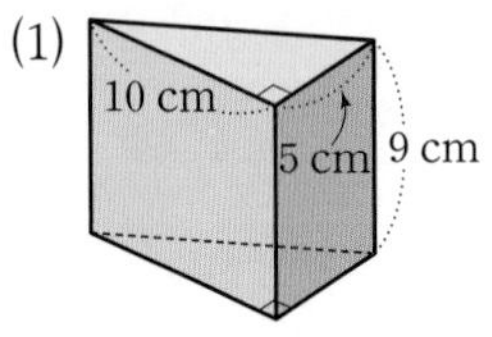

(2)

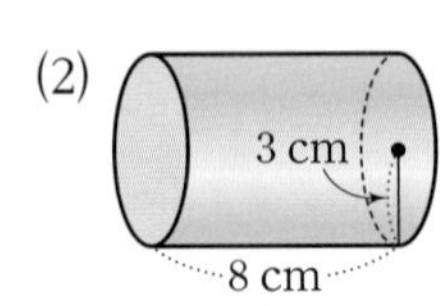

개념 2 기둥의 겉넓이

(1) 각기둥의 겉넓이

(각기둥의 겉넓이)=(밑넓이)×2+(옆넓이)

↳ (밑면의 둘레의 길이)×(높이)

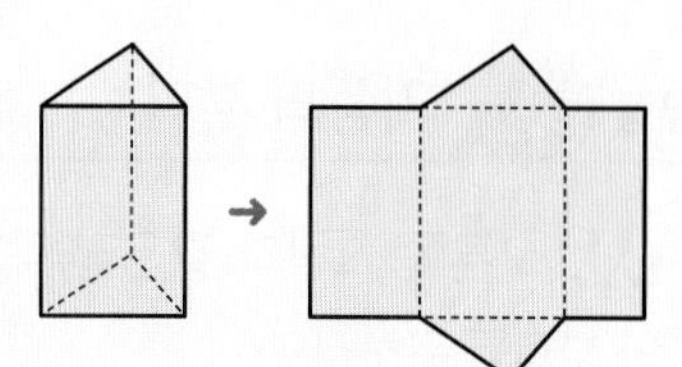

(2) 원기둥의 겉넓이

밑면의 반지름의 길이가 r, 높이가 h인 원기둥에서

(원기둥의 겉넓이)=(밑넓이)×2+(옆넓이)

πr^2 ← (밑넓이), ↳ (밑면의 둘레의 길이)×(높이)$=2\pi r\times h$

$=2\pi r^2+2\pi rh$

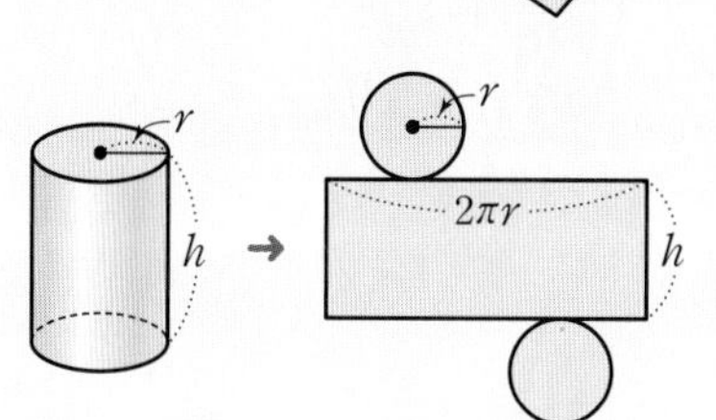

개념 Bridge

• 기둥의 겉넓이

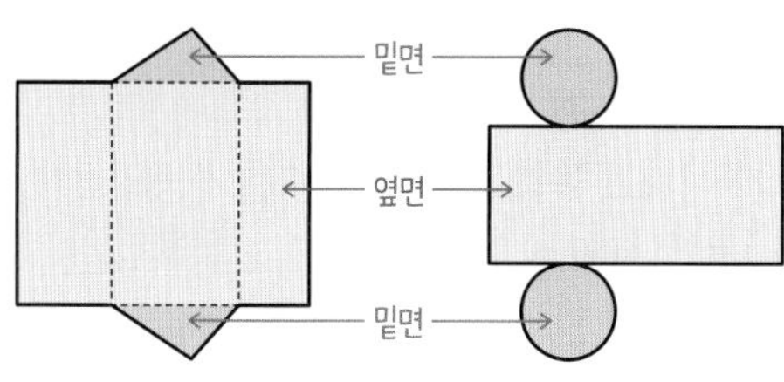

→ (기둥의 겉넓이)=(밑넓이)×☐+(옆넓이)

개념 check

기둥의 겉넓이 ········ **01** 아래 그림과 같은 기둥과 그 전개도에서 ☐ 안에 알맞은 수를 써넣고 다음을 구하시오.

(1)

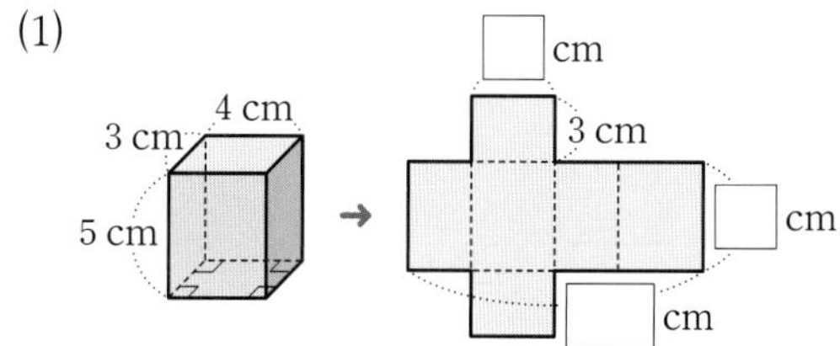

① 밑넓이

② 옆넓이

③ 겉넓이

(2)

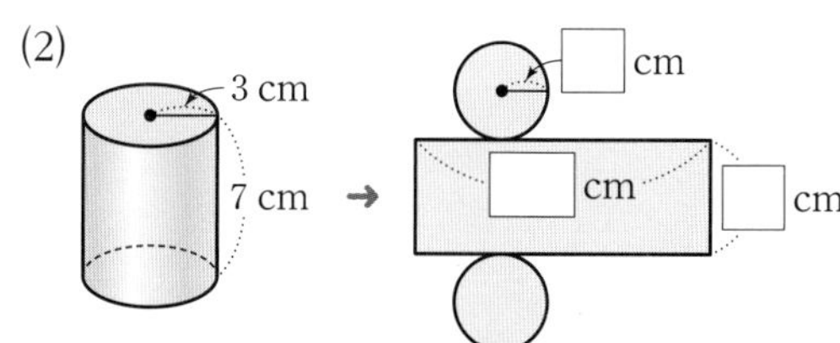

① 밑넓이

② 옆넓이

③ 겉넓이

01-1 다음 그림과 같은 기둥의 겉넓이를 구하시오.

(1)

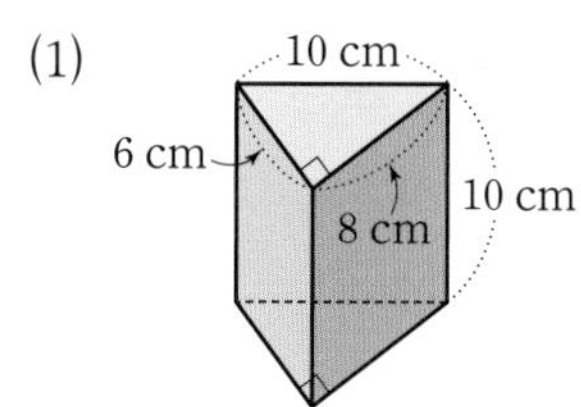

(2)

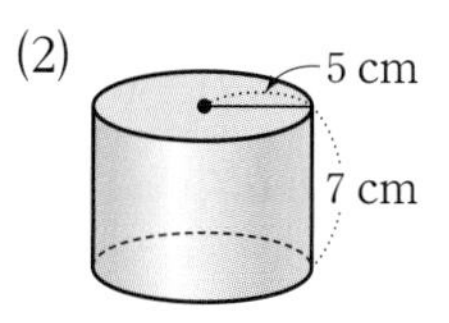

정답과 해설 34쪽

필수 유형 익히기

유형 1 기둥의 부피

01 오른쪽 그림과 같은 삼각기둥의 부피를 구하시오.

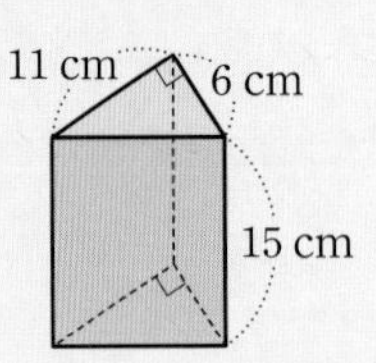

01-1 오른쪽 그림과 같은 직사각형을 직선 l을 회전축으로 하여 1회전 시킬 때 생기는 입체도형의 부피를 구하시오.

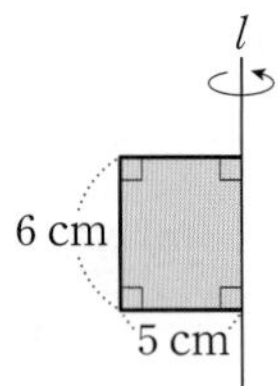

유형 2 기둥의 겉넓이

02 오른쪽 그림과 같은 전개도로도 만들어지는 삼각기둥의 겉넓이를 구하시오.

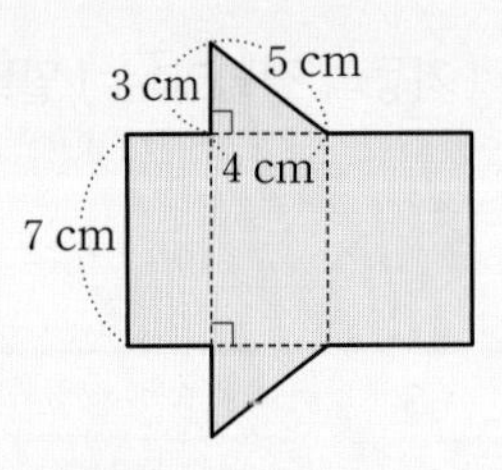

02-1 오른쪽 그림과 같은 원기둥의 겉넓이를 구하시오.

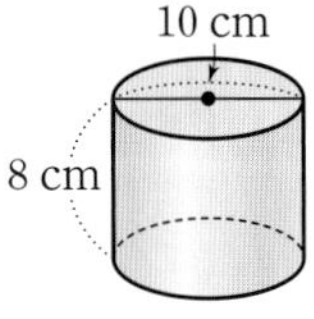

유형 3 기둥의 부피의 응용

03 부피가 $250\pi\ \text{cm}^3$인 원기둥의 높이가 10 cm일 때, 이 원기둥의 밑면의 반지름의 길이는?

① 2 cm ② 3 cm ③ 4 cm
④ 5 cm ⑤ 6 cm

03-1 오른쪽 그림과 같은 사각기둥의 부피가 $144\ \text{cm}^3$일 때, h의 값을 구하시오.

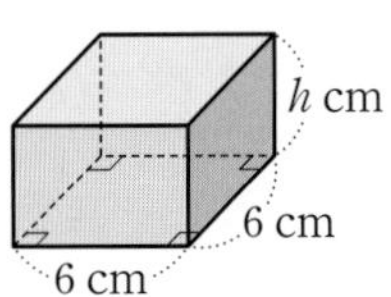

유형 4 기둥의 겉넓이의 응용

04 오른쪽 그림과 같은 삼각기둥의 겉넓이가 $168\ \text{cm}^2$일 때, h의 값을 구하시오.

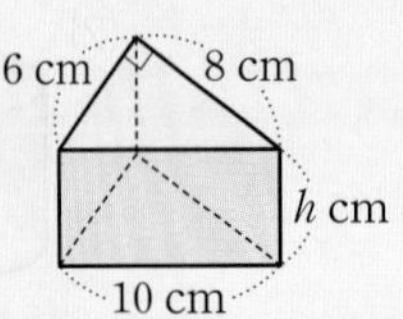

04-1 오른쪽 그림과 같은 원기둥의 겉넓이가 $192\pi\ \text{cm}^2$일 때, 이 원기둥의 높이를 구하시오.

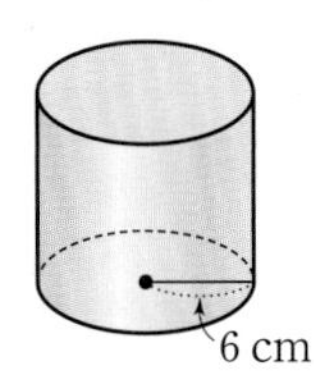

유형 5 밑면이 부채꼴인 기둥의 부피

05 오른쪽 그림과 같은 입체도형의 부피는?

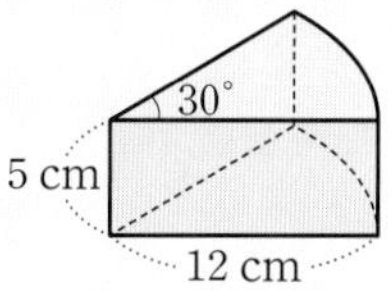

① $58\pi\text{ cm}^3$ ② $60\pi\text{ cm}^3$
③ $62\pi\text{ cm}^3$ ④ $64\pi\text{ cm}^3$
⑤ $66\pi\text{ cm}^3$

05-1 오른쪽 그림과 같은 입체도형의 부피를 구하시오.

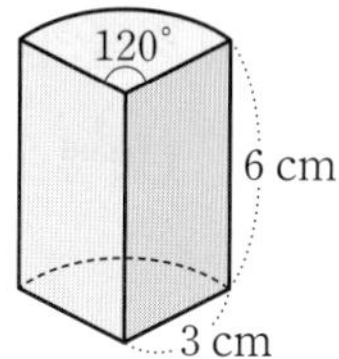

유형 6 밑면이 부채꼴인 기둥의 겉넓이

06 오른쪽 그림과 같은 입체도형의 겉넓이는?

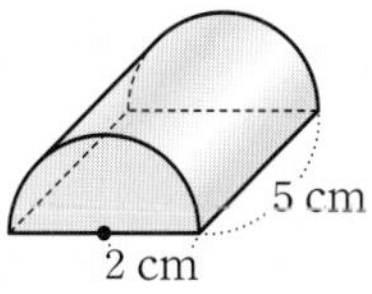

① $(12\pi+18)\text{ cm}^2$
② $(12\pi+20)\text{ cm}^2$
③ $(12\pi+22)\text{ cm}^2$
④ $(14\pi+18)\text{ cm}^2$
⑤ $(14\pi+20)\text{ cm}^2$

06-1 오른쪽 그림과 같은 입체도형의 겉넓이를 구하시오.

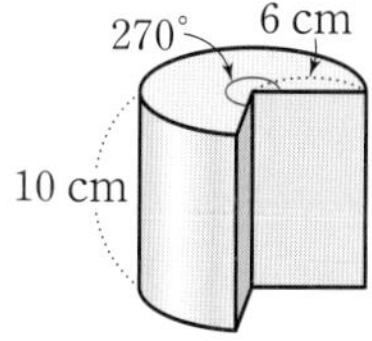

한 걸음 더

유형 7 구멍이 뚫린 기둥의 부피와 겉넓이

구멍이 뚫린 기둥에서
- (부피)=(큰 기둥의 부피)−(작은 기둥의 부피)
- (겉넓이)={(큰 기둥의 밑넓이)−(작은 기둥의 밑넓이)}×2+(큰 기둥의 옆넓이)+(작은 기둥의 옆넓이)

07 오른쪽 그림과 같이 구멍이 뚫린 입체도형에 대하여 다음을 구하시오.

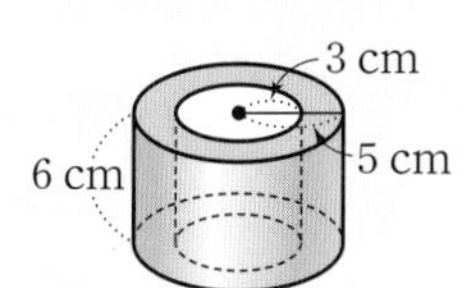

(1) 부피
(2) 겉넓이

07-1 오른쪽 그림과 같이 구멍이 뚫린 입체도형에 대하여 다음을 구하시오.

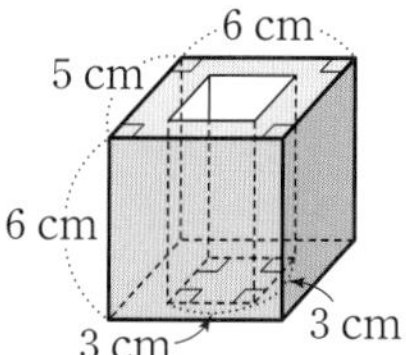

(1) 부피
(2) 겉넓이

정답과 해설 34쪽

02 뿔의 부피와 겉넓이

개념 3 뿔의 부피

(1) 각뿔의 부피

(각뿔의 부피) $=\frac{1}{3}\times$ (밑넓이) $\times$ (높이) $=\frac{1}{3}Sh$

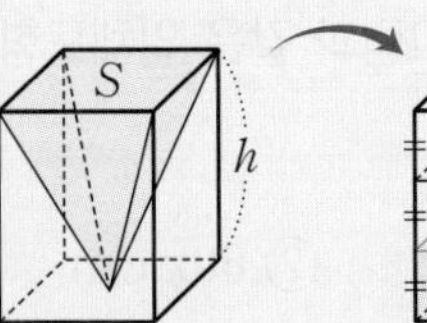

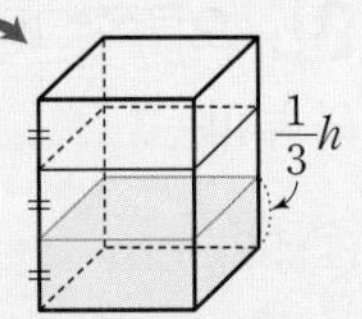

(2) 원뿔의 부피

밑면인 원의 반지름의 길이가 r, 높이가 h인 원뿔에서

(원뿔의 부피) $=\frac{1}{3}\times$ (밑넓이) $\times$ (높이) $=\frac{1}{3}\pi r^2h$

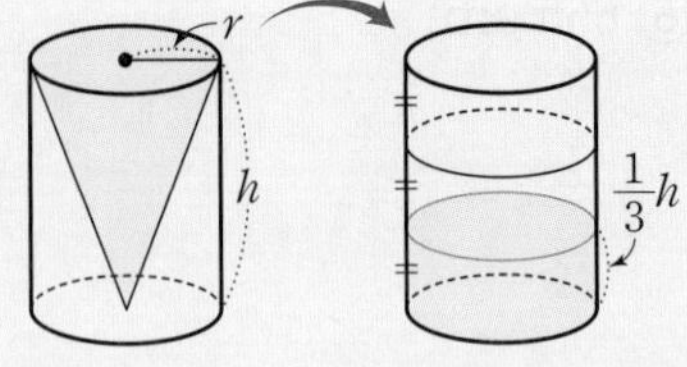

개념 Bridge

• 뿔의 부피

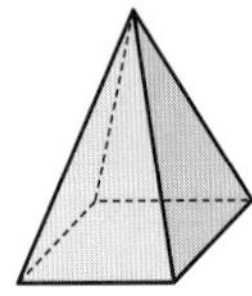
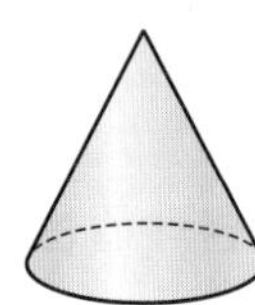

→ (뿔의 부피) $=$ □ $\times$ (밑넓이) $\times$ (높이)

↳ 기둥의 부피

개념 check

각뿔의 부피 ········  **01** 아래 그림과 같은 각뿔에서 다음을 구하시오.

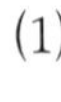

(1)

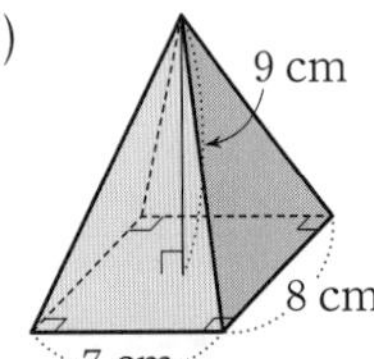

① 밑넓이

② 높이

③ 부피

(2)

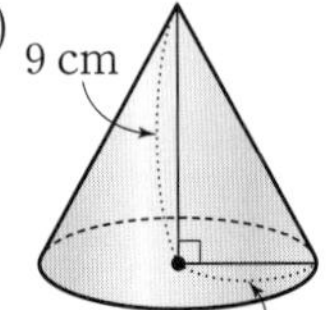

① 밑넓이

② 높이

③ 부피

01-1 다음 그림과 같은 뿔의 부피를 구하시오.

(1)

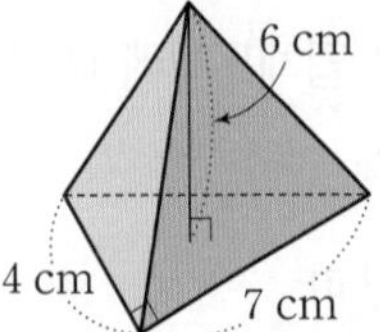

(2)

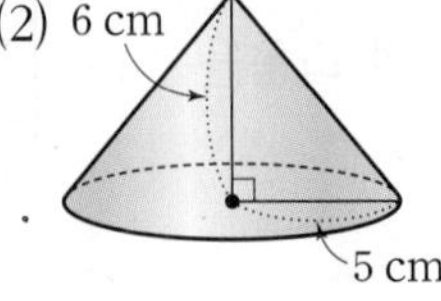

개념 4 뿔의 겉넓이

뿔의 겉넓이를 구할 때 전개도를 이용하면 편리하다.

(1) 각뿔의 겉넓이

(각뿔의 겉넓이)$=$(밑넓이)$+$(옆넓이)

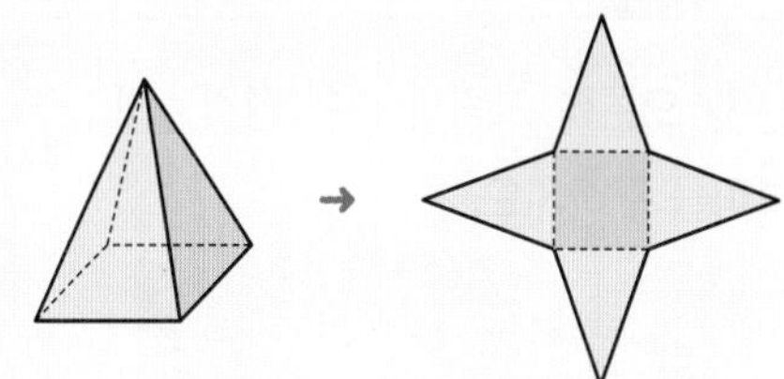

(2) 원뿔의 겉넓이

밑면의 반지름의 길이가 r, 모선의 길이가 l인 원뿔에서

(원뿔의 겉넓이)$=$(밑넓이)$\times$(옆넓이)$=\pi r^2+\pi rl$

└→(부채꼴의 넓이)$=\frac{1}{2}\times$(반지름의 길이)$\times$(호의 길이)

$=\frac{1}{2}\times l\times 2\pi r$

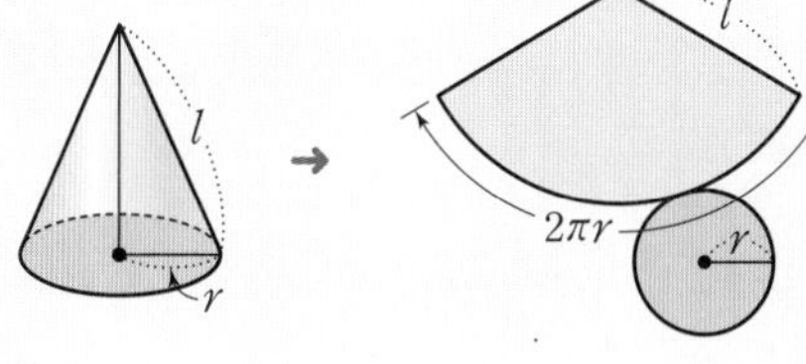

개념 Bridge

• 뿔의 겉넓이

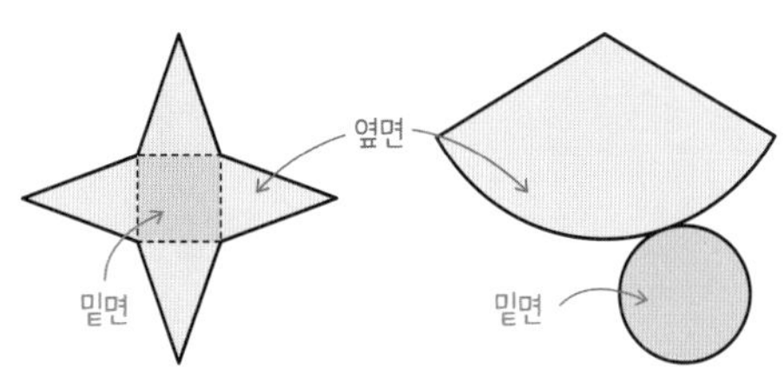

→ (뿔의 겉넓이)$=$(밑넓이)$+$(□)

개념 check

✓ 뿔의 겉넓이

01 아래 그림과 같은 뿔과 그 전개도에서 □ 안에 알맞은 수를 써넣고 다음을 구하시오.

(1)

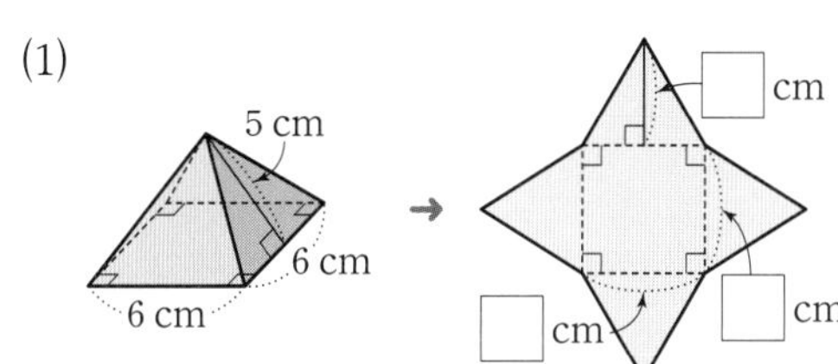

① 밑넓이

② 옆넓이

③ 겉넓이

(2)

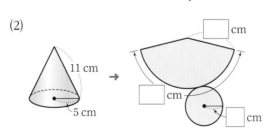

11 cm

5 cm

□ cm

□ cm

□ cm

① 밑넓이

② 옆넓이

③ 겉넓이

01-1 다음 그림과 같은 뿔의 겉넓이를 구하시오.

(1)

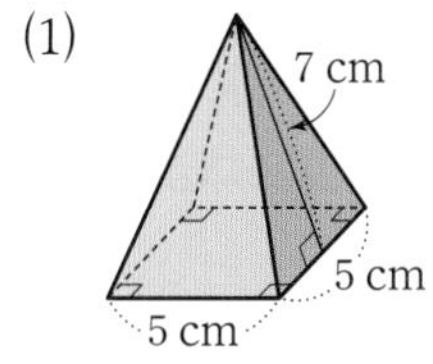

(2)

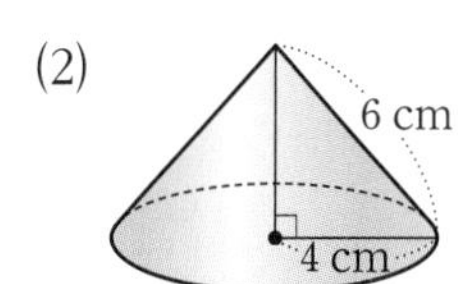

정답과 해설 36쪽

필수 유형 익히기

유형 1 뿔의 부피

01 오른쪽 그림과 같은 삼각뿔의 부피를 구하시오.

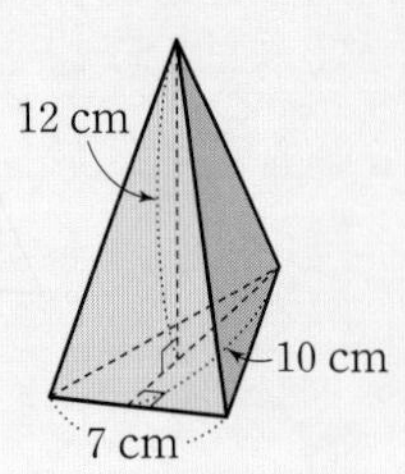

01-1 오른쪽 그림과 같은 입체도형의 부피를 구하시오.

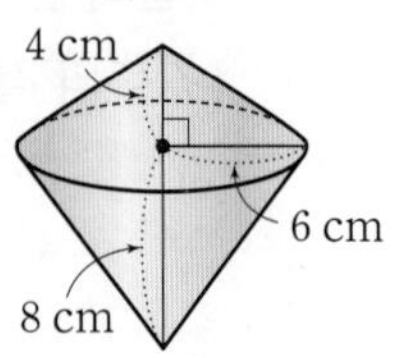

유형 2 뿔의 겉넓이

02 오른쪽 그림과 같은 전개도로 만들어지는 사각뿔의 겉넓이를 구하시오.

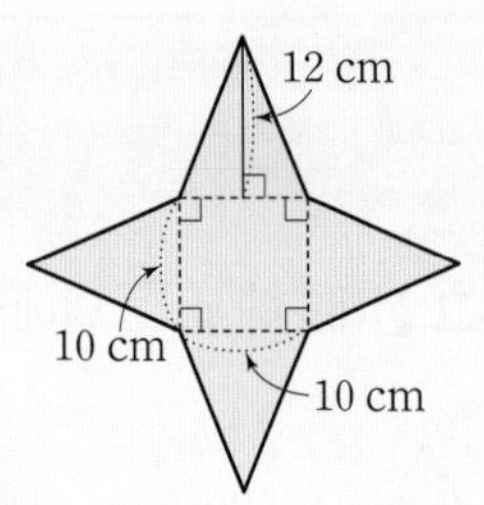

02-1 오른쪽 그림과 같이 밑면의 지름의 길이가 6 cm이고, 모선의 길이가 7 cm인 원뿔의 겉넓이를 구하시오.

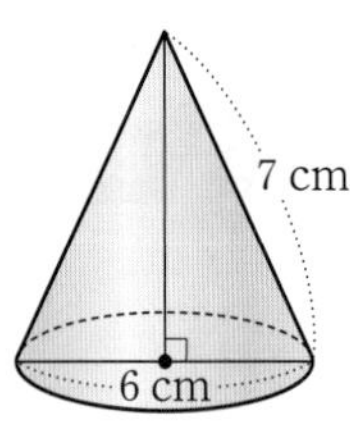

유형 3 뿔의 부피의 응용

03 오른쪽 그림과 같은 원뿔의 부피가 48π cm^3일 때, 이 원뿔의 높이를 구하시오.

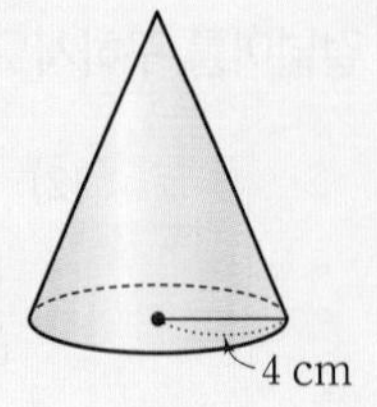

03-1 오른쪽 그림과 같이 밑면이 정사각형이고 높이가 8 cm인 사각뿔의 부피가 96 cm^3일 때, 이 사각뿔의 밑면의 한 변의 길이를 구하시오.

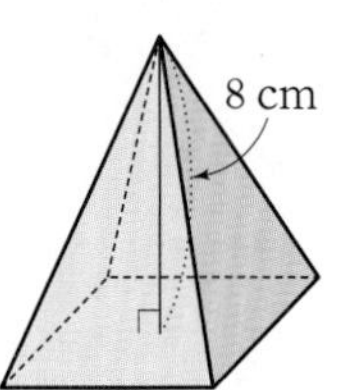

유형 4 뿔의 겉넓이의 응용

04 오른쪽 그림과 같이 밑면이 정사각형이고 옆면은 모두 합동인 사각뿔의 겉넓이가 360 cm^2일 때, h의 값을 구하시오.

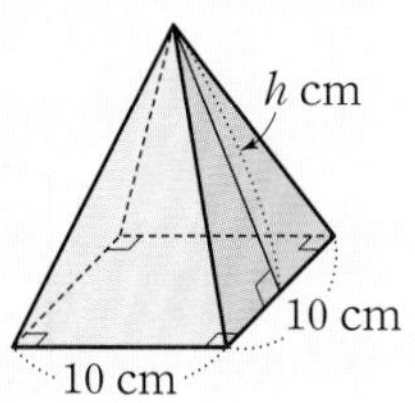

04-1 오른쪽 그림과 같이 밑면의 반지름의 길이가 3 cm인 원뿔의 겉넓이가 $24\pi\text{ cm}^2$일 때, l의 값을 구하시오.

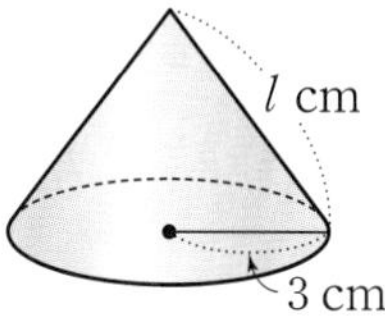

유형 5 뿔대의 부피

05 오른쪽 그림과 같은 사각뿔대에 대하여 다음을 구하시오.

(1) 큰 사각뿔의 부피

(2) 작은 사각뿔의 부피

(3) 사각뿔대의 부피

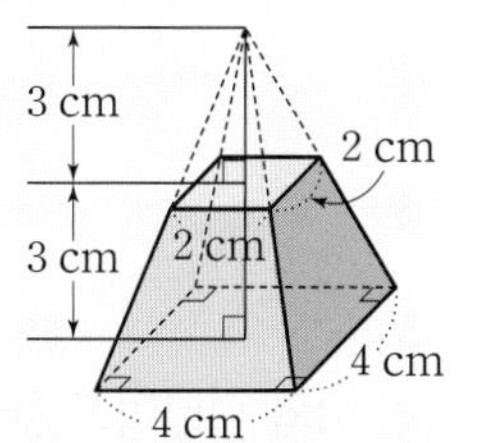

05-1 오른쪽 그림과 같은 원뿔대의 부피를 구하시오.

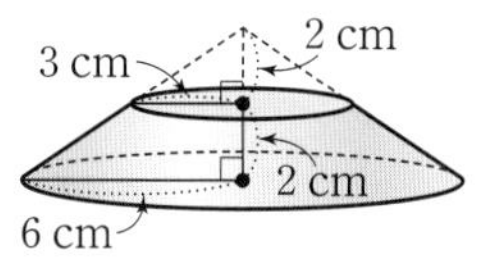

유형 6 뿔대의 겉넓이

06 오른쪽 그림과 같은 원뿔대에 대하여 다음을 구하시오.

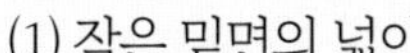

(1) 작은 밑면의 넓이

(2) 큰 밑면의 넓이

(3) 원뿔대의 옆넓이

(4) 원뿔대의 겉넓이

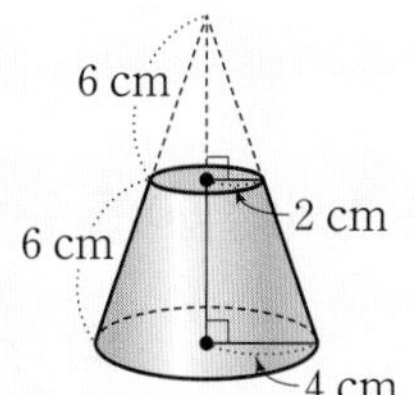

06-1 오른쪽 그림과 같은 사각뿔대의 겉넓이를 구하시오.

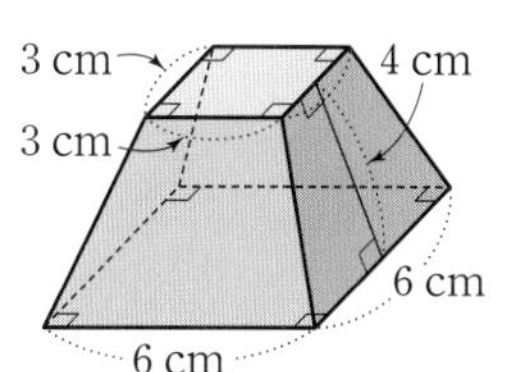

정답과 해설 36쪽

03 구의 부피와 겉넓이

개념 5 구의 부피와 겉넓이

반지름의 길이가 r인 구에서

(1) (구의 부피) $= \frac{2}{3} \times$ (원기둥의 부피)

$= \frac{2}{3} \times (\pi r^2 \times 2r) = \frac{4}{3}\pi r^3$

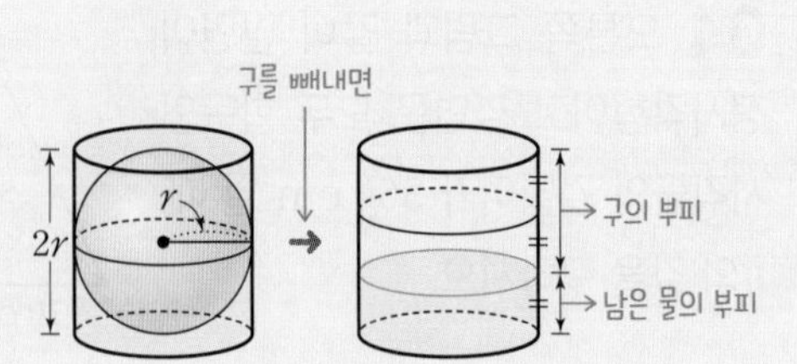

(2) (구의 겉넓이) $= 4 \times$ (반지름의 길이가 r인 원의 넓이) $= 4 \times \pi r^2$

$= 4\pi r^2$

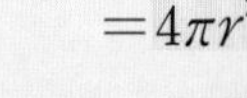
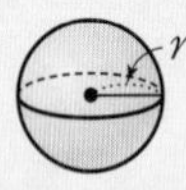

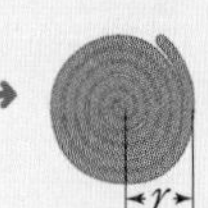
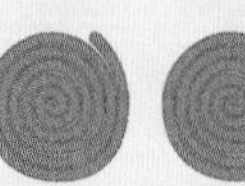
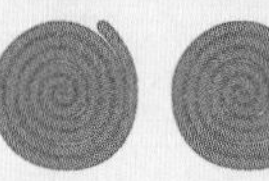

개념 Bridge

• 구의 부피와 겉넓이 구하기

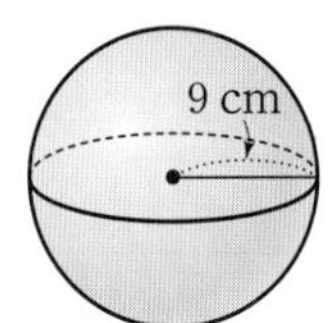

(1) (구의 부피) $= \square \pi \times \square^3 = \square (\text{cm}^3)$

(2) (구의 겉넓이) $= \square \pi \times \square^2 = \square (\text{cm}^2)$

개념 check

✓ 구의 부피와 겉넓이 ········ **01** 오른쪽 그림과 같은 구의 부피와 겉넓이를 차례대로 구하시오.

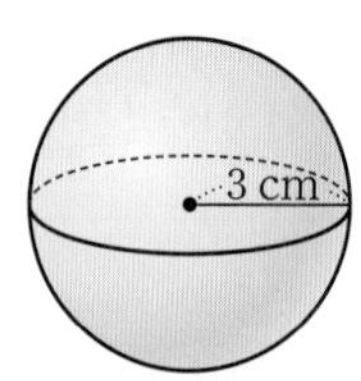

01-1 다음 그림과 같은 입체도형의 부피를 구하시오.

(1)

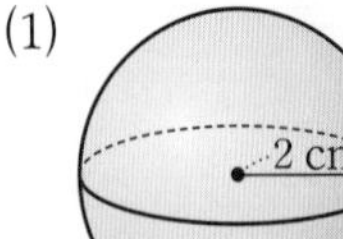

(2)

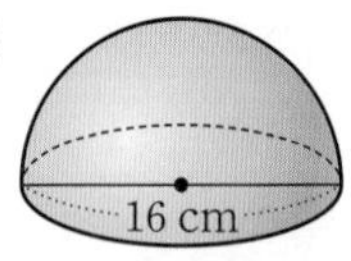

01-2 다음 그림과 같은 입체도형의 겉넓이를 구하시오.

(1)

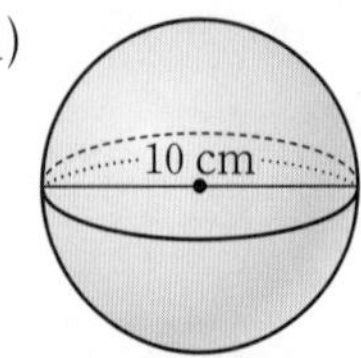

(2)

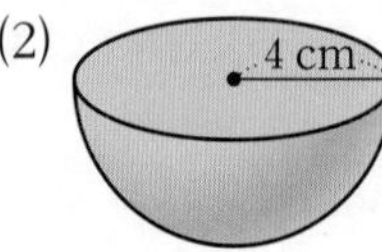

필수 유형 익히기

유형 1 구의 부피

01 오른쪽 그림과 같이 반구와 원기둥을 붙인 입체도형의 부피를 구하시오.

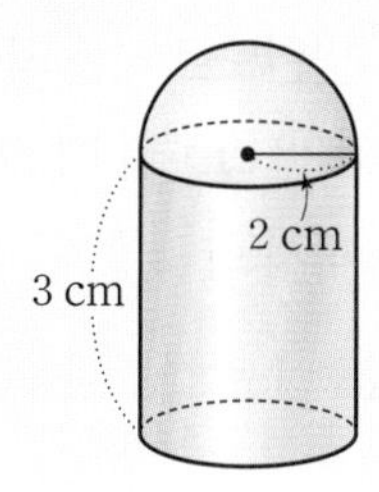

01-1 오른쪽 그림과 같이 반구와 원뿔을 붙인 입체도형의 부피를 구하시오.

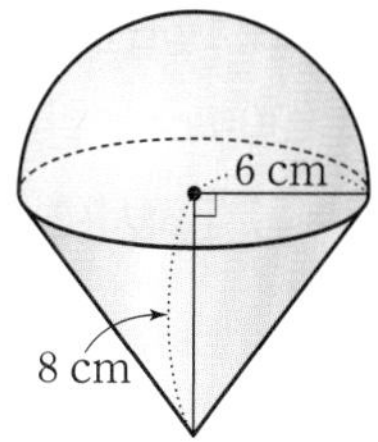

유형 2 구의 겉넓이

02 오른쪽 그림과 같이 중심각의 크기가 $90°$인 부채꼴을 직선 l을 회전축으로 하여 1회전 시킬 때 생기는 회전체의 겉넓이를 구하시오.

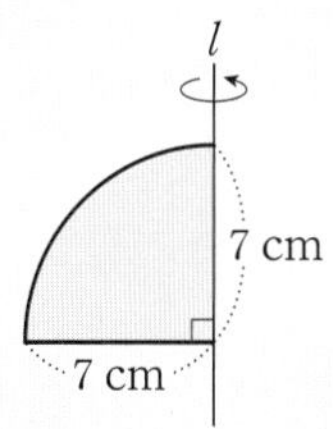

02-1 오른쪽 그림은 반지름의 길이가 8 cm인 구의 $\frac{1}{4}$을 잘라 낸 것이다. 이 입체도형의 겉넓이를 구하시오.

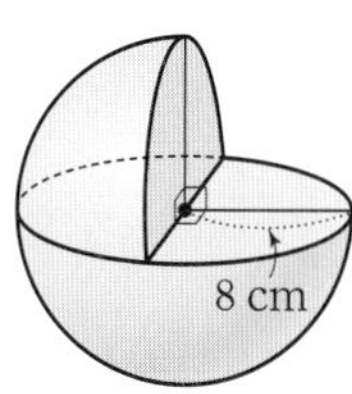

한 걸음 더

유형 3 원기둥, 원뿔, 구의 부피의 비

오른쪽 그림과 같이 밑면의 반지름의 길이가 r, 높이가 $2r$인 원기둥 안에 구와 원뿔이 꼭 맞게 들어있을 때,

- (원뿔의 부피)$=\frac{1}{3}\times\pi r^2\times 2r=\frac{2}{3}\pi r^3$
- (구의 부피)$=\frac{4}{3}\pi r^3$
- (원기둥의 부피)$=\pi r^2\times 2r=2\pi r^3$

→ (원뿔의 부피) : (구의 부피) : (원기둥의 부피)$=\frac{2}{3}\pi r^3 : \frac{4}{3}\pi r^3 : 2\pi r^3=1:2:3$

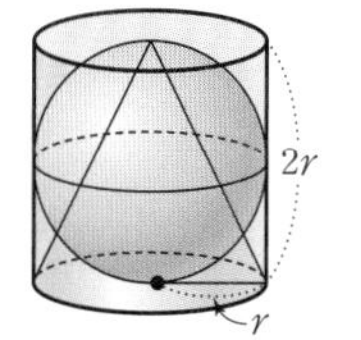

03 오른쪽 그림과 같이 높이가 6 cm인 원기둥 안에 구와 원뿔이 꼭 맞게 들어 있다. 다음 물음에 답하시오.

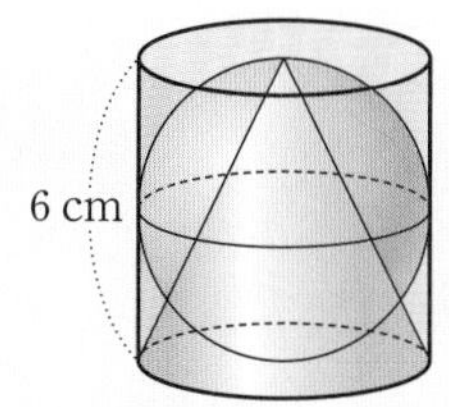

(1) 원뿔, 구, 원기둥의 부피를 차례대로 구하시오.

(2) 원뿔, 구, 원기둥의 부피의 비를 가장 간단한 자연수의 비로 나타내시오.

03-1 오른쪽 그림과 같이 원기둥 안에 구가 꼭 맞게 들어 있다. 구의 부피가 $16\pi\text{ cm}^3$일 때, 원기둥의 부피를 구하시오.

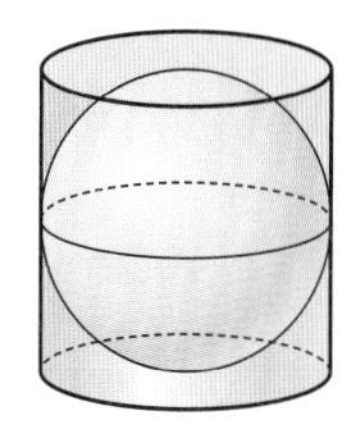

정답과 해설 38쪽

서술형 강잡기

01 오른쪽 그림과 같은 사각형을 밑면으로 하는 사각기둥의 부피가 $900\,cm^3$일 때, 이 사각기둥의 높이를 구하시오.

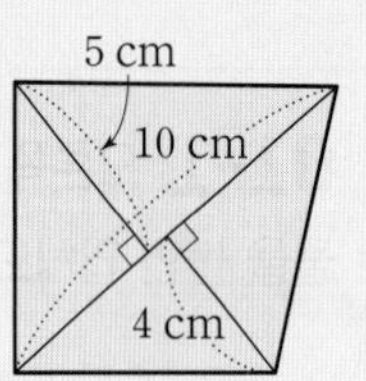

① 단계 기둥의 밑넓이 구하기 ◀ 50 %

$(\text{밑넓이}) = \left(\frac{1}{2} \times \square \times 5\right) + \left(\frac{1}{2} \times 10 \times \square\right)$

$= \square\,(cm^2)$

② 단계 기둥의 높이 구하기 ◀ 50 %

사각기둥의 높이를 h cm라 하면

$\square \times h = 900 \quad \therefore h = \square$

따라서 사각기둥의 높이는 $\square$ cm이다.

답 ________

01-1 오른쪽 그림과 같은 사각형을 밑면으로 하는 사각기둥의 부피가 $128\,cm^3$일 때, 이 사각기둥의 높이를 구하시오.

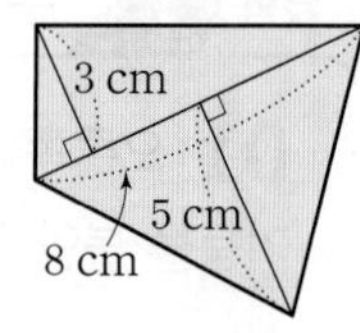

답 ________

02 오른쪽 그림과 같은 전개도로 만들어지는 원뿔의 겉넓이를 구하시오.

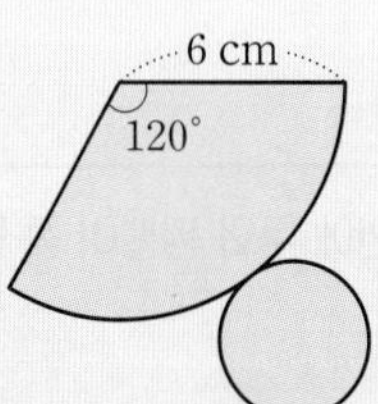

① 단계 원뿔의 밑면의 반지름의 길이 구하기 ◀ 50 %

밑면의 반지름의 길이를 r cm라 하면

$2\pi \times 6 \times \frac{\square}{360} = 2\pi \times \square \quad \therefore r = \square$

따라서 밑면의 반지름의 길이는 $\square$ cm이다.

② 단계 원뿔의 겉넓이 구하기 ◀ 50 %

$\therefore (\text{원뿔의 겉넓이}) = \pi \times \square^2 + \frac{1}{2} \times 6 \times (2\pi \times \square)$

$= \square\,(cm^2)$

답 ________

02-1 오른쪽 그림과 같은 전개도로 만들어지는 원뿔의 겉넓이를 구하시오.

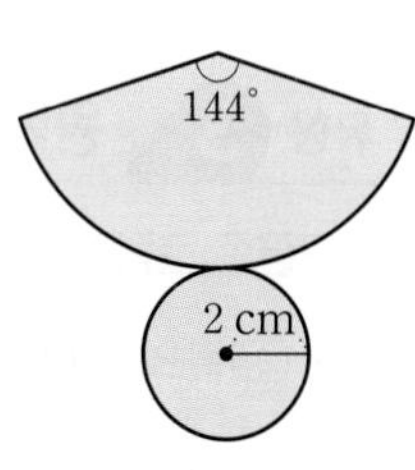

답 ________

단원 마무리하기

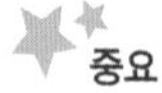

01 오른쪽 그림과 같은 사각기둥의 부피는?

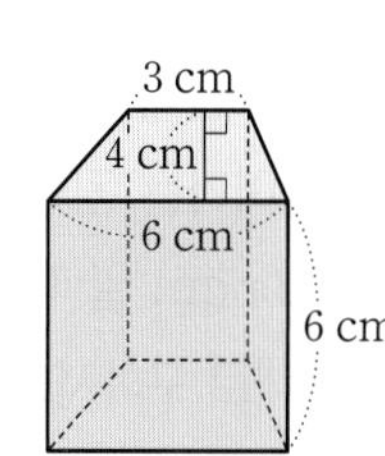

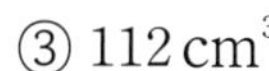

① $104\,\mathrm{cm}^3$　② $108\,\mathrm{cm}^3$
③ $112\,\mathrm{cm}^3$　④ $116\,\mathrm{cm}^3$
⑤ $120\,\mathrm{cm}^3$

02 오른쪽 그림과 같은 전개도로 만들어지는 원기둥의 겉넓이를 구하시오.

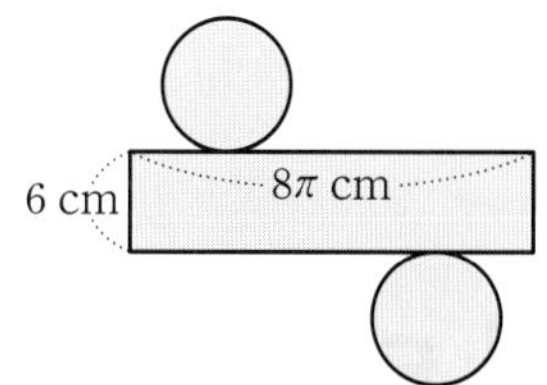

03 오른쪽 그림과 같은 입체도형의 부피를 구하시오.

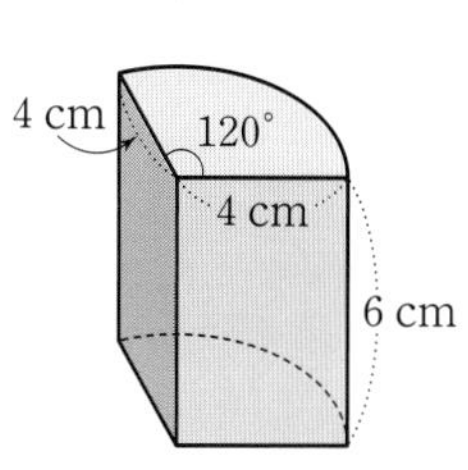

서술형

04 오른쪽 그림과 같이 구멍이 뚫린 입체도형의 겉넓이를 구하시오.

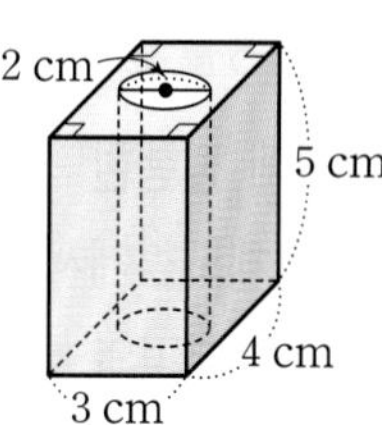

05 오른쪽 그림과 같이 밑면이 합동인 원뿔과 원기둥을 붙여 놓았다. 이 입체도형의 부피를 구하시오.

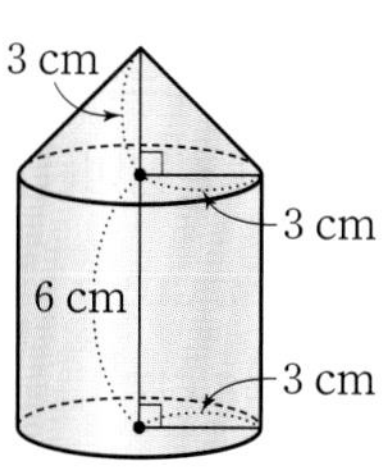

06 오른쪽 그림과 같은 원뿔의 겉넓이가 $152\pi\,\mathrm{cm}^2$일 때, 이 원뿔의 모선의 길이를 구하시오.

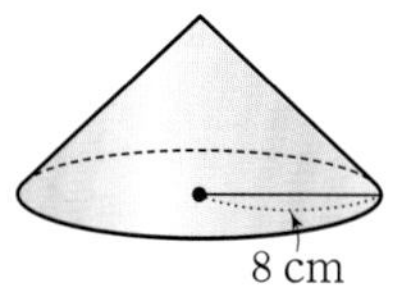

정답과 해설 39쪽

단원 마무리하기

서술형

07 오른쪽 그림과 같이 사각뿔을 밑면에 평행한 평면으로 잘라서 생긴 두 입체도형에서 작은 사각뿔과 사각뿔대의 부피의 비를 가장 간단한 자연수의 비로 나타내시오.

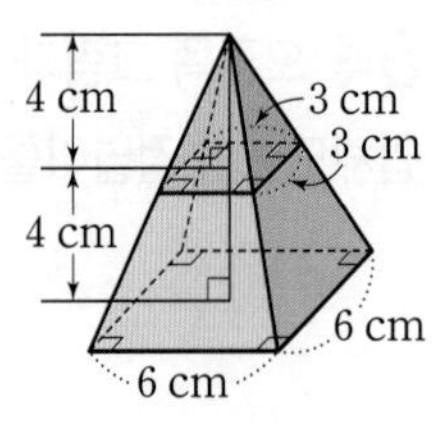

08 오른쪽 그림과 같은 평면도형을 직선 l을 회전축으로 하여 1회전 시킬 때 생기는 회전체의 겉넓이는?

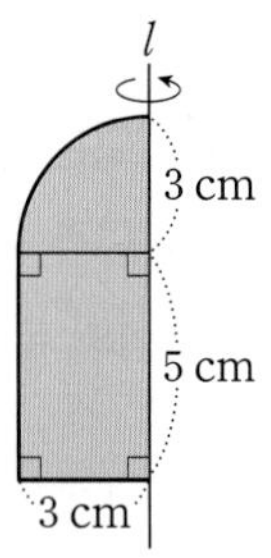

① $18\pi\ \text{cm}^2$　② $30\pi\ \text{cm}^2$
③ $48\pi\ \text{cm}^2$　④ $57\pi\ \text{cm}^2$
⑤ $64\pi\ \text{cm}^2$

09 다음 그림에서 구의 부피와 원뿔의 부피가 서로 같을 때, x의 값을 구하시오.

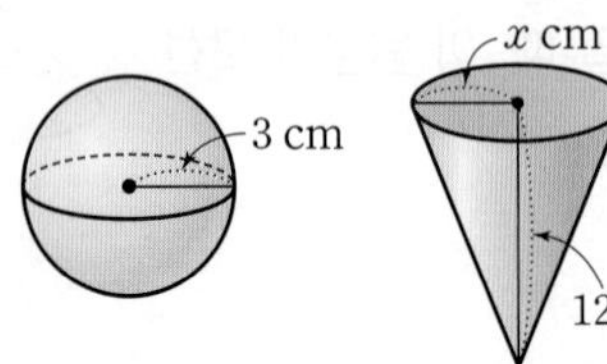

10 오른쪽 그림과 같이 원기둥에 꼭 맞게 들어가는 원뿔과 구가 있다. 구의 부피가 $32\pi\ \text{cm}^3$일 때, 원뿔과 원기둥의 부피를 차례대로 구하시오.

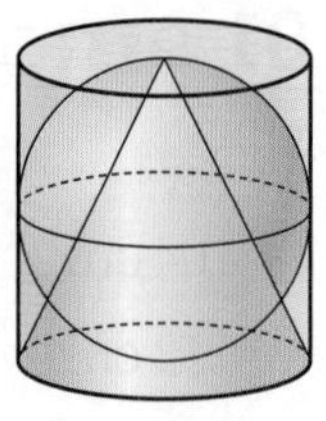

Level Up

11 다음 그림과 같이 직육면체 모양의 두 그릇에 담겨 있는 물의 양이 같을 때, x의 값을 구하시오.

(단, 그릇의 두께는 무시한다.)

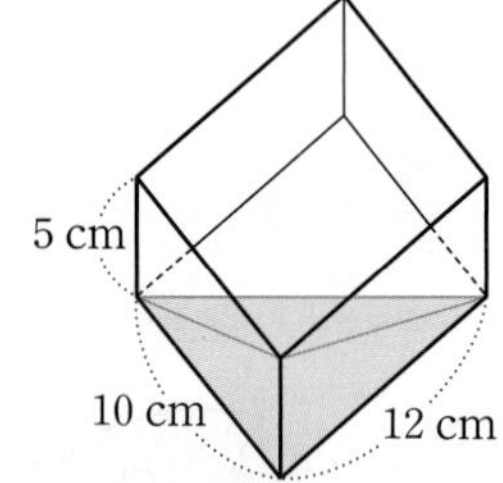

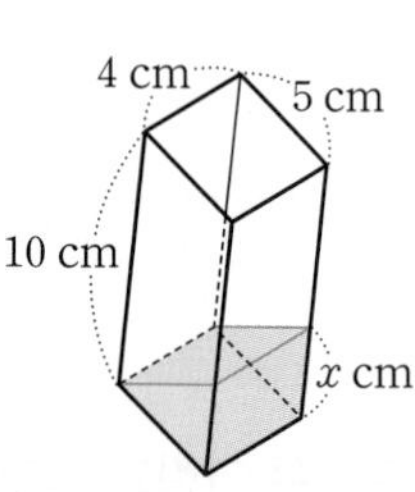

정답과 해설 40쪽

자료의 정리와 해석

01 대푯값

개념 1 대푯값; 평균

(1) **변량**: 자료에서 각 대상을 수량으로 나타낸 것

(2) **대푯값**: 자료의 특징이나 경향을 대표적으로 나타내는 값
→ 대푯값에는 평균, 중앙값, 최빈값 등이 있다.

(3) **평균**: 변량의 총합을 변량의 개수로 나눈 값 → $(\text{평균})=\dfrac{(\text{변량의 총합})}{(\text{변량의 개수})}$
↳ 대푯값으로 가장 많이 쓰이는 것

개념 Bridge

• 평균 구하기

4, 8, 5, 9, 14 —(변량을 모두 더하면 □, 변량의 개수는 □)→ $(\text{평균})=\dfrac{\square}{\square}=\square$

개념 check

평균

01 오른쪽 자료에서 다음을 구하시오.

5, 8, 4, 7, 6

(1) 변량의 개수 (2) 평균

01-1 오른쪽 자료에서 다음을 구하시오.

10, 13, 11, 12, 7, 13

(1) 변량의 개수 (2) 평균

개념 2 대푯값; 중앙값

(1) **중앙값**: 자료의 변량을 작은 값부터 순서대로 나열할 때 중앙에 위치하는 값

(2) **중앙값 구하기**
① 변량이 홀수 개이면 중앙에 위치하는 하나의 값을 중앙값으로 한다.
② 변량이 짝수 개이면 중앙에 위치하는 두 값의 평균을 중앙값으로 한다.

개념 Bridge

• 중앙값 구하기

7, 10, 2, 6, 15 —(작은 값부터 순서대로 나열)→ 2, 6, 7, 10, 15 (변량이 홀수 개) —(중앙에 위치하는 값)→ $(\text{중앙값})=\square$

3, 1, 4, 10, 11, 5 —(작은 값부터 순서대로 나열)→ 1, 3, 4, 5, 10, 11 (변량이 짝수 개) —(중앙에 위치하는 두 값의 평균)→ $(\text{중앙값})=\dfrac{\square+\square}{2}=\square$

개념 check

중앙값 **01** 다음 자료의 중앙값을 구하시오.

(1) 5, 6, 9, 10, 7

(2) 7, 9, 15, 16, 18, 6

01-1 다음 자료의 중앙값을 구하시오.

(1) 6, 8, 3, 8, 5, 9, 2

(2) 13, 18, 10, 10, 19, 22, 14, 21

개념 3 대푯값; 최빈값

(1) **최빈값**: 자료의 변량 중에서 가장 많이 나타나는 값

(2) 값이 하나로 정해지는 평균이나 중앙값과는 달리 최빈값은 자료에 따라 두 개 이상일 수도 있다.

참고 색깔이나 이름처럼 변량을 수로 나타낼 수 없는 경우도 최빈값을 구할 수 있다.
→ 자료 '빨강, 노랑, 빨강, 파랑, 빨강'의 최빈값은 빨강이다.

개념 Bridge

• 최빈값 구하기

10, 2, 2, 3, 10, 11, 10 → (가장 많이 나타나는 값) (최빈값)=□

13, 15, 20, 15, 16, 13, 14 → (가장 많이 나타나는 값) (최빈값)=13, □

라면, 떡볶이, 떡볶이, 김밥, 떡볶이, 라면 → (가장 많이 나타나는 값) (최빈값)=□

개념 check

최빈값 **01** 다음 자료의 최빈값을 구하시오.

(1) 9, 4, 6, 9, 5, 8

(2) 1, 3, 5, 2, 6, 5, 3

01-1 다음 자료의 최빈값을 구하시오.

(1) 5, 7, 7, 8, 2, 5, 3, 7

(2) 26, 31, 81, 29, 26, 45, 31

(3) 바나나, 사과, 바나나, 배, 포도, 배, 바나나

정답과 해설 41쪽

유형 1 평균

01 다음 자료의 평균을 구하시오.

12, 17, 20, 15, 16

01-1 다음 자료의 평균을 구하시오.

7, 8, 10, 3, 6, 14, 8

유형 2 중앙값

02 다음 자료는 윤지네 반 두 모둠의 수학 수행평가 점수를 조사하여 나타낸 것이다. A 모둠의 중앙값을 x점, B 모둠의 중앙값을 y점이라 할 때, $x+y$의 값을 구하시오.

(단위: 점)

[A 모둠] 7, 10, 4, 3, 5, 1, 6
[B 모둠] 6, 5, 10, 7, 8, 4, 10, 9

02-1 다음 자료는 지호네 반 두 모둠의 턱걸이 횟수를 조사하여 나타낸 것이다. A 모둠의 중앙값을 x회, B 모둠의 중앙값을 y회라 할 때, $x+y$의 값을 구하시오.

(단위: 회)

[A 모둠] 6, 11, 5, 8, 4, 9
[B 모둠] 6, 8, 3, 8, 5, 9, 2

유형 3 최빈값

03 오른쪽 표는 지안이네 반 학생 20명을 대상으로 가장 좋아하는 운동을 조사하여 나타낸 것이다. 이 자료의 최빈값을 구하시오.

좋아하는 운동

운동	학생 수(명)
야구	7
축구	4
농구	6
배구	3

03-1 다음 표는 은지네 반 학생 30명의 뜀틀 뛰어넘기 기록을 조사하여 나타낸 것이다. 이 자료의 최빈값을 구하시오.

기록(단)	4	5	6	7	8
학생 수(명)	5	4	12	7	2

유형 4 대푯값이 주어질 때 변량 구하기(1)

04 다음은 6개의 변량을 작은 값부터 크기순으로 나열한 자료이다. 이 자료의 중앙값이 41일 때, x의 값을 구하시오.

30, 37, 40, x, 42, 48

04-1 5개의 변량을 작은 값부터 크기순으로 나열하였더니 '6, 7, 9, 11, x'이었다. 이 자료의 평균과 중앙값이 같을 때, x의 값을 구하시오.

유형 5 대푯값이 주어질 때 변량 구하기(2)

05 다음 자료는 학생 7명의 1년 동안의 영화 관람 횟수를 조사하여 나타낸 것이다. 이 자료의 최빈값이 8회일 때, 중앙값을 구하시오.

영화 관람 횟수 (단위: 회)

7, 6, 8, x, 8, 7, 5

05-1 다음 자료의 평균과 최빈값이 같을 때, x의 값을 구하시오.

2, 7, 6, 6, x, 8, 6

한 걸음 더

유형 6 적절한 대푯값 찾기

(1) 자료의 변량 중에 매우 크거나 매우 작은 극단적인 값이 있는 경우
➜ 극단적인 값에 영향을 많이 받는 평균보다는 중앙값이 대푯값으로 더 적절하다.
(2) 자료의 변량이 중복되어 나타나거나 수가 아닌 경우
➜ 최빈값이 대푯값으로 적절하다.

06 아래 자료는 어느 가게에서 하루 동안 판매된 청바지의 허리 치수를 조사하여 나타낸 것이다. 다음 물음에 답하시오.

판매된 청바지의 허리 치수 (단위: 인치)

28, 22, 26, 25, 23, 28, 26, 28

(1) 평균, 중앙값, 최빈값을 각각 구하시오.
(2) 평균, 중앙값, 최빈값 중 이 자료의 대푯값으로 더 적절한 것을 말하시오.

06-1 다음 자료는 학생 10명의 오래 매달리기 기록을 조사하여 나타낸 것이다. 평균, 중앙값, 최빈값 중 이 자료의 대푯값으로 더 적절한 것을 말하고, 그 값을 구하시오.

오래 매달리기 기록 (단위: 초)

15, 20, 11, 1, 13
12, 19, 20, 18, 20

정답과 해설 41쪽

02 줄기와 잎 그림, 도수분포표

개념 4 줄기와 잎 그림

다음과 같은 방법으로 나타낸 그림을 줄기와 잎 그림이라고 한다.
❶ 줄기를 크기가 작은 값부터 차례대로 세로로 쓴다.
❷ 줄기의 오른쪽에 잎을 크기가 작은 값부터 차례대로 가로로 쓴다. 이때 중복된 변량은 중복된 횟수만큼 쓴다.
❸ 줄기 a와 잎 b를 그림 위에 $a|b$로 나타내고 그 뜻을 설명한다.

참고 줄기는 중복되는 수를 한 번만 쓰고, 잎은 중복되는 수를 모두 쓴다.

〈줄기와 잎 그림〉 (1|0은 10)

줄기	잎					
1	0	2	3	5	6	9
2	2	4	6	7	8	
3	1	2	4	5	5	

개념 Bridge

• 줄기와 잎 그림 그리기

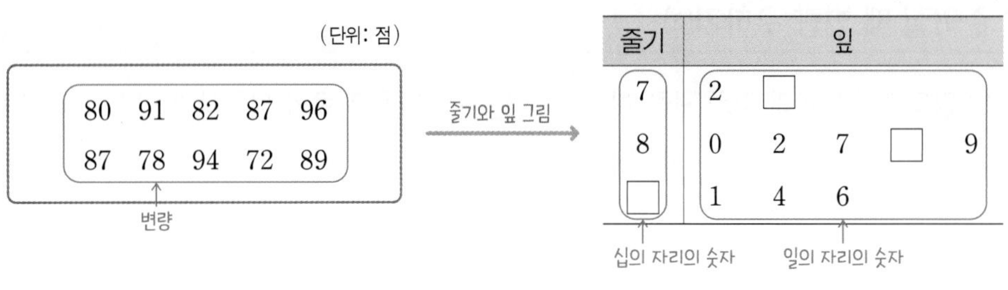

개념 check

줄기와 잎 그림

01 다음은 어느 반 학생들의 1분 동안의 줄넘기 기록을 조사하여 나타낸 것이다. 이 자료에 대한 줄기와 잎 그림을 완성하고, 물음에 답하시오.

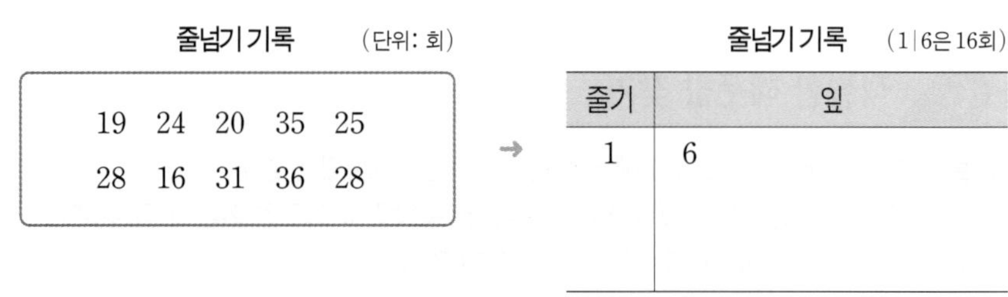

줄넘기 기록 (단위: 회)
19 24 20 35 25
28 16 31 36 28
줄넘기 기록 (1|6은 16회)
줄기
잎
1
6

(1) 잎이 가장 적은 줄기를 구하시오.
(2) 이 자료의 중앙값과 최빈값을 각각 구하시오.

01-1 오른쪽 줄기와 잎 그림은 성훈이네 반 학생들의 국어 성적을 조사하여 나타낸 것이다. 물음에 답하시오.

(1) 전체 학생 수를 구하시오.
(2) 국어 성적이 80점 이상인 학생 수를 구하시오.
(3) 이 자료의 중앙값과 최빈값을 각각 구하시오.

국어 성적 (5|1은 51점)

줄기	잎				
5	1	5			
6	3	4	8		
7	0	1	2	9	
8	0	2	2	5	9
9	1	3	4	7	

개념 5 도수분포표

(1) **도수분포표**

① **계급**: 변량을 일정한 구간으로 나눈 구간

계급의 크기: 구간의 너비

② **도수**: 각 계급에 속하는 변량의 개수

③ **도수분포표**: 주어진 자료를 몇 개의 계급으로 나누고, 각 계급에 속하는 도수를 조사하여 나타낸 표

참고 계급, 계급의 크기는 단위를 포함하여 쓴다.

〈도수분포표〉

몸무게(kg)	도수(명)	
30 이상 ~ 35 미만	//	2
35 ~ 40	//////	7
40 ~ 45	/////	5
45 ~ 50	/////	5
50 ~ 55	/	1
합계	20	

(2) **도수분포표를 만드는 방법**

❶ 주어진 자료에서 가장 작은 변량과 가장 큰 변량을 각각 찾는다.

❷ ❶의 두 변량이 포함되는 구간을 일정한 간격으로 나누어 계급을 정한다. → 계급이 보통 5개~15개가 되도록 계급의 크기를 정한다.

❸ 각 계급에 속하는 변량의 개수를 세어 계급의 도수를 구한다. ← 변량의 개수를 셀 때, /, //, ///, ////, ///// 또는 一, 丅, 下, 正, 正을 사용하면 편리하다.

개념 Bridge

• 도수분포표 만들기

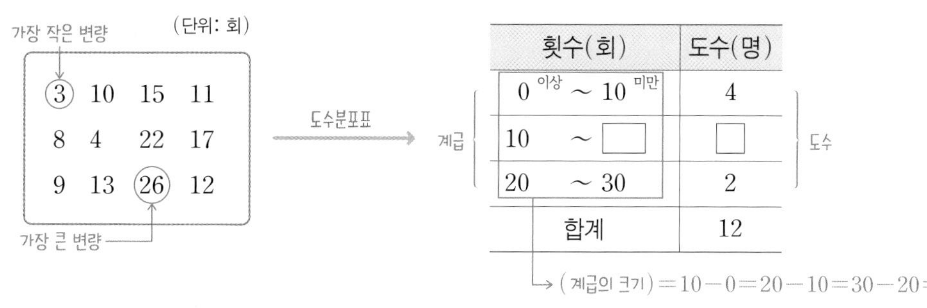

횟수(회)	도수(명)
0 이상 ~ 10 미만	4
10 ~ □	□
20 ~ 30	2
합계	12

→ (계급의 크기) $=10-0=20-10=30-20=$ □ (회)

개념 check

도수분포표

01 다음은 소영이네 반 학생 20명의 일주일 동안의 컴퓨터 사용 시간을 조사한 자료이다. 이 자료에 대한 도수분포표를 완성하고, 물음에 답하시오.

사용시간 (단위: 시간)

4	9	8	7	11
6	8	8	9	10
6	5	7	9	11
7	9	10	8	10

사용 시간(시간)	도수(명)	
4 이상 ~ 6 미만	//	2
6 ~ 8		
~		
~		
합계	20	

(1) 계급의 크기를 구하시오.

(2) 계급의 개수를 구하시오.

(3) 컴퓨터 사용 시간이 9시간인 학생이 속하는 계급을 구하시오.

정답과 해설 42쪽

필수 유형 익히기

유형 1 줄기와 잎 그림의 이해

01 아래 줄기와 잎 그림은 지수네 반 학생들의 통학 시간을 조사하여 나타낸 것이다. 다음 중 옳지 않은 것은?

통학 시간 (0|3은 3분)

줄기	잎						
0	3	4	4	5	6		
1	2	2	3	6	7	9	
2	0	1	1	2	4	5	8
3	2	5	5	7			

① 전체 학생 수는 22이다.
② 잎이 가장 적은 줄기는 3이다.
③ 통학 시간이 가장 긴 학생의 통학 시간은 37분이다.
④ 통학 시간이 15분 이상 30분 미만인 학생 수는 10이다.
⑤ 이 자료의 중앙값은 19분이다.

01-1 아래 줄기와 잎 그림은 한 시간 동안 어느 도서관을 이용한 사람들의 나이를 조사하여 나타낸 것이다. 다음 중 옳은 것은?

나이 (0|9는 9살)

줄기	잎					
0	9					
1	0	1	4	6	8	
2	1	3	4	5	6	7
3	0	0	4	6		

① 줄기가 1인 잎의 개수는 4이다.
② 이 자료의 최빈값은 36살이다.
③ 나이가 23살 미만인 사람 수는 7이다.
④ 조사한 전체 사람 수는 15이다.
⑤ 나이가 가장 적은 사람과 나이가 가장 많은 사람의 나이의 합은 43살이다.

유형 2 도수분포표

02 다음 보기 중 도수분포표에 대한 설명으로 옳은 것을 모두 고르시오.

보기
ㄱ. 변량을 일정한 간격으로 나눈 구간을 계급이라 한다.
ㄴ. 각 계급에 속하는 변량의 개수를 계급의 개수라 한다.
ㄷ. 계급의 양 끝 값의 차를 계급의 크기라 한다.
ㄹ. 도수의 총합은 항상 일정하다.

02-1 다음 보기 중 도수분포표에 대한 설명으로 옳지 않은 것을 모두 고르시오.

보기
ㄱ. 계급의 개수는 많으면 많을수록 좋다.
ㄴ. 변량을 일정한 간격으로 나눈 구간을 계급의 크기라 한다.
ㄷ. 각 계급에 속하는 도수를 조사하여 나타낸 표를 도수분포표라 한다.

유형 3 도수분포표의 이해

03 오른쪽 도수분포표는 태권도 대회 참가자 50명의 몸무게를 조사하여 나타낸 것이다. 다음 중 옳지 않은 것은?

몸무게(kg)	도수(명)
30 이상 ~ 40 미만	15
40 ~ 50	24
50 ~ 60	A
60 ~ 70	4
70 ~ 80	1
합계	50

① A의 값은 6이다.
② 계급의 개수는 5이다.
③ 계급의 크기는 10 kg이다.
④ 도수가 가장 큰 계급의 도수는 24이다.
⑤ 가장 무거운 참가자의 몸무게는 80 kg이다.

03-1 오른쪽 도수분포표는 예원이네 반 학생들의 음악 성적을 조사하여 나타낸 것이다. 다음 중 옳지 않은 것은?

음악 성적(점)	도수(명)
50 이상 ~ 60 미만	2
60 ~ 70	7
70 ~ 80	9
80 ~ 90	A
90 ~ 100	4
합계	30

① 계급의 크기는 10점이다.
② A의 값은 8이다.
③ 음악 성적이 70점 미만인 학생 수는 9이다.
④ 도수가 가장 큰 계급은 70점 이상 80점 미만이다.
⑤ 성적이 5번째로 낮은 학생이 속하는 계급은 80점 이상 90점 미만이다.

한 걸음 더

유형 4 도수분포표에서 특정 계급의 백분율

(1) (각 계급의 백분율) $= \dfrac{(\text{그 계급의 도수})}{(\text{도수의 총합})} \times 100(\%)$

(2) (각 계급의 도수) $=$ (도수의 총합) $\times \dfrac{(\text{그 계급의 백분율})}{100}$

04 오른쪽 도수분포표는 영어 인증 시험 응시자들의 성적을 조사하여 나타낸 것이다. 성적이 70점 이상인 응시자는 전체의 몇 %인지 구하시오.

영어 성적(점)	도수(명)
40 이상 ~ 50 미만	5
50 ~ 60	32
60 ~ 70	12
70 ~ 80	26
80 ~ 90	A
90 ~ 100	8
합계	100

04-1 오른쪽 도수분포표는 동후네 반 학생 30명의 일주일 동안의 운동 시간을 조사하여 나타낸 것이다. 운동 시간이 50분 이상인 학생은 전체의 몇 %인지 구하시오.

운동 시간(분)	도수(명)
20 이상 ~ 30 미만	5
30 ~ 40	6
40 ~ 50	7
50 ~ 60	9
60 ~ 70	A
합계	30

정답과 해설 43쪽

03 히스토그램과 도수분포다각형

개념 6 히스토그램

(1) 히스토그램

도수분포표를 다음과 같은 방법으로 나타낸 그래프를 **히스토그램**이라고 한다.

❶ 가로축에 각 계급의 양 끝 값을 적는다.

❷ 세로축에 도수를 적는다.

❸ 각 계급에서 계급의 크기를 가로로, 도수를 세로로 하는 직사각형을 그린다.

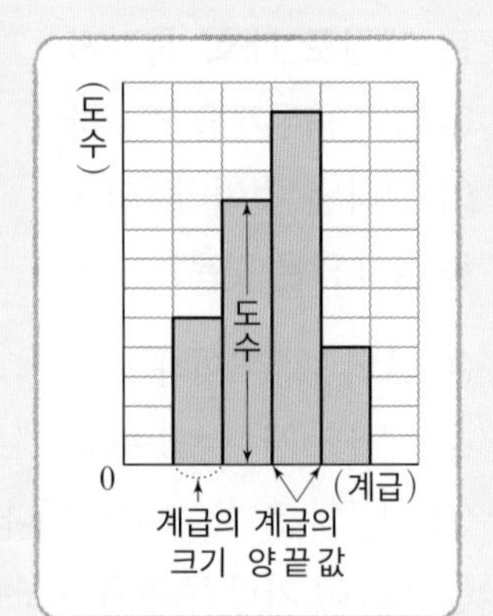

(2) 히스토그램의 특징

① 자료의 분포 상태를 한눈에 알아볼 수 있다.

② 각 직사각형의 넓이는 각 계급의 도수에 정비례한다.

③ (직사각형의 넓이의 합) = {(각 계급의 크기) × (그 계급의 도수)}의 합
　　　　　　　　　　　= (계급의 크기) × (도수의 총합)

└→ 각 직사각형의 넓이

개념 Bridge

• 히스토그램 그리기

도수분포표

점수(점)	도수(명)
10 이상 ~ 20 미만	8
20 ~ 30	10
30 ~ 40	7
40 ~ 50	5
합계	30

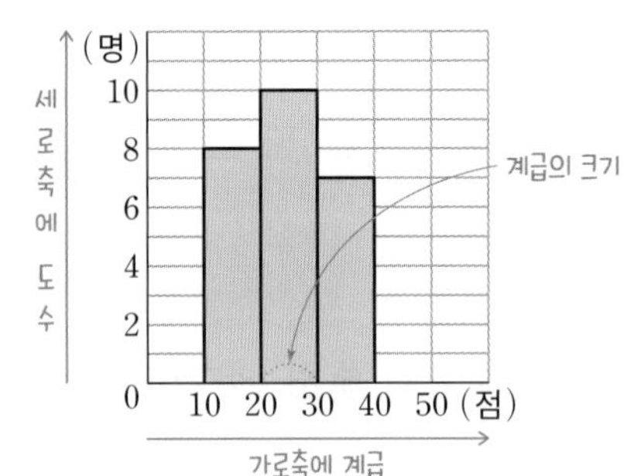

개념 check

✓ 히스토그램

01 다음 도수분포표는 민호네 반 학생들의 턱걸이 횟수를 조사하여 나타낸 것이다. 이 도수분포표를 히스토그램으로 나타내시오.

턱걸이 횟수(회)	도수(명)
5 이상 ~ 10 미만	5
10 ~ 15	10
15 ~ 20	7
20 ~ 25	4
합계	26

→

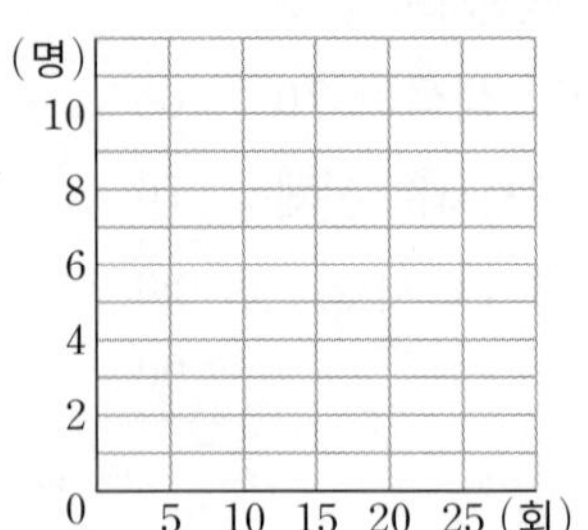

01-1 다음 히스토그램은 제호네 반 학생들의 1년 동안의 도서관 이용 횟수를 조사하여 나타낸 것이다. 물음에 답하시오.

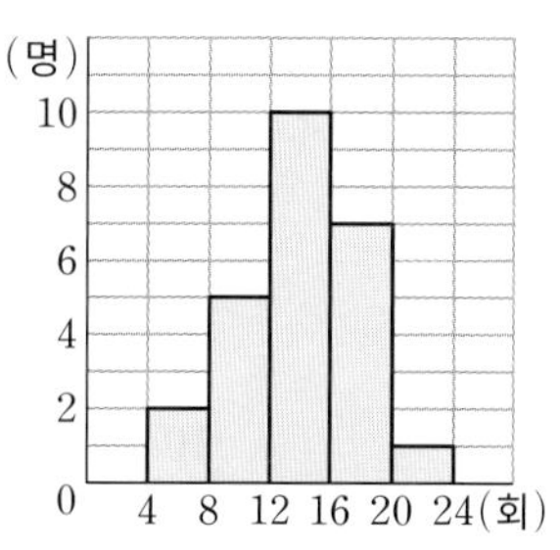

(1) 계급의 크기와 계급의 개수를 차례대로 구하시오.

(2) 전체 학생 수를 구하시오.

(3) 모든 직사각형의 넓이의 합을 구하시오.

개념 7 도수분포다각형

(1) 도수분포다각형

히스토그램을 이용하여 다음과 같은 방법으로 나타낸 그래프를 **도수분포다각형**이라고 한다.

❶ 히스토그램에서 각 직사각형의 윗변의 중앙에 점을 찍는다.

❷ 히스토그램의 양 끝에 도수가 0인 계급이 하나씩 더 있는 것으로 생각하고 그 중앙에 점을 찍는다.

❸ 위에서 찍은 점을 선분으로 연결한다.

(도수)
0 (계급)

참고 도수분포다각형은 히스토그램을 그리지 않고 도수분포표로부터 직접 그릴 수도 있다.

(2) 도수분포다각형의 특징

① 자료의 분포 상태를 한 눈에 알아볼 수 있다.

② 두 개 이상의 자료의 분포 상태를 동시에 나타내어 비교하는 데 편리하다.

③ (도수분포다각형과 가로축으로 둘러싸인 부분의 넓이)=(히스토그램의 직사각형의 넓이의 합)

• 도수분포다각형 그리기

도수분포표

계급(점)	도수(명)
10 이상 ~ 20 미만	8
20 ~ 30	10
30 ~ 40	7
40 ~ 50	5
합계	30

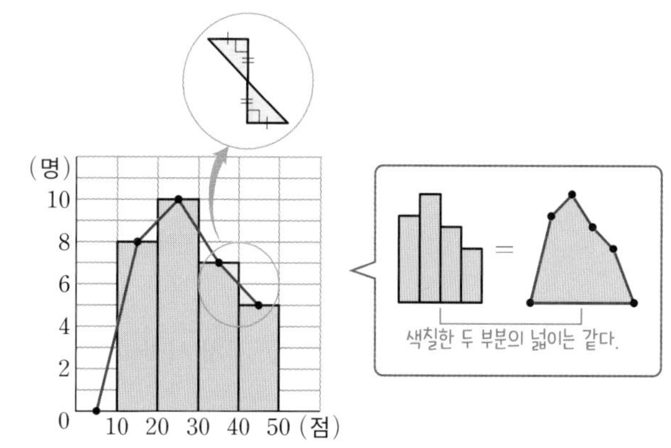

정답과 해설 44쪽

개념 check

도수분포다각형

01 다음 도수분포표는 민석이네 반 학생 25명이 가지고 있는 필기구의 수를 조사하여 나타낸 것이다. 이 도수분포표를 히스토그램과 도수분포다각형으로 각각 나타내시오.

필기구의 수(개)	도수(명)
5 이상 ~ 10 미만	3
10 ~ 15	5
15 ~ 20	11
20 ~ 25	6
합계	25

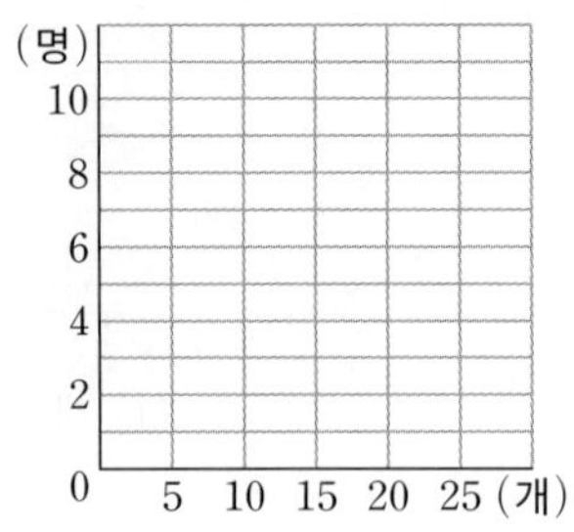

01-1 오른쪽 도수분포다각형은 모형 항공기 대회에 참가한 희망 중학교 학생들의 모형 항공기 비행 시간을 조사하여 나타낸 것이다. 물음에 답하시오.

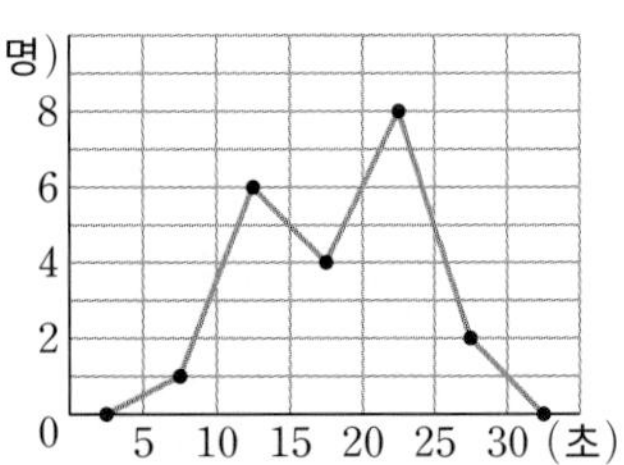

(1) 계급의 개수를 구하시오.

(2) 전체 학생 수를 구하시오.

(3) 비행 시간이 15초 이상인 학생 수를 구하시오.

01-2 오른쪽 도수분포다각형은 서현이네 반 학생들의 일주일 동안의 TV 시청 시간을 조사하여 나타낸 것이다. 물음에 답하시오.

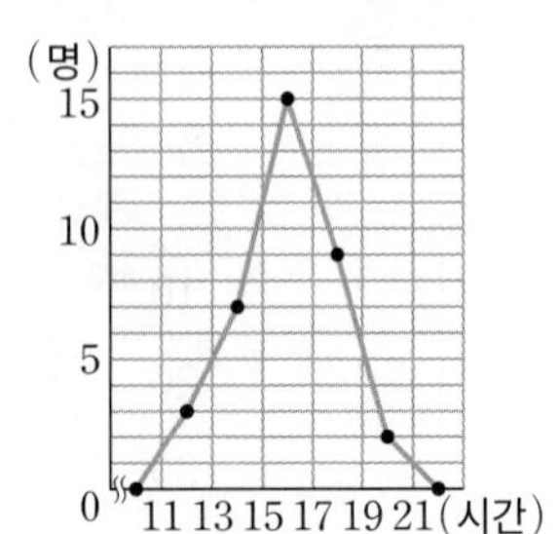

(1) 전체 학생 수를 구하시오.

(2) TV 시청 시간이 7번째로 긴 학생이 속하는 계급을 구하시오.

(3) 도수분포다각형과 가로축으로 둘러싸인 부분의 넓이를 구하시오.

필수 유형 익히기

유형 1 히스토그램의 이해

01 오른쪽 히스토그램은 우진이네 반 학생들이 한 달 동안 작성한 식물 관찰일지의 개수를 조사하여 나타낸 것이다. 다음 중 옳지 않은 것은?

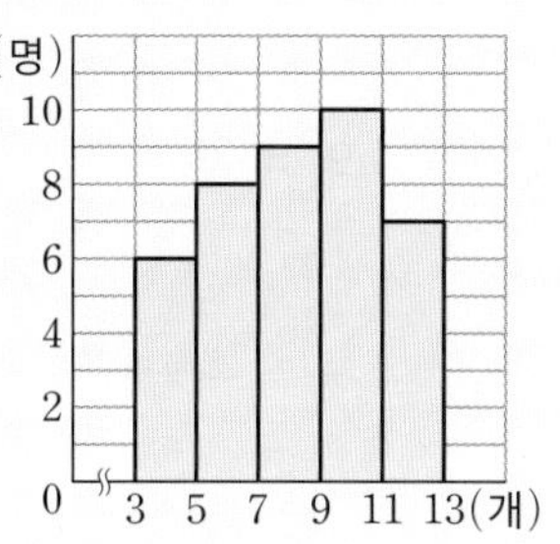

① 계급의 개수는 5이다.
② 계급의 크기는 2개이다.
③ 전체 학생 수는 40이다.
④ 도수가 가장 큰 계급의 도수는 10이다.
⑤ 작성한 관찰일지의 개수가 8번째로 적은 학생이 속하는 계급은 11개 이상 13개 미만이다.

01-1 오른쪽 히스토그램은 세윤이네 반 학생들의 하루 동안의 스마트폰 사용 시간을 조사하여 나타낸 것이다. 다음 보기 중 옳은 것을 모두 고르시오.

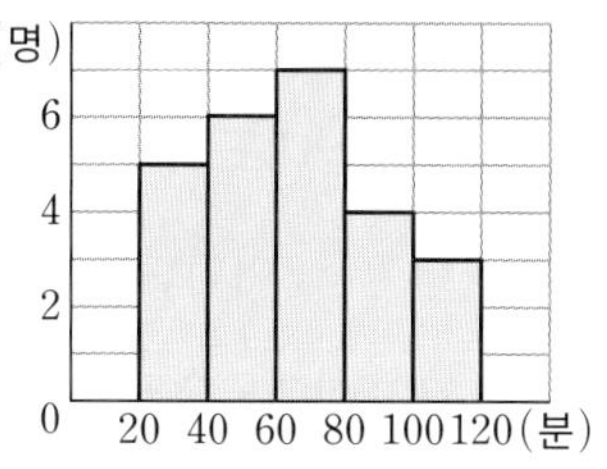

보기
ㄱ. 전체 학생 수는 25이다.
ㄴ. 사용 시간이 60분 미만인 학생은 전체의 40%이다.
ㄷ. 사용 시간이 가장 많은 학생의 사용 시간은 120분이다.
ㄹ. 직사각형의 넓이의 합은 500이다.

유형 2 도수분포다각형의 이해

02 오른쪽 도수분포다각형은 정욱이네 반 학생들의 사회 성적을 조사하여 나타낸 것이다. 다음 중 옳은 것은?

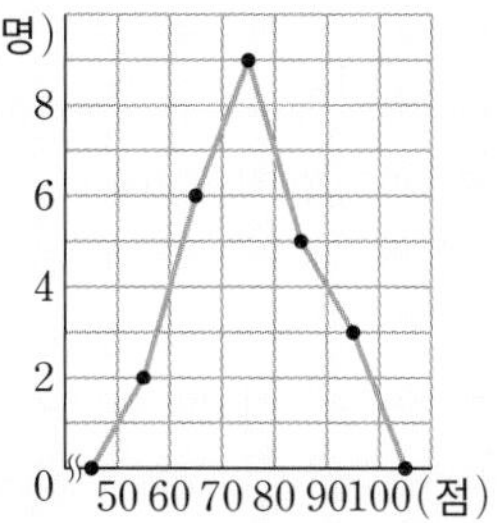

① 계급의 개수는 7이다.
② 전체 학생 수는 30이다.
③ 사회 성적이 70점 이상 90점 미만인 학생 수는 15이다.
④ 사회 성적이 4번째로 낮은 학생이 속하는 계급은 60점 이상 70점 미만이다.
⑤ 사회 성적이 70점 미만인 학생은 전체의 34%이다.

02-1 오른쪽 도수분포다각형은 예지네 반 학생들의 한 달 동안의 학교 홈페이지 방문 횟수를 조사하여 나타낸 것이다. 다음 보기 중 옳은 것을 모두 고르시오.

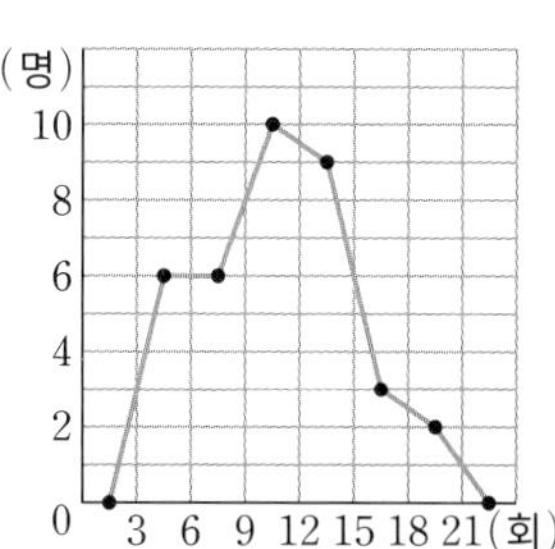

보기
ㄱ. 전체 학생 수는 36이다.
ㄴ. 방문 횟수가 9회 미만인 학생 수는 6이다.
ㄷ. 방문 횟수가 5번째로 많은 학생이 속하는 계급의 도수는 3이다.
ㄹ. 도수분포다각형과 가로축으로 둘러싸인 부분의 넓이는 108이다.

정답과 해설 44쪽

04 상대도수와 그 그래프

개념 8 상대도수

(1) **상대도수**

① **상대도수**: 도수분포표에서 도수의 총합에 대한 각 계급의 도수의 비율

→ $(\text{어떤 계급의 상대도수})=\dfrac{(\text{그 계급의 도수})}{(\text{도수의 총합})}$

② **상대도수의 분포표**: 각 계급의 상대도수를 나타낸 표

(2) **상대도수의 특징**

① 각 계급의 상대도수는 0 이상 1 이하의 수이고, 그 총합은 항상 1이다.

② 각 계급의 상대도수는 그 계급의 도수에 정비례한다.

③ 도수의 총합이 다른 두 집단의 분포를 비교할 때 편리하다.

〈상대도수의 분포표〉

나이(살)	도수(명)	상대도수
10 이상 ~ 15 미만	2	$\frac{2}{10}=0.2$
15 ~ 20	5	$\frac{5}{10}=0.5$
20 ~ 25	3	$\frac{3}{10}=0.3$
합계	10	1

개념 check

상대도수의 분포표

01 오른쪽 상대도수의 분포표는 마라톤 선수 50명이 1시간 동안 달린 거리를 조사하여 나타낸 것이다. 물음에 답하시오.

(1) 오른쪽 표를 완성하시오.

(2) 상대도수가 가장 큰 계급을 구하시오.

달린 거리(km)	도수(명)	상대도수
10 이상 ~ 12 미만	5	$\frac{5}{50}=0.1$
12 ~ 14	15	$\frac{\square}{50}=\square$
14 ~ 16	20	$\square$
16 ~ 18	$50\times\square=\square$	0.2
합계	50	$\square$

01-1 오른쪽 상대도수의 분포표는 형우네 반 학생들이 일주일 동안 받은 이메일 수를 조사하여 나타낸 것이다. 물음에 답하시오.

(1) A, B, C, D, E의 값을 각각 구하시오.

(2) 이메일 수가 20통 이상인 학생은 전체의 몇 %인지 구하시오.

이메일 수(통)	도수(명)	상대도수
0 이상 ~ 10 미만	A	0.1
10 ~ 20	8	B
20 ~ 30	C	0.4
30 ~ 40	12	D
합계	40	E

개념 9 상대도수의 분포를 나타낸 그래프

(1) 상대도수의 분포를 나타낸 그래프

상대도수의 분포표를 히스토그램이나 도수분포다각형 모양으로 나타낸 그래프

(2) 상대도수의 분포를 나타낸 그래프를 그리는 방법

❶ 가로축에 각 계급의 양 끝 값을 적는다.

❷ 세로축에 상대도수를 적는다.

❸ 히스토그램이나 도수분포다각형 모양으로 그린다.

참고 (상대도수의 그래프와 가로축으로 둘러싸인 부분의 넓이)
=(계급의 크기)×(상대도수의 총합)=(계급의 크기)
(상대도수의 총합 = 1)

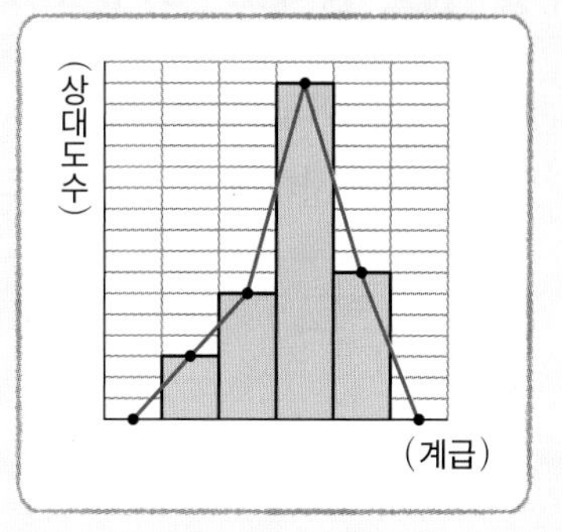

개념 check

✓ 상대도수의 분포를 나타낸 그래프

01 다음 상대도수의 분포표는 태풍 20개의 최대 풍속을 조사하여 나타낸 것이다. 이 표를 히스토그램과 도수분포다각형 모양의 그래프로 각각 나타내고, 물음에 답하시오.

최대 풍속(m/s)	상대도수
17 이상 ~ 25 미만	0.1
25 ~ 33	0.2
33 ~ 41	0.4
41 ~ 49	0.25
49 ~ 57	0.05
합계	1

→

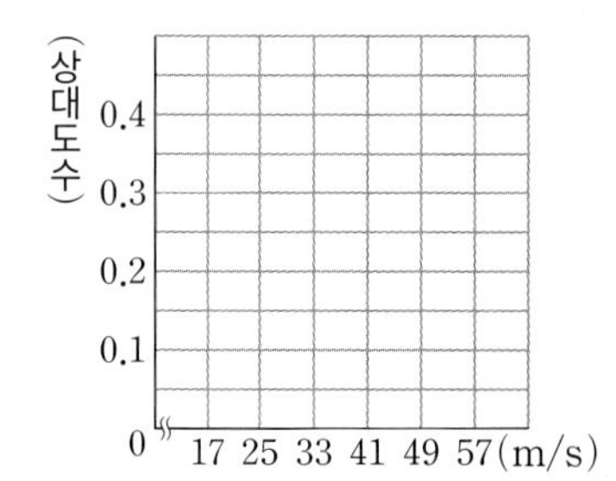

(1) 도수가 가장 큰 계급을 구하시오.

(2) 최대 풍속이 25 m/s 이상 33 m/s 미만인 계급의 도수를 구하시오.

01-1 오른쪽 그래프는 찬우네 반 학생 40명의 멀리뛰기 기록을 조사하여 상대도수의 분포를 나타낸 것이다. 물음에 답하시오.

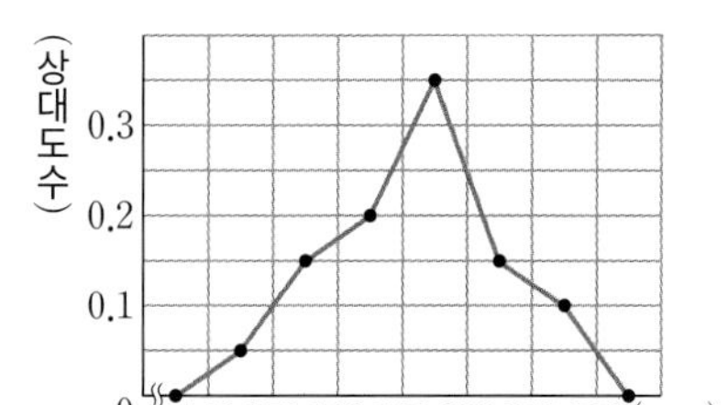

(1) 도수가 가장 작은 계급을 구하시오.

(2) 기록이 200 cm 이상인 학생 수를 구하시오.

(3) 기록이 190 cm 미만인 학생은 전체의 몇 %인지 구하시오.

정답과 해설 45쪽

필수 유형 익히기

유형 1 상대도수의 분포표의 이해

01 다음 상대도수의 분포표는 윤아네 반 학생들의 한 달 용돈을 조사하여 나타낸 것이다. 물음에 답하시오.

용돈(만 원)	도수(명)	상대도수
1 이상 ~ 2 미만	4	
2 ~ 3	12	A
3 ~ 4	B	C
4 ~ 5	8	0.2
합계	D	

(1) A, B, C, D의 값을 각각 구하시오.

(2) 용돈이 10번째로 적은 학생이 속하는 계급의 상대도수를 구하시오.

(3) 용돈이 3만 원 이상인 학생은 전체의 몇 %인지 구하시오.

01-1 아래 표는 승주네 반 학생 20명의 일주일 동안의 운동 시간을 조사하여 나타낸 상대도수의 분포표이다. 물음에 답하시오.

운동 시간(시간)	도수(명)	상대도수
0 이상 ~ 2 미만	5	A
2 ~ 4	6	0.3
4 ~ 6	B	C
6 ~ 8	3	D
8 ~ 10	E	0.1
합계	20	1

(1) A, B, C, D, E의 값을 각각 구하시오.

(2) 운동 시간이 5번째로 많은 학생이 속하는 계급의 상대도수를 구하시오.

(3) 운동 시간이 6시간 미만인 학생은 전체의 몇 %인지 구하시오.

유형 2 상대도수의 분포를 나타낸 그래프의 이해

02 오른쪽 그래프는 영화제에 출품된 영화 50편의 상영 시간을 조사하여 상대도수의 분포를 나타낸 것이다. 물음에 답하시오.

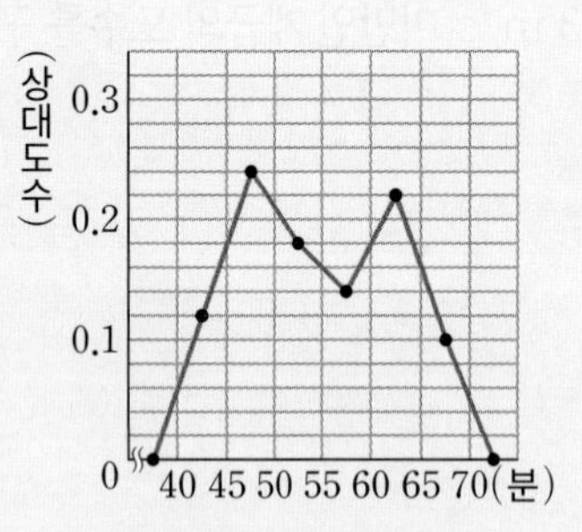

(1) 상대도수가 가장 작은 계급의 도수를 구하시오.

(2) 상영 시간이 60분 이상인 영화는 전체의 몇 %인지 구하시오.

(3) 상영 시간이 50분 미만인 영화의 수를 구하시오.

02-1 오른쪽 그래프는 은주네 학교 학생들의 가족 간의 대화 시간을 조사하여 상대도수의 분포를 나타낸 것이다. 대화 시간이 40분 이상 50분 미만인 학생 수가 20일 때, 물음에 답하시오.

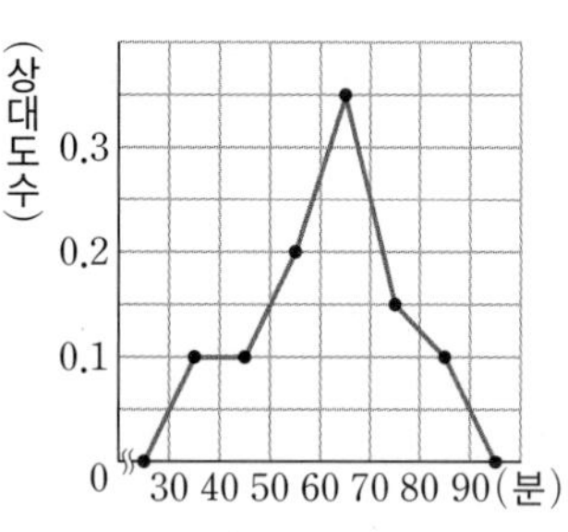

(1) 전체 학생 수를 구하시오.

(2) 도수가 가장 큰 계급의 학생 수를 구하시오.

(3) 대화 시간이 50분 이상 70분 미만인 학생은 전체의 몇 %인지 구하시오.

유형 3 도수의 총합이 다른 두 집단의 비교

03 오른쪽 그래프는 어느 중학교 남학생과 여학생의 일주일 동안의 여가 활동 시간을 조사하여 상대도수의 분포를 나타낸 것이다. 다음 보기 중 옳은 것을 모두 고르시오.

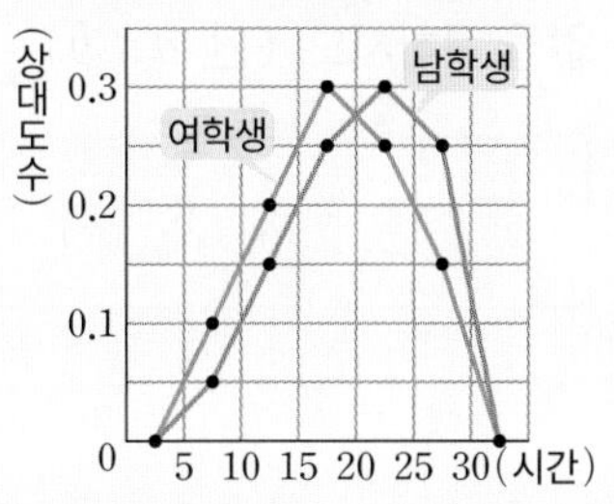

보기
ㄱ. 남학생이 여학생보다 여가 활동 시간이 많은 편이다.
ㄴ. 여가 활동 시간이 15시간 미만인 남학생은 남학생 전체의 30%이다.
ㄷ. 각각의 그래프와 가로축으로 둘러싸인 부분의 넓이는 서로 같다.

03-1 오른쪽 그래프는 어느 중학교 남학생과 여학생이 하루 동안 마신 물의 양을 조사하여 상대도수의 분포를 나타낸 것이다. 다음 중 옳은 것은?

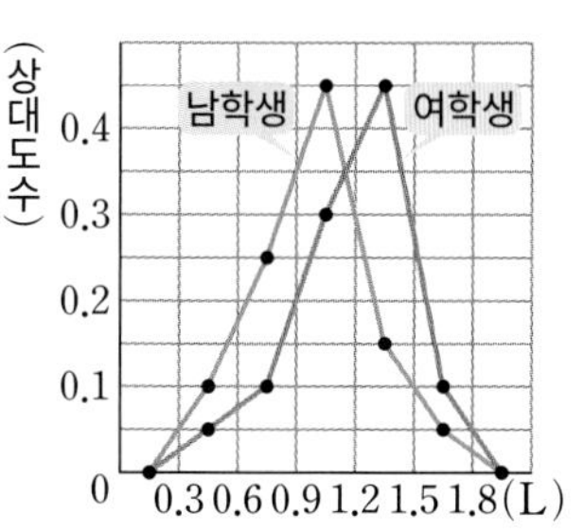

① 남학생과 여학생의 전체 학생 수는 같다.
② 남학생들이 여학생들보다 물을 더 많이 마시는 편이다.
③ 여학생 중 마신 물의 양이 1.2 L 미만인 학생은 여학생 전체의 45%이다.
④ 여학생 중 마신 물의 양이 0.9 L 이상 1.2 L 미만인 학생 수가 18일 때, 전체 여학생의 수는 50이다.
⑤ 남학생의 그래프와 가로축으로 둘러싸인 부분의 넓이는 여학생의 그래프와 가로축으로 둘러싸인 부분의 넓이보다 크다.

한 걸음 더

유형 4 찢어진 상대도수의 분포표 또는 상대도수의 분포를 나타낸 그래프

(1) 도수와 상대도수가 모두 주어진 계급을 이용하여 도수의 총합을 먼저 구한다. → $(\text{도수의 총합})=\dfrac{(\text{그 계급의 도수})}{(\text{어떤 계급의 상대도수})}$

(2) 상대도수의 총합은 1임을 이용하여 찢어진 부분의 계급에 속하는 상대도수를 구한다.

04 다음은 어느 반 학생들의 과학 성적을 조사하여 나타낸 상대도수의 분포표인데 일부가 찢어져 보이지 않는다. 물음에 답하시오.

과학 성적(점)	도수(명)	상대도수
50이상 ~ 60미만	3	0.075
60 ~ 70		0.2

(1) 전체 학생 수를 구하시오.

(2) 과학 성적이 60점 이상 70점 미만인 학생 수를 구하시오.

04-1 아래 그래프는 은하네 반 학생들의 몸무게에 대한 상대도수의 분포를 나타낸 것인데 일부가 찢어져 보이지 않는다. 몸무게가 35 kg 이상 40 kg 미만인 학생 수가 8일 때, 물음에 답하시오.

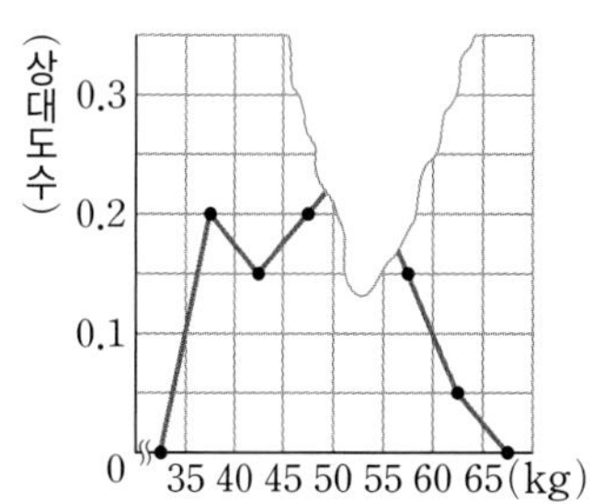

(1) 전체 학생 수를 구하시오.

(2) 몸무게가 50 kg 이상 55 kg 미만인 학생 수를 구하시오.

정답과 해설 45쪽

서술형 감잡기

01 다음 자료의 평균이 5이고 최빈값이 7일 때, 중앙값을 구하시오. (단, $x>y$)

$10, \quad 3, \quad 7, \quad x, \quad 0, \quad y, \quad 9, \quad 6, \quad 1$

① 단계 $x+y$의 값 구하기 ◀ 30 %

평균이 5이므로 $\dfrac{10+3+7+x+0+y+9+6+1}{\square}=\square$

$\therefore x+y=\square$

② 단계 x, y의 값 각각 구하기 ◀ 40 %

최빈값이 7이므로 x, y 중 적어도 하나는 $\square$이어야 한다.

이때 $x>y$이므로 $x=\square$, $y=\square$

③ 단계 중앙값 구하기 ◀ 30 %

따라서 변량을 작은 값부터 순서대로 나열하면 0, 1, $\square$, 3, 6, 7, $\square$, 9, 10이므로 중앙값은 $\square$번째 값인 $\square$이다.

답 ____________

01-1 다음 자료의 평균이 2이고 최빈값이 5일 때, 중앙값을 구하시오. (단, $a<b$)

$-3, \quad 5, \quad a, \quad 7, \quad 8, \quad -7, \quad b$

답 ____________

02 오른쪽 도수분포표는 학생들의 하루 데이터 사용량을 조사하여 나타낸 것이다. 데이터 사용량이 45 MB 이상 50 MB 미만인 학생이 전체의 25 %일 때, 데이터 사용량이 50 MB 이상 55 MB 미만인 학생 수를 구하시오.

사용량(MB)	도수(명)
40 이상 ~ 45 미만	5
45 ~ 50	10
50 ~ 55	
55 ~ 60	7
60 ~ 65	5
합계	

① 단계 전체 학생 수 구하기 ◀ 70 %

데이터 사용량이 45 MB 이상 50 MB 미만인 학생이 전체의 25 %

이므로 $\dfrac{\square}{(\text{전체 학생 수})}\times 100=25$

$\therefore$ (전체 학생 수)$=\square$

② 단계 데이터 사용량이 50 MB 이상 55 MB 미만인 학생 수 구하기 ◀ 30 %

$\therefore$ (학생 수)$=\square-(5+10+7+5)=\square$

답 ____________

02-1 오른쪽 도수분포표는 학생들의 점심 식사 시간을 조사하여 나타낸 것이다. 식사 시간이 16분 이상 18분 미만인 학생이 전체의 40 %일 때, 식사 시간이 14분 이상 16분 미만인 학생 수를 구하시오.

식사 시간(분)	도수(명)
12 이상 ~ 14 미만	4
14 ~ 16	
16 ~ 18	12
18 ~ 20	5
20 ~ 22	2
합계	

답 ____________

단원 마무리하기

중요

01 다음 자료는 10일 동안의 지민이의 수면 시간을 조사하여 나타낸 것이다. 이 자료의 평균, 중앙값, 최빈값을 각각 구하시오.

수면 시간 (단위: 시간)

7, 8, 9, 8, 6,
7, 7, 8, 10, 9

02 다음 자료는 어느 상품에 대한 만족도를 조사하여 나타낸 것이다. 이 자료의 평균과 최빈값이 같을 때, 중앙값을 구하시오.

만족도 (단위: 점)

5, 7, x, 8, 9, 8, 8

03 다음 자료 중 중앙값이 평균보다 자료의 중심적인 경향을 더 잘 나타내는 것은?

① 5, 7, 7, 8, 10, 11, 11, 12, 13
② 1, 2, 5, 10, 20, 26, 32, 38, 46
③ 0.4, 0.2, 1.7, 1, 0.6, 0.4, 0.2, 0.5, 1
④ 35, 2, 4, 1, 5, 2, 3, 4
⑤ -3, -1, 5, 8, -2, 0, 2, -10, 1

04 아래 줄기와 잎 그림은 한 상자에 들어 있는 사과의 무게를 조사하여 나타낸 것이다. 다음 보기 중 옳은 것을 모두 고르시오.

사과의 무게 (30 | 3은 303 g)

줄기	잎							
30	3	4	4	5	8	9		
31	0	2	4	5	7			
32	1	3	3	5	6	6	8	9
33	0	1	1	2	4	6		

보기
ㄱ. 잎이 가장 적은 줄기는 31이다.
ㄴ. 무게가 315 g 이상 325 g 미만인 사과의 개수는 5이다.
ㄷ. 무게가 310 g 미만인 사과는 전체의 30%이다.

서술형

05 다음 줄기와 잎 그림은 어느 요리 동아리 회원 12명의 한 달 동안의 블로그 방문 횟수를 조사하여 나타낸 것이다. 이 자료의 평균을 a회, 중앙값을 b회라 할 때, $b-a$의 값을 구하시오.

블로그 방문 횟수 (0 | 3은 3회)

줄기	잎				
0	3	6	8		
1	2	5	5	7	9
2	0	0	1	4	

정답과 해설 46쪽

06 오른쪽 도수분포표는 민준이네 반 학생들이 1년 동안 관람한 영화의 수를 조사하여 나타낸 것이다. 다음 중 옳지 않은 것을 모두 고르면? (정답 2개)

영화의 수(편)	도수(명)
0 이상 ~ 2 미만	3
2 ~ 4	A
4 ~ 6	12
6 ~ 8	9
8 ~ 10	7
합계	35

① A의 값은 4이다.
② 계급의 크기는 5편이다.
③ 도수가 가장 큰 계급의 도수는 12이다.
④ 영화를 10번째로 많이 관람한 학생이 속한 계급은 4편 이상 6편 미만이다.
⑤ 관람한 영화가 4편 미만인 학생은 전체의 20%이다.

07 오른쪽 히스토그램은 선우네 반 학생들의 윗몸 일으키기 기록을 조사하여 나타낸 것이다. 다음 보기 중 옳은 것을 모두 고르시오.

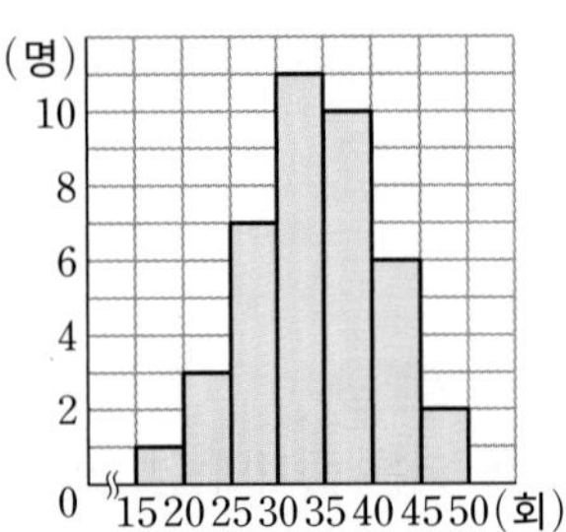

보기
ㄱ. 기록이 33회인 학생이 속하는 계급의 도수는 11이다.
ㄴ. 기록이 가장 좋은 학생의 기록은 50회이다.
ㄷ. 기록이 35회 이상인 학생은 전체의 45%이다.
ㄹ. 기록이 8번째로 낮은 학생이 속하는 계급은 40회 이상 45회 미만이다.
ㅁ. 모든 직사각형의 넓이의 합은 400이다.

08 오른쪽 도수분포다각형은 소희네 반 학생들의 하루 동안의 음악 감상 시간을 조사하여 나타낸 것이다. 다음 보기 중 옳지 않은 것을 모두 고르시오.

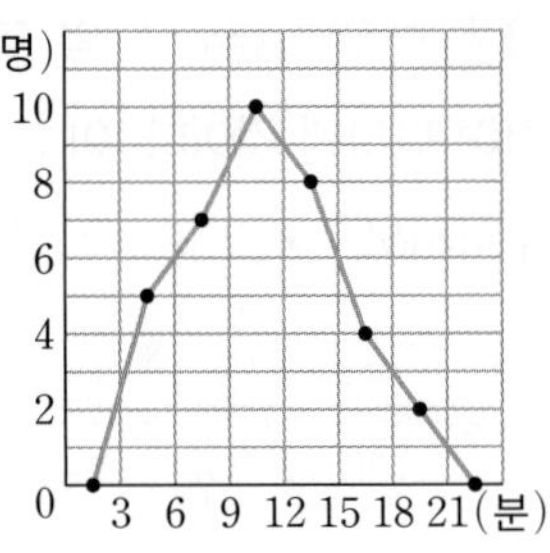

보기
ㄱ. 전체 학생 수는 36이다.
ㄴ. 계급의 크기는 3분이고, 계급의 개수는 8이다.
ㄷ. 음악 감상 시간이 9분 미만인 학생 수는 7이다.
ㄹ. 음악 감상 시간이 5번째로 많은 학생이 속하는 계급의 도수는 4이다.

09 아래 상대도수의 분포표는 어느 중학교 학생 50명의 일주일 동안의 인터넷 강의 수강 시간을 조사하여 나타낸 것이다. 다음 중 $A \sim E$의 값으로 옳지 않은 것은?

수강 시간(시간)	도수(명)	상대도수
0 이상 ~ 2 미만	A	0.1
2 ~ 4	8	B
4 ~ 6	C	0.3
6 ~ 8	13	D
8 ~ 10	9	0.18
합계	50	E

① $A=5$ ② $B=0.16$ ③ $C=15$
④ $D=0.23$ ⑤ $E=1$

서술형

10 다음은 지원이네 반 학생들의 줄넘기 횟수를 조사하여 나타낸 상대도수의 분포표인데 일부가 찢어져 보이지 않는다. 20회 이상 30회 미만인 계급의 상대도수를 구하시오.

횟수(회)	도수(명)	상대도수
10이상 ~ 20미만	3	0.06
20 ~ 30	8	
30 ~ 40		

11 다음 그래프는 승원이네 학교 학생 200명의 일주일 동안의 독서 시간에 대한 상대도수의 분포를 나타낸 것인데 일부가 찢어져 보이지 않는다. 독서 시간이 9시간 이상인 학생 수가 36일 때, 독서 시간이 8시간 이상 9시간 미만인 계급의 상대도수를 구하시오.

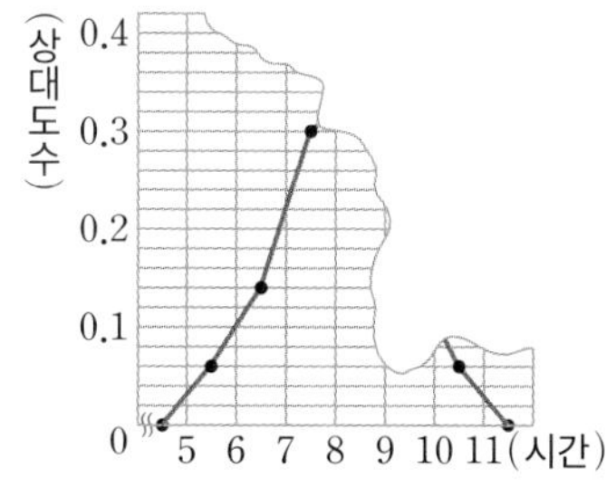

12 오른쪽 그래프는 A 중학교와 B 중학교 학생들의 1년 동안의 봉사 활동 횟수를 조사하여 상대도수의 분포를 나타낸 것이다. 다음 보기 중 옳은 것을 모두 고르시오.

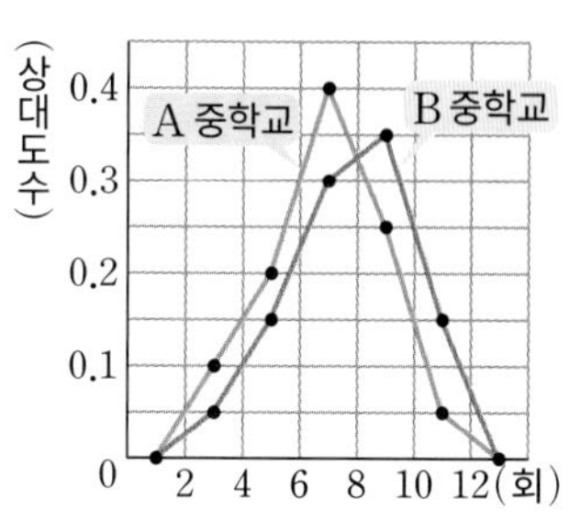

보기

ㄱ. B 중학교에서 도수가 가장 큰 계급은 8회 이상 10회 미만이다.

ㄴ. A 중학교의 학생 수가 200명일 때, 봉사 활동 횟수가 4회 이상 6회 미만인 학생 수는 40이다.

ㄷ. 봉사 활동 횟수가 2회 이상 6회 미만인 학생의 전체에 대한 비율은 B 중학교가 더 높다.

ㄹ. B 중학교 학생들의 봉사 활동 횟수가 A 중학교 학생들의 봉사 활동 횟수보다 많은 편이다.

Level Up

13 다음 두 조건을 모두 만족시키는 a, b에 대하여 $b-a$의 값을 구하시오.

(가) 6, 8, 13, 14, a의 중앙값은 8이다.
(나) 5, 12, a, b, 15의 중앙값은 10이고 평균은 9이다.

14 어느 중학교 1학년 1반과 2반의 전체 학생 수의 비는 4 : 3이고 안경을 낀 계급의 도수의 비는 3 : 2일 때, 1반과 2반에서 안경을 낀 계급의 상대도수의 비를 가장 간단한 자연수의 비로 나타내시오.

정답과 해설 47쪽

Memo

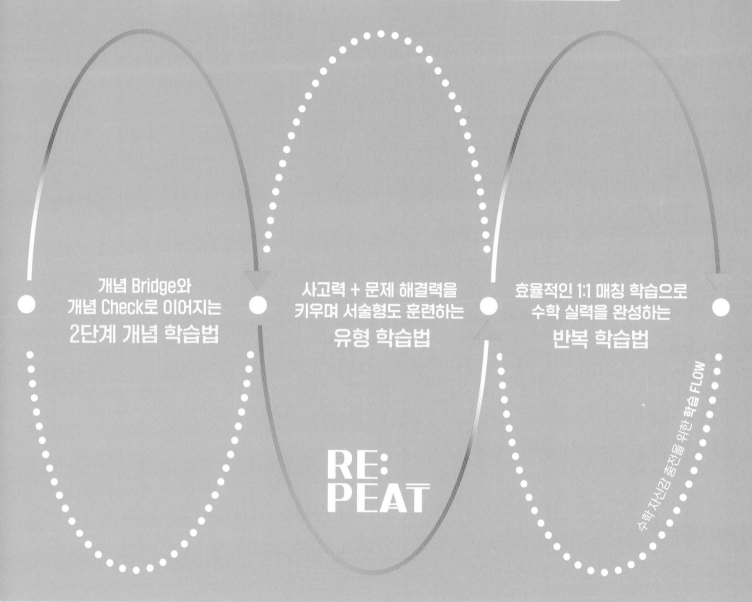

중등 도서 안내

국어 독해·문법·어휘 훈련서

수능 국어의 자신감을 깨우는 단계별 실력 완성 훈련서

깨독

독해 0_준비편, 1_기본편, 2_실력편, 3_수능편
어휘 1_종합편, 2_수능편
문법 1_기본편, 2_수능편

영어 문법·독해 훈련서

중학교 영어의 핵심 문법과 독해 스킬 공략으로
내신·서술형·수능까지 단계별 완성 훈련서

GRAMMAR BITE

문법 PREP
문법 Grade 1, Grade 2, Grade 3
문법 PLUS(수능)

READING BITE

독해 PREP
독해 Grade 1, Grade 2, Grade 3
독해 SUM

내신 필수 기본서

자세하고 쉬운 설명으로 개념을 이해하고, 특별한 비법으로 자신 있게
시험을 대비하는 필수 기본서

[2022 개정]
사회 ①-1, ①-2*
역사 ①-1, ①-2*
과학 1-1, 1-2*
*2025년 상반기 출간 예정

[2022 개정]
국어 (신유식) 1-1, 1-2*
(민병곤) 1-1, 1-2*
영어 1-1, 1-2*
*2025년 상반기 출간 예정

[2015 개정]
국어 2-1, 2-2, 3-1, 3-2
영어 2-1, 2-2, 3-1, 3-2
수학 2(상), 2(하), 3(상), 3(하)
사회 ①-1, ①-2, ②-1, ②-2
역사 ①-1, ①-2, ②-1, ②-2
과학 2-1, 2-2, 3-1, 3-2
*국어, 영어는 미래엔 교과서 연계 도서입니다.

수학 개념·유형 훈련서

빠르게 반복하며 수학 실력을 제대로 완성하는
단계별 내신 완성 훈련서

[2022 개정]
수학 1-1, 1-2, 2-1, 2-2, 3-1*, 3-2*
*2025년 상반기 출간 예정

[2015 개정]
수학 2(상), 2(하), 3(상), 3(하)

[2015 개정]
수학 2(상), 2(하), 3(상), 3(하)

반복 학습으로 실력을 완성하는 **개념 기본서**

리:피트 개념 중등 수학 1-2

반복 책 개념 책과 쌍둥이 구성으로 반복 학습

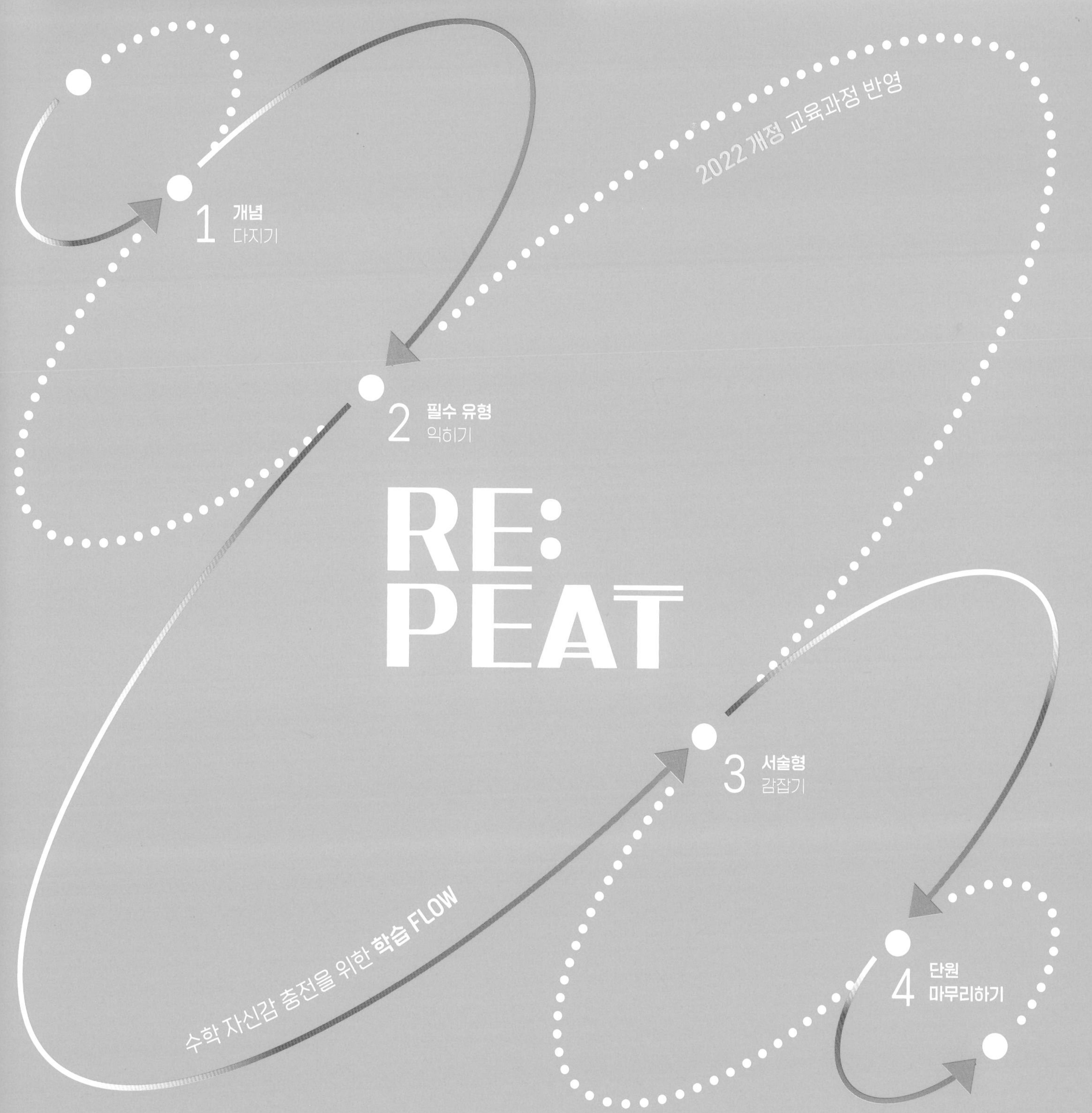

Mirae N 에듀

중등 **수학**

1-2

1 기본 도형

직선, 반직선, 선분

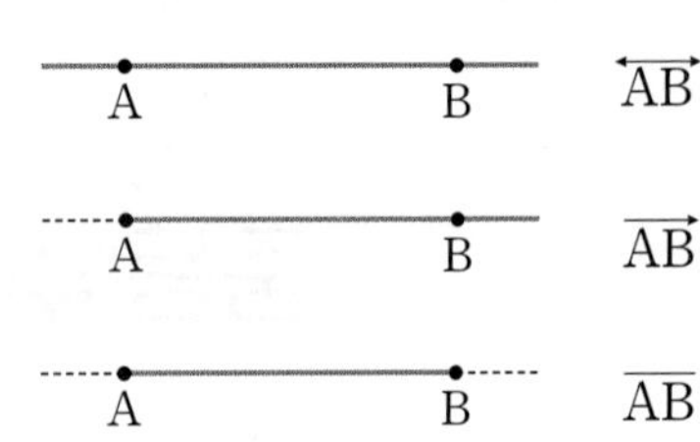

① **직선** AB: 서로 다른 두 점 A, B를 지나는 직선 ➡ $\overleftrightarrow{AB}$

② **반직선** AB: 직선 AB 위의 점 A에서 시작하여 점 B의 방향으로 한없이 뻗은 부분 ➡ $\overrightarrow{AB}$

③ **선분** AB: 직선 AB 위의 점 A에서 점 B까지의 부분 ➡ $\overline{AB}$

두 점 사이의 거리

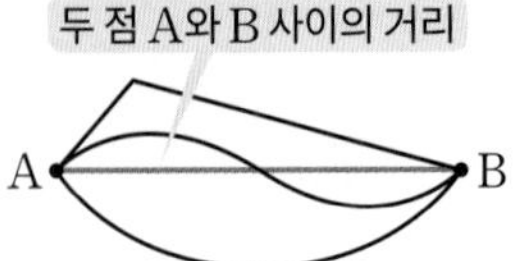

두 점 A와 B를 잇는 무수히 많은 선 중에서 길이가 가장 짧은 것인 선분 AB의 길이를 두 점 A와 B 사이의 거리라고 한다.

선분 AB의 중점

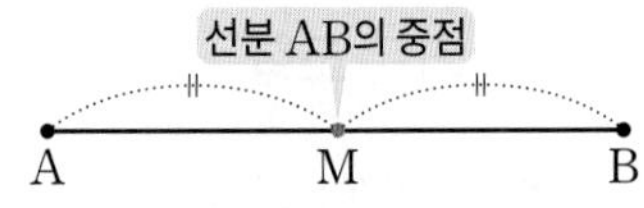

선분 AB 위의 점 M에 대하여 $\overline{AM}=\overline{MB}$일 때, 점 M을 선분 AB의 중점이라 한다.

➔ $\overline{AM}=\overline{MB}=\frac{1}{2}\overline{AB}$ → $\overline{AB}=2\overline{AM}=2\overline{MB}$

맞꼭지각

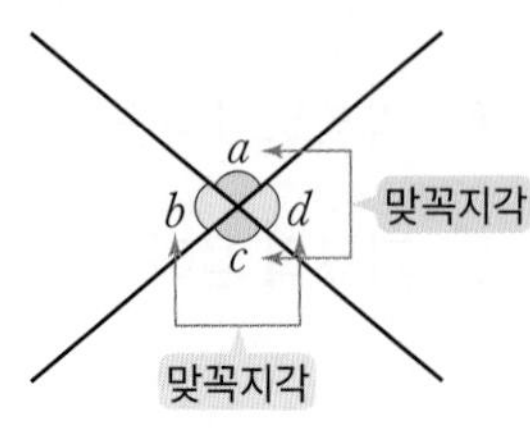

(1) **교각**: 두 직선이 한 점에서 만날 때 생기는 네 각

(2) **맞꼭지각**: 서로 마주 보는 교각

(3) **맞꼭지각의 성질**: 맞꼭지각의 크기는 서로 같다.

점과 직선 사이의 거리

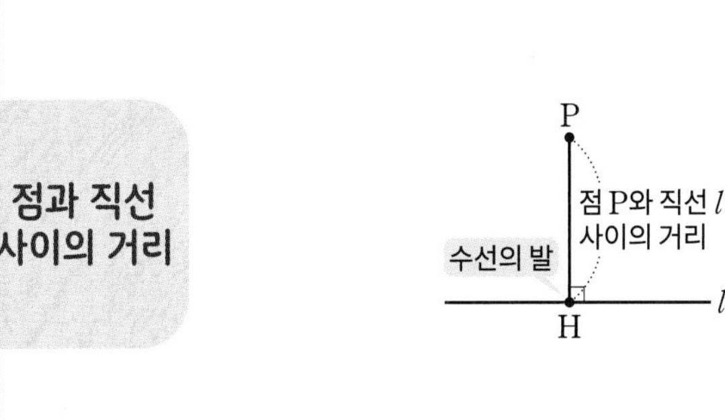

(1) **수선의 발:** 직선 l 위에 있지 않은 점 P에서 직선 l에 수선을 그어 생기는 교점을 H라 할 때, 이 점 H를 점 P에서 직선 l에 내린 수선의 발이라고 한다.

(2) **점과 직선 사이의 거리:** 직선 l 위에 있지 않은 점 P에서 직선 l에 내린 수선의 발 H까지의 거리 → $\overline{PH}$의 길이

두 직선의 위치 관계

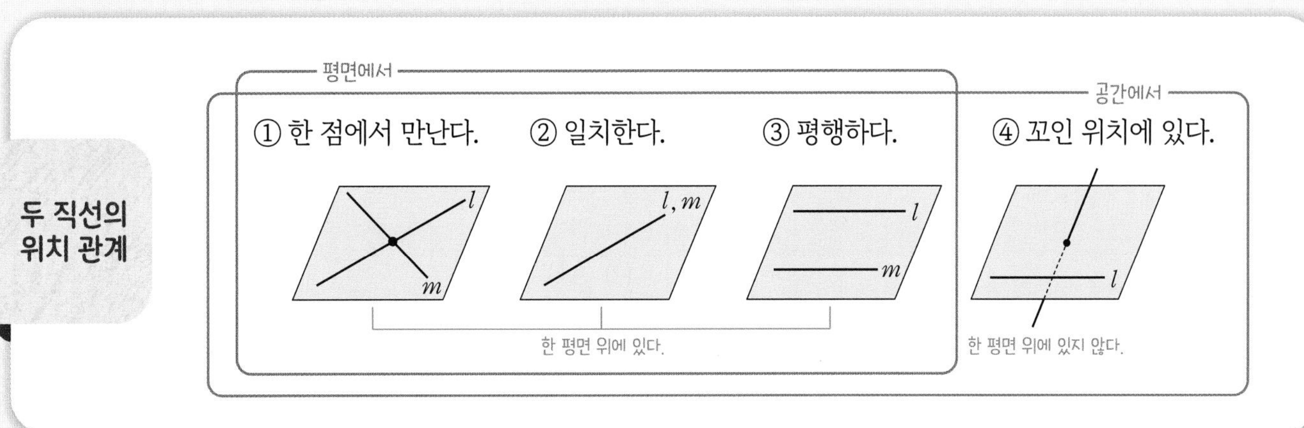

공간에서 직선과 평면의 위치 관계

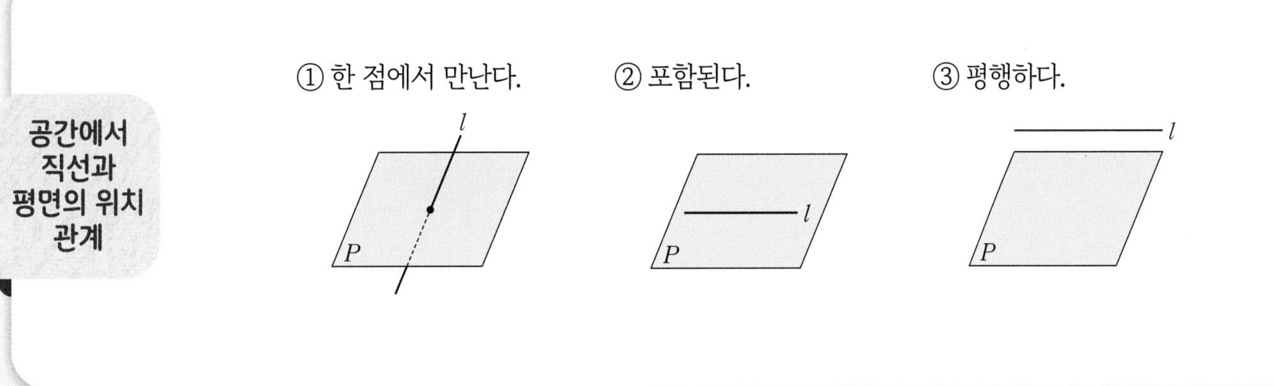

동위각과 엇각

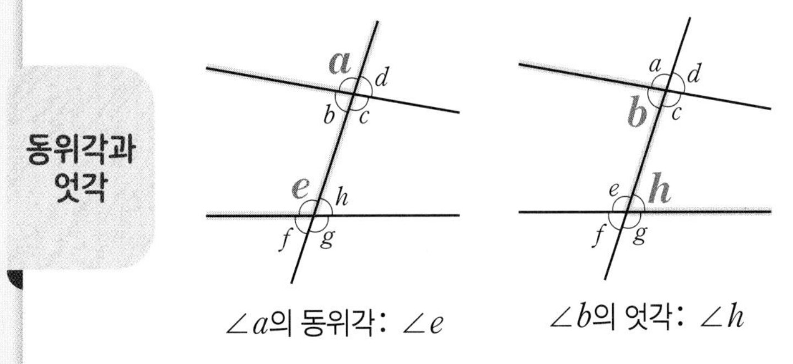

(1) 동위각: 서로 같은 위치에 있는 두 각
→ $\angle a$와 $\angle e$, $\angle b$와 $\angle f$, $\angle c$와 $\angle g$, $\angle d$와 $\angle h$

(2) 엇각: 서로 엇갈린 위치에 있는 두 각
→ $\angle b$와 $\angle h$, $\angle c$와 $\angle e$

01 점, 선, 면

개념 1 점, 선, 면

교점과 교선의 개수 구하기

01 다음 그림과 같은 도형에서 교점과 교선의 개수를 각각 구하시오.

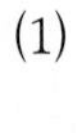

(1)

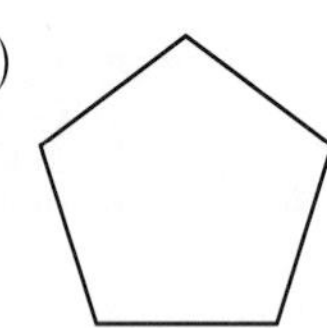

(2)

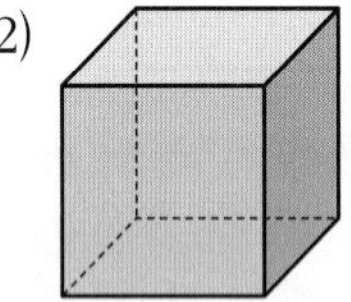

(3)

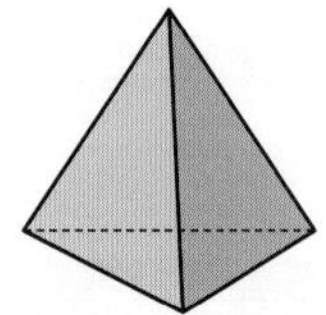

(4)

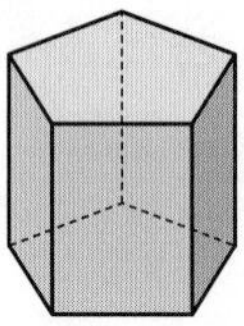

개념 2 직선, 반직선, 선분

직선, 반직선, 선분

01 다음 기호를 주어진 그림 위에 나타내고, ○ 안에 = 또는 ≠ 중 알맞은 것을 써넣으시오.

(1) $\overleftrightarrow{AB}$

$\overleftrightarrow{BC}$

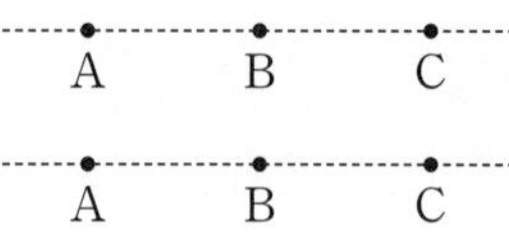

→ $\overleftrightarrow{AB}$ ○ $\overleftrightarrow{BC}$

(2) $\overrightarrow{AB}$

$\overrightarrow{AC}$

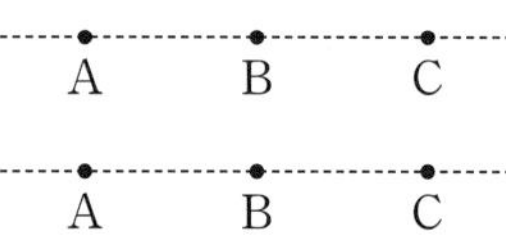

→ $\overrightarrow{AB}$ ○ $\overrightarrow{AC}$

(3) $\overrightarrow{BA}$

$\overrightarrow{BC}$

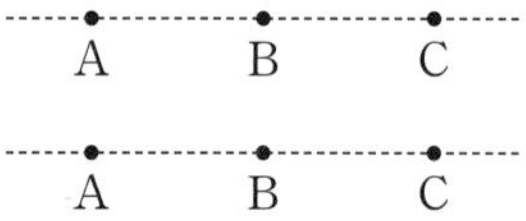

A B C

A B C

→ $\overrightarrow{BA}$ ○ $\overrightarrow{BC}$

(4) $\overline{AB}$

$\overline{CB}$

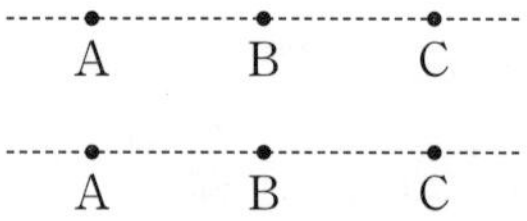

A B C

A B C

→ $\overline{AB}$ ○ $\overline{CB}$

(5) $\overline{AC}$

$\overline{CA}$

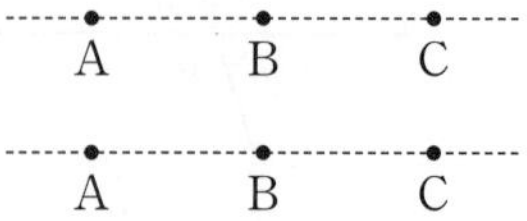

A B C

A B C

→ $\overline{AC}$ ○ $\overline{CA}$

개념 3 두 점 사이의 거리

두 점 사이의 거리와 선분의 중점

01 아래 그림에서 점 M은 선분 AB의 중점이고 $\overline{AM}=12$ cm일 때, 다음 □ 안에 알맞은 수를 써넣으시오.

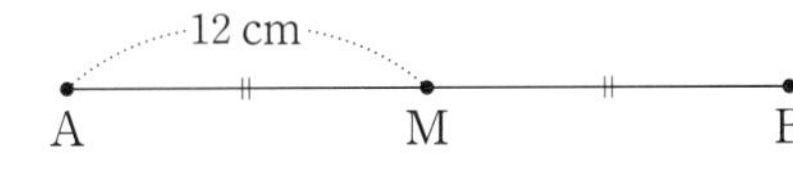

(1) $\overline{MB}=\overline{AM}=$ □ cm

(2) $\overline{AM}=\overline{MB}=$ □ $\overline{AB}$

(3) $\overline{AB}=$ □ $\overline{AM}=$ □ cm

02 아래 그림에서 점 M은 선분 AB의 중점이고 점 N은 선분 MB의 중점이다. $\overline{AB}=32$ cm일 때, 다음 □ 안에 알맞은 수를 써넣으시오.

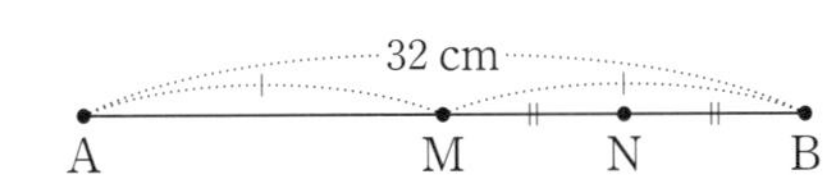

(1) $\overline{AM}=\overline{MB}=$ □ $\overline{AB}=$ □ (cm)

(2) $\overline{MN}=\overline{NB}=$ □ $\overline{MB}=$ □ (cm)

(3) $\overline{AN}=\overline{AM}+\overline{MN}=$ □ + □ = □ (cm)

03 아래 그림에서 점 M은 선분 AB의 중점이고, 점 N은 선분 AM의 중점일 때, 다음을 구하시오.

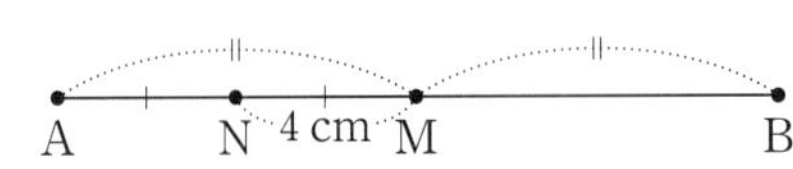

(1) $\overline{AM}$의 길이 (2) $\overline{AB}$의 길이

유형 1 도형의 이해

01 다음 보기 중 옳은 것을 모두 고르시오.

보기
ㄱ. 점이 움직인 자리는 선이 된다.
ㄴ. 교점은 선과 선이 만날 때에만 생긴다.
ㄷ. 양 끝 점이 같은 두 선분은 서로 같다.
ㄹ. 시작점이 같은 두 반직선은 서로 같다.

02 다음 중 옳지 않은 것을 모두 고르면? (정답 2개)

① 도형은 점, 선, 면으로 이루어져 있다.
② 선과 선이 만나면 교점이 생긴다.
③ 면과 면이 만나서 생기는 교선은 직선뿐이다.
④ 서로 다른 두 점을 잇는 선 중에서 길이가 가장 짧은 것은 그 두 점을 잇는 선분이다.
⑤ 직육면체에서 교점의 개수는 모서리의 개수와 같다.

유형 2 교점과 교선

03 오른쪽 그림과 같은 육각기둥에서 교점의 개수를 a, 교선의 개수를 b라 할 때, $b-a$의 값은?

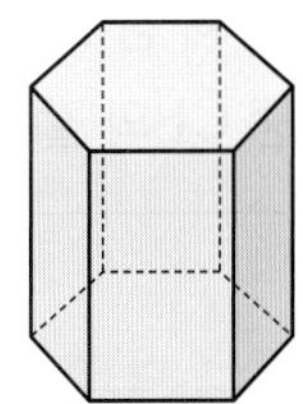

① 4 ② 5
③ 6 ④ 7
⑤ 8

정답과 해설 49쪽

04 오른쪽 그림과 같은 입체도형에서 교점의 개수를 a, 교선의 개수를 b, 면의 개수를 c라 할 때, $a+b-c$의 값을 구하시오.

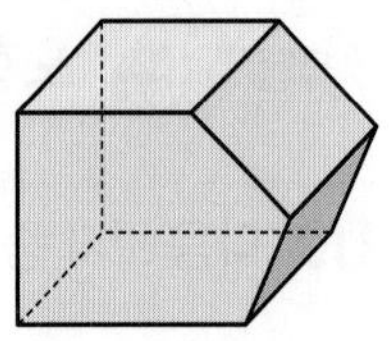

유형 3 직선, 반직선, 선분

05 오른쪽 그림과 같이 직선 l 위에 세 점 A, B, C가 있을 때, 다음 보기 중 옳은 것을 모두 고르시오.

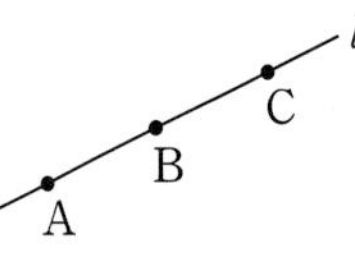

보기

ㄱ. $\overleftrightarrow{AB}=\overleftrightarrow{AC}$　　ㄴ. $\overrightarrow{AC}=\overrightarrow{CA}$

ㄷ. $\overrightarrow{BA}=\overrightarrow{CA}$　　ㄹ. $\overline{AB}=\overline{BA}$

06 오른쪽 그림과 같이 직선 l 위에 세 점 A, B, C가 있을 때. 다음 중 $\overrightarrow{CB}$와 같은 것을 고르시오.

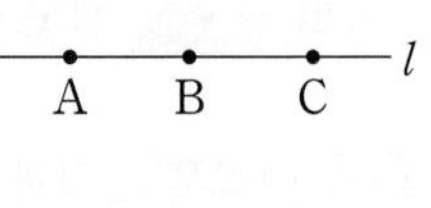

$\overleftrightarrow{CA}$, $\overrightarrow{BC}$, $\overleftrightarrow{AB}$, $\overrightarrow{CA}$, $\overrightarrow{BA}$

유형 4 직선, 반직선, 선분의 개수

07 오른쪽 그림과 같이 한 직선 위에 있지 않은 세 점 A, B, C가 있다. 두 점을 지나는 서로 다른 직선의 개수를 x, 반직선의 개수를 y라 할 때, $x+y$의 값을 구하시오.

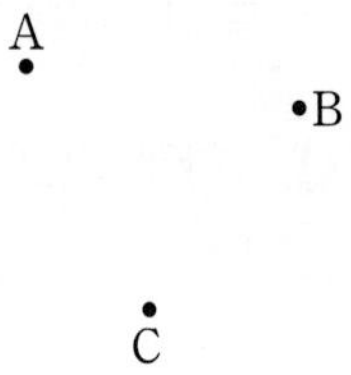

A
B
C

08 오른쪽 그림과 같이 원 위에 세 점 A, B, C가 있다. 두 점을 지나는 서로 다른 직선, 반직선, 선분의 개수를 차례대로 구하시오.

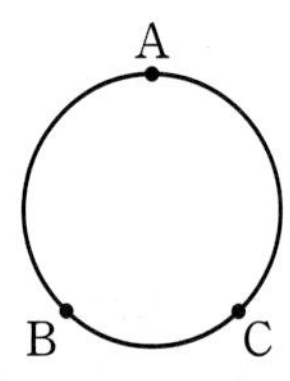

유형 5 선분의 중점

09 아래 그림에서 점 M은 $\overline{AB}$의 중점이고, 점 N은 $\overline{MB}$의 중점일 때, 다음 보기 중 옳은 것을 모두 고르시오.

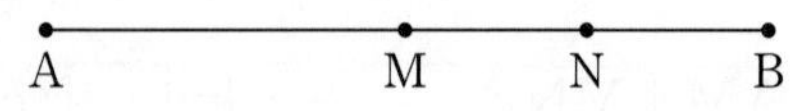

보기

ㄱ. $\overline{AB}=2\overline{MN}$　　ㄴ. $\overline{MB}=\frac{1}{2}\overline{AB}$

ㄷ. $\overline{AM}=\overline{MN}+\overline{NB}$　　ㄹ. $\overline{MN}=\frac{1}{3}\overline{AM}$

10 아래 그림에서 두 점 B, C는 $\overline{AD}$를 삼등분하는 점일 때, 다음 중 옳지 않은 것은?

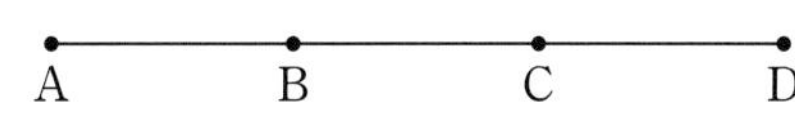

① $\overline{AB}=\overline{CD}$ ② $\overline{AC}=\overline{BD}$
③ $\overline{AD}=3\overline{AB}$ ④ $\overline{AC}=\frac{2}{3}\overline{AD}$
⑤ $\overline{CD}=\frac{1}{3}\overline{AC}$

유형 6 두 점 사이의 거리; 중점이 주어진 경우

11 다음 그림에서 점 M은 $\overline{AB}$의 중점이고 점 N은 $\overline{MB}$의 중점이다. $\overline{AB}=24$ cm일 때, $\overline{AN}$의 길이는?

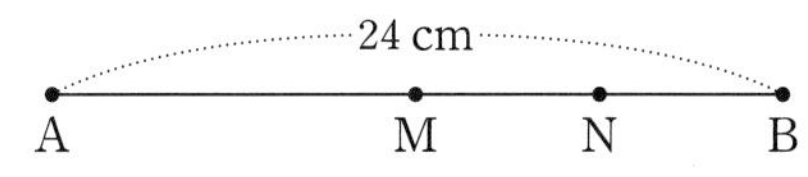

① 12 cm ② 14 cm ③ 16 cm
④ 18 cm ⑤ 20 cm

12 다음 그림에서 점 M은 $\overline{AB}$의 중점이고 점 N은 $\overline{AM}$의 중점이다. $\overline{NM}=7$ cm일 때, $\overline{AB}$의 길이를 구하시오.

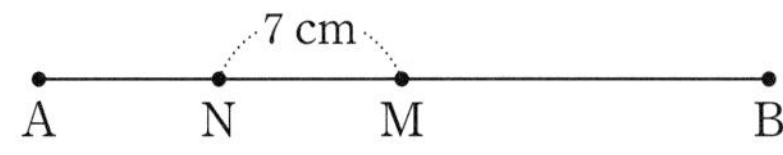

개념 4 각

각의 크기 구하기

01 다음 그림에서 $\angle x$의 크기를 구하시오.

(1)
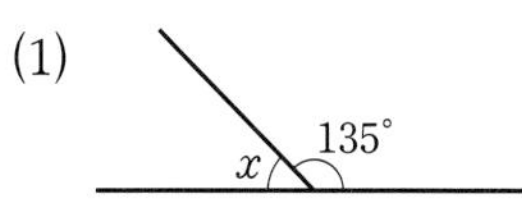

(2)
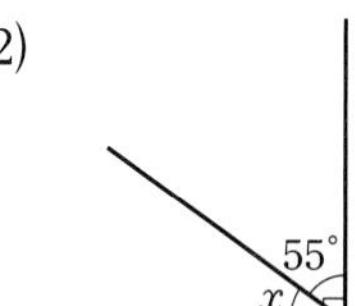

(3)
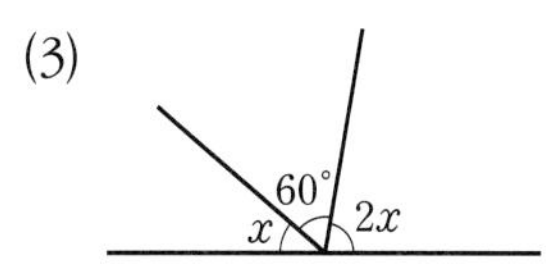

(4)
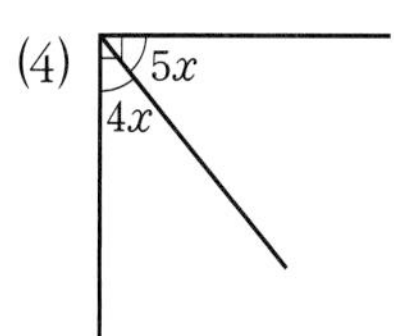

개념 5 맞꼭지각

맞꼭지각의 크기 구하기

01 다음 그림에서 $\angle x$, $\angle y$의 크기를 각각 구하시오.

(1)
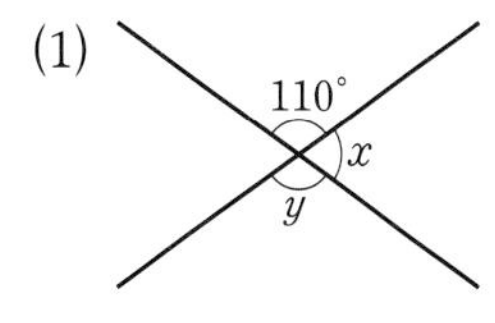

(2)
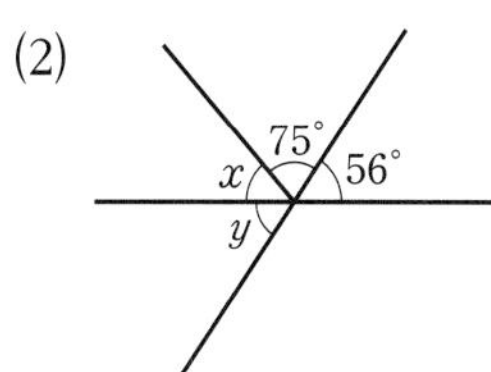

02 다음 그림에서 $\angle x$의 크기를 구하시오.

(1)
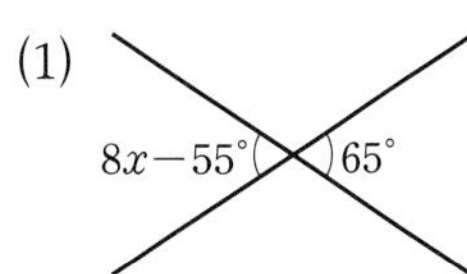

(2)
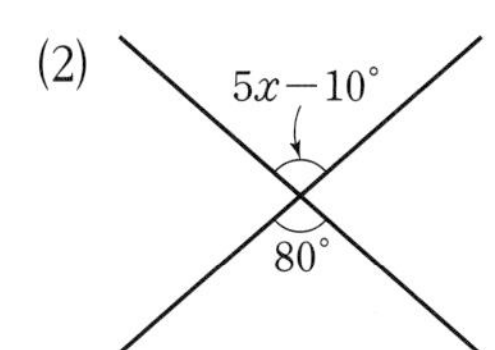

정답과 해설 49쪽

개념 6 직교와 수선

✓ 수직이등분선

01 오른쪽 그림에서 두 직선 AB, CD가 수직일 때, 다음 □ 안에 알맞은 것을 써넣으시오.

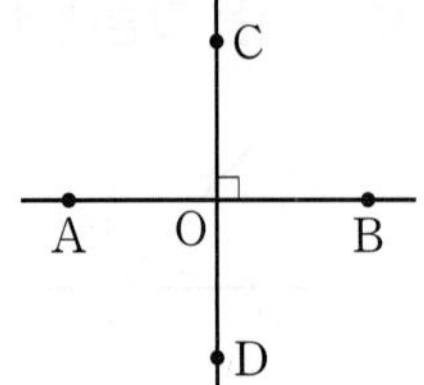

(1) 두 직선 AB, CD는 □한다.

(2) $\angle$BOD=□°

(3) $\overleftrightarrow{CD}$는 $\overleftrightarrow{AB}$의 □이다.

(4) 점 O는 점 C에서 $\overleftrightarrow{AB}$에 내린 □이다.

02 오른쪽 그림에서 직선 PQ가 $\overline{AB}$의 수직이등분선이고 그 교점을 H라 하자. $\overline{AH}$=8 cm일 때, 다음을 구하시오.

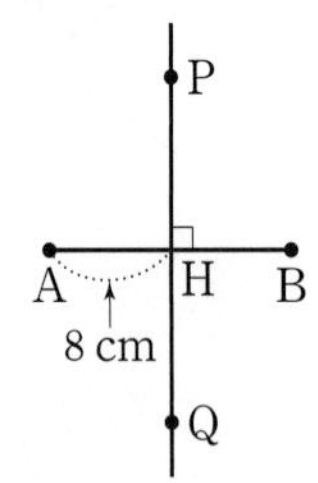

(1) $\overline{BH}$의 길이

(2) $\angle$AHP의 크기

✓ 점과 직선 사이의 거리 구하기

03 오른쪽 그림에서 다음을 구하시오.

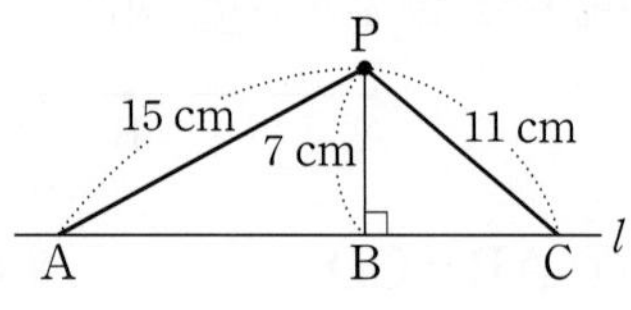

(1) 점 P에서 $\overline{AC}$에 내린 수선의 발

(2) 점 P와 직선 l 사이의 거리와 길이가 같은 선분

(3) 점 P와 직선 l 사이의 거리

04 오른쪽 그림과 같은 사다리꼴 ABCD에서 다음을 구하시오.

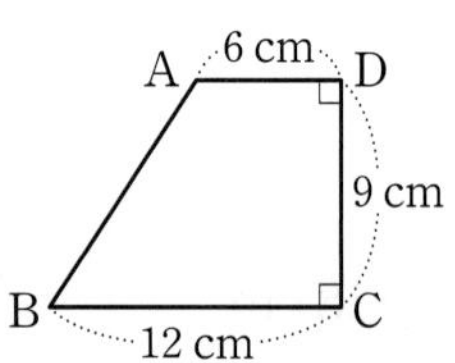

(1) $\overline{AD}$와 직교하는 선분

(2) 점 A에서 $\overline{CD}$에 내린 수선의 발

(3) 점 A와 $\overline{CD}$ 사이의 거리와 길이가 같은 선분

(4) 점 A와 $\overline{CD}$ 사이의 거리

한 번 더 필수 유형 익히기

유형 1 각의 크기

01 오른쪽 그림에서 $\angle x$의 크기는?

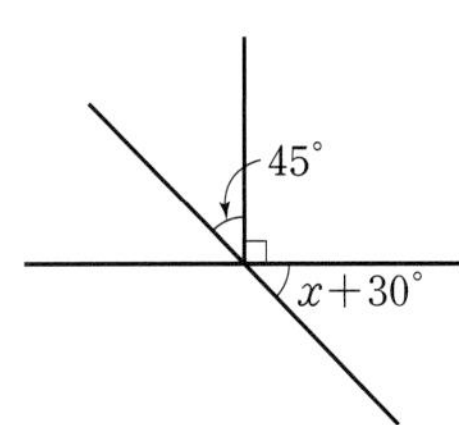

① 10°　② 12°
③ 15°　④ 17°
⑤ 19°

02 오른쪽 그림에서 $\angle x+\angle y$의 크기를 구하시오.

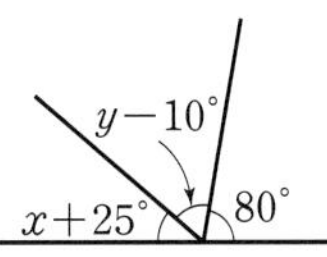

유형 2 각의 크기 구하기; 각의 크기의 비가 주어진 경우

03 오른쪽 그림에서 $\angle a : \angle b : \angle c=5:4:3$일 때, $\angle b$의 크기를 구하시오.

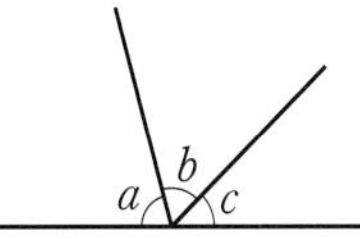

04 오른쪽 그림에서 $\angle x : \angle y : \angle z=5:7:8$일 때, $\angle x$의 크기는?

① 45°　② 54°　③ 63°
④ 72°　⑤ 81°

유형 3 맞꼭지각의 성질 (1)

05 오른쪽 그림에서 $\angle x-\angle y$의 크기는?

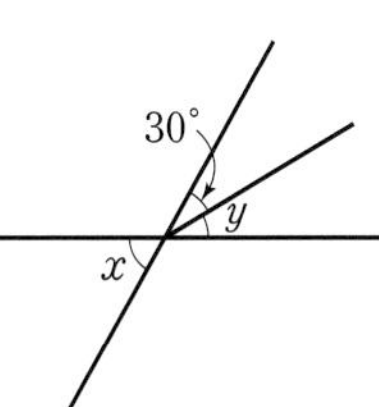

① 20°　② 25°
③ 30°　④ 35°
⑤ 40°

06 오른쪽 그림에서 $\angle x$, $\angle y$의 크기를 각각 구하시오.

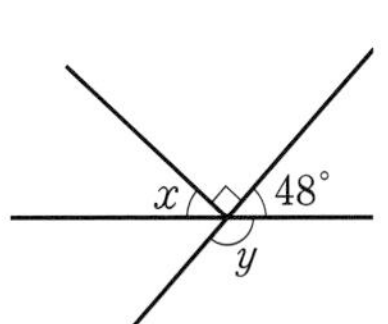

정답과 해설 50쪽

유형 4 맞꼭지각의 성질(2)

07 오른쪽 그림에서 $\angle x + \angle y$의 크기를 구하시오.

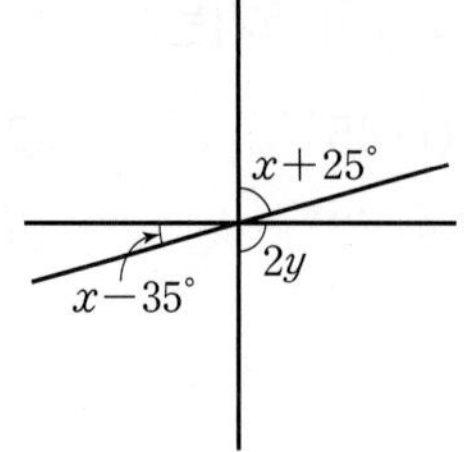

08 오른쪽 그림에서 $\angle x$의 크기를 구하시오.

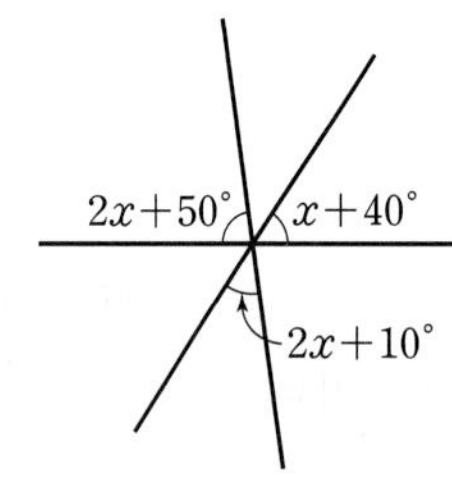

유형 5 직교와 수선

09 오른쪽 그림과 같은 사각형 ABCD에 대하여 다음 중 옳은 것을 모두 고르면? (정답 2개)

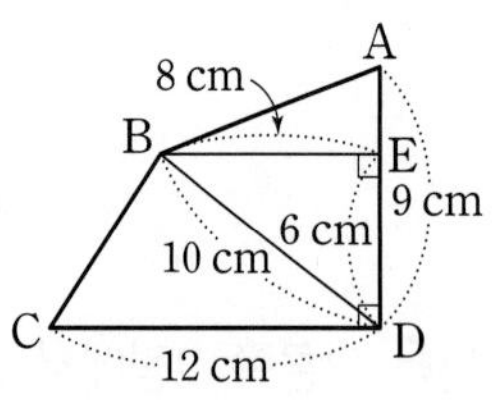

① 점 A와 $\overline{CD}$ 사이의 거리는 9 cm이다.
② 점 B에서 $\overline{AD}$에 내린 수선의 발은 점 D이다.
③ 점 D와 $\overline{BE}$ 사이의 거리는 10 cm이다.
④ $\overline{AD}$와 수직으로 만나는 선분은 2개이다.
⑤ $\overline{BC}$와 $\overline{CD}$는 직교한다.

10 오른쪽 그림에서 점 C와 $\overline{AB}$ 사이의 거리를 구하시오.

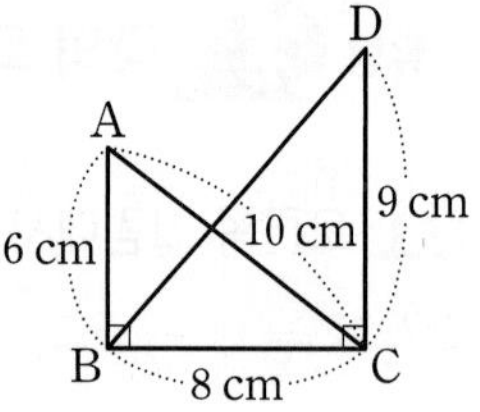

한 걸음 더

유형 6 각의 크기 구하기; 각의 크기 사이의 조건이 주어진 경우

11 오른쪽 그림에서 $\overline{CO} \perp \overline{DO}$이고 $\angle DOB = 2\angle AOC$일 때, $\angle AOC$의 크기를 구하시오.

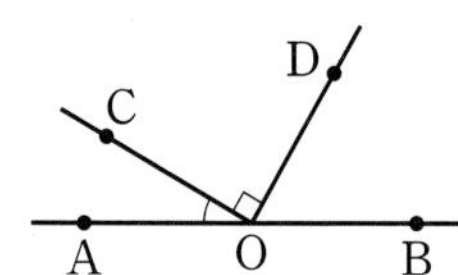

12 오른쪽 그림에서 $\angle AOB = \frac{1}{2}\angle BOC$이고 $\angle DOE = \frac{1}{2}\angle COD$일 때, $\angle BOD$의 크기를 구하시오.

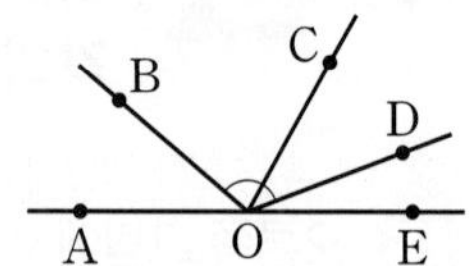

03 위치 관계

개념 7 평면에서 두 직선의 위치 관계

점과 직선의 위치 관계

01 오른쪽 그림에서 다음을 구하시오.

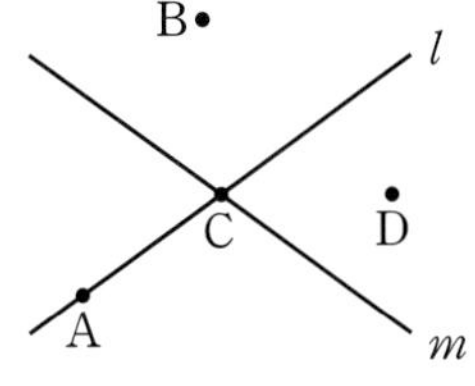

(1) 직선 l 위에 있는 점

(2) 직선 l 위에 있지 않은 점

(3) 직선 m 위에 있는 점

(4) 직선 m 위에 있지 않은 점

평면에서 두 직선의 위치 관계

02 오른쪽 그림과 같은 사다리꼴 ABCD에서 다음을 구하시오.

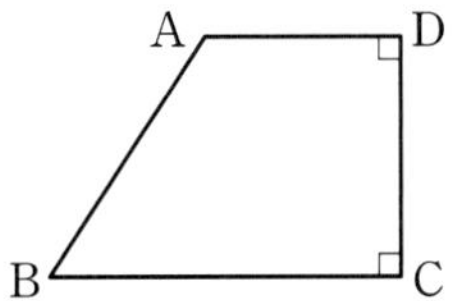

(1) 변 AD와 평행한 변

(2) 변 AB와 한 점에서 만나는 변

(3) 점 C에서 만나는 두 변

개념 8 공간에서 두 직선의 위치 관계

공간에서 두 직선의 위치 관계

01 오른쪽 그림과 같은 정사각뿔에서 다음을 구하시오.

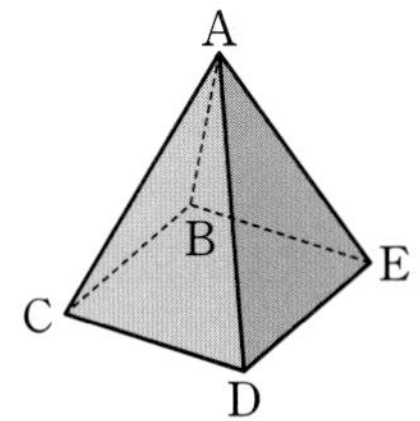

(1) 모서리 AC와 한 점에서 만나는 모서리

(2) 모서리 BE와 평행한 모서리

(3) 모서리 BC와 꼬인 위치에 있는 모서리

02 오른쪽 그림과 같은 직육면체에서 다음 모서리와 꼬인 위치에 있는 모서리를 구하시오.

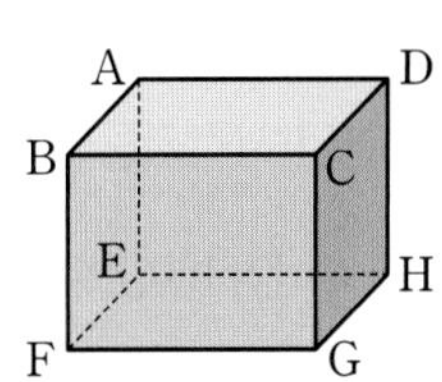

(1) 모서리 AB

(2) 모서리 BC

(3) 모서리 DH

정답과 해설 51쪽

개념 9 공간에서 직선과 평면의 위치 관계

공간에서 직선과 평면의 위치 관계

01 오른쪽 그림과 같은 삼각기둥에서 다음을 구하시오.

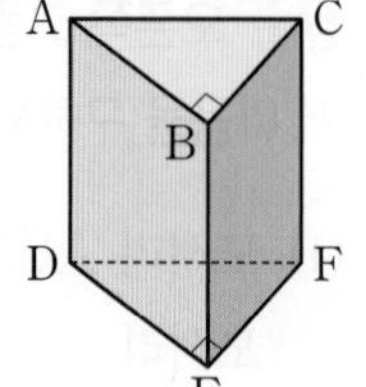

(1) 면 DEF와 한 점에서 만나는 모서리

(2) 모서리 AC를 포함하는 면

(3) 면 ADFC와 평행한 모서리

(4) 면 ADEB에 수직인 모서리

02 오른쪽 그림과 같이 밑면이 사다리꼴인 사각기둥에서 다음을 구하시오.

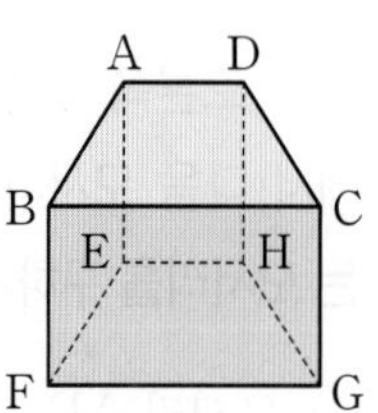

(1) 면 DHGC와 한 점에서 만나는 모서리

(2) 모서리 DH를 포함하는 면

(3) 면 AEHD와 평행한 모서리

(4) 면 EFGH에 수직인 모서리

유형 1 평면에서 두 직선의 위치 관계

01 다음 중 오른쪽 그림에 대한 설명으로 옳지 않은 것을 모두 고르면? (정답 2개)

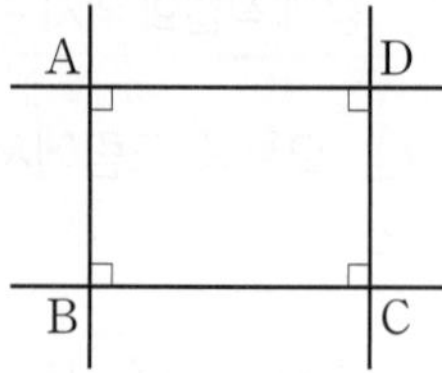

① $\overleftrightarrow{AB} /\!/ \overleftrightarrow{CD}$

② $\overleftrightarrow{AD} \perp \overleftrightarrow{BC}$

③ $\overleftrightarrow{AB}$와 $\overleftrightarrow{AD}$는 한 점에서 만난다.

④ $\overleftrightarrow{AB}$와 $\overleftrightarrow{BC}$는 평행하다.

⑤ $\overleftrightarrow{AD}$와 $\overleftrightarrow{CD}$는 수직으로 만난다.

02 오른쪽 그림과 같은 정육각형 ABCDEF에서 다음 중 위치 관계가 나머지 넷과 다른 하나는? (단, 점 O는 $\overline{AD}$, $\overline{BE}$, $\overline{CF}$의 교점이다.)

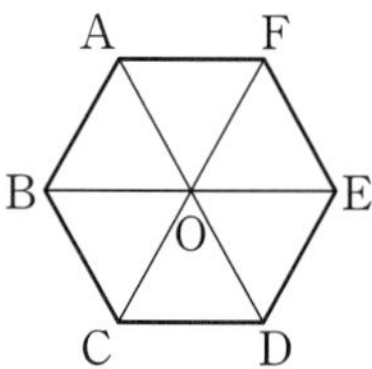

① $\overleftrightarrow{AB}$와 $\overleftrightarrow{EF}$
② $\overleftrightarrow{AB}$와 $\overleftrightarrow{DO}$
③ $\overleftrightarrow{AD}$와 $\overleftrightarrow{BE}$
④ $\overleftrightarrow{BC}$와 $\overleftrightarrow{EF}$
⑤ $\overleftrightarrow{CF}$와 $\overleftrightarrow{AO}$

유형 2 꼬인 위치

03 오른쪽 그림과 같은 사각뿔에서 선분 CE와 꼬인 위치에 있는 모서리를 모두 고르면? (정답 2개)

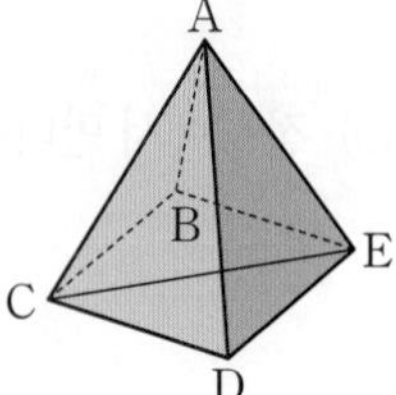

① $\overline{AB}$
② $\overline{AC}$
③ $\overline{AD}$
④ $\overline{BC}$
⑤ $\overline{DE}$

04 다음 중 오른쪽 그림과 같이 밑면이 정오각형인 오각기둥에서 직선 DE와 꼬인 위치에 있는 직선을 모두 고르시오.

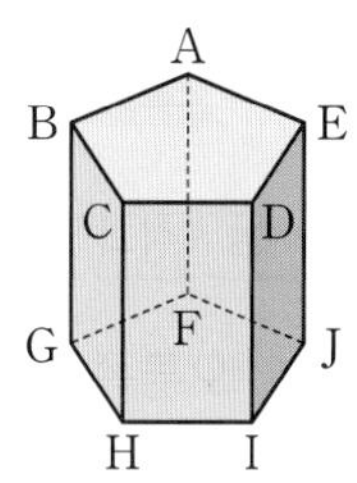

$\overleftrightarrow{AB}$, $\overleftrightarrow{BC}$, $\overleftrightarrow{BG}$, $\overleftrightarrow{CH}$, $\overleftrightarrow{DI}$, $\overleftrightarrow{GH}$, $\overleftrightarrow{FJ}$, $\overleftrightarrow{IJ}$

유형 3 공간에서 두 직선의 위치 관계

05 오른쪽 그림과 같은 직육면체에 대한 다음 설명 중 옳지 않은 것을 모두 고르면? (정답 2개)

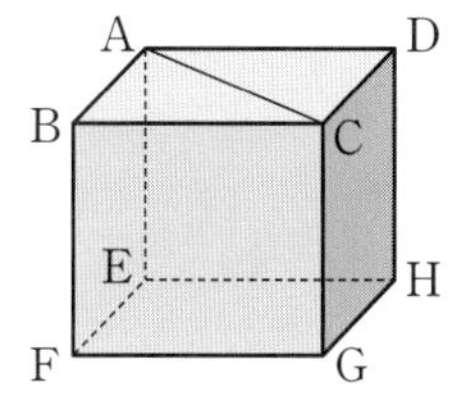

① 모서리 AB와 모서리 AD는 수직으로 만난다.
② 모서리 BC와 모서리 EF는 평행하다.
③ $\overline{AC}$와 모서리 EH는 꼬인 위치에 있다.
④ 모서리 EF와 한 점에서 만나는 모서리는 4개이다.
⑤ $\overline{AC}$와 수직으로 만나는 모서리는 4개이다.

06 오른쪽 그림과 같은 사각뿔에서 모서리 BC와 위치 관계가 나머지 넷과 다른 하나는?

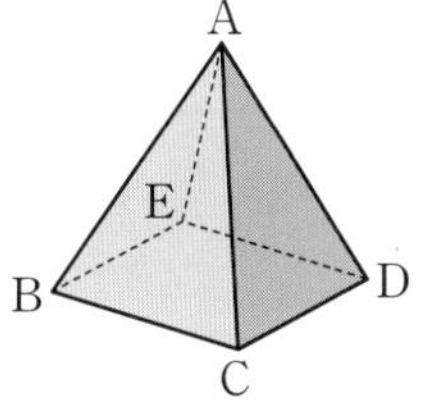

① 모서리 AB ② 모서리 AC
③ 모서리 AE ④ 모서리 BE
⑤ 모서리 CD

유형 4 공간에서 직선과 평면의 위치 관계

07 다음 중 오른쪽 그림과 같은 직육면체에 대한 설명으로 옳은 것은?

① 면 ABCD에 포함된 모서리는 2개이다.
② 면 ABFE와 평행한 모서리는 2개이다.
③ 면 BFGC와 수직인 모서리는 3개이다.
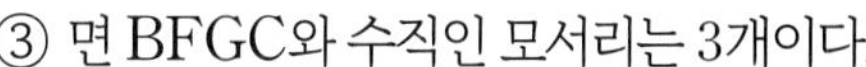
④ 면 EFGH와 한 점에서 만나는 모서리는 4개이다.
⑤ 점 A와 모서리 AD를 포함하는 면은 1개이다.

08 오른쪽 그림은 직육면체의 일부를 잘라 낸 입체도형이다. 면 ABCD와 평행한 모서리의 개수를 a, 면 DCF와 수직인 모서리의 개수를 b라 할 때, $a+b$의 값을 구하시오.

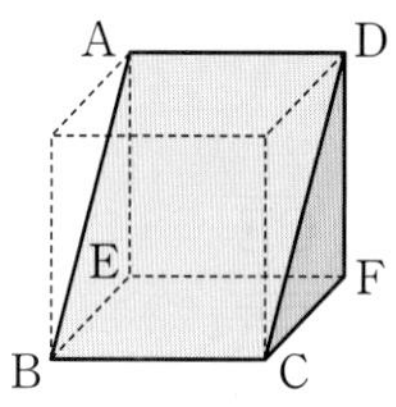

유형 5 점과 평면 사이의 거리

09 오른쪽 그림과 같은 삼각기둥에서 점 A와 면 DEF 사이의 거리를 x cm, 점 D와 면 BEFC 사이의 거리를 y cm라 할 때, $x+y$의 값을 구하시오.

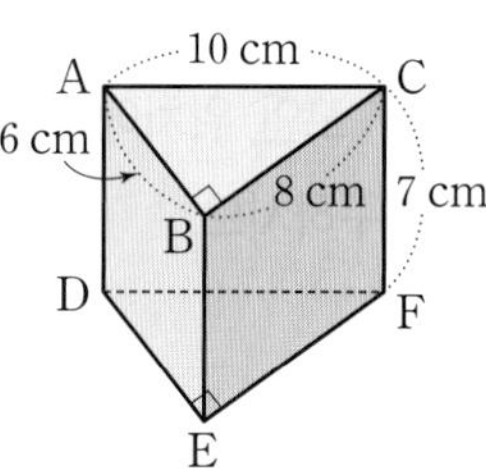

정답과 해설 52쪽

04 평행선의 성질

10 오른쪽 그림과 같이 밑면이 사다리꼴인 사각기둥에서 점 A와 면 EFGH 사이의 거리와 길이가 같은 모서리를 모두 구하시오.

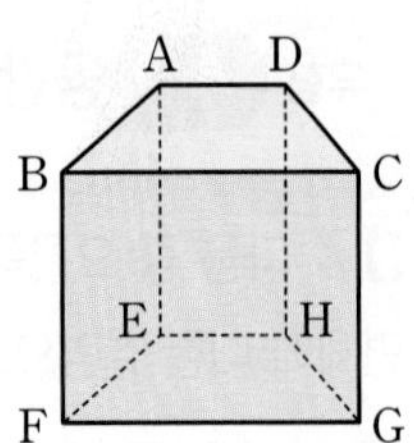

한 걸음 더

유형 6 전개도가 주어진 입체도형에서의 위치 관계

11 오른쪽 그림과 같은 전개도로 삼각뿔을 만들었을 때, 다음 중 모서리 AD와 꼬인 위치에 있는 모서리는?

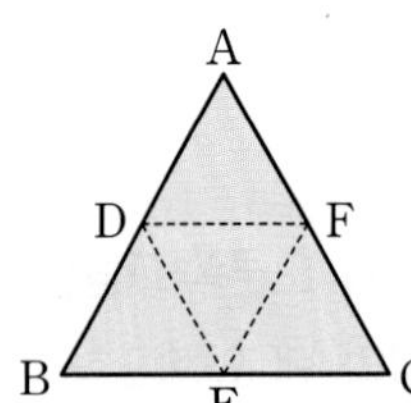

① $\overline{\mathrm{CE}}$ ② $\overline{\mathrm{CF}}$
③ $\overline{\mathrm{DE}}$ ④ $\overline{\mathrm{DF}}$
⑤ $\overline{\mathrm{EF}}$

12 오른쪽 그림과 같은 전개도로 삼각기둥을 만들었을 때, 모서리 ID와 꼬인 위치에 있는 모서리를 모두 구하시오.

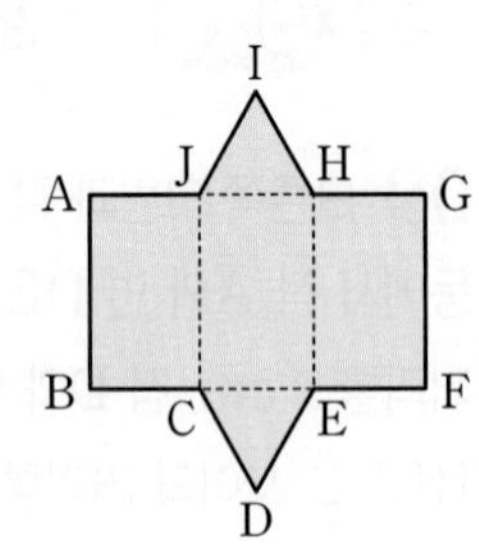

개념 10 동위각과 엇각

✔ 동위각과 엇각

01 오른쪽 그림과 같이 두 직선 l, m이 다른 한 직선 n과 만날 때, 다음 각을 찾고 그 크기를 구하시오.

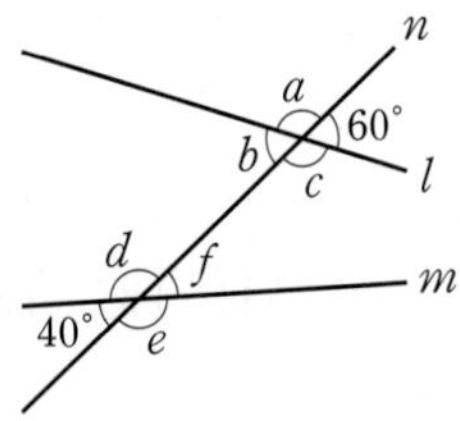

(1) $\angle a$의 동위각

(2) $\angle c$의 동위각

(3) $\angle b$의 엇각

(4) $\angle d$의 엇각

개념 11 평행선의 성질

✔ 평행선의 성질

01 다음 그림에서 $l /\!/ m$일 때, $\angle x$의 크기를 구하시오.

(1)

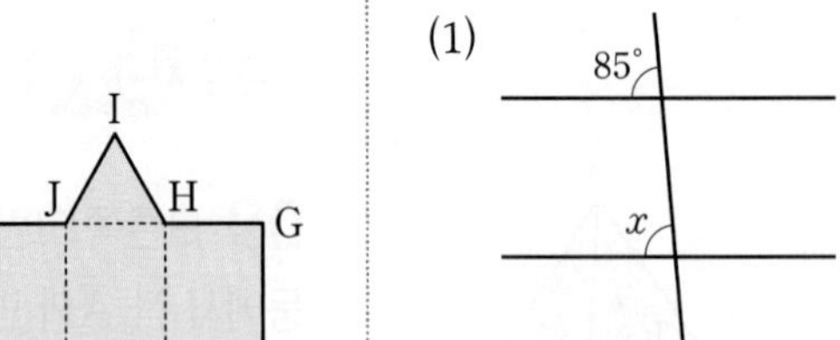

(2)

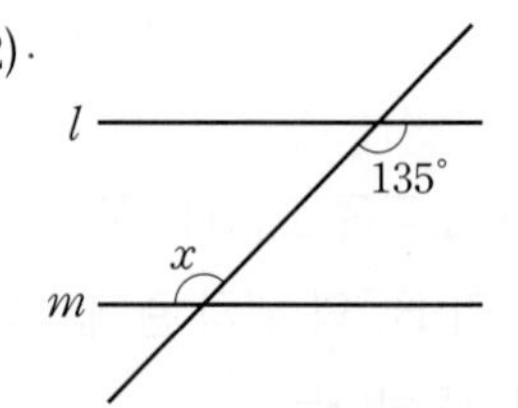

(3)

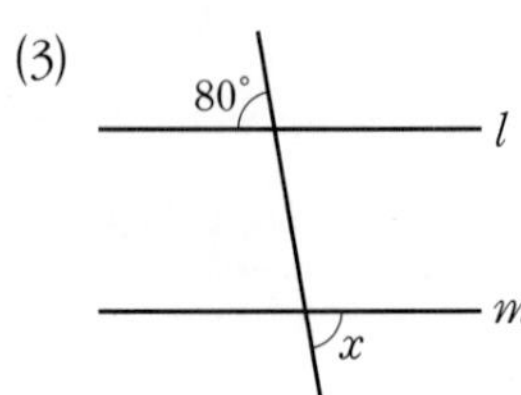

(4)

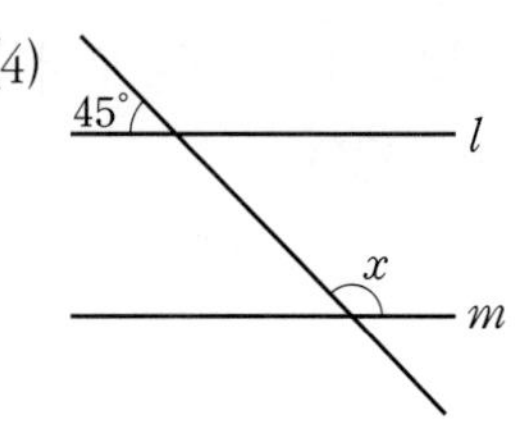

02 다음 그림에서 $l /\!/ m$일 때, $\angle x$, $\angle y$의 크기를 각각 구하시오.

(1)

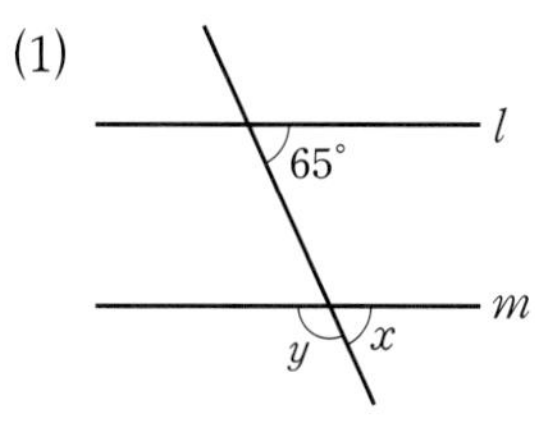

(2)

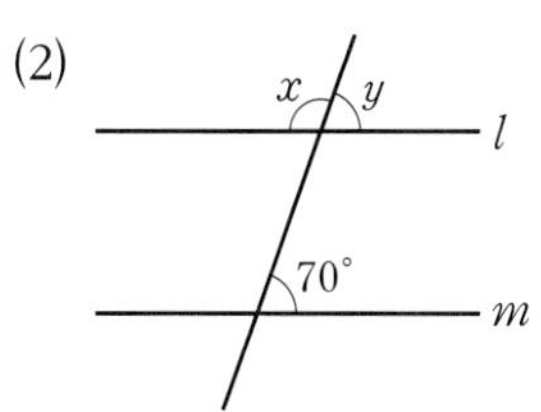

(3)

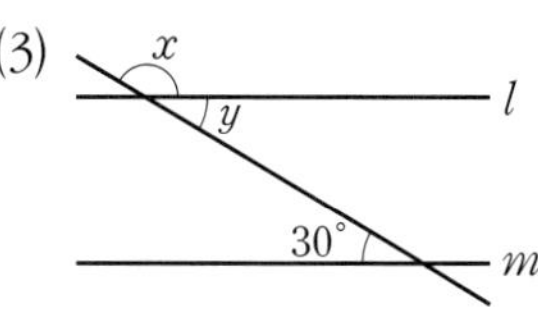

(4)

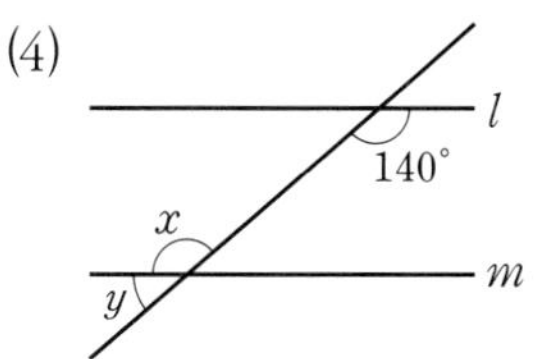

평행선 찾기

03 다음 그림에서 두 직선 l, m이 평행하면 ○표, 평행하지 않으면 ×표를 하시오.

(1) 100°, 100°, l, m ( )

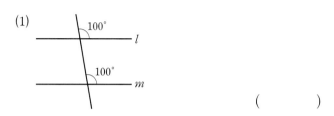

(2)

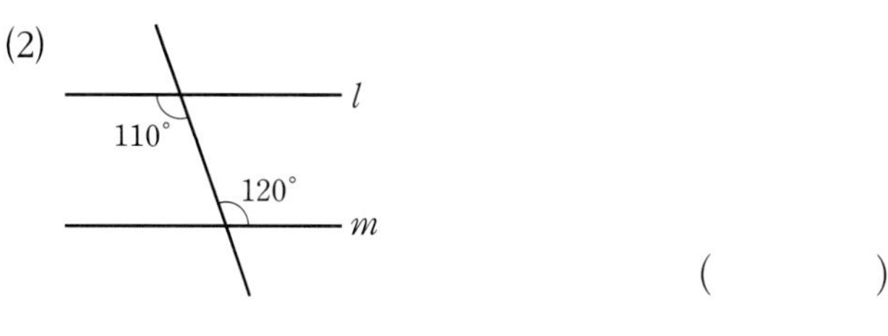

( )

(3)

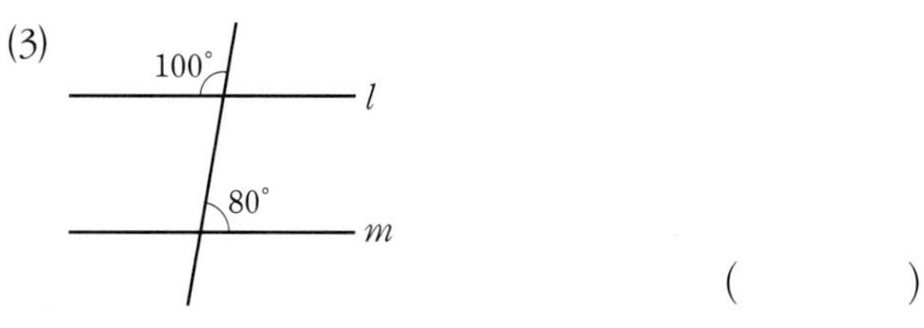

( )

(4)

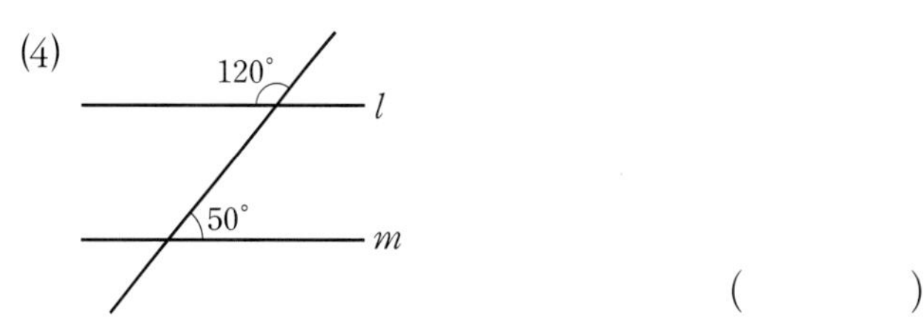

( )

(5)

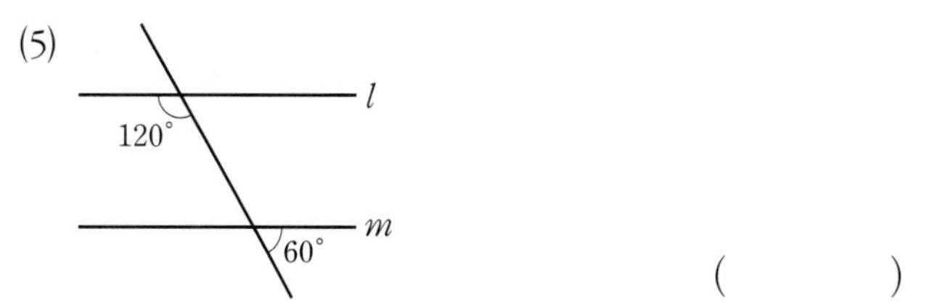

( )

정답과 해설 52쪽

필수 유형 익히기

한 번 더

유형 1 동위각과 엇각

01 오른쪽 그림과 같이 두 직선이 다른 한 직선과 만날 때, 다음 중 옳지 <u>않은</u> 것을 모두 고르면? (정답 2개)

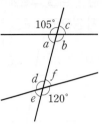

① $\angle a$의 동위각의 크기는 60°이다.
② $\angle b$의 엇각의 크기는 120°이다.
③ $\angle c$의 동위각의 크기는 75°이다.
④ $\angle d$의 엇각의 크기는 105°이다.
⑤ $\angle f$의 엇각의 크기는 60°이다.

02 오른쪽 그림과 같이 세 직선이 만날 때, 다음 중 옳지 <u>않은</u> 것을 모두 고르면? (정답 2개)

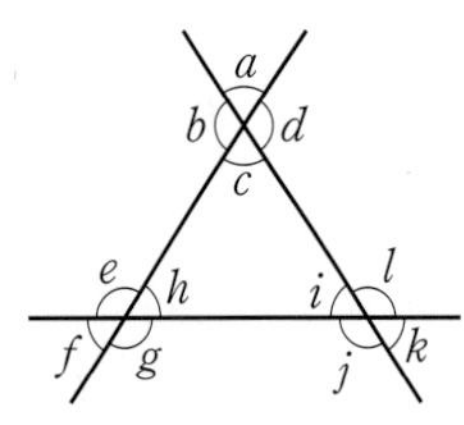

① $\angle a$와 $\angle e$는 동위각이다.
② $\angle f$와 $\angle k$는 동위각이다.
③ $\angle d$와 $\angle i$는 엇각이다.
④ $\angle h$와 $\angle j$는 엇각이다.
⑤ $\angle c$의 크기와 $\angle l$의 크기는 같다.

유형 2 평행선에서 각의 크기 구하기

03 오른쪽 그림에서 $l /\!/ m$일 때, $\angle x$의 크기를 구하시오.

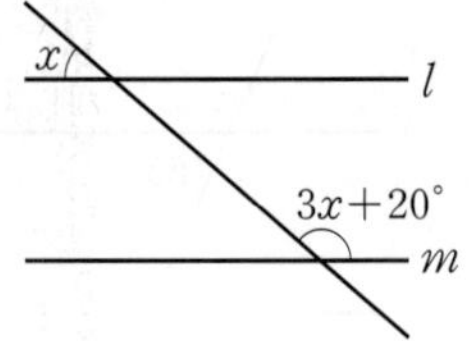

04 오른쪽 그림에서 $l /\!/ m$일 때, $\angle x$의 크기를 구하시오.

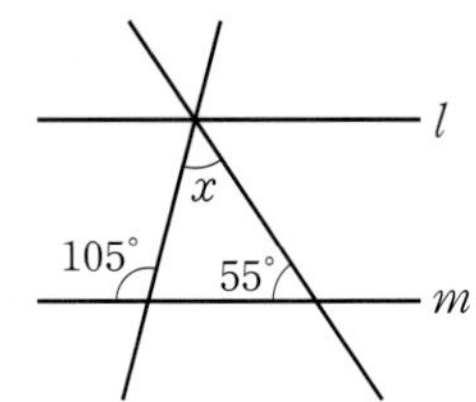

유형 3 평행선에서 각의 크기 구하기; 삼각형의 성질 이용

05 오른쪽 그림에서 $l /\!/ m$일 때, $\angle x$의 크기를 구하시오.

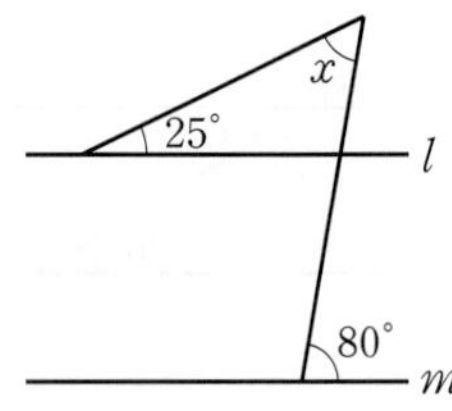

06 오른쪽 그림에서 $l /\!/ m$일 때, $\angle x$의 크기를 구하시오.

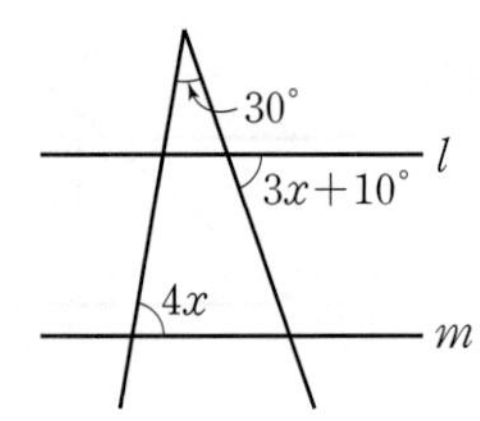

유형 4 평행선에서 각의 크기 구하기; 보조선 긋기

07 오른쪽 그림에서 $l /\!/ m$일 때, $\angle x$의 크기를 구하시오.

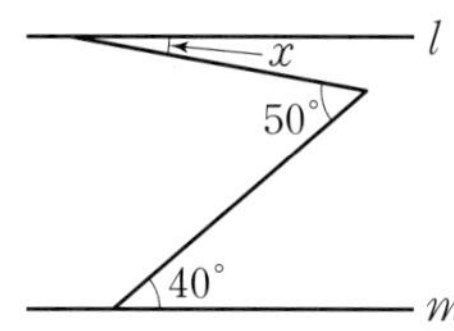

08 오른쪽 그림에서 $l /\!/ m$일 때, $\angle x$의 크기를 구하시오.

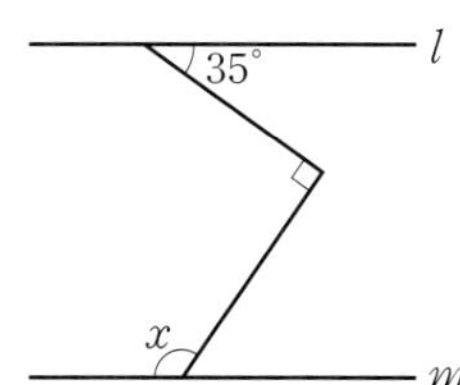

유형 5 두 직선이 평행할 조건

09 다음 두 직선 l, m이 평행하지 <u>않은</u> 것은?

①
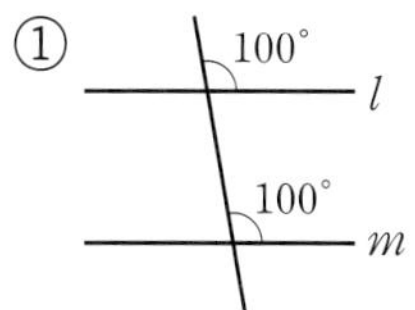

②
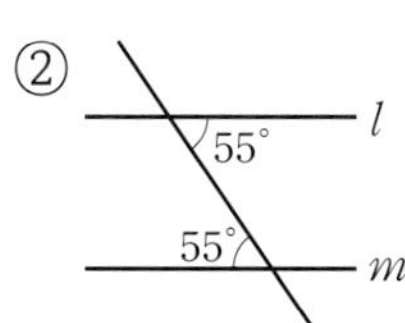

③
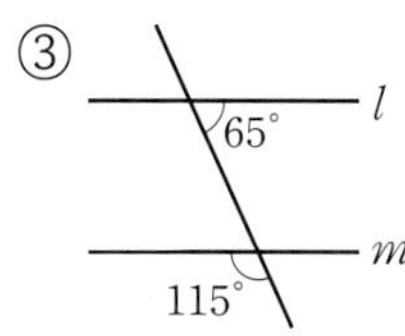

④
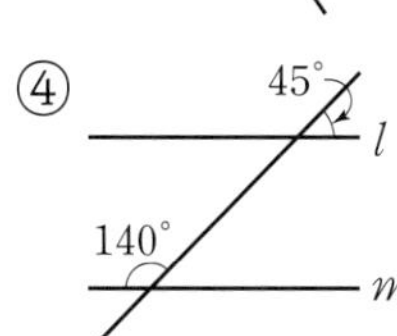

⑤
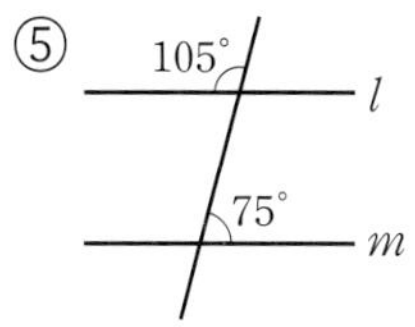

10 다음 보기 중 두 직선 l, m이 평행한 것을 모두 고르시오.

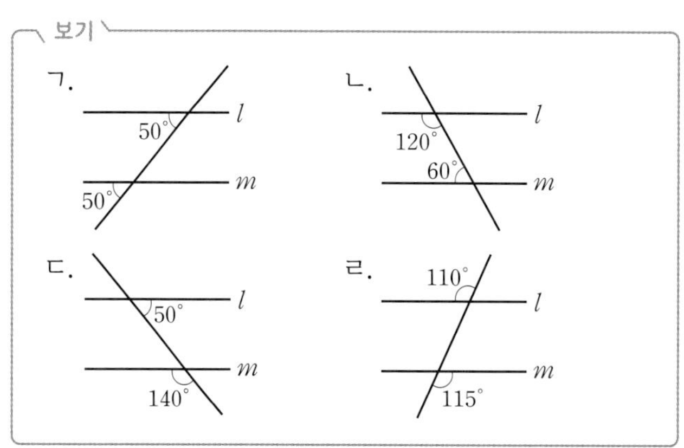

한 걸음 더

유형 6 종이 접기

11 오른쪽 그림과 같이 직사각형 모양의 종이를 접었다. $\angle BAC=100°$일 때, $\angle x$의 크기를 구하시오.

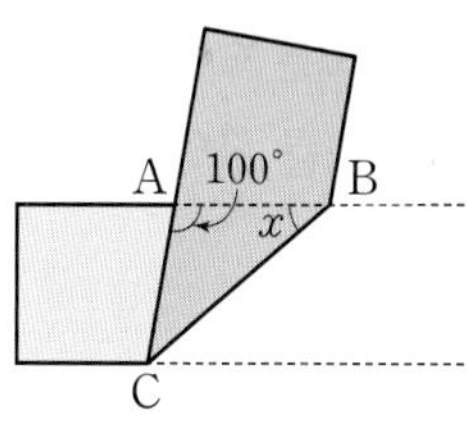

12 오른쪽 그림과 같이 직사각형 모양의 종이를 접었다. $\angle ABD=113°$일 때, $\angle x$의 크기를 구하시오.

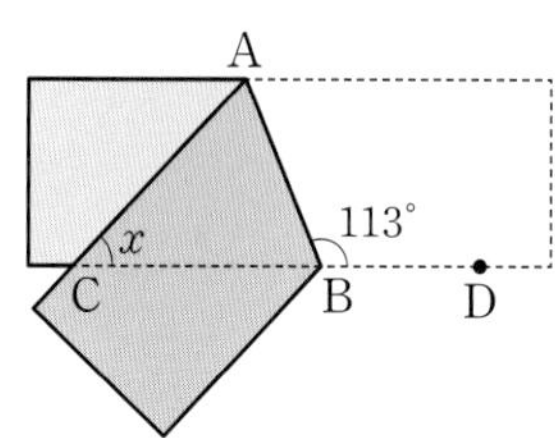

정답과 해설 53쪽

서술형 확실히 강잡기

01 다음 그림에서 두 점 M, N은 각각 $\overline{AB}$, $\overline{BC}$의 중점이다. $\overline{AM}=8\text{ cm}$, $\overline{MC}=16\text{ cm}$일 때, $\overline{MN}$의 길이를 구하시오.

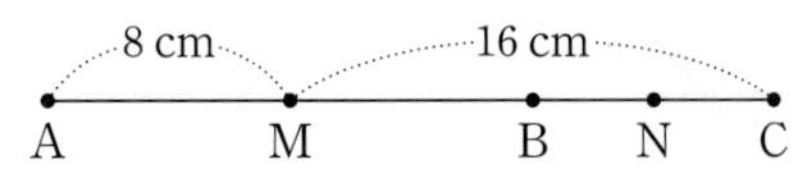

답

02 오른쪽 그림에서 $\angle x+\angle y$의 크기를 구하시오.

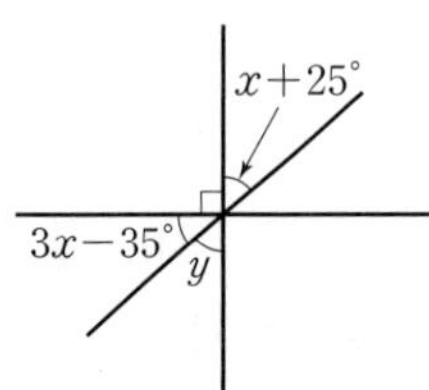

답

03 오른쪽 그림에서 $\overline{AB}\perp\overline{EO}$이고, $\angle AOD=3\angle COD$, $\angle DOB=4\angle DOE$일 때, $\angle COE$의 크기를 구하시오.

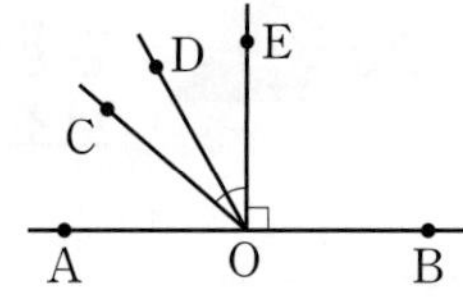

답

04 오른쪽 그림과 같이 밑면이 사다리꼴인 사각기둥에서 모서리 AD와 꼬인 위치에 있는 모서리의 개수를 a, 모서리 AE와 수직인 면의 개수를 b라 할 때, $a+b$의 값을 구하시오.

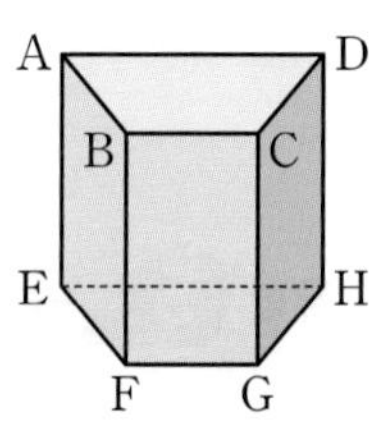

답

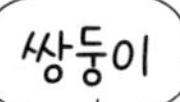

단원 마무리하기

01 오른쪽 그림과 같은 사각뿔에서 교점의 개수를 a, 교선의 개수를 b, 면의 개수를 c라 할 때, $a+b+c$의 값은?

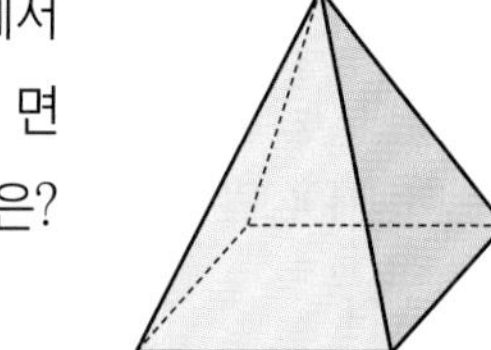

① 15 ② 16 ③ 17 ④ 18 ⑤ 19

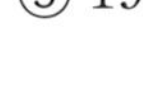

02 오른쪽 그림과 같이 직선 l 위에 세 점 A, B, C가 있을 때, 다음 **보기** 중 옳은 것을 모두 고르시오.

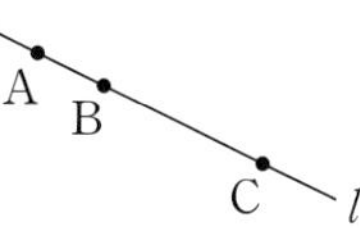

보기

ㄱ. $\overleftrightarrow{BC}=\overleftrightarrow{CA}$ ㄴ. $\overline{CA}=\overline{AB}$

ㄷ. $\overline{AC}=\overline{CA}$ ㄹ. $\overrightarrow{BA}=\overrightarrow{BC}$

03 다음 그림에서 점 M은 $\overline{AB}$의 중점이고 점 N은 $\overline{BC}$의 중점이다. $\overline{AC}=8\text{ cm}$일 때, $\overline{MN}$의 길이를 구하시오.

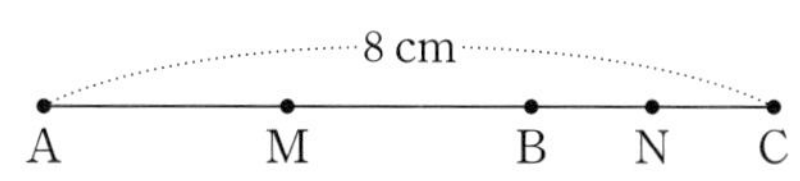

04 오른쪽 그림에서 $\angle x$의 크기를 구하시오.

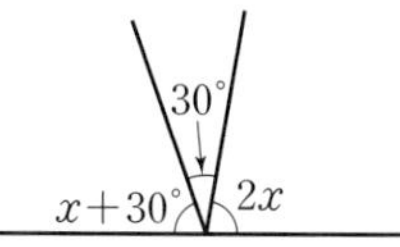

05 오른쪽 그림에서 $\angle x : \angle y : \angle z = 9 : 4 : 2$일 때, $\angle x$, $\angle y$, $\angle z$의 크기를 각각 구하시오.

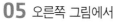

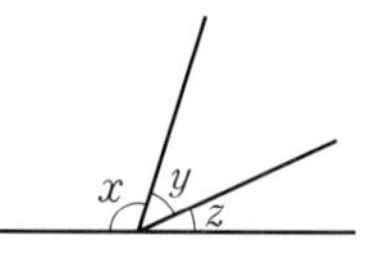

06 오른쪽 그림에서 $\angle AOB = 3\angle BOC$, $\angle COD = \frac{1}{3}\angle DOE$일 때, $\angle BOD$의 크기는?

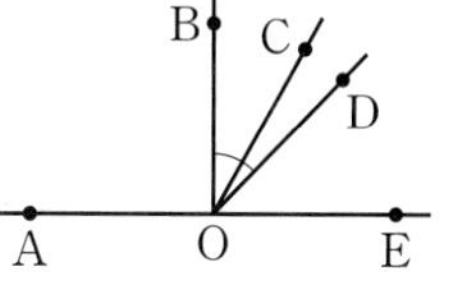

① 35° ② 40° ③ 45° ④ 50° ⑤ 55°

07 오른쪽 그림에서 $\angle y - \angle x$의 크기를 구하시오.

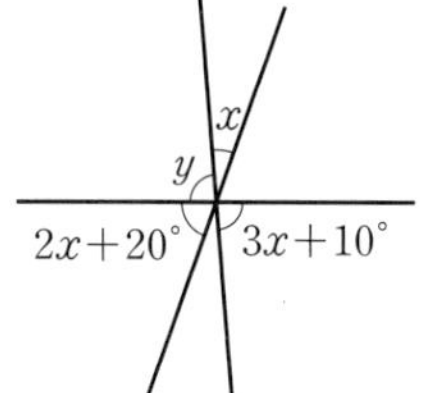

정답과 해설 54쪽

08 오른쪽 그림과 같은 사각형 ABCD에 대하여 다음 중 옳지 않은 것은?

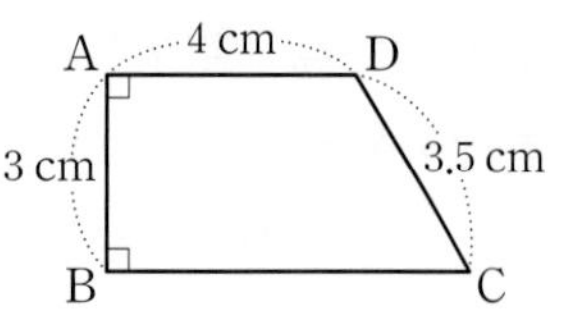

① $\overline{AB}$와 $\overline{AD}$는 서로 직교한다.
② $\overline{AB}$와 수직으로 만나는 선분은 $\overline{AD}$, $\overline{BC}$이다.
③ 점 C에서 $\overline{AB}$에 내린 수선의 발은 점 B이다.
④ 점 D와 $\overline{AB}$ 사이의 거리는 4 cm이다.
⑤ 점 D와 $\overline{BC}$ 사이의 거리는 3.5 cm이다.

09 오른쪽 그림과 같은 직육면체에서 다음 중 대각선 AG, 모서리 CD와 동시에 꼬인 위치에 있는 모서리를 모두 고르면? (정답 2개)

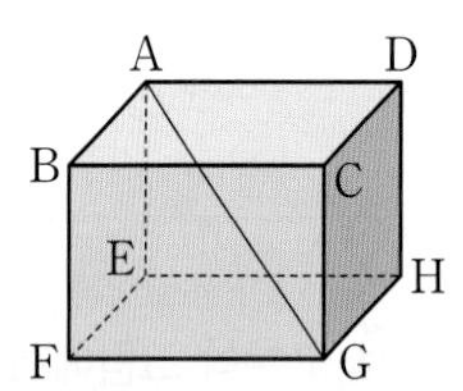

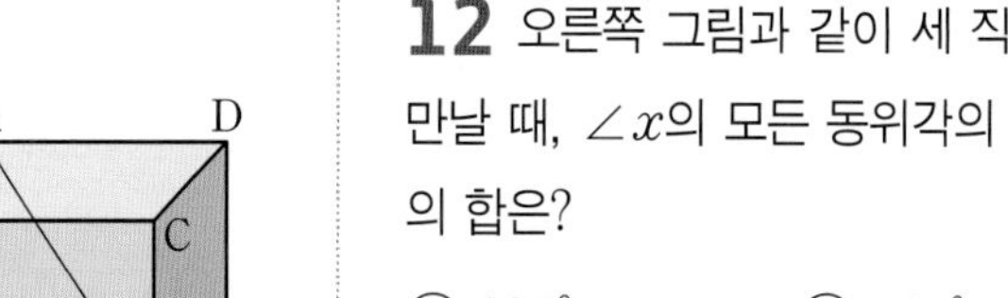

① $\overline{BF}$ ② $\overline{BC}$ ③ $\overline{DH}$
④ $\overline{EH}$ ⑤ $\overline{FG}$

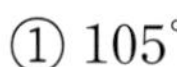

10 오른쪽 그림과 같이 밑면이 직각삼각형인 삼각기둥에 대하여 다음 **보기** 중 옳은 것을 모두 고르시오.

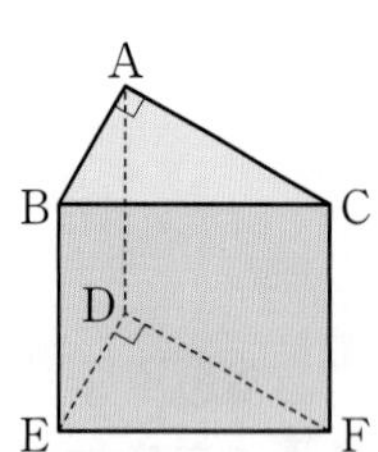

보기

ㄱ. 모서리 AB와 꼬인 위치에 있는 모서리는 3개이다.
ㄴ. 모서리 DE와 수직으로 만나는 모서리는 3개이다.
ㄷ. 모서리 BE와 평행한 면은 2개이다.

11 오른쪽 그림과 같은 전개도로 삼각기둥을 만들었을 때, 다음 중 면 JIDC와 평행한 모서리는?

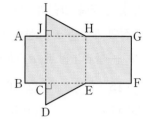

① $\overline{AH}$ ② $\overline{BE}$
③ $\overline{IH}$ ④ $\overline{GF}$
⑤ $\overline{HE}$

12 오른쪽 그림과 같이 세 직선이 만날 때, $\angle x$의 모든 동위각의 크기의 합은?

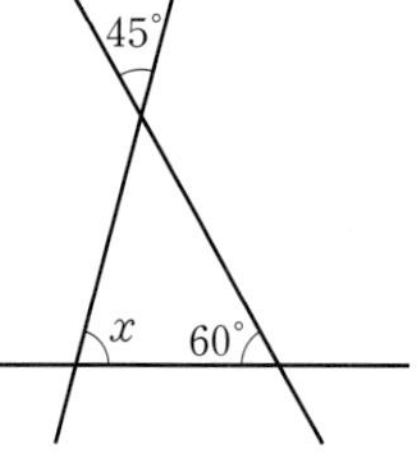

① 105° ② 165°
③ 195° ④ 255°
⑤ 270°

서술형

13 오른쪽 그림에서 $l /\!/ m$일 때 $\angle x$의 크기를 구하시오.

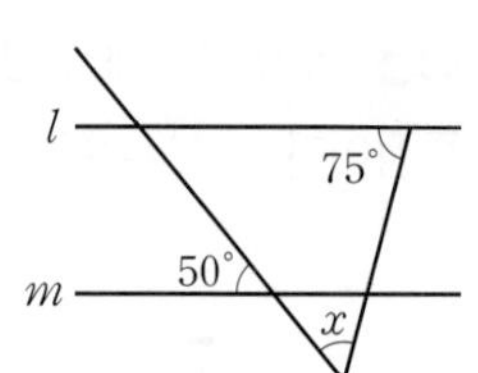

14 오른쪽 그림에서 $l /\!/ m$일 때 $\angle x$의 크기는?

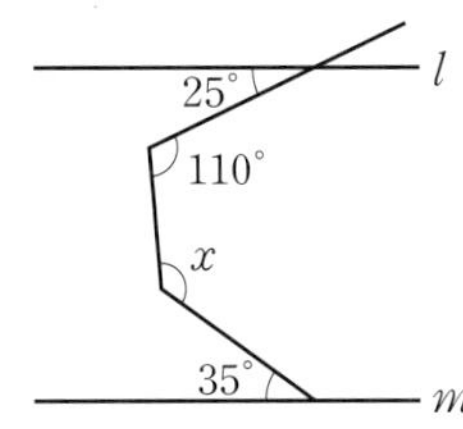

① 120° ② 125°
③ 130° ④ 135°
⑤ 140°

15 오른쪽 그림에서 $l /\!/ m$이 되기 위한 조건이 아닌 것을 다음 **보기**에서 모두 고르시오.

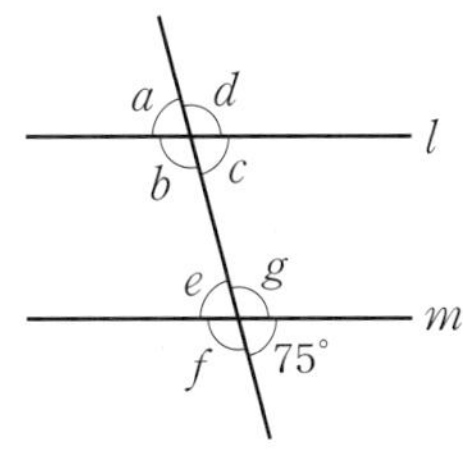

보기

ㄱ. $\angle a=75^\circ$ ㄴ. $\angle b=105^\circ$
ㄷ. $\angle c=75^\circ$ ㄹ. $\angle f=105^\circ$

서술형

16 오른쪽 그림과 같이 직사각형 모양의 종이를 접었다. $\angle BAD=140^\circ$일 때, $\angle y-\angle x$의 크기를 구하시오.

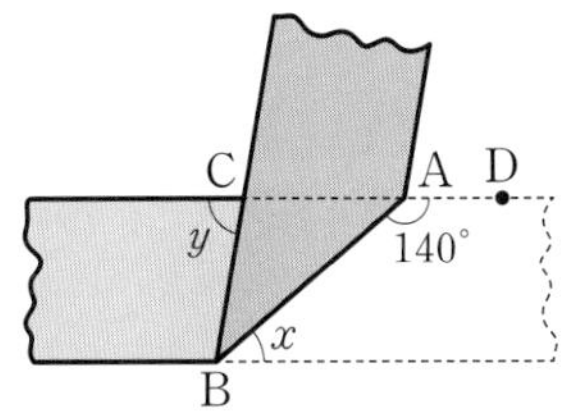

Level Up

17 다음 그림에서 $\overline{AB}$의 중점을 C, $\overline{CB}$의 중점을 D, $\overline{AD}$의 중점을 E라 하자. $\overline{AB}=40\text{ cm}$일 때, $\overline{EC}$의 길이를 구하시오.

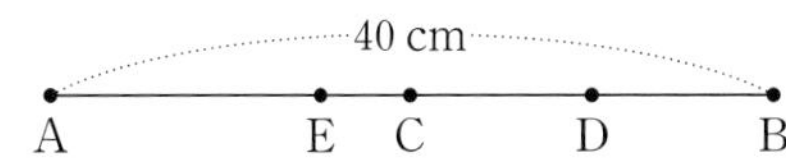

18 오른쪽 그림과 같이 직육면체의 일부를 잘라서 만든 입체도형에서 각 모서리를 연장한 직선을 그을 때, 직선 CD와 꼬인 위치에 있는 직선의 개수를 a, 직선 AF와 평행한 면의 개수를 b라 하자. 이때 $a+b$의 값을 구하시오.

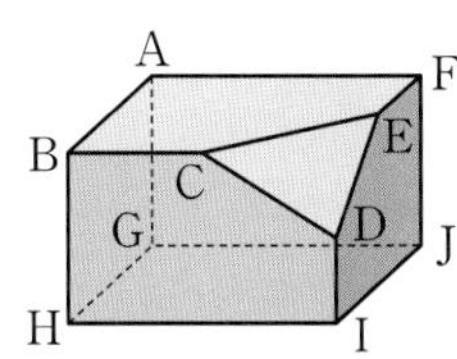

19 오른쪽 그림에서 $l /\!/ m$일 때, $\angle x+\angle y+\angle z$의 크기를 구하시오.

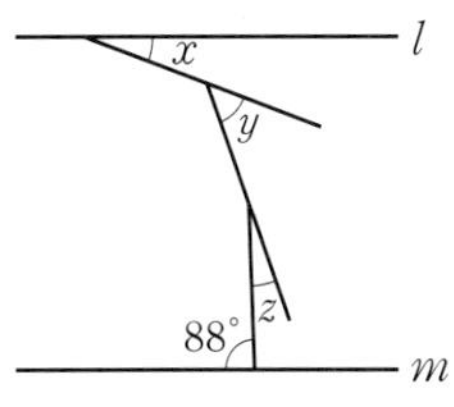

정답과 해설 56쪽

작도와 합동

길이가 같은 선분의 작도

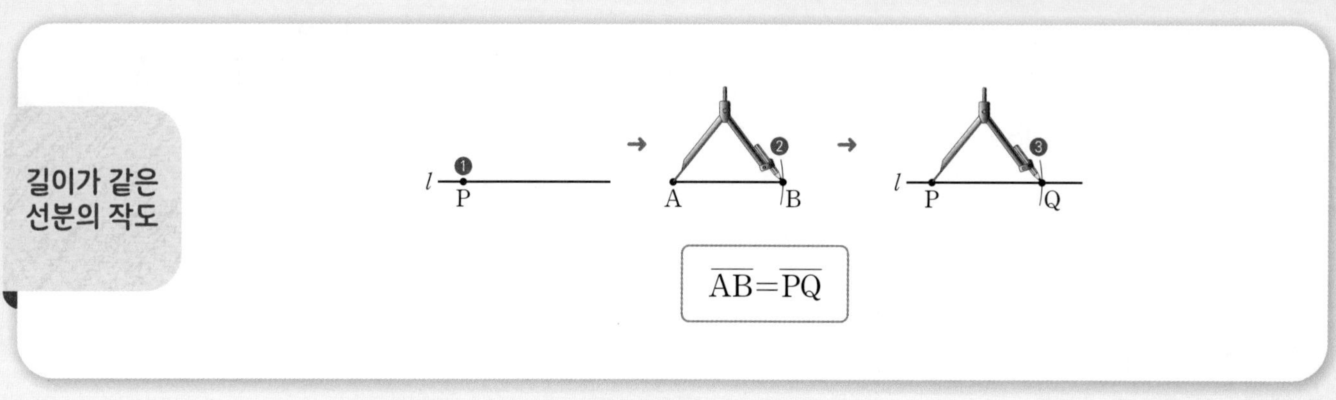

$\overline{AB}=\overline{PQ}$

크기가 같은 각의 작도

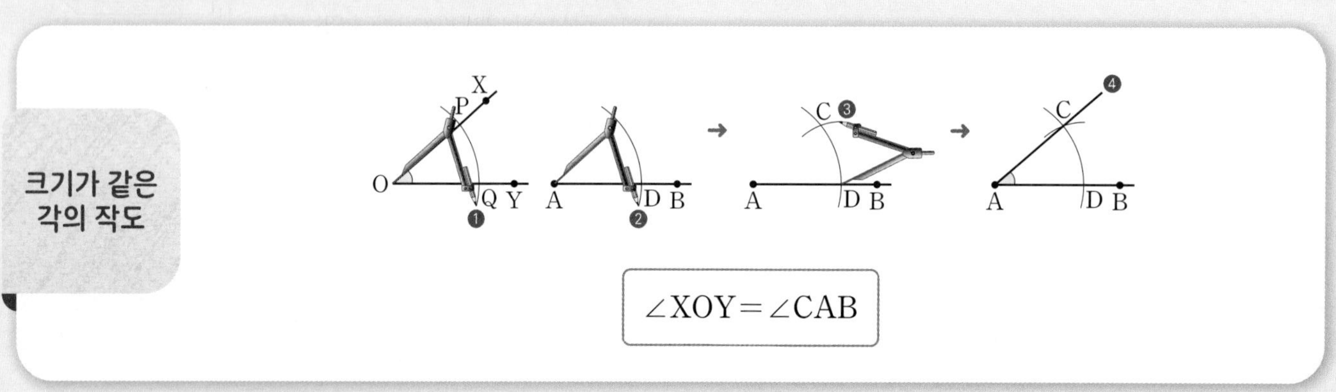

$\angle XOY=\angle CAB$

삼각형 ABC

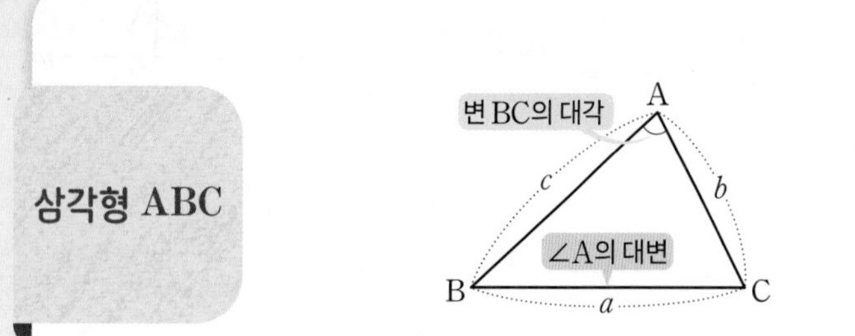

세 점 A, B, C를 꼭짓점으로 하는 삼각형

→ $\triangle ABC$

(1) 대변: 한 각과 마주 보는 변

(2) 대각: 한 변과 마주 보는 각

삼각형의 세 변의 길이 사이의 관계

가장 긴 변의 길이 / 나머지 두 변의 길이의 합

2, 3, 4 → $4<2+3$ → 삼각형을 만들 수 있다.

2, 3, 5 → $5=2+3$ → 삼각형을 만들 수 없다.

3, 5, 9 → $9>3+5$ → 삼각형을 만들 수 없다.

삼각형에서 한 변의 길이는 나머지 두 변의 길이의 합보다 작다.

→ (가장 긴 변의 길이) < (나머지 두 변의 길이의 합)

삼각형이 하나로 정해지는 경우

(1)  (2)  (3) 

(1) 세 변의 길이가 주어질 때

(2) 두 변의 길이와 그 끼인각의 크기가 주어질 때

(3) 한 변의 길이와 그 양 끝 각의 크기가 주어질 때

도형의 합동

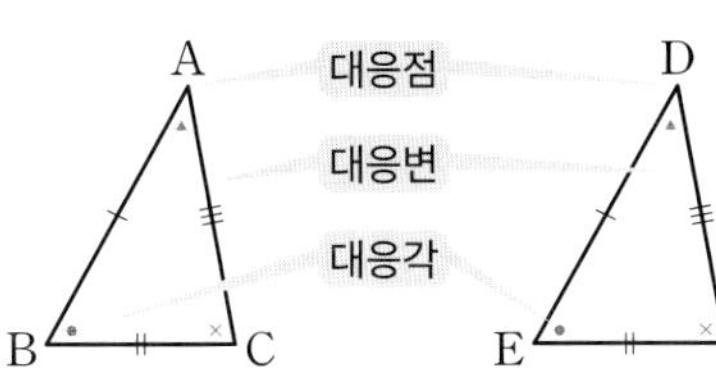

(1) △ABC와 △DEF가 서로 합동일 때, 기호로 △ABC≡△DEF와 같이 나타낸다.

(2) 두 도형이 서로 합동이면

① 대응변의 길이가 서로 같다.

② 대응각의 크기가 서로 같다.

삼각형의 합동 조건

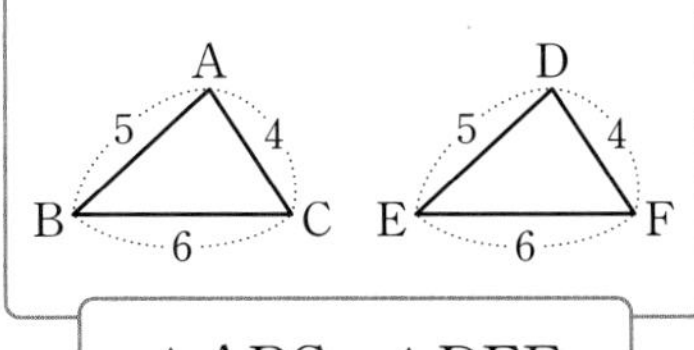

△ABC≡△DEF
(SSS 합동)

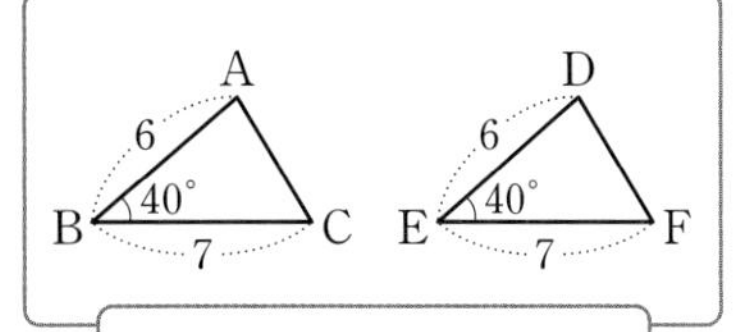

△ABC≡△DEF
(SAS 합동)

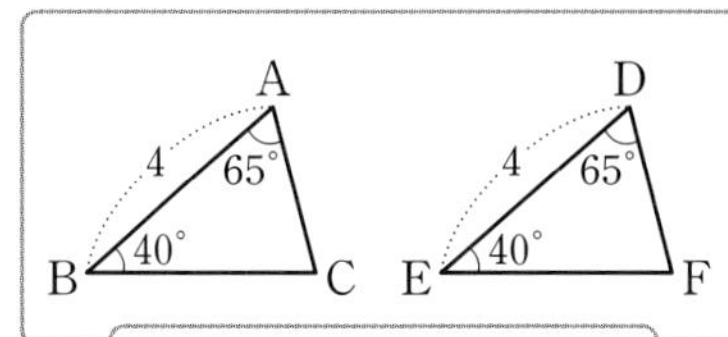

△ABC≡△DEF
(ASA 합동)

01 삼각형의 작도

개념 1 길이가 같은 선분의 작도

✓ 작도

01 다음 중 작도에 대한 설명으로 옳은 것은 ○표, 옳지 않은 것은 ×표를 하시오.

(1) 작도할 때는 눈금 없는 자, 컴퍼스, 각도기를 사용한다. ( )

(2) 선분의 길이를 다른 직선으로 옮길 때 눈금 없는 자를 사용한다. ( )

(3) 두 선분의 길이를 비교할 때 컴퍼스를 사용한다. ( )

(4) 크기가 같은 각을 작도할 때 각도기로 각의 크기를 재어 작도한다. ( )

✓ 길이가 같은 선분의 작도

02 다음은 선분 AB와 길이가 같은 선분 PQ를 작도하는 과정이다. □ 안에 알맞은 것을 써넣으시오.

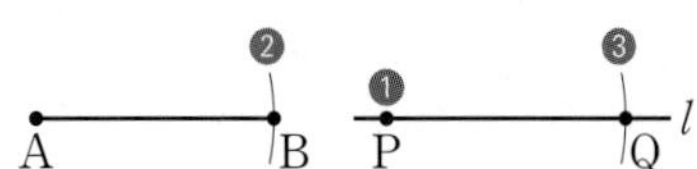

❶ □를 사용하여 직선 l을 긋고, 그 위에 점 P를 잡는다.
❷ □를 사용하여 $\overline{AB}$의 길이를 잰다.
❸ 점 □를 중심으로 반지름의 길이가 □인 원을 그려 직선 l과의 교점을 Q라 한다. ➜ $\overline{PQ}$=□

개념 2 크기가 같은 각의 작도

✓ 크기가 같은 각의 작도

01 다음 그림은 ∠XOY와 크기가 같고 반직선 PQ를 한 변으로 하는 ∠CPD를 작도한 것이다. □ 안에 작도 순서를 알맞게 써넣으시오.

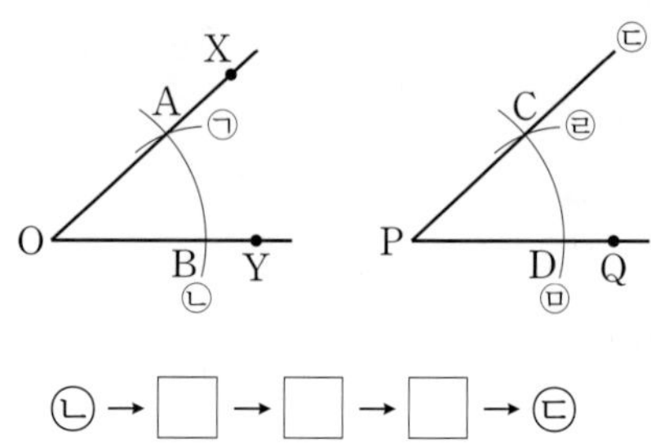

㉡ → □ → □ → □ → ㉢

✓ 평행선의 작도

02 다음은 직선 l 위에 있지 않은 한 점 P를 지나고 직선 l에 평행한 직선 m을 작도하는 과정이다. 작도 순서를 바르게 나열하시오.

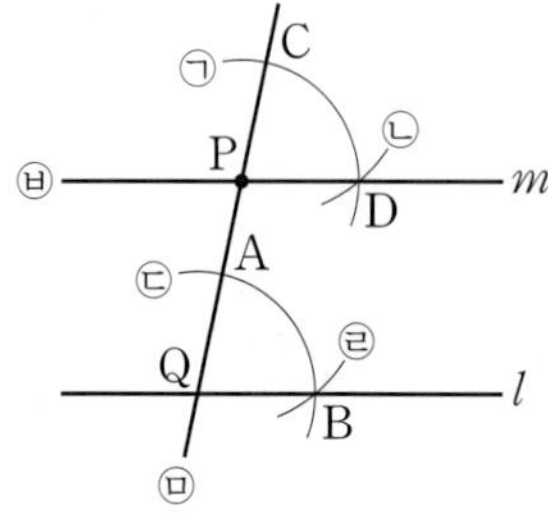

㉠ 점 P를 중심으로 반지름의 길이가 $\overline{QA}$인 원을 그려 $\overleftrightarrow{PQ}$와의 교점을 C라 한다.
㉡ 점 C를 중심으로 반지름의 길이가 $\overline{AB}$인 원을 그려 전 단계에서 그린 원과의 교점을 D라 한다.
㉢ 점 Q를 중심으로 적당한 원을 그려 $\overleftrightarrow{PQ}$, 직선 l과의 교점을 각각 A, B라 한다.
㉣ 컴퍼스로 $\overline{AB}$의 길이를 잰다.
㉤ 점 P를 지나는 직선을 그려 직선 l과의 교점을 Q라 한다.
㉥ $\overleftrightarrow{PD}$를 긋는다.

개념 3 삼각형 ABC

✓ 삼각형 ABC

01 오른쪽 그림과 같은 삼각형 ABC에서 다음을 구하시오.

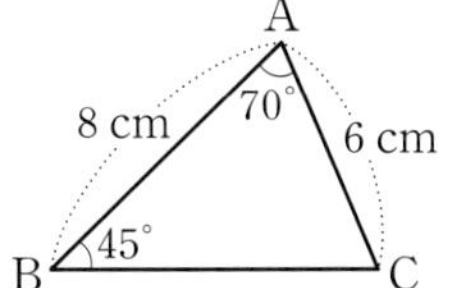

(1) ∠B의 대변의 길이

(2) ∠C의 대변의 길이

(3) 변 BC의 대각의 크기

(4) 변 AB의 대각의 크기

✓ 삼각형의 세 변의 길이 사이의 관계

02 세 선분의 길이가 다음과 같을 때, 삼각형을 만들 수 있으면 ○표, 만들 수 없으면 ×표를 하시오.

(1) 2 cm, 3 cm, 4 cm ( )

(2) 2 cm, 4 cm, 7 cm ( )

(3) 4 cm, 4 cm, 4 cm ( )

(4) 3 cm, 5 cm, 8 cm ( )

(5) 4 cm, 5 cm, 6 cm ( )

(6) 5 cm, 7 cm, 11 cm ( )

개념 4 삼각형의 작도

✓ 삼각형의 작도

01 다음 그림은 두 변의 길이와 그 끼인각의 크기를 이용하여 △ABC와 합동인 △DEF를 작도하는 과정이다. 작도 순서를 바르게 나열하시오.

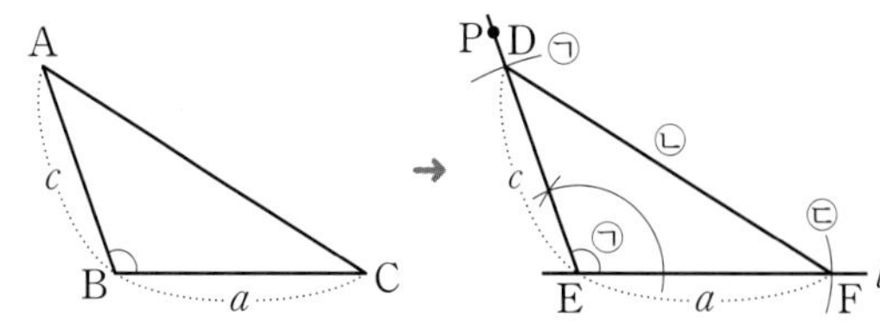

㉠ $\overrightarrow{EF}$를 한 변으로 하고 ∠B와 크기가 같은 ∠PEF를 작도하고, 점 E를 중심으로 반지름의 길이가 c인 원을 그려 $\overrightarrow{EP}$와의 교점을 D라 한다.

㉡ $\overline{DF}$를 긋는다.

㉢ 직선 l을 긋고, 그 위에 길이가 a인 $\overline{EF}$를 작도한다.

개념 5 삼각형이 하나로 정해지는 경우

✓ 삼각형이 하나로 정해지는 경우

01 다음과 같은 조건이 주어질 때, △ABC가 하나로 정해지면 ○표, 정해지지 않으면 ×표를 하시오.

(1) $\overline{AB}=6$ cm, $\overline{BC}=8$ cm, $\overline{CA}=10$ cm ( )

(2) $\overline{AB}=5$ cm, $\overline{BC}=7$ cm, $\overline{CA}=12$ cm ( )

(3) $\overline{AB}=6$ cm, $\overline{BC}=9$ cm, $\angle C=40°$ ( )

(4) $\overline{CA}=8$ cm, $\angle A=50°$, $\angle B=70°$ ( )

정답과 해설 57쪽

한 번 더 필수 유형 익히기

유형 1 작도

01 다음 중 작도에 대한 설명으로 옳지 않은 것은?

① 작도할 때는 각도기를 사용한다.
② 선분을 연장할 때는 눈금 없는 자를 사용한다.
③ 두 선분의 길이를 비교할 때는 컴퍼스를 사용한다.
④ 선분의 길이를 다른 직선에 옮길 때는 컴퍼스를 사용한다.
⑤ 눈금 없는 자와 컴퍼스만을 사용하여 도형을 그리는 것을 작도라 한다.

02 아래 보기 중 다음 작도 도구의 용도를 모두 고르시오.

보기
ㄱ. 두 점을 연결하여 선분을 그린다.
ㄴ. 선분의 연장선을 긋는다.
ㄷ. 원을 그린다.
ㄹ. 선분의 길이를 옮긴다.

(1) 눈금 없는 자　　　(2) 컴퍼스

유형 2 길이가 같은 선분의 작도

03 아래 그림은 직선 l 위에 $\overline{CD}=2\overline{AB}$인 $\overline{CD}$를 작도한 것이다. 다음 물음에 답하시오.

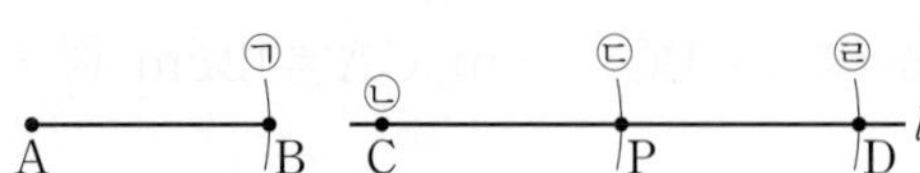

(1) 필요한 작도 도구를 말하시오.
(2) 작도 순서를 바르게 나열하시오.

유형 3 크기가 같은 각의 작도

04 다음 그림은 ∠XOY와 크기가 같고 반직선 PQ를 한 변으로 하는 각을 작도한 것이다. 작도 순서를 바르게 나열한 것은?

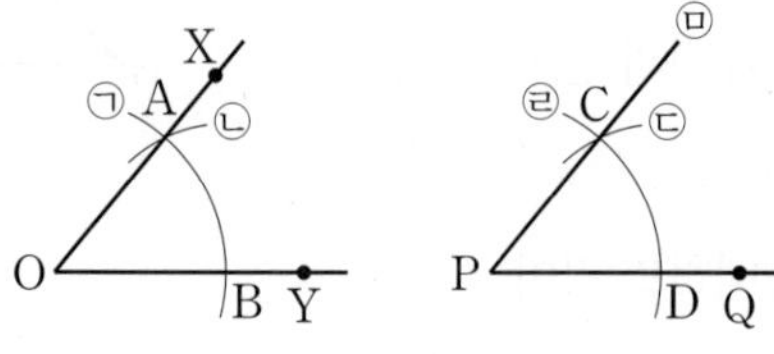

① ㉠ → ㉡ → ㉢ → ㉣ → ㉤
② ㉠ → ㉡ → ㉣ → ㉢ → ㉤
③ ㉠ → ㉣ → ㉢ → ㉡ → ㉤
④ ㉠ → ㉣ → ㉡ → ㉢ → ㉤
⑤ ㉡ → ㉢ → ㉠ → ㉣ → ㉤

05 아래 그림은 ∠XOY와 크기가 같고 반직선 PQ를 한 변으로 하는 각을 작도한 것이다. 다음 중 옳지 않은 것은?

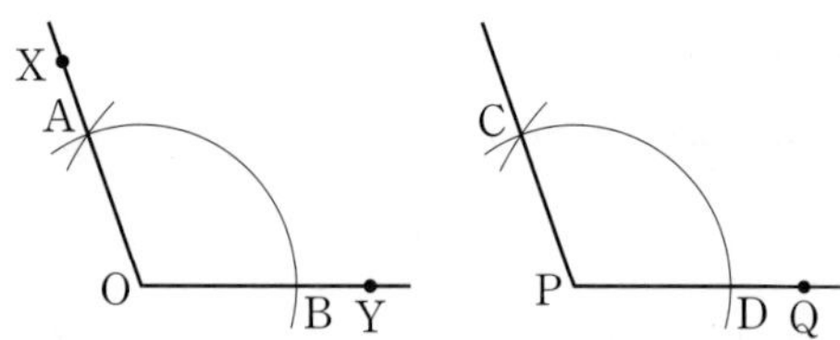

① $\overline{PC}=\overline{PD}$　② $\overline{PC}=\overline{CD}$　③ $\overline{OB}=\overline{PD}$
④ $\overline{AB}=\overline{CD}$　⑤ ∠AOB=∠CPD

유형 4 평행선의 작도

06 다음은 직선 l 위에 있지 않은 한 점 P를 지나고 직선 l에 평행한 직선 m을 작도하는 과정이다. □ 안에 알맞은 것을 써넣으시오.

❶ 점 P를 지나는 직선을 그어 직선 l과의 교점을 □라 한다.
❷ 점 Q를 중심으로 적당한 원을 그려 $\overleftrightarrow{PQ}$, 직선 l과의 교점을 각각 □, □라 한다.
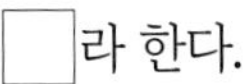
❸ 점 P를 중심으로 반지름의 길이가 $\overline{QA}$인 원을 그려 $\overleftrightarrow{PQ}$와의 교점을 □라 한다.
❹ 컴퍼스로 □의 길이를 잰다.
❺ 점 C를 중심으로 반지름의 길이가 □인 원을 그려 ❸에서 그린 원과의 교점을 □라 한다.
❻ $\overleftrightarrow{PD}$를 그으면 $\overleftrightarrow{PD}$가 구하는 직선이다. ➜ $l /\!/ m$

07 오른쪽 그림은 직선 l 위에 있지 않은 한 점 P를 지나고 직선 l에 평행한 직선 m을 작도한 것이다. 다음 보기 중 옳은 것을 모두 고르시오.

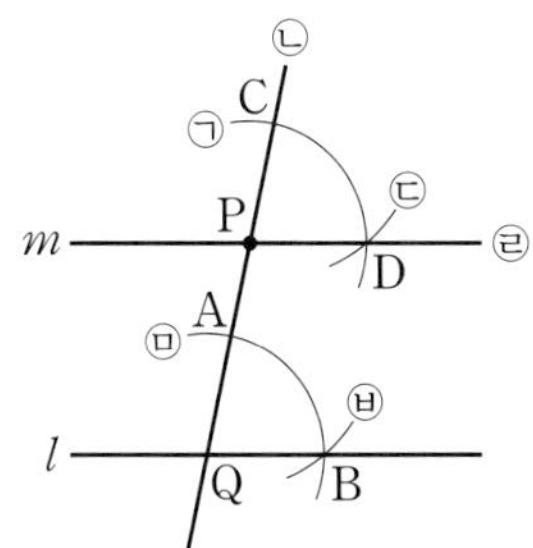

보기
ㄱ. $l /\!/ m$
ㄴ. $\overline{AB}=\overline{CD}$
ㄷ. $\overline{QA}=\overline{QB}=\overline{PC}=\overline{PD}$
ㄹ. $\angle AQB=\angle PCD$
ㅁ. 작도 순서는 ㉡ → ㉢ → ㉠ → ㉤ → ㉥ → ㉣이다.

유형 5 삼각형의 세 변의 길이 사이의 관계

08 삼각형의 세 변의 길이가 5 cm, 11 cm, x cm일 때, x의 값이 될 수 있는 자연수의 개수를 구하시오.

09 삼각형의 세 변의 길이가 4, 9, a일 때, a의 값이 될 수 없는 자연수는?

① 6 ② 8 ③ 10
④ 12 ⑤ 14

유형 6 삼각형의 작도

10 다음은 세 변의 길이가 주어졌을 때, 직선 l 위에 변 BC가 오도록 하여 △ABC를 작도한 것이다. 작도 순서를 바르게 나열하시오.

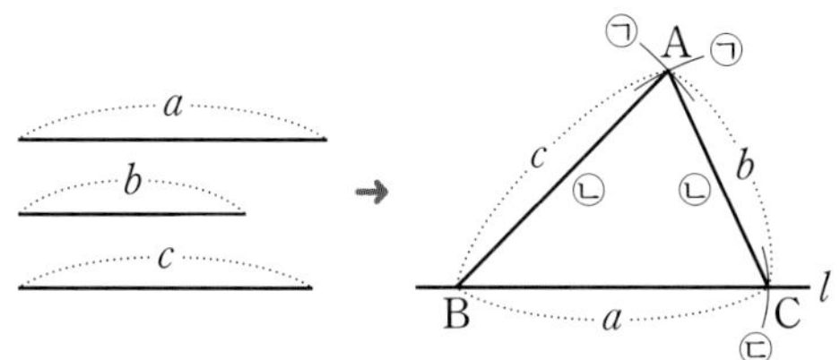

정답과 해설 57쪽

11 다음은 한 변의 길이와 그 양 끝 각의 크기가 주어졌을 때, △ABC를 작도하는 과정이다. 작도 순서를 바르게 나열한 것을 모두 고르면? (정답 2개)

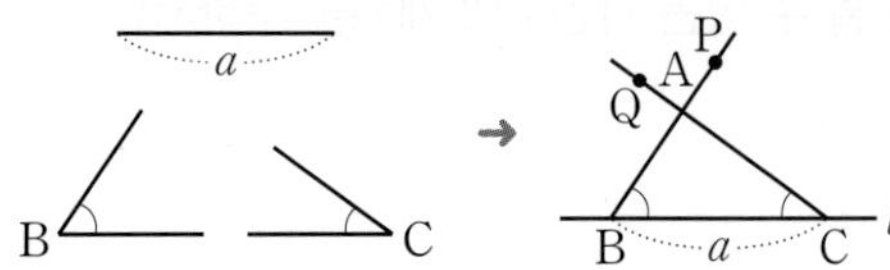

> ㉠ $\overrightarrow{\mathrm{BP}}$와 $\overrightarrow{\mathrm{CQ}}$의 교점을 A라 한다.
> ㉡ ∠B와 크기가 같은 ∠PBC를 작도한다.
> ㉢ ∠C와 크기가 같은 ∠QCB를 작도한다.
> ㉣ 한 직선 l을 긋고, 그 위에 길이가 a인 선분 BC를 작도한다.

① ㉣ → ㉠ → ㉡ → ㉢
② ㉣ → ㉡ → ㉢ → ㉠
③ ㉣ → ㉢ → ㉡ → ㉠
④ ㉠ → ㉡ → ㉢ → ㉣
⑤ ㉠ → ㉢ → ㉡ → ㉣

유형 7 삼각형이 하나로 정해지는 경우

12 오른쪽 그림과 같은 삼각형에서 다음의 조건이 주어졌을 때, △ABC가 하나로 정해지지 않는 것은?

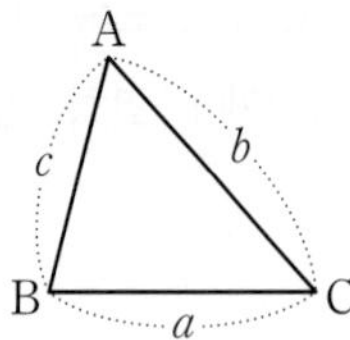

① a, b, c
② a, b, ∠C
③ b, c, ∠A
④ a, ∠B, ∠C
⑤ ∠A, ∠B, ∠C

13 다음 중 △ABC가 하나로 정해지는 것을 모두 고르면? (정답 2개)

① $\overline{\mathrm{AB}}=4\,\mathrm{cm}$, $\overline{\mathrm{BC}}=6\,\mathrm{cm}$, $\overline{\mathrm{AC}}=8\,\mathrm{cm}$
② $\overline{\mathrm{AB}}=4\,\mathrm{cm}$, $\overline{\mathrm{BC}}=3\,\mathrm{cm}$, $\angle\mathrm{C}=35^\circ$
③ $\overline{\mathrm{BC}}=5\,\mathrm{cm}$, $\overline{\mathrm{AC}}=9\,\mathrm{cm}$, $\angle\mathrm{B}=50^\circ$
④ $\overline{\mathrm{BC}}=6\,\mathrm{cm}$, $\angle\mathrm{B}=50^\circ$, $\angle\mathrm{C}=70^\circ$
⑤ $\angle\mathrm{A}=45^\circ$, $\angle\mathrm{B}=45^\circ$, $\angle\mathrm{C}=90^\circ$

유형 8 삼각형이 하나로 정해지기 위해 필요한 조건

14 △ABC에서 $\overline{\mathrm{AB}}$와 $\overline{\mathrm{BC}}$의 길이가 주어졌을 때, △ABC가 하나로 정해지기 위해 필요한 나머지 한 조건으로 알맞은 것을 다음 보기에서 모두 고르시오.

> 보기
> ㄱ. $\overline{\mathrm{AC}}$　　ㄴ. ∠A
> ㄷ. ∠B　　ㄹ. ∠C

15 △ABC에서 $\overline{\mathrm{AB}}=4\,\mathrm{cm}$, $\angle\mathrm{B}=50^\circ$일 때, △ABC가 하나로 정해지기 위해 필요한 나머지 한 조건으로 알맞은 것을 다음 보기에서 모두 고르시오.

> 보기
> ㄱ. $\angle\mathrm{A}=60^\circ$　　ㄴ. $\angle\mathrm{C}=130^\circ$
> ㄷ. $\overline{\mathrm{AC}}=5\,\mathrm{cm}$　　ㄹ. $\overline{\mathrm{BC}}=3\,\mathrm{cm}$

02 삼각형의 합동

개념 6 도형의 합동

합동인 도형의 성질

01 아래 그림에서 $\triangle ABC \equiv \triangle DEF$일 때, 다음을 구하시오.

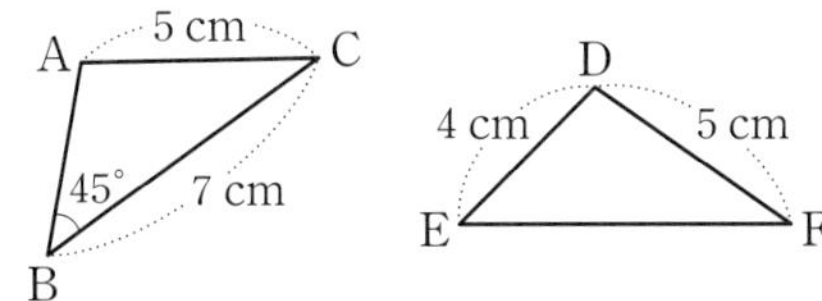

(1) $\overline{AB}$의 길이

(2) $\overline{EF}$의 길이

(3) $\angle E$의 크기

02 아래 그림에서 사각형 ABCD와 사각형 EFGH가 서로 합동일 때, 다음을 구하시오.

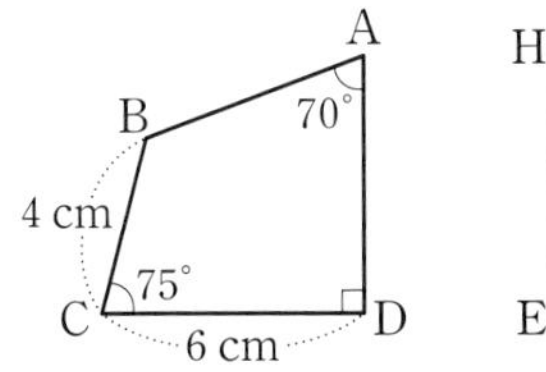

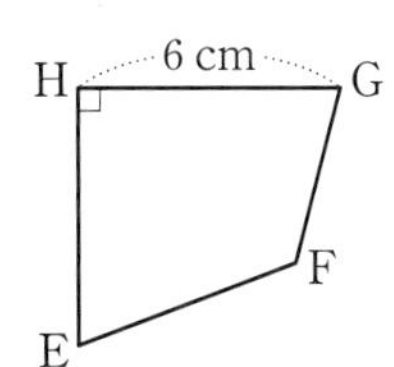

(1) $\overline{FG}$의 길이

(2) $\angle E$의 크기

(3) $\angle G$의 크기

개념 7 삼각형의 합동 조건

삼각형의 합동 조건

01 다음 그림과 같은 두 삼각형이 서로 합동일 때, 기호 ≡를 사용하여 나타내고, 합동 조건을 말하시오.

(1)

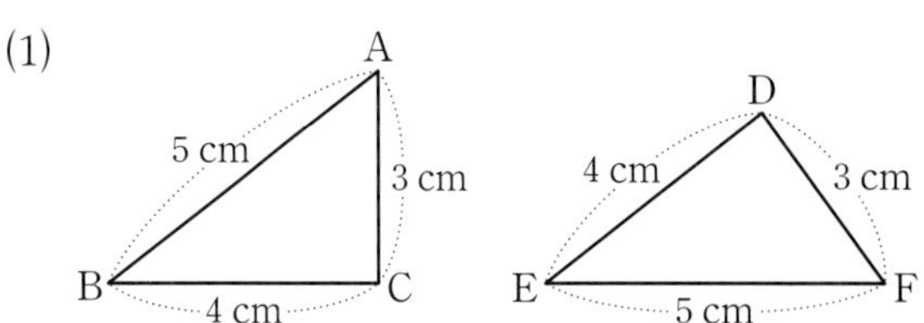

(2)

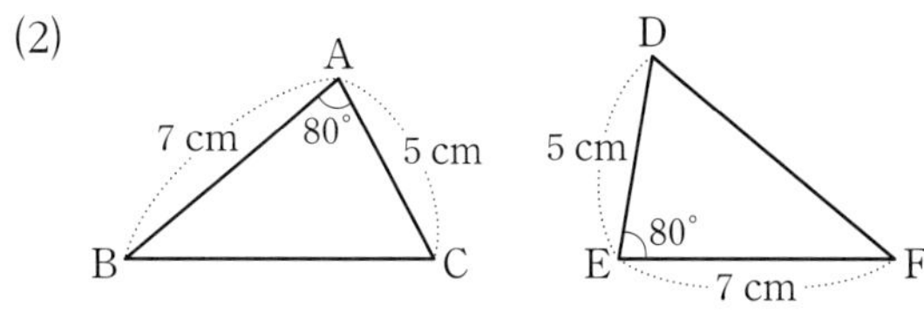

02 다음 보기 중 서로 합동인 삼각형끼리 짝 지어 보고, 각각의 합동 조건을 말하시오.

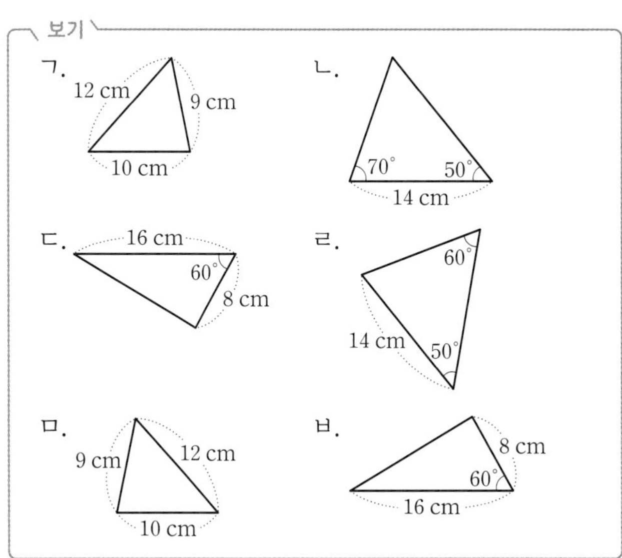

정답과 해설 57쪽

필수 유형 (한번 더) 익히기

유형 1 합동인 도형의 성질

01 다음 그림에서 $\triangle ABC \equiv \triangle DEF$일 때, x, y의 값을 각각 구하시오.

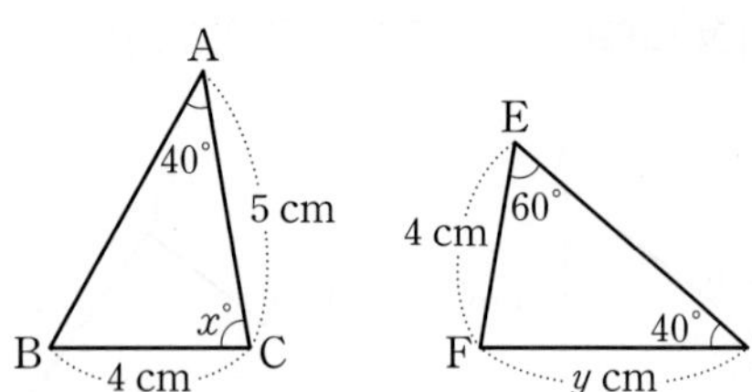

02 아래 그림에서 사각형 ABCD와 사각형 EFGH가 서로 합동일 때, 다음 중 옳지 않은 것은?

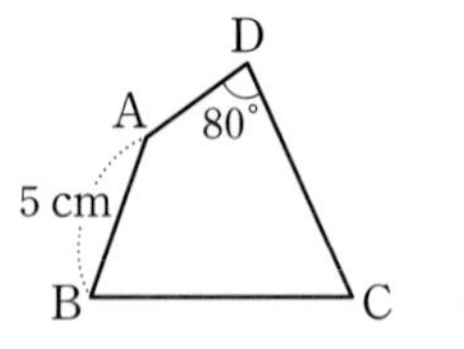

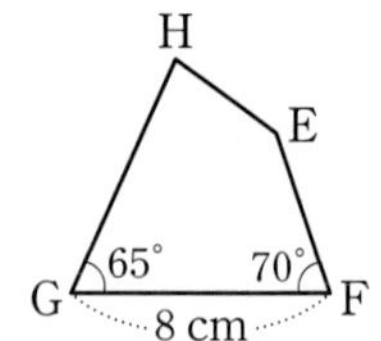

① $\overline{BC}=8$ cm ② $\overline{EF}=5$ cm ③ $\angle B=70°$
④ $\angle E=135°$ ⑤ $\angle H=80°$

유형 2 합동인 삼각형 찾기

03 다음 중 $\triangle ABC \equiv \triangle PQR$이라 할 수 없는 것은?

① $\overline{AB}=\overline{PQ}$, $\overline{BC}=\overline{QR}$, $\overline{CA}=\overline{RP}$
② $\overline{AB}=\overline{PQ}$, $\overline{BC}=\overline{QR}$, $\angle C=\angle R$
③ $\overline{AB}=\overline{PQ}$, $\angle A=\angle P$, $\angle B=\angle Q$
④ $\overline{BC}=\overline{QR}$, $\angle A=\angle P$, $\angle B=\angle Q$
⑤ $\overline{BC}=\overline{QR}$, $\overline{CA}=\overline{RP}$, $\angle C=\angle R$

04 다음 중 오른쪽 그림의 삼각형과 합동인 것은?

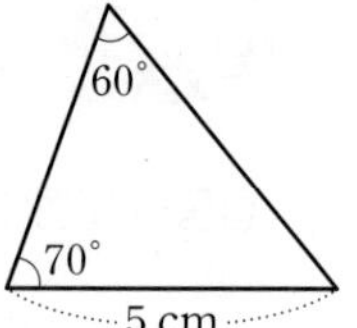

①
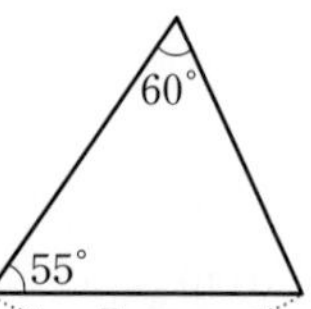

②
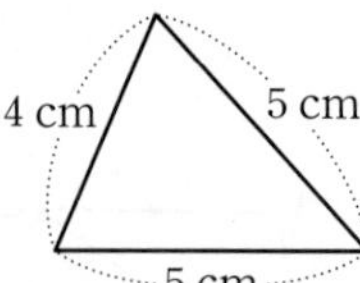

③
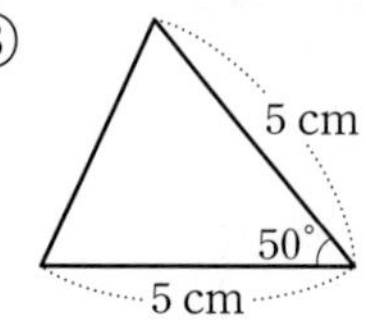

④
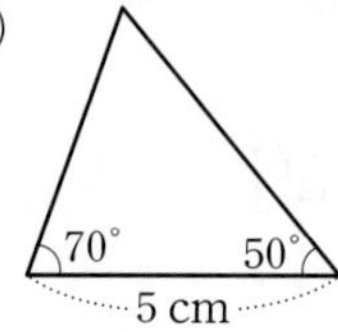

⑤
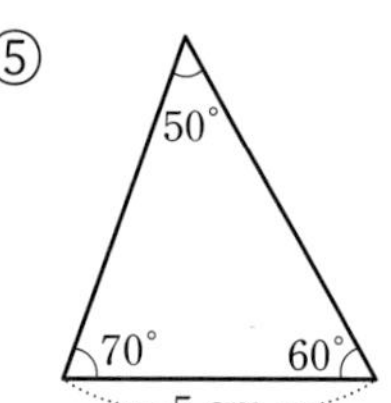

유형 3 두 삼각형이 합동일 조건

05 오른쪽 그림의 $\triangle ABC$와 $\triangle DEF$에서 $\overline{AB}=\overline{DE}$, $\overline{BC}=\overline{EF}$일 때, 다음 보기 중 $\triangle ABC \equiv \triangle DEF$가 되기 위해 필요한 나머지 한 조건을 모두 고르시오.

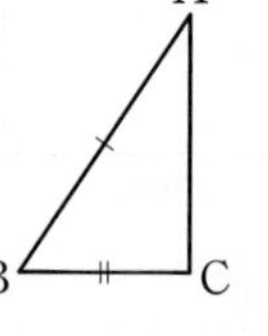

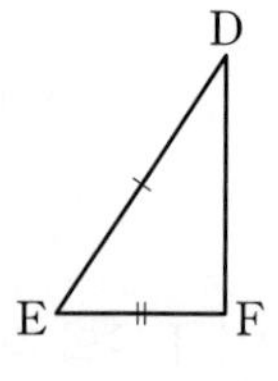

보기
ㄱ. $\overline{AC}=\overline{DF}$ ㄴ. $\overline{AC}=\overline{EF}$
ㄷ. $\angle B=\angle E$ ㄹ. $\angle C=\angle F$

06 오른쪽 그림의 $\triangle ABC$와 $\triangle DEF$에서 $\overline{AB}=\overline{DE}$, $\angle B=\angle E$일 때, $\triangle ABC \equiv \triangle DEF$가 되기 위해 필요한 나머지 한 조건이 아닌 것은? (정답 2개)

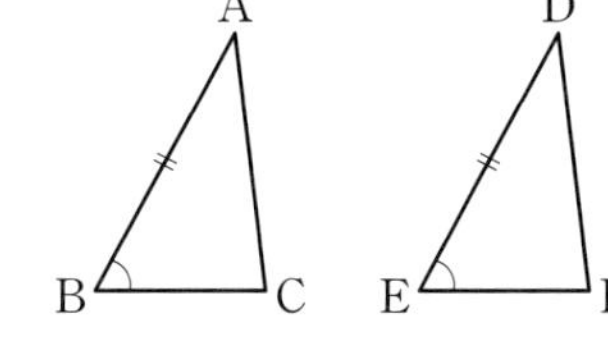

① $\overline{AB}=\overline{DF}$ ② $\overline{AC}=\overline{DF}$ ③ $\overline{BC}=\overline{EF}$
④ $\angle A=\angle D$ ⑤ $\angle C=\angle E$

유형 4 삼각형의 합동 조건; SSS 합동

07 다음은 오른쪽 그림에서 $\overline{AB}=\overline{BC}$, $\overline{AD}=\overline{CD}$일 때, $\triangle ABD \equiv \triangle CBD$임을 설명하는 과정이다. □ 안에 알맞은 것을 써넣으시오.

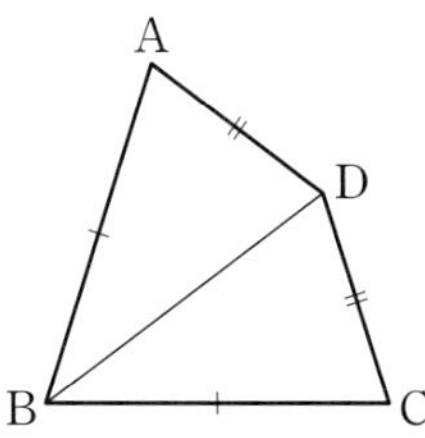

> $\triangle ABD$와 $\triangle CBD$에서
> $\overline{AB}=\overline{BC}$, $\overline{AD}=\overline{CD}$, □는 공통
> $\therefore \triangle ABD \equiv \triangle CBD$ (□ 합동)

유형 5 삼각형의 합동 조건; SAS 합동

08 다음은 오른쪽 그림에서 $\overline{AB}=\overline{CD}$, $\angle BAC=\angle DCA$일 때, $\triangle ABC \equiv \triangle CDA$임을 설명하는 과정이다. □ 안에 알맞은 것을 써넣으시오.

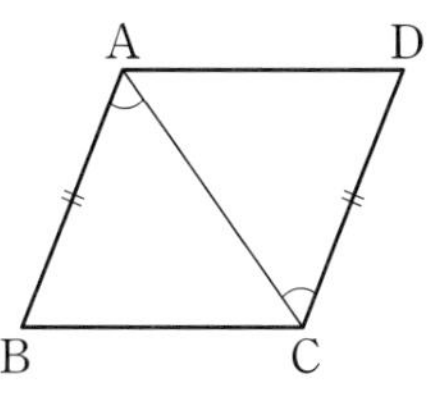

> $\triangle ABC$와 $\triangle CDA$에서
> $\overline{AB}=\overline{CD}$, $\angle BAC=\angle DCA$, □는 공통
> $\therefore \triangle ABC \equiv \triangle CDA$ (□ 합동)

09 오른쪽 그림에서 점 O는 $\overline{AC}$와 $\overline{BD}$의 교점이고, $\overline{OA}=\overline{OC}$, $\overline{OB}=\overline{OD}$이다. 합동인 두 삼각형을 찾아 기호 ≡를 사용하여 나타내고, 이때 이용된 합동 조건을 말하시오.

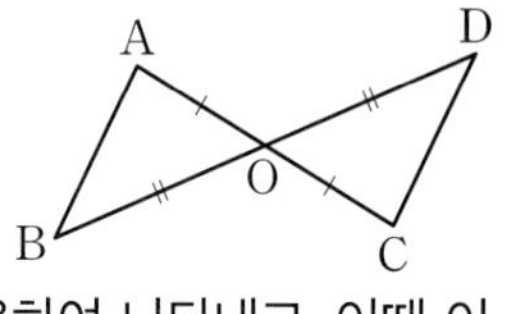

유형 6 삼각형의 합동 조건; ASA 합동

10 다음은 오른쪽 그림에서 $\angle AOP=\angle BOP$이고, 점 P에서 $\overrightarrow{OX}$, $\overrightarrow{OY}$에 내린 수선의 발을 각각 A, B라 할 때, $\triangle AOP \equiv \triangle BOP$임을 설명하는 과정이다. □ 안에 알맞은 것을 써넣으시오.

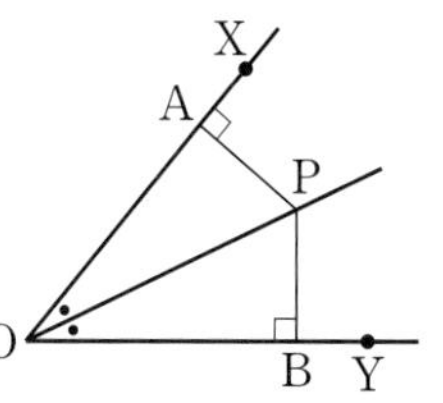

> $\triangle AOP$와 $\triangle BOP$에서
> $\angle PAO=$ □ $=90°$,
> $\angle AOP=\angle BOP$이므로 $\angle OPA=$ □,
> □는 공통
> $\therefore \triangle AOP \equiv \triangle BOP$ (□ 합동)

11 오른쪽 그림에서 $\overline{AB} /\!/ \overline{ED}$, $\overline{AC} /\!/ \overline{FD}$, $\overline{BF}=\overline{EC}$일 때, 서로 합동인 두 삼각형을 찾아 기호 ≡를 사용하여 나타내고, 이때 이용된 합동 조건을 말하시오.

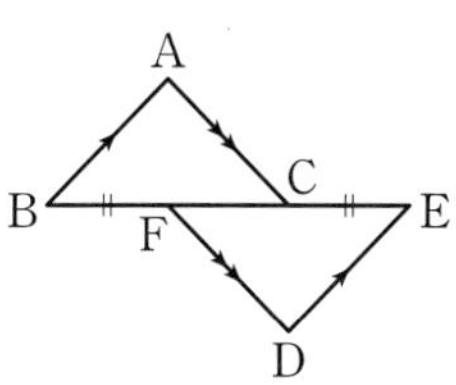

정답과 해설 58쪽

확실히 서술형 감잡기

01 삼각형의 세 변의 길이가 4 cm, 7 cm, $x\text{ cm}$일 때, x의 값이 될 수 있는 자연수의 개수를 구하시오.

답 ____________

02 다음 그림에서 사각형 ABCD와 사각형 SRQP가 서로 합동일 때, $x+y$의 값을 구하시오.

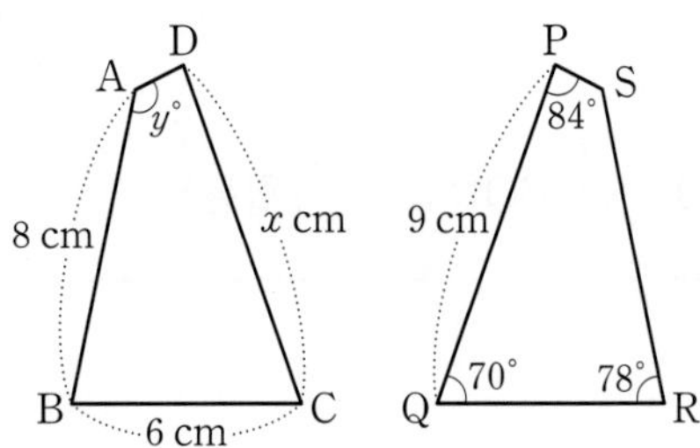

답 ____________

03 오른쪽 그림에서 점 P가 $\overline{\mathrm{AB}}$의 수직이등분선 l 위의 한 점일 때, $\triangle\mathrm{PAM}$과 합동인 삼각형을 찾고, 이때 이용된 합동 조건을 말하시오.

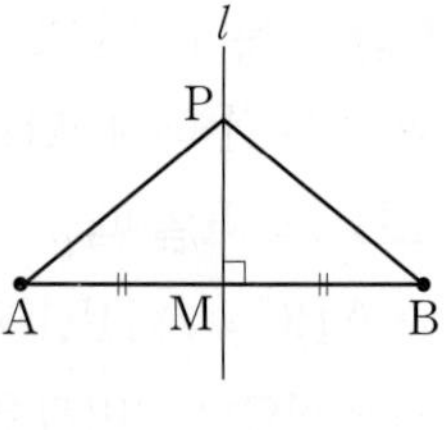

답 ____________

04 오른쪽 그림과 같이 $\overline{\mathrm{AB}}=\overline{\mathrm{AC}}$, $\angle\mathrm{BAC}=90°$인 직각삼각형 ABC의 두 꼭짓점 B, C에서 점 A를 지나는 직선 l에 내린 수선의 발을 각각 D, E라 하자. $\overline{\mathrm{BD}}=3\text{ cm}$, $\overline{\mathrm{CE}}=8\text{ cm}$일 때, $\overline{\mathrm{DE}}$의 길이를 구하시오.

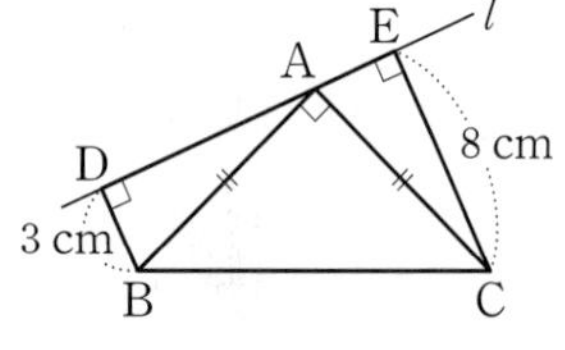

답 ____________

단원 마무리하기

중요

01 다음 중 작도할 때 사용하는 눈금 없는 자의 용도로 옳은 것을 모두 고르면? (정답 2개)

① 원을 그린다.
② 선분을 연장한다.
③ 두 선분의 길이를 비교한다.
④ 서로 다른 두 점을 지나는 선분을 긋는다.
⑤ 선분의 길이를 재어 다른 직선 위에 옮긴다.

02 다음 그림과 같이 두 점 A, B를 지나는 직선 l 위에 $\overline{AC}=2\overline{AB}$인 점 C를 작도할 때 사용하는 도구는?

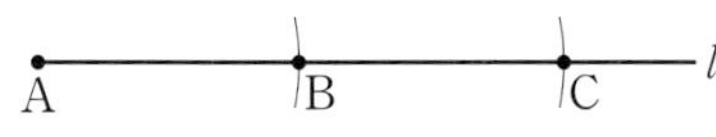

① 눈금 없는 자 ② 눈금 있는 자
③ 각도기 ④ 컴퍼스
⑤ 삼각자

03 아래 그림은 ∠XOY와 크기가 같고 반직선 PQ를 한 변으로 하는 각을 작도한 것이다. 다음 중 옳지 않은 것은?

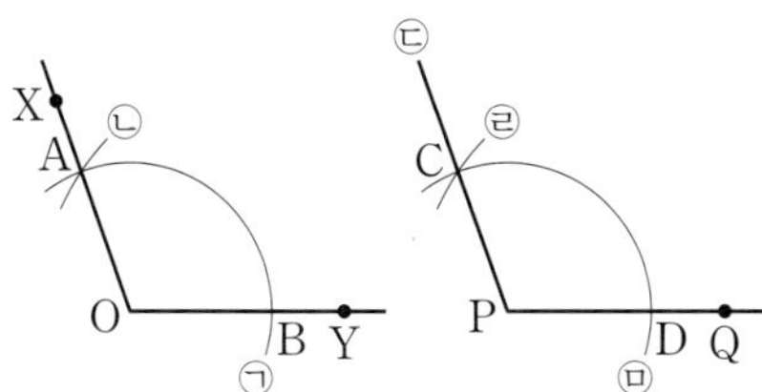

① $\overline{OA}=\overline{OB}$ ② $\overline{OB}=\overline{PC}$
③ $\overline{AB}=\overline{CD}$ ④ ∠AOB=∠CPD
⑤ 작도 순서는 ㉠ → ㉤ → ㉡ → ㉢ → ㉣이다.

04 오른쪽 그림은 직선 l 위에 있지 않은 한 점 P를 지나고 직선 l에 평행한 직선을 작도한 것이다. 다음 중 옳은 것을 모두 고르면? (정답 2개)

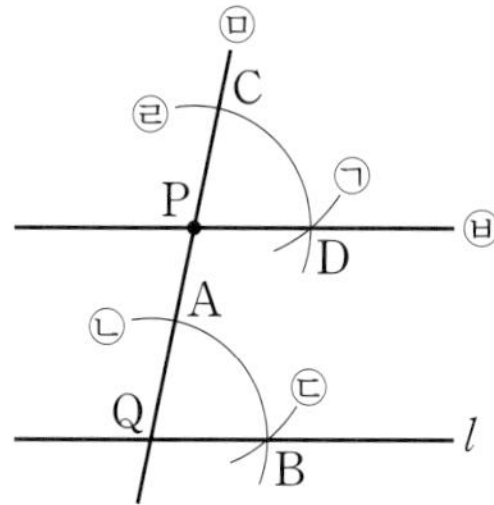

① 맞꼭지각의 크기가 같다는 성질을 이용하였다.
② 크기가 같은 각의 작도 방법을 이용하였다.
③ 동위각의 크기가 같으면 두 직선은 서로 평행하다는 성질을 이용하였다.
④ 엇각의 크기가 같으면 두 직선은 서로 평행하다는 성질을 이용하였다.
⑤ 작도 순서는 ㉡ → ㉣ → ㉤ → ㉢ → ㉠ → ㉥ 이다.

05 다음 중 오른쪽 그림과 같은 △ABC에 대한 설명으로 옳지 않은 것은?

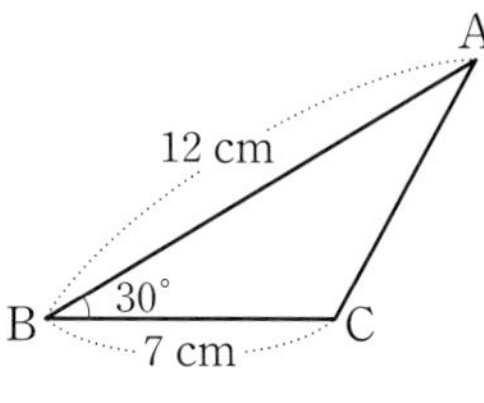

① ∠A의 대변의 길이는 7 cm이다.
② ∠B의 대변의 길이는 12 cm이다.
③ ∠C의 대변의 길이는 12 cm이다.
④ 변 AC의 대각의 크기는 30°이다.
⑤ 변 BC의 대각은 ∠A이다.

서술형

06 삼각형의 세 변의 길이가 x cm, 5 cm, 12 cm일 때, x의 값이 될 수 있는 자연수의 개수를 구하시오.

정답과 해설 59쪽

07 오른쪽 그림과 같이 $\overline{AB}$, $\overline{BC}$의 길이와 $\angle B$의 크기가 주어졌을 때, 다음 **보기** 중 $\triangle ABC$의 작도 순서 중 가장 마지막에 해당하는 것을 고르시오.

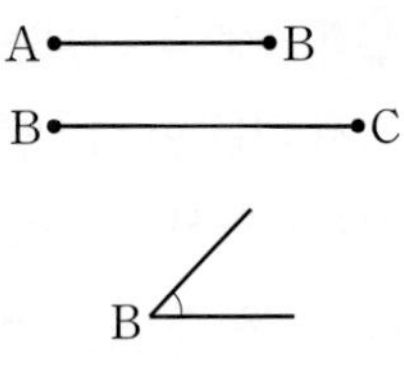

보기
ㄱ. $\overline{AB}$를 작도한다.
ㄴ. $\overline{BC}$를 작도한다.
ㄷ. 두 점 A와 C를 잇는다.
ㄹ. $\angle B$를 작도한다.

08 $\angle B$의 크기가 주어졌을 때, 다음 중 $\triangle ABC$가 하나로 정해지기 위해 더 필요한 조건이 아닌 것을 모두 고르면? (정답 2개)

① $\angle A$의 크기, $\angle C$의 크기
② $\angle A$의 크기, $\overline{AB}$의 길이
③ $\angle C$의 크기, $\overline{BC}$의 길이
④ $\overline{AB}$의 길이, $\overline{BC}$의 길이
⑤ $\overline{AC}$의 길이, $\overline{BC}$의 길이

09 다음 그림에서 $\triangle ABC \equiv \triangle DEF$일 때, $x+y$의 값은?

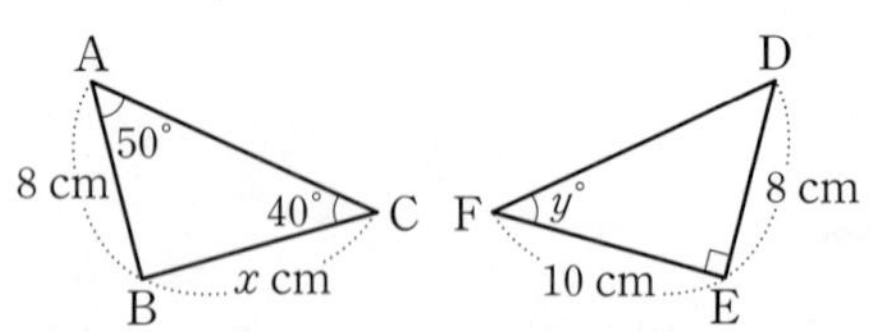

① 48　② 50　③ 58　④ 90　⑤ 98

10 다음 **보기** 중 합동인 두 도형에 대한 설명으로 옳은 것을 모두 고른 것은?

보기
ㄱ. 두 정삼각형은 합동이다.
ㄴ. 넓이가 같은 두 이등변삼각형은 합동이다.
ㄷ. 둘레의 길이가 같은 두 정사각형은 합동이다.
ㄹ. 한 변의 길이가 같은 두 정삼각형은 합동이다.

① ㄱ, ㄴ　② ㄱ, ㄷ　③ ㄴ, ㄷ
④ ㄴ, ㄹ　⑤ ㄷ, ㄹ

11 다음 중 오른쪽 삼각형과 합동인 것은?

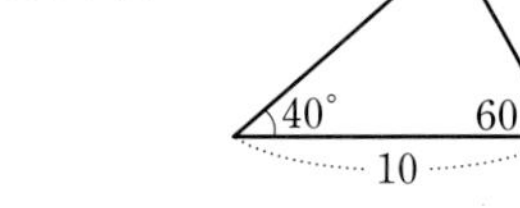

①
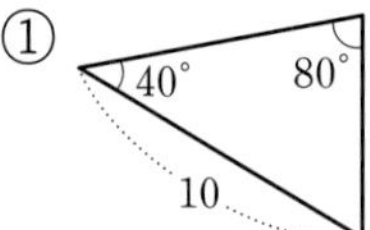

②
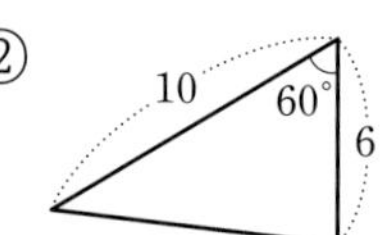

③
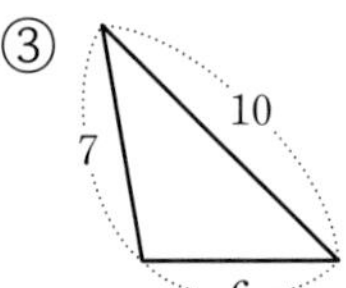

④
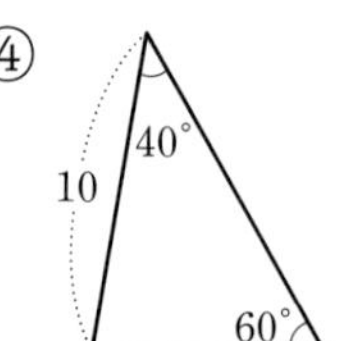

⑤
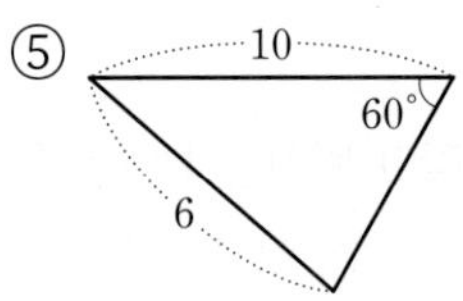

12 $\triangle ABC$와 $\triangle DEF$에서 $\overline{AB}=\overline{DE}$, $\overline{AC}=\overline{DF}$일 때, $\triangle ABC \equiv \triangle DEF$가 되기 위하여 필요한 나머지 한 조건을 다음 **보기**에서 모두 고르시오.

보기
ㄱ. $\overline{BC}=\overline{EF}$　ㄴ. $\angle A=\angle D$
ㄷ. $\angle B=\angle E$　ㄹ. $\angle C=\angle F$

13 오른쪽 그림과 같은 사각형 ABCD에서 점 O는 두 대각선의 교점이고 $\overline{AO}=\overline{DO}$, $\overline{BO}=\overline{CO}$일 때, 다음 **보기** 중 옳은 것을 모두 고르시오.

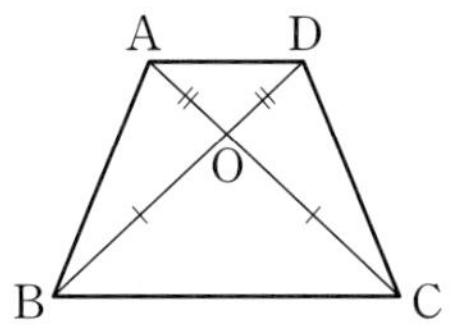

보기

ㄱ. $\triangle ABO \equiv \triangle DCO$　　ㄴ. $\angle ABO = \angle DAC$

ㄷ. $\angle BAC = \angle CDB$　　ㄹ. $\triangle ABC \equiv \triangle DCB$

14 오른쪽 그림과 같이 정삼각형 ABC의 두 변 $\overline{BC}$, $\overline{CA}$ 위에 $\overline{BD}=\overline{CE}$가 되도록 두 점 D, E를 잡았을 때, $\triangle ABD$와 합동인 삼각형을 찾고, 이때 이용된 합동 조건을 말하시오.

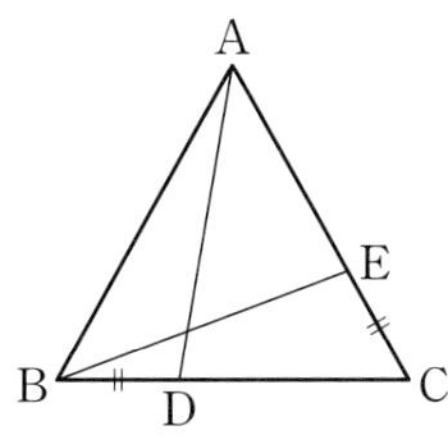

서술형

15 오른쪽 그림에서 $\overline{AC}=\overline{AE}$, $\overline{CD}=\overline{EB}$이고 $\angle ADE=25°$, $\angle DAB=55°$일 때, $\angle ACB$의 크기를 구하시오.

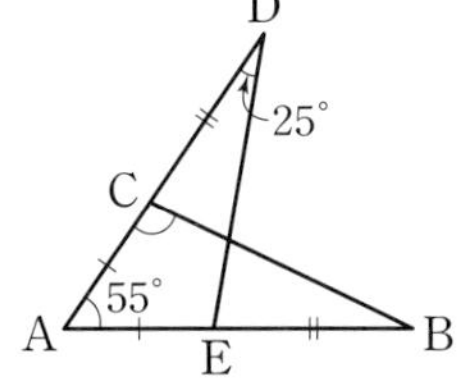

Level Up

16 길이가 5 cm, 6 cm, 7 cm, 11 cm인 네 개의 선분 중에서 세 개의 선분을 골라 만들 수 있는 서로 다른 삼각형의 개수를 구하시오.

17 오른쪽 그림의 정사각형 ABCD에서 $\overline{BE}=\overline{CF}$일 때, $\angle x$의 크기를 구하시오.

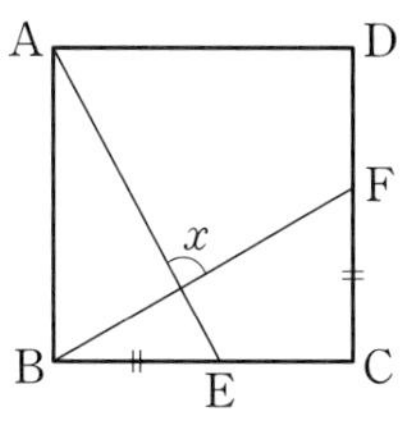

18 오른쪽 그림은 선분 AB 위에 한 점 C를 잡아 $\overline{AC}$, $\overline{CB}$를 각각 한 변으로 하는 정삼각형 ACD, CBE를 그린 것이다. 다음 중 옳지 않은 것은?

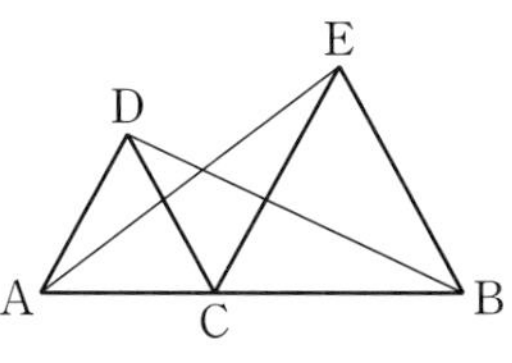

① $\overline{AC}=\overline{DC}$　② $\overline{CB}=\overline{CE}$

③ $\angle ACE=\angle DCB$　④ $\triangle ACE \equiv \triangle DCB$

⑤ $\angle AEC=\angle CDB$

정답과 해설 60쪽

다각형

다각형의 내각과 외각

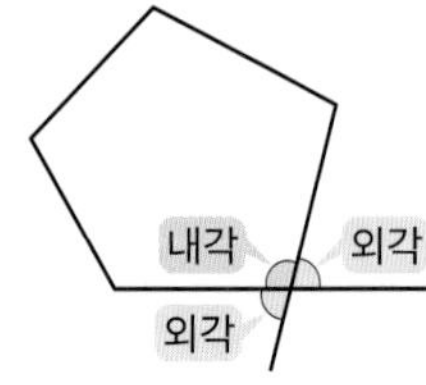

(1) **내각**: 다각형에서 이웃하는 두 변으로 이루어진 내부의 각

(2) **외각**: 다각형의 각 꼭짓점에서 한 변과 그 변에 이웃한 변의 연장선으로 이루어진 각

(3) 다각형의 한 꼭짓점에서 내각과 외각의 크기의 합은 180°이다.

다각형의 대각선

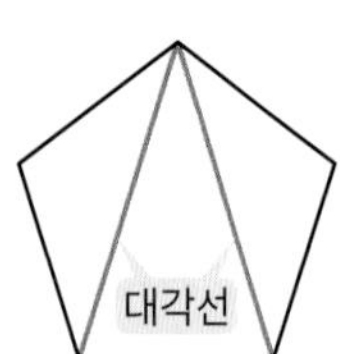

(1) n각형의 한 꼭짓점에서 그을 수 있는 대각선의 개수 → $n-3$

(2) n각형의 대각선의 개수 → $\frac{n(n-3)}{2}$

삼각형의 세 내각의 크기의 합

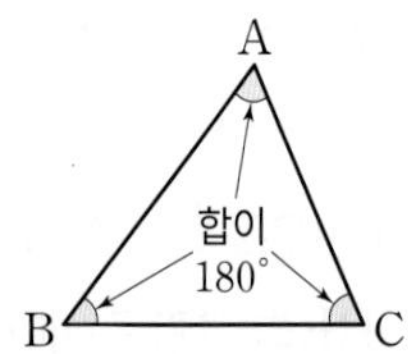

삼각형의 세 내각의 크기의 합은 180°이다.

→ $\triangle ABC$에서 $\angle A+\angle B+\angle C=180^\circ$

삼각형의 내각과 외각 사이의 관계

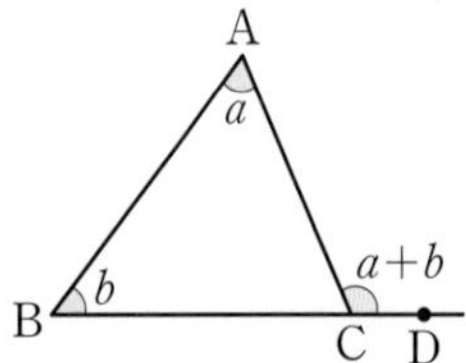

삼각형의 한 외각의 크기는 그와 이웃하지 않는 두 내각의 크기의 합과 같다.

→ $\triangle ABC$에서

($\angle C$의 외각의 크기)$=\angle A+\angle B$

다각형의 내각의 크기의 합

n각형의 내각의 크기의 합은 $180^\circ\times(n-2)$이다.

다각형	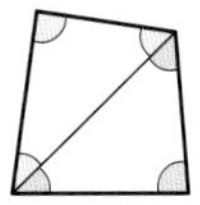 사각형	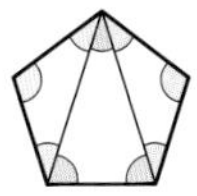 오각형	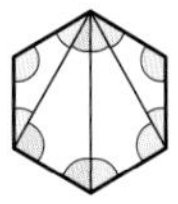 육각형	…	n각형
한 꼭짓점에서 대각선을 모두 그었을 때 생기는 삼각형의 개수	2	3	4	…	$n-2$
내각의 크기의 합	$180^\circ\times2=360^\circ$	$180^\circ\times3=540^\circ$	$180^\circ\times4=720^\circ$	…	$180^\circ\times(n-2)$

정다각형의 한 내각의 크기

정다각형은 내각의 크기가 모두 같으므로

$$(\text{정}n\text{각형의 한 내각의 크기})=\frac{180^\circ\times(n-2)}{n}$$

← 내각의 크기의 합
← 꼭짓점의 개수

다각형의 외각의 크기의 합

다각형의 외각의 크기의 합은 360°이다.

→ 한 꼭짓점에서 내각과 외각의 크기의 합은 180°이다.

다각형	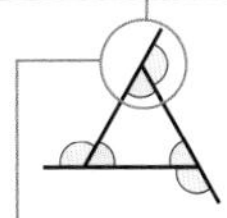 삼각형	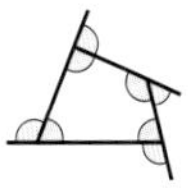 사각형	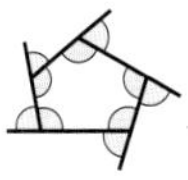 오각형	…	n각형
(내각의 크기의 합) +(외각의 크기의 합)	$180^\circ\times3$	$180^\circ\times4$	$180^\circ\times5$	…	$180^\circ\times n$
내각의 크기의 합	180°	$180^\circ\times2$	$180^\circ\times3$		$180^\circ\times(n-2)$
외각의 크기의 합	360°	360°	360°	…	360°

정다각형의 한 외각의 크기

정다각형은 외각의 크기가 모두 같으므로

$$(\text{정}n\text{각형의 한 외각의 크기})=\frac{360^\circ}{n}$$

← 외각의 크기의 합
← 꼭짓점의 개수

01 다각형

개념 1 다각형

다각형의 내각과 외각의 크기 구하기

01 오른쪽 그림과 같은 $\triangle ABC$에서 $\angle C$의 외각을 표시하고, 그 크기를 구하시오.

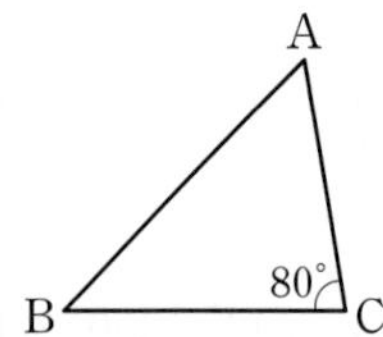

02 오른쪽 그림과 같은 사각형 ABCD에서 $\angle B$의 외각을 표시하고, 그 크기를 구하시오.

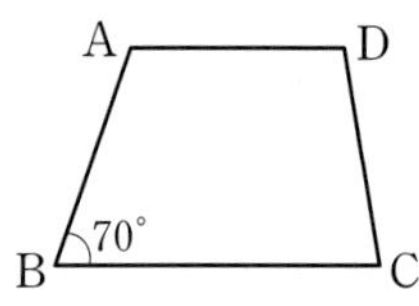

03 오른쪽 그림과 같은 $\triangle ABC$에서 다음 각의 크기를 구하시오.

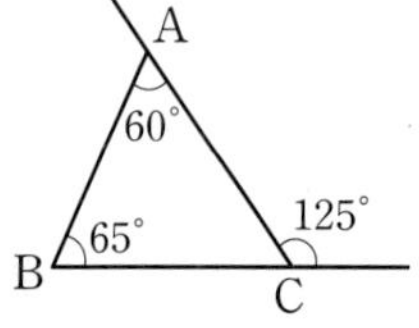

(1) $\angle C$의 내각

(2) $\angle A$의 외각

04 오른쪽 그림과 같은 사각형 ABCD에서 다음 각의 크기를 구하시오.

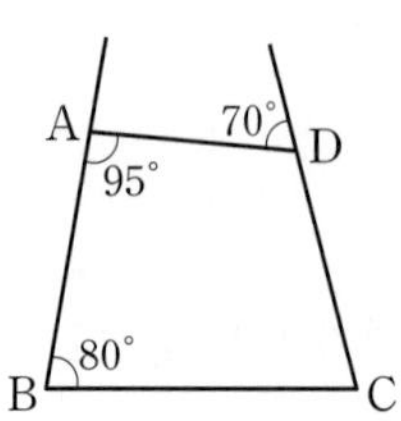

(1) $\angle D$의 내각

(2) $\angle A$의 외각

개념 2 다각형의 대각선

대각선의 개수 구하기

01 육각형에 대하여 다음을 구하시오.

(1) 한 꼭짓점에서 그을 수 있는 대각선의 개수

(2) 대각선의 개수

02 다음 다각형의 대각선의 개수를 구하시오.

(1) 오각형

(2) 칠각형

대각선의 개수가 주어진 다각형 구하기

03 다음은 한 꼭짓점에서 그을 수 있는 대각선의 개수가 7인 다각형을 구하는 과정이다. □ 안에 알맞은 것을 써넣으시오.

> 구하는 다각형을 n각형이라 하면
> $n-3=$□ $\quad\therefore n=$□
> 따라서 구하는 다각형은 □이다.

04 한 꼭짓점에서 그을 수 있는 대각선의 개수가 다음과 같은 다각형의 이름을 말하시오.

(1) 2 (2) 8

개념 3 삼각형의 내각과 외각의 성질

삼각형의 내각과 외각의 성질

01 다음 그림에서 $\angle x$의 크기를 구하시오.

(1)
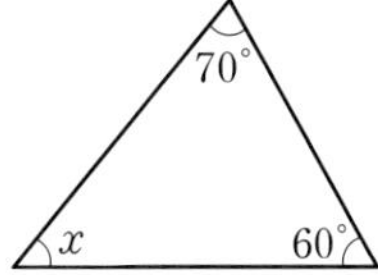

(2)
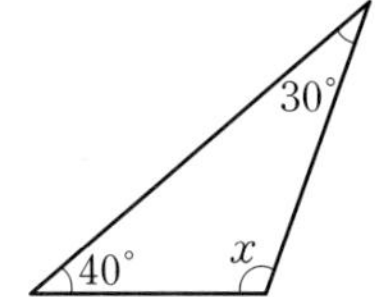

(3)
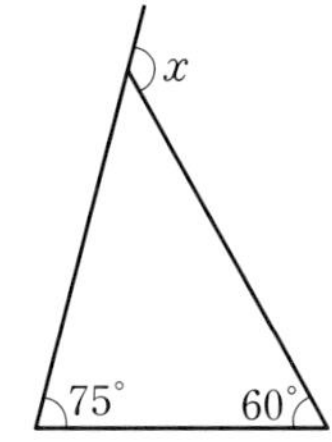

(4)
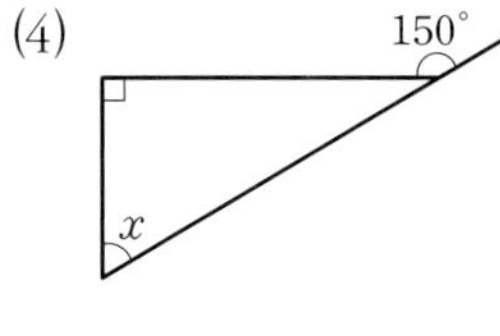

02 다음 그림에서 $\angle x$의 크기를 구하시오.

(1)
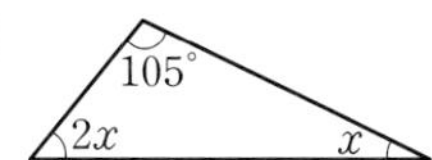

(2)
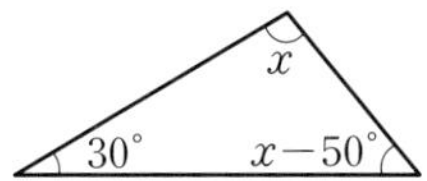

(3)
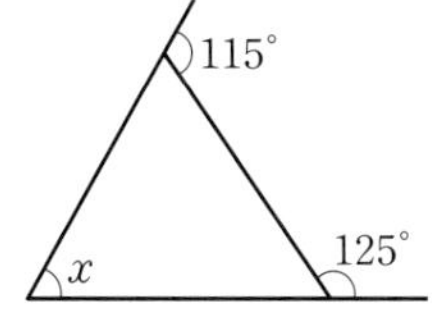

(4)
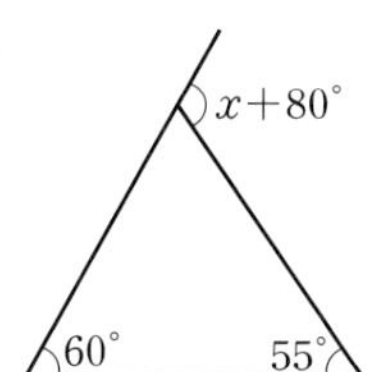

유형 1 다각형의 내각과 외각

01 오른쪽 그림에서 $\angle y - \angle x$의 크기는?

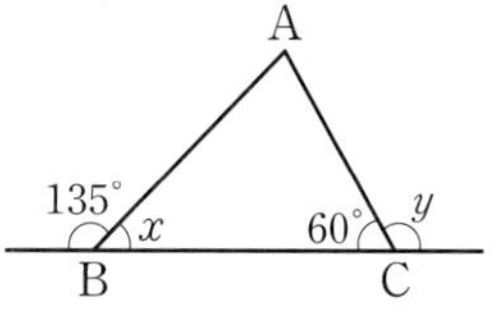

① 65° ② 70°
③ 75° ④ 80°
⑤ 85°

02 오른쪽 그림에서 $\angle x + \angle y$의 크기는?

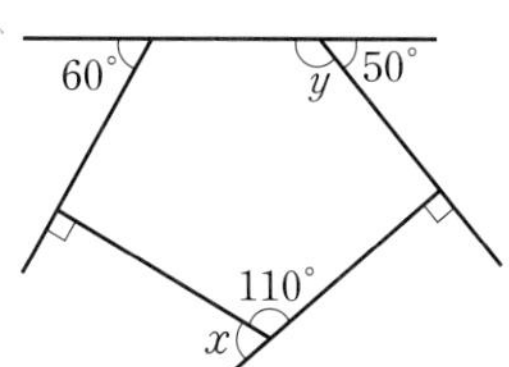

① 180° ② 185°
③ 190° ④ 195°
⑤ 200°

유형 2 다각형의 대각선의 개수

03 십일각형의 한 꼭짓점에서 그을 수 있는 대각선의 개수를 a, 모든 대각선의 개수를 b라 할 때, $b-a$의 값은?

① 36 ② 37 ③ 38
④ 39 ⑤ 40

정답과 해설 61쪽

04 십육각형의 한 꼭짓점에서 그을 수 있는 대각선의 개수를 a, 모든 대각선의 개수를 b라 할 때, $a+b$의 값을 구하시오.

유형 3 대각선의 개수가 주어질 때 다각형 구하기

05 대각선의 개수가 20인 다각형의 꼭짓점의 개수를 구하시오.

06 대각선의 개수가 135인 다각형은?

① 십사각형　② 십오각형
③ 십육각형　④ 십칠각형
⑤ 십팔각형

유형 4 삼각형의 세 내각의 크기의 합

07 오른쪽 그림에서 $\angle x$의 크기를 구하시오.

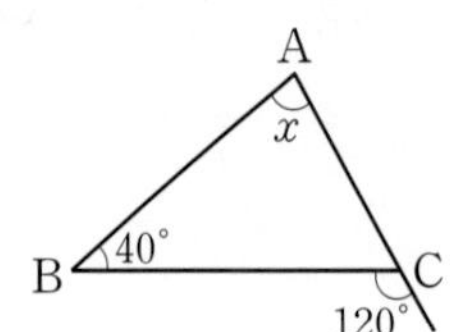

08 오른쪽 그림에서 $\angle x$의 크기를 구하시오.

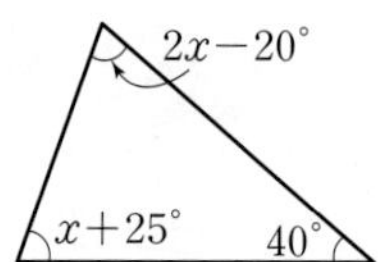

유형 5 삼각형의 내각과 외각 사이의 관계

09 오른쪽 그림에서 $\angle x$의 크기를 구하시오.

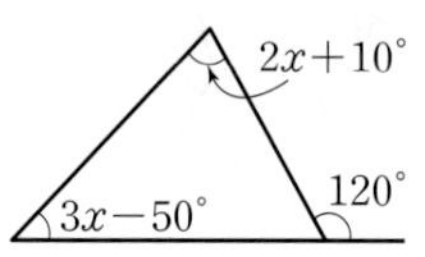

10 오른쪽 그림에서 $\angle x$의 크기는?

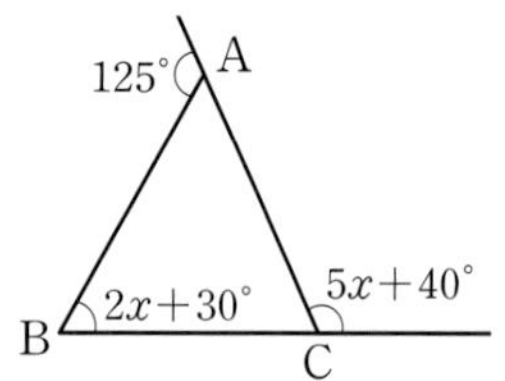

① 13°　② 15°
③ 17°　④ 19°
⑤ 21°

유형 6 삼각형의 내각과 외각의 크기

11 오른쪽 그림에서 $\angle x$, $\angle y$의 크기를 각각 구하시오.

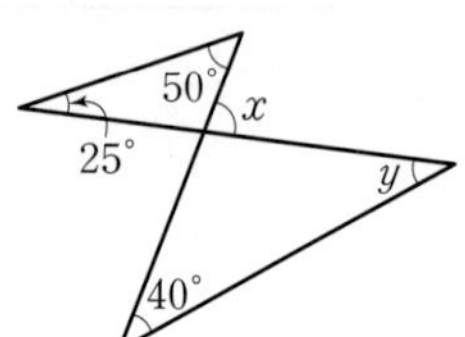

12 오른쪽 그림에서 $\angle x$, $\angle y$의 크기를 각각 구하시오.

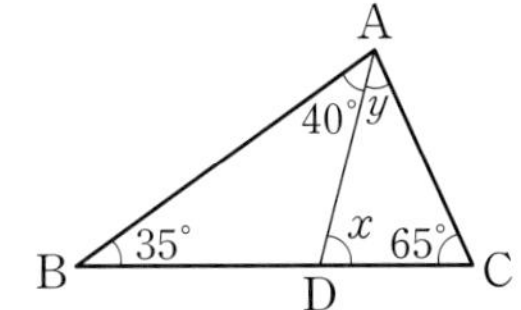

유형 7 삼각형의 내각과 외각의 활용; 이등변삼각형

13 오른쪽 그림에서 $\overline{AD}=\overline{BD}=\overline{BC}$이고 $\angle A=30°$일 때, $\angle x$의 크기를 구하시오.

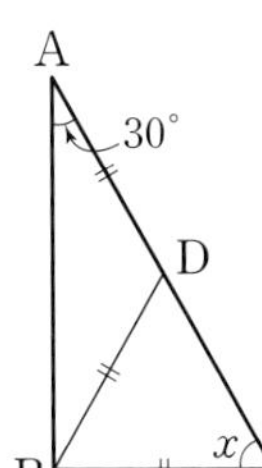

14 오른쪽 그림에서 $\overline{AC}=\overline{BC}=\overline{DC}$이고 $\angle ADE=130°$일 때, $\angle x$의 크기를 구하시오.

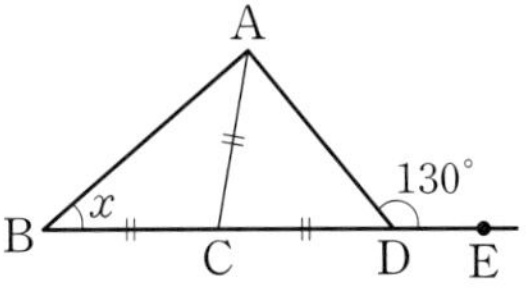

개념 4 다각형의 내각의 크기의 합

✓ 다각형의 내각의 크기의 합

01 다음 다각형의 내각의 크기의 합을 구하시오.

(1) 팔각형

(2) 십일각형

02 오른쪽 그림과 같은 오각형의 내각의 크기의 합과 $\angle x$의 크기를 차례대로 구하시오.

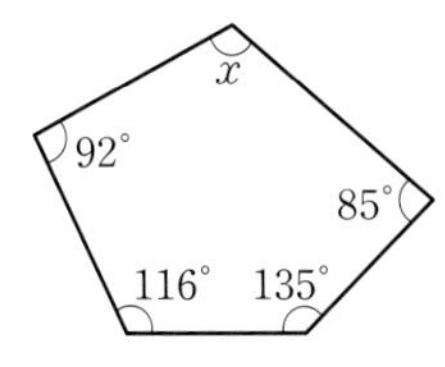

✓ 정다각형의 한 내각의 크기

03 다음 정다각형의 한 내각의 크기를 구하시오.

(1) 정육각형

(2) 정구각형

04 한 내각의 크기가 다음과 같은 정다각형의 이름을 말하시오.

(1) 108°

(2) 150°

정답과 해설 62쪽

개념 5 다각형의 외각의 크기의 합

✓ 다각형의 외각의 크기의 합

01 다음 그림에서 $\angle x$의 크기를 구하시오.

(1)

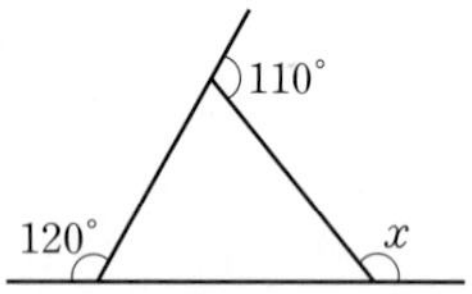

(2)

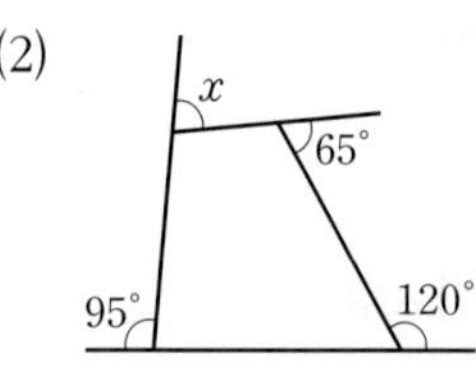

(3)

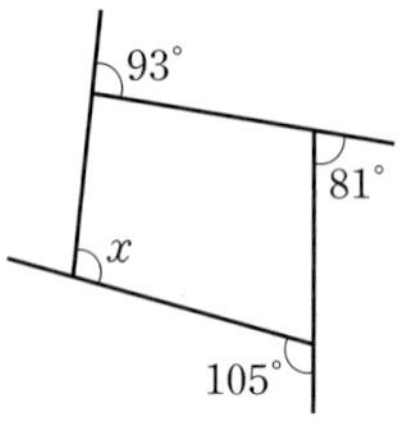

(4)

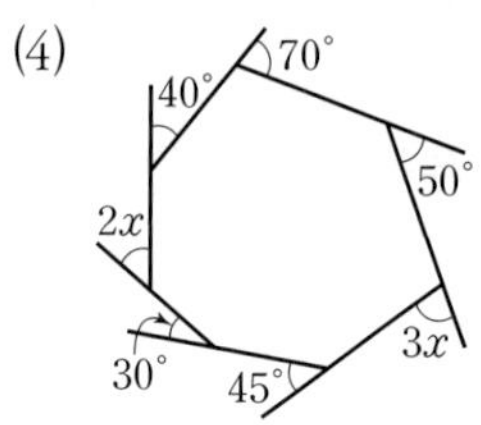

✓ 정다각형의 한 외각의 크기

02 다음 정다각형의 한 외각의 크기를 구하시오.

(1) 정팔각형

(2) 정십팔각형

03 한 외각의 크기가 다음과 같은 정다각형의 이름을 말하시오.

(1) 30°

(2) 22.5°

유형 1 다각형의 내각의 크기의 합 (1)

01 칠각형은 한 꼭짓점에서 그은 대각선에 의해 a개의 삼각형으로 나누어지므로 내각의 크기의 합은 b°이다. 이때 $a+b$의 값을 구하시오.

02 내각의 크기의 합이 1260°인 다각형의 꼭짓점의 개수를 구하시오.

유형 2 다각형의 내각의 크기의 합 (2)

03 다음 그림에서 $\angle x$의 크기를 구하시오.

(1)

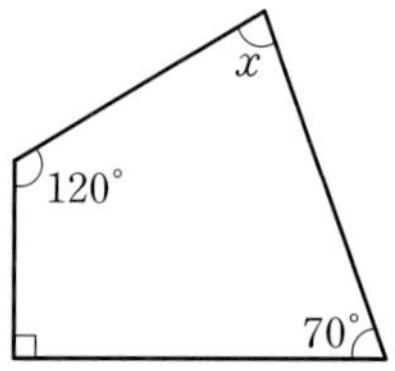

(2)

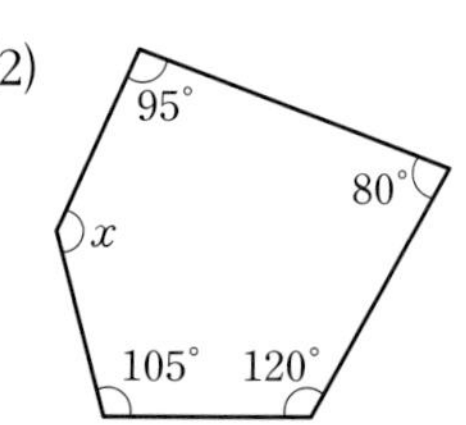

04 다음 그림에서 $\angle x$의 크기를 구하시오.

(1)

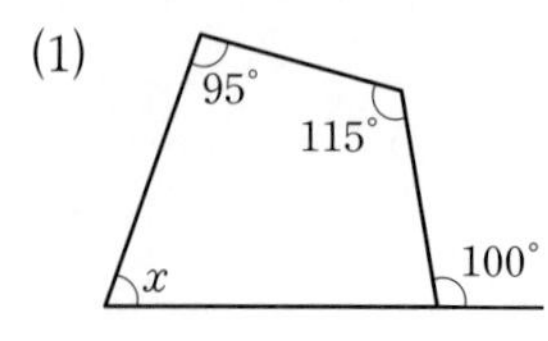

(2)

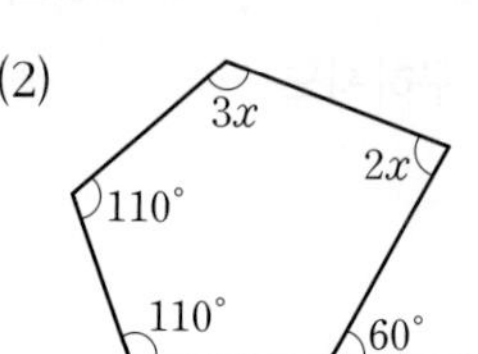

유형 3 정다각형의 한 내각의 크기

05 한 내각의 크기가 135°인 정다각형은?

① 정팔각형　② 정구각형
③ 정십각형　④ 정십일각형
⑤ 정십이각형

06 한 꼭짓점에서 그을 수 있는 대각선의 개수가 7인 정다각형의 한 내각의 크기를 구하시오.

유형 4 다각형의 외각의 크기의 합

07 오른쪽 그림에서 $\angle x$의 크기를 구하시오.

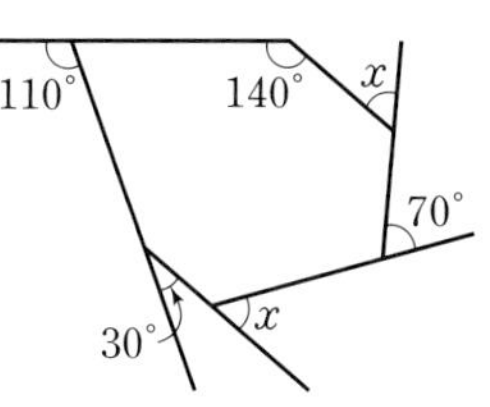

08 오른쪽 그림에서 $\angle x$, $\angle y$의 크기를 각각 구하시오.

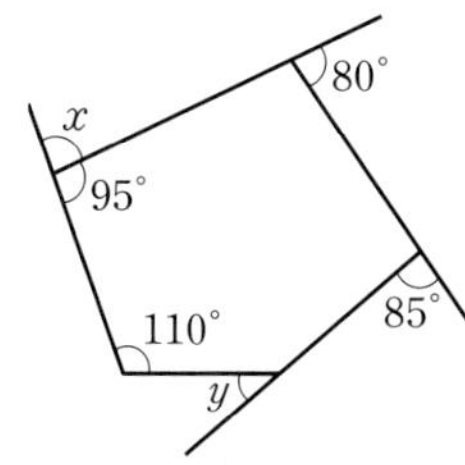

유형 5 정다각형의 한 외각의 크기

09 한 외각의 크기가 60°인 정다각형의 대각선의 개수를 구하시오.

10 대각선의 개수가 54인 정다각형의 한 외각의 크기를 구하시오.

한 걸음 더

유형 6 정다각형의 한 내각의 크기와 한 외각의 크기의 비

11 한 내각의 크기와 한 외각의 크기의 비가 $4:1$인 정다각형의 한 외각의 크기를 구하고, 이 정다각형의 이름을 말하시오.

12 한 내각의 크기와 한 외각의 크기의 비가 $13:2$인 정다각형은?

① 정십일각형　② 정십이각형
③ 정십삼각형　④ 정십사각형
⑤ 정십오각형

정답과 해설 63쪽

확실히 서술형 잡기

01 오른쪽 그림에서 $\angle x$의 크기를 구하시오.

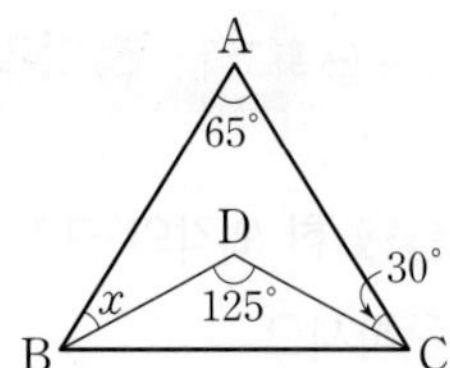

답 ______

02 내각의 크기의 합이 900°인 다각형의 대각선의 개수를 구하시오.

답 ______

03 오른쪽 그림에서 $\angle ABE=\angle CBE$, $\angle ACD=\angle DCF$이고, $\angle A=72^\circ$, $\angle ACB=48^\circ$일 때, $\angle x$의 크기를 구하시오.

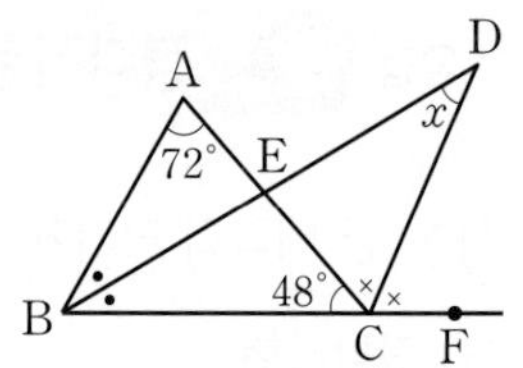

답 ______

04 내각의 크기의 합과 외각의 크기의 합을 더했더니 1440°인 정다각형이 있다. 이 정다각형의 한 외각의 크기를 구하시오.

답 ______

쌍둥이 단원 마무리하기

01 오른쪽 그림에서 $\angle x-\angle y$의 크기는?

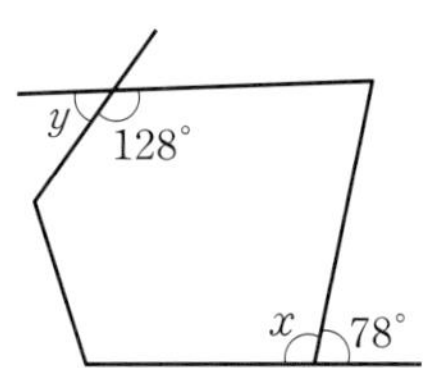

① 50° ② 51°

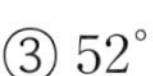
③ 52° ④ 53°

⑤ 54°

서술형

02 십육각형의 한 꼭짓점에서 대각선을 그었을 때 생기는 삼각형의 개수를 a, 십육각형의 모든 대각선의 개수를 b라 할 때, $a+b$의 값을 구하시오.

03 다음 조건을 모두 만족시키는 다각형의 이름을 말하시오.

> (가) 모든 변의 길이가 같고, 모든 내각의 크기가 같다.
> (나) 대각선의 개수가 35이다.

04 오른쪽 그림에서 $\angle x$의 크기를 구하시오.

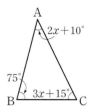

05 삼각형의 세 내각의 크기의 비가 $3:4:5$일 때, 가장 큰 내각의 크기는?

① 60° ② 65° ③ 70° ④ 75° ⑤ 80°

06 오른쪽 그림에서 $\overline{AB}=\overline{AC}=\overline{CD}$이고 $\angle B=26°$일 때, $\angle x$의 크기는?

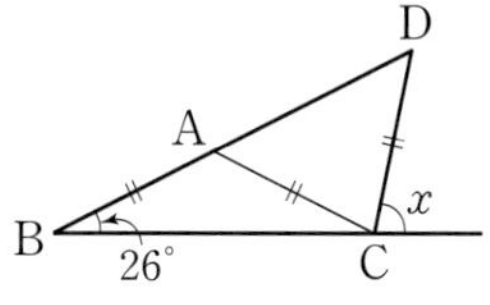

① 75° ② 76° ③ 78° ④ 80° ⑤ 82°

정답과 해설 64쪽

서술형

07 오른쪽 그림과 같은 $\triangle ABC$에서 $\angle ABD=\angle DBC$일 때, $\angle x$의 크기를 구하시오.

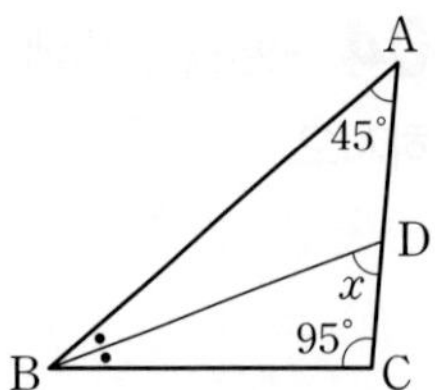

08 오른쪽 그림에서 $\angle x$의 크기를 구하시오.

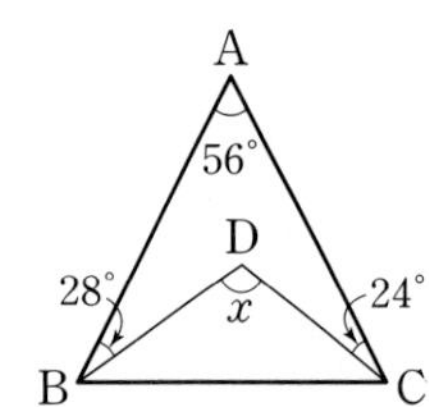

09 대각선의 개수가 44인 다각형의 내각의 크기의 합을 구하시오.

10 오른쪽 그림에서 $\angle x-\angle y$의 크기를 구하시오.

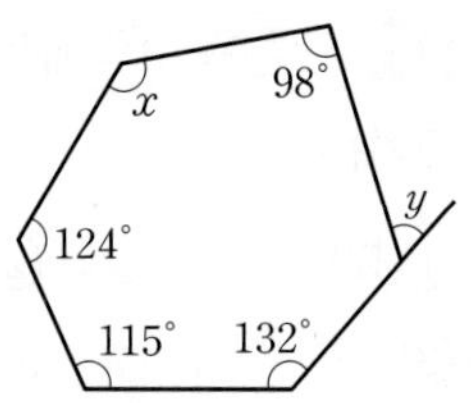

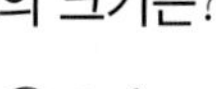

11 오른쪽 그림에서 $\angle x+\angle y$의 크기는?

① 85° ② 90° ③ 95° ④ 100° ⑤ 105°

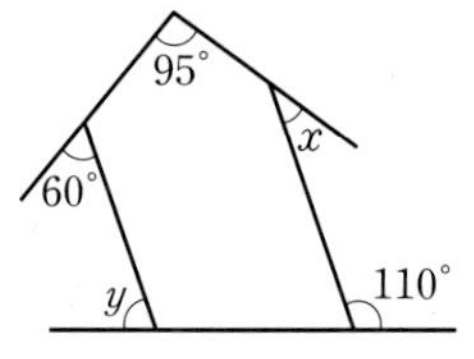

12 다음 중 정구각형에 대한 설명으로 옳지 않은 것은?

① 한 꼭짓점에서 그을 수 있는 대각선의 개수는 6이다.
② 대각선의 개수는 27이다.
③ 내각의 크기의 합은 1260°이다.
④ 한 내각의 크기는 105°이다.
⑤ 한 외각의 크기는 40°이다.

13 내각의 크기의 합이 $2340°$인 정다각형의 한 외각의 크기는?

① $20°$ ② $24°$ ③ $30°$
④ $36°$ ⑤ $45°$

14 어떤 정다각형의 한 내각의 크기가 한 외각의 크기의 11배일 때, 이 정다각형의 내각의 크기의 합을 구하시오.

서술형

15 오른쪽 그림은 한 변의 길이가 같은 정오각형과 정팔각형을 붙여 놓은 것이다. $\angle x$의 크기를 구하시오.

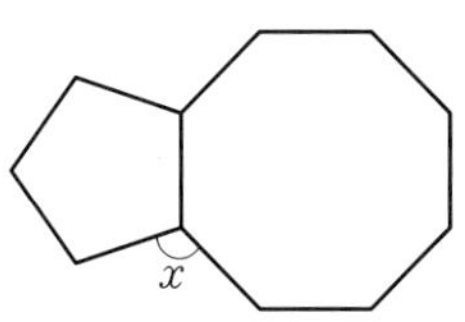

Level Up

16 오른쪽 그림과 같이 여섯 개의 마을 사이에 버스 노선 1개씩을 개설하려고 한다. 만들 수 있는 노선의 개수를 구하시오.

17 오른쪽 그림에서 $\angle x$의 크기를 구하시오.

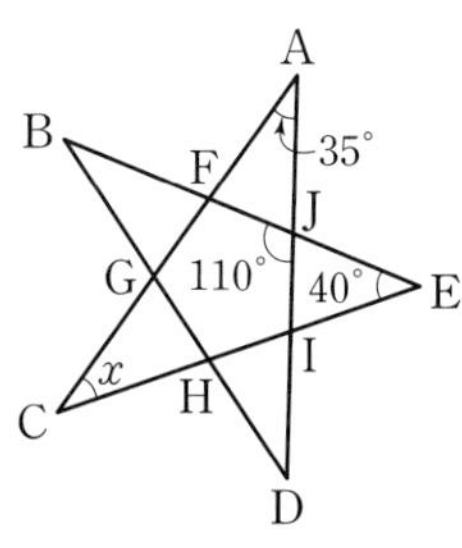

18 오른쪽 그림에서
$\angle a+\angle b+\angle c+\angle d+\angle e+\angle f$
의 크기를 구하시오.

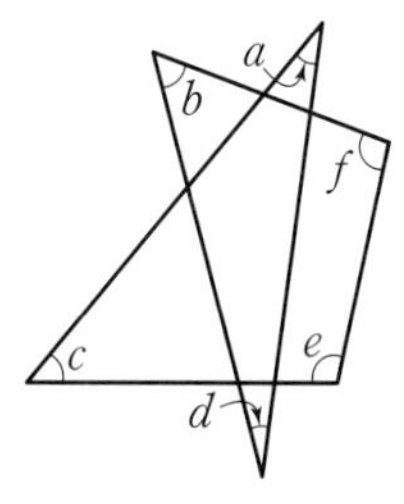

정답과 해설 65쪽

원과 부채꼴

원

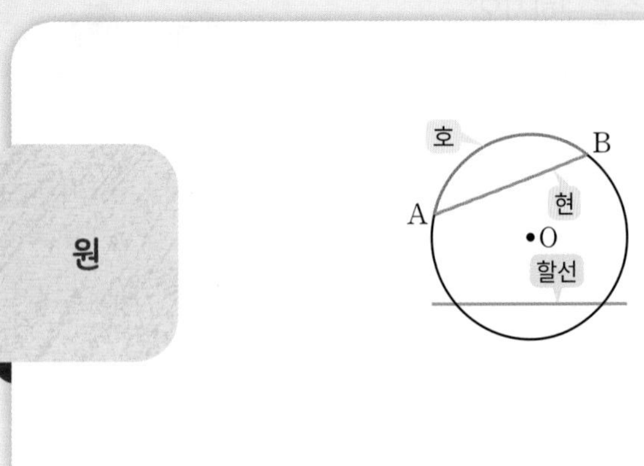

(1) **원**: 평면 위의 한 점 O로부터 일정한 거리에 있는 모든 점으로 이루어진 도형으로, 원 O로 나타낸다.

(2) **호**: 원 위의 두 점 A, B를 잡았을 때 나누어지는 원의 두 부분 → $\widehat{AB}$

(3) **할선**: 원 위의 두 점을 지나는 직선

(4) **현**: 원 위의 두 점 A, B를 이은 선분

부채꼴

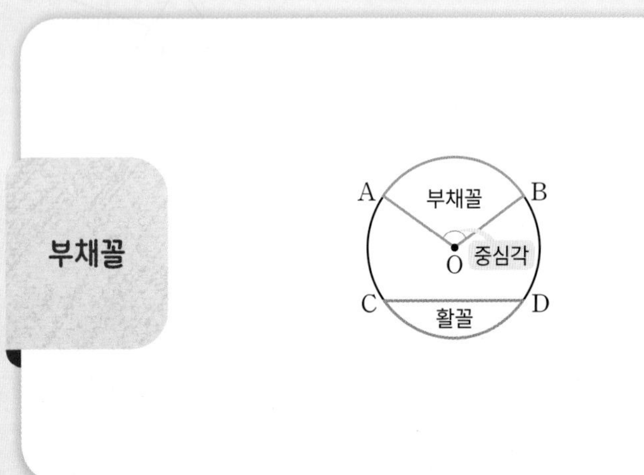

(1) **부채꼴 AOB**: 원 O에서 두 반지름 OA와 OB 및 호 AB로 이루어진 도형

(2) **중심각**: 원 O에서 두 반지름 OA와 OB가 이루는 각 ∠AOB
→ 부채꼴 AOB의 중심각 또는 호 AB에 대한 중심각

(3) **활꼴**: 원에서 현 CD와 호 CD로 이루어진 도형

부채꼴의 중심각의 크기와 호의 길이, 넓이

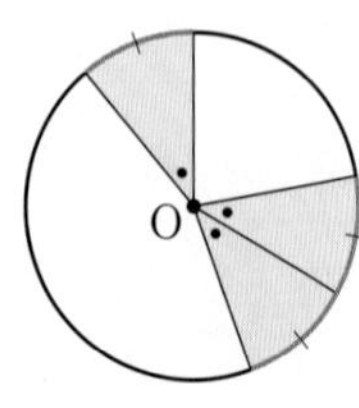

한 원에서

(1) 중심각의 크기가 같은 두 부채꼴의 호의 길이와 넓이는 각각 같다.

(2) 부채꼴의 호의 길이와 넓이는 각각 중심각의 크기에 정비례한다.

부채꼴의 중심각의 크기와 현의 길이

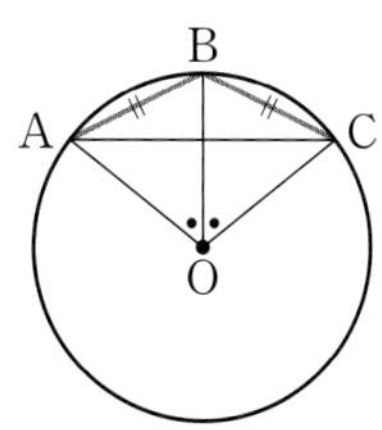

한 원에서

(1) 중심각의 크기가 같은 두 현의 길이는 같다.

(2) 현의 길이는 중심각의 크기에 정비례하지 않는다.

원의 둘레의 길이와 넓이

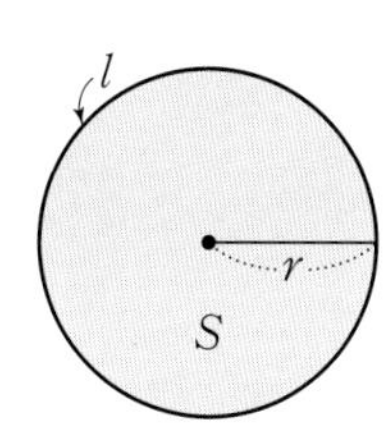

(1) $(\text{원주율})=\dfrac{(\text{원의 둘레의 길이})}{(\text{원의 지름의 길이})}=\pi$

(2) 반지름의 길이가 r인 원의

$(\text{둘레의 길이})=2\pi r$

$(\text{넓이})=\pi r^2$

부채꼴의 호의 길이와 넓이

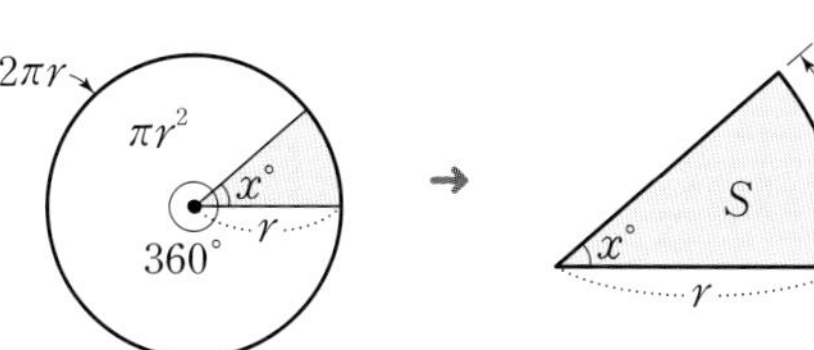

반지름의 길이가 r, 중심각의 크기가 x°인 부채꼴의 호의 길이를 l, 넓이를 S라 하면

$l=2\pi r\times\dfrac{x}{360}$, $S=\pi r^2\times\dfrac{x}{360}$

부채꼴의 호의 길이와 넓이 사이의 관계

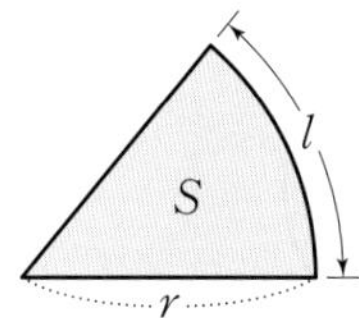

반지름의 길이가 r, 호의 길이가 l인 부채꼴의 넓이를 S라 하면

$S=\dfrac{1}{2}rl$

01 원과 부채꼴

개념 1 원과 부채꼴

원과 부채꼴

01 오른쪽 그림의 원 O에 대하여 다음 용어에 해당하는 부분을 A~E 중에서 찾아 쓰시오.

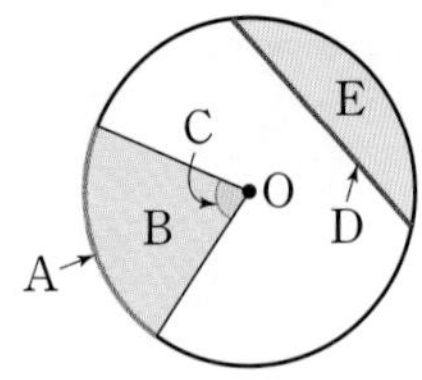

(1) 호 (2) 현

(3) 중심각 (4) 부채꼴

(5) 활꼴

02 오른쪽 그림과 같이 $\overline{CE}$를 지름으로 하는 원 O에 대하여 다음을 기호로 나타내시오.

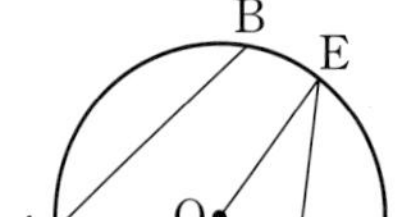
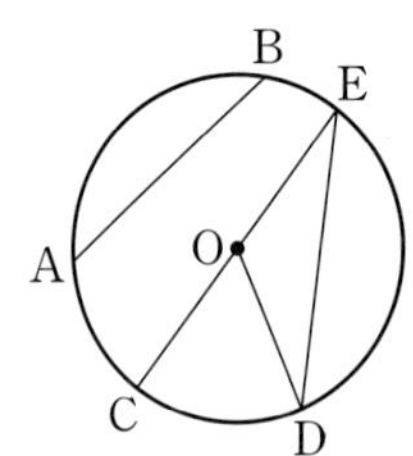

(1) ∠COD에 대한 호

(2) ∠DOE에 대한 현

(3) 부채꼴 DOE에 대한 중심각

(4) $\overset{\frown}{CD}$에 대한 중심각

개념 2 부채꼴의 중심각의 크기와 호의 길이, 넓이 사이의 관계

중심각의 크기와 호의 길이, 넓이

01 다음 그림의 원 O에서 x의 값을 구하시오.

(1)

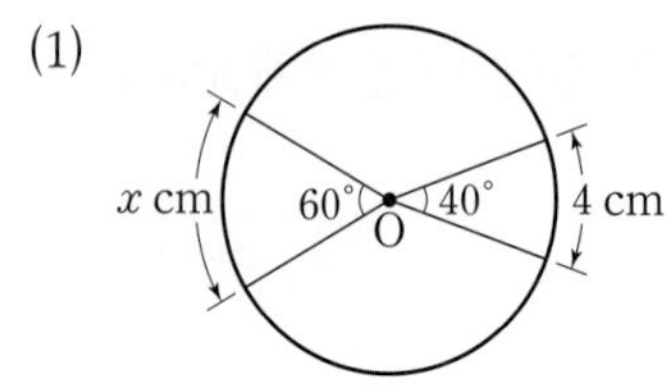

(2)

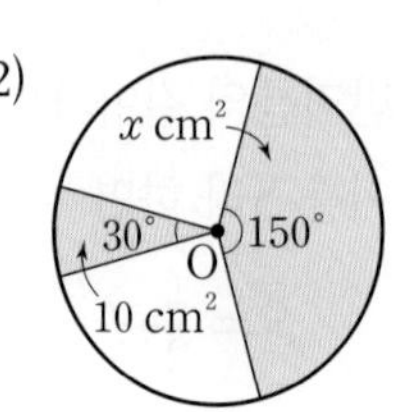

02 다음 그림의 원 O에서 x의 값을 구하시오.

(1) (2)

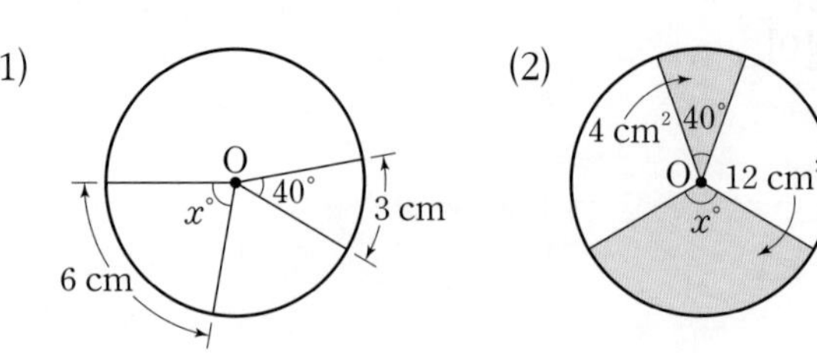

개념 3 부채꼴의 중심각의 크기와 현의 길이 사이의 관계

중심각의 크기와 현의 길이

01 다음 그림의 원 O에서 x의 값을 구하시오.

(1)

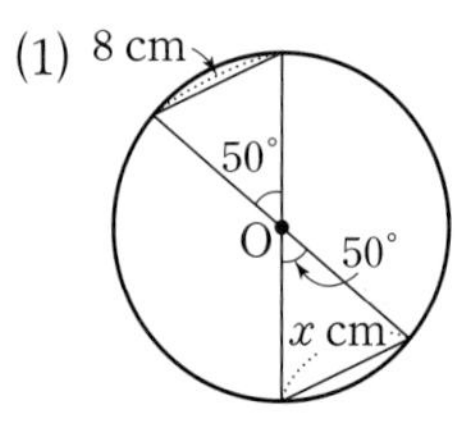

(2)

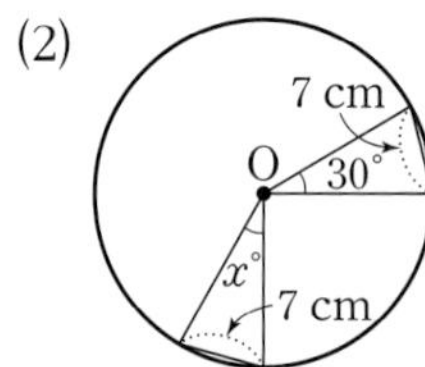

02 다음 그림의 원 O에서 x의 값을 구하시오.

(1)

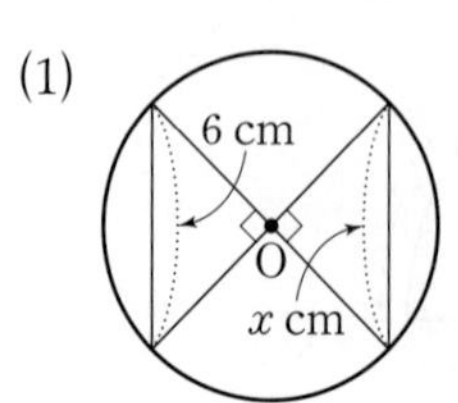

(2)

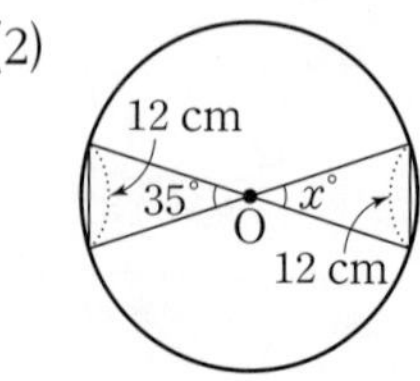

한 번 더 필수 유형 익히기

유형 1 원과 부채꼴

01 오른쪽 그림의 원 O에 대한 설명으로 옳지 않은 것은? (단, 세 점 A, O, C는 한 직선 위에 있다.)

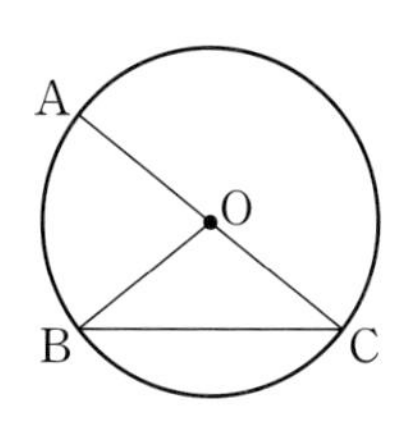

① $\overline{AC}$는 원 O에서 길이가 가장 긴 현이다.
② $\overline{BC}$는 호이다.
③ $\angle$BOC는 $\overset{\frown}{BC}$에 대한 중심각이다.
④ $\overset{\frown}{BC}$와 $\overline{BC}$로 둘러싸인 도형은 활꼴이다.
⑤ $\overset{\frown}{BC}$와 두 반지름 $\overline{OB}$, $\overline{OC}$로 이루어진 도형은 부채꼴이다.

02 다음 보기 중 옳은 것을 모두 고르시오.

보기
ㄱ. 평면 위의 한 점으로부터 일정한 거리에 있는 모든 점으로 이루어진 도형을 원이라고 한다.
ㄴ. 원의 지름은 원의 중심을 지나는 현이다.
ㄷ. 부채꼴은 현과 호로 이루어진 도형이다.
ㄹ. 반원은 부채꼴이면서 활꼴이다.

유형 2 중심각의 크기와 호의 길이

03 오른쪽 그림의 원 O에서 x의 값을 구하시오.

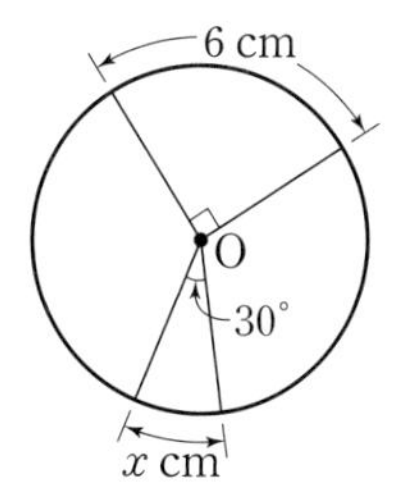

04 오른쪽 그림의 원 O에서 x, y의 값을 각각 구하시오.

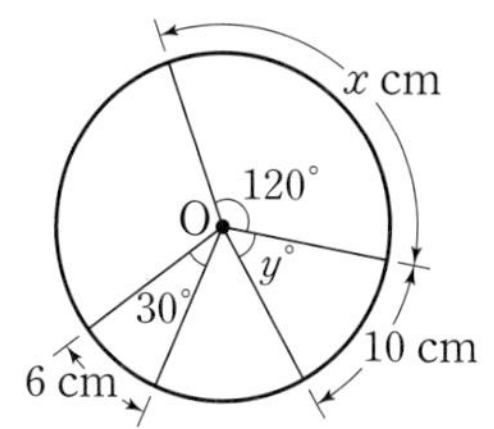

유형 3 중심각의 크기와 호의 길이; 비가 주어진 경우

05 오른쪽 그림에서 $\overline{AB}$는 원 O의 지름이고 $\overset{\frown}{AC} : \overset{\frown}{BC} = 2 : 1$일 때, $\angle$AOC의 크기를 구하시오.

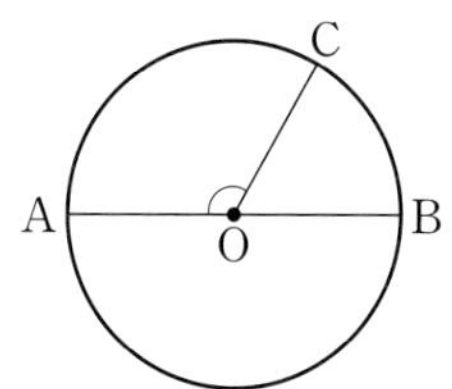

06 오른쪽 그림의 반원 O에서 $\overset{\frown}{AC}$의 길이는 $\overset{\frown}{BC}$의 길이의 3배이다. $\angle$COB의 크기를 구하시오.

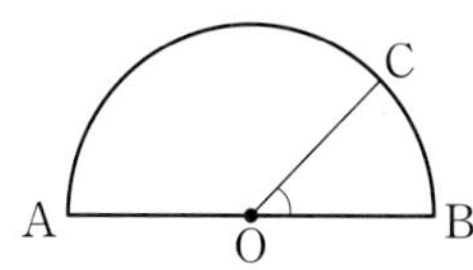

유형 4 중심각의 크기와 부채꼴의 넓이

07 오른쪽 그림의 원 O에서 부채꼴 AOB의 넓이가 6 cm^2일 때, 부채꼴 COD의 넓이를 구하시오.

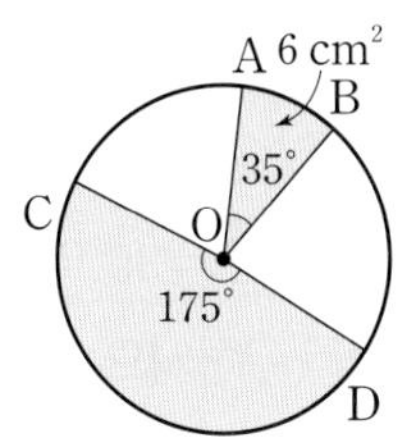

정답과 해설 66쪽

08 오른쪽 그림과 같은 원 O의 넓이가 $72\,cm^2$일 때, 부채꼴 AOB의 넓이는?

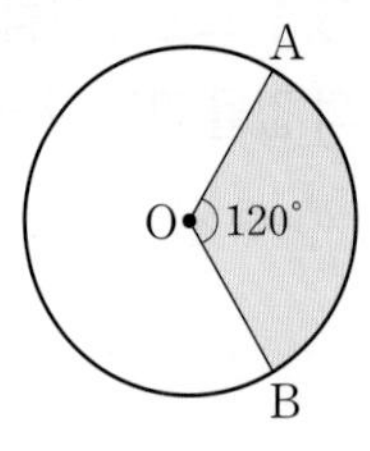

① $20\,cm^2$ ② $22\,cm^2$
③ $24\,cm^2$ ④ $26\,cm^2$
⑤ $28\,cm^2$

유형 5 중심각의 크기와 현의 길이

09 오른쪽 그림의 원 O에서 $\overline{AB}=\overline{CD}=\overline{DE}$이고 $\angle COE=120°$일 때, $\angle AOB$의 크기를 구하시오.

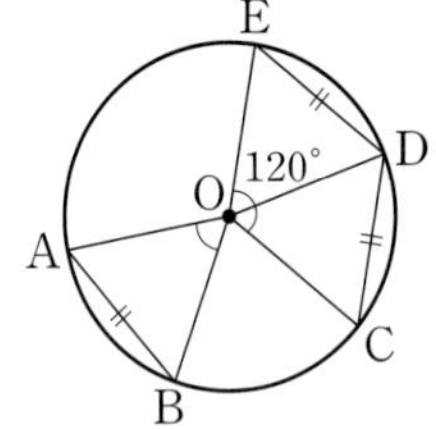

10 오른쪽 그림의 원 O에서 $\overline{AB}=\overline{CD}=\overline{DE}$이고 $\angle AOB=35°$일 때, $\angle COE$의 크기를 구하시오.

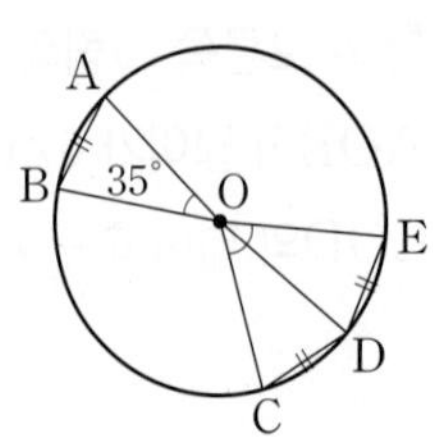

유형 6 중심각의 크기에 정비례하는 것

11 오른쪽 그림의 원 O에서 $\angle COD=2\angle AOB$일 때, 다음 보기 중 옳은 것을 모두 고르시오.

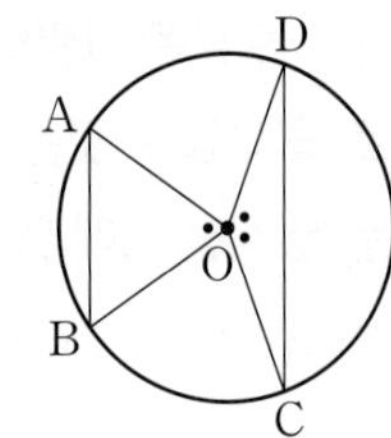

보기
ㄱ. $2\widehat{AB}=\widehat{CD}$
ㄴ. $2\overline{AB}=\overline{CD}$
ㄷ. $\triangle OCD=2\triangle OAB$
ㄹ. (부채꼴 OCD의 넓이)
 $=2\times$(부채꼴 OAB의 넓이)

한 걸음 더

유형 7 중심각의 크기와 호의 길이; 평행선이 주어진 경우

12 오른쪽 그림의 반원 O에서 $\overline{CO}\,/\!/\,\overline{DB}$이고 $\angle AOC=24°$일 때, $\angle BOD$의 크기를 구하시오.

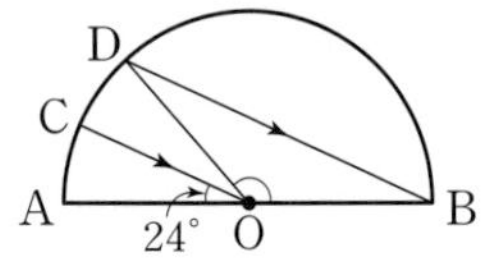

13 오른쪽 그림과 같이 $\overline{AB}$가 지름인 원 O에서 $\overline{AB}\,/\!/\,\overline{CD}$이고 $\angle BOD=45°$, $\widehat{BD}=5\,cm$일 때, $\widehat{CD}$의 길이를 구하시오.

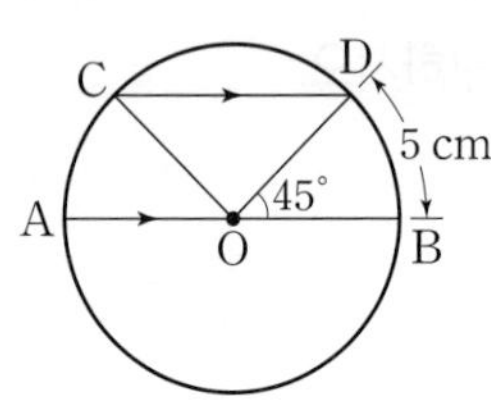

02 부채꼴의 호의 길이와 넓이

개념 4 원의 둘레의 길이와 넓이

원의 둘레의 길이와 넓이

01 오른쪽 그림과 같이 반지름의 길이가 $5\,\mathrm{cm}$인 원의 둘레의 길이 l과 넓이 S를 각각 구하시오.

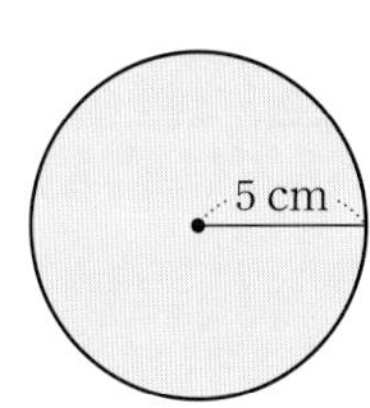

02 오른쪽 그림과 같이 지름의 길이가 $8\,\mathrm{cm}$인 원의 둘레의 길이 l과 넓이 S를 각각 구하시오.

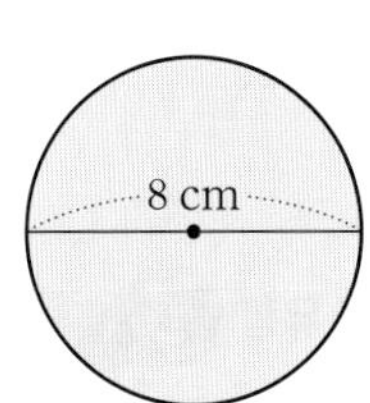

둘레의 길이와 넓이가 주어진 원의 반지름의 길이 구하기

03 다음과 같은 원의 반지름의 길이를 구하시오.

(1) 둘레의 길이가 $14\pi\,\mathrm{cm}$인 원

(2) 둘레의 길이가 $18\pi\,\mathrm{cm}$인 원

04 다음과 같은 원의 반지름의 길이를 구하시오.

(1) 넓이가 $36\pi\,\mathrm{cm}^2$인 원

(2) 넓이가 $144\pi\,\mathrm{cm}^2$인 원

개념 5 부채꼴의 호의 길이와 넓이

부채꼴의 호의 길이와 넓이

01 오른쪽 그림과 같은 부채꼴의 호의 길이 l과 넓이 S를 각각 구하시오.

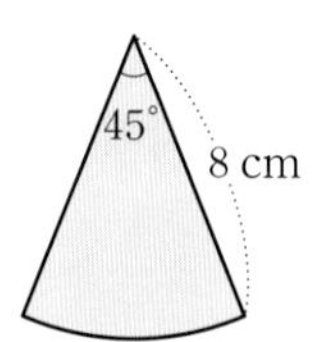

02 오른쪽 그림과 같은 부채꼴의 호의 길이 l과 넓이 S를 각각 구하시오.

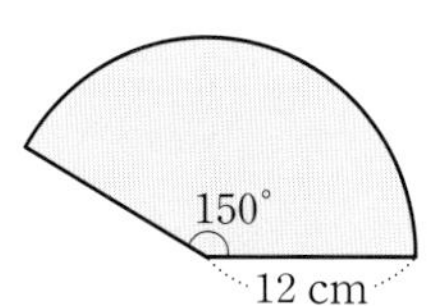

부채꼴의 호의 길이와 넓이 사이의 관계

03 오른쪽 그림과 같은 부채꼴의 넓이를 구하시오.

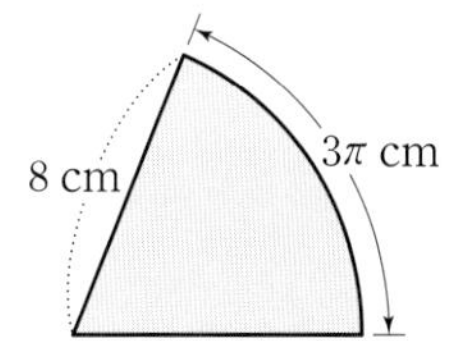

04 오른쪽 그림과 같은 부채꼴의 넓이를 구하시오.

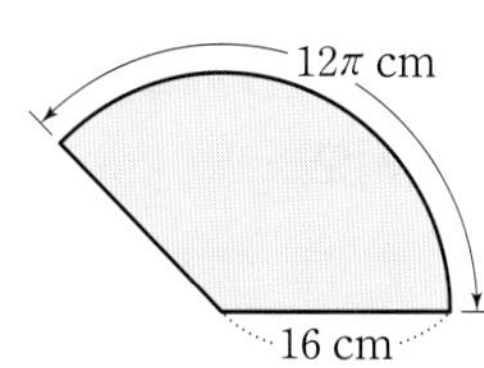

정답과 해설 67쪽

한 번 더 필수 유형 익히기

유형 1 원의 둘레의 길이와 넓이

01 오른쪽 그림과 같은 두 원 O, O′에 대하여 색칠한 부분의 둘레의 길이와 넓이를 차례대로 구하시오.

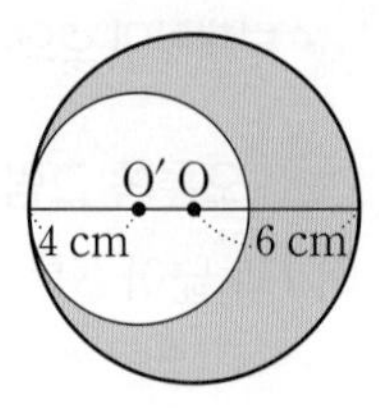

02 오른쪽 그림과 같은 원에서 색칠한 부분의 둘레의 길이와 넓이를 차례대로 구하시오.

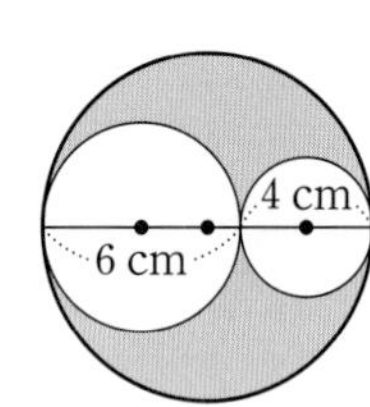

유형 2 부채꼴의 호의 길이와 넓이

03 오른쪽 그림과 같이 반지름의 길이가 6 cm이고 호의 길이가 $8\pi\text{ cm}$인 부채꼴의 중심각의 크기를 구하시오.

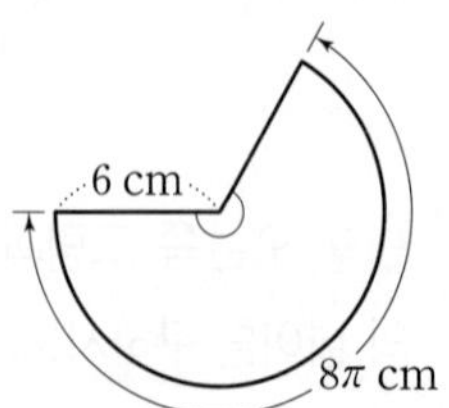

04 오른쪽 그림과 같이 중심각의 크기가 60°이고 넓이가 $\frac{75}{2}\pi\text{ cm}^2$인 부채꼴의 반지름의 길이를 구하시오.

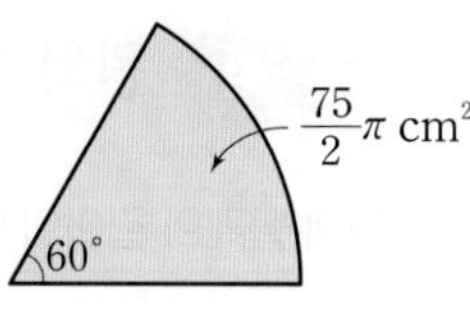

유형 3 부채꼴의 호의 길이와 넓이 사이의 관계

05 오른쪽 그림과 같이 반지름의 길이가 9 cm이고, 넓이가 $27\pi\text{ cm}^2$인 부채꼴의 호의 길이를 구하시오.

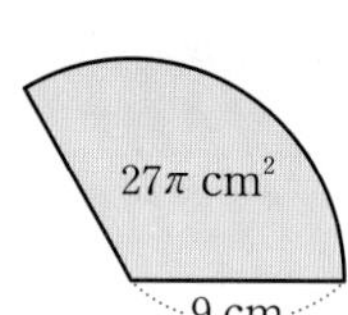

06 오른쪽 그림과 같이 호의 길이가 이고 $10\pi\text{ cm}$이고, 넓이가 $40\pi\text{ cm}^2$인 부채꼴의 반지름의 길이와 중심각의 크기를 차례대로 구하시오.

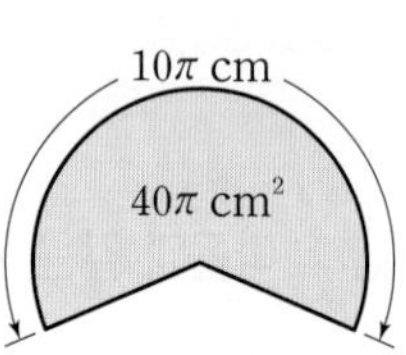

유형 4 색칠한 부분의 둘레의 길이와 넓이(1)

07 오른쪽 그림과 같은 부채꼴에서 색칠한 부분의 둘레의 길이와 넓이를 차례대로 구하시오.

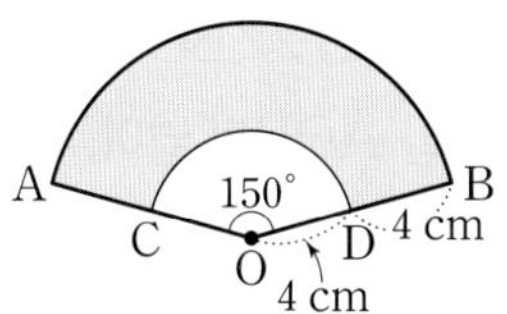

08 오른쪽 그림과 같은 부채꼴에서 색칠한 부분의 둘레의 길이와 넓이를 차례대로 구하시오.

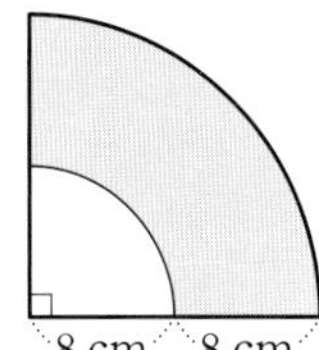

유형 5 색칠한 부분의 둘레의 길이와 넓이(2)

09 오른쪽 그림에서 색칠한 부분의 둘레의 길이와 넓이를 차례대로 구하시오.

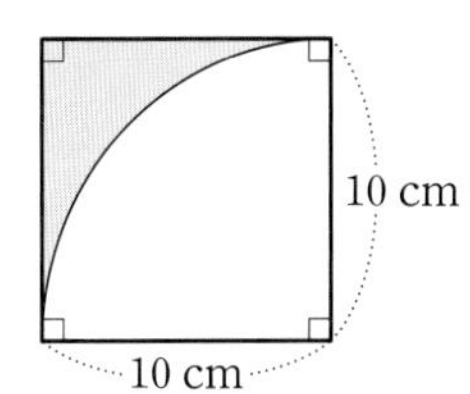

10 오른쪽 그림과 같은 부채꼴에서 색칠한 부분의 둘레의 길이와 넓이를 차례대로 구하시오.

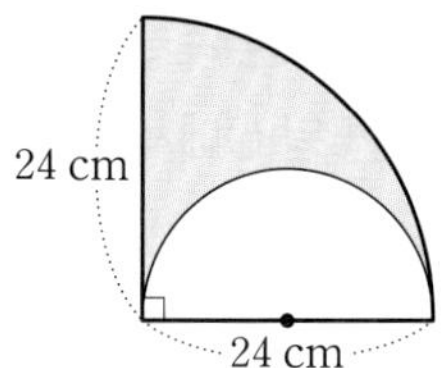

한 걸음 더

유형 6 색칠한 부분의 넓이; 도형의 일부분을 이동하는 경우

11 오른쪽 그림에서 색칠한 부분의 넓이를 구하시오.

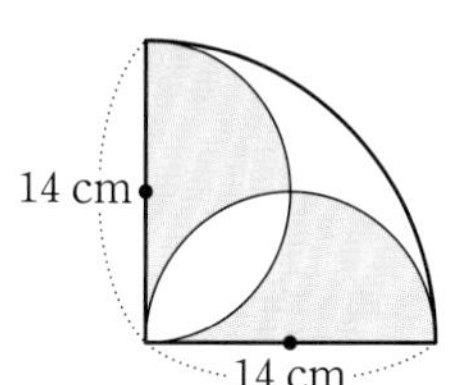

12 오른쪽 그림에서 색칠한 부분의 넓이를 구하시오.

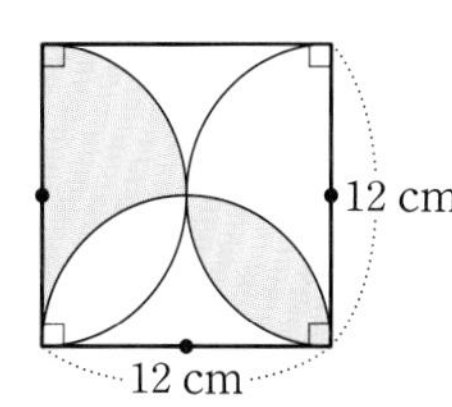

정답과 해설 68쪽

확실히 서술형 감잡기

01 오른쪽 그림과 같이 $\overline{CD}$가 지름인 원 O에서 $\overline{AB} /\!/ \overline{CD}$이고 $\angle AOB=120°$, $\widehat{AB}=16\text{ cm}$일 때, $\widehat{AC}$의 길이를 구하시오.

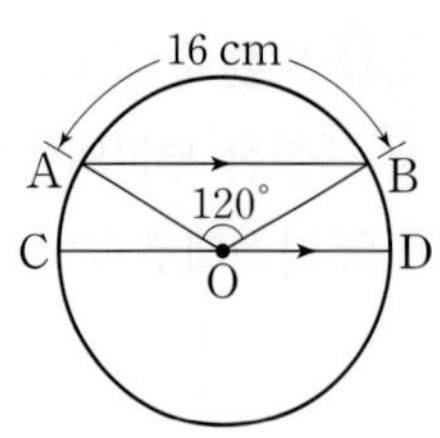

답 ____________

02 오른쪽 그림의 원 O의 넓이가 $169\pi\text{ cm}^2$일 때, 원 O의 둘레의 길이를 구하시오.

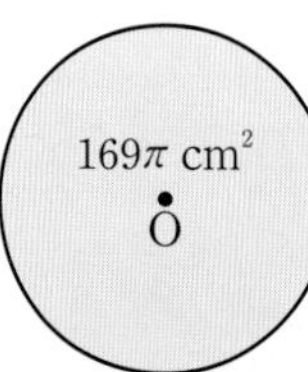

답 ____________

03 오른쪽 그림과 같이 $\overline{AC}$가 지름인 원 O에서 $\widehat{AB}=9\pi\text{ cm}$이고, $\angle AOB : \angle BOC=3:1$일 때, 부채꼴 AOB의 넓이를 구하시오.

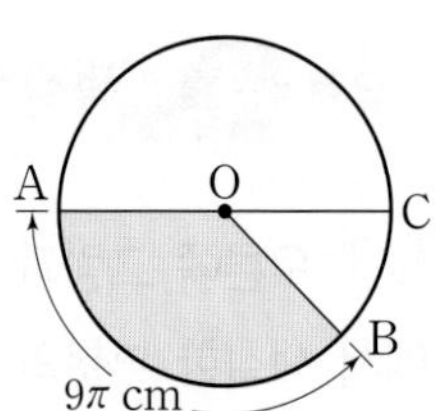

답 ____________

04 오른쪽 그림에서 색칠한 부분의 둘레의 길이와 넓이를 차례대로 구하시오.

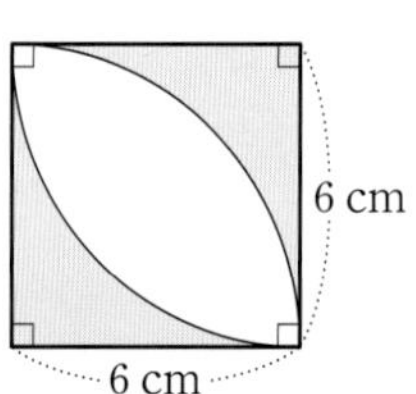

답 ____________

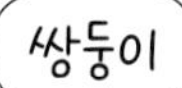

단원 마무리하기

01 오른쪽 그림의 원 O에서 x, y의 값을 각각 구하면?

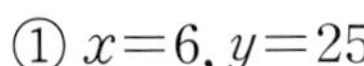

① $x=6$, $y=25$
② $x=6$, $y=30$
③ $x=6$, $y=35$
④ $x=8$, $y=30$
⑤ $x=8$, $y=35$

02 오른쪽 그림의 원 O에서 x의 값을 구하시오.

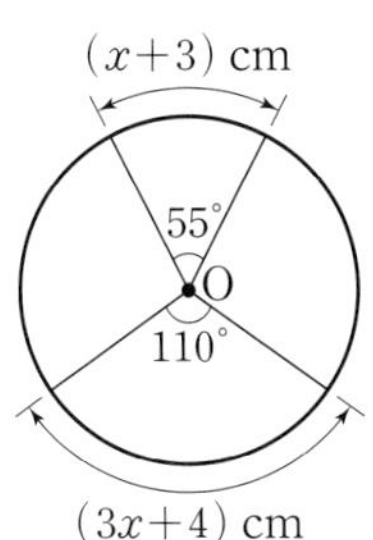

03 오른쪽 그림의 원 O에서 부채꼴 AOB의 넓이가 $8\,\text{cm}^2$, 부채꼴 BOC의 넓이가 $16\,\text{cm}^2$, $\angle\text{BOC}=140^\circ$일 때, $\angle\text{AOB}$의 크기를 구하시오.

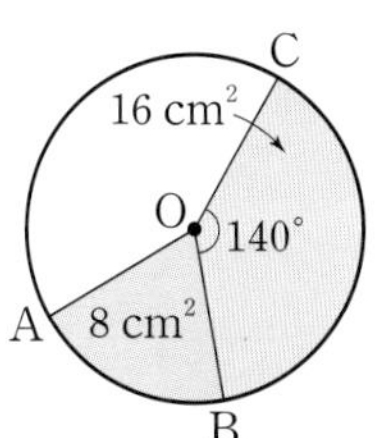

04 오른쪽 그림과 같이 $\overline{\text{AB}}$가 지름인 원 O에서 $\angle\text{OAC}=20^\circ$이고 부채꼴 BOC의 넓이가 $10\,\text{cm}^2$일 때, 원 O의 넓이를 구하시오.

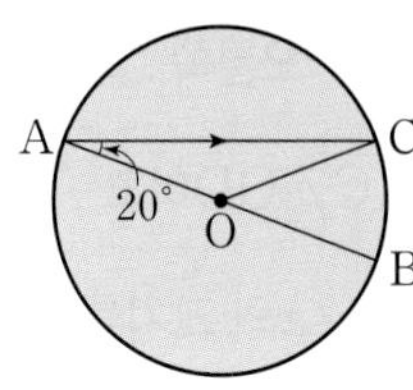

05 오른쪽 그림의 원 O에서 $\angle\text{AOB}=\angle\text{BOC}=\angle\text{COD}$이고, $\overline{\text{AB}}=3\,\text{cm}$일 때, $\overline{\text{BC}}+\overline{\text{CD}}$의 길이를 구하시오.

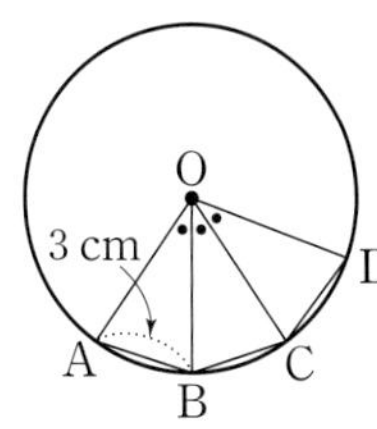

06 오른쪽 그림의 원 O에서 $\angle\text{AOB}=60^\circ$, $\angle\text{COD}=30^\circ$일 때, 다음 중 옳지 않은 것은?

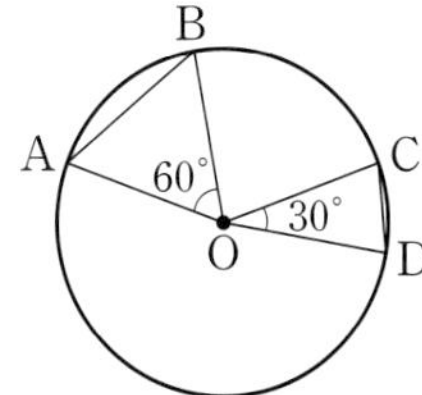

① $\widehat{\text{AB}}=2\widehat{\text{CD}}$
② $\overline{\text{AB}}=2\overline{\text{CD}}$
③ $\overline{\text{AB}}=\overline{\text{OD}}$
④ $\overline{\text{OA}}=\overline{\text{OB}}=\overline{\text{AB}}$
⑤ (부채꼴 AOB의 넓이)$=2\times$(부채꼴 COD의 넓이)

정답과 해설 69쪽

07 오른쪽 그림의 반원 O에서 $\overline{AC} /\!/ \overline{OD}$이고 $\widehat{AC}=\frac{5}{2}\widehat{DB}$일 때, $\angle x$의 크기를 구하시오.

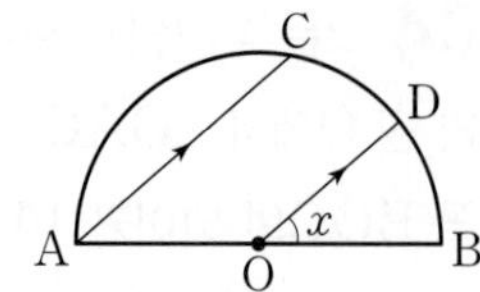

서술형

08 오른쪽 그림의 반원 O에서 $\overline{AD} /\!/ \overline{OC}$이고 $\angle BOC=30°$, $\widehat{AD}=12$ cm일 때, $\widehat{BC}$의 길이를 구하시오.

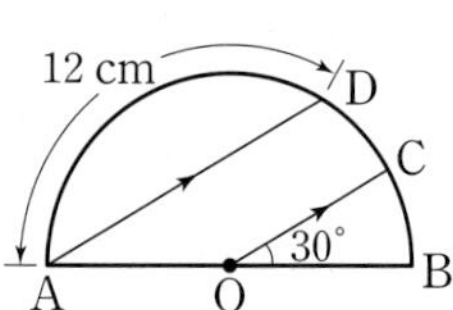

09 오른쪽 그림의 원 O에서 색칠한 부분의 넓이를 구하시오.

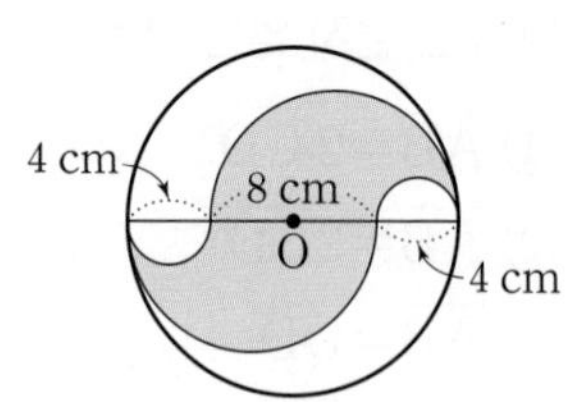

10 오른쪽 그림과 같이 중심각의 크기가 120°, 호의 길이가 6π cm인 부채꼴의 넓이는?

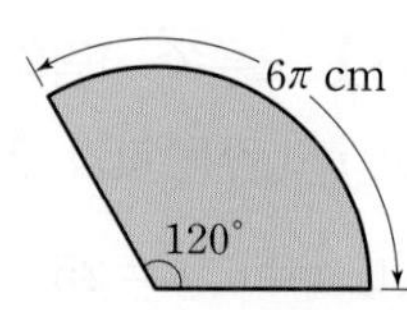

① $18\pi\text{ cm}^2$ ② $21\pi\text{ cm}^2$
③ $24\pi\text{ cm}^2$ ④ $27\pi\text{ cm}^2$
⑤ $30\pi\text{ cm}^2$

11 부채꼴 A의 반지름의 길이는 15 cm, 중심각의 크기는 48°이고, 부채꼴 B의 반지름의 길이는 10 cm, 호의 길이는 x cm이다. 두 부채꼴의 넓이가 같을 때, x의 값을 구하시오.

12 오른쪽 그림에서 색칠한 부분의 둘레의 길이를 구하시오.

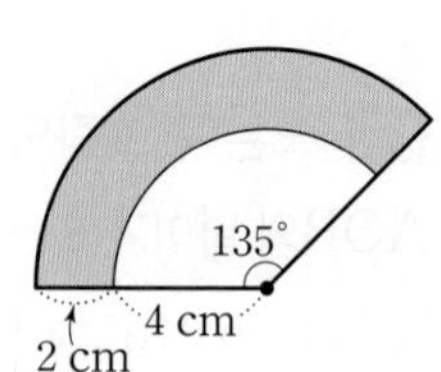

13 오른쪽 그림과 같은 원에서 색칠한 부분의 넓이를 구하시오.

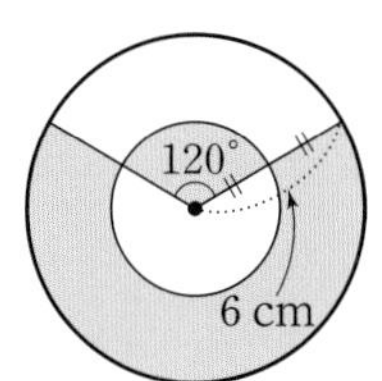

서술형

14 오른쪽 그림에서 색칠한 부분의 둘레의 길이와 넓이를 차례대로 구하시오.

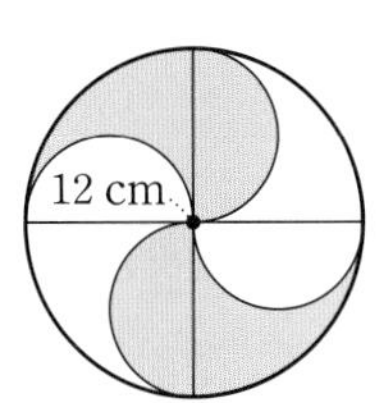

15 오른쪽 그림과 같이 한 변의 길이가 20 cm인 정사각형에서 색칠한 부분의 넓이는?

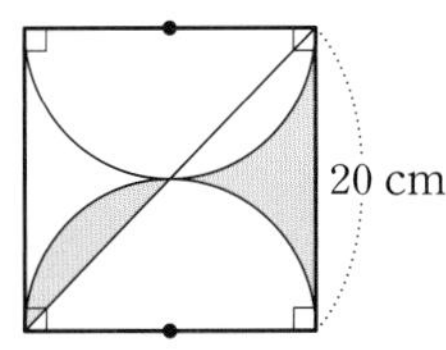

① $(100-25\pi)\,\text{cm}^2$

② $(100-30\pi)\,\text{cm}^2$

③ $(150-25\pi)\,\text{cm}^2$

④ $(150-30\pi)\,\text{cm}^2$

⑤ $(150-35\pi)\,\text{cm}^2$

Level Up

16 오른쪽 그림의 원 O에서 지름 $\overline{AB}$의 연장선과 현 CD의 연장선의 교점을 P라 하자. $\overline{PC}=\overline{CO}$, $\widehat{BD}=15\,\text{cm}$, $\angle P=30°$일 때, $\widehat{AC}$의 길이를 구하시오.

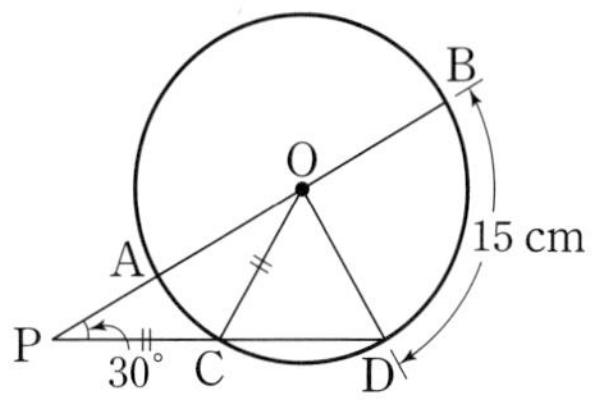

17 오른쪽 그림과 같이 한 변의 길이가 6 cm인 정사각형에서 색칠한 부분의 넓이는?

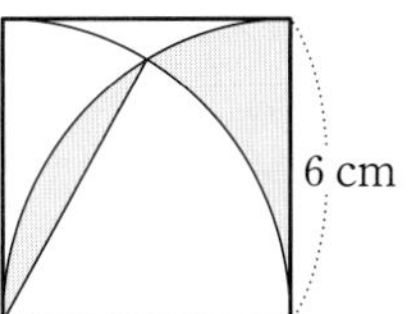

① $\pi\,\text{cm}^2$ ② $2\pi\,\text{cm}^2$

③ $3\pi\,\text{cm}^2$ ④ $4\pi\,\text{cm}^2$

⑤ $5\pi\,\text{cm}^2$

18 오른쪽 그림과 같이 한 변의 길이가 10 cm인 정오각형에서 색칠한 부채꼴의 넓이를 구하시오.

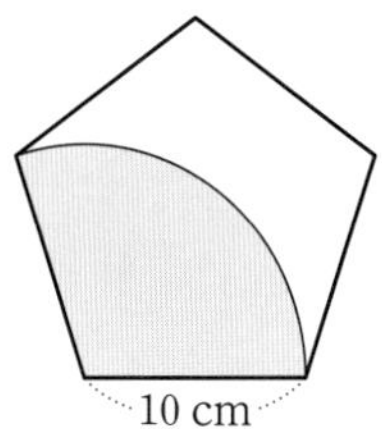

정답과 해설 70쪽

5 다면체와 회전체

다면체

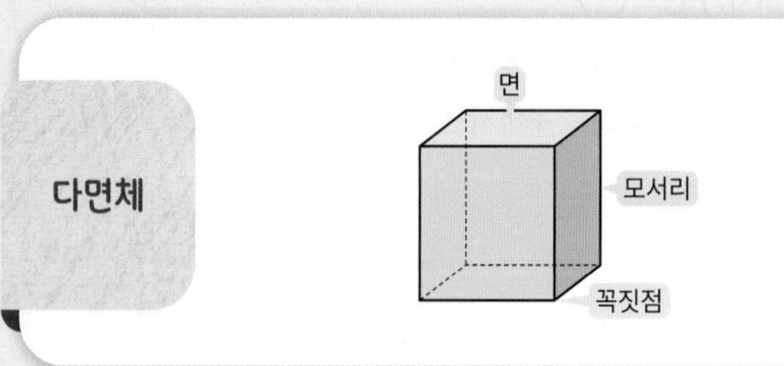

다면체: 다각형인 면으로만 둘러싸인 입체도형

(1) **면**: 다면체를 둘러싸고 있는 다각형

(2) **모서리**: 다면체를 둘러싸고 있는 다각형의 변

(3) **꼭짓점**: 다면체를 둘러싸고 있는 다각형의 꼭짓점

각뿔대

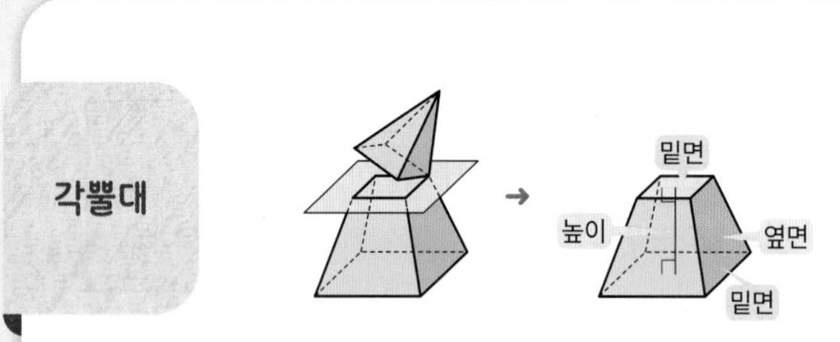

각뿔대: 각뿔을 밑면에 평행한 평면으로 자를 때 생기는 두 입체도형 중에서 각뿔이 아닌 쪽의 입체도형

(1) **밑면**: 서로 평행한 두 면

(2) **높이**: 두 밑면에 수직인 선분의 길이

(3) **옆면**: 밑면이 아닌 면

정다면체

(1) 모든 면이 합동인 정다각형이다.

(2) 각 꼭짓점에 모인 면의 개수가 모두 같다.

정다면체	정사면체	정육면체	정팔면체	정십이면체	정이십면체
겨냥도					
면의 모양	정삼각형	정사각형	정삼각형	정오각형	정삼각형
한 꼭짓점에 모인 면의 개수	3	3	4	3	5
면의 개수	4	6	8	12	20
꼭짓점의 개수	4	8	6	20	12
모서리의 개수	6	12	12	30	30
전개도					

회전체

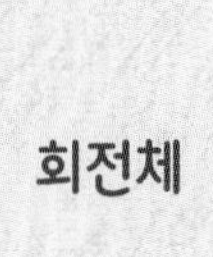

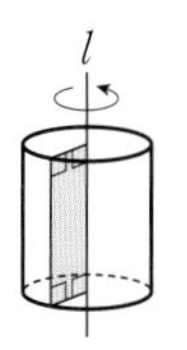

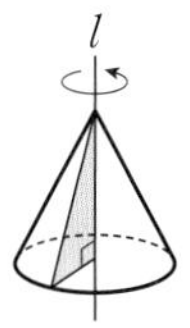

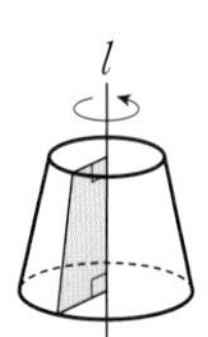

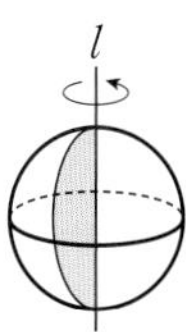

회전체: 평면도형을 한 직선을 축으로 하여 1회전 시킬 때 생기는 입체도형

(1) 회전축: 회전시킬 때 축으로 사용한 직선

(2) **모선**: 회전하여 옆면을 만드는 선분

원뿔대

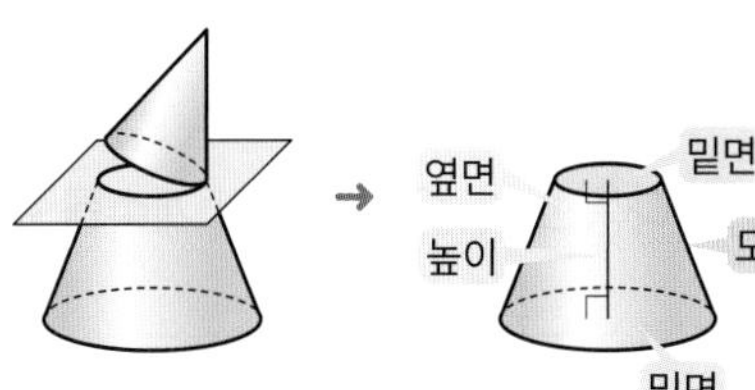

원뿔대: 원뿔을 밑면에 평행한 평면으로 잘라서 생기는 두 입체도형 중에서 원뿔이 아닌 쪽의 입체도형

(1) **밑면**: 서로 평행한 두 면

(2) **높이**: 두 밑면에 수직인 선분의 길이

(3) **옆면**: 밑면이 아닌 면

회전체의 성질

회전체	원기둥	원뿔	원뿔대	구
회전축에 수직인 평면으로 자른 단면의 모양				
회전축을 포함하는 평면으로 자른 단면의 모양				

회전체의 전개도

원기둥	원뿔	원뿔대
(밑면인 원의 둘레의 길이) =(직사각형의 가로의 길이)	(밑면인 원의 둘레의 길이) =(부채꼴의 호의 길이)	밑면인 두 원의 둘레의 길이는 각각 전개도의 옆면에서 곡선으로 된 두 부분의 길이와 같다.

01 다면체

한 번 더 필수 유형 익히기

개념 1 다면체

✓ 다면체

01 다음 입체도형이 다면체이면 ○표, 다면체가 아니면 × 표를 하시오.

(1) 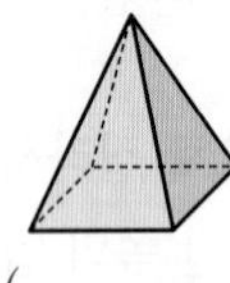

( )

(2) 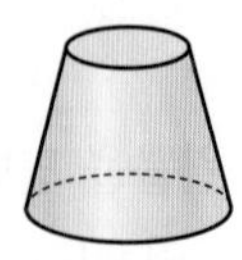

( )

(3) 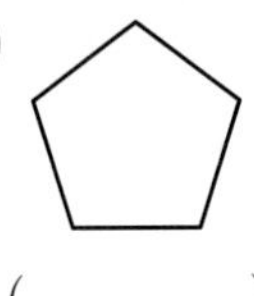

( )

(4) 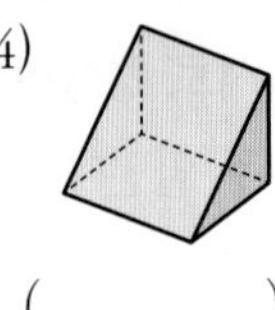

( )

02 다음 입체도형은 몇 면체인지 말하고, 모서리와 꼭짓점의 개수를 각각 구하시오.

(1) 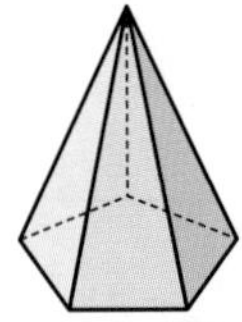

(2) 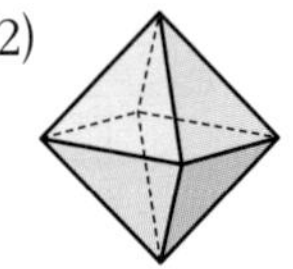

03 다음 표를 완성하시오.

다면체			
다면체의 이름			
면의 개수			
몇 면체인가?			
모서리의 개수			
꼭짓점의 개수			

유형 1 다면체

01 다음 중 다면체가 아닌 것은?

① 사각뿔 ② 오각뿔대 ③ 직육면체
④ 칠각기둥 ⑤ 원뿔

02 다음 보기 중 다면체의 개수를 구하시오.

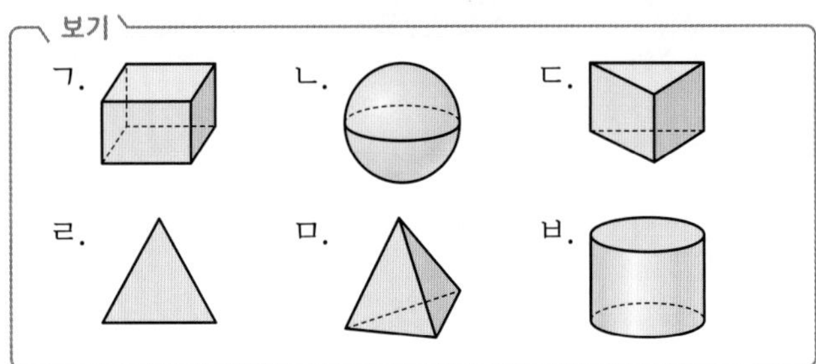

유형 2 다면체의 면의 개수

03 오른쪽 그림의 입체도형은 몇 면체인가?

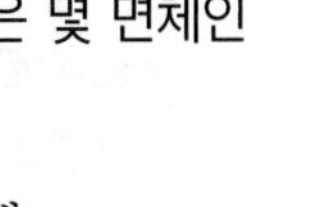

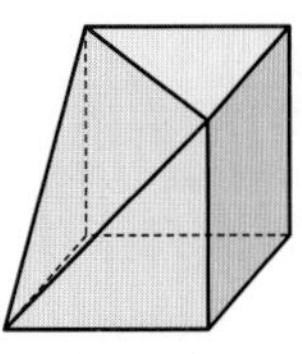

① 사면체 ② 오면체
③ 육면체 ④ 칠면체
⑤ 팔면체

04 다음 중 다면체와 그 다면체가 몇 면체인지 바르게 짝 지어진 것은?

① 삼각기둥 — 육면체 ② 삼각뿔대 — 오면체
③ 사각뿔 — 사면체 ④ 오각기둥 — 오면체
⑤ 육각기둥 — 육면체

유형 3 다면체의 모서리, 꼭짓점의 개수

05 다음 다면체 중 모서리의 개수가 15인 것은?

① 삼각뿔대 ② 오각기둥 ③ 육각뿔
④ 팔각기둥 ⑤ 팔각뿔대

06 다음 중 꼭짓점의 개수가 나머지 넷과 다른 하나는?

① 직육면체 ② 사각기둥 ③ 사각뿔대
④ 육각뿔 ⑤ 칠각뿔

유형 4 다면체의 면, 모서리, 꼭짓점의 개수의 활용

07 칠각기둥의 모서리의 개수를 x, 팔각뿔의 꼭짓점의 개수를 y라 할 때, $x+y$의 값은?

① 18 ② 23 ③ 27
④ 30 ⑤ 34

08 오각뿔의 면의 개수를 a, 칠각뿔대의 꼭짓점의 개수를 b라 할 때, $a+b$의 값을 구하시오.

유형 5 다면체의 옆면의 모양

09 다음 중 다면체와 그 옆면의 모양이 바르게 짝 지어진 것은?

① 삼각뿔 – 삼각형 ② 사각뿔 – 사각형
③ 오각기둥 – 사다리꼴 ④ 육각뿔대 – 육각형
⑤ 칠각뿔대 – 삼각형

10 다음 중 옆면의 모양이 사각형이 아닌 것은?

① 삼각뿔대 ② 직육면체 ③ 육각뿔
④ 칠각기둥 ⑤ 구각뿔대

유형 6 다면체의 이해

11 다음 중 다면체에 대한 설명으로 옳은 것은?

① 사각기둥은 사면체이다.
② 각뿔대의 옆면의 모양은 직사각형이다.
③ 각기둥의 두 밑면은 서로 평행하지 않다.
④ 육각뿔의 밑면의 개수는 1이다.
⑤ 팔각뿔의 모서리의 개수는 24이다.

한 걸음 더

유형 7 주어진 조건을 만족시키는 다면체 찾기

12 다음 조건을 모두 만족시키는 다면체의 이름을 말하시오.

(가) 두 밑면은 서로 평행하다.
(나) 옆면의 모양은 직사각형이 아닌 사다리꼴이다.
(다) 구면체이다.

정답과 해설 72쪽

02 정다면체

한 번 더 필수 유형 익히기

개념 2 정다면체

정다면체

01 아래 보기 중 다음 조건을 만족시키는 정다면체를 모두 고르시오.

보기
ㄱ. 정사면체 ㄴ. 정육면체 ㄷ. 정팔면체
ㄹ. 정십이면체 ㅁ. 정이십면체

(1) 각 면의 모양이 정사각형인 정다면체

(2) 각 면의 모양이 정오각형인 정다면체

(3) 한 꼭짓점에 모인 면의 개수가 4인 정다면체

(4) 한 꼭짓점에 모인 면의 개수가 5인 정다면체

정다면체의 전개도

02 다음 전개도로 만들어지는 정다면체의 겨냥도를 그리고, 그 이름을 말하시오.

(1)
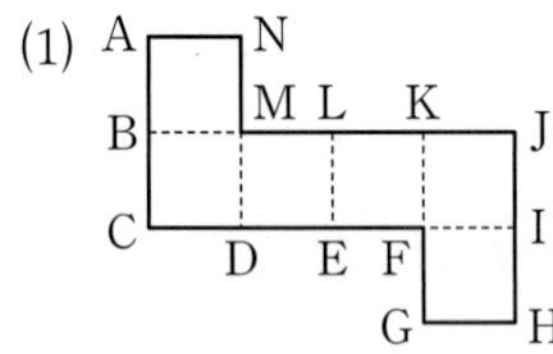

(2)
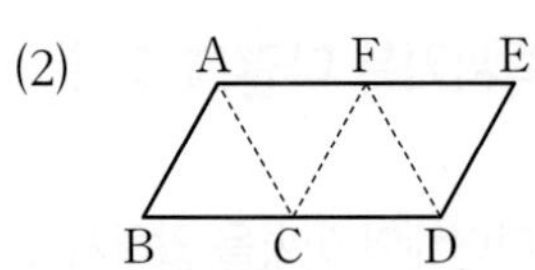

(3)
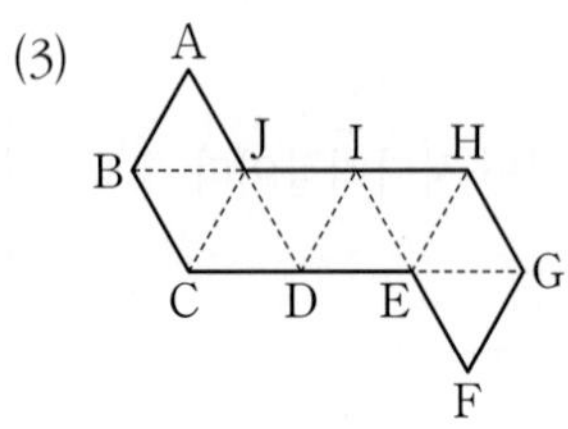

유형 1 정다면체의 면, 모서리, 꼭짓점의 개수

01 다음 표의 빈칸에 들어갈 것으로 옳지 않은 것은?

	정사면체	정육면체	정팔면체	정십이면체	정이십면체
면의 개수	4	①	8	②	20
모서리의 개수	6	③	④	30	30
꼭짓점의 개수	4	8	6	⑤	12

① 6 ② 12 ③ 12
④ 20 ⑤ 20

02 정육면체의 꼭짓점의 개수를 a, 정팔면체의 모서리의 개수를 b, 정십이면체의 한 꼭짓점에 모인 면의 개수를 c라 할 때, $a+b+c$의 값은?

① 21 ② 22 ③ 23
④ 24 ⑤ 25

유형 2 정다면체의 이해

03 다음 중 정다면체에 대한 설명으로 옳지 않은 것은?

① 정다면체는 5가지뿐이다.
② 정다면체의 각 면의 모양은 정삼각형, 정사각형, 정오각형이다.
③ 정팔면체의 꼭짓점의 개수는 6이다.
④ 한 꼭짓점에 모인 면의 개수가 3인 정다면체는 정사면체, 정육면체, 정십이면체이다.
⑤ 면의 개수가 가장 적은 정다면체의 모서리의 개수는 8이다.

04 다음 보기 중 정다면체에 대한 설명으로 옳은 것을 모두 고르시오.

보기
ㄱ. 면의 모양이 정삼각형인 정다면체는 2개이다.
ㄴ. 정육면체의 면의 개수는 8이다.
ㄷ. 한 꼭짓점에 모인 면의 개수가 4인 정다면체의 한 면의 모양은 정삼각형이다.
ㄹ. 정십이면체와 정이십면체의 모서리의 개수는 같다.

유형 3 정다면체의 전개도

05 오른쪽 그림과 같은 전개도로 정육면체를 만들 때 점 A와 겹치는 꼭짓점을 모두 고르면? (정답 2개)

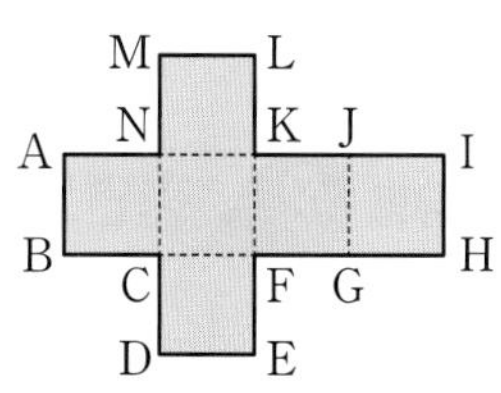

① 점 I ② 점 J ③ 점 K
④ 점 L ⑤ 점 M

06 오른쪽 그림과 같은 전개도로 정사면체를 만들 때 $\overline{AB}$와 꼬인 위치에 있는 모서리를 구하시오.

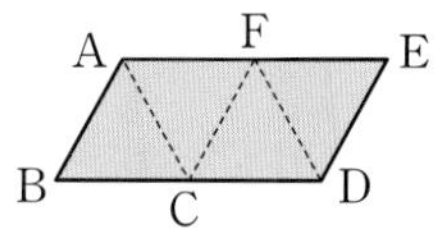

개념 3 회전체

✓ 회전체

01 다음 평면도형을 직선 l을 회전축으로 하여 1회전 시킬 때 생기는 회전체를 그리시오.

(1)

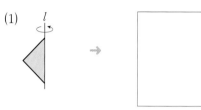

(2)
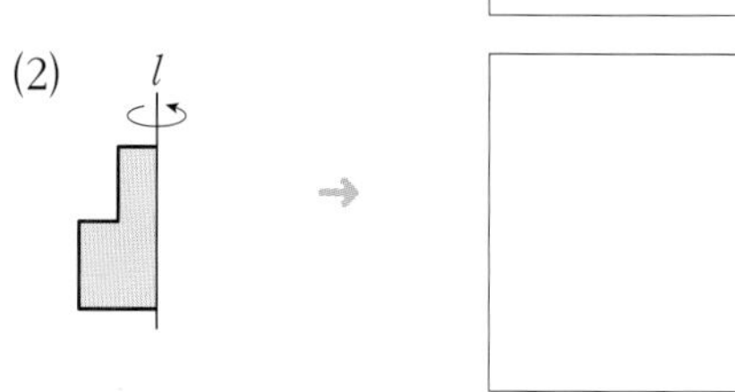

개념 4 회전체의 성질

✓ 회전체의 성질

01 다음 회전체를 회전축에 수직인 평면으로 자른 단면의 모양과 회전축을 포함하는 평면으로 자른 단면의 모양을 차례대로 그리시오.

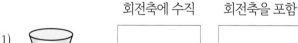

회전축에 수직 회전축을 포함

(1)
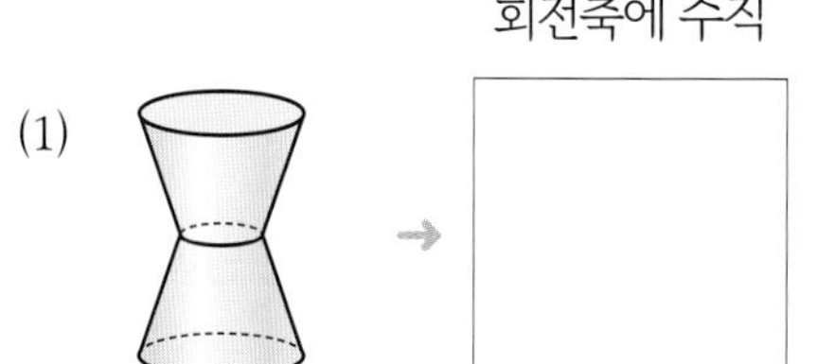

(2)

(3)
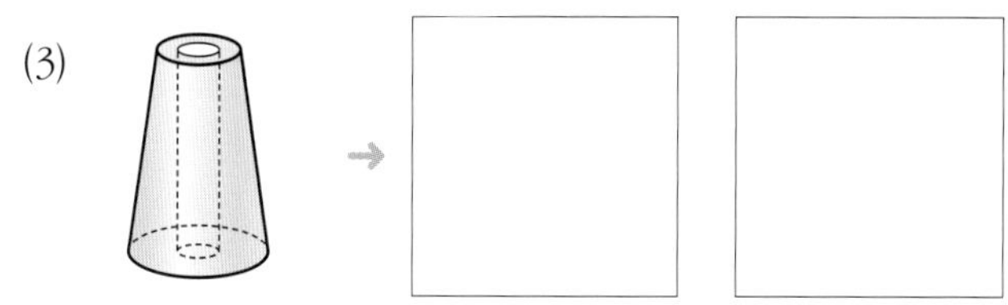

정답과 해설 73쪽

개념 5 회전체의 전개도

회전체의 전개도

01 다음 그림은 원기둥과 그 전개도이다. □ 안에 알맞은 수를 써넣으시오.

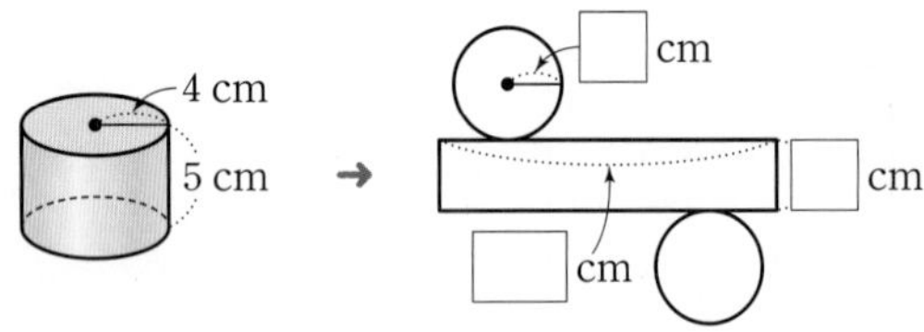

(1) (직사각형의 가로의 길이)$=2\pi\times$□$=$□(cm)

(2) (직사각형의 세로의 길이)$=$□cm

02 다음 그림은 원뿔과 그 전개도이다. □ 안에 알맞은 수를 써넣으시오.

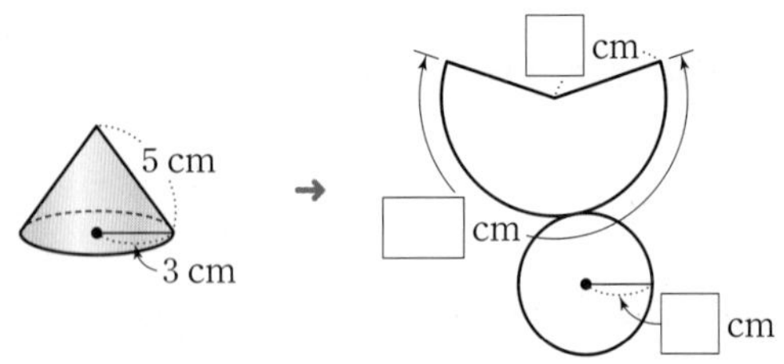

(1) (부채꼴의 호의 길이)$=2\pi\times$□$=$□(cm)

(2) (부채꼴의 반지름의 길이)$=$□cm

03 다음 그림은 원뿔대와 그 전개도이다. □ 안에 알맞은 수를 써넣으시오.

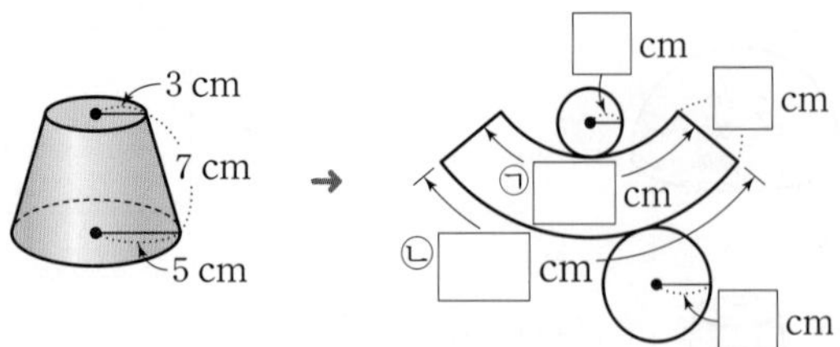

(1) (㉠의 길이)$=2\pi\times$□$=$□(cm)

(2) (㉡의 길이)$=2\pi\times$□$=$□(cm)

유형 1 회전체

01 다음 중 회전체가 아닌 것은?

① 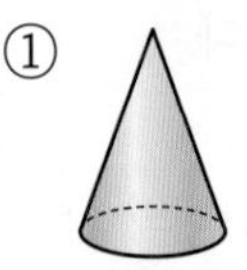
② 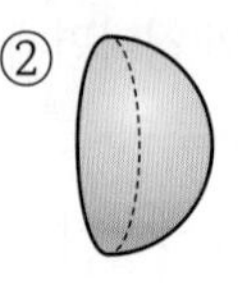
③ 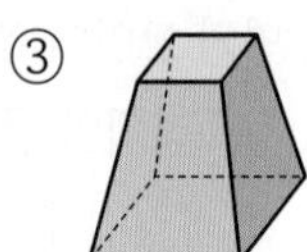
④ 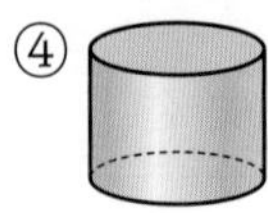
⑤ 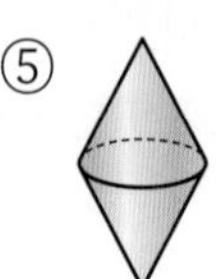

02 다음 보기 중 회전체를 모두 고르시오.

보기		
ㄱ. 정육면체	ㄴ. 삼각뿔	ㄷ. 반원
ㄹ. 구	ㅁ. 원기둥	ㅂ. 구각기둥

유형 2 평면도형과 회전체

03 다음 중 평면도형과 그 평면도형을 직선 l을 회전축으로 하여 1회전 시킬 때 생기는 회전체로 옳지 않은 것은?

① 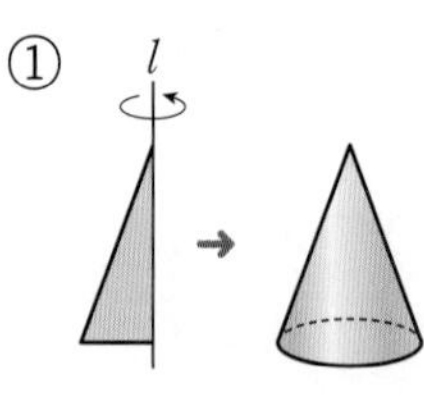

② 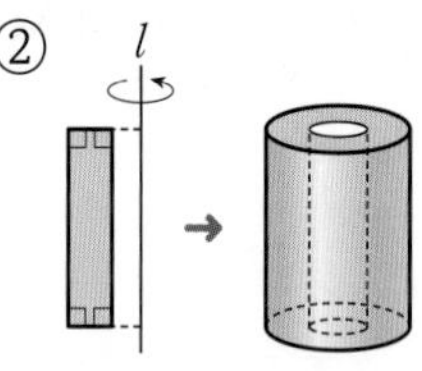

③ 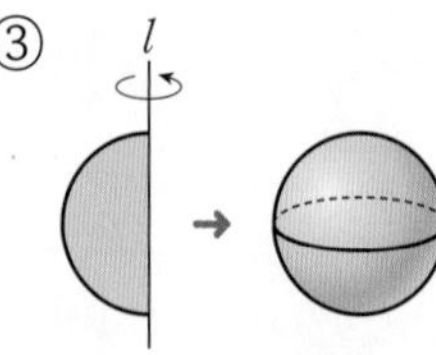

④ 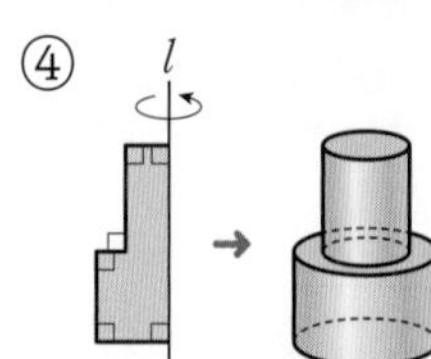

⑤ 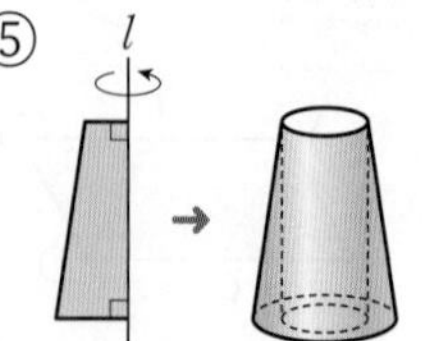

유형 3 회전체의 단면의 모양

04 다음 중 회전체와 그 회전체를 회전축을 포함하는 평면으로 자를 때 생기는 단면의 모양이 바르게 짝 지어진 것은?

① 구 — 부채꼴 ② 원뿔대 — 삼각형
③ 반구 — 반원 ④ 원뿔 — 정삼각형
⑤ 원기둥 — 사다리꼴

유형 4 회전체의 전개도

05 다음 그림과 같은 직사각형을 직선 l을 회전축으로 하여 1회전 시킬 때 생기는 회전체의 전개도에서 xyz의 값을 구하시오.

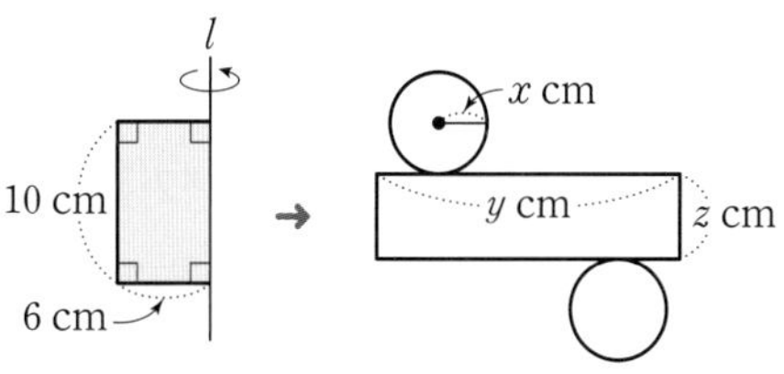

06 다음 그림은 원뿔과 그 전개도이다. 이때 a, b, c의 값을 각각 구하시오.

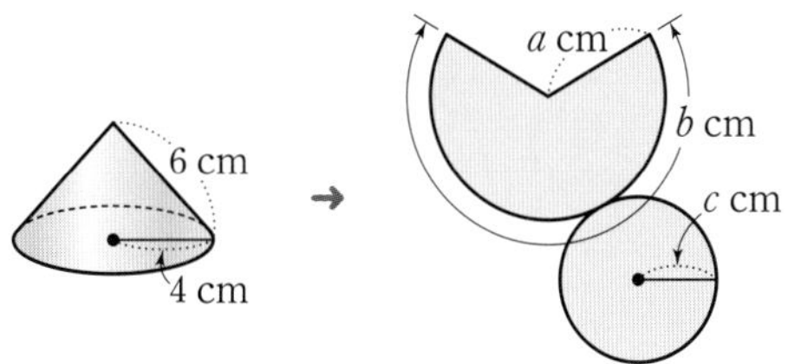

유형 5 회전체의 이해

07 회전체에 대한 설명으로 옳지 <u>않은</u> 것은?

① 구의 회전축은 무수히 많다.
② 원기둥의 회전축은 무수히 많다.
③ 원뿔을 밑면에 평행한 평면으로 자르면 원뿔대가 생긴다.
④ 직사각형의 한 변을 회전축으로 하여 1회전 시킬 때 생기는 회전체는 원기둥이다.
⑤ 회전체는 평면도형을 한 직선을 회전축으로 하여 1회전 시킬 때 생기는 입체도형이다.

한 걸음 더

유형 6 회전체의 단면의 넓이

08 오른쪽 그림과 같은 평면도형을 직선 l을 회전축으로 하여 1회전 시킬 때 생기는 회전체에 대하여 다음 물음에 답하시오.

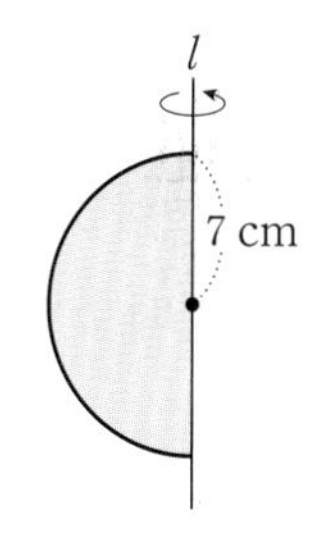

(1) 회전축을 포함하는 평면으로 자를 때 생기는 단면의 넓이를 구하시오.
(2) 회전축에 수직인 평면으로 자른 단면의 넓이가 가장 클 때의 단면의 넓이를 구하시오.

09 오른쪽 그림과 같은 직각삼각형을 직선 l을 회전축으로 하여 1회전 시킬 때 생기는 회전체를 회전축을 포함하는 평면으로 잘랐을 때 생기는 단면의 넓이를 구하시오.

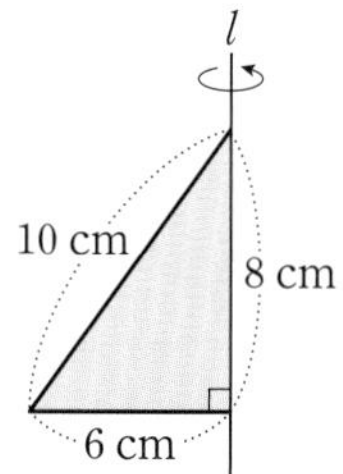

정답과 해설 74쪽

확실히 서술형 감잡기

01 면의 개수가 9인 각뿔의 모서리의 개수를 a, 꼭짓점의 개수를 b라 할 때, $a+b$의 값을 구하시오.

답 ______________

02 면의 개수가 가장 많은 정다면체의 꼭짓점의 개수를 a, 꼭짓점의 개수가 가장 많은 정다면체의 모서리의 개수를 b라 할 때, $a+b$의 값을 구하시오.

답 ______________

03 오른쪽 그림과 같은 전개도로 만들어지는 원뿔의 밑면의 넓이를 구하시오.

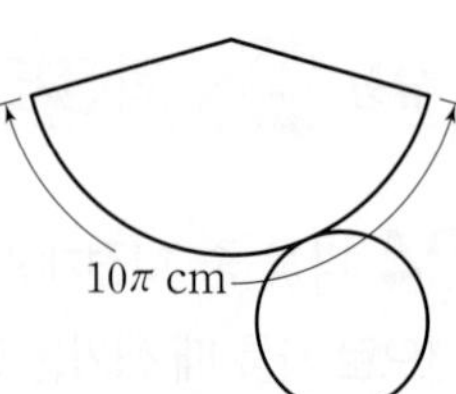

답 ______________

04 오른쪽 그림과 같은 직각삼각형을 직선 l을 회전축으로 하여 1회전 시킬 때 생기는 회전체를 회전축에 수직인 평면으로 자를 때, 넓이가 가장 큰 단면의 넓이를 구하시오.

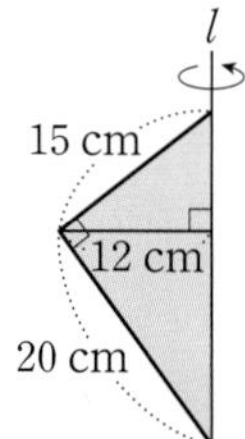

답 ______________

쌍둥이 단원 마무리하기

01 다음 중 다면체인 것을 모두 고르면? (정답 2개)

① 구 ② 원뿔 ③ 원기둥
④ 사각기둥 ⑤ 삼각뿔대

02 다음 중 모서리의 개수가 가장 많은 다면체는?

① 사각기둥 ② 오각뿔대 ③ 칠각뿔
④ 팔각뿔 ⑤ 구각기둥

03 다음 중 다면체와 그 꼭짓점의 개수가 바르게 짝 지어지지 <u>않은</u> 것은?

① 삼각뿔대 $-$ 9 ② 오각기둥 $-$ 10
③ 육각뿔 $-$ 7 ④ 팔각기둥 $-$ 16
⑤ 팔각뿔대 $-$ 16

서술형

04 칠각기둥의 모서리의 개수를 a, 십이각뿔의 면의 개수를 b, 팔각뿔대의 꼭짓점의 개수를 c라 할 때, $a+b+c$의 값을 구하시오.

05 다음 **보기** 중 옆면의 모양이 삼각형인 다면체를 모두 고르시오.

보기

ㄱ. 삼각뿔 ㄴ. 삼각기둥 ㄷ. 오각뿔
ㄹ. 육각뿔 ㅁ. 육각뿔대 ㅂ. 칠각기둥

06 다음 중 각뿔대에 대한 설명으로 옳지 <u>않은</u> 것은?

① n각뿔대의 꼭짓점의 개수는 $2n$이다.
② n각뿔대의 면의 개수는 $(n+2)$이다.
③ n각뿔대의 모서리의 개수는 $2n$이다.
④ 옆면은 사다리꼴이다.
⑤ 두 밑면은 서로 평행하다.

07 다음 조건을 모두 만족시키는 다면체의 이름을 말하시오.

(가) 밑면이 2개이다.
(나) 옆면의 모양은 직사각형이 아닌 사다리꼴이다.
(다) 꼭짓점의 개수가 16이다.

정답과 해설 75쪽

서술형

08 면의 모양이 정사각형인 정다면체의 종류는 x가지, 한 꼭짓점에 모인 면의 개수가 5인 정다면체의 종류는 y가지이다. 이때 $x+y$의 값을 구하시오.

09 다음 조건을 모두 만족시키는 정다면체의 이름을 말하시오.

> (가) 모든 면이 합동인 정삼각형이다.
> (나) 모서리의 개수가 30이다.

10 다음 중 정다면체에 대한 설명으로 옳지 않은 것은?

① 정육면체의 모서리의 개수는 12이다.
② 정다면체의 각 면의 모양이 될 수 있는 도형은 정삼각형, 정사각형, 정오각형뿐이다.
③ 정삼각형이 한 꼭짓점에 4개씩 모인 정다면체는 정이십면체이다.
④ 한 꼭짓점에 모이는 면의 개수가 가장 많은 것은 정이십면체이다.
⑤ 정십이면체의 면의 개수와 정이십면체의 꼭짓점의 개수는 같다.

11 오른쪽 그림과 같은 전개도로 만든 정육면체에서 다음 중 $\overline{BC}$와 꼬인 위치에 있는 모서리는?

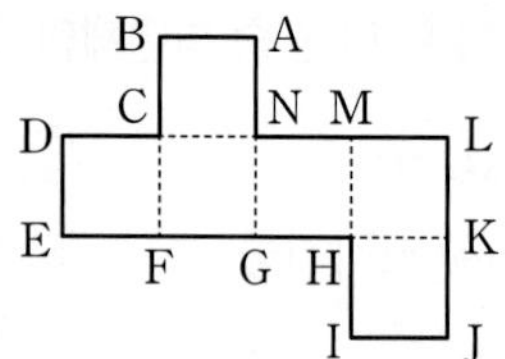

① $\overline{AB}$　② $\overline{MH}$
③ $\overline{GH}$　④ $\overline{ML}$
⑤ $\overline{LK}$

12 다음 중 회전체가 아닌 것은?

① 반구　② 원뿔대　③ 오각기둥
④ 구　⑤ 원뿔

13 다음 중 직선 l을 회전축으로 하여 1회전 시킬 때 오른쪽 그림과 같은 회전체가 되는 것은?

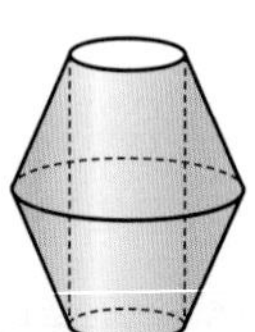

①　②
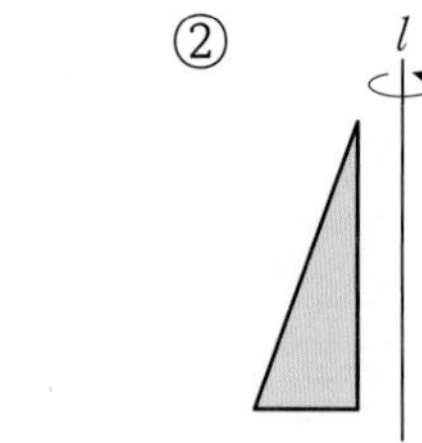

③
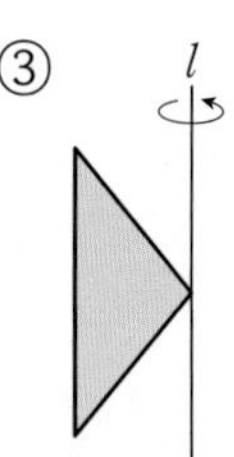

④
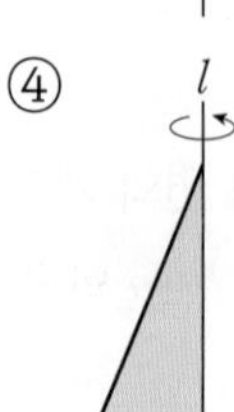

⑤
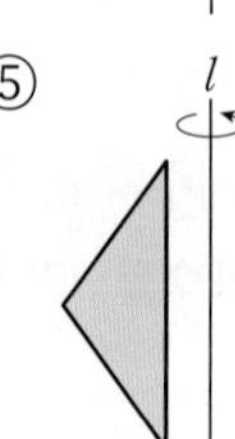

14 다음 중 회전축에 수직인 평면으로 자를 때 생기는 단면이 항상 합동인 회전체는?

① 원기둥 ② 원뿔 ③ 원뿔대
④ 구 ⑤ 반구

서술형

15 오른쪽 그림과 같은 전개도로 만들어지는 원뿔의 밑면의 넓이를 구하시오.

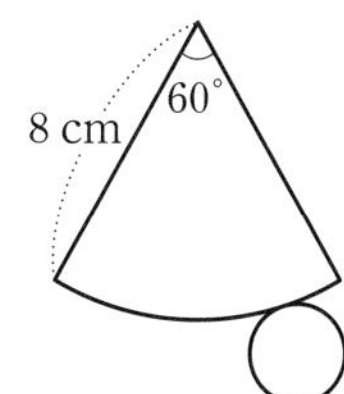

16 다음 중 원뿔에 대한 설명으로 옳은 것은?

① 원뿔은 다면체이다.
② 원뿔을 회전축에 수직인 평면으로 자르면 원뿔대만 생긴다.
③ 직각삼각형의 한 변을 축으로 하여 1회전 시키면 항상 원뿔이 생긴다.
④ 원뿔의 전개도에서 부채꼴의 호의 길이는 밑면인 원의 둘레의 길이와 같다.
⑤ 원뿔의 회전축은 무수히 많다.

Level Up

17 십면체인 각기둥, 각뿔, 각뿔대의 이름을 각각 말하고 각 꼭짓점의 개수의 합을 구하시오.

18 다음 중 오른쪽 그림과 같은 전개도로 만들어지는 정다면체에 대한 설명으로 옳지 않은 것은?

① 각 면은 모두 합동이다.
② 면의 개수는 20이다.
③ 한 꼭짓점에 모인 면의 개수는 5이다.
④ 꼭짓점의 개수는 12이다.
⑤ 모서리의 개수는 20이다.

19 오른쪽 그림과 같은 평면도형을 직선 l을 회전축으로 하여 1회전 시킬 때 생기는 회전체를 회전축에 수직인 평면으로 자를 때 생기는 단면의 넓이를 구하시오.

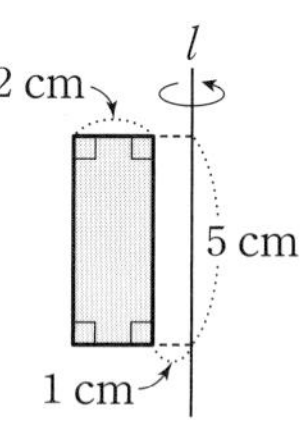

정답과 해설 76쪽

입체도형의 부피와 겉넓이

각기둥의 부피

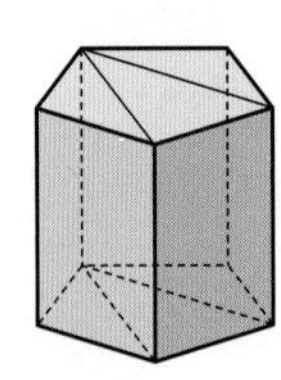

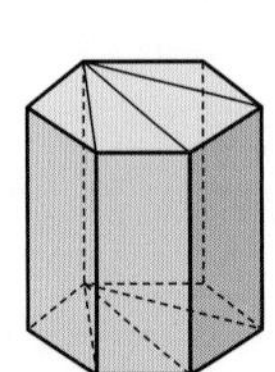

(각기둥의 부피)=(밑넓이)×(높이)

원기둥의 부피

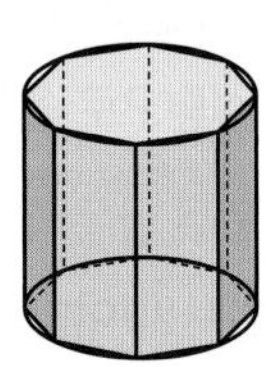

(원기둥의 부피)=(밑넓이)×(높이)

각기둥의 겉넓이

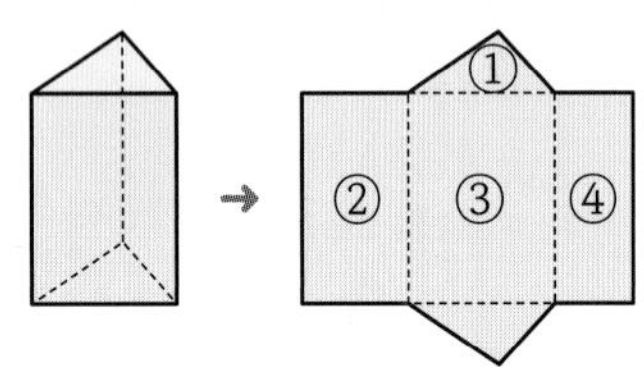

(각기둥의 겉넓이)=(밑넓이)×2+(옆넓이)

=①×2+(②+③+④)

원기둥의 겉넓이

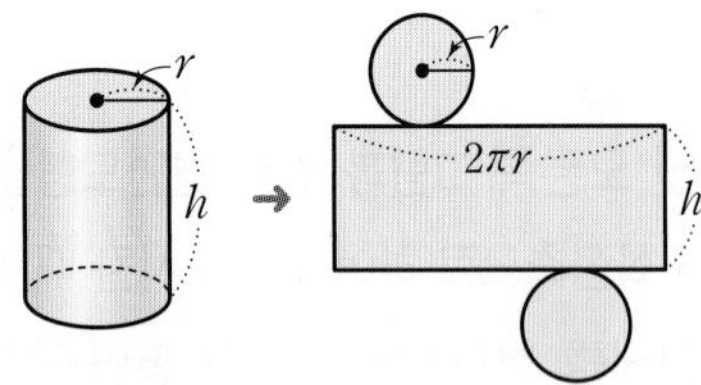

(원기둥의 겉넓이)=(밑넓이)×2+(옆넓이)

$=\pi r^2\times 2+(2\pi r\times h)$

$=2\pi r^2+2\pi rh$

각뿔의 부피

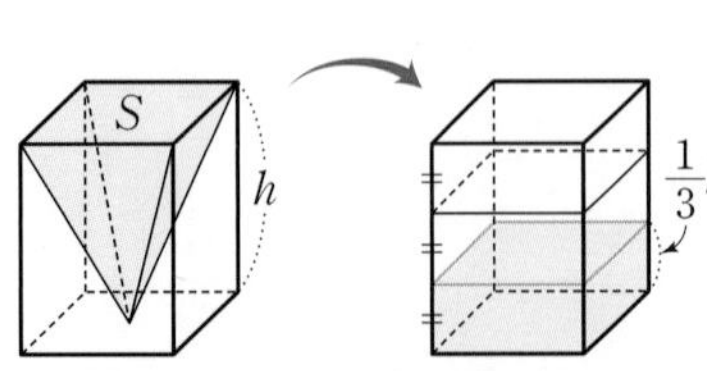

(각뿔의 부피)$=\frac{1}{3}\times$(밑넓이)×(높이)

$=\frac{1}{3}Sh$

원뿔의 부피

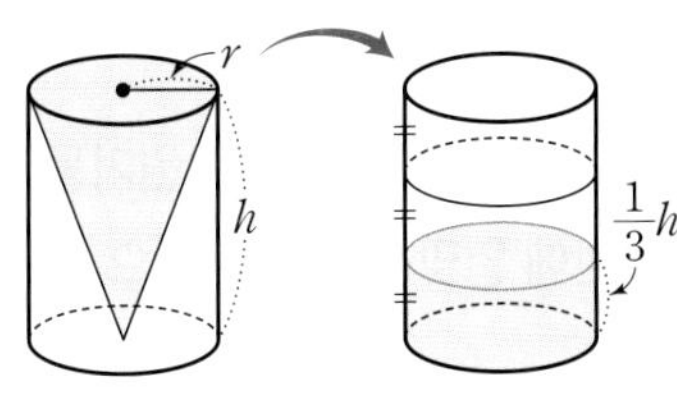

$$(\text{원뿔의 부피})=\frac{1}{3}\times(\text{밑넓이})\times(\text{높이})$$
$$=\frac{1}{3}\pi r^2 h$$

각뿔의 겉넓이

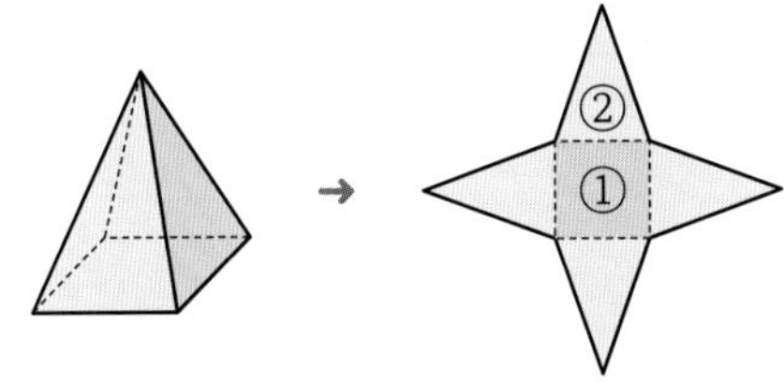

$$(\text{각뿔의 겉넓이})=(\text{밑넓이})+(\text{옆넓이})$$
$$=①+②\times 4$$

원뿔의 겉넓이

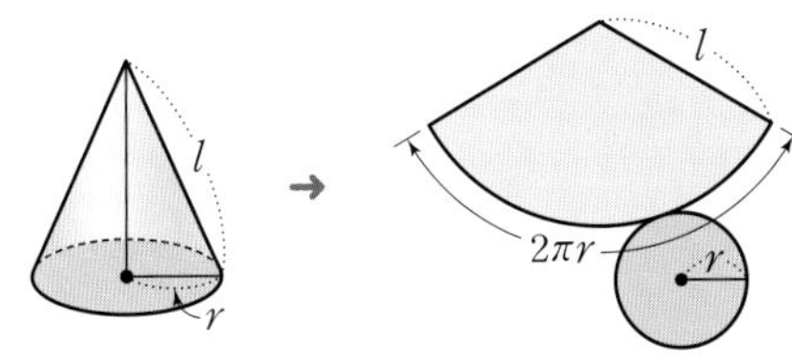

$$(\text{원뿔의 겉넓이})=(\text{밑넓이})\times(\text{옆넓이})$$
$$=\pi r^2+\frac{1}{3}\times l\times 2\pi r$$
$$=\pi r^2+\pi rl$$

뿔대의 부피와 겉넓이

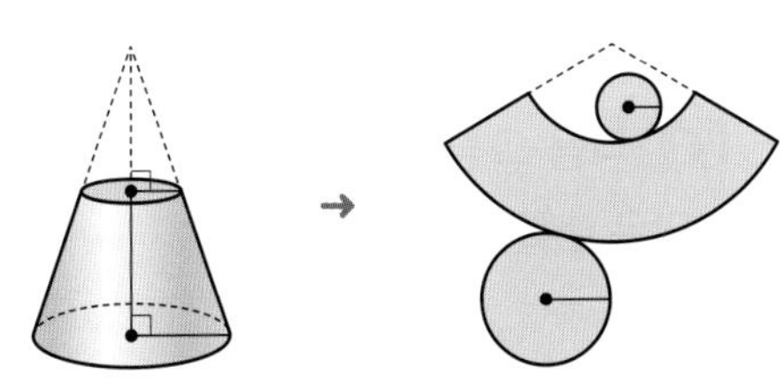

(1) (뿔대의 부피)
=(큰 뿔의 부피)−(잘라 낸 뿔의 부피)

(2) (뿔대의 겉넓이)
=(작은 밑면의 넓이)
+(큰 밑면의 넓이)+(옆넓이)

구의 부피와 겉넓이

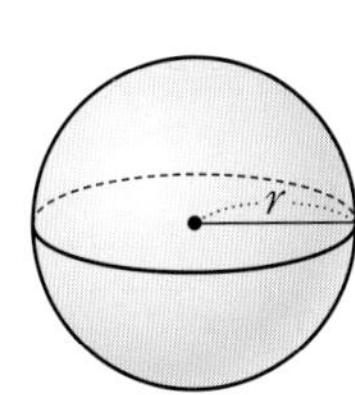

구의 반지름의 길이를 r이라 하면

$(\text{구의 부피})=\frac{4}{3}\pi r^3$, $(\text{구의 겉넓이})=4\pi r^2$

01 기둥의 부피와 겉넓이

개념 1 기둥의 부피

기둥의 부피

01 다음 입체도형의 부피를 구하시오.

(1) 밑넓이가 30 cm^2이고 높이가 9 cm인 삼각기둥

(2) 밑넓이가 24 cm^2이고 높이가 5 cm인 오각기둥

(3) 밑넓이가 36π cm^2이고 높이가 5 cm인 원기둥

02 오른쪽 그림과 같은 각기둥에서 □ 안에 알맞은 수를 써넣으시오.

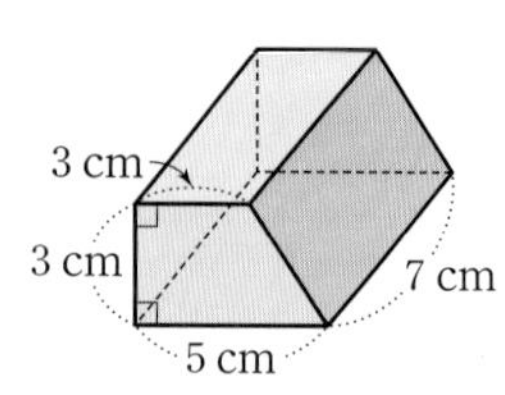

(1) (밑넓이)$=\frac{1}{2}\times(5+\square)\times\square=\square(cm^2)$

(2) (높이)$=\square$ cm

(3) (부피)$=\square\times7=\square(cm^3)$

03 오른쪽 그림과 같은 각기둥의 부피를 구하시오.

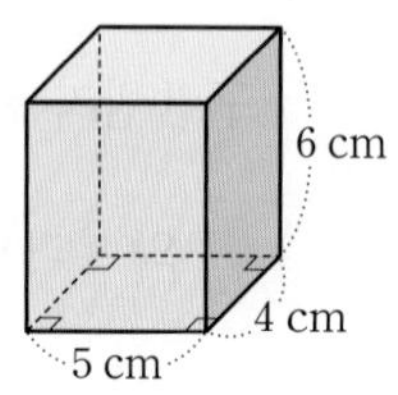

04 오른쪽 그림과 같은 원기둥에서 □ 안에 알맞은 수를 써넣으시오.

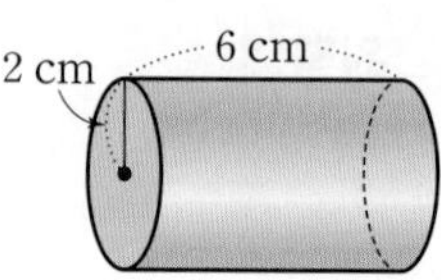

(1) (밑넓이)$=\pi\times\square^2=\square(cm^2)$

(2) (높이)$=\square$ cm

(3) (부피)$=\square\times6=\square(cm^3)$

05 오른쪽 그림과 같은 원기둥의 부피를 구하시오.

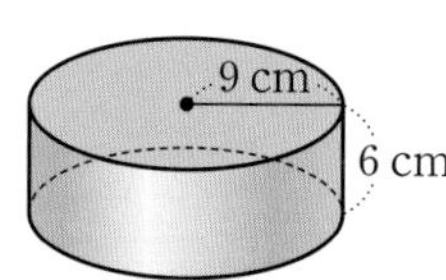

개념 2 기둥의 겉넓이

기둥의 겉넓이

01 다음 그림과 같은 사각기둥과 그 전개도에서 □ 안에 알맞은 수를 써넣으시오.

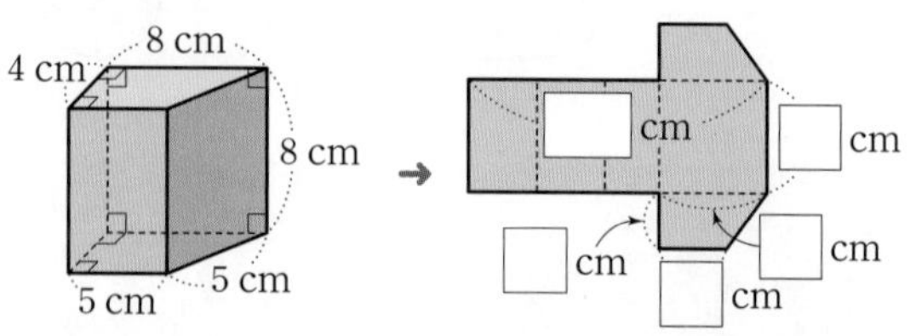

(1) (밑넓이)$=\frac{1}{2}\times(8+\square)\times\square=\square(cm^2)$

(2) (옆넓이)$=\square\times8=\square(cm^2)$

(3) (겉넓이)$=\square\times2+\square=\square(cm^2)$

02 오른쪽 그림과 같은 각기둥의 겉넓이를 구하시오.

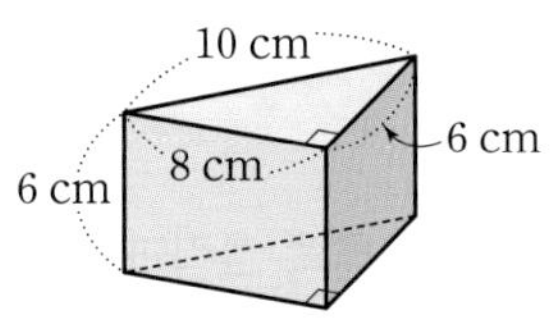

03 다음 그림과 같은 원기둥과 그 전개도에서 □ 안에 알맞은 수를 써넣으시오.

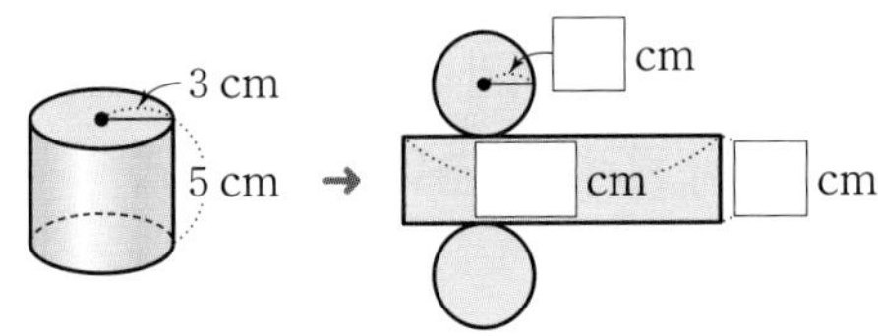

(1) (밑넓이)$=\pi\times\square^2=\square(\text{cm}^2)$

(2) (옆넓이)$=\square\times5=\square(\text{cm}^2)$

(3) (겉넓이)$=\square\times2+\square=\square(\text{cm}^2)$

04 오른쪽 그림과 같은 원기둥의 겉넓이를 구하시오.

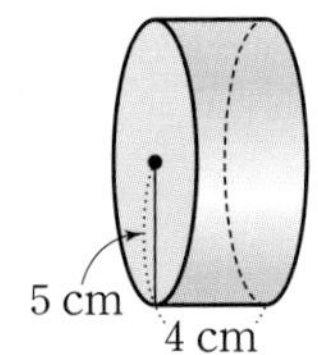

유형 1 기둥의 부피

01 오른쪽 그림과 같은 사각기둥의 부피를 구하시오.

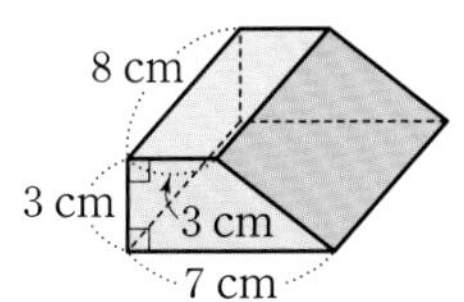

02 오른쪽 그림과 같은 직사각형을 직선 l을 회전축으로 하여 1회전 시킬 때 생기는 입체도형의 부피를 구하시오.

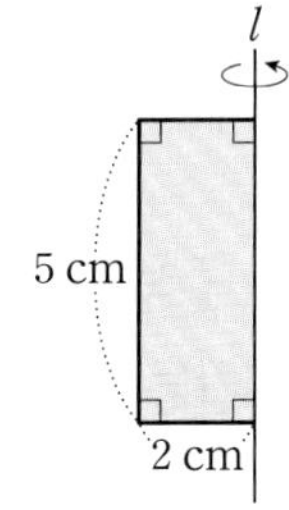

유형 2 기둥의 겉넓이

03 오른쪽 그림과 같은 사각기둥의 겉넓이를 구하시오.

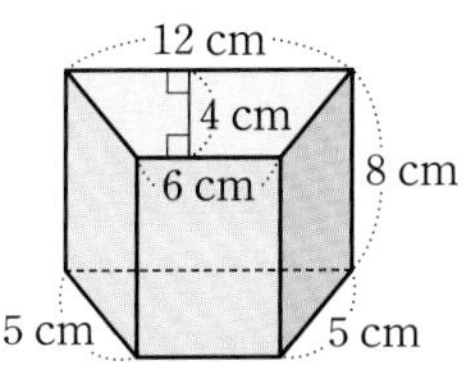

정답과 해설 77쪽

04 오른쪽 그림과 같은 전개도로 만들어지는 원기둥의 겉넓이를 구하시오.

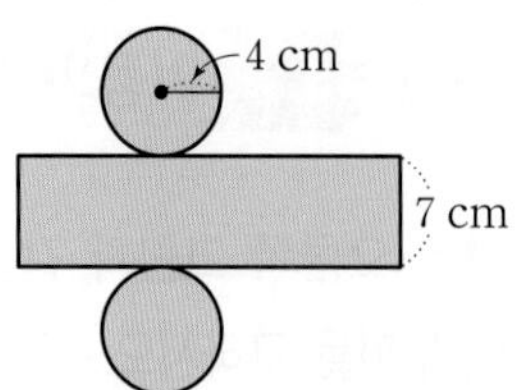

유형 3 기둥의 부피의 응용

05 부피가 $144\pi\ \text{cm}^3$인 원기둥의 높이가 $9\ \text{cm}$일 때, 이 원기둥의 밑면의 반지름의 길이를 구하시오.

06 오른쪽 그림과 같은 삼각기둥의 부피가 $42\ \text{cm}^3$일 때, 이 삼각기둥의 높이를 구하시오.

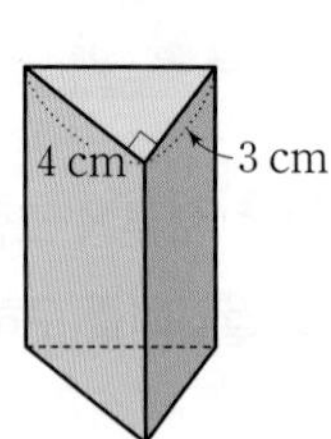

유형 4 기둥의 겉넓이의 응용

07 오른쪽 그림과 같은 삼각기둥의 겉넓이가 $240\ \text{cm}^2$일 때, h의 값은?

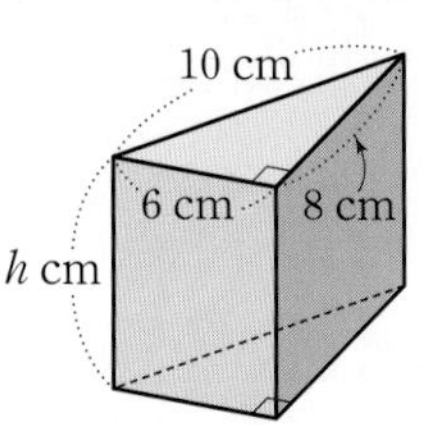

① 7　　② 8
③ 9　　④ 10
⑤ 11

08 밑면의 반지름의 길이가 $3\ \text{cm}$인 원기둥의 겉넓이가 $72\pi\ \text{cm}^2$일 때, 이 원기둥의 높이를 구하시오.

유형 5 밑면이 부채꼴인 기둥의 부피

09 오른쪽 그림과 같이 밑면이 부채꼴인 기둥의 부피를 구하시오.

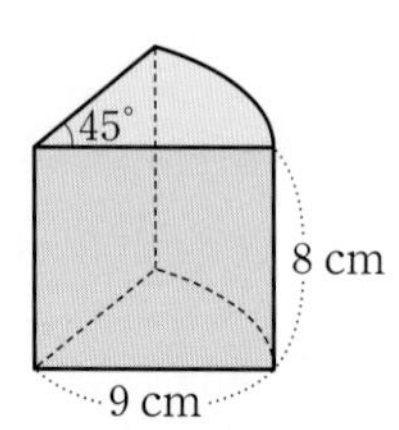

02 뿔의 부피와 겉넓이

유형 6 밑면이 부채꼴인 기둥의 겉넓이

10 오른쪽 그림과 같이 밑면이 부채꼴인 기둥의 겉넓이를 구하시오.

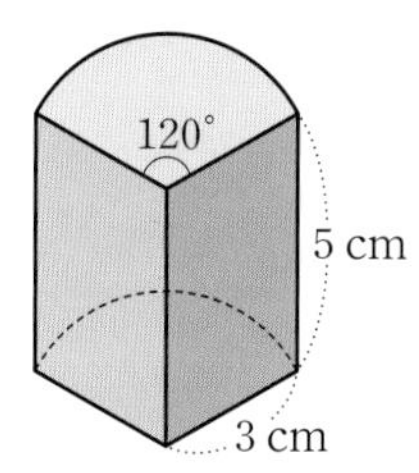

한 걸음 더

유형 7 구멍이 뚫린 기둥의 부피와 겉넓이

11 오른쪽 그림과 같이 구멍이 뚫린 입체도형의 부피와 겉넓이를 차례대로 구하시오.

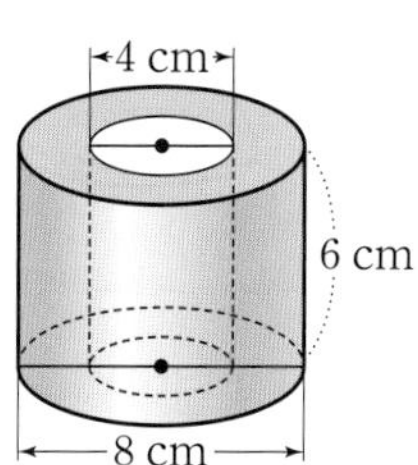

12 오른쪽 그림과 같이 구멍이 뚫린 입체도형의 부피와 겉넓이를 차례대로 구하시오.

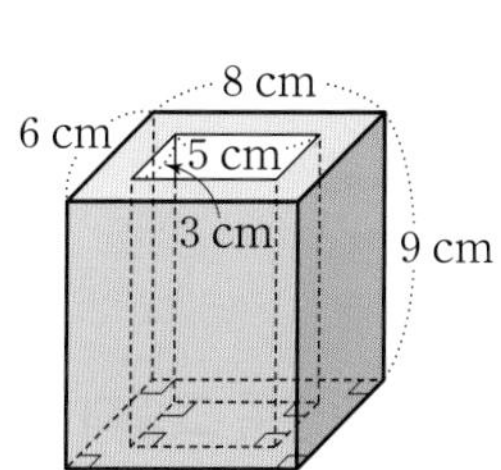

개념 3 뿔의 부피

뿔의 부피

01 다음 입체도형의 부피를 구하시오.

(1) 밑넓이가 $25\,\text{cm}^2$이고 높이가 $9\,\text{cm}$인 사각뿔

(2) 밑넓이가 $39\pi\,\text{cm}^2$이고 높이가 $6\,\text{cm}$인 원뿔

02 오른쪽 그림과 같은 각뿔에서 □ 안에 알맞은 수를 써넣으시오.

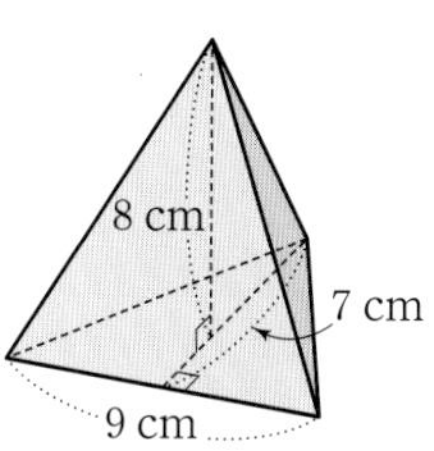

(1) (밑넓이) $=\frac{1}{2}\times\square\times 7=\square(\text{cm}^2)$

(2) (높이) $=\square\,\text{cm}$

(3) (부피) $=\frac{1}{3}\times\square\times 8=\square(\text{cm}^3)$

03 오른쪽 그림과 같은 각뿔의 부피를 구하시오.

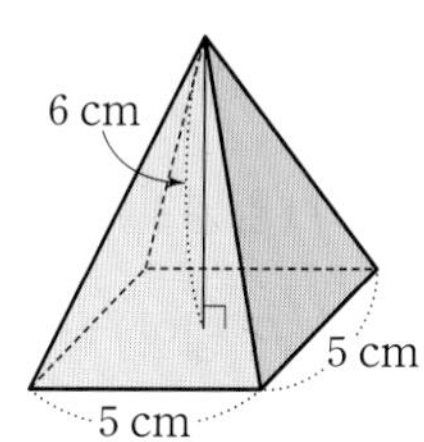

정답과 해설 77쪽

04 오른쪽 그림과 같은 원뿔에서 □ 안에 알맞은 수를 써넣으시오.

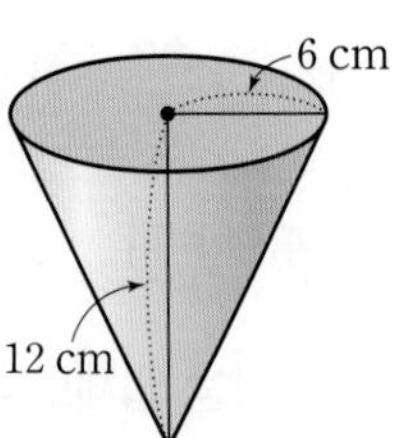

(1) (밑넓이) $=\pi\times\square^2=\square(\text{cm}^2)$

(2) (높이) $=\square$ cm

(3) (부피) $=\frac{1}{3}\times\square\times12=\square(\text{cm}^3)$

05 오른쪽 그림과 같은 원뿔의 부피를 구하시오.

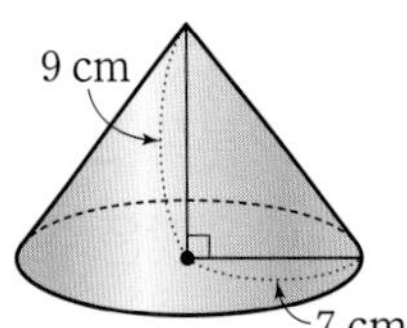

개념 4 뿔의 겉넓이

✓ 뿔의 겉넓이

01 다음 그림과 같은 사각뿔과 그 전개도에서 □ 안에 알맞은 수를 써넣으시오.

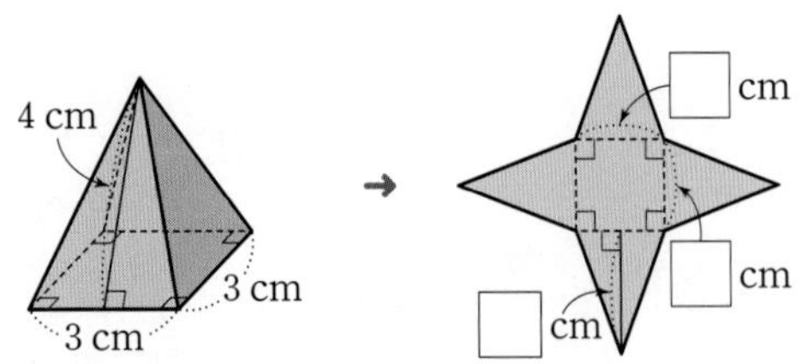

(1) (밑넓이) $=3\times\square=\square(\text{cm}^2)$

(2) (옆넓이) $=\left(\frac{1}{2}\times3\times\square\right)\times4=\square(\text{cm}^2)$

(3) (겉넓이) $=9+\square=\square(\text{cm}^2)$

02 오른쪽 그림과 같은 사각뿔의 겉넓이를 구하시오.

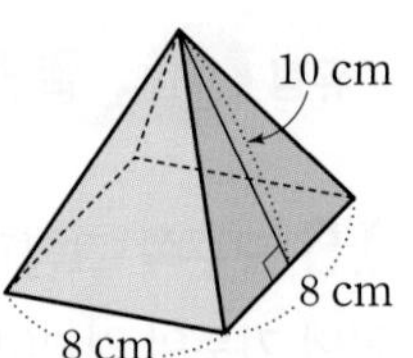

03 다음 그림과 같은 원뿔과 그 전개도에서 □ 안에 알맞은 수를 써넣으시오.

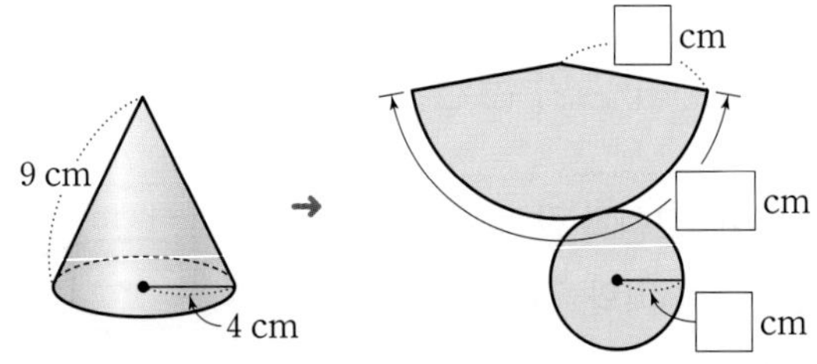

(1) (밑넓이) $=\pi\times\square^2=\square(\text{cm}^2)$

(2) (옆넓이) $=\frac{1}{2}\times9\times\square=\square(\text{cm}^2)$

(3) (겉넓이) $=16\pi+\square=\square(\text{cm}^2)$

04 오른쪽 그림과 같은 원기둥의 겉넓이를 구하시오.

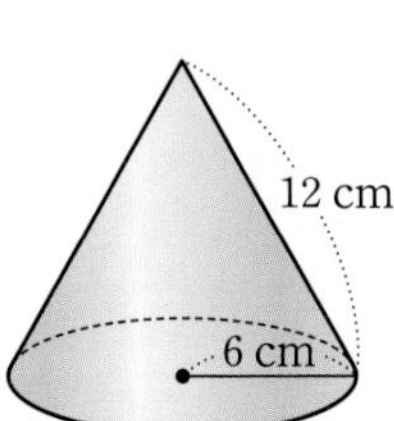

한 번 더 필수 유형 익히기

유형 1 뿔의 부피

01 오른쪽 그림과 같은 사각뿔의 부피는?

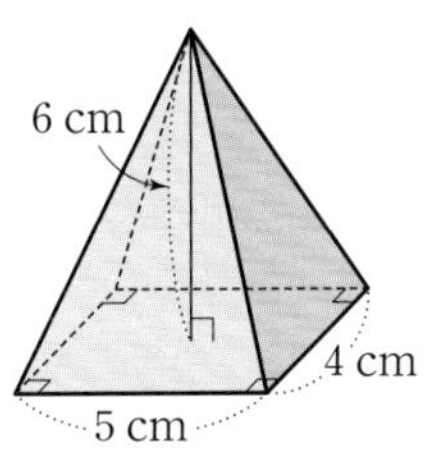

① $32\,\text{cm}^3$ ② $34\,\text{cm}^3$
③ $36\,\text{cm}^3$ ④ $38\,\text{cm}^3$
⑤ $40\,\text{cm}^3$

02 오른쪽 그림과 같은 입체도형의 부피는?

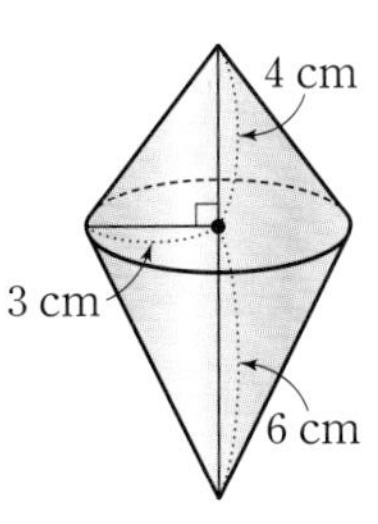

① $30\pi\,\text{cm}^3$ ② $34\pi\,\text{cm}^3$
③ $38\pi\,\text{cm}^3$ ④ $42\pi\,\text{cm}^3$
⑤ $46\pi\,\text{cm}^3$

유형 2 뿔의 겉넓이

03 오른쪽 그림과 같은 사각뿔의 겉넓이를 구하시오.

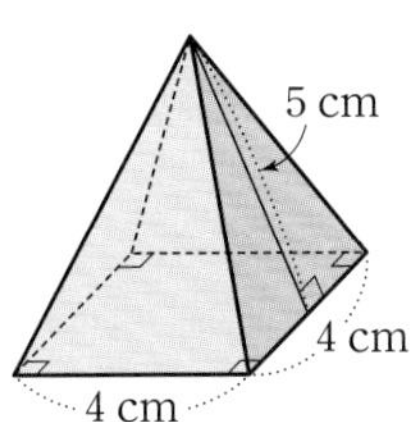

04 오른쪽 그림과 같은 직각삼각형을 직선 l을 축으로 하여 1회전 시킬 때 생기는 회전체의 겉넓이를 구하시오.

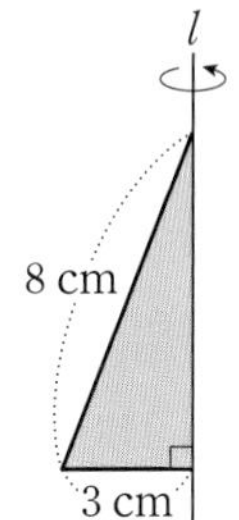

유형 3 뿔의 부피의 응용

05 오른쪽 그림과 같은 사각뿔의 부피가 $144\,\text{cm}^3$일 때, 이 사각뿔의 높이를 구하시오.

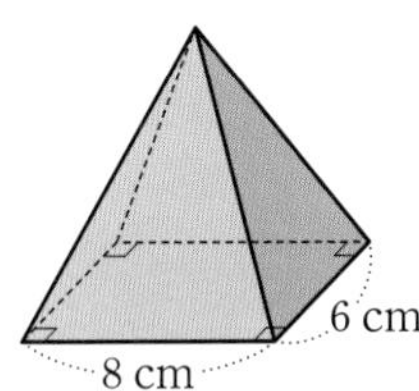

06 오른쪽 그림과 같은 원뿔의 부피가 $12\pi\,\text{cm}^3$일 때, 이 원뿔의 높이를 구하시오.

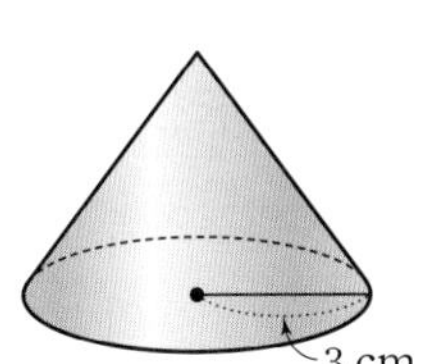

정답과 해설 78쪽

유형 4 뿔의 겉넓이의 응용

07 오른쪽 그림과 같이 밑면의 반지름의 길이가 8 cm인 원뿔의 겉넓이가 $160\pi\text{ cm}^2$일 때, 이 원뿔의 모선의 길이를 구하시오.

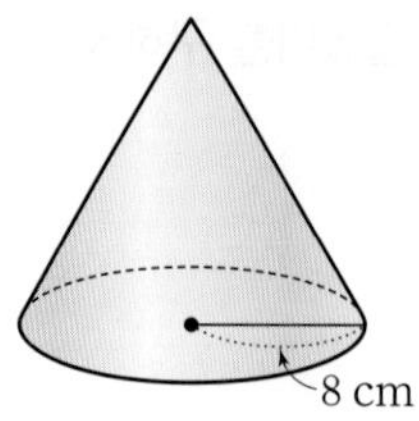

08 오른쪽 그림과 같이 밑면이 정사각형이고 옆면은 모두 합동인 사각뿔의 겉넓이가 85 cm^2일 때, h의 값을 구하시오.

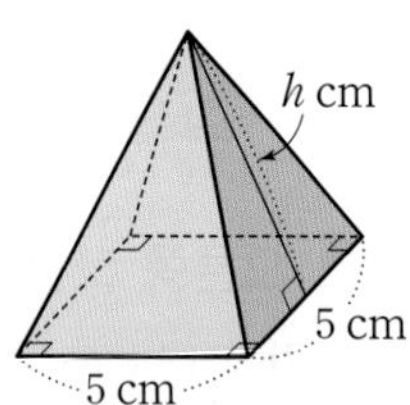

유형 5 뿔대의 부피

09 오른쪽 그림과 같은 원뿔대의 부피를 구하려고 한다. 다음을 구하시오.

(1) 큰 원뿔의 부피
(2) 작은 원뿔의 부피
(3) 원뿔대의 부피

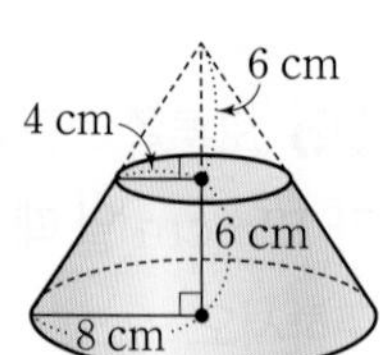

10 오른쪽 그림과 같은 사각뿔대의 부피를 구하시오.

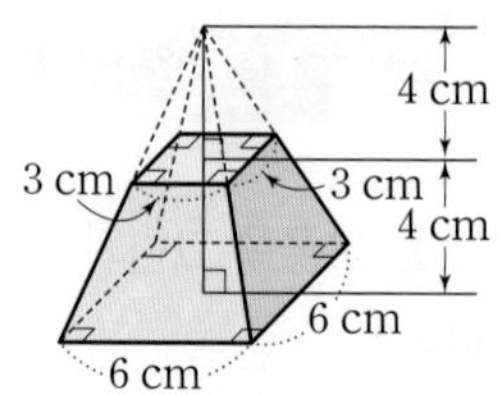

유형 6 뿔대의 겉넓이

11 오른쪽 그림과 같은 사각뿔대의 겉넓이를 구하려고 한다. 다음을 구하시오.

(1) 작은 밑면의 넓이
(2) 큰 밑면의 넓이
(3) 옆넓이
(4) 겉넓이

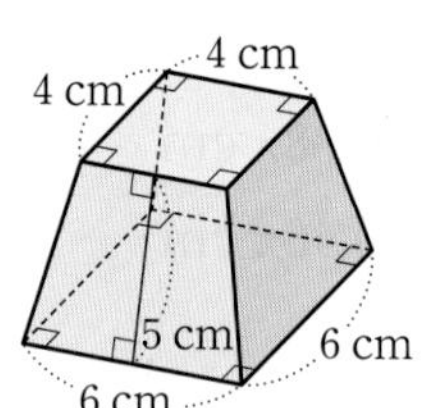

12 오른쪽 그림과 같은 원뿔대의 겉넓이를 구하시오.

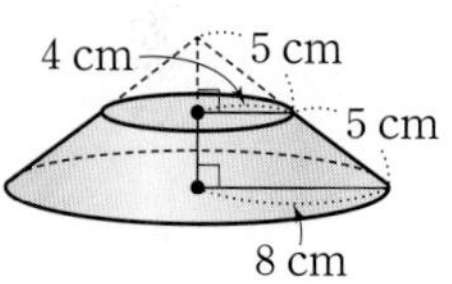

03 구의 부피와 겉넓이

개념 5 구의 부피와 겉넓이

✓ 구의 부피와 겉넓이

01 오른쪽 그림과 같은 구의 부피를 구하려고 한다. □ 안에 알맞은 수를 써넣으시오.

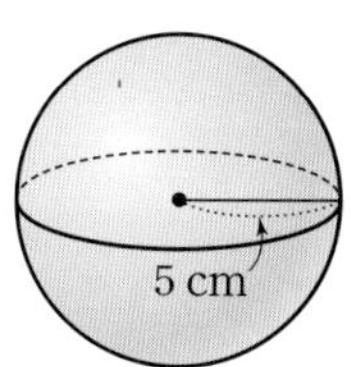

(구의 부피)$=\frac{4}{3}\pi\times\square^3=\square(\text{cm}^3)$

02 오른쪽 그림과 같은 구의 겉넓이를 구하려고 한다. □ 안에 알맞은 수를 써넣으시오.

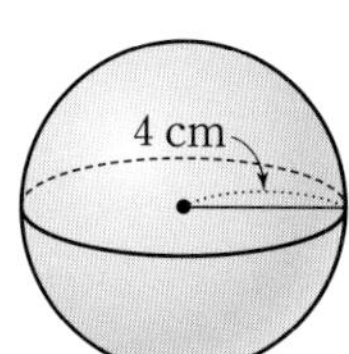

(구의 겉넓이)$=4\pi\times\square^2=\square(\text{cm}^2)$

03 오른쪽 그림과 같은 구의 부피와 겉넓이를 차례대로 구하시오.

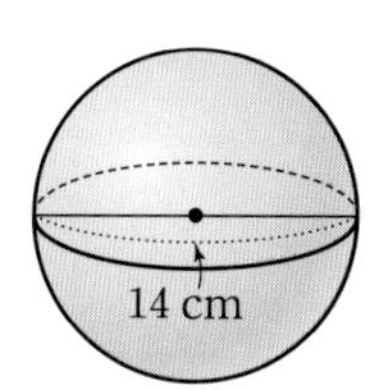

04 오른쪽 그림과 같은 반구의 부피를 구하려고 한다. □ 안에 알맞은 수를 써넣으시오.

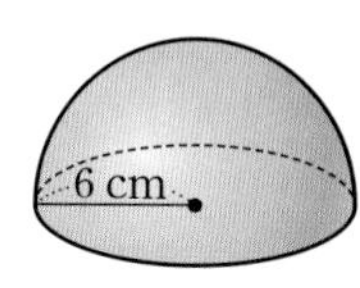

(반구의 부피)$=\frac{1}{2}\times$(구의 부피)

$=\frac{1}{2}\times\left(\frac{4}{3}\pi\times\square^3\right)$

$=\square(\text{cm}^3)$

05 오른쪽 그림과 같은 반구의 겉넓이를 구하려고 한다. □ 안에 알맞은 수를 써넣으시오.

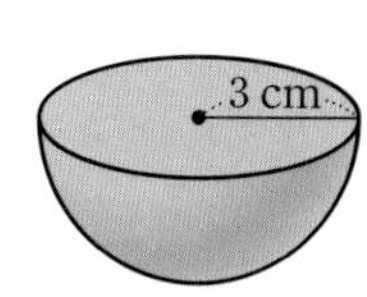

(반구의 겉넓이)$=\frac{1}{2}\times$(구의 겉넓이)$+$(원의 넓이)

$=\frac{1}{2}\times(4\pi\times\square^2)+(\pi\times\square^2)$

$=\square(\text{cm}^2)$

06 오른쪽 그림과 같은 반구의 부피와 겉넓이를 차례대로 구하시오.

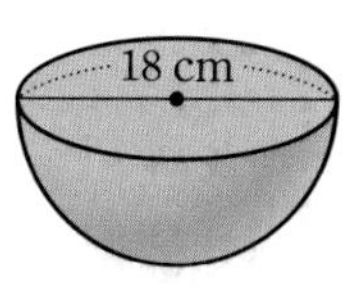

정답과 해설 79쪽

한번 더 필수 유형 익히기

유형 1 구의 부피

01 오른쪽 그림과 같이 원기둥의 두 밑면에 반구를 붙인 입체도형의 부피를 구하시오.

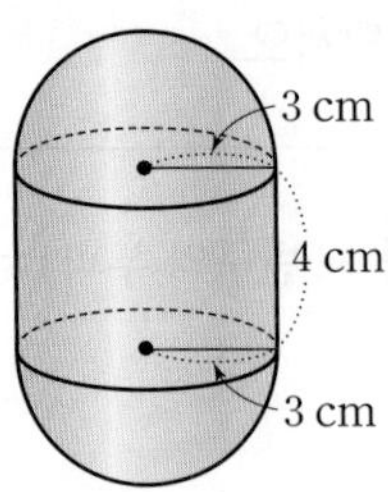

02 오른쪽 그림과 같은 입체도형의 부피를 구하시오.

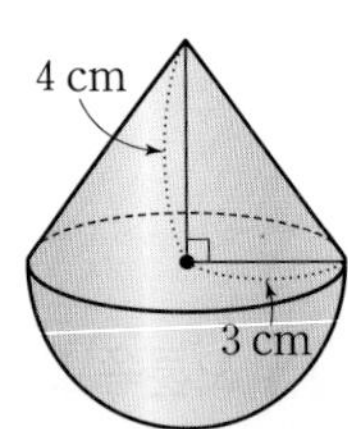

유형 2 구의 겉넓이

03 오른쪽 그림과 같은 반원을 직선 l을 회전축으로 하여 1회전 시킬 때 생기는 회전체의 겉넓이를 구하시오.

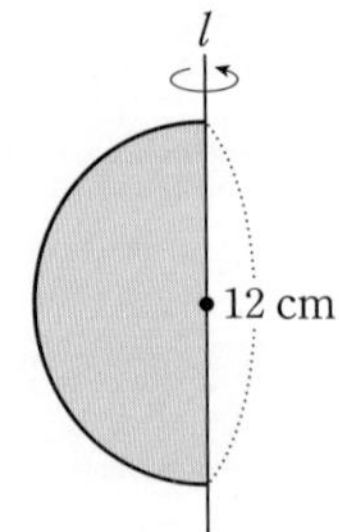

04 오른쪽 그림은 반지름의 길이가 5 cm인 구의 $\frac{1}{4}$을 잘라낸 것이다. 이 입체도형의 겉넓이를 구하시오.

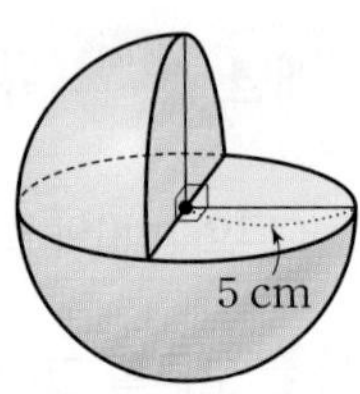

한 걸음 더

유형 3 원기둥, 원뿔, 구의 부피의 비

05 오른쪽 그림과 같이 높이가 8 cm인 원기둥 안에 구와 원뿔이 꼭 맞게 들어 있다. 원뿔, 구, 원기둥의 부피를 차례대로 구하시오.

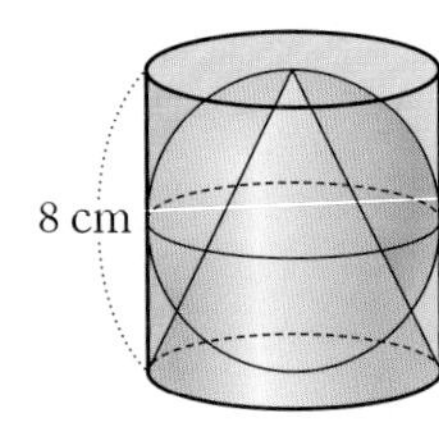

06 오른쪽 그림과 같이 원기둥 안에 구와 원뿔이 꼭 맞게 들어 있다. 구의 부피가 $64\pi\ \text{cm}^3$일 때, 원뿔의 부피를 구하시오.

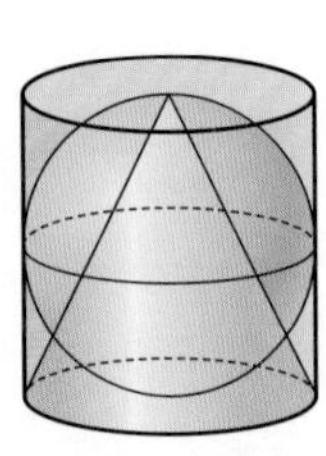

서술형 확실히 감잡기

01 밑면이 오른쪽 그림과 같고 부피가 120 cm^3인 사각기둥의 높이를 구하시오.

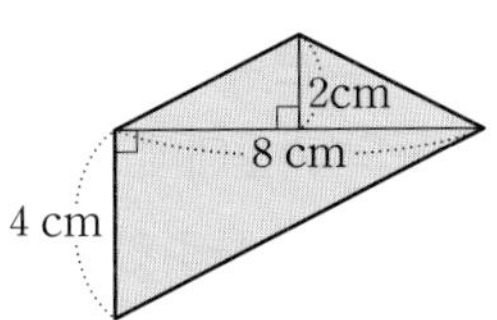

답 ______________

02 오른쪽 그림과 같은 전개도로 만들어지는 원뿔의 겉넓이를 구하시오.

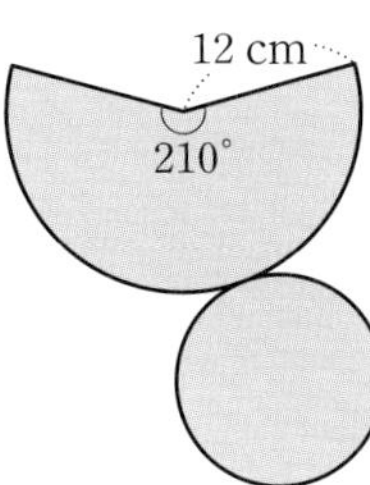

답 ______________

03 다음 그림과 같은 원뿔 모양의 그릇에 물을 가득 담아 원기둥 모양의 그릇에 부으려고 한다. 원기둥 모양의 그릇에 물을 가득 채우려면 물을 최소 몇 번 부어야 하는지 구하시오. (단, 그릇의 두께는 무시한다.)

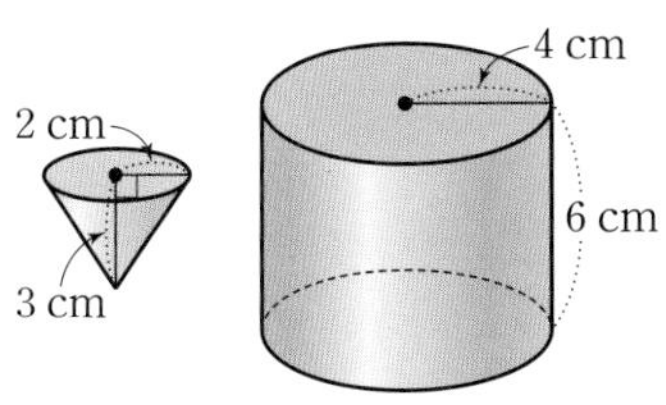

답 ______________

04 오른쪽 그림과 같은 평면도형을 직선 l을 회전축으로 하여 1회전 시킬 때 생기는 회전체의 부피와 겉넓이를 차례대로 구하시오.

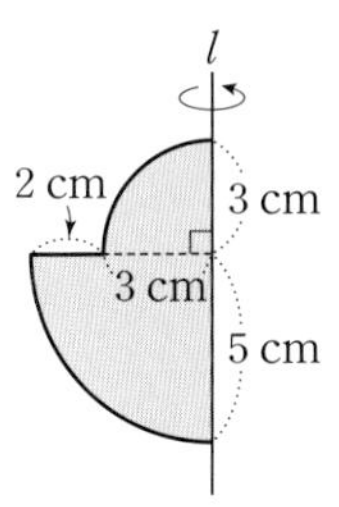

답 ______________

정답과 해설 80쪽

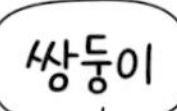

단원 마무리하기

01 오른쪽 그림과 같은 사각기둥의 부피는?

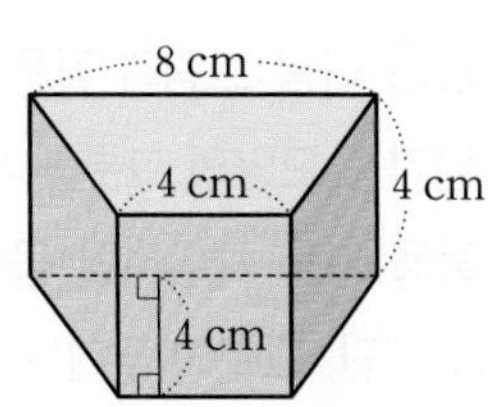

① $92\,\text{cm}^3$　② $94\,\text{cm}^3$
③ $96\,\text{cm}^3$　④ $98\,\text{cm}^3$
⑤ $100\,\text{cm}^3$

02 오른쪽 그림과 같은 전개도로 만들어지는 원기둥의 겉넓이는?

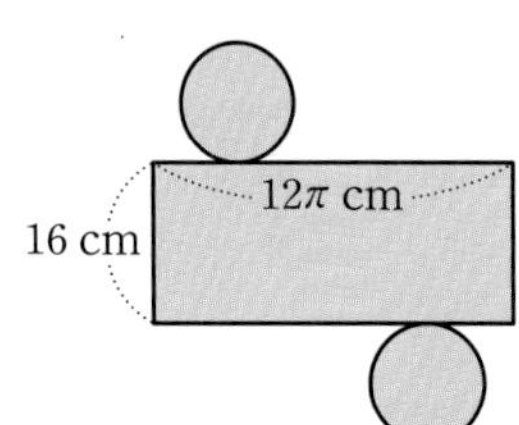

① $228\pi\,\text{cm}^2$
② $240\pi\,\text{cm}^2$
③ $252\pi\,\text{cm}^2$
④ $264\pi\,\text{cm}^2$
⑤ $276\pi\,\text{cm}^2$

03 오른쪽 그림과 같은 입체도형의 부피를 구하시오.

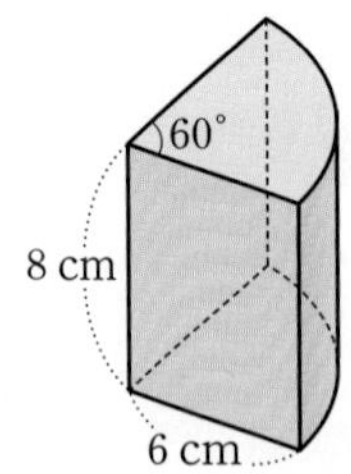

서술형

04 오른쪽 그림과 같이 사각기둥의 가운데에 원기둥 모양으로 구멍이 뚫려있다. 이 입체도형의 겉넓이를 구하시오.

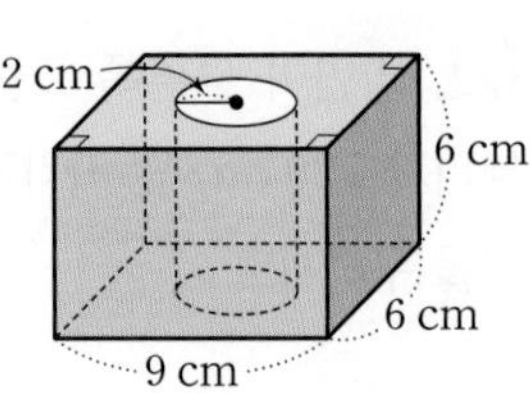

05 오른쪽 그림과 같은 입체도형의 부피를 구하시오.

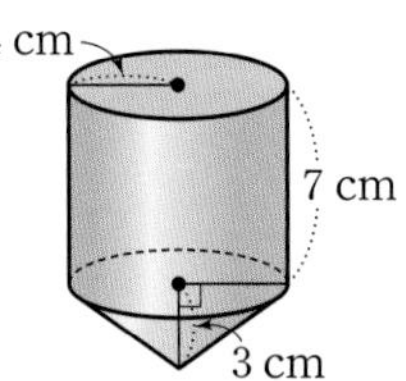

06 오른쪽 그림과 같이 밑면의 반지름의 길이가 4 cm인 원뿔의 겉넓이가 $56\pi\,\text{cm}^2$일 때, 이 원뿔의 모선의 길이는?

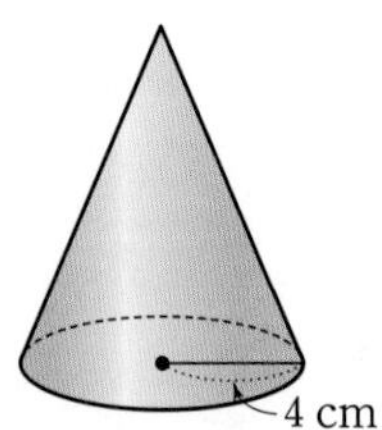

① 6 cm　② 7 cm
③ 8 cm　④ 9 cm
⑤ 10 cm

서술형

07 오른쪽 그림은 두 밑면이 정사각형인 사각뿔대이다. 이 사각뿔대의 겉넓이를 구하시오.

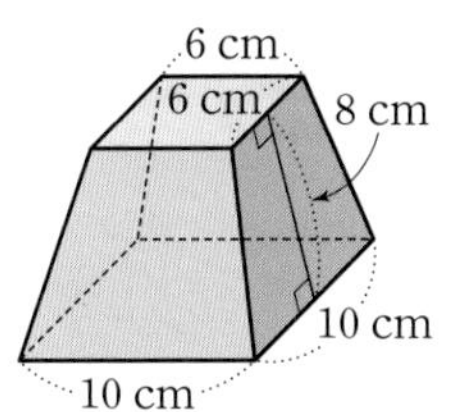

08 오른쪽 그림과 같은 평면도형을 직선 l을 회전축으로 하여 1회전 시킬 때 생기는 회전체의 겉넓이는?

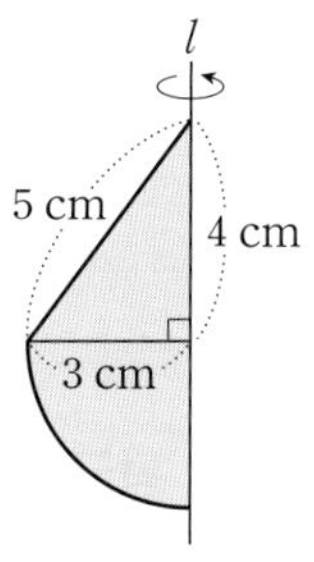

① 30π cm^2 ② 31π cm^2 ③ 32π cm^2 ④ 33π cm^2 ⑤ 34π cm^2

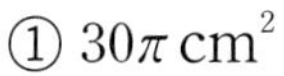

09 다음 그림에서 구의 부피와 원뿔의 부피가 같을 때, x의 값을 구하시오.

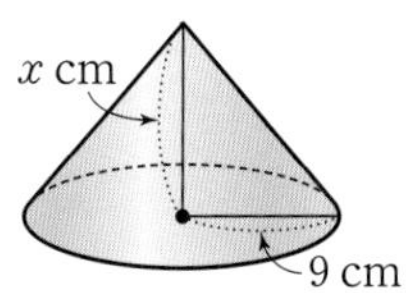

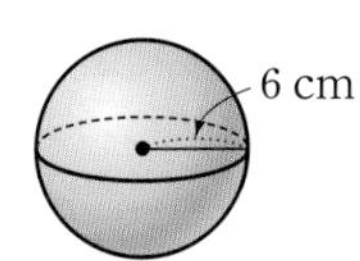

10 오른쪽 그림과 같이 원기둥 안에 구와 원뿔이 꼭 맞게 들어 있다. 구의 부피가 48π cm^{3}일 때, 원뿔과 원기둥의 부피를 각각 구하시오.

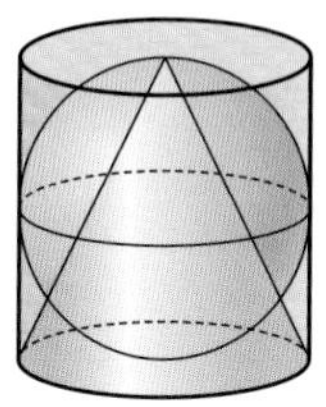

Level Up

11 다음 그림과 같이 직육면체 모양의 두 그릇에 담겨 있는 물의 양이 같을 때, h의 값을 구하시오.

(단, 그릇의 두께는 무시한다.)

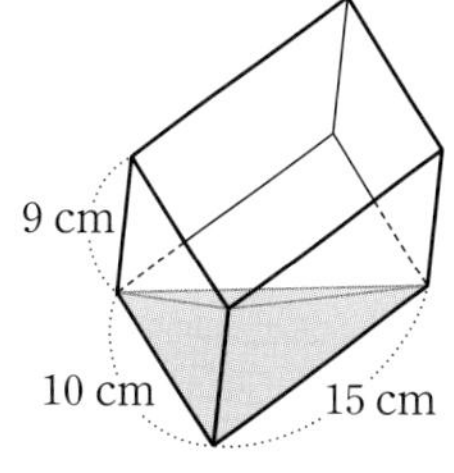

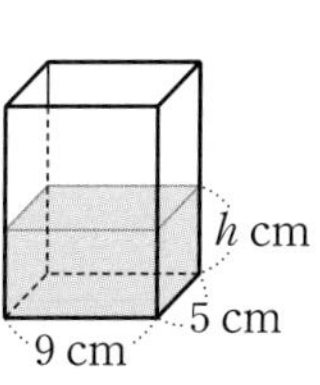

정답과 해설 81쪽

자료의 정리와 해석

대푯값

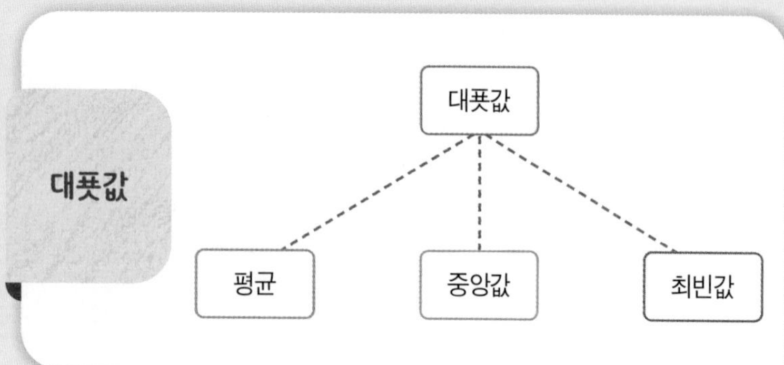

대푯값: 자료의 특징이나 경향을 대표적으로 나타내는 값

➜ 대푯값에는 평균, 중앙값, 최빈값 등이 있다.

평균

4, 8, 5, 9, 14

변량을 모두 더하면 40 / 변량의 개수는 5 → $(\text{평균})=\frac{40}{5}=8$

평균: 변량의 총합을 변량의 개수로 나눈 값

➜ $(\text{평균})=\frac{(\text{변량의 총합})}{(\text{변량의 개수})}$

중앙값

7, 10, 2, 6, 15

작은 값부터 순서대로 나열 → 2, 6, 7, 10, 15 → 중앙에 위치하는 값 → (중앙값)$=7$

중앙값: 자료의 변량을 작은 값부터 순서대로 나열할 때 중앙에 위치하는 값

최빈값

10, 2, 2, 3, 10, 11, 10

가장 많이 나타나는 값 → (최빈값)$=10$

최빈값: 자료의 변량 중에서 가장 많이 나타나는 값

줄기와 잎 그림

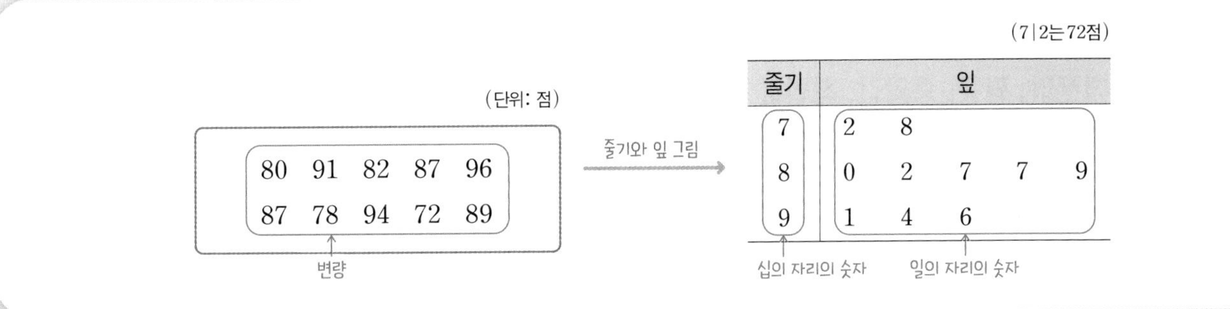

도수분포표, 히스토그램, 도수분포다각형

도수분포표

점수(점)	도수(명)
10 이상 ~ 20 미만	8
20 ~ 30	10
30 ~ 40	7
40 ~ 50	5
합계	30

히스토그램 →

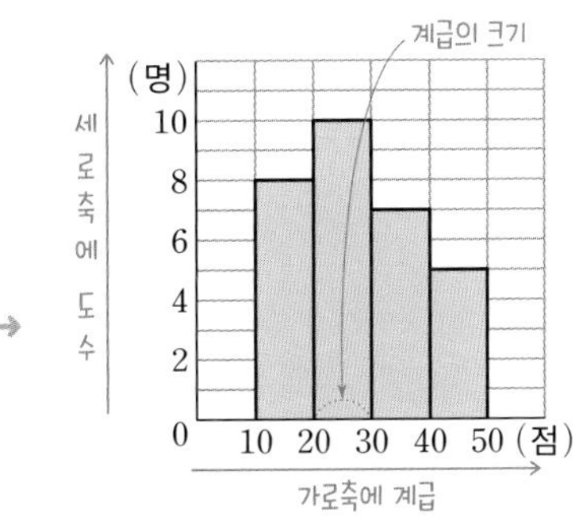

도수분포다각형 →

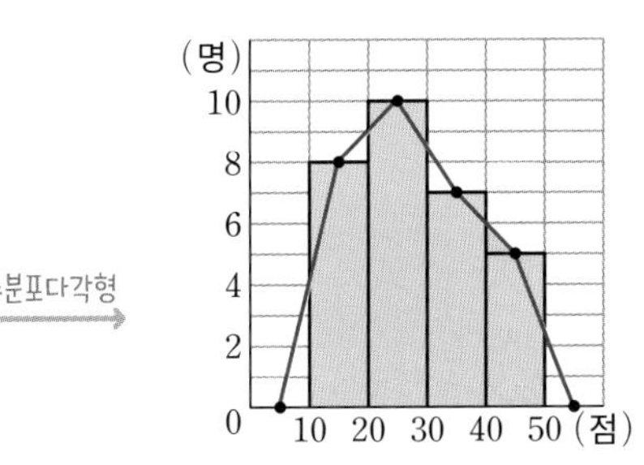

상대도수

〈상대도수의 분포표〉

나이(살)	도수(명)	상대도수
10 이상 ~ 15 미만	2	$\frac{2}{10}=0.2$
15 ~ 20	5	$\frac{5}{10}=0.5$
20 ~ 25	3	$\frac{3}{10}=0.3$
합계	10	1

상대도수: 도수분포표에서 도수의 총합에 대한 각 계급의 도수의 비율

→ $(\text{어떤 계급의 상대도수})=\frac{(\text{그 계급의 도수})}{(\text{도수의 총합})}$

(1) 각 계급의 상대도수는 0 이상 1 이하의 수이고, 그 총합은 항상 1이다.

(2) 각 계급의 상대도수는 그 계급의 도수에 정비례한다.

(3) 도수의 총합이 다른 두 집단의 분포를 비교할 때 편리하다.

01 대푯값

한 번 더 필수 유형 익히기

개념 1~3 대푯값; 평균, 중앙값, 최빈값

✓ 평균

01 다음 자료에서 변량의 개수를 말하고, 평균을 구하시오.

(1) 1, 3, 5, 7, 9, 11

(2) 5, 7, 2, 6, 12

✓ 중앙값

02 다음 자료의 중앙값을 구하시오.

(1) 5, 8, 4, 3, 1

(2) 3, 2, 9, 6, 10, 4

✓ 최빈값

03 다음 자료의 최빈값을 구하시오.

(1) 5, 7, 4, 8, 8, 4, 8, 2

(2) 2, 6, 3, 5, 3, 4, 5

(3) 연필, 자, 볼펜, 지우개, 연필, 형광펜

유형 1 평균

01 다음 자료는 다원이가 지난주에 받은 전자 우편의 개수를 조사하여 나타낸 것이다. 이 자료의 평균을 구하시오.

전자 우편의 개수 (단위: 개)

6, 4, 7, 5, 8, 7, 5

유형 2 중앙값

02 다음 자료는 A, B 두 모둠 학생들의 주말 동안의 SNS 사용 시간을 조사하여 나타낸 것이다. A 모둠의 중앙값을 a시간, B 모둠의 중앙값을 b시간이라 할 때, $a+b$의 값을 구하시오.

SNS 사용 시간 (단위: 시간)

[A 모둠] 2, 3, 7, 4, 5, 8, 9, 4, 9
[B 모둠] 3, 8, 5, 6, 4, 8, 11, 9, 5, 12

유형 3 최빈값

03 오른쪽 표는 유라네 반 학생 20명이 연주할 수 있는 악기를 조사하여 나타낸 것이다. 이 자료의 최빈값을 구하시오.

악기	학생 수(명)
피아노	6
바이올린	4
플루트	7
기타	2
첼로	1

04 다음 자료의 중앙값과 최빈값을 각각 구하시오.

9, 13, 9, 16, 11, 38

유형 4 대푯값이 주어질 때 변량 구하기(1)

05 다음은 같은 반 학생 6명의 영어 듣기 평가 점수를 조사하여 작은 값부터 크기순으로 나열한 자료이다. 이 자료의 중앙값이 13점일 때, x의 값을 구하시오.

영어 듣기 평가 점수 (단위: 점)

8, 10, 12, x, 16, 20

06 4개의 변량을 작은 값부터 크기순으로 나열하였더니 '50, 58, 64, x'이었다. 이 자료의 평균과 중앙값이 같을 때, x의 값을 구하시오.

유형 5 대푯값이 주어질 때 변량 구하기(2)

07 다음은 어느 야구 팀 타자 9명이 지난 시즌에서 친 홈런의 개수를 조사하여 나타낸 것이다. 이 자료의 최빈값이 7개일 때, 중앙값을 구하시오.

홈런의 개수 (단위: 개)

10, 3, 7, x, 0, 7, 9, 6, 3

08 다음 자료의 평균과 최빈값이 같을 때, x의 값을 구하시오.

8, 2, 8, x, 13, 5, 8

한 걸음 더

유형 6 적절한 대푯값 찾기

09 다음 자료는 어느 신발 가게에서 하루 동안 판매된 신발의 치수를 조사하여 나타낸 것이다. 물음에 답하시오.

판매된 신발의 치수 (단위: mm)

245,	220,	220,	245,	255
250,	240,	220,	240,	260

(1) 평균, 중앙값, 최빈값을 각각 구하시오.

(2) 평균 중앙값, 최빈값 중 이 자료의 대푯값으로 적절한 것을 말하시오.

10 다음 자료는 어느 매장의 월 매출액을 조사하여 나타낸 것이다. 평균, 중앙값, 최빈값 중 이 자료의 대푯값으로 적절한 것을 말하고, 그 값을 구하시오.

월 매출액 (단위: 만 원)

170,	190,	215,	270,	850
250,	205,	170,	225,	160

정답과 해설 82쪽

02 줄기와 잎 그림, 도수분포표

개념 4 줄기와 잎 그림

줄기와 잎 그림

01 다음은 지수네 반 학생들의 몸무게를 조사하여 나타낸 것이다. 이 자료에 대한 줄기와 잎 그림을 완성하고, 물음에 답하시오.

몸무게 (단위: kg)

52	41	50	42
48	47	35	58
37	42	38	53

→

몸무게 (3|5는 35 kg)

줄기	잎
3	5 7
4	
5	

(1) 줄기가 4인 잎을 모두 구하시오.

(2) 잎이 가장 적은 줄기를 구하시오.

(3) 전체 학생 수를 구하시오.

(4) 이 자료의 중앙값과 최빈값을 각각 구하시오.

02 오른쪽 줄기와 잎 그림은 형호네 반 학생들의 수학 성적을 조사하여 나타낸 것이다. 물음에 답하시오.

수학 성적 (6|0은 60점)

줄기	잎
6	0 1 1 7 7 8
7	0 0 3 3 3 4 8
8	1 3 5 5 7
9	1 8

(1) 전체 학생 수를 구하시오.

(2) 수학 성적이 80점 이상인 학생 수를 구하시오.

(3) 이 자료의 중앙값과 최빈값을 구하시오.

개념 5 도수분포표

도수분포표

01 다음은 정휘네 반 학생 20명이 한 달 동안 본 영화의 수를 조사한 자료이다. 이 자료에 대한 도수분포표를 완성하고 물음에 답하시오.

영화의 수 (단위: 편)

1	2	8	3
6	4	9	7
3	5	5	7
5	6	4	4
4	5	7	3

→

영화의 수(편)	도수(명)	
1 이상 ~ 3 미만	//	2
3 ~ 5		
합계	20	

(1) 계급의 크기를 구하시오.

(2) 계급의 개수를 구하시오.

(3) 도수가 가장 작은 계급을 구하시오.

(4) 한 달 동안 본 영화가 7편 이상인 학생 수를 구하시오.

02 오른쪽 도수분포표는 윤모네 반 학생 20명의 키를 조사하여 나타낸 것이다. 물음에 답하시오.

키(cm)	도수(명)
130 이상 ~ 140 미만	3
140 ~ 150	5
150 ~ 160	7
160 ~ 170	3
170 ~ 180	2
합계	20

(1) 계급의 크기를 구하시오.

(2) 키가 165 cm인 학생이 속하는 계급의 도수를 구하시오.

(3) 키가 4번째로 작은 학생이 속하는 계급을 구하시오.

한 번 더 필수 유형 익히기

유형 1 줄기와 잎 그림의 이해

01 다음은 민규네 반 학생들의 줄넘기 횟수를 조사하여 나타낸 것이다. 물음에 답하시오.

줄넘기 횟수 (단위: 회)

40	29	10	38
47	25	30	45
35	22	43	18
30	43	15	35

→

줄넘기 횟수 (1|0은 10회)

줄기	잎				
1	0	5	8		
2	2	5	9		
3	0	a	5	5	8
4	0	3	3	b	7

(1) a, b의 값을 각각 구하시오.

(2) 줄넘기를 가장 많이 한 학생과 가장 적게 한 학생의 줄넘기 횟수의 차를 구하시오.

(3) 줄넘기를 20회 이상 40회 미만 한 학생 수를 구하시오.

02 오른쪽 줄기와 잎 그림은 다영이네 반 학생들의 통학 시간을 조사하여 나타낸 것이다. 다음 중 옳지 않은 것은?

통학 시간 (1|9는 19분)

줄기	잎				
1	9				
2	2	4	5	6	8
3	1	3	4	8	9
4	0	1	4	6	

① 전체 학생 수는 15이다.
② 잎이 가장 적은 줄기는 1이다.
③ 통학 시간이 가장 긴 학생의 통학 시간은 46분이다.
④ 통학 시간이 30분 이상 40분 미만인 학생 수는 5이다.
⑤ 이 자료의 중앙값은 34분이다.

03 아래 줄기와 잎 그림은 1년 동안 윤슬이네 반 학생들이 읽은 책의 수를 조사하여 나타낸 것이다. 다음 중 옳은 것은?

책의 수 (1|0은 10권)

줄기	잎							
1	0	0	1	3	4	5	7	8
2	1	2	4	4	5	6		
3	2	3	5					
4	2							

① 전체 학생 수는 20이다.
② 줄기가 1인 잎의 개수는 7이다.
③ 책을 30권 이상 읽는 학생 수는 3이다.
④ 이 자료의 중앙값은 21.5권이다.
⑤ 이 자료의 최빈값은 10권이다.

유형 2 도수분포표

04 다음은 도수분포표에 대한 용어를 설명한 것이다. □ 안에 알맞은 것을 차례로 나열한 것은?

> 변량을 일정한 간격으로 나눈 구간을 □, 계급의 양 끝 값의 차를 □(이)라고 한다. 그리고 각 계급에 속하는 변량의 개수를 그 계급의 □라고 한다.

① 계급의 크기, 계급, 도수
② 변량, 계급, 계급의 크기
③ 변량, 계급의 크기, 도수
④ 계급, 계급의 크기, 도수
⑤ 계급, 변량, 계급의 크기

정답과 해설 83쪽

유형 3 도수분포표의 이해

05 오른쪽 도수분포표는 슬기네 반 학생들의 던지기 기록을 조사하여 나타낸 것이다. 다음 중 옳지 않은 것은?

던지기 기록(m)	도수(명)
10 이상 ~ 20 미만	3
20 ~ 30	7
30 ~ 40	A
40 ~ 50	6
50 ~ 60	2
합계	30

① 계급의 개수는 5이다.
② 계급의 크기는 10 m이다.
③ A의 값은 12이다.
④ 던지기 기록이 30 m 이상 50 m 미만인 학생 수는 20이다.
⑤ 던지기 기록이 27 m인 학생이 속하는 계급의 도수는 7이다.

06 오른쪽 도수분포표는 은혁이네 반 학생들의 키를 조사하여 나타낸 것이다. 다음 중 옳지 않은 것은?

키(cm)	도수(명)
150 이상 ~ 155 미만	2
155 ~ 160	5
160 ~ 165	7
165 ~ 170	A
170 ~ 175	2
175 ~ 180	1
합계	25

① 계급의 개수는 6이다.
② A의 값은 8이다.
③ 도수가 가장 큰 계급은 165 cm 이상 170 cm 미만이다.
④ 키가 가장 큰 학생의 키는 179 cm이다.
⑤ 키가 4번째로 큰 학생이 속하는 계급은 165 cm 이상 170 cm 미만이다.

한 걸음 더

유형 4 도수분포표에서 특정 계급의 백분율

07 오른쪽 도수분포표는 세영이네 반 학생들의 머리 둘레의 길이를 조사하여 나타낸 것이다. 물음에 답하시오.

머리 둘레의 길이(cm)	도수(명)
50 이상 ~ 52 미만	4
52 ~ 54	A
54 ~ 56	11
56 ~ 58	6
58 ~ 60	3
합계	30

(1) A의 값을 구하시오.

(2) 머리 둘레의 길이가 52 cm 이상 54 cm 미만인 학생은 전체의 몇 %인지 구하시오.

08 오른쪽 도수분포표는 혜진이네 반 학생들의 국어 성적을 조사하여 나타낸 것이다. 성적이 80점 이상인 학생은 전체의 몇 %인지 구하시오.

국어 성적(점)	도수(명)
50 이상 ~ 60 미만	3
60 ~ 70	6
70 ~ 80	10
80 ~ 90	A
90 ~ 100	2
합계	25

03 히스토그램과 도수분포다각형

개념 6 히스토그램

✓ 히스토그램

01 다음 도수분포표는 은우네 반 학생들이 받은 칭찬 스티커의 개수를 조사하여 나타낸 것이다. 이 도수분포표를 히스토그램으로 나타내시오.

개수(개)	도수(명)
2 이상 ~ 4 미만	2
4 ~ 6	4
6 ~ 8	6
8 ~ 10	10
10 ~ 12	3
합계	25

→

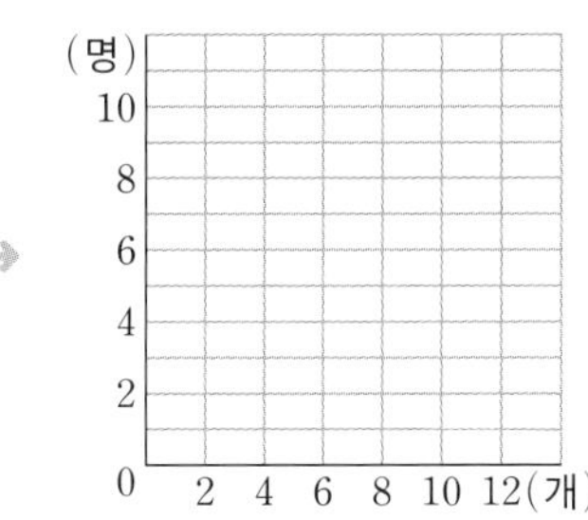

02 오른쪽 히스토그램은 어느 공원에 있는 나무들의 키를 조사하여 나타낸 것이다. 물음에 답하시오.

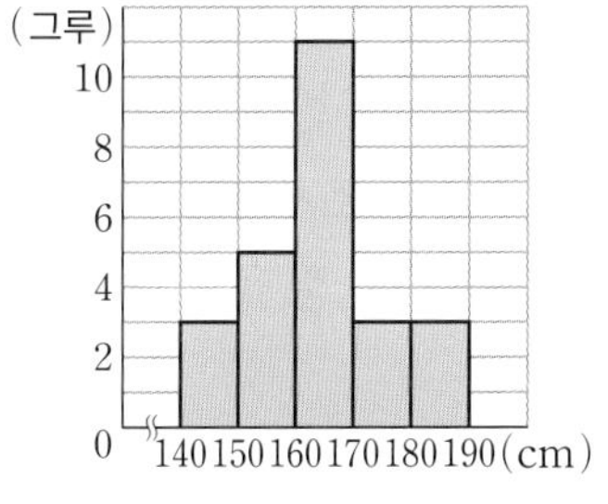

(1) 계급의 크기를 구하시오.

(2) 계급의 개수를 구하시오.

(3) 전체 나무 수를 구하시오.

(4) 모든 직사각형의 넓이의 합을 구하시오.

개념 7 도수분포다각형

✓ 도수분포다각형

01 다음 도수분포표는 하늘이네 반 학생들의 1년 동안의 봉사 활동 시간을 조사하여 나타낸 것이다. 이 도수분포표를 히스토그램과 도수분포다각형으로 각각 나타내시오.

시간(시간)	도수(명)
10 이상 ~ 20 미만	2
20 ~ 30	6
30 ~ 40	4
40 ~ 50	10
합계	22

→

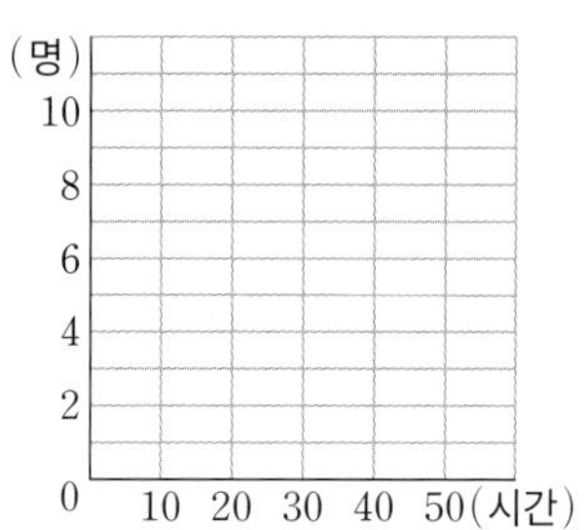

02 오른쪽 도수분포다각형은 소영이네 반 학생들의 1분 동안의 윗몸 일으키기 횟수를 조사하여 나타낸 것이다. 물음에 답하시오.

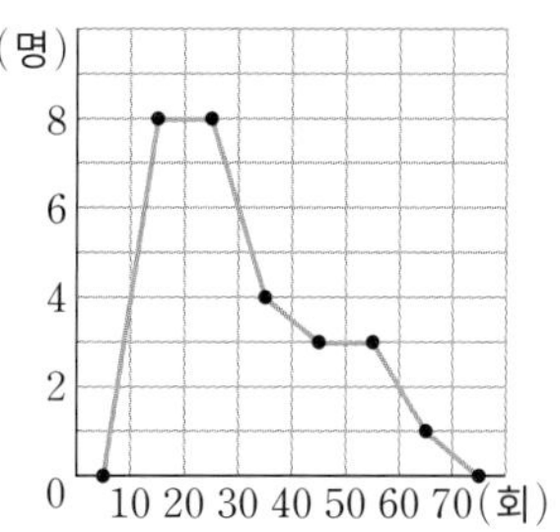

(1) 전체 학생 수를 구하시오.

(2) 윗몸 일으키기 횟수가 3번째로 많은 학생이 속하는 계급을 구하시오.

(3) 도수분포다각형과 가로축으로 둘러싸인 부분의 넓이를 구하시오.

정답과 해설 84쪽

한 번 더 필수 유형 익히기

유형 1 히스토그램의 이해

01 오른쪽 히스토그램은 독서반 학생들이 1학기 동안 읽은 책의 수를 조사하여 나타낸 것이다. 다음 중 옳지 않은 것은?

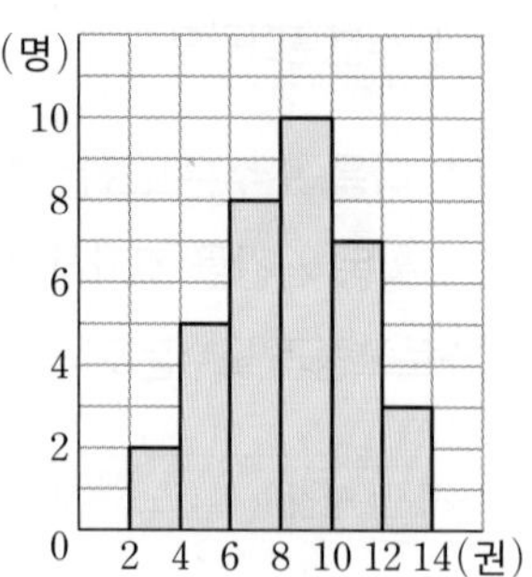

① 계급의 개수는 6이다.
② 도수가 가장 작은 계급의 도수는 2이다.
③ 독서반의 전체 학생 수는 30이다.
④ 도수가 가장 큰 계급은 8권 이상 10권 미만이다.
⑤ 읽은 책의 수가 10인 학생이 속하는 계급의 도수는 7이다.

02 오른쪽 히스토그램은 어느 야구 동아리 학생들의 50 m 달리기 기록을 조사하여 나타낸 것이다. 다음 보기에서 옳은 것을 모두 고르시오.

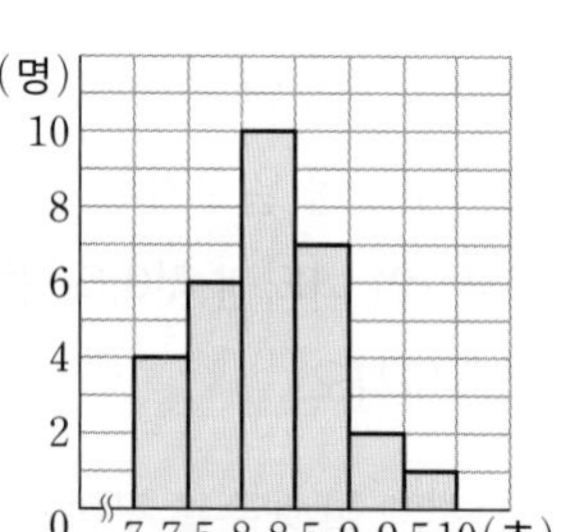

보기
ㄱ. 계급의 크기는 5초이다.
ㄴ. 전체 학생 수는 35이다.
ㄷ. 달리기 기록이 9초 이상인 학생은 전체의 10%이다.
ㄹ. 직사각형의 넓이의 합은 15이다.

유형 2 도수분포다각형의 이해

03 오른쪽 도수분포다각형은 효주네 반 학생들의 앉은키를 조사하여 나타낸 것이다. 다음 중 옳은 것을 모두 고르면? (정답 2개)

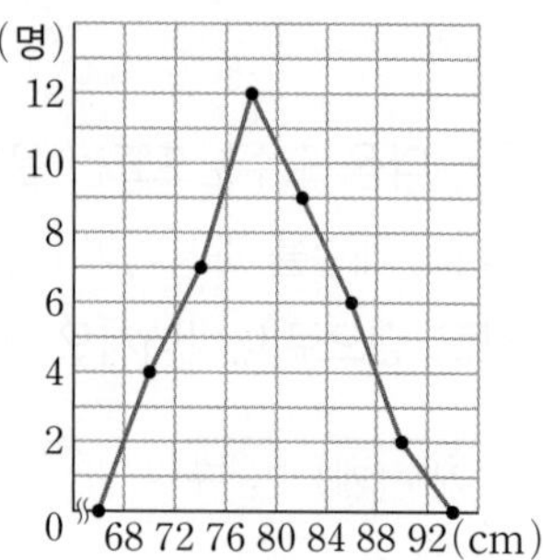

① 계급의 개수는 8이다.
② 계급의 크기는 4 cm이다.
③ 전체 학생 수는 35이다.
④ 도수가 가장 작은 계급은 88 cm 이상 92 cm 미만이다.
⑤ 앉은키가 82 cm인 학생이 속하는 계급의 도수는 12명이다.

04 오른쪽 도수분포다각형은 은성이네 반 학생들의 영어 점수를 조사하여 나타낸 것이다. 다음 중 옳지 않은 것은?

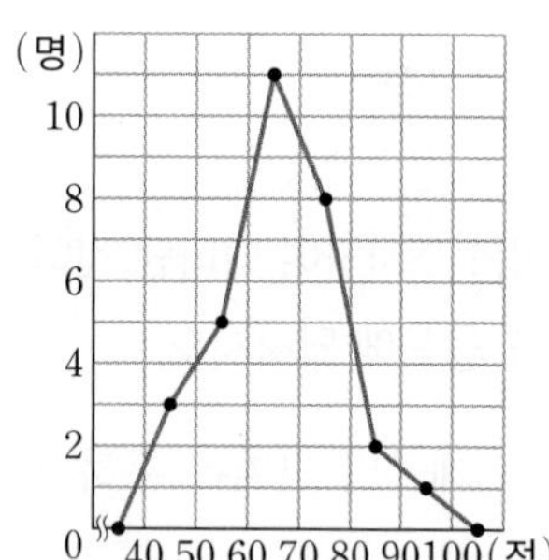

① 계급의 크기는 10점이다.
② 전체 학생 수는 30이다.
③ 도수가 가장 큰 계급은 60점 이상 70점 미만이다.
④ 영어 점수가 4번째로 높은 학생이 속하는 계급은 80점 이상 90점 미만이다.
⑤ 도수분포다각형과 가로축으로 둘러싸인 부분의 넓이는 300이다.

04 상대도수와 그 그래프

개념 8 상대도수

✔ 상대도수의 분포표

01 다음 상대도수의 분포표는 지원이네 반 학생 20명의 하루 동안의 인터넷 사용 시간을 조사하여 나타낸 것이다. □ 안에 알맞은 수를 써넣으시오.

인터넷 사용 시간(분)	도수(명)	상대도수
0 이상 ~ 30 미만	6	0.3
30 ~ 60	7	A
60 ~ 90	B	0.2
90 ~ 120	3	C
합계	20	1

(1) $A=\dfrac{(\text{그 계급의 도수})}{(\text{도수의 총합})}=\dfrac{\square}{\square}=\square$

(2) $B=$(도수의 총합)$\times$(그 계급의 상대도수)

$=\square\times\square=\square$

(3) $C=\dfrac{\square}{\square}=\square$

02 다음 상대도수의 분포표는 어느 학교의 1학년 학생들의 통학 거리를 조사하여 나타낸 것이다. 물음에 답하시오.

통학 거리(km)	도수(명)	상대도수
0 이상 ~ 0.5 미만	8	A
0.5 ~ 1.0	B	0.36
1.0 ~ 1.5	15	C
1.5 ~ 2.0	D	0.12
2.0 ~ 2.5	3	0.06
합계	50	E

(1) A, B, C, D, E의 값을 각각 구하시오.

(2) 통학 거리가 1.5 km 미만인 학생은 전체의 몇 %인지 구하시오.

개념 9 상대도수의 분포를 나타낸 그래프

✔ 상대도수의 분포를 나타낸 그래프

01 다음 상대도수의 분포표는 지우네 학교 학생 50명의 일주일 동안의 독서 시간을 조사하여 나타낸 것이다. 이 표를 히스토그램과 도수분포다각형 모양의 그래프로 각각 나타내고, 물음에 답하시오.

독서 시간(시간)	상대도수
2 이상 ~ 4 미만	0.04
4 ~ 6	0.26
6 ~ 8	0.3
8 ~ 10	0.24
10 ~ 12	0.16
합계	1

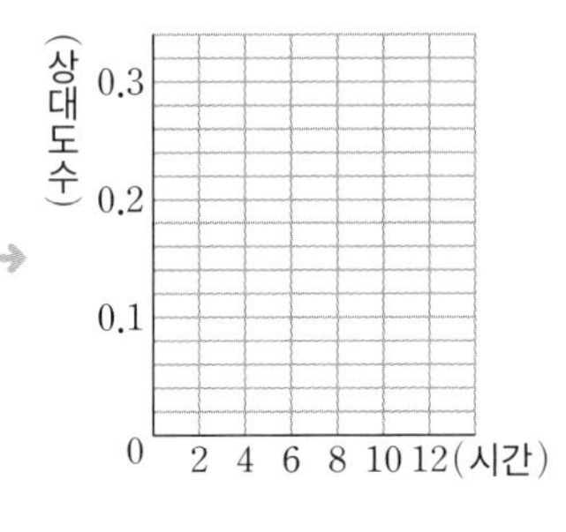

(1) 도수가 가장 작은 계급을 구하시오.

(2) 독서 시간이 6시간 이상 8시간 미만인 계급의 도수를 구하시오.

02 오른쪽 그래프는 승우네 학교 학생 100명의 몸무게를 조사하여 상대도수의 분포를 나타낸 것이다. 물음에 답하시오.

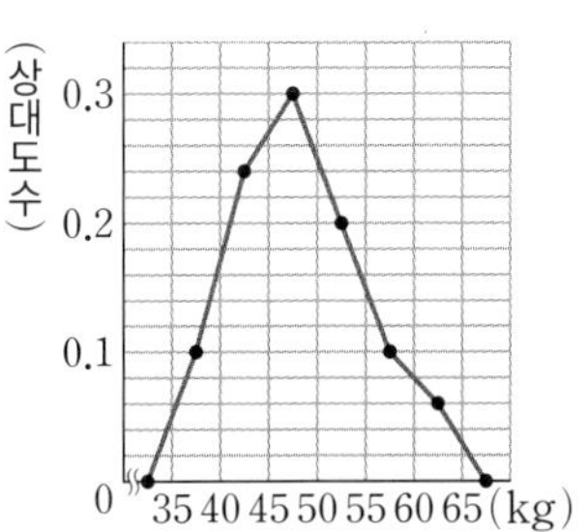

(1) 도수가 가장 큰 계급을 구하시오.

(2) 몸무게가 55 kg 이상인 학생 수를 구하시오.

(3) 몸무게가 45 kg 이상 55 kg 미만인 학생은 전체의 몇 %인지 구하시오.

정답과 해설 85쪽

한 번 더 필수 유형 익히기

유형 1 상대도수의 분포표의 이해

01 다음 상대도수의 분포표는 정은이네 학교 학생들의 1년 동안의 영화 관람 횟수를 조사하여 나타낸 것이다. 물음에 답하시오.

관람 횟수(회)	도수(명)	상대도수
0 이상 ~ 5 미만	12	A
5 ~ 10	B	
10 ~ 15		0.3
15 ~ 20	24	0.2
20 ~ 25	18	0.15
합계	C	D

(1) A, B, C, D의 값을 각각 구하시오.

(2) 영화 관람 횟수가 20번째로 적은 학생이 속하는 계급의 상대도수를 구하시오.

(3) 영화 관람 횟수가 15회 이상인 학생은 전체의 몇 %인지 구하시오.

02 다음 상대도수의 분포표는 민혁이네 학교 학생 200명의 도서관 방문 횟수를 조사하여 나타낸 것이다. 물음에 답하시오.

방문 횟수(회)	도수(명)	상대도수
5 이상 ~ 15 미만	10	A
15 ~ 25	40	0.2
25 ~ 35	B	C
35 ~ 45	80	0.4
45 ~ 55	D	0.05
합계	200	1

(1) A, B, C, D의 값을 각각 구하시오.

(2) 도서관 방문 횟수가 20번째로 많은 학생이 속하는 계급의 상대도수를 구하시오.

(3) 도서관 방문 횟수가 25회 이상 45회 미만인 학생은 전체의 몇 %인지 구하시오.

유형 2 상대도수의 분포를 나타낸 그래프의 이해

03 오른쪽 그래프는 예진이네 반 학생 40명이 1년 동안 봉사 활동을 한 시간을 조사하여 상대도수의 분포를 나타낸 것이다. 물음에 답하시오.

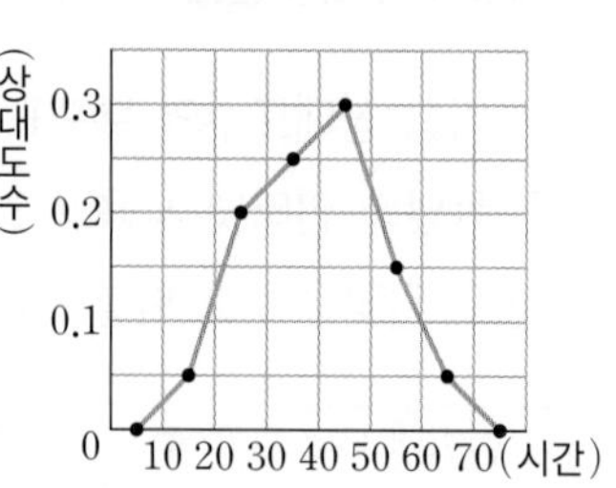

(1) 봉사 활동 시간이 40시간 이상 50시간 미만인 계급의 상대도수를 구하시오.

(2) 봉사 활동 시간이 40시간 이상 50시간 미만인 계급의 도수를 구하시오.

(3) 봉사 활동 시간이 40시간 이상 60시간 미만인 학생 수를 구하시오.

04 오른쪽 그래프는 채원이네 반 학생들이 하루 동안 수업 시간에 질문한 횟수를 조사하여 상대도수의 분포를 나타낸 것이다. 상대도수가 가장 큰 계급의 도수가 15일 때, 물음에 답하시오.

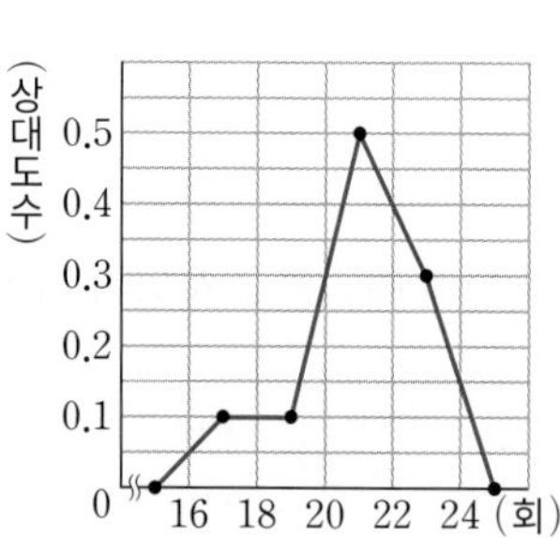

(1) 전체 학생 수를 구하시오.

(2) 질문 횟수가 22회 이상 24회 미만인 계급의 도수를 구하시오.

(3) 질문 횟수가 20회 이상인 학생은 전체의 몇 %인지 구하시오.

유형 3 도수의 총합이 다른 두 집단의 비교

05 오른쪽 그래프는 A 중학교와 B 중학교 학생들의 1500 m 달리기 기록을 조사하여 상대도수의 분포를 나타낸 것이다. 다음 중 옳지 않은 것은?

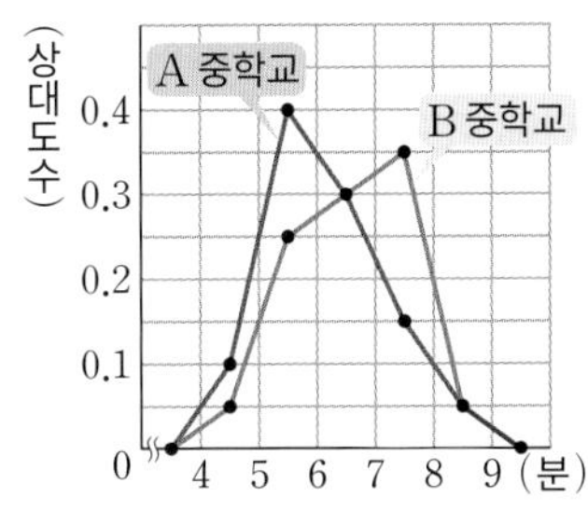

① A 중학교의 한 학생의 기록이 4분 30초라면 이 학생은 비교적 잘 달린 것이라 할 수 있다.
② A 중학교의 전체 학생 수가 100이라면 A 중학교에서 6분 이상 7분 미만인 계급에 속하는 학생 수는 30이다.
③ B 중학교 학생의 기록 중 도수가 가장 큰 계급은 7분 이상 8분 미만이다.
④ A 중학교 학생들의 기록이 B 중학교 학생들의 기록보다 좋은 편이다.
⑤ B 중학교 학생 중 5분 미만의 기록을 가진 학생은 B 중학교 학생 전체의 10%이다.

06 오른쪽 그래프는 어느 중학교 1학년, 2학년 학생들의 TV 시청 시간을 조사하여 상대도수의 분포를 나타낸 것이다. 다음 보기 중 옳은 것을 모두 고르시오.

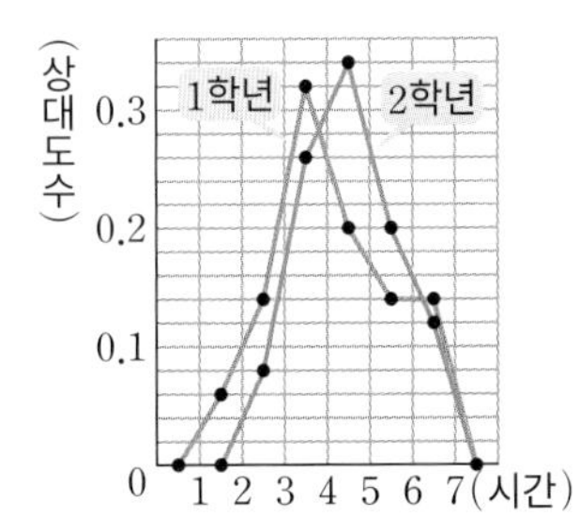

보기
ㄱ. 1학년 학생 수가 2학년 학생 수보다 많다.
ㄴ. TV 시청 시간이 4시간 이상 5시간 미만인 1학년의 학생 수가 10일 때, 1학년의 전체 학생 수는 50이다.
ㄷ. TV 시청 시간이 가장 많은 학생은 2학년에 있다.
ㄹ. 1학년보다 2학년의 TV 시청 시간이 더 많다고 말할 수 있다.

한 걸음 더

유형 4 찢어진 상대도수의 분포표 또는 상대도수의 분포를 나타낸 그래프

07 다음은 어느 학교 학생들의 방과 후 공부 시간을 조사하여 나타낸 상대도수의 분포표인데 일부가 찢어져 보이지 않는다. 물음에 답하시오.

공부 시간(시간)	학생 수(명)	상대도수
$0^{이상} \sim 1^{미만}$		0.25
1 ~ 2		0.1
2 ~ 3	18	0.3

(1) 전체 학생 수를 구하시오.

(2) 공부 시간이 1시간 미만인 학생 수를 구하시오.

08 오른쪽 그래프는 준영이네 학교 학생들의 줄넘기 횟수에 대한 상대도수의 분포를 나타낸 것인데 일부가 찢어져 보이지 않는다. 줄넘기 횟수가 50회 이상 60회 미만인 학생 수가 9일 때, 물음에 답하시오.

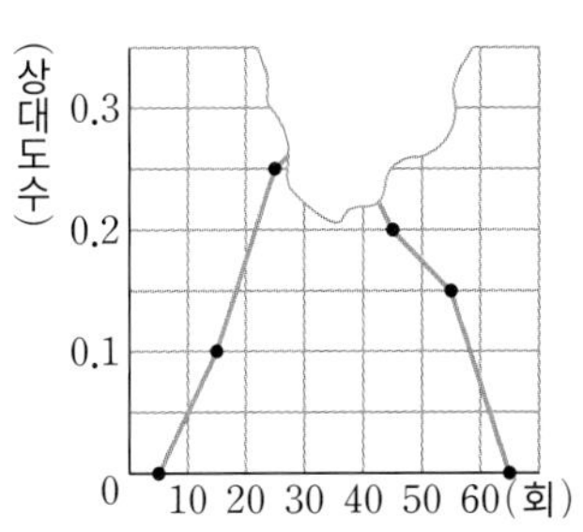

(1) 전체 학생 수를 구하시오.

(2) 줄넘기 횟수가 30회 이상 40회 미만인 학생 수를 구하시오.

정답과 해설 86쪽

서술형 확실히 강잡기

01 변량 a, b, 10, 11, 6, 7, 6, 10의 평균이 8이고 최빈값이 10일 때, 중앙값을 구하시오. (단, $a<b$)

답

02 오른쪽 도수분포표는 서연이네 반 학생들이 한 달 동안 읽은 책의 수를 조사하여 나타낸 것이다. 책을 4권 미만 읽은 학생이 전체의 50 %일 때, A, B의 값을 각각 구하시오.

책의 수(권)	도수(명)
0 이상 ~ 2 미만	3
2 ~ 4	A
4 ~ 6	5
6 ~ 8	B
8 ~ 10	2
합계	30

답

03 오른쪽 도수분포다각형은 동현이네 반 학생들의 미술 실기평가 성적을 조사하여 나타낸 것이다. 실기평가 성적이 상위 15% 이내에 들려면 몇 점 이상 받아야 하는지 구하시오.

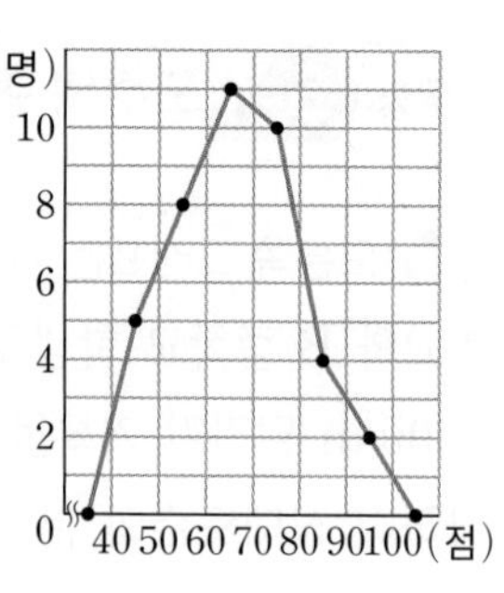

답

04 오른쪽 그림은 효은이네 반 학생들의 수면 시간을 조사하여 나타낸 히스토그램인데 일부가 찢어져 보이지 않는다. 수면 시간이 7시간 이상 9시간 미만인 학생이 전체의 50%일 때, 수면 시간이 6시간 이상 7시간 미만인 계급의 상대도수를 구하시오.

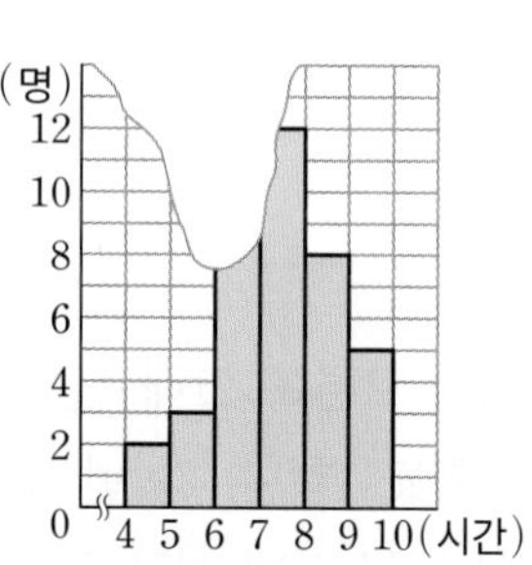

답

쌍둥이

단원 마무리하기

중요

01 다음 자료에서 평균과 중앙값을 차례대로 구하면?

7, 9, 5, 8, 6

① 6, 5 ② 6, 7 ③ 7, 5
④ 7, 7 ⑤ 7, 8

02 다음 자료의 최빈값이 3일 때, 중앙값을 구하시오.

2, 6, 4, a, b, 4, 3, 5

03 다음 자료 중 평균보다 중앙값을 대푯값으로 하기에 가장 적절한 것은?

① 1, 2, 3, 4, 5, 70
② 16, 25, 28, 27, 22, 30
③ 50, 50, 50, 50, 50, 50
④ 13, 13, 15, 15, 15, 13
⑤ 30, 40, 50, 40, 50, 30

04 아래 줄기와 잎 그림은 라희네 반 학생들의 수학 성적을 조사하여 나타낸 것이다. 다음 **보기** 중 옳은 것을 모두 고르시오.

수학 성적 (5|2는 52점)

줄기	잎
5	2 8
6	2 3 5 6 6
7	2 2 4 6 6 7 7 8 9
8	0 1 2 5 8 9
9	0 2 6

보기
ㄱ. 잎이 가장 많은 줄기는 7이다.
ㄴ. 성적이 8번째로 높은 학생의 점수는 80점이다.
ㄷ. 성적이 50점 이상 70점 미만인 학생 수는 6이다.
ㄹ. 성적이 80점 이상인 학생은 전체의 36%이다.

서술형

05 다음 줄기와 잎 그림은 희연이네 반 학생들이 가지고 있는 문제집의 수를 조사하여 나타낸 것이다. 이 자료의 평균을 a권, 중앙값을 b권이라 할 때, $a+b$의 값을 구하시오.

문제집의 수 (0|5는 5권)

줄기	잎
0	5 7 8
1	2 3 5 6 8
2	0 1

정답과 해설 87쪽

06 오른쪽 도수분포표는 경미네 반 학생들의 줄넘기 기록을 조사하여 나타낸 것이다. 다음 중 옳지 않은 것은?

줄넘기 기록(회)	도수(명)
0 이상 ~ 20 미만	1
20 ~ 40	A
40 ~ 60	9
60 ~ 80	4
80 ~ 100	10
합계	30

① 계급의 크기는 20회이다.
② A의 값은 6이다.
③ 도수가 가장 큰 계급은 80회 이상 100회 미만이다.
④ 기록이 60회 이상인 학생 수는 4이다.
⑤ 줄넘기 기록이 15번째로 많은 학생이 속하는 계급의 도수는 9이다.

07 오른쪽 히스토그램은 솔지네 반 학생들의 미술 점수를 조사하여 나타낸 것이다. 다음 중 옳지 않은 것은?

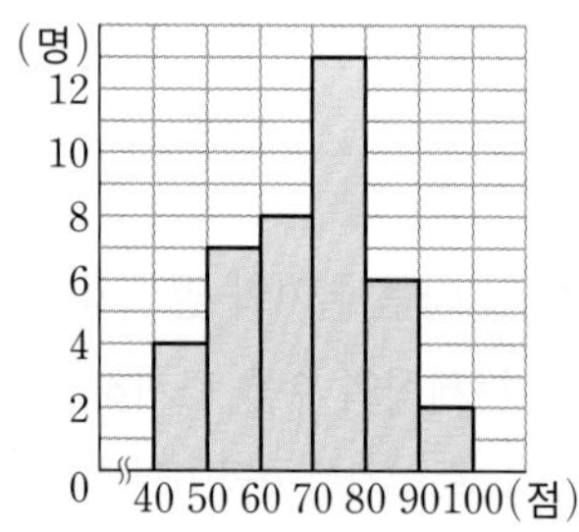

① 계급의 크기는 10점이다.
② 전체 학생 수는 40이다.
③ 도수가 가장 큰 계급은 70점 이상 80점 미만이다.
④ 도수가 8인 계급은 60점 이상 70점 미만이다.
⑤ 미술 점수가 80점 이상인 학생은 전체의 25%이다.

08 오른쪽 도수분포다각형은 용준이네 반 학생들의 100 m 달리기 기록을 조사하여 나타낸 것이다. 다음 중 옳지 않은 것은?

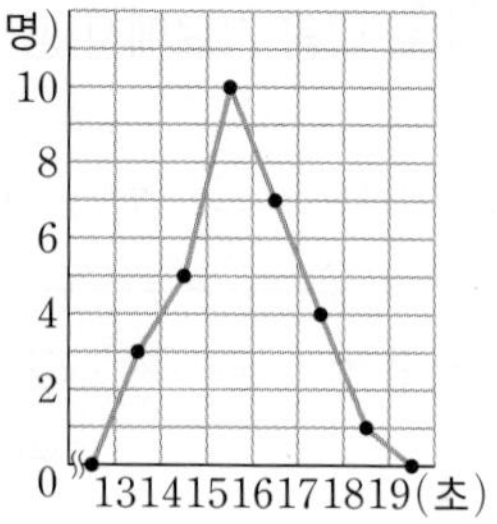

① 계급의 개수는 6이다.
② 전체 학생 수는 30이다.
③ 100 m 달리기 기록이 가장 빠른 학생의 기록은 13초이다.
④ 100 m 달리기 기록이 16초 이상인 학생은 전체의 40%이다.
⑤ 100 m 달리기 기록이 14초 이상 16초 미만인 학생 수는 15이다.

09 아래 상대도수의 분포표는 어느 반 학생 40명이 일주일 동안 숙제하는 데 보낸 시간을 조사하여 나타낸 것이다. 다음 중 $A \sim E$의 값으로 옳은 것은?

보낸 시간(분)	도수(명)	상대도수
30 이상 ~ 60 미만	6	A
60 ~ 90	8	B
90 ~ 120	12	0.3
120 ~ 150	C	0.25
150 ~ 180	D	0.1
합계	40	E

① $A=0.15$　② $B=0.25$　③ $C=8$
④ $D=5$　⑤ $E=0.9$

서술형

10 다음은 어느 학급 학생들의 수학 성적을 조사하여 나타낸 상대도수의 분포표인데 일부가 찢어져 보이지 않는다. 65점 이상 75점 미만인 계급의 상대도수를 구하시오.

수학 성적(점)	학생 수(명)	상대도수
55이상 ~ 65미만	2	0.1
65 ~ 75	5	
75 ~ 85		

11 다음 그래프는 민지네 반 학생 40명의 통학 시간에 대한 상대도수의 분포를 나타낸 것인데 일부가 찢어져 보이지 않는다. 통학 시간이 25분 이상인 학생 수가 11일 때, 통학 시간이 20분 이상 25분 미만인 계급의 상대도수를 구하시오.

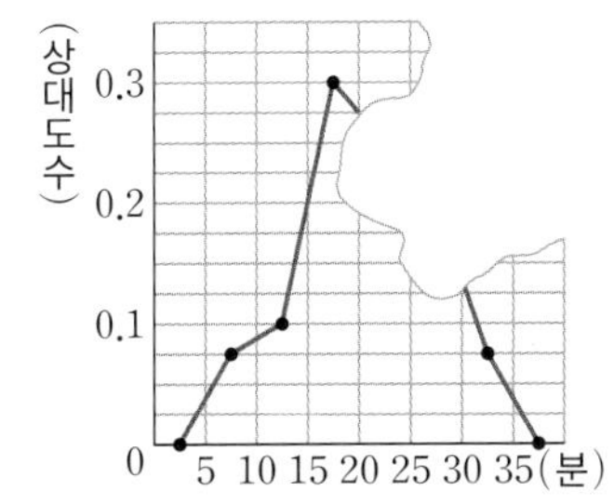

12 오른쪽 그래프는 어느 반의 남학생과 여학생의 몸무게를 조사하여 상대도수의 분포를 나타낸 것이다. 다음 **보기** 중 옳은 것을 모두 고르시오.

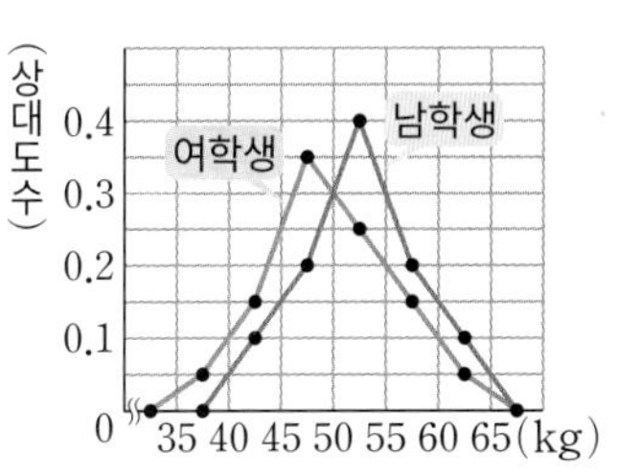

보기

ㄱ. 여학생이 남학생보다 가벼운 편이다.
ㄴ. 가장 가벼운 학생은 남학생 중에 있다.
ㄷ. 여학생에서 도수가 가장 큰 계급은 50 kg 이상 55 kg 미만이다.
ㄹ. 각각의 그래프와 가로축으로 둘러싸인 부분의 넓이는 서로 같다.

Level Up

13 다음 두 조건을 모두 만족시키는 a, b에 대하여 $b-a$의 값을 구하시오.

(가) 6, 8, 15, 17, a의 중앙값은 8이다.
(나) 2, 14, a, b, 15의 중앙값은 12이고 평균은 10이다.

14 두 집단 A, B의 전체 도수의 비가 2 : 3이고, 어떤 계급의 도수의 비가 3 : 2일 때, 이 계급의 상대도수의 비를 가장 간단한 자연수의 비로 나타내시오.

정답과 해설 88쪽

Memo

Memo

Memo

중등 수학 1-2

Contact Mirae-N

www.mirae-n.com

(우)06532 서울시 서초구 신반포로 321

1800-8890

미래엔 교과서 연계 도서

교과서 예습 복습과 학교 시험 대비까지
한 권으로 완성하는 자율학습서와 실전 유형서

미래엔 교과서
자습서

[2022 개정]
국어 (신유식) 1-1, 1-2*
(민병곤) 1-1, 1-2*
영어 1
수학 1
사회 ①, ②*
역사 ①, ②*
도덕 ①, ②*
과학 1
기술·가정 ①, ②*
생활 일본어, 생활 중국어, 한문
*2025년 상반기 출간 예정

[2015 개정]
국어 2-1, 2-2, 3-1, 3-2
영어 2, 3
수학 2, 3
사회 ①, ②
역사 ①, ②
도덕 ①, ②
과학 2, 3
기술·가정 ①, ②
한문

미래엔 교과서
평가 문제집

[2022 개정]
국어 (신유식) 1-1, 1-2*
(민병곤) 1-1, 1-2*
영어 1-1, 1-2*
사회 ①, ②*
역사 ①, ②*
도덕 ①, ②*
과학 1
*2025년 상반기 출간 예정

[2015 개정]
국어 2-1, 2-2, 3-1, 3-2
영어 2-1, 2-2, 3-1, 3-2
사회 ①, ②
역사 ①, ②
도덕 ①, ②
과학 2, 3

예비 고1을 위한 고등 도서

비주얼 개념서

이미지 연상으로 필수 개념을 쉽게 익히는
비주얼 개념서

국어 문법
영어 분석독해

문학 입문서
손쉬운

작품 이해에서 문제 해결까지
손쉬운 비법을 담은 문학 입문서

현대 문학, 고전 문학

필수 기본서

복잡한 개념은 쉽고, 핵심 문제는 완벽하게!
사회·과학 내신의 필수 개념서

사회 통합사회1, 통합사회2*, 한국사1, 한국사2*
과학 통합과학1, 통합과학2
*2025년 상반기 출간 예정

정답과 해설

중등 **수학**

1-2

개념 책 Book

반복 책 Check

1 기본 도형

01 점, 선, 면

개념 1 8쪽

개념 Bridge 답 꼭짓점, 모서리

개념 check

01 답 (1) 교점의 개수: 4, 교선은 없다.
(2) 교점의 개수: 5, 교선의 개수: 8

01-1 답 (1) 교점의 개수: 6, 교선의 개수: 9
(2) 교점의 개수: 8, 교선의 개수: 12

개념 2 9쪽

개념 Bridge 답 $\overleftrightarrow{AB}$, $=$, $\overrightarrow{AB}$, $\neq$, $\overline{AB}$, $=$

개념 check

01 답 풀이 참조

(1) $\overleftrightarrow{AB}$: A B C , $\overleftrightarrow{AC}$: A B C

→ $\overleftrightarrow{AB}$ $=$ $\overleftrightarrow{AC}$

(2) $\overrightarrow{AC}$: A B C , $\overrightarrow{CA}$: A B C

→ $\overrightarrow{AC}$ $\neq$ $\overrightarrow{CA}$

(3) $\overline{AB}$: A B C , $\overline{BC}$: A B C

→ $\overline{AB}$ $\neq$ $\overline{BC}$

01-1 답 (1) $=$ (2) $=$ (3) $\neq$ (4) $\neq$

(3) $\overrightarrow{BA}$와 $\overrightarrow{BC}$는 뻗어 나가는 방향이 다르므로 서로 다른 반직선이다.

개념 3 10쪽

개념 Bridge 답 (1) AB, 9 (2) AC, 4 (3) BC, 10

개념 check

01 답 (1) 6 (2) 2, 12

01-1 답 (1) $\frac{1}{2}$, 14 (2) $\frac{1}{2}$, 7

01-2 답 (1) 20 cm (2) 5 cm (3) 15 cm

(1) $\overline{AB}=2\overline{AM}=2\times10=20(\text{cm})$

(2) $\overline{NM}=\frac{1}{2}\overline{AM}=\frac{1}{2}\times10=5(\text{cm})$

(3) $\overline{NB}=\overline{NM}+\overline{MB}=\overline{NM}+\overline{AM}=5+10=15(\text{cm})$

필수 유형 익히기 11~12쪽

01 ㄱ, ㄴ, ㄹ	01-1 ④	02 2	02-1 360
03 ③	03-1 $\overline{AB}$와 $\overline{BA}$, $\overleftrightarrow{AB}$와 $\overleftrightarrow{CB}$		
04 3, 6, 3	04-1 6	05 ③	05-1 ㄱ, ㄴ
06 ③	06-1 ②		

01

ㄷ. 육각뿔에서 교점의 개수는 꼭짓점의 개수와 같으므로 7이고, 모서리의 개수는 12이다.
따라서 옳은 것은 ㄱ, ㄴ, ㄹ이다.

01-1

④ 한 점을 지나는 직선은 무수히 많다.
따라서 옳지 않은 것은 ④이다.

02

교점의 개수는 꼭짓점의 개수와 같고, 꼭짓점이 10개이므로
$a=10$
교선의 개수는 모서리의 개수와 같고, 모서리가 15개이므로
$b=15$
면이 7개이므로 $c=7$
$\therefore a-b+c=10-15+7=2$

02-1

교점의 개수는 꼭짓점의 개수와 같고, 꼭짓점이 6개이므로 $a=6$
교선의 개수는 모서리의 개수와 같고, 모서리가 10개이므로
$b=10$
면이 6개이므로 $c=6$
$\therefore abc=6\times10\times6=360$

03

두 반직선이 서로 같으려면 시작점과 방향이 모두 같아야 하므로
$\overrightarrow{AB}=\overrightarrow{AC}$

04

두 점을 지나는 서로 다른 직선은

$\overleftrightarrow{AB}$, $\overleftrightarrow{BC}$, $\overleftrightarrow{CA}$

의 3개이다.

두 점을 지나는 서로 다른 반직선은

$\overrightarrow{AB}$, $\overrightarrow{BA}$, $\overrightarrow{BC}$, $\overrightarrow{CB}$, $\overrightarrow{CA}$, $\overrightarrow{AC}$

의 6개이다.

두 점을 지나는 서로 다른 선분은

$\overline{AB}$, $\overline{BC}$, $\overline{CA}$

의 3개이다.

04-1

두 점을 이어서 만들 수 있는 서로 다른 직선은

$\overleftrightarrow{AB}$, $\overleftrightarrow{AC}$, $\overleftrightarrow{AD}$, $\overleftrightarrow{BC}$, $\overleftrightarrow{BD}$, $\overleftrightarrow{CD}$

의 6개이다.

05

① $\overline{AM}=\overline{MB}=\frac{1}{2}\overline{AB}$

② $\overline{MB}=\overline{AM}=2\overline{AN}$

③, ④ $\overline{AN}=\overline{NM}=\frac{1}{2}\overline{AM}=\frac{1}{2}\times\frac{1}{2}\overline{AB}=\frac{1}{4}\overline{AB}$

⑤ $\overline{NB}=\overline{NM}+\overline{MB}=\frac{1}{4}\overline{AB}+\frac{1}{2}\overline{AB}=\frac{3}{4}\overline{AB}$

따라서 옳지 않은 것은 ③이다.

05-1

ㄱ. $\overline{AB}=\overline{BC}=\overline{CD}=\frac{1}{3}\overline{AD}$

ㄴ. $\overline{AC}=2\overline{BC}=\overline{BD}$

ㄷ. $\overline{AD}=3\overline{BC}=3\times\frac{1}{2}\overline{BD}=\frac{3}{2}\overline{BD}$

ㄹ. $\overline{BD}=2\overline{BC}=2\overline{AB}$

따라서 옳은 것은 ㄱ, ㄴ이다.

06

점 M이 $\overline{AB}$의 중점이므로

$\overline{AM}=\overline{MB}=\frac{1}{2}\overline{AB}=\frac{1}{2}\times16=8\,(\mathrm{cm})$

점 N이 $\overline{MB}$의 중점이므로

$\overline{MN}=\frac{1}{2}\overline{MB}=\frac{1}{2}\times8=4\,(\mathrm{cm})$

$\therefore\ \overline{AN}=\overline{AM}+\overline{MN}=8+4=12\,(\mathrm{cm})$

06-1

점 N이 $\overline{AM}$의 중점이므로

$\overline{AM}=2\overline{NM}=2\times3=6\,(\mathrm{cm})$

점 M이 $\overline{AB}$의 중점이므로

$\overline{AB}=2\overline{AM}=2\times6=12\,(\mathrm{cm})$

02 각

개념 4 13쪽

개념 Bridge 답 $\angle CAB$, $\angle ADC$, $\angle CDA$

개념 check

01 답 (1) $110°$ (2) $25°$

(1) $\angle x+70°=180°$ $\therefore\ \angle x=110°$

(2) $\angle x+65°=90°$ $\therefore\ \angle x=25°$

01-1 답 (1) $45°$ (2) $18°$

(1) $45°+90°+\angle x=180°$ $\therefore\ \angle x=45°$

(2) $2\angle x+3\angle x=90°$, $5\angle x=90°$

$\therefore\ \angle x=18°$

개념 5 14쪽

개념 Bridge 답 ❶ $\angle BOD$ ❷ $\angle EOC$ ❸ $\angle DOA$ ❹ $\angle FOC$

개념 check

01 답 (1) $\angle x=120°$, $\angle y=60°$ (2) $\angle x=35°$, $\angle y=85°$

(1) 맞꼭지각의 크기는 서로 같으므로 $\angle x=120°$

$120°+\angle y=180°$ $\therefore\ \angle y=60°$

(2) 맞꼭지각의 크기는 서로 같으므로 $\angle x=35°$

$60°+35°+\angle y=180°$ $\therefore\ \angle y=85°$

01-1 답 (1) $\angle x=55°$, $\angle y=75°$ (2) $\angle x=45°$, $\angle y=45°$

(1) 맞꼭지각의 크기는 서로 같으므로 $\angle x=55°$

$50°+55°+\angle y=180°$ $\therefore\ \angle y=75°$

(2) 맞꼭지각의 크기는 서로 같으므로 $\angle x=45°$

$90°+45°+\angle y=180°$ $\therefore\ \angle y=45°$

01-2 답 (1) $20°$ (2) $25°$

(1) 맞꼭지각의 크기는 서로 같으므로

$2\angle x+10°=50°$, $2\angle x=40°$

$\therefore\ \angle x=20°$

(2) 맞꼭지각의 크기는 서로 같으므로

$5\angle x-35°=90°$, $5\angle x=125°$

$\therefore\ \angle x=25°$

개념 6

15쪽

개념 check

01 답 (1) 6 cm (2) 90°

(1) $\overleftrightarrow{CO}$가 $\overline{AB}$의 수직이등분선이므로 $\overline{AO}=\overline{OB}$

$\therefore \overline{AO}=\frac{1}{2}\overline{AB}=\frac{1}{2}\times 12=6(\text{cm})$

(2) $\overleftrightarrow{CO}$가 $\overline{AB}$의 수직이등분선이므로 $\overleftrightarrow{CO}\perp\overline{AB}$

$\therefore \angle AOC=90°$

01-1 답 (1) 8 cm (2) 90°

(1) $\overleftrightarrow{CO}$가 $\overline{AB}$의 수직이등분선이므로 $\overline{AO}=\frac{1}{2}\overline{AB}$

$\therefore \overline{AB}=2\overline{AO}=2\times 4=8(\text{cm})$

(2) $\overleftrightarrow{CO}$가 $\overline{AB}$의 수직이등분선이므로 $\overleftrightarrow{CO}\perp\overline{AB}$

$\therefore \angle BOC=90°$

02 답 (1) 점 C (2) $\overline{PC}$

02-1 답 (1) 점 B (2) 15 cm

(2) 점 C와 $\overline{AB}$ 사이의 거리는 $\overline{BC}$의 길이와 같으므로 15 cm이다.

필수 유형 익히기

16~17쪽

01 ②	01-1 ⑤	02 ③	02-1 72°
03 $\angle x=95°$, $\angle y=30°$		03-1 ②	
04 ①	04-1 15°	05 ㄱ, ㄷ, ㄹ	05-1 12.8
06 60°	06-1 90°		

01

$(2\angle x+30°)+3\angle x+5\angle x=180°$이므로

$10\angle x+30°=180°$, $10\angle x=150°$

$\therefore \angle x=15°$

$\therefore \angle COD=3\angle x=3\times 15°=45°$

01-1

$(\angle x+5°)+90°+(\angle x-15°)=180°$이므로

$2\angle x+80°=180°$, $2\angle x=100°$

$\therefore \angle x=50°$

02

$\angle z=180°\times\frac{5}{1+3+5}=180°\times\frac{5}{9}=100°$

02-1

$\angle y=180°\times\frac{6}{4+6+5}=180°\times\frac{6}{15}=72°$

03

$\angle x+55°=150°$ (맞꼭지각) $\quad\therefore \angle x=95°$

$150°+\angle y=180° \quad\therefore \angle y=30°$

03-1

$65°+90°=3\angle x+35°$ (맞꼭지각)

$3\angle x=120° \quad\therefore \angle x=40°$

$65°+90°+\angle y=180° \quad\therefore \angle y=25°$

$\therefore \angle x+\angle y=40°+25°=65°$

04

오른쪽 그림에서

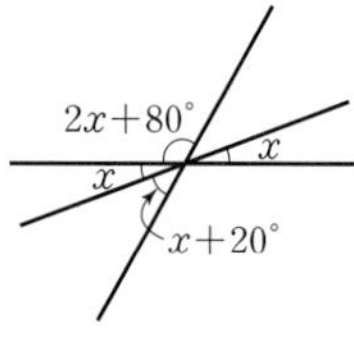

$(2\angle x+80°)+\angle x+(\angle x+20°)=180°$

이므로

$4\angle x+100°=180°$, $4\angle x=80°$

$\therefore \angle x=20°$

04-1

오른쪽 그림에서

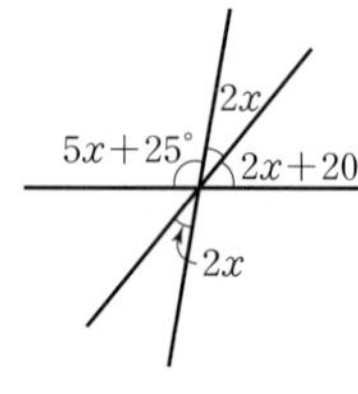

$(5\angle x+25°)+2\angle x+(2\angle x+20°)$

$=180°$

이므로

$9\angle x+45°=180°$, $9\angle x=135°$

$\therefore \angle x=15°$

05

ㄴ. 오른쪽 그림과 같이 점 A에서 $\overline{BC}$에 내린 수선의 발을 H라 하면 점 A와 $\overline{BC}$ 사이의 거리는 $\overline{AH}$의 길이와 같으므로

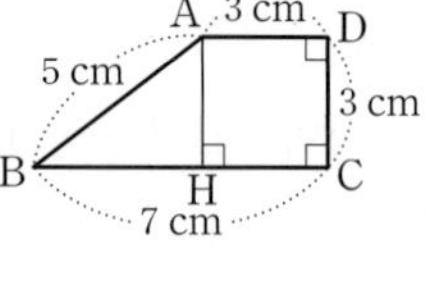

$\overline{AH}=\overline{DC}=3\text{ cm}$

따라서 옳은 것은 ㄱ, ㄷ, ㄹ이다.

05-1

점 A와 $\overline{BC}$ 사이의 거리는 $\overline{AB}$의 길이와 같으므로 8 cm이다.

$\therefore a=8$

점 B와 $\overline{AC}$ 사이의 거리는 $\overline{BD}$의 길이와 같으므로 4.8 cm이다.

$\therefore b=4.8$

$\therefore a+b=8+4.8=12.8$

06

$\angle BOC = \angle a$, $\angle COD = \angle b$라 하면
$\angle AOB = 2\angle BOC = 2\angle a$
$\angle DOE = 2\angle COD = 2\angle b$
이므로
$\angle AOB + \angle BOC + \angle COD + \angle DOE = 180°$에서
$2\angle a + \angle a + \angle b + 2\angle b = 180°$
$3\angle a + 3\angle b = 180°$, $\angle a + \angle b = 60°$
$\therefore \angle BOD = \angle a + \angle b = 60°$

06-1

$\angle AOC = \angle COD = \angle a$, $\angle DOE = \angle EOB = \angle b$라 하면
$\angle AOC + \angle COD + \angle DOE + \angle EOB = 180°$에서
$\angle a + \angle a + \angle b + \angle b = 180°$
$2\angle a + 2\angle b = 180°$, $\angle a + \angle b = 90°$
$\therefore \angle COE = \angle a + \angle b = 90°$

03 위치 관계

개념 7 18쪽

개념 check

01 답 (1) 점 A, 점 C (2) 점 B, 점 D

02 답 (1) $\overline{CD}$ (2) $\overline{AD}$, $\overline{BC}$ (3) $\overline{BC}$와 $\overline{CD}$

02-1 답 (1) $\overline{AD}$, $\overline{BC}$ (2) $\overline{AB} /\!/ \overline{CD}$, $\overline{AD} /\!/ \overline{BC}$

개념 8 19쪽

개념 Bridge 답 평행하다, 한 점에서 만난다, 꼬인 위치에 있다

개념 check

01 답 (1) $\overline{AD}$, $\overline{AE}$, $\overline{BC}$, $\overline{BF}$
(2) $\overline{CD}$, $\overline{EF}$, $\overline{GH}$
(3) $\overline{CG}$, $\overline{DH}$, $\overline{EH}$, $\overline{FG}$

01-1 답 (1) $\overline{AB}$, $\overline{AD}$, $\overline{BC}$, $\overline{CF}$
(2) $\overline{AD}$, $\overline{CF}$
(3) $\overline{AB}$, $\overline{AC}$, $\overline{AD}$

01-2 답 (1) $\overline{CD}$ (2) $\overline{AD}$

개념 9 20쪽

개념 Bridge 답 한 점에서 만난다, 평행하다

개념 check

01 답 (1) $\overline{AE}$, $\overline{BF}$, $\overline{CG}$, $\overline{DH}$
(2) 면 ABFE, 면 BFGC
(3) $\overline{AB}$, $\overline{BF}$, $\overline{EF}$, $\overline{AE}$
(4) $\overline{AE}$, $\overline{BF}$, $\overline{CG}$, $\overline{DH}$

01-1 답 (1) $\overline{AF}$, $\overline{BG}$, $\overline{CH}$, $\overline{DI}$, $\overline{EJ}$
(2) 면 ABCDE, 면 ABGF
(3) $\overline{AF}$, $\overline{BG}$, $\overline{EJ}$
(4) $\overline{AF}$, $\overline{BG}$, $\overline{CH}$, $\overline{DI}$, $\overline{EJ}$

필수 유형 익히기 21~22쪽

01 ㄷ, ㄹ	**01-1** ④	**02** ③	**02-1** 6
03 ㄴ, ㄷ, ㄹ	**03-1** ④	**04** ③	**04-1** 4
05 12	**05-1** 14	**06** ④	**06-1** $\overline{BD}$

01

ㄱ. $\overleftrightarrow{AB}$와 $\overleftrightarrow{CD}$는 한 점에서 만난다.
따라서 옳은 것은 ㄷ, ㄹ이다.

01-1

오른쪽 그림에서

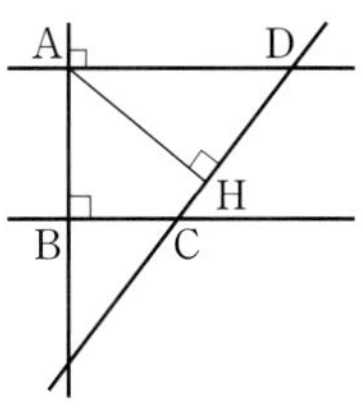

③ $\overline{AB}$의 연장선과 $\overline{CD}$의 연장선은 한 점에서 만나므로 $\overleftrightarrow{AB}$와 $\overleftrightarrow{CD}$는 한 점에서 만난다.
④ 점 A에서 $\overleftrightarrow{CD}$에 내린 수선의 발은 점 H이다.
따라서 옳지 않은 것은 ④이다.

02

① $\overline{BC}$와 $\overline{AB}$는 점 B에서 만난다.
② $\overline{BC}$와 $\overline{AC}$는 점 C에서 만난다.
④ $\overline{BC}$와 $\overline{CD}$는 점 C에서 만난다.
⑤ $\overline{BC}$와 $\overline{DE}$는 평행하다.
따라서 $\overline{BC}$와 만나지도 않고 평행하지도 않은 모서리는 ② $\overline{AD}$이다.

02-1

선분 AC와 꼬인 위치에 있는 모서리는
$\overline{BF}$, $\overline{DH}$, $\overline{EF}$, $\overline{EH}$, $\overline{FG}$, $\overline{GH}$
의 6개이다.

03

ㄱ. 모서리 AB와 모서리 CG는 꼬인 위치에 있다.
ㄷ. 모서리 CD와 한 점에서 만나는 모서리는
$\overline{AD}$, $\overline{BC}$, $\overline{CG}$, $\overline{DH}$
의 4개이다.
ㄹ. 모서리 FG와 평행한 모서리는
$\overline{AD}$, $\overline{BC}$, $\overline{EH}$
의 3개이다.
따라서 옳은 것은 ㄴ, ㄷ, ㄹ이다.

03-1

①, ②, ③, ⑤ 꼬인 위치에 있다.
④ 평행하다.

04

③ 면 DEF와 평행한 모서리는 $\overline{AB}$, $\overline{BC}$, $\overline{AC}$의 3개이다.
④ 모서리 BE와 수직인 면은 면 ABC, 면 DEF의 2개이다.
⑤ 모서리 DF와 꼬인 위치에 있는 모서리는 $\overline{AB}$, $\overline{BC}$, $\overline{BE}$의 3개이다.
따라서 옳지 않은 것은 ③이다.

04-1

모서리 CD와 수직인 면은 면 AEHD, 면 BFGC의 2개이므로
$a=2$
면 ABFE와 평행한 모서리는 $\overline{CD}$, $\overline{GH}$의 2개이므로
$b=2$
$\therefore ab=2\times2=4$

05

점 B와 면 DEF 사이의 거리는 $\overline{BE}$의 길이와 같으므로 7 cm이다. $\therefore x=7$
점 A와 면 CBEF 사이의 거리는 $\overline{AC}$의 길이와 같다.
$\overline{AC}=\overline{DF}=5$ cm이므로 $y=5$
$\therefore x+y=7+5=12$

05-1

점 D와 면 ABFE 사이의 거리는 $\overline{AD}$의 길이와 같다.
$\overline{AD}=\overline{FG}=8$ cm이므로 $a=8$
점 F와 면 AEHD 사이의 거리는 $\overline{FE}$의 길이와 같다.
$\overline{FE}=\overline{GH}=6$ cm이므로 $b=6$
$\therefore a+b=8+6=14$

06

주어진 전개도로 만들어지는 직육면체는 오른쪽 그림과 같다.

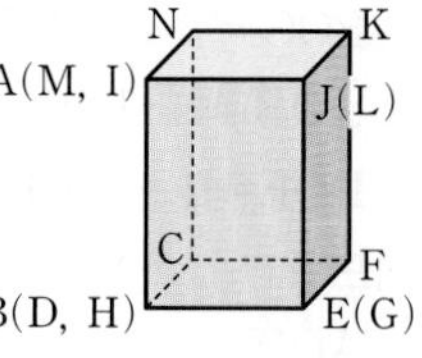

①, ③ 모서리 CD와 한 점에서 만난다.
②, ⑤ 모서리 CD와 평행하다.
④ 모서리 CD와 꼬인 위치에 있다.

06-1

주어진 전개도로 만들어지는 삼각뿔은 오른쪽 그림과 같으므로 모서리 AF와 만나지 않는 모서리는 $\overline{BD}$이다.

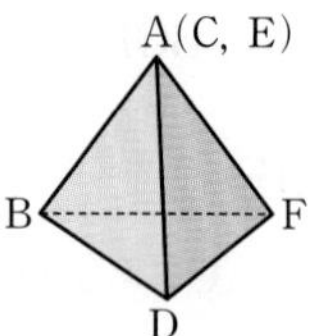

04 평행선의 성질

개념 10

23쪽

개념 Bridge 답 $\angle e$, $\angle h$

개념 check

01 답 (1) $\angle d$, $60°$ (2) $\angle b$, $95°$

(1) $\angle a$의 동위각은 $\angle d$이고
$\angle d=180°-120°=60°$
(2) $\angle f$의 엇각은 $\angle b$이고
$\angle b=95°$ (맞꼭지각)

01-1 답 (1) $\angle f$, $120°$ (2) $\angle b$, $105°$

(1) $\angle a$의 동위각은 $\angle f$이고
$\angle f=180°-60°=120°$
(2) $\angle e$의 엇각은 $\angle b$이고
$\angle b=105°$ (맞꼭지각)

개념 11

24쪽

개념 check

01 답 (1) $\angle x=130°$, $\angle y=130°$
(2) $\angle x=80°$, $\angle y=100°$

(1) $\angle x=130°$ (동위각), $\angle y=130°$ (맞꼭지각)
(2) $\angle x=80°$ (엇각), $\angle y=180°-80°=100°$

01-1 답 (1) $\angle x=45^\circ$, $\angle y=45^\circ$
(2) $\angle x=120^\circ$, $\angle y=60^\circ$

(1) $\angle x=45^\circ$ (동위각), $\angle y=45^\circ$ (맞꼭지각)
(2) $\angle x=120^\circ$ (엇각), $\angle y=180^\circ-120^\circ=60^\circ$

02 답 (1) ○ (2) × (3) ○

(1) 엇각의 크기가 65°로 같으므로 두 직선 l, m은 평행하다.
(2) 오른쪽 그림에서 동위각의 크기가 같지 않으므로 두 직선 l, m은 평행하지 않다.

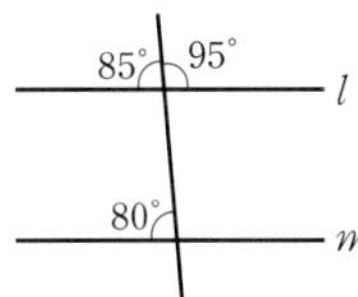

(3) 동위각의 크기가 90°로 같으므로 두 직선 l, m은 평행하다.

필수 유형 익히기 25~26쪽

01 ⑤	01-1 ㄴ, ㄷ		02 ③
02-1 ④	03 ④	03-1 39°	04 65°
04-1 40°	05 ㄴ, ㄷ	05-1 ④	
06 (1) ∠DEG, ∠FEG (2) 120°			06-1 34°

01

③ $\angle f$의 동위각은 $\angle c$이고
$\angle c=180^\circ-95^\circ=85^\circ$
④ $\angle a$의 동위각은 $\angle e$이고
$\angle e=180^\circ-75^\circ=105^\circ$
⑤ $\angle d$의 엇각은 $\angle b$이고
$\angle b=95^\circ$ (맞꼭지각)
따라서 옳지 않은 것은 ⑤이다.

01-1

ㄱ. $\angle a$의 동위각은 $\angle e$이고
$\angle e=180^\circ-55^\circ=125^\circ$
ㄴ. $\angle b$의 동위각은 $\angle f$이고
$\angle f=55^\circ$ (맞꼭지각)
ㄷ. $\angle c$의 엇각은 $\angle e$이고
$\angle e=180^\circ-55^\circ=125^\circ$
ㄹ. $\angle c$의 크기와 $\angle g$의 크기가 같은지 알 수 없다.
따라서 옳은 것은 ㄴ, ㄷ이다.

02

오른쪽 그림에서 $l /\!/ m$이므로
$\angle x+50^\circ=100^\circ$ (엇각)
$\therefore \angle x=50^\circ$

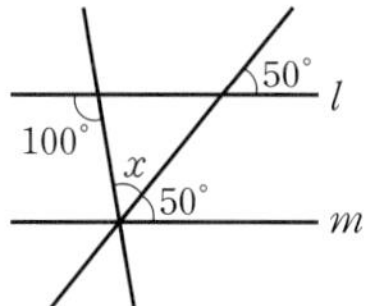

02-1

오른쪽 그림에서 $l /\!/ m$이므로
$(3\angle x+15^\circ)+(\angle x+25^\circ)=180^\circ$
$4\angle x+40^\circ=180^\circ$
$4\angle x=140^\circ$
$\therefore \angle x=35^\circ$

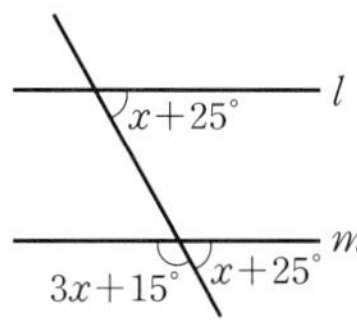

03

오른쪽 그림에서 $l /\!/ m$이고 삼각형의 세 각의 크기의 합은 180°이므로
$\angle x+80^\circ+70^\circ=180^\circ$
$\angle x+150^\circ=180^\circ$
$\therefore \angle x=30^\circ$

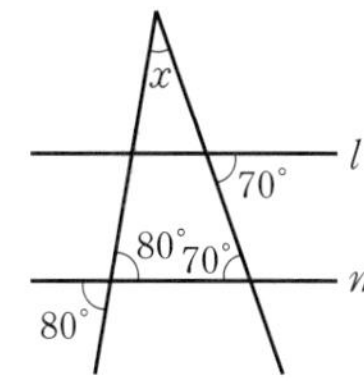

03-1

오른쪽 그림에서 $l /\!/ m$이고 삼각형의 세 각의 크기의 합은 180°이므로
$38^\circ+(\angle x+10^\circ)+(2\angle x+15^\circ)=180^\circ$
$3\angle x+63^\circ=180^\circ$, $3\angle x=117^\circ$
$\therefore \angle x=39^\circ$

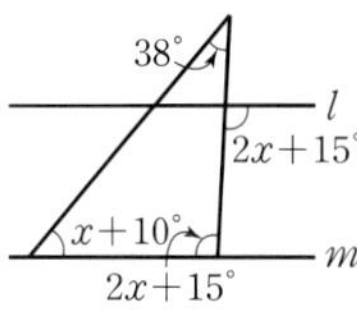

04

오른쪽 그림과 같이 두 직선 l, m에 평행한 직선을 그으면 엇각의 크기가 각각 같으므로
$\angle x+25^\circ=90^\circ$
$\therefore \angle x=65^\circ$

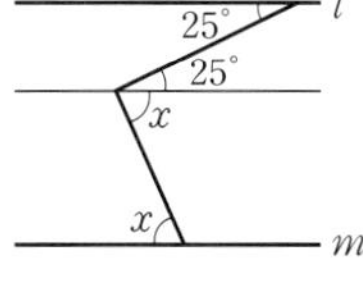

04-1

오른쪽 그림과 같이 두 직선 l, m에 평행한 직선을 그으면 엇각의 크기가 각각 같으므로
$30^\circ+(\angle x-15^\circ)=55^\circ$
$\angle x+15^\circ=55^\circ$
$\therefore \angle x=40^\circ$

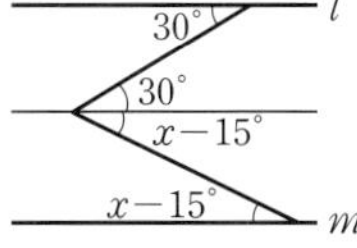

05

ㄱ. 엇각의 크기가 같지 않으므로 두 직선 l, m은 평행하지 않다.
ㄴ. 동위각의 크기가 같으므로 두 직선 l, m은 평행하다.

ㄷ. 오른쪽 그림에서 엇각의 크기가 같으므로 두 직선 l, m은 평행하다.

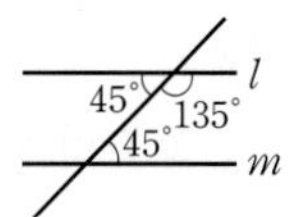

ㄹ. 오른쪽 그림에서 동위각의 크기가 같지 않으므로 두 직선 l, m은 평행하지 않다.

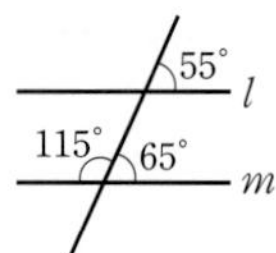

따라서 두 직선 l, m이 평행한 것은 ㄴ, ㄷ이다.

05-1

① 오른쪽 그림에서 동위각의 크기가 같지 않으므로 두 직선 l, m은 평행하지 않다.

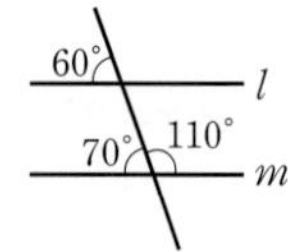

② 동위각의 크기가 같지 않으므로 두 직선 l, m은 평행하지 않다.

③ 엇각 또는 동위각의 크기가 같은지 알 수 없으므로 두 직선 l, m이 평행한지 알 수 없다.

④ 오른쪽 그림에서 엇각의 크기가 같으므로 두 직선 l, m은 평행하다.

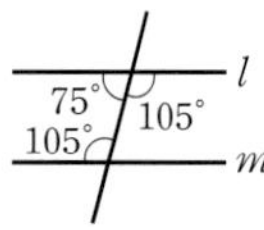

⑤ 오른쪽 그림에서 동위각의 크기가 같지 않으므로 두 직선 l, m은 평행하지 않다.

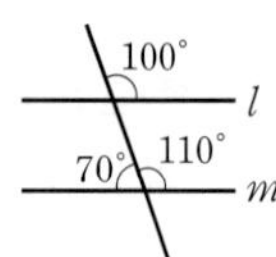

따라서 두 직선 l, m이 평행한 것은 ④이다.

06

(1) 오른쪽 그림에서 $\overline{AD} /\!/ \overline{BC}$이므로
$\angle EGF = \angle DEG = 30^\circ$ (엇각)
$\angle DEG = \angle FEG = 30^\circ$ (접은 각)
따라서 $\angle EGF$와 크기가 같은 각은 $\angle DEG$, $\angle FEG$이다.

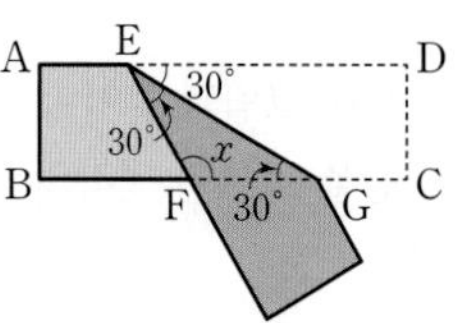

(2) 삼각형 EFG에서 세 각의 크기의 합은 180°이므로
$30^\circ + \angle x + 30^\circ = 180^\circ$, $\angle x + 60^\circ = 180^\circ$
$\therefore \angle x = 120^\circ$

06-1

오른쪽 그림에서 $\overleftrightarrow{AC} /\!/ \overleftrightarrow{DB}$이므로
$\angle ABE = \angle CAB = \angle x$ (엇각)
$\angle CBA = \angle ABE = \angle x$ (접은 각)
평각의 크기는 180°이므로

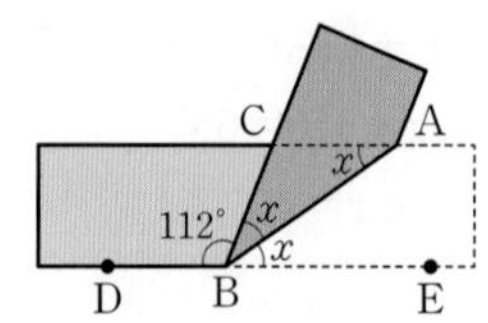

$112^\circ + \angle x + \angle x = 180^\circ$, $2\angle x + 112^\circ = 180^\circ$
$2\angle x = 68^\circ$
$\therefore \angle x = 34^\circ$

서술형 강잡기

27쪽

01 40 cm **01-1** 15 cm **02** 50° **02-1** 128°

01

①단계 $\overline{AB}$, $\overline{BC}$를 각각 $\overline{MB}$, $\overline{BN}$을 사용하여 나타내기 ◀ 50%

점 M이 $\overline{AB}$의 중점이므로 $\overline{AB} = \boxed{2}\,\overline{MB}$

점 N이 $\overline{BC}$의 중점이므로 $\overline{BC} = \boxed{2}\,\overline{BN}$

②단계 $\overline{AC}$의 길이 구하기 ◀ 50%

$\therefore \overline{AC} = \overline{AB} + \overline{BC}$
$= \boxed{2}\,\overline{MB} + \boxed{2}\,\overline{BN}$
$= \boxed{2}\,(\overline{MB} + \overline{BN})$
$= \boxed{2}\,\overline{MN} = \boxed{2} \times 20$
$= \boxed{40}\,(\text{cm})$

01-1

①단계 $\overline{MB}$, $\overline{BN}$을 각각 $\overline{AB}$, $\overline{BC}$를 사용하여 나타내기 ◀ 50%

점 M이 $\overline{AB}$의 중점이므로 $\overline{MB} = \frac{1}{2}\overline{AB}$

점 N이 $\overline{BC}$의 중점이므로 $\overline{BN} = \frac{1}{2}\overline{BC}$

②단계 $\overline{MN}$의 길이 구하기 ◀ 50%

$\therefore \overline{MN} = \overline{MB} + \overline{BN} = \frac{1}{2}\overline{AB} + \frac{1}{2}\overline{BC}$
$= \frac{1}{2}(\overline{AB} + \overline{BC})$
$= \frac{1}{2}\overline{AC} = \frac{1}{2} \times (24+6) = 15\,(\text{cm})$

02

①단계 $\angle x$의 크기 구하기 ◀ 40%

맞꼭지각의 크기는 서로 같으므로
$\boxed{50}^\circ + 90^\circ = \angle x + 20^\circ$
$\therefore \angle x = \boxed{120}^\circ$

②단계 $\angle y$의 크기 구하기 ◀ 40%

평각의 크기는 180°이므로
$\boxed{50}^\circ + 90^\circ + (\angle y - 30^\circ) = \boxed{180}^\circ$
$\therefore \angle y = \boxed{70}^\circ$

③단계 $\angle x - \angle y$의 크기 구하기 ◀ 20%

$\therefore \angle x - \angle y = \boxed{120}^\circ - \boxed{70}^\circ = \boxed{50}^\circ$

02-1

①단계 $\angle x$의 크기 구하기 ◀ 40%

맞꼭지각의 크기는 서로 같으므로
$\angle x - 30^\circ = 60^\circ$
$\therefore \angle x = 90^\circ$

②단계 $\angle y$의 크기 구하기 ◀ 40%
평각의 크기는 180°이므로
$(2\angle y-14^\circ)+(\angle y+20^\circ)+60^\circ=180^\circ$
$3\angle y+66^\circ=180^\circ$, $3\angle y=114^\circ$
$\therefore \angle y=38^\circ$
③단계 $\angle x+\angle y$의 크기 구하기 ◀ 20%
$\therefore \angle x+\angle y=90^\circ+38^\circ=128^\circ$

단원 마무리하기 28~30쪽

01 84	02 ⑤	03 5 cm	04 ②	05 36°
06 ④	07 90°	08 ㄱ, ㄹ	09 ③	10 ②, ④
11 $\overline{EF}$, $\overline{JK}$, $\overline{NK}$		12 ①	13 25°	14 ③
15 $p /\!/ q$, $l /\!/ m$		16 36°	17 2 cm	18 13
19 240°				

01 교점의 개수는 꼭짓점의 개수와 같고, 꼭짓점이 7개이므로 $a=7$
교선의 개수는 모서리의 개수와 같고, 모서리가 12개이므로 $b=12$
$\therefore ab=7\times12=84$

02 ② $\overrightarrow{AB}$와 $\overrightarrow{AD}$는 시작점과 뻗어 나가는 방향이 같으므로 같은 반직선이다.
⑤ $\overrightarrow{CA}$와 $\overrightarrow{CD}$는 시작점은 같지만 뻗어 나가는 방향이 다르므로 같은 반직선이 아니다.
따라서 옳지 않은 것은 ⑤이다.

03 점 B가 $\overline{AC}$의 중점이므로 $\overline{AB}=\overline{BC}$
점 C가 $\overline{BD}$의 중점이므로 $\overline{BC}=\overline{CD}$
즉, $\overline{AB}=\overline{BC}=\overline{CD}$이므로
$\overline{AB}=\frac{1}{3}\overline{AD}=\frac{1}{3}\times15=5(\text{cm})$

04 $3\angle x+90^\circ+(\angle x-10^\circ)=180^\circ$이므로
$4\angle x+80^\circ=180^\circ$, $4\angle x=100^\circ$
$\therefore \angle x=25^\circ$

05 $\angle x=180^\circ\times\frac{3}{3+7+5}=180^\circ\times\frac{3}{15}=36^\circ$

06 $\angle EOB=90^\circ$이고 $\angle EOB=3\angle DOE$이므로
$\angle DOE=\frac{1}{3}\angle EOB=\frac{1}{3}\times90^\circ=30^\circ$ …… ㉠
한편, $\angle AOE=\angle AOD+\angle DOE=90^\circ$이고 ㉠에서
$\angle DOE=30^\circ$이므로
$\angle AOD+30^\circ=90^\circ$ $\therefore \angle AOD=60^\circ$
그런데 $\angle AOD=2\angle COD$이므로
$\angle COD=\frac{1}{2}\angle AOD=\frac{1}{2}\times60^\circ=30^\circ$ …… ㉡
㉠, ㉡에서
$\angle COE=\angle COD+\angle DOE=30^\circ+30^\circ=60^\circ$

07 ①단계 $\angle x$의 크기 구하기 ◀ 40%
오른쪽 그림에서 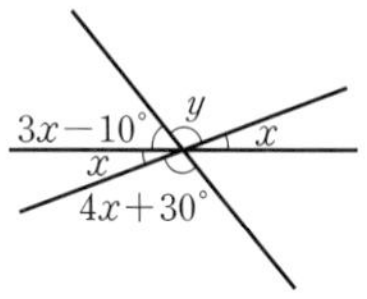
$(3\angle x-10^\circ)+\angle x+(4\angle x+30^\circ)=180^\circ$
이므로
$8\angle x+20^\circ=180^\circ$, $8\angle x=160^\circ$
$\therefore \angle x=20^\circ$
②단계 $\angle y$의 크기 구하기 ◀ 40%
$\angle y=4\angle x+30^\circ$ (맞꼭지각)이므로
$\angle y=4\times20^\circ+30^\circ=80^\circ+30^\circ=110^\circ$
③단계 $\angle y-\angle x$의 크기 구하기 ◀ 20%
$\therefore \angle y-\angle x=110^\circ-20^\circ=90^\circ$

08 ㄴ. 점 A에서 $\overline{BC}$에 내린 수선의 발은 점 B이다.
ㄷ. 점 A와 $\overline{CD}$ 사이의 거리는 $\overline{AD}$의 길이와 같으므로 3 cm이다.
ㄹ. 점 B와 $\overline{CD}$ 사이의 거리는 $\overline{BC}$의 길이와 같으므로 $\overline{BC}=\overline{AD}=3\text{ cm}$
따라서 옳은 것은 ㄱ, ㄹ이다.

09 모서리 AE와 평행한 모서리는 $\overline{BF}$, $\overline{CG}$, $\overline{DH}$이고 이 중 선분 BD와 꼬인 위치에 있는 모서리는 $\overline{CG}$이다.

10 ② $\overleftrightarrow{AB}$와 $\overleftrightarrow{CD}$는 한 점에서 만난다.
④ 면 BGHC와 $\overleftrightarrow{FJ}$는 한 점에서 만난다.
⑤ 면 ABCDE와 수직인 모서리는
$\overline{AF}$, $\overline{BG}$, $\overline{CH}$, $\overline{DI}$, $\overline{EJ}$
의 5개이다.
따라서 옳지 않은 것은 ②, ④이다.

11 주어진 전개도로 만들어지는 정육면체는 오른쪽 그림과 같으므로 모서리 AB와 꼬인 위치에 있는 모서리는 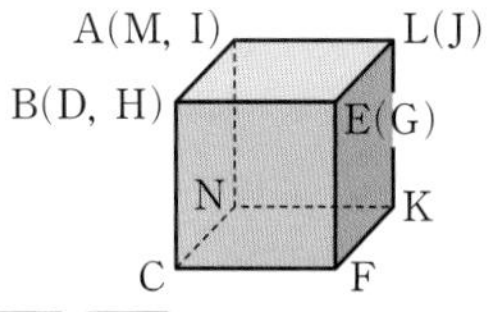
$\overline{EF}$(또는 $\overline{GF}$), $\overline{JK}$(또는 $\overline{LK}$), $\overline{CF}$, $\overline{NK}$
이다.

12 직선을 분리하면 다음과 같다.

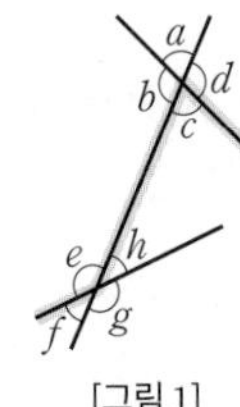

(i) [그림 1]에서 $\angle c$의 엇각은 $\angle e$이다.
(ii) [그림 2]에서 $\angle c$의 엇각은 $\angle i$이다.
(i), (ii)에서 $\angle c$의 엇각은 $\angle e$, $\angle i$이다.

13 ①단계 $\angle$ACB의 크기를 $\angle x$를 사용하여 나타내기 ◀ 50%

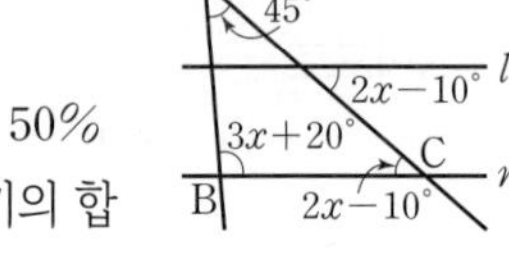

오른쪽 그림에서 $l /\!/ m$이므로
$\angle \text{ACB} = 2\angle x - 10^\circ$ (엇각)
②단계 $\angle x$의 크기 구하기 ◀ 50%
삼각형 ABC에서 세 각의 크기의 합은 180°이므로
$45^\circ + (3\angle x + 20^\circ) + (2\angle x - 10^\circ) = 180^\circ$
$5\angle x + 55^\circ = 180^\circ$, $5\angle x = 125^\circ$
$\therefore \angle x = 25^\circ$

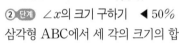

14 오른쪽 그림과 같이 두 직선 l, m에 평행한 두 직선을 그으면 엇각의 크기가 각각 같으므로

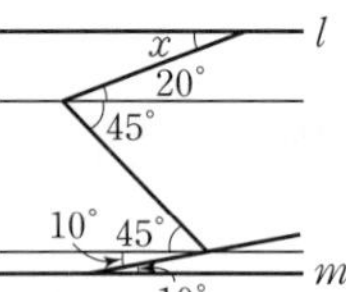

$\angle x = 20^\circ$

15 오른쪽 그림에서 두 직선 p, q가 직선 l과 만나서 생기는 엇각의 크기가 72°로 같으므로 $p /\!/ q$

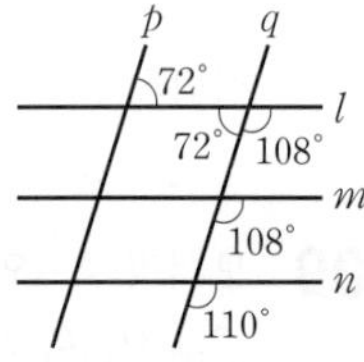

두 직선 l, m이 직선 q와 만나서 생기는 동위각의 크기가 108°로 같으므로 $l /\!/ m$
두 직선 l과 n, m과 n은 동위각의 크기가 다르므로 평행하지 않다.

16 ①단계 $\angle x$의 크기 구하기 ◀ 40%

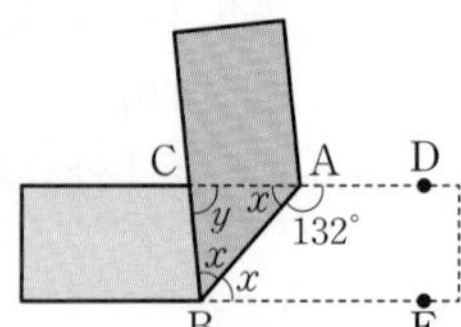

오른쪽 그림에서 $\overleftrightarrow{AC} /\!/ \overleftrightarrow{BE}$이므로
$\angle \text{CAB} = \angle \text{ABE}$
$= \angle x$ (엇각)
이때 평각의 크기는 180°이므로
$\angle x + 132^\circ = 180^\circ$
$\therefore \angle x = 48^\circ$
②단계 $\angle y$의 크기 구하기 ◀ 40%
$\angle \text{CBA} = \angle \text{ABE} = \angle x$ (접은 각)이고 삼각형 CBA에서 세 각의 크기의 합이 180°이므로
$\angle y + 48^\circ + 48^\circ = 180^\circ$, $\angle y + 96^\circ = 180^\circ$
$\therefore \angle y = 84^\circ$
③단계 $\angle y - \angle x$의 크기 구하기 ◀ 20%
$\therefore \angle y - \angle x = 84^\circ - 48^\circ = 36^\circ$

17 $\overline{\text{AB}}$의 중점이 M이므로
$\overline{\text{MB}} = \frac{1}{2}\overline{\text{AB}} = \frac{1}{2} \times 18 = 9(\text{cm})$
$\overline{\text{BC}}$의 중점이 N이므로
$\overline{\text{BN}} = \frac{1}{2}\overline{\text{BC}} = \frac{1}{2} \times 10 = 5(\text{cm})$

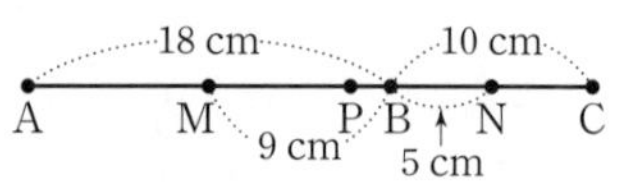

이때 $\overline{\text{MN}}$의 중점이 P이므로
$\overline{\text{MP}} = \frac{1}{2}\overline{\text{MN}} = \frac{1}{2}(\overline{\text{MB}} + \overline{\text{BN}})$
$= \frac{1}{2}(9+5)$
$= \frac{1}{2} \times 14$
$= 7(\text{cm})$
따라서
$\overline{\text{PB}} = \overline{\text{MB}} - \overline{\text{MP}} = 9 - 7 = 2(\text{cm})$

18 모서리 BE와 꼬인 위치에 있는 모서리는 $\overline{\text{AC}}$, $\overline{\text{AD}}$, $\overline{\text{CG}}$, $\overline{\text{DG}}$, $\overline{\text{FG}}$의 5개이므로
$a = 5$
모서리 AB와 한 점에서 만나는 면은 면 AED, 면 ADGC, 면 BEF, 면 BFGC의 4개이므로
$b = 4$
모서리 BF와 수직으로 만나는 모서리는 $\overline{\text{AB}}$, $\overline{\text{BC}}$, $\overline{\text{EF}}$, $\overline{\text{FG}}$의 4개이므로
$c = 4$
$\therefore a + b + c = 5 + 4 + 4 = 13$

19 오른쪽 그림과 같이 두 직선 l, m에 평행한 두 직선을 그으면 엇각의 크기가 각각 같고, 평각의 크기는 180°이므로

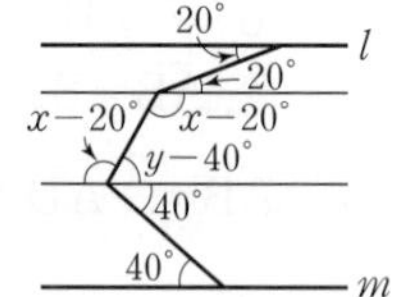

$(\angle x - 20^\circ) + (\angle y - 40^\circ) = 180^\circ$
$\angle x + \angle y - 60^\circ = 180^\circ$
$\therefore \angle x + \angle y = 240^\circ$

2 작도와 합동

01 삼각형의 작도

개념 1 32쪽

개념 check

01 답 (1) × (2) × (3) ○

(1) 선분의 길이를 잴 때는 컴퍼스를 사용한다.
(2) 두 점을 연결하여 선분을 그릴 때는 눈금 없는 자를 사용한다.

02 답 ㉡ → ㉠ → ㉢

02-1 답 눈금 없는 자, 컴퍼스, B, $\overline{AB}$, 2

개념 2 33쪽

개념 check

01 답 ㉡ → ㉤ → ㉠ → ㉣ → ㉢

02 답 Q, A, B, C, $\overline{AB}$, $\overline{AB}$, D

개념 3 34쪽

개념 Bridge 답 (1) $\overline{BC}$, $\overline{AC}$, $\overline{AB}$ (2) $\angle C$, $\angle A$, $\angle B$

개념 check

01 답 (1) 10 cm (2) 5 cm (3) 60° (4) 30°

(1) $\angle A$의 대변은 변 BC이므로 $\overline{BC}=10$ cm
(2) $\angle B$의 대변은 변 AC이므로 $\overline{AC}=5$ cm
(3) 변 AB의 대각은 $\angle C$이므로 $\angle C=60^\circ$
(4) 변 AC의 대각은 $\angle B$이므로
$\angle B=180^\circ-(90^\circ+60^\circ)=30^\circ$

02 답 (1) ○ (2) × (3) × (4) ○

(1) $7<3+5$이므로 삼각형을 만들 수 있다.
(2) $10>2+7$이므로 삼각형을 만들 수 없다.
(3) $9=3+6$이므로 삼각형을 만들 수 없다.
(4) $6<6+6$이므로 삼각형을 만들 수 있다.

02-1 답 ㄱ, ㄴ

ㄱ. $5<3+4$이므로 삼각형을 만들 수 있다.
ㄴ. $7<4+5$이므로 삼각형을 만들 수 있다.
ㄷ. $14=6+8$이므로 삼각형을 만들 수 없다.
ㄹ. $15>7+7$이므로 삼각형을 만들 수 없다.
따라서 삼각형의 세 변의 길이가 될 수 있는 것은 ㄱ, ㄴ이다.

개념 4 35~36쪽

개념 check

01 답 a, E, c, b, D

01-1 답 a, B, E, D

01-2 답 a, B, D

개념 5 37쪽

개념 check

01 답 (1) ○ (2) × (3) ○

(1) $5<2+4$이므로 $\triangle ABC$가 하나로 정해진다.
(2) $\angle C$는 $\overline{AB}$와 $\overline{BC}$의 끼인각이 아니므로 $\triangle ABC$가 하나로 정해지지 않는다.
(3) $\angle A=180^\circ-(80^\circ+40^\circ)=60^\circ$이므로 한 변의 길이와 그 양 끝 각 $\angle A$, $\angle C$의 크기가 주어진 경우이다. 따라서 $\triangle ABC$가 하나로 정해진다.

01-1 답 ㄴ, ㄷ

ㄱ. 세 각의 크기가 주어졌으므로 모양은 같지만 크기가 다른 삼각형이 무수히 많이 그려진다. 따라서 $\triangle ABC$가 하나로 정해지지 않는다.
ㄴ. $\overline{AB}$의 길이와 그 양 끝 각 $\angle A$, $\angle B$의 크기가 주어졌으므로 $\triangle ABC$가 하나로 정해진다.
ㄷ. $\angle B=180^\circ-(50^\circ+60^\circ)=70^\circ$이므로 $\overline{BC}$의 길이와 그 양 끝 각 $\angle B$, $\angle C$의 크기가 주어진 경우이다. 따라서 $\triangle ABC$가 하나로 정해진다.
ㄹ. $\angle A$는 $\overline{AB}$와 $\overline{BC}$의 끼인각이 아니므로 $\triangle ABC$가 하나로 정해지지 않는다.
ㅁ. 세 변의 길이가 주어졌으나 $12>5+6$이므로 $\triangle ABC$가 그려지지 않는다.
따라서 $\triangle ABC$가 하나로 정해지는 것은 ㄴ, ㄷ이다.

필수 유형 익히기 38~40쪽

01	ㄱ, ㄷ, ㄹ	**01-1**	ㄱ, ㄷ
02	㉢ → ㉠ → ㉡	**02-1**	㉠ → ㉢ → ㉡ → ㉣
03	ㄱ, ㄴ, ㄷ	**03-1**	③
04	②	**04-1**	ㄱ, ㄴ, ㄹ
05	5, 7, 5, 3, 4, 5, 6, 3	**05-1**	5, 6, 7, 8, 9, 10, 11
06	④	**06-1**	ㄱ, ㄴ, ㄷ
07	ㄱ, ㄴ	**07-1**	⑤
08	ㄱ, ㄴ, ㄹ	**08-1**	ㄴ, ㄹ

01

ㄴ. 두 점을 지나는 직선을 그릴 때는 눈금 없는 자를 사용한다.
따라서 옳은 것은 ㄱ, ㄷ, ㄹ이다.

01-1

ㄴ, ㄹ. 선분을 연장하거나 두 점을 연결하여 선분을 그릴 때는 눈금 없는 자를 사용한다.
따라서 컴퍼스의 용도로 옳은 것은 ㄱ, ㄷ이다.

02

㉢ 눈금 없는 자를 사용하여 $\overline{AB}$를 점 B의 방향으로 연장한다.
㉠ 컴퍼스를 사용하여 $\overline{AB}$의 길이를 잰다.
㉡ 점 B를 중심으로 반지름의 길이가 $\overline{AB}$인 원을 그려 $\overline{AB}$의 연장선과의 교점을 C라 한다.
→ $\overline{AC}=2\overline{AB}$
따라서 작도 순서는 ㉢ → ㉠ → ㉡이다.

03

ㄱ. 두 점 O, P를 중심으로 반지름의 길이가 $\overline{OA}$인 원을 각각 그리므로
$\overline{OA}=\overline{OB}=\overline{PC}=\overline{PD}$
ㄴ. 점 D를 중심으로 반지름의 길이가 $\overline{AB}$인 원을 그리므로
$\overline{AB}=\overline{CD}$
따라서 옳은 것은 ㄱ, ㄴ, ㄷ이다.

03-1

$\overline{OA}=\overline{OB}=\overline{PC}=\overline{PD}$, $\overline{AB}=\overline{CD}$
따라서 길이가 나머지 넷과 다른 하나는 ③ $\overline{CD}$이다.

04

①, ② $\overline{PQ}=\overline{PR}=\overline{AB}=\overline{AC}$, $\overline{BC}=\overline{QR}$
따라서 옳지 않은 것은 ②이다.

04-1

ㄷ. 작도 순서는 다음과 같다.
㉣ 점 P를 지나는 직선을 그어 직선 l과의 교점을 Q라 한다.
㉥ 점 Q를 중심으로 적당한 원을 그려 $\overleftrightarrow{PQ}$, 직선 l과의 교점을 각각 A, B라 한다.
㉡ 점 P를 중심으로 반지름의 길이가 $\overline{QA}$인 원을 그려 $\overleftrightarrow{PQ}$와의 교점을 C라 한다.
㉤ 컴퍼스로 $\overline{AB}$의 길이를 잰다.
㉢ 점 C를 중심으로 반지름의 길이가 $\overline{AB}$인 원을 그려 ㉡에서 그린 원과의 교점을 D라 한다.
㉠ $\overleftrightarrow{PD}$를 그으면 $\overleftrightarrow{PD}$가 구하는 직선이다.
→ $l /\!/ m$
따라서 옳은 것은 ㄱ, ㄴ, ㄹ이다.

05-1

(ⅰ) 가장 긴 변의 길이가 x cm일 때
$x<4+8$
$\therefore x<12$
(ⅱ) 가장 긴 변의 길이가 8 cm일 때
$8<x+4$
$\therefore x>4$
(ⅰ), (ⅱ)에서 x의 값이 될 수 있는 자연수는 5, 6, 7, 8, 9, 10, 11이다.

06

$\overline{AB}$, $\overline{BC}$의 길이와 그 끼인각 $\angle B$의 크기가 주어졌을 때, $\triangle ABC$는 다음과 같이 작도할 수 있다.
(ⅰ) 한 변을 먼저 작도한 후 각을 작도하고 나머지 변을 작도한다.
→ ③, ⑤
(ⅱ) 각을 먼저 작도한 후 두 변을 작도한다. → ①, ②
따라서 작도 순서로 옳지 않은 것은 ④이다.

06-1

$\overline{AB}$의 길이와 그 양 끝 각 $\angle A$, $\angle B$의 크기가 주어졌을 때, $\triangle ABC$는 다음과 같이 작도할 수 있다.
(ⅰ) 한 변을 작도한 후 두 각을 작도한다. → ㄱ, ㄴ
(ⅱ) 한 각을 먼저 작도한 후 변을 작도하고 나머지 각을 작도한다.
→ ㄷ
따라서 작도 순서로 옳은 것은 ㄱ, ㄴ, ㄷ이다.

07

ㄱ. 세 변의 길이가 주어진 경우이고 $10<5+7$이므로 $\triangle ABC$가 하나로 정해진다.
ㄴ. 두 변의 길이와 그 끼인각의 크기가 주어진 경우이므로 $\triangle ABC$가 하나로 정해진다.

ㄷ. $\angle B$는 $\overline{AC}$, $\overline{BC}$의 끼인각이 아니므로 $\triangle ABC$가 하나로 정해지지 않는다.
ㄹ. $\angle B+\angle C=180°$이므로 $\triangle ABC$가 그려지지 않는다.
따라서 $\triangle ABC$가 하나로 정해지는 것은 ㄱ, ㄴ이다.

07-1

① 세 변의 길이가 주어진 경우이고 $5<5+5$이므로 $\triangle ABC$가 하나로 정해진다.
② 두 변의 길이와 그 끼인각의 크기가 주어진 경우이므로 $\triangle ABC$가 하나로 정해진다.
③ 한 변의 길이와 그 양 끝 각의 크기가 주어진 경우이므로 $\triangle ABC$가 하나로 정해진다.
④ $\angle C=180°-(60°+30°)=90°$이므로 한 변의 길이와 그 양 끝 각의 크기가 주어진 경우이다. 따라서 $\triangle ABC$가 하나로 정해진다.
⑤ 세 각의 크기가 주어지면 모양은 같지만 크기가 다른 삼각형이 무수히 많이 그려진다.
따라서 $\triangle ABC$가 하나로 정해지지 않는 것은 ⑤이다.

08

ㄱ. $\overline{AB}$, $\overline{AC}$의 길이와 그 끼인각 $\angle A$의 크기가 주어진 경우이므로 $\triangle ABC$가 하나로 정해진다.
ㄴ. $\overline{AB}$의 길이와 그 양 끝 각 $\angle A$, $\angle B$의 크기가 주어진 경우이므로 $\triangle ABC$가 하나로 정해진다.
ㄷ. 세 각의 크기가 주어지면 모양은 같지만 크기가 다른 삼각형이 무수히 많이 그려진다.
ㄹ. $\angle B=180°-(\angle A+\angle C)$이므로 $\overline{BC}$의 길이와 그 양 끝 각 $\angle B$, $\angle C$의 크기가 주어진 경우이다. 따라서 $\triangle ABC$가 하나로 정해진다.
따라서 $\triangle ABC$가 하나로 정해지기 위해 필요한 조건으로 알맞은 것은 ㄱ, ㄴ, ㄹ이다.

08-1

ㄱ. $\angle A+\angle B=45°+135°=180°$이므로 $\triangle ABC$가 그려지지 않는다.
ㄴ. $\angle B=180°-(45°+60°)=75°$이므로 $\overline{AB}$의 길이와 그 양 끝 각 $\angle A$, $\angle B$의 크기가 주어진 경우이다. 따라서 $\triangle ABC$가 하나로 정해진다.
ㄷ. $\angle A$는 $\overline{AB}$와 $\overline{BC}$의 끼인각이 아니므로 $\triangle ABC$가 하나로 정해지지 않는다.
ㄹ. $\overline{AB}$, $\overline{CA}$의 길이와 그 끼인각 $\angle A$의 크기가 주어진 경우이므로 $\triangle ABC$가 하나로 정해진다.
따라서 $\triangle ABC$가 하나로 정해지기 위해 필요한 나머지 한 조건으로 알맞은 것은 ㄴ, ㄹ이다.

02 삼각형의 합동

개념 6 41쪽

개념 Bridge 답 ≡ / (1) D (2) $\overline{EF}$ (3) F

개념 check

01 답 (1) 2 cm (2) 60° (3) 75°

합동인 두 도형에서 대응변의 길이와 대응각의 크기는 각각 같다.
(1) $\overline{DE}$의 대응변은 $\overline{AB}$이므로 $\overline{DE}=\overline{AB}=2\text{ cm}$
(2) $\angle B$의 대응각은 $\angle E$이므로 $\angle B=\angle E=60°$
(3) $\angle D$의 대응각은 $\angle A$이고 $\triangle ABC$에서
$\angle A=180°-(60°+45°)=75°$
$\therefore \angle D=\angle A=75°$

01-1 답 (1) 8 cm (2) 125° (3) 100°

(1) $\overline{HG}$의 대응변은 $\overline{DC}$이므로 $\overline{HG}=\overline{DC}=8\text{ cm}$
(2) $\angle A$의 대응각은 $\angle E$이므로 $\angle A=\angle E=125°$
(3) $\angle H$의 대응각은 $\angle D$이고 사각형 ABCD에서
$\angle D=360°-(125°+55°+80°)=100°$
$\therefore \angle H=\angle D=100°$

개념 7 42쪽

개념 Bridge 답 ≡, SSS / ≡, SAS / ≡, ASA

개념 check

01 답 $\triangle ABC\equiv\triangle DEF$, SAS 합동

$\triangle ABC$와 $\triangle DEF$에서
$\overline{AB}=\overline{DE}=7\text{ cm}$, $\angle B=\angle E=45°$,
$\overline{BC}=\overline{EF}=5\text{ cm}$
$\therefore \triangle ABC\equiv\triangle DEF$ (SAS 합동)

01-1 답 ㄱ과 ㄷ(또는 $\triangle ABC$와 $\triangle GIH$), ASA 합동
/ ㄴ과 ㅂ(또는 $\triangle DEF$와 $\triangle QPR$), SAS 합동
/ ㄹ과 ㅁ(또는 $\triangle JKL$과 $\triangle NMO$), SSS 합동

[ㄱ과 ㄷ] $\triangle ABC$와 $\triangle GIH$에서
$\overline{BC}=\overline{IH}=7\text{ cm}$, $\angle B=\angle I=80°$
$\angle C=180°-(70°+80°)=30°=\angle H$
$\therefore \triangle ABC\equiv\triangle GIH$ (ASA 합동)
[ㄴ과 ㅂ] $\triangle DEF$와 $\triangle QPR$에서
$\overline{DF}=\overline{QR}=7\text{ cm}$, $\overline{EF}=\overline{PR}=6\text{ cm}$, $\angle F=\angle R=30°$
$\therefore \triangle DEF\equiv\triangle QPR$ (SAS 합동)

[ㄹ과 ㅁ] △JKL와 △NMO에서
$\overline{JK}=\overline{NM}=6$ cm, $\overline{KL}=\overline{MO}=5$ cm, $\overline{JL}=\overline{NO}=7$ cm
∴ △JKL≡△NMO (SSS 합동)

필수 유형 익히기 43~44쪽

01 ⑤ 01-1 ⑤ 02 ㄹ 02-1 ④
03 ③ 03-1 ㄴ, ㄷ 04 $\overline{AM}$, SSS
04-1 △ABD≡△CDB, SSS 합동
05 ∠COD, SAS
05-1 △ABE≡△ACD, SAS 합동
06 ∠CBO, ASA
06-1 △ABD≡△ACD, ASA 합동

01
$\overline{EF}=\overline{BC}=10$ cm
∠D=∠A=90°이므로 △DEF에서
∠F=180°−(90°+60°)=30°

01-1
① ∠P=∠A=70°
② $\overline{CD}=\overline{RS}=5$ cm
③ ∠R=∠C=85°
④ ∠B=∠Q=130°이므로
∠D=360°−(70°+130°+85°)=75°
⑤ $\overline{PQ}$의 대응변은 $\overline{AB}$이므로 주어진 조건만으로는 $\overline{PQ}$의 길이를 알 수 없다.
따라서 옳지 않은 것은 ⑤이다.

02
ㄹ. 나머지 한 각의 크기가 180°−(70°+80°)=30°이므로 주어진 삼각형과 ASA 합동이다.
따라서 주어진 삼각형과 합동인 것은 ㄹ이다.

02-1
①, ③ ASA 합동
② SAS 합동
④ △ABC≡△EDF (SSS 합동)
⑤ ∠B=∠E, ∠C=∠F이면 ∠A=∠D이므로 ASA 합동이다.
따라서 △ABC≡△DEF가 아닌 것은 ④이다.

03
① 대응하는 세 변의 길이가 각각 같으므로 SSS 합동이다.
② 대응하는 두 변의 길이가 각각 같고, 그 끼인각의 크기가 같으므로 SAS 합동이다.
④ ∠A=∠D, ∠B=∠E이면 ∠C=∠F
즉, 대응하는 한 변의 길이가 같고, 그 양 끝 각의 크기가 각각 같으므로 ASA 합동이다.
⑤ 대응하는 한 변의 길이가 같고, 그 양 끝 각의 크기가 각각 같으므로 ASA 합동이다.
따라서 필요한 나머지 두 조건이 아닌 것은 ③이다.

03-1
∠B=∠E, ∠C=∠F이면 ∠A=∠D이다.
ㄱ, ㄴ, ㄷ. 대응하는 한 변의 길이가 같고, 그 양 끝 각의 크기가 각각 같으므로 ASA 합동이다.
따라서 필요한 나머지 조건과 그때의 합동 조건을 바르게 나열한 것은 ㄴ, ㄷ이다.

04-1
△ABD와 △CDB에서
$\overline{AB}=\overline{CD}$, $\overline{AD}=\overline{CB}$, $\overline{BD}$는 공통
∴ △ABD≡△CDB (SSS 합동)

05-1
△ABE와 △ACD에서
$\overline{AB}=\overline{AC}$, $\overline{AE}=\overline{AD}$, ∠A는 공통
∴ △ABE≡△ACD (SAS 합동)

06-1
△ABD와 △ACD에서
$\overline{AD}$는 공통, ∠BAD=∠CAD=42°
또, ∠ABD=∠ACD=33°이므로
∠ADB=∠ADC=180°−(42°+33°)=105°
∴ △ABD≡△ACD (ASA 합동)

서술형 감잡기 45쪽

01 87 01-1 146
02 △COB, SAS 합동 02-1 △COB, ASA 합동

01
① 단계 x의 값 구하기 ◀ 40%
$\overline{FG}$의 대응변은 $\overline{BC}$이므로
$\overline{FG}=\overline{BC}=7$ cm ∴ $x=7$

② 단계 y의 값 구하기 ◀ 40%

$\angle$A의 대응각은 $\angle$ E 이므로

$\angle A=\angle E=125^{\circ}$

$\angle$G의 대응각은 $\angle$ C 이므로

$\angle G=\angle C=360^{\circ}-(65^{\circ}+125^{\circ}+90^{\circ})=80^{\circ}$

$\therefore y=80$

③ 단계 $x+y$의 값 구하기 ◀ 20%

$\therefore x+y=7+80=87$

01-1

① 단계 x의 값 구하기 ◀ 40%

$\angle$B의 대응각은 $\angle$F이므로 $\angle B=\angle F=45^{\circ}$

$\angle A=360^{\circ}-(45^{\circ}+90^{\circ}+85^{\circ})=140^{\circ}$

$\therefore x=140$

② 단계 y의 값 구하기 ◀ 40%

$\overline{EH}$의 대응변은 $\overline{AD}$이므로

$\overline{EH}=\overline{AD}=6\,\text{cm}$

$\therefore y=6$

③ 단계 $x+y$의 값 구하기 ◀ 20%

$\therefore x+y=140+6=146$

02

① 단계 △AOD와 합동인 삼각형 찾기 ◀ 50%

△AOD와 △COB 에서

$\overline{OA}=\overline{OC}$, $\angle$O 는 공통,

$\overline{OD}=\overline{OC}+\overline{CD}=\overline{OA}+\overline{AB}=\overline{OB}$

$\therefore$ △AOD≡△COB

② 단계 이용된 합동 조건 말하기 ◀ 50%

△AOD와 △COB 는 대응하는 두 변의 길이가 각각 같고, 그 끼인각의 크기가 같으므로 SAS 합동이다.

02-1

① 단계 △AOD와 합동인 삼각형 찾기 ◀ 50%

△AOD와 △COB에서

$\overline{OA}=\overline{OC}$, $\angle$O는 공통,

$\angle B=\angle D$이므로

$\angle OAD=180^{\circ}-(\angle O+\angle D)$

$\quad=180^{\circ}-(\angle O+\angle B)=\angle OCB$

$\therefore$ △AOD≡△COB

② 단계 이용된 합동 조건 말하기 ◀ 50%

△AOD와 △COB는 대응하는 한 변의 길이가 같고, 그 양 끝 각의 크기가 각각 같으므로 ASA 합동이다.

단원 마무리하기

46~48쪽

01 ㄱ, ㄷ	**02** ㉡→㉠→㉢	**03** ②, ⑤
04 ②	**05** ③	**06** 5
07 (가) $\overline{AB}$ (나) $\overline{AB}$ (다) 정삼각형		**08** ②, ④
09 $x=9$, $y=105$	**10** ㄱ, ㄴ, ㄷ	**11** ㄱ, ㄹ
12 ①, ③	**13** ㄱ, ㄷ	
14 △DCM, ASA 합동	**15** 80°	
16 3	**17** △DCE, 5	**18** 120°

01 ㄴ. 작도에서는 눈금 없는 자와 컴퍼스만을 사용한다.
따라서 옳은 것은 ㄱ, ㄷ이다.

03 $\overline{OA}=\overline{OB}=\overline{PC}=\overline{PD}$, $\overline{AB}=\overline{CD}$이므로 $\overline{OB}$와 길이가 같은 선분이 아닌 것은 ②, ⑤이다.

04 ①, ② $\overline{QA}=\overline{QB}=\overline{PD}=\overline{PC}$, $\overline{AB}=\overline{CD}$
따라서 옳지 않은 것은 ②이다.

05 ③ 변 BC의 대각은 $\angle$A이므로
$\angle A=180^{\circ}-(40^{\circ}+35^{\circ})=105^{\circ}$
따라서 옳지 않은 것은 ③이다.

06 ① 단계 가장 긴 변의 길이가 x cm일 때 x의 값의 범위 구하기 ◀ 30%

가장 긴 변의 길이가 x cm일 때

$x<3+7 \qquad \therefore x<10$

② 단계 가장 긴 변의 길이가 7 cm일 때 x의 값의 범위 구하기 ◀ 30%

가장 긴 변의 길이가 7 cm일 때

$7<3+x \qquad \therefore x>4$

③ 단계 x의 값이 될 수 있는 자연수의 개수 구하기 ◀ 40%

따라서 x의 값이 될 수 있는 자연수는 5, 6, 7, 8, 9의 5개이다.

08 ① $\overline{AB}$의 길이와 그 양 끝 각 $\angle$A, $\angle$B의 크기가 주어진 경우이므로 △ABC가 하나로 정해진다.
② $\angle A+\angle B=180^{\circ}$이므로 삼각형이 그려지지 않는다.
③ $\angle C=40^{\circ}$이면 $\angle B=180^{\circ}-(90^{\circ}+40^{\circ})=50^{\circ}$
즉, $\overline{AB}$의 길이와 그 양 끝 각 $\angle$A, $\angle$B의 크기가 주어진 경우이므로 △ABC가 하나로 정해진다.
④ $\angle$A는 $\overline{AB}$와 $\overline{BC}$의 끼인각이 아니므로 △ABC가 하나로 정해지지 않는다.
⑤ $\overline{AB}$, $\overline{CA}$의 길이와 그 끼인각 $\angle$A의 크기가 주어진 경우이므로 △ABC가 하나로 정해진다.
따라서 필요한 나머지 한 조건이 아닌 것은 ②, ④이다.

09 $\triangle ABC \equiv \triangle DEF$이므로
$\overline{DE}=\overline{AB}=9\,cm$ $\quad \therefore x=9$
또, $\angle F=\angle C=35°$이므로
$\angle E=180°-(40°+35°)=105°$ $\quad \therefore y=105$

10 ㄹ. 합동인 두 도형의 넓이는 항상 같지만 두 도형의 넓이가 같다고 해서 반드시 합동인 것은 아니다.
다음 그림의 두 삼각형의 넓이는 $4\,cm^2$로 같지만 합동은 아니다.

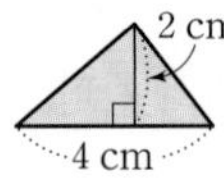

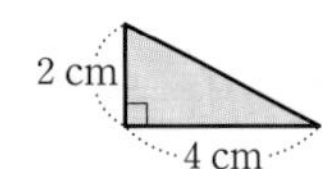

따라서 옳은 것은 ㄱ, ㄴ, ㄷ이다.

11 ㄱ. 오른쪽 그림에서 나머지 한 각의 크기가 $180°-(70°+65°)=45°$이므로 ASA 합동이다.

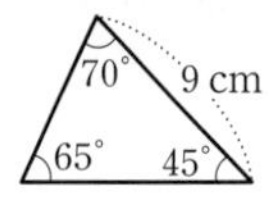

ㄴ. 오른쪽 그림에서 이등변삼각형의 두 밑각의 크기가 각각
$(180°-70°)\times\frac{1}{2}=55°$
이므로 주어진 삼각형과 합동이 아니다.

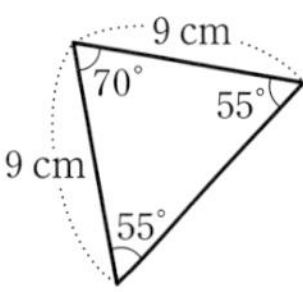

ㄷ. 오른쪽 그림에서 나머지 한 각의 크기가 $180°-(70°+45°)=65°$이므로 주어진 삼각형과 합동이 아니다.

ㄹ. 오른쪽 그림에서 나머지 한 각의 크기가 $180°-(45°+65°)=70°$이므로 ASA 합동이다.

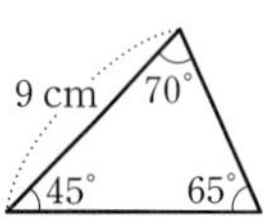

따라서 주어진 삼각형과 합동인 것은 ㄱ, ㄹ이다.

12 ② $\overline{BC}=\overline{EF}$이면 대응하는 두 변의 길이가 각각 같고, 그 끼인각의 크기가 같으므로 SAS 합동이다.
④, ⑤ $\angle A=\angle D$ 또는 $\angle C=\angle F$이면 대응하는 한 변의 길이가 같고, 그 양 끝 각의 크기가 각각 같으므로 ASA 합동이다.
따라서 필요한 조건이 아닌 것은 ①, ③이다.

13 $\triangle ABD$와 $\triangle CBD$에서
$\overline{AB}=\overline{CB}$, $\overline{AD}=\overline{CD}$, $\overline{BD}$는 공통
이므로 $\triangle ABD \equiv \triangle CBD$ (SSS 합동) (ㄹ)
합동인 두 도형의 대응각의 크기는 서로 같으므로
$\angle BAD=\angle BCD$, $\angle BDA=\angle BDC$,
$\angle ABD=\angle CBD$ (ㄱ, ㄴ)
이때 삼각형의 세 각의 크기의 합은 180°이므로
$\angle ABD+\angle BDC+\angle DCB$
$=\angle CBD+\angle BDC+\angle DCB=180°$ (ㄷ)
따라서 옳은 것은 ㄱ, ㄷ이다.

14 $\triangle ABM$과 $\triangle DCM$에서
$\overline{BM}=\overline{CM}$, $\angle ABM=\angle DCM$ (엇각),
$\angle AMB=\angle DMC$ (맞꼭지각)
$\therefore \triangle ABM \equiv \triangle DCM$
이때 $\triangle ABM$과 $\triangle DCM$은 대응하는 한 변의 길이가 같고, 그 양 끝 각의 크기가 각각 같으므로 ASA 합동이다.

15 ①단계 $\triangle ABC \equiv \triangle ADE$임을 알기 ◀ 60%
$\triangle ABC$와 $\triangle ADE$에서
$\overline{AB}=\overline{AD}$, $\overline{AC}=\overline{AD}+\overline{DC}=\overline{AB}+\overline{BE}=\overline{AE}$,
$\angle A$는 공통
이므로 $\triangle ABC \equiv \triangle ADE$ (SAS 합동)
②단계 $\angle ADE$의 크기 구하기 ◀ 40%
이때 $\angle ADE$의 대응각은 $\angle ABC$이므로
$\angle ADE=\angle ABC=180°-(70°+30°)=80°$

16 (i) 가장 긴 변의 길이가 7 cm인 경우는
(4 cm, 6 cm, 7 cm)의 1개이다.
(ii) 가장 긴 변의 길이가 10 cm인 경우는
(4 cm, 7 cm, 10 cm), (6 cm, 7 cm, 10 cm)의 2개이다.
(i), (ii)에서 만들 수 있는 서로 다른 삼각형의 개수는
$1+2=3$

17 $\triangle BCG$와 $\triangle DCE$에서
사각형 ABCD가 정사각형이므로 $\overline{BC}=\overline{DC}=4$,
사각형 CEFG가 정사각형이므로 $\overline{CG}=\overline{CE}=3$,
$\angle BCG=\angle DCE=90°$
$\therefore \triangle BCG \equiv \triangle DCE$ (SAS 합동)
$\therefore \overline{DE}=\overline{BG}=5$

18 $\triangle ACD$와 $\triangle BCE$에서
$\triangle ABC$가 정삼각형이므로 $\overline{AC}=\overline{BC}$
또, $\triangle ECD$가 정삼각형이므로 $\overline{CD}=\overline{CE}$
한편, $\angle ACB=\angle ECD=60°$이므로
$\angle ACD=\angle BCE=180°-60°=120°$
$\therefore \triangle ACD \equiv \triangle BCE$ (SAS 합동)
오른쪽 그림과 같이
$\angle DAC=\angle EBC=\angle a$,
$\angle ADC=\angle BEC=\angle b$
라 하면
$\triangle BCE$에서 $\angle a+\angle b=60°$이므로
$\triangle PBD$에서
$\angle BPD=180°-(\angle a+\angle b)$
$=180°-60°=120°$

다각형

01 다각형

개념 1 50쪽

 답 내각, 외각, 180

01 답 풀이 참조 / 130°

오른쪽 그림과 같이 변 CB의 연장선 위에 점 D를 잡으면 $\angle$B의 외각은 $\angle$DBA이다.

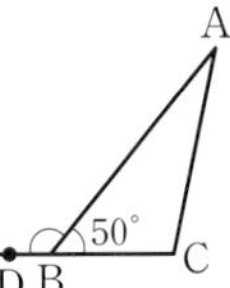

이때 다각형의 한 꼭짓점에서 내각과 외각의 크기의 합은 180°이므로

($\angle$B의 외각의 크기)$=180^\circ-50^\circ=130^\circ$

01-1 답 풀이 참조 / 55°

오른쪽 그림과 같이 변 CD의 연장선 위에 점 F를 잡으면 $\angle$D의 외각은 $\angle$EDF이다.

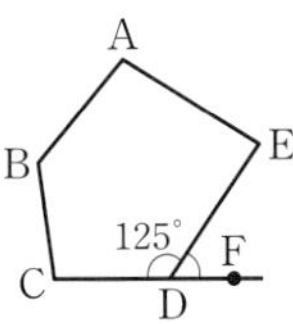

이때 다각형의 한 꼭짓점에서 내각과 외각의 크기의 합은 180°이므로

($\angle$D의 외각의 크기)$=180^\circ-125^\circ=55^\circ$

01-2 답 (1) 120° (2) 100°

(1) ($\angle$A의 내각의 크기)$=180^\circ-$($\angle$A의 외각의 크기)
$=180^\circ-60^\circ=120^\circ$

(2) ($\angle$C의 외각의 크기)$=180^\circ-$($\angle$C의 내각의 크기)
$=180^\circ-80^\circ=100^\circ$

개념 2 51쪽

개념 check

01 답 (1) 5 (2) 20

(1) $8-3=5$

(2) $\dfrac{8\times(8-3)}{2}=20$

01-1 답 (1) 35 (2) 65

(1) $\dfrac{10\times(10-3)}{2}=35$

(2) $\dfrac{13\times(13-3)}{2}=65$

02 답 6, 9, 구각형

02-1 답 (1) 사각형 (2) 십오각형

(1) 구하는 다각형을 n각형이라 하면
$n-3=1$ $\therefore n=4$
따라서 구하는 다각형은 사각형이다.

(2) 구하는 다각형을 n각형이라 하면
$n-3=12$ $\therefore n=15$
따라서 구하는 다각형은 십오각형이다.

개념 3 52쪽

개념 Bridge 답 180, 60 / 50, 120

개념 check

01 답 (1) 100° (2) 35° (3) 120° (4) 45°

(1) $35^\circ+\angle x+45^\circ=180^\circ$ $\therefore \angle x=100^\circ$

(2) $55^\circ+90^\circ+\angle x=180^\circ$ $\therefore \angle x=35^\circ$

(3) $\angle x=36^\circ+84^\circ=120^\circ$

(4) $95^\circ=\angle x+50^\circ$ $\therefore \angle x=45^\circ$

01-1 답 (1) 18° (2) 80° (3) 55° (4) 20°

(1) $90^\circ+3\angle x+2\angle x=180^\circ$
$5\angle x+90^\circ=180^\circ$, $5\angle x=90^\circ$
$\therefore \angle x=18^\circ$

(2) $\angle x+40^\circ+(\angle x-20^\circ)=180^\circ$
$2\angle x+20^\circ=180^\circ$, $2\angle x=160^\circ$
$\therefore \angle x=80^\circ$

(3) $130^\circ=60^\circ+(\angle x+15^\circ)$ $\therefore \angle x=55^\circ$

(4) $\angle x+50^\circ=30^\circ+40^\circ$ $\therefore \angle x=20^\circ$

필수 유형 익히기 53~54쪽

01 $\angle x=115^\circ$, $\angle y=67^\circ$ **01-1** ③ **02** 78
02-1 42 **03** 십삼각형 **03-1** 14 **04** 30°
04-1 55° **05** 60° **05-1** 130°
06 (1) $\angle x=80^\circ$, $\angle y=65^\circ$ (2) $\angle x=95^\circ$, $\angle y=50^\circ$
06-1 (1) $\angle x=85^\circ$, $\angle y=40^\circ$ (2) $\angle x=120^\circ$, $\angle y=55^\circ$
07 (1) 56° (2) 84° **07-1** 60°

01

$\angle x=180^\circ-65^\circ=115^\circ$
$\angle y=180^\circ-113^\circ=67^\circ$

01-1

$\angle x=180^\circ-110^\circ=70^\circ$
$\angle y=180^\circ-126^\circ=54^\circ$
$\therefore \angle x-\angle y=70^\circ-54^\circ=16^\circ$

02
십오각형의 한 꼭짓점에서 그을 수 있는 대각선의 개수는
$15-3=12$이므로 $a=12$
십오각형의 대각선의 개수는 $\frac{15\times(15-3)}{2}=90$이므로 $b=90$
$\therefore b-a=90-12=78$

02-1
십각형의 한 꼭짓점에서 그을 수 있는 대각선의 개수는
$10-3=7$이므로 $a=7$
십각형의 대각선의 개수는 $\frac{10\times(10-3)}{2}=35$이므로 $b=35$
$\therefore a+b=7+35=42$

03
구하는 다각형을 n각형이라 하면 $\frac{n(n-3)}{2}=65$
$n(n-3)=130$, $n(n-3)=13\times10$　　$\therefore n=13$
따라서 구하는 다각형은 십삼각형이다.

03-1
주어진 다각형을 n각형이라 하면 $\frac{n(n-3)}{2}=77$
$n(n-3)=154$, $n(n-3)=14\times11$
$\therefore n=14$
따라서 십사각형의 변의 개수는 14이다.

04
$(3\angle x-10^\circ)+\angle x+(2\angle x+10^\circ)=180^\circ$이므로
$6\angle x=180^\circ$　　$\therefore \angle x=30^\circ$

04-1
$\angle ACB=55^\circ$ (맞꼭지각)이므로
$\angle x+70^\circ+55^\circ=180^\circ$, $\angle x+125^\circ=180^\circ$
$\therefore \angle x=55^\circ$

05
$2\angle x+10^\circ=45^\circ+(\angle x+25^\circ)$이므로
$2\angle x+10^\circ=\angle x+70^\circ$　　$\therefore \angle x=60^\circ$

05-1
$\angle ABC=180^\circ-130^\circ=50^\circ$,
$\angle ACB=180^\circ-100^\circ=80^\circ$이므로
$\angle x=50^\circ+80^\circ=130^\circ$

06
(1) $\angle x=25^\circ+55^\circ=80^\circ$
$35^\circ+\angle y+\angle x=180^\circ$, $35^\circ+\angle y+80^\circ=180^\circ$
$\therefore \angle y=65^\circ$
(2) $\angle x=40^\circ+55^\circ=95^\circ$
$\angle x=\angle y+45^\circ$, $95^\circ=\angle y+45^\circ$
$\therefore \angle y=50^\circ$

06-1
(1) $\angle x=45^\circ+40^\circ=85^\circ$
$80^\circ=\angle y+40^\circ$　　$\therefore \angle y=40^\circ$
(2) $\angle x=80^\circ+40^\circ=120^\circ$
$\angle x=65^\circ+\angle y$, $120^\circ=65^\circ+\angle y$
$\therefore \angle y=55^\circ$

07
(1) $\triangle ABC$에서 $\overline{AB}=\overline{AC}$이므로
$\angle ACB=\angle B=28^\circ$
$\therefore \angle DAC=28^\circ+28^\circ=56^\circ$
(2) $\triangle DAC$에서 $\overline{CA}=\overline{CD}$이므로
$\angle D=\angle DAC=56^\circ$
따라서 $\triangle DBC$에서 $\angle DCE=28^\circ+56^\circ=84^\circ$

07-1
$\triangle ACD$에서 $\overline{CA}=\overline{CD}$이므로
$\angle CAD=\angle CDA=180^\circ-150^\circ=30^\circ$
$\therefore \angle ACB=30^\circ+30^\circ=60^\circ$
$\triangle ABC$에서 $\overline{AB}=\overline{AC}$이므로
$\angle x=\angle ACB=60^\circ$

02 다각형의 내각과 외각

개념 4　　55쪽

01 답 (1) 900°　(2) 1440°
(1) $180^\circ\times(7-2)=900^\circ$
(2) $180^\circ\times(10-2)=1440^\circ$

01-1 답 (1) 540°　(2) 115°
(1) $180^\circ\times(5-2)=540^\circ$
(2) $\angle x=540^\circ-(90^\circ+110^\circ+120^\circ+105^\circ)$
$=540^\circ-425^\circ=115^\circ$

02 답 (1) 135°　(2) 150°

(1) $\frac{180^\circ\times(8-2)}{8}=135^\circ$

(2) $\frac{180^\circ\times(12-2)}{12}=150^\circ$

02-1 답 (1) 정구각형 (2) 정십각형

(1) 구하는 정다각형을 정n각형이라 하면

$\frac{180^\circ\times(n-2)}{n}=140^\circ$

$180^\circ\times n-360^\circ=140^\circ\times n$

$40^\circ\times n=360^\circ$ $\quad\therefore n=9$

따라서 구하는 정다각형은 정구각형이다.

(2) 구하는 정다각형을 정n각형이라 하면

$\frac{180^\circ\times(n-2)}{n}=144^\circ$

$180^\circ\times n-360^\circ=144^\circ\times n$

$36^\circ\times n=360^\circ$ $\quad\therefore n=10$

따라서 구하는 정다각형은 정십각형이다.

개념 5

56쪽

개념 check

01 답 (1) 85° (2) 95°

다각형의 외각의 크기의 합은 360°이므로

(1) $\angle x=360^\circ-(135^\circ+140^\circ)=85^\circ$

(2) $\angle x=360^\circ-(70^\circ+115^\circ+80^\circ)=95^\circ$

01-1 답 (1) 77° (2) 42°

다각형의 외각의 크기의 합은 360°이므로

(1) $\angle x=360^\circ-(70^\circ+55^\circ+63^\circ+95^\circ)=77^\circ$

(2) $\angle x+100^\circ+3\angle x+92^\circ=360^\circ$

$4\angle x=168^\circ$ $\quad\therefore \angle x=42^\circ$

02 답 (1) 60° (2) 36°

(1) $\frac{360^\circ}{6}=60^\circ$

(2) $\frac{360^\circ}{10}=36^\circ$

02-1 답 (1) 정십오각형 (2) 정팔각형

(1) 구하는 정다각형을 정n각형이라 하면

$\frac{360^\circ}{n}=24^\circ$, $360^\circ=24^\circ\times n$

$\therefore n=15$

따라서 구하는 정다각형은 정십오각형이다.

(2) 구하는 정다각형을 정n각형이라 하면

$\frac{360^\circ}{n}=45^\circ$, $360^\circ=45^\circ\times n$

$\therefore n=8$

따라서 구하는 정다각형은 정팔각형이다.

필수 유형 익히기

57~58쪽

01	ㄴ, ㄷ	**01-1**	17	**02**	(1) 75° (2) 105°		
02-1	(1) 58° (2) 115°			**03**	④	**03-1**	120°
04	③	**04-1**	80°	**05**	④	**05-1**	20°
06	(1) 45° (2) 정팔각형			**06-1**	정구각형		

01

ㄱ. 육각형의 내각의 크기의 합은 $180^\circ\times(6-2)=720^\circ$

ㄴ. 팔각형의 내각의 크기의 합은 $180^\circ\times(8-2)=1080^\circ$

ㄷ. 십일각형의 내각의 크기의 합은 $180^\circ\times(11-2)=1620^\circ$

ㄹ. 이십각형의 내각의 크기의 합은 $180^\circ\times(20-2)=3240^\circ$

따라서 옳은 것은 ㄴ, ㄷ이다.

01-1

주어진 다각형을 n각형이라 하면

$180^\circ\times(n-2)=2700^\circ$

$180^\circ\times n-360^\circ=2700^\circ$

$180^\circ\times n=3060^\circ$ $\quad\therefore n=17$

따라서 십칠각형의 변의 개수는 17이다.

02

(1) 사각형의 내각의 크기의 합은

$180^\circ\times(4-2)=360^\circ$이므로

$(180^\circ-50^\circ)+\angle x+65^\circ+90^\circ=360^\circ$

$\angle x+285^\circ=360^\circ$

$\therefore \angle x=75^\circ$

(2) 육각형의 내각의 크기의 합은

$180^\circ\times(6-2)=720^\circ$이므로

$135^\circ+130^\circ+(\angle x+5^\circ)+115^\circ+125^\circ+\angle x=720^\circ$

$2\angle x+510^\circ=720^\circ$, $2\angle x=210^\circ$

$\therefore \angle x=105^\circ$

02-1

(1) 오각형의 내각의 크기의 합은

$180^\circ\times(5-2)=540^\circ$이므로

$2\angle x+140^\circ+\angle x+110^\circ+116^\circ=540^\circ$

$3\angle x+366^\circ=540^\circ$, $3\angle x=174^\circ$

$\therefore \angle x=58^\circ$

(2) 육각형의 내각의 크기의 합은

$180^\circ\times(6-2)=720^\circ$이므로

$140° + 105° + \angle x + (180° - 60°) + 90° + 150° = 720°$

$\angle x + 605° = 720°$

$\therefore \angle x = 115°$

03

주어진 정다각형을 정n각형이라 하면

$\frac{180° \times (n-2)}{n} = 156°$

$180° \times n - 360° = 156° \times n$, $24° \times n = 360°$

$\therefore n = 15$

따라서 정십오각형의 꼭짓점의 개수는 15이다.

03-1

주어진 정다각형을 정n각형이라 하면

$\frac{n(n-3)}{2} = 9$

$n(n-3) = 18$, $n(n-3) = 6 \times 3$

$\therefore n = 6$

따라서 정육각형의 한 내각의 크기는

$\frac{180° \times (6-2)}{6} = 120°$

04

오른쪽 그림과 같이 변의 연장선을 그으면 다각형의 외각의 크기의 합은 360°이므로

$85° + 50° + \angle x + 70° + \angle y = 360°$

$\therefore \angle x + \angle y = 155°$

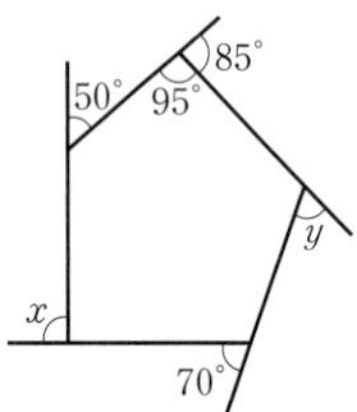

04-1

오른쪽 그림과 같이 변의 연장선을 그으면 다각형의 외각의 크기의 합은 360°이므로

$\angle x + 70° + 80° + (\angle x - 10°) + 60°$
$= 360°$

$2\angle x + 200° = 360°$, $2\angle x = 160°$

$\therefore \angle x = 80°$

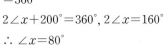

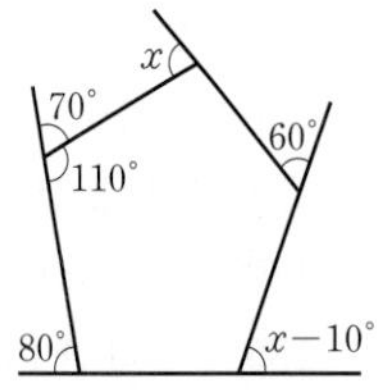

05

주어진 정다각형을 정n각형이라 하면

$\frac{360°}{n} = 24°$ $\quad \therefore n = 15$

따라서 정십오각형의 내각의 크기의 합은

$180° \times (15-2) = 2340°$

05-1

주어진 정다각형을 정n각형이라 하면

$\frac{n(n-3)}{2} = 135$

$n(n-3) = 270$, $n(n-3) = 18 \times 15$

$\therefore n = 18$

따라서 정십팔각형의 한 외각의 크기는

$\frac{360°}{18} = 20°$

06

(1) (한 외각의 크기) $= 180° \times \frac{1}{3+1} = 180° \times \frac{1}{4} = 45°$

(2) 구하는 정다각형을 정n각형이라 하면

$\frac{360°}{n} = 45°$ $\quad \therefore n = 8$

따라서 구하는 정다각형은 정팔각형이다.

06-1

(한 외각의 크기) $= 180° \times \frac{2}{7+2} = 180° \times \frac{2}{9} = 40°$

구하는 정다각형을 정n각형이라 하면

$\frac{360°}{n} = 40°$ $\quad \therefore n = 9$

따라서 구하는 정다각형은 정구각형이다.

서술형 강잡기 59쪽

01	136°	**01-1**	130°
02	18°	**02-1**	8°

01

① 단계 $\angle ABC + \angle ACB$의 크기 구하기 ◀ 30%

△ABC에서

$\angle ABC + \angle ACB = 180° - \boxed{84}° = \boxed{96}°$

② 단계 $\angle DBC + \angle DCB$의 크기 구하기 ◀ 30%

$\angle DBC + \angle DCB$

$= (\angle ABC - 22°) + (\angle ACB - 30°)$

$= (\angle ABC + \angle ACB) - 52°$

$= \boxed{96}° - 52° = \boxed{44}°$

③ 단계 $\angle x$의 크기 구하기 ◀ 40%

△DBC에서

$\angle x = 180° - (\angle DBC + \angle DCB)$

$= 180° - \boxed{44}° = \boxed{136}°$

01-1

① 단계 $\angle ABC + \angle ACB$의 크기 구하기 ◀ 30%

△ABC에서

$\angle ABC + \angle ACB = 180^\circ - 65^\circ = 115^\circ$

②단계 $\angle DBC + \angle DCB$의 크기 구하기 ◀ 30%

$\angle DBC + \angle DCB$

$= (\angle ABC - 40^\circ) + (\angle ACB - 25^\circ)$

$= (\angle ABC + \angle ACB) - 65^\circ$

$= 115^\circ - 65^\circ = 50^\circ$

③단계 $\angle x$의 크기 구하기 ◀ 40%

$\triangle DBC$에서

$\angle x = 180^\circ - (\angle DBC + \angle DCB)$

$= 180^\circ - 50^\circ = 130^\circ$

02

①단계 조건을 만족시키는 정다각형 구하기 ◀ 70%

주어진 정다각형을 정n각형이라 하면 정n각형의 내각의 크기의 합은 $180^\circ \times (n-2)$이고, 외각의 크기의 합은 $\boxed{360}^\circ$이므로

$180^\circ \times (n-2) + \boxed{360}^\circ = 3600^\circ$

$180^\circ \times n = \boxed{3600}^\circ \quad \therefore n = \boxed{20}$

즉, 주어진 정다각형은 [정이십각형]이다.

②단계 조건을 만족시키는 정다각형의 한 외각의 크기 구하기 ◀ 30%

따라서 [정이십각형]의 한 외각의 크기는

$\dfrac{360^\circ}{\boxed{20}} = \boxed{18}^\circ$

02-1

①단계 조건을 만족시키는 정다각형 구하기 ◀ 70%

주어진 정다각형을 정n각형이라 하면 정n각형의 내각의 크기의 합은 $180^\circ \times (n-2)$이고, 외각의 크기의 합은 360°이므로

$180^\circ \times (n-2) + 360^\circ = 8100^\circ$

$180^\circ \times n = 8100^\circ \quad \therefore n = 45$

즉, 주어진 정다각형은 정사십오각형이다.

②단계 조건을 만족시키는 정다각형의 한 외각의 크기 구하기 ◀ 30%

따라서 정사십오각형의 한 외각의 크기는

$\dfrac{360^\circ}{45} = 8^\circ$

단원 마무리하기 60~62쪽

01 ⑤ **02** 97 **03** 정십육각형 **04** 25° **05** ②
06 ③ **07** 80° **08** ② **09** ② **10** 70° **11** ③
12 ③ **13** ① **14** ④ **15** 105° **16** ②
17 (1) 74° (2) 69° (3) 37° **18** 540°

01 $\angle x = 180^\circ - 60^\circ = 120^\circ$

$\angle y = 180^\circ - 102^\circ = 78^\circ$

$\therefore \angle x + \angle y = 120^\circ + 78^\circ = 198^\circ$

02 ①단계 a의 값 구하기 ◀ 40%

십각형의 한 꼭짓점에서 그을 수 있는 대각선의 개수는 $10-3=7$이므로 $a=7$

②단계 b의 값 구하기 ◀ 40%

십오각형의 모든 대각선의 개수는

$\dfrac{15 \times (15-3)}{2} = 90$이므로 $b=90$

③단계 $a+b$의 값 구하기 ◀ 20%

$\therefore a+b = 7+90 = 97$

03 조건 (가)를 만족시키는 다각형은 정다각형이다.

구하는 정다각형을 정n각형이라 하면 조건 (나)에 의하여

$\dfrac{n(n-3)}{2} = 104$

$n(n-3) = 208$, $n(n-3) = 16 \times 13$

$\therefore n = 16$

따라서 구하는 다각형은 정십육각형이다.

04 $50^\circ + (\angle x + 5^\circ) + (2\angle x + 50^\circ) = 180^\circ$

$3\angle x + 105^\circ = 180^\circ$, $3\angle x = 75^\circ$

$\therefore \angle x = 25^\circ$

05 삼각형의 세 내각의 크기의 비가 4 : 5 : 9이므로

(가장 작은 내각의 크기) $= 180^\circ \times \dfrac{4}{4+5+9}$

$= 180^\circ \times \dfrac{4}{18} = 40^\circ$

06 $\triangle ABC$에서 $\overline{AB} = \overline{AC}$이므로

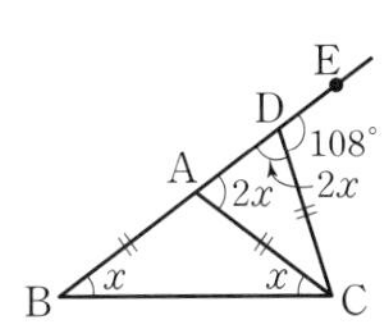

$\angle ACB = \angle ABC = \angle x$

이고

$\angle CAD = \angle x + \angle x = 2\angle x$

또, $\triangle CAD$에서 $\overline{AC} = \overline{CD}$이므로

$\angle CDA = \angle CAD = 2\angle x$

$2\angle x + 108^\circ = 180^\circ$, $2\angle x = 72^\circ$

$\therefore \angle x = 36^\circ$

07 ①단계 $\angle BAD$의 크기 구하기 ◀ 30%

$\angle BAD = \dfrac{1}{2}\angle BAC = \dfrac{1}{2} \times (180^\circ - 120^\circ) = 30^\circ$

②단계 $\angle ABD$의 크기 구하기 ◀ 30%

$\angle ABD = 180^\circ - 130^\circ = 50^\circ$

③단계 $\angle x$의 크기 구하기 ◀ 40%

$\triangle ABD$에서

$\angle x = \angle BAD + \angle ABD$

$= 30^\circ + 50^\circ = 80^\circ$

08 $\triangle$ABC에서
$\angle ABC+\angle ACB=180^\circ-48^\circ=132^\circ$
$\angle DBC+\angle DCB$
$=(\angle ABC-25^\circ)+(\angle ACB-27^\circ)$
$=(\angle ABC+\angle ACB)-52^\circ$
$=132^\circ-52^\circ=80^\circ$
$\triangle$DBC에서
$\angle x=180^\circ-(\angle DBC+\angle DCB)$
$=180^\circ-80^\circ=100^\circ$

09 주어진 다각형을 n각형이라 하면
$\frac{n(n-3)}{2}=119$
$n(n-3)=238$, $n(n-3)=17\times14$
$\therefore n=17$
따라서 십칠각형의 내각의 크기의 합은
$180^\circ\times(17-2)=180^\circ\times15=2700^\circ$

10 육각형의 내각의 크기의 합은
$180^\circ\times(6-2)=720^\circ$이므로
$(180^\circ-40^\circ)+\angle x+115^\circ+80^\circ+135^\circ+(180^\circ-\angle y)$
$=720^\circ$
$\angle x-\angle y+650^\circ=720^\circ$
$\therefore \angle x-\angle y=70^\circ$

11 다각형의 외각의 크기의 합은 360°이므로
$40^\circ+(180^\circ-95^\circ)+\angle x+70^\circ+(180^\circ-90^\circ)=360^\circ$
$\angle x+285^\circ=360^\circ$
$\therefore \angle x=75^\circ$

12 ① 한 꼭짓점에서 그을 수 있는 대각선의 개수는
$8-3=5$
② 대각선의 개수는 $\frac{8\times(8-3)}{2}=20$
③ 내각의 크기의 합은 $180^\circ\times(8-2)=1080^\circ$
④ 한 내각의 크기는 $\frac{180^\circ\times(8-2)}{8}=135^\circ$
⑤ 한 외각의 크기는 $\frac{360^\circ}{8}=45^\circ$
따라서 옳지 않은 것은 ③이다.

13 주어진 정다각형을 정n각형이라 하면
$180^\circ\times(n-2)=3960^\circ$
$180^\circ\times n-360^\circ=3960^\circ$
$180^\circ\times n=4320^\circ \qquad \therefore n=24$
따라서 정이십사각형의 한 외각의 크기는
$\frac{360^\circ}{24}=15^\circ$

14 정다각형의 한 내각의 크기와 한 외각의 크기의 합은 180°이고, (한 내각의 크기) : (한 외각의 크기)$=5:1$이므로
(한 외각의 크기)$=180^\circ\times\frac{1}{5+1}=180^\circ\times\frac{1}{6}=30^\circ$
주어진 정다각형을 정n각형이라 하면
$\frac{360^\circ}{n}=30^\circ \qquad \therefore n=12$
따라서 정십이각형의 내각의 크기의 합은
$180^\circ\times(12-2)=1800^\circ$

15 ① 단계 정육각형의 한 외각의 크기 구하기 ◀ 40%
정육각형의 한 외각의 크기는
$\frac{360^\circ}{6}=60^\circ$
② 단계 정팔각형의 한 외각의 크기 구하기 ◀ 40%
정팔각형의 한 외각의 크기는
$\frac{360^\circ}{8}=45^\circ$
③ 단계 $\angle x$의 크기 구하기 ◀ 20%
오른쪽 그림에서 $\angle x$의 크기는 정육각형의 한 외각의 크기와 정팔각형의 한 외각의 크기의 합과 같으므로

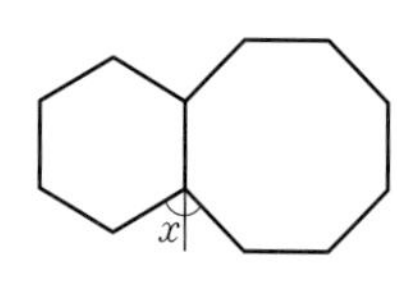

$\angle x=60^\circ+45^\circ=105^\circ$

16 5명이 서로 한 번씩 악수를 하는 횟수는 오른쪽 그림과 같이 오각형의 변의 개수와 대각선의 개수의 합과 같다.
따라서 악수를 하는 횟수는

$5+\frac{5\times(5-3)}{2}=5+5=10$
따라서 악수는 총 10번을 하게 된다.

17 (1) $\triangle$AGD에서 $\angle CGH=36^\circ+38^\circ=74^\circ$
(2) $\triangle$BHE에서 $\angle CHG=34^\circ+35^\circ=69^\circ$
(3) $\triangle$CHG에서 $\angle x=180^\circ-(74^\circ+69^\circ)=37^\circ$

18 오른쪽 그림과 같이 보조선을 그으면
$\angle f+\angle g=180^\circ-\angle x=\angle h+\angle i$
이때 오각형의 내각의 크기의 합은
$180^\circ\times(5-2)=540^\circ$이므로

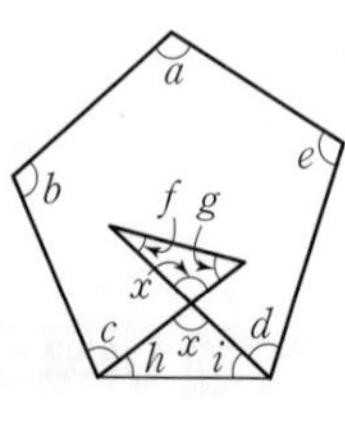

$\angle a+\angle b+\angle c+\angle d+\angle e+\angle f+\angle g$
$=\angle a+\angle b+\angle c+\angle d+\angle e+\angle h+\angle i$
$=$(오각형의 내각의 크기의 합)
$=540^\circ$

원과 부채꼴

01 원과 부채꼴

개념 1 64쪽

개념 Bridge 답 ㉤, ㉣, ㉡, ㉠, ㉢

개념 check

01 답 (1) $\widehat{AB}$ (2) $\overline{AB}$ (3) ∠AOB (4) ∠BOC

01-1 답 (1) $\widehat{BC}$ (2) $\overline{AB}$ (3) ∠BOC (4) ∠AOB

개념 2 65쪽

개념 Bridge 답 (1) 1, 2 (2) 1, 2

개념 check

01 답 (1) 10 (2) 7

(1) 한 원에서 부채꼴의 호의 길이는 중심각의 크기에 정비례하므로 $120 : 60 = x : 5$에서
$2 : 1 = x : 5$ $\therefore x = 10$

(2) 한 원에서 부채꼴의 넓이는 중심각의 크기에 정비례하므로 $105 : 35 = 21 : x$에서 $3 : 1 = 21 : x$
$3x = 21$ $\therefore x = 7$

01-1 답 (1) 4 (2) 10 (3) 150 (4) 40

(1) 한 원에서 중심각의 크기가 같은 두 부채꼴의 호의 길이는 같으므로 $x = 4$

(2) 한 원에서 중심각의 크기가 같은 두 부채꼴의 넓이는 같으므로 $x = 10$

(3) 한 원에서 부채꼴의 호의 길이는 중심각의 크기에 정비례하므로 $60 : x = 8 : 20$에서 $60 : x = 2 : 5$
$2x = 300$ $\therefore x = 150$

(4) 한 원에서 부채꼴의 넓이는 중심각의 크기에 정비례하므로 $x : 80 = 9 : 18$에서 $x : 80 = 1 : 2$
$2x = 80$ $\therefore x = 40$

개념 3 66쪽

개념 Bridge 답 (1) = (2) ≠

개념 check

01 답 (1) 8 (2) 45

(1) 한 원에서 중심각의 크기가 같은 두 현의 길이는 같으므로 $x = 8$

(2) 한 원에서 길이가 같은 두 현에 대한 중심각의 크기는 같으므로 $x = 45$

01-1 답 (1) 6 (2) 25

(1) 한 원에서 중심각의 크기가 같은 두 현의 길이는 같으므로 $x = 6$

(2) 한 원에서 길이가 같은 두 현에 대한 중심각의 크기는 같으므로 $x = 25$

필수 유형 익히기 67~68쪽

01	ㄱ, ㄴ, ㄷ	**01-1**	②		
02	$x=35$, $y=10$	**02-1**	140	**03**	80°
03-1	36° **04** 60	**04-1**	90 cm²	**05**	65°
05-1	81° **06** ㄱ, ㄷ, ㅁ	**06-1**	③		
07	(1) 120° (2) 36 cm	**07-1**	2 cm		

01

ㄹ. $\overline{AB} = \overline{OB}$이면 $\overline{AB} = \overline{OB} = \overline{OA}$이므로 △ABO는 정삼각형이다.
$\therefore$ ($\widehat{AB}$에 대한 중심각의 크기) $= \angle AOB = 60°$

따라서 옳은 것은 ㄱ, ㄴ, ㄷ이다.

01-1

② ∠AOB는 $\widehat{AB}$에 대한 중심각이다.

따라서 옳지 않은 것은 ②이다.

02

한 원에서 부채꼴의 호의 길이는 중심각의 크기에 정비례하므로
$x : 25 = 7 : 5$에서 $5x = 175$ $\therefore x = 35$

또, $25 : 50 = 5 : y$에서 $1 : 2 = 5 : y$ $\therefore y = 10$

02-1

$\overline{AB}$는 원 O의 지름이므로

$x + 50 = 180$ $\therefore x = 130$

한 원에서 부채꼴의 호의 길이는 중심각의 크기에 정비례하므로

$130 : 50 = 26 : y$에서 $13 : 5 = 26 : y$

$13y = 130$ $\therefore y = 10$

$\therefore x + y = 130 + 10 = 140$

03

$\angle AOC : \angle COB = \overset{\frown}{AC} : \overset{\frown}{CB} = 5 : 4$

한편, $\angle AOC + \angle COB = 180^\circ$이므로

$\angle COB = 180^\circ \times \frac{4}{5+4} = 180^\circ \times \frac{4}{9} = 80^\circ$

03-1

$\angle AOC : \angle BOC = \overset{\frown}{AC} : \overset{\frown}{CB} = 4 : 1$

한편, $\angle AOC + \angle COB = 180^\circ$이므로

$\angle COB = 180^\circ \times \frac{1}{4+1} = 180^\circ \times \frac{1}{5} = 36^\circ$

04

한 원에서 부채꼴의 넓이는 중심각의 크기에 정비례하므로

$90 : x = 36 : 24$에서 $90 : x = 3 : 2$

$3x = 180 \qquad \therefore x = 60$

04-1

원 O의 넓이를 $x\,\text{cm}^2$라 하면 한 원에서 부채꼴의 넓이는 중심각의 크기에 정비례하므로

$40 : 360 = 10 : x$에서 $1 : 9 = 10 : x$

$\therefore x = 90$

따라서 원 O의 넓이는 $90\,\text{cm}^2$이다.

05

원 O에서 $\overline{AB} = \overline{CD} = \overline{DE}$이므로

$\angle AOB = \angle COD = \angle DOE$

따라서 $\angle AOB = \frac{1}{2}\angle COE = \frac{1}{2} \times 130^\circ = 65^\circ$

05-1

원 O에서 $\overline{AB} = \overline{CD} = \overline{DE} = \overline{EF}$이므로

$\angle COD = \angle DOE = \angle EOF = \angle AOB = 27^\circ$

따라서

$\angle COF = \angle COD + \angle DOE + \angle EOF$
$= 3\angle AOB = 3 \times 27^\circ = 81^\circ$

06

$\angle AOB = 90^\circ$, $\angle COD = 30^\circ$이므로

$\angle AOB = 3\angle COD$

ㄱ. 한 원에서 부채꼴의 호의 길이는 중심각의 크기에 정비례하므로 $\overset{\frown}{AB} = 3\overset{\frown}{CD}$

ㄴ. 한 원에서 현의 길이는 중심각의 크기에 정비례하지 않으므로 $\overline{CD} \neq \frac{1}{3}\overline{AB}$

ㄷ. $\triangle OAB$는 $\overline{OA} = \overline{OB}$인 이등변삼각형이므로 $\angle OAB = \frac{1}{2} \times (180^\circ - 90^\circ) = 45^\circ$

ㄹ. $\overset{\frown}{AD}$와 $\overset{\frown}{BC}$의 길이 또는 $\angle AOD$와 $\angle BOC$의 크기를 알 수 없으므로 $\overset{\frown}{AD} = \overset{\frown}{BC}$인지 알 수 없다.

ㅁ. 한 원에서 부채꼴의 넓이는 중심각의 크기에 정비례하므로 (부채꼴 COD의 넓이)$= \frac{1}{3} \times$(부채꼴 AOB의 넓이)

따라서 옳은 것은 ㄱ, ㄷ, ㅁ이다.

06-1

한 원에서 부채꼴의 호의 길이는 중심각의 크기에 정비례하므로

$\angle AOB = \angle BOC$

① $\overset{\frown}{AC} = \overset{\frown}{AB} + \overset{\frown}{BC} = 2\overset{\frown}{BC}$

② 한 원에서 중심각의 크기가 같은 두 현의 길이는 같으므로 $\overline{AB} = \overline{BC}$

③ 한 원에서 현의 길이는 중심각의 크기에 정비례하지 않으므로 $\overline{AC} \neq 2\overline{AB}$

④ $\angle AOB = \angle BOC$이므로 $\angle AOC = \angle AOB + \angle BOC = 2\angle BOC$

⑤ 한 원에서 중심각의 크기가 같은 두 부채꼴의 넓이는 같으므로 (부채꼴 AOB의 넓이)=(부채꼴 BOC의 넓이)

따라서 옳지 않은 것은 ③이다.

07

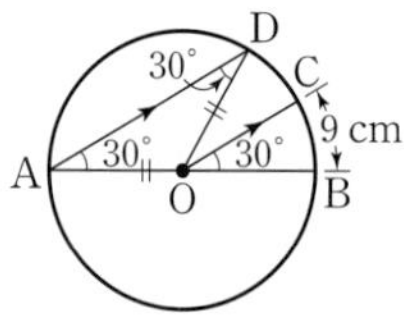

(1) 오른쪽 그림에서 $\overline{AD} /\!/ \overline{OC}$이므로

$\angle DAO = \angle COB = 30^\circ$ (동위각)

$\triangle AOD$는 $\overline{OA} = \overline{OD}$인 이등변삼각형이므로

$\angle ODA = \angle OAD = 30^\circ$

따라서 $\triangle AOD$에서

$\angle AOD = 180^\circ - (30^\circ + 30^\circ) = 120^\circ$

(2) 한 원에서 부채꼴의 호의 길이는 중심각의 크기에 정비례하므로

$120 : 30 = \overset{\frown}{AD} : 9$에서 $4 : 1 = \overset{\frown}{AD} : 9$

$\therefore \overset{\frown}{AD} = 36\,\text{cm}$

07-1

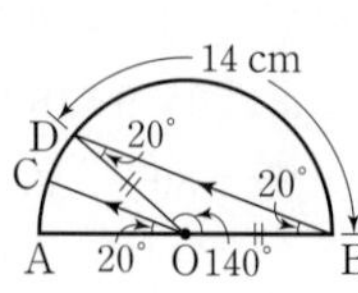

오른쪽 그림에서 $\overline{BD} /\!/ \overline{OC}$이므로

$\angle DBO = \angle COA = 20^\circ$ (동위각)

$\triangle DOB$는 $\overline{OD} = \overline{OB}$인 이등변삼각형이므로

$\angle ODB = \angle OBD = 20^\circ$

$\therefore \angle DOB = 180^\circ - (20^\circ + 20^\circ) = 140^\circ$

한 원에서 부채꼴의 호의 길이는 중심각의 크기에 정비례하므로

$20 : 140 = \overset{\frown}{AC} : 14$에서 $1 : 7 = \overset{\frown}{AC} : 14$

$7\overset{\frown}{AC} = 14$

$\therefore \overset{\frown}{AC} = 2\,\text{cm}$

02 부채꼴의 호의 길이와 넓이

개념 4 69쪽

개념 check

01 답 $l=6\pi$ cm, $S=9\pi$ cm^2

$l=2\pi\times3=6\pi$(cm)

$S=\pi\times3^2=9\pi$(cm^2)

01-1 답 $l=10\pi$ cm, $S=25\pi$ cm^2

반지름의 길이가 $10\times\frac{1}{2}=5$(cm)이므로

$l=2\pi\times5=10\pi$(cm)

$S=\pi\times5^2=25\pi$(cm^2)

02 답 r, 10, 10

02-1 답 (1) 6 cm (2) 9 cm

(1) 원의 반지름의 길이를 r cm라 하면

$2\pi r=12\pi$ $\quad\therefore r=6$

따라서 원의 반지름의 길이는 6 cm이다.

(2) 원의 반지름의 길이를 r cm라 하면

$\pi r^2=81\pi$, $r^2=81=9^2$ $\quad\therefore r=9$

따라서 원의 반지름의 길이는 9 cm이다.

개념 5 70쪽

개념 check

01 답 (1) $l=8\pi$ cm, $S=48\pi$ cm^2
(2) $l=8\pi$ cm, $S=24\pi$ cm^2

(1) $l=2\pi\times12\times\frac{120}{360}=8\pi$(cm)

$S=\pi\times12^2\times\frac{120}{360}=48\pi$(cm^2)

(2) $l=2\pi\times6\times\frac{240}{360}=8\pi$(cm)

$S=\pi\times6^2\times\frac{240}{360}=24\pi$(cm^2)

02 답 (1) $\frac{3}{2}\pi$ cm^2 (2) 24π cm^2

(1) $\frac{1}{2}\times3\times\pi=\frac{3}{2}\pi$(cm^2)

(2) $\frac{1}{2}\times8\times6\pi=24\pi$(cm^2)

필수 유형 익히기 71~72쪽

01 (1) 18π cm (2) 45π cm^2
01-1 (1) 24π cm (2) 24π cm^2
02 9, 10π, 200, 200 **02-1** 15 cm
03 ③ **03-1** 6 cm, 120°
04 $(3\pi+6)$ cm, $\frac{9}{2}\pi$ cm^2
04-1 $(12\pi+12)$ cm, 36π cm^2
05 $(8\pi+8)$ cm, 8π cm^2
05-1 $(2\pi+8)$ cm, $(16-4\pi)$ cm^2
06 32 cm^2 **06-1** 50 cm^2

01

(1) (둘레의 길이)$=2\pi\times7+2\pi\times2$
$=14\pi+4\pi=18\pi$(cm)

(2) (넓이)$=\pi\times7^2-\pi\times2^2$
$=49\pi-4\pi=45\pi$(cm^2)

01-1

세 원의 반지름의 길이는 작은 것부터 차례대로

$\frac{4}{2}=2$(cm), 4 cm, $\frac{4+4+4}{2}=6$(cm)이므로

(1) (둘레의 길이)$=2\pi\times2+2\pi\times4+2\pi\times6$
$=4\pi+8\pi+12\pi=24\pi$(cm)

(2) (넓이)$=\pi\times2^2+(\pi\times6^2-\pi\times4^2)$
$=4\pi+20\pi=24\pi$(cm^2)

02-1

부채꼴의 반지름의 길이를 r cm라 하면

$\pi r^2\times\frac{120}{360}=75\pi$, $r^2=225=15^2$ $\quad\therefore r=15$

따라서 부채꼴의 반지름의 길이는 15 cm이다.

03

부채꼴의 호의 길이를 l cm라 하면

$\frac{1}{2}\times18\times l=45\pi$ $\quad\therefore l=5\pi$

따라서 부채꼴의 호의 길이는 5π cm이다.

03-1

부채꼴의 반지름의 길이를 r cm라 하면

$\frac{1}{2}\times r\times4\pi=12\pi$ $\quad\therefore r=6$

따라서 부채꼴의 반지름의 길이는 6 cm이다.

부채꼴의 중심각의 크기를 x°라 하면

$2\pi\times6\times\frac{x}{360}=4\pi$ $\quad\therefore x=120$

따라서 부채꼴의 중심각의 크기는 120°이다.

다른 풀이

부채꼴의 중심각의 크기를 $x°$라 하면

$\pi\times6^2\times\frac{x}{360}=12\pi \qquad \therefore x=120$

04

(둘레의 길이)

$=$(큰 부채꼴의 호의 길이)$+$(작은 부채꼴의 호의 길이)$+3\times2$

$=2\pi\times6\times\frac{60}{360}+2\pi\times3\times\frac{60}{360}+6$

$=2\pi+\pi+6$

$=3\pi+6(\text{cm})$

(넓이)$=$(큰 부채꼴의 넓이)$-$(작은 부채꼴의 넓이)

$=\pi\times6^2\times\frac{60}{360}-\pi\times3^2\times\frac{60}{360}$

$=6\pi-\frac{3}{2}\pi=\frac{9}{2}\pi(\text{cm}^2)$

04-1

(둘레의 길이)

$=$(큰 부채꼴의 호의 길이)$+$(작은 부채꼴의 호의 길이)$+6\times2$

$=2\pi\times12\times\frac{120}{360}+2\pi\times6\times\frac{120}{360}+12$

$=8\pi+4\pi+12$

$=12\pi+12(\text{cm})$

(넓이)$=$(큰 부채꼴의 넓이)$-$(작은 부채꼴의 넓이)

$=\pi\times12^2\times\frac{120}{360}-\pi\times6^2\times\frac{120}{360}$

$=48\pi-12\pi=36\pi(\text{cm}^2)$

05

(둘레의 길이)$=2\pi\times8\times\frac{90}{360}+2\pi\times4\times\frac{1}{2}+8$

$=4\pi+4\pi+8=8\pi+8(\text{cm})$

(넓이)$=$(전체 넓이)$-$(반원의 넓이)

$=\pi\times8^2\times\frac{90}{360}-\pi\times4^2\times\frac{1}{2}$

$=16\pi-8\pi=8\pi(\text{cm}^2)$

05-1

(둘레의 길이)$=2\pi\times4\times\frac{90}{360}+4\times2=2\pi+8(\text{cm})$

(넓이)$=$(전체 넓이)$-$(부채꼴의 넓이)

$=4^2-\pi\times4^2\times\frac{90}{360}=16-4\pi(\text{cm}^2)$

06

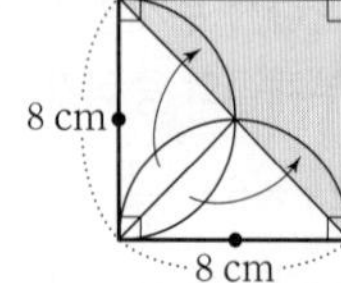

오른쪽 그림과 같이 색칠한 부분의 일부를 이동하면 구하는 넓이는 직각삼각형의 넓이와 같다.

$\therefore$ (넓이)$=\frac{1}{2}\times8\times8=32(\text{cm}^2)$

06-1

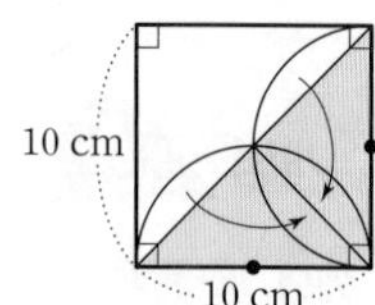

오른쪽 그림과 같이 색칠한 부분의 일부를 이동하면 구하는 넓이는 직각삼각형의 넓이와 같다.

$\therefore$ (넓이)$=\frac{1}{2}\times10\times10=50(\text{cm}^2)$

서술형 감잡기 73쪽

01 6 cm **01-1** 30 cm
02 10π cm, $(50\pi-100)$ cm^2
02-1 $(8\pi+32)$ cm, $(128-32\pi)$ cm^2

01

① 단계 ∠OAD의 크기 구하기 ◀ 30%

$\overline{AD}/\!/\overline{OC}$이므로 $\angle OAD=\angle$ [BOC] $=$ [40]° (동위각)

② 단계 $\overline{OD}$를 긋고, ∠AOD의 크기 구하기 ◀ 40%

$\overline{OD}$를 그으면 △AOD는 $\overline{OA}=\overline{OD}$인 이등변삼각형이므로

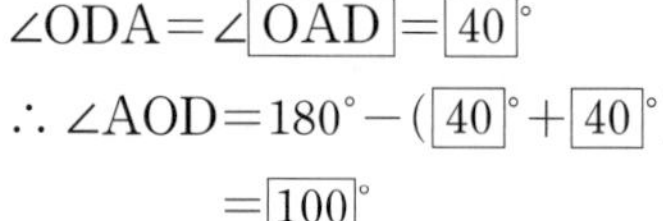

$\angle ODA=\angle$ [OAD] $=$ [40]°

$\therefore \angle AOD=180°-($[40]°$+$[40]°$)$

$=$ [100]°

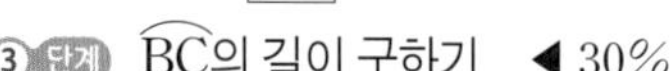

③ 단계 $\overset{\frown}{BC}$의 길이 구하기 ◀ 30%

[100] $: 40=15:\overset{\frown}{BC}$에서 [5] $: 2=15:\overset{\frown}{BC}$

[5] $\overset{\frown}{BC}=30 \qquad \therefore \overset{\frown}{BC}=$ [6] cm

01-1

① 단계 ∠COA의 크기 구하기 ◀ 30%

$\overline{AB}/\!/\overline{CD}$이므로

$\angle COA=\angle OCD=50°$ (엇각)

② 단계 $\overline{OD}$를 긋고, ∠COD의 크기 구하기 ◀ 40%

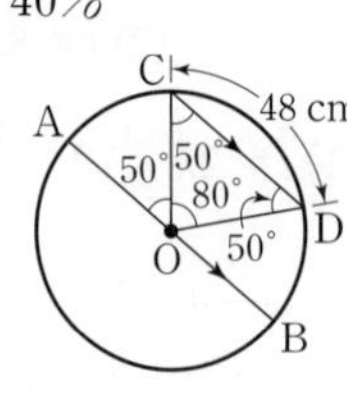

$\overline{OD}$를 그으면 △COD는 $\overline{OC}=\overline{OD}$인 이등변삼각형이므로 $\angle ODC=\angle OCD=50°$

$\therefore \angle COD=180°-(50°+50°)=80°$

③ 단계 $\overset{\frown}{AC}$의 길이 구하기 ◀ 30%

$50:80=\overset{\frown}{AC}:48$에서 $5:8=\overset{\frown}{AC}:48$

$8\overset{\frown}{AC}=240 \qquad \therefore \overset{\frown}{AC}=30$ cm

02

① 단계 둘레의 길이 구하기 ◀ 50%

(둘레의 길이)$=$(부채꼴의 호의 길이)$\times2$

$=\left(2\pi\times\boxed{10}\times\frac{90}{360}\right)\times2$

$=\boxed{10\pi}$ (cm)

②단계 넓이 구하기 ◀ 50%

정사각형에 대각선을 그으면 색칠한 부분의 넓이는 다음과 같이 구할 수 있다.

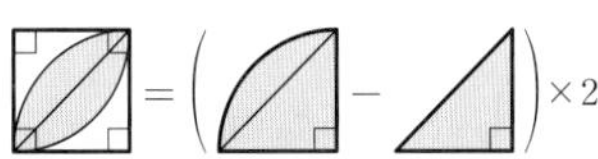

$\therefore$ (넓이)$=\{$(부채꼴의 넓이)$-$(직각삼각형의 넓이)$\}\times 2$

$$=\left(\pi\times\boxed{10}^2\times\frac{90}{360}-\frac{1}{2}\times 10\times 10\right)\times 2$$

$$=(\boxed{25\pi}-50)\times 2$$

$$=\boxed{50\pi-100}\,(\text{cm}^2)$$

02-1

①단계 둘레의 길이 구하기 ◀ 50%

(둘레의 길이)

$=$(부채꼴의 호의 길이)$\times 2+$(정사각형의 둘레의 길이)

$=\left(2\pi\times 8\times\frac{90}{360}\right)\times 2+8\times 4=8\pi+32\,(\text{cm})$

②단계 넓이 구하기 ◀ 50%

색칠한 부분의 넓이는 다음과 같이 구할 수 있다.

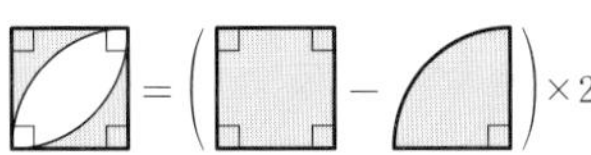

$\therefore$ (넓이)$=\{$(정사각형의 넓이)$-$(부채꼴의 넓이)$\}\times 2$

$$=\left(8\times 8-\pi\times 8^2\times\frac{90}{360}\right)\times 2$$

$$=(64-16\pi)\times 2=128-32\pi\,(\text{cm}^2)$$

단원 마무리하기 74~76쪽

01 69 **02** ② **03** ③ **04** $90\,\text{cm}^2$
05 18 cm **06** ⑤ **07** ④ **08** 52 cm
09 ① **10** ① **11** 54 **12** ⑤ **13** ③
14 16π cm, $(32\pi-64)\,\text{cm}^2$ **15** $(25\pi-50)\,\text{cm}^2$
16 ③ **17** $(2\pi-4)\,\text{cm}^2$ **18** $27\pi\,\text{cm}^2$

01 한 원에서 부채꼴의 호의 길이는 중심각의 크기에 정비례하므로

$30:45=6:x$에서

$2:3=6:x$, $2x=18$ $\quad\therefore x=9$

또, $30:y=6:12$에서 $30:y=1:2$ $\quad\therefore y=60$

$\therefore x+y=9+60=69$

02 한 원에서 부채꼴의 호의 길이는 중심각의 크기에 정비례하므로

$(4\angle x+20^\circ):\angle x=15:3$에서

$(4\angle x+20^\circ):\angle x=5:1$

$4\angle x+20^\circ=5\angle x$ $\quad\therefore \angle x=20^\circ$

03 $3\angle AOB=7\angle COD$에서 $\angle AOB:\angle COD=7:3$

이때 부채꼴 COD의 넓이를 $x\,\text{cm}^2$라 하면 한 원에서 부채꼴의 넓이는 중심각의 크기에 정비례하므로

$7:3=84:x$에서 $7x=252$ $\quad\therefore x=36$

따라서 부채꼴 COD의 넓이는 $36\,\text{cm}^2$이다.

04 ①단계 $\angle AOC$의 크기 구하기 ◀ 40%

$\triangle OBC$는 $\overline{OB}=\overline{OC}$인 이등변삼각형이므로

$\angle OCB=\angle OBC=30^\circ$

$\triangle COB$에서 $\angle AOC=30^\circ+30^\circ=60^\circ$

②단계 원 O의 넓이 구하기 ◀ 60%

원 O의 넓이를 $x\,\text{cm}^2$라 하면 부채꼴 AOC의 넓이가 $15\,\text{cm}^2$이고 한 원에서 부채꼴의 넓이는 중심각의 크기에 정비례하므로

$60:360=15:x$에서 $1:6=15:x$ $\quad\therefore x=90$

따라서 원 O의 넓이는 $90\,\text{cm}^2$이다.

05 $\widehat{AB}=\widehat{BC}$이고 한 원에서 부채꼴의 호의 길이는 중심각의 크기에 정비례하므로 $\angle AOB=\angle BOC$

이때 한 원에서 중심각의 크기가 같은 두 현의 길이는 같으므로 $\overline{AB}=\overline{BC}$

또, $\overline{OC}=\overline{OA}=5$ cm이므로 색칠한 부분의 둘레의 길이는

$\overline{OA}+\overline{AB}+\overline{BC}+\overline{OC}=5+4+4+5=18\,(\text{cm})$

06 ① $\angle AOB=\angle DOE$이므로 $\widehat{AB}=\widehat{DE}$

② $\angle AOB=\angle BOC$이므로 $\overline{AB}=\overline{BC}$

③ $\angle AOB=\frac{1}{2}\angle AOC$이므로 $\widehat{AB}=\frac{1}{2}\widehat{AC}$

④ $\angle AOC=2\angle DOE$이므로

(부채꼴 AOC의 넓이)$=2\times$(부채꼴 DOE의 넓이)

⑤ 삼각형의 넓이는 중심각의 크기에 정비례하지 않으므로

($\triangle AOC$의 넓이)$\neq 2\times$($\triangle DOE$의 넓이)

따라서 옳지 않은 것은 ⑤이다.

07 $\widehat{BC}=4\widehat{AB}$이므로

$\angle BOC=4\angle AOB=4\angle x$

$\overline{AO}\,/\!/\,\overline{BC}$이므로

$\angle OBC=\angle AOB=\angle x$ (엇각)

$\triangle OBC$는 $\overline{OB}=\overline{OC}$인 이등변삼각형이므로

$\angle OCB=\angle OBC=\angle x$

따라서 $\triangle OBC$에서 $4\angle x+\angle x+\angle x=180^\circ$이므로

$6\angle x=180^\circ$ $\quad\therefore \angle x=30^\circ$

08 ①단계 $\angle OAD$의 크기 구하기 ◀ 20%

$\overline{AD}\,/\!/\,\overline{OC}$이므로 $\angle OAD=\angle BOC=25^\circ$ (동위각)

③ 단계 $\angle AOD$의 크기 구하기 ◀ 40%

$\overline{OD}$를 그으면 $\triangle AOD$는 $\overline{OA}=\overline{OD}$인 이등변삼각형이므로

$\angle ODA=\angle OAD=25°$

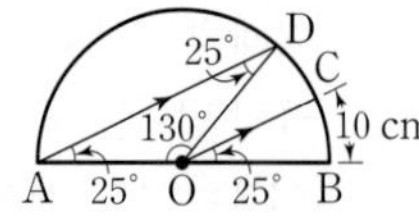

$\therefore \angle AOD=180°-(25°+25°)=130°$

③ 단계 $\widehat{AD}$의 길이 구하기 ◀ 40%

한 원에서 부채꼴의 호의 길이는 중심각의 크기에 정비례하므로 $130:25=\widehat{AD}:10$에서 $26:5=\widehat{AD}:10$

$5\widehat{AD}=260 \qquad \therefore \widehat{AD}=52\text{ cm}$

09 다음 그림과 같이 색칠한 부분을 대칭이동하면 구하는 둘레의 길이는 중간 크기의 원과 가장 작은 원의 둘레의 길이의 합과 같다.

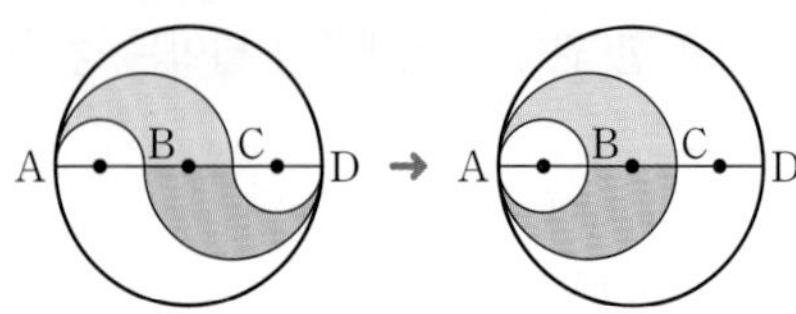

중간 크기의 원의 반지름의 길이는 $\overline{AB}=5\text{ cm}$, 가장 작은 원의 반지름의 길이는 $\frac{1}{2}\overline{AB}=\frac{5}{2}(\text{cm})$이므로

$(\text{둘레의 길이})=2\pi\times5+2\pi\times\frac{5}{2}$

$=10\pi+5\pi=15\pi(\text{cm})$

10 부채꼴의 반지름의 길이를 r cm라 하면

$2\pi r\times\frac{72}{360}=4\pi \qquad \therefore r=10$

따라서 부채꼴의 반지름의 길이가 10 cm이므로 넓이는

$\pi\times10^2\times\frac{72}{360}=20\pi(\text{cm}^2)$

11 두 부채꼴의 넓이가 같으므로

$\pi\times10^2\times\frac{x}{360}=\frac{1}{2}\times6\times5\pi,\ \frac{5\pi}{18}x=15\pi \qquad \therefore x=54$

12 (둘레의 길이)=(큰 부채꼴의 호의 길이)

+(작은 부채꼴의 호의 길이)

$+(8-4)\times2$

$=2\pi\times8\times\frac{100}{360}+2\pi\times4\times\frac{100}{360}+4\times2$

$=\frac{40}{9}\pi+\frac{20}{9}\pi+8=\frac{20}{3}\pi+8(\text{cm})$

13 색칠한 부분의 넓이는 다음과 같이 구할 수 있다.

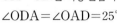

$(\text{넓이})=\pi\times3^2\times\frac{30}{360}+\left(\pi\times8^2\times\frac{45}{360}-\pi\times3^2\times\frac{45}{360}\right)$

$=\frac{3}{4}\pi+\left(8\pi-\frac{9}{8}\pi\right)=\frac{3}{4}\pi+\frac{55}{8}\pi$

$=\frac{61}{8}\pi(\text{cm}^2)$

14 ① 단계 둘레의 길이 구하기 ◀ 50%

둘레의 길이는 반지름의 길이가 $\frac{8}{2}=4(\text{cm})$이고 중심각의 크기가 90°인 부채꼴 8개의 호의 길이의 합과 같으므로

$\left(2\pi\times4\times\frac{90}{360}\right)\times8=16\pi(\text{cm})$

② 단계 넓이 구하기 ◀ 50%

색칠한 부분의 넓이는 다음과 같이 구할 수 있다.

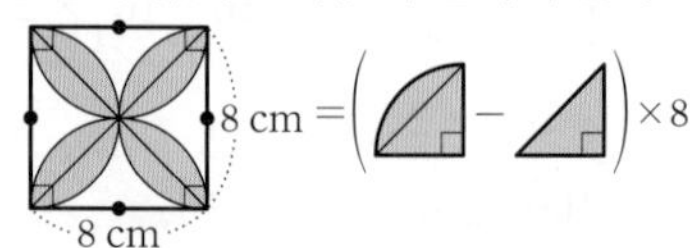

$\therefore (\text{넓이})=\left(\pi\times4^2\times\frac{90}{360}-\frac{1}{2}\times4\times4\right)\times8$

$=(4\pi-8)\times8$

$=32\pi-64(\text{cm}^2)$

15 오른쪽 그림과 같이 색칠한 부분의 일부를 이동하면 구하는 넓이는

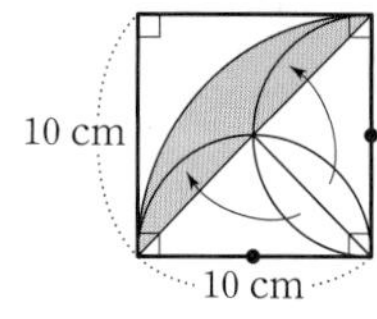

$\pi\times10^2\times\frac{90}{360}-\frac{1}{2}\times10\times10$

$=25\pi-50(\text{cm}^2)$

16 $\overline{OD}=\overline{CE}$이고

$\overline{OC}=\overline{OD}$ (반지름)이므로

$\triangle OCE$는 $\overline{OC}=\overline{CE}$인 이등변삼각형이다.

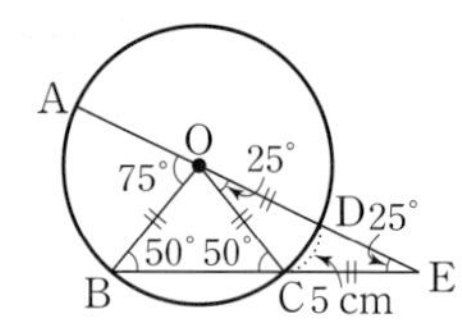

$\therefore \angle COE=\angle CEO=25°$

$\triangle OCE$에서

$\angle OCB=\angle COE+\angle CEO=25°+25°=50°$

$\triangle OBC$는 $\overline{OB}=\overline{OC}$인 이등변삼각형이므로

$\angle OBC=\angle OCB=50°$

$\triangle OBE$에서

$\angle AOB=\angle OBE+\angle OEB=50°+25°=75°$

한 원에서 부채꼴의 호의 길이는 중심각의 크기에 정비례하므로 $75:25=\widehat{AB}:5$에서

$3:1=\widehat{AB}:5 \qquad \therefore \widehat{AB}=15\text{ cm}$

17 오른쪽 그림과 같이 색칠한 부분의 일부를 이동하면 구하는 넓이는

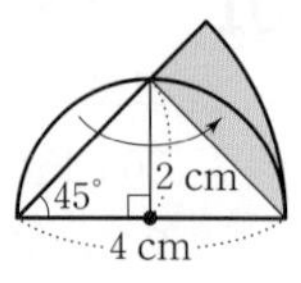

$\pi\times4^2\times\frac{45}{360}-\frac{1}{2}\times4\times2$

$=2\pi-4(\text{cm}^2)$

18 정육각형의 한 내각의 크기는 $\frac{180°\times(6-2)}{6}=120°$이므로 색칠한 부채꼴의 중심각의 크기는 120°이다.

따라서 색칠한 부채꼴의 넓이는

$\pi\times9^2\times\frac{120}{360}=27\pi(\text{cm}^2)$

5 다면체와 회전체

01 다면체

개념 1 78쪽

개념 Bridge 답 2, 2, 삼각형, 사다리꼴

개념 check

01 답

다면체	(오각기둥 그림)	(오각뿔 그림)	(오각뿔대 그림)
다면체의 이름	오각기둥	오각뿔	오각뿔대
면의 개수	7	6	7
몇 면체인가?	칠면체	육면체	칠면체
모서리의 개수	15	10	15
꼭짓점의 개수	10	6	10

필수 유형 익히기 79~80쪽

01 ③	01-1 4	02 ④	02-1 ⑤
03 ③	03-1 ②	04 ③	04-1 10
05 ⑤	05-1 6	06 ④	06-1 ⑤
07 (1) 각뿔대 (2) 육각뿔대		07-1 팔각기둥	

01
③ 팔각형은 평면도형이므로 다면체가 아니다.

01-1
다면체는 칠각기둥, 직육면체, 사각뿔대, 팔각뿔의 4개이다.

02
면의 개수가 7이므로 칠면체이다.

02-1
⑤ 십각뿔대의 면의 개수는 $10+2=12$이므로 십이면체이다.

03
각 다면체의 모서리의 개수는

① $3\times2=6$　② $3\times3=9$　③ $4\times3=12$

④ $4\times2=8$　⑤ $5\times3=15$

따라서 모서리의 개수가 12인 것은 ③ 사각기둥이다.

03-1
각 다면체의 꼭짓점의 개수는

① $3\times2=6$　② $4\times2=8$　③ $5+1=6$

④ $4+1=5$　⑤ $3\times2=6$

따라서 꼭짓점의 개수가 가장 많은 다면체는 ② 정육면체이다.

04
육각기둥의 모서리의 개수는 $6\times3=18$이므로 $x=18$

팔각뿔대의 꼭짓점의 개수는 $8\times2=16$이므로 $y=16$

$\therefore x+y=18+16=34$

04-1
칠각뿔의 면의 개수는 $7+1=8$이므로 $a=8$

육각뿔대의 모서리의 개수는 $6\times3=18$이므로 $b=18$

$\therefore b-a=18-8=10$

05
⑤ 육각뿔 - 삼각형

따라서 바르게 짝 지어지지 않은 것은 ⑤이다.

05-1
옆면의 모양이 사각형인 다면체는

정육면체 - 정사각형, 육각기둥 - 직사각형,

사각뿔대 - 사다리꼴, 구각기둥 - 직사각형,

직육면체 - 직사각형, 오각뿔대 - 사다리꼴

의 6개이다.

06
④ 오각기둥의 밑면의 개수는 2이다.

따라서 옳지 않은 것은 ④이다.

06-1
① 각뿔대의 두 밑면은 모양은 같지만 크기가 다르므로 합동이 아니다.

② 각뿔대의 옆면의 모양은 사다리꼴이다.

④ 삼각뿔대의 모서리의 개수는 $3\times3=9$이다.

따라서 옳은 것은 ⑤이다.

07
(2) 구하는 각뿔대를 n각뿔대라 하면 조건 (가)에 의하여 면의 개수가 8이므로 $n+2=8$　$\therefore n=6$

따라서 구하는 다면체는 육각뿔대이다.

07-1
조건 (가), (나)를 만족시키는 다면체는 각기둥이다.

구하는 각기둥을 n각기둥이라 하면 조건 (다)에 의하여 모서리의 개수가 24이므로 $n\times3=24$　$\therefore n=8$

따라서 구하는 다면체는 팔각기둥이다.

02 정다면체

개념 2 81~82쪽

개념 check

01 답 (1) ㄱ, ㄷ, ㅁ (2) ㄱ, ㄴ, ㄹ

01-1 답 (1) ○ (2) × (3) ○ (4) ×

(2) 정다면체는 정사면체, 정육면체, 정팔면체, 정십이면체, 정이십면체의 5가지뿐이다.

(4) 정다면체는 한 꼭짓점에 모인 면의 개수가 3 또는 4 또는 5이다.

02 답 그림은 풀이 참조 / (1) 정육면체 (2) 점 K (3) $\overline{IH}$

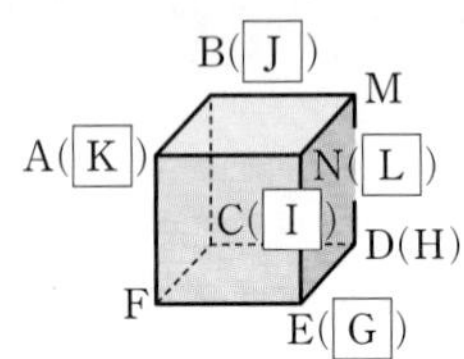

02-1 답 그림은 풀이 참조 / (1) 정사면체 (2) 점 E (3) $\overline{ED}$

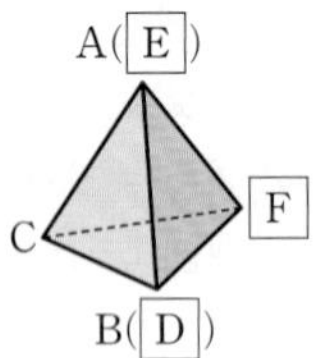

02-2 답 그림은 풀이 참조 / (1) 정팔면체 (2) 점 G (3) $\overline{IH}$

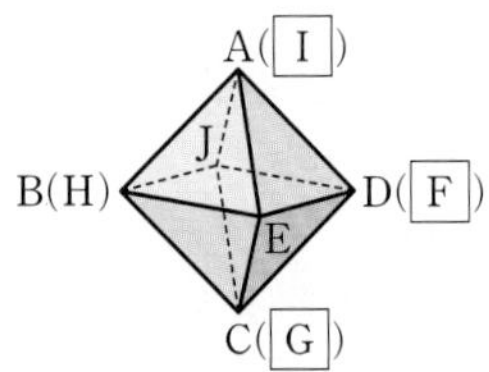

필수 유형 익히기

83쪽

01 ⑤	01-1 ②	02 ⑤	02-1 ㄴ, ㄷ
03 ③	03-1 $\overline{DF}$		

01

⑤ 정이십면체의 꼭짓점의 개수는 12이다.
따라서 옳지 않은 것은 ⑤이다.

01-1

정팔면체의 꼭짓점의 개수는 6이므로 $a=6$
정십이면체의 모서리의 개수는 30이므로 $b=30$
정이십면체의 한 꼭짓점에 모인 면의 개수는 5이므로 $c=5$
$\therefore a+b-c=6+30-5=31$

02

⑤ 정이십면체의 면의 개수는 20이다.
따라서 옳지 않은 것은 ⑤이다.

02-1

ㄱ. 한 꼭짓점에 모인 면의 개수가 가장 많은 정다면체는 정이십면체이고 그 개수는 4이다.
따라서 옳은 것은 ㄴ, ㄷ이다.

03

주어진 전개도로 만들어지는 정다면체는 오른쪽 그림과 같은 정팔면체이다.
따라서 $\overline{CD}$와 겹치는 모서리는 $\overline{GF}$이다.

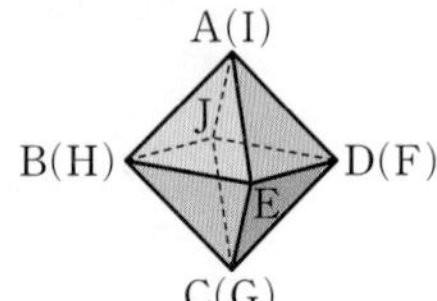

03-1

주어진 전개도로 만들어지는 정다면체는 오른쪽 그림과 같은 정사면체이다.
따라서 $\overline{AC}$와 꼬인 위치에 있는 모서리는 $\overline{DF}$이다.

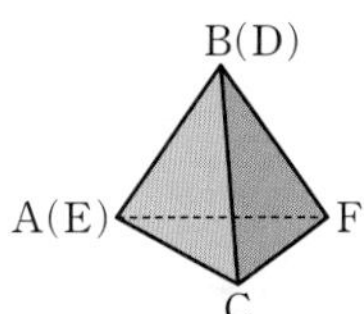

03 회전체

개념 Bridge 답 ○, ×, ○, ○

개념 check

01 답 (1) (2)

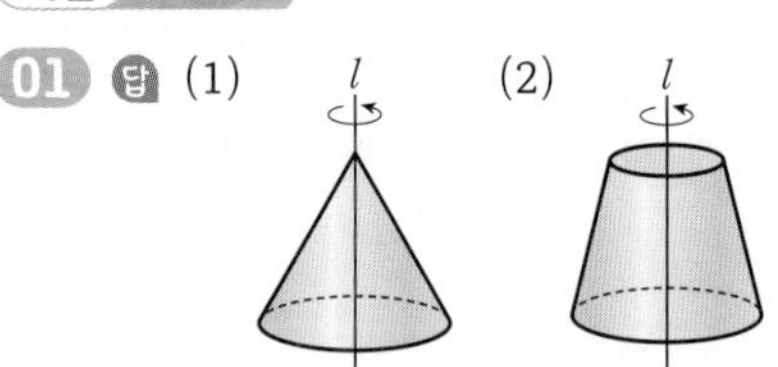

01-1 답 (1) (2)

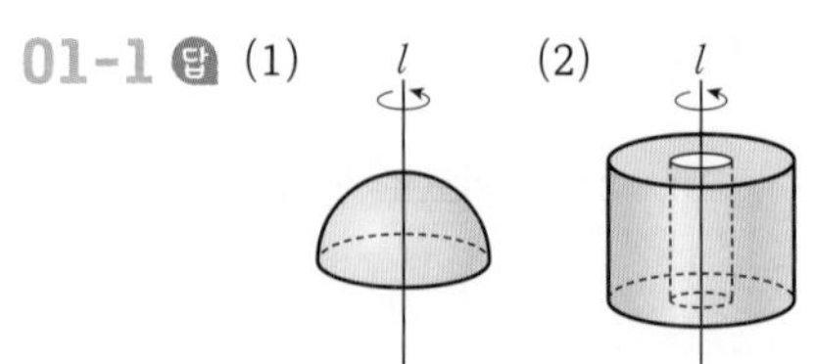

개념 check

01 답 (1) 원, 직사각형 (2) 원, 이등변삼각형
(3) 원, 사다리꼴 (4) 원, 원

01-1 답

입체도형	회전축에 수직인 평면으로 자른 단면의 모양	회전축을 포함하는 평면으로 자른 단면의 모양

개념 5 86쪽

개념 check

01 답 풀이 참조

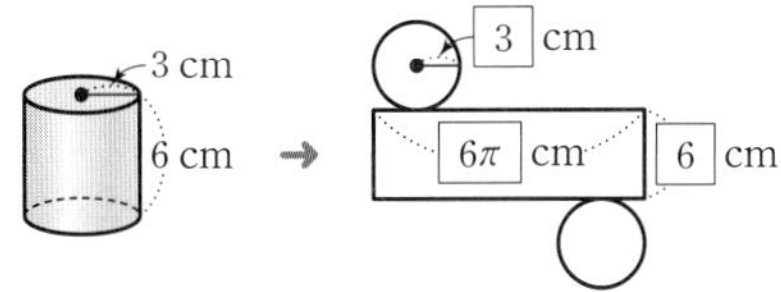

(직사각형의 가로의 길이) = (밑면인 원의 [둘레]의 길이)

$= 2\pi \times \boxed{3} = \boxed{6\pi}$(cm)

01-1 답 풀이 참조

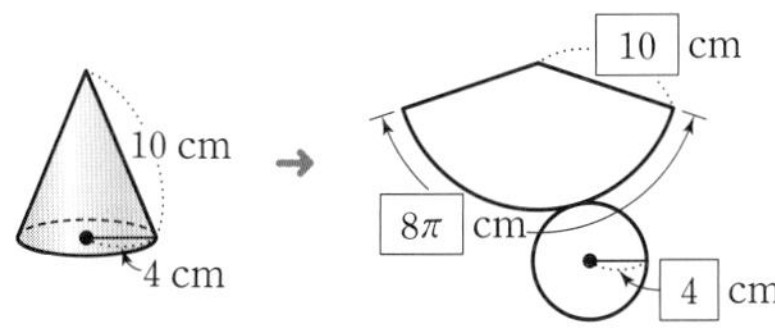

(부채꼴의 호의 길이) = (밑면인 원의 [둘레]의 길이)

$= 2\pi \times \boxed{4} = \boxed{8\pi}$(cm)

01-2 답 풀이 참조

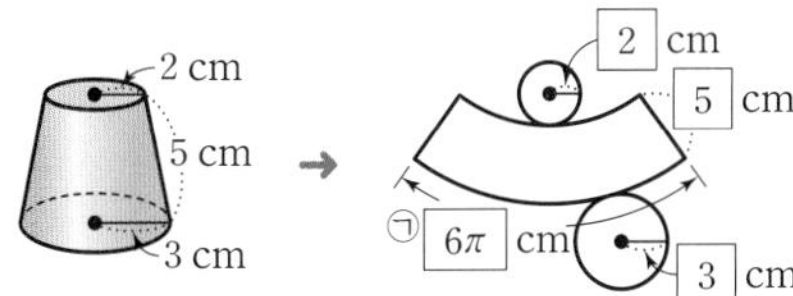

(㉠의 길이) = (두 밑면 중 큰 원의 [둘레]의 길이)

$= 2\pi \times \boxed{3} = \boxed{6\pi}$(cm)

필수 유형 익히기 87~88쪽

01 ② **01-1** ㄴ, ㄷ, ㅁ **02** ②
02-1 ③ **03** ⑤ **03-1** ② **04** 450π
04-1 $11+12\pi$ **05** ㄴ **05-1** ⑤
06 (1) 16π cm^2 (2) 64 cm^2 **06-1** 18 cm^2

01

② 다면체이다.

01-1

ㄱ, ㄹ, ㅂ. 다면체이다.

02

주어진 평면도형이 회전축에서 떨어져 있으므로 평면도형을 직선 l을 회전축으로 하여 1회전 시킬 때 생기는 회전체는 ②와 같이 속이 뚫린 원뿔대 모양의 입체도형이다.

02-1

③ 주어진 평면도형을 직선 l을 회전축으로 하여 1회전 시킬 때 생기는 회전체는 오른쪽 그림과 같다.

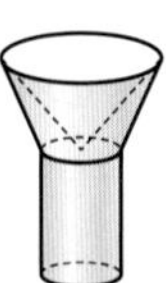

03

⑤ 반구를 회전축을 포함하는 평면으로 자를 때 생기는 단면의 모양은 반원이다.

03-1

② 원뿔을 회전축에 수직인 평면으로 자른 단면의 모양은 원이다.

04

주어진 직사각형을 직선 l을 회전축으로 하여 1회전 시킬 때 생기는 회전체는 원기둥이다.

원기둥의 밑면의 반지름의 길이는 5 cm이므로 $x=5$

옆면인 직사각형의 가로의 길이는 밑면인 원의 둘레의 길이와 같으므로 $y=2\pi\times5=10\pi$

또, 세로의 길이는 원기둥의 높이와 같으므로 $z=9$

$\therefore xyz=5\times10\pi\times9=450\pi$

04-1

원뿔대의 전개도에서

작은 원의 반지름의 길이는 원뿔대의 두 밑면 중 작은 원의 반지름의 길이와 같으므로 $a=4$

옆면의 직선 부분의 길이는 원뿔대의 모선의 길이와 같으므로 $b=7$

옆면에서 곡선으로 된 두 부분 중 긴 부분의 길이는 원뿔대의 두 밑면 중 큰 원의 둘레의 길이와 같으므로 $c=2\pi\times6=12\pi$

$\therefore a+b+c=4+7+12\pi=11+12\pi$

05

ㄴ. 반원을 지름을 회전축으로 하여 1회전 시키면 구가 된다.

따라서 옳지 않은 것은 ㄴ이다.

05-1

① 원기둥, 원뿔, 원뿔대의 회전축은 1개이다.
② 구는 전개도를 그릴 수 없다.
③ 원뿔대의 두 밑면은 서로 평행하고 모양은 같지만 크기가 다르므로 합동이 아니다.
④ 원뿔을 회전축에 수직인 평면으로 자르면 원뿔대가 생긴다.
따라서 옳은 것은 ⑤이다.

06

회전체는 오른쪽 그림과 같은 원기둥이다.

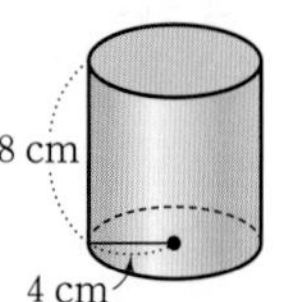

(1) 회전축에 수직인 평면으로 자를 때 생기는 단면은 반지름의 길이가 4 cm인 원이다.
$\therefore$ (단면의 넓이)$=\pi\times4^2=16\pi(\text{cm}^2)$
(2) 회전축을 포함하는 평면으로 자를 때 생기는 단면은 한 변의 길이가 8 cm인 정사각형이다.
$\therefore$ (단면의 넓이)$=8\times8=64(\text{cm}^2)$

06-1

회전축을 포함하는 평면으로 자를 때 생기는 단면은 오른쪽 그림과 같은 사다리꼴이다.

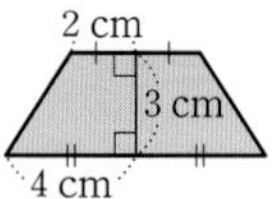

$\therefore$ (단면의 넓이)$=\left\{\frac{1}{2}\times(2+4)\times3\right\}\times2$
$=18(\text{cm}^2)$

서술형 감잡기 89쪽

01 5　**01-1** 38
02 36π cm^2　**02-1** 25π cm^2

01

①단계 조건을 만족시키는 입체도형의 이름 말하기 ◀ 40%
주어진 각뿔대를 n각뿔대라 하면
$n\times\boxed{3}=21$　$\therefore n=\boxed{7}$
따라서 주어진 입체도형은 [칠각뿔대]이다.
②단계 a, b의 값 각각 구하기 ◀ 40%
[칠각뿔대]의 면의 개수는 $\boxed{7}+2=\boxed{9}$이므로 $a=\boxed{9}$
[칠각뿔대]의 꼭짓점의 개수는 $\boxed{7}\times2=\boxed{14}$이므로 $b=\boxed{14}$
③단계 $b-a$의 값 구하기 ◀ 20%
$\therefore b-a=\boxed{14}-\boxed{9}=\boxed{5}$

01-1

①단계 조건을 만족시키는 입체도형의 이름 말하기 ◀ 40%
주어진 각기둥을 n각기둥이라 하면 $n\times2=18$　$\therefore n=9$
따라서 주어진 입체도형은 구각기둥이다.
②단계 a, b의 값 각각 구하기 ◀ 40%
구각기둥의 면의 개수는 $9+2=11$이므로 $a=11$
구각기둥의 모서리의 개수는 $9\times3=27$이므로 $b=27$
③단계 $a+b$의 값 구하기 ◀ 20%
$\therefore a+b=11+27=38$

02

①단계 밑면인 원의 반지름의 길이 구하기 ◀ 60%
직사각형의 가로의 길이는 밑면인 원의 [둘레]의 길이와 같으므로 밑면인 원의 반지름의 길이를 r cm라 하면
$2\pi r=\boxed{12\pi}$　$\therefore r=\boxed{6}$
따라서 밑면인 원의 반지름의 길이는 $\boxed{6}$ cm이다.
②단계 밑면의 넓이 구하기 ◀ 40%
따라서 원기둥의 밑면의 넓이는 $\pi\times\boxed{6}^2=\boxed{36\pi}(\text{cm}^2)$

02-1

①단계 밑면인 원의 반지름의 길이 구하기 ◀ 60%
부채꼴의 호의 길이는 밑면인 원의 둘레의 길이와 같으므로 밑면인 원의 반지름의 길이를 r cm라 하면
$2\pi r=2\pi\times12\times\frac{150}{360}$　$\therefore r=5$
따라서 밑면인 원의 반지름의 길이는 5 cm이다.
②단계 밑면의 넓이 구하기 ◀ 40%
따라서 원뿔의 밑면의 넓이는 $\pi\times5^2=25\pi(\text{cm}^2)$

단원 마무리하기 90~92쪽

01 ②, ⑤　**02** ④　**03** ⑤　**04** 42　**05** ③
06 ⑤　**07** ④　**08** 0　**09** 정이십면체　**10** ②
11 ⑤　**12** ②, ④　**13** ⑤　**14** ⑤　**15** 2 cm
16 ⑤　**17** 십각기둥, 십일각뿔, 십각뿔대, 52　**18** ㄱ, ㄷ
19 4π cm^2

02 각 다면체의 면의 개수는
① $4+2=6$　② $5+1=6$　③ $5+2=7$
④ $6+2=8$　⑤ $6+1=7$
따라서 면의 개수가 가장 많은 다면체는 ④ 육각뿔대이다.

03 ① $3+1=4$　② $4\times3=12$　③ $5+1=6$
④ $6\times2=12$　⑤ $7\times2=14$
따라서 그 값이 가장 큰 것은 ⑤이다.

04 ①단계 a, b, c의 값 각각 구하기 ◀ 80%
육각뿔의 모서리의 개수는 $6\times2=12$이므로 $a=12$

구각뿔대의 꼭짓점의 개수는 $9\times2=18$이므로 $b=18$

십각기둥의 면의 개수는 $10+2=12$이므로 $c=12$

②단계 $a+b+c$의 값 구하기 ◀ 20%

$\therefore a+b+c=12+18+12=42$

05 ③ 사각뿔의 옆면의 모양은 삼각형이다.

06 ④ n각기둥과 n각뿔대의 면의 개수는 $n+2$로 같다.

⑤ n각뿔의 면의 개수와 꼭짓점의 개수는 $n+1$로 같다.

따라서 옳지 않은 것은 ⑤이다.

07 조건 (가), (나)를 만족시키는 다면체는 각기둥이므로 이 다면체를 n각기둥이라 하면 조건 (다)에 의하여

$n\times2=20 \qquad \therefore n=10$

따라서 주어진 다면체는 십각기둥이다.

08 ①단계 a, b의 값 각각 구하기 ◀ 80%

면의 모양이 정삼각형인 정다면체는 정사면체, 정팔면체, 정이십면체의 3가지이므로 $a=3$

한 꼭짓점에 모인 면의 개수가 3인 정다면체는 정사면체, 정육면체, 정십이면체의 3가지이므로 $b=3$

②단계 $a-b$의 값 구하기 ◀ 20%

$\therefore a-b=3-3=0$

09 모든 면이 합동인 정삼각형인 정다면체는 정사면체, 정팔면체, 정이십면체이고 이 중 각 꼭짓점에 모인 면의 개수가 5인 것은 정이십면체이다.

10 ② 정다면체는 정사면체, 정육면체, 정팔면체, 정십이면체, 정이십면체의 5가지뿐이다.

④ 한 꼭짓점에 모인 면의 개수가 5인 정다면체는 정이십면체의 1가지이다.

⑤ 정십이면체와 정이십면체의 모서리의 개수는 30으로 같다.

따라서 옳지 않은 것은 ②이다.

11 주어진 전개도로 만들어지는 정다면체는 오른쪽 그림과 같은 정팔면체이다.

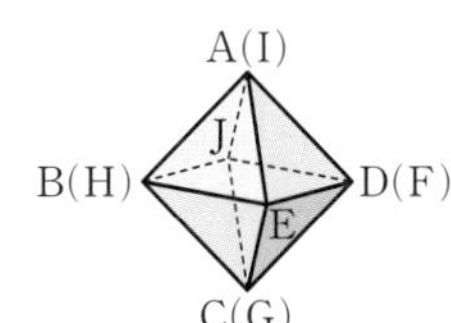

⑤ $\overline{AJ}$와 $\overline{EG}$는 평행하다.

12 ②, ④ 다면체이므로 회전체가 아니다.

13 주어진 평면도형이 회전축에서 떨어져 있으므로 평면도형을 직선 l을 회전축으로 하여 1회전 시킬 때 생기는 회전체는 ⑤와 같이 속이 뚫린 모양의 입체도형이다.

14 ⑤ 구는 어느 방향으로 자르더라도 단면이 항상 원이다.

15 ①단계 두 밑면 중 큰 원의 둘레와 길이가 같은 부채꼴의 호 찾기 ◀ 50%

두 밑면 중 큰 원의 둘레의 길이는 반지름의 길이가 8 cm이고 중심각의 크기가 90°인 부채꼴의 호의 길이와 같다.

②단계 반지름의 길이 구하기 ◀ 50%

두 밑면 중 큰 원의 반지름의 길이를 r cm라 하면

$2\pi\times8\times\frac{90}{360}=2\pi r$

$\therefore r=2$

따라서 구하는 반지름의 길이는 2 cm이다.

16 ① 원뿔대의 회전축은 1개이다.

② 오른쪽 그림과 같이 직각삼각형 ABC를 빗변 AC를 회전축으로 하여 1회전 시키면 원뿔이 되지 않는다.

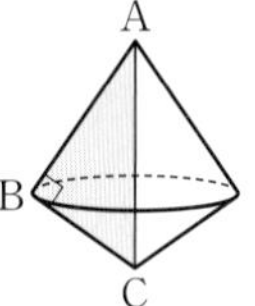

③ 회전축에 수직인 평면으로 자를 때 생기는 단면의 경계는 항상 원이지만 크기가 다를 수 있으므로 모두 합동인 것은 아니다.

④ 회전축을 포함하는 평면으로 자를 때 생기는 단면은 선대칭도형이고 모두 합동이다.

따라서 옳은 것은 ⑤이다.

17 십이면체인 각기둥을 a각기둥이라하면

$a+2=12 \qquad \therefore a=10$

십각기둥의 꼭짓점의 개수는 $10\times2=20$

십이면체인 각뿔을 b각뿔이라 하면

$b+1=12 \qquad \therefore b=11$

십일각뿔의 꼭짓점의 개수는 $11+1=12$

십이면체인 각뿔대를 c각뿔대라 하면

$c+2=12 \qquad \therefore c=10$

십각뿔대의 꼭짓점의 개수는 $10\times2=20$

따라서 구하는 합은 $20+12+20=52$

18 주어진 전개도로 만들어지는 정다면체는 정십이면체이다.

ㄴ. 정십이면체의 꼭짓점의 개수는 20이다.

ㄹ. 정십이면체의 한 꼭짓점에 모인 면의 개수는 3이다.

따라서 옳은 것은 ㄱ, ㄷ이다.

19 주어진 평면도형을 직선 l을 회전축으로 하여 1회전 시킬 때 생기는 회전체는 오른쪽 그림과 같다.

회전축에 수직인 평면으로 자를 때 생기는 단면 중 회전체의 가운데 부분을 지나도록 자른 단면의 넓이가 가장 작고, 그때의 단면인 원의 반지름의 길이가 2 cm이므로 넓이는

$\pi\times2^2=4\pi(\text{cm}^2)$

입체도형의 부피와 겉넓이

01 기둥의 부피와 겉넓이

개념 1

94쪽

개념 Bridge 답 밑넓이

개념 check

01 답 (1) ① $26\,cm^2$ ② $10\,cm$ ③ $260\,cm^3$
(2) ① $16\pi\,cm^2$ ② $6\,cm$ ③ $96\pi\,cm^3$

(1) ① (밑넓이)$=\frac{1}{2}\times(5+8)\times4=26(cm^2)$
② (높이)$=10\,cm$
③ (부피)$=26\times10=260(cm^3)$
(2) ① (밑넓이)$=\pi\times4^2=16\pi(cm^2)$
② (높이)$=6\,cm$
③ (부피)$=16\pi\times6=96\pi(cm^3)$

01-1 답 (1) $225\,cm^3$ (2) $72\pi\,cm^3$

(1) (밑넓이)$=\frac{1}{2}\times5\times10=25(cm^2)$
(높이)$=9\,cm$
∴ (부피)$=25\times9=225(cm^3)$
(2) (밑넓이)$=\pi\times3^2=9\pi(cm^2)$
(높이)$=8\,cm$
∴ (부피)$=9\pi\times8=72\pi(cm^3)$

개념 2

95쪽

개념 Bridge 답 2

개념 check

01 답 (1) 풀이 참조 (2) 풀이 참조

(1)

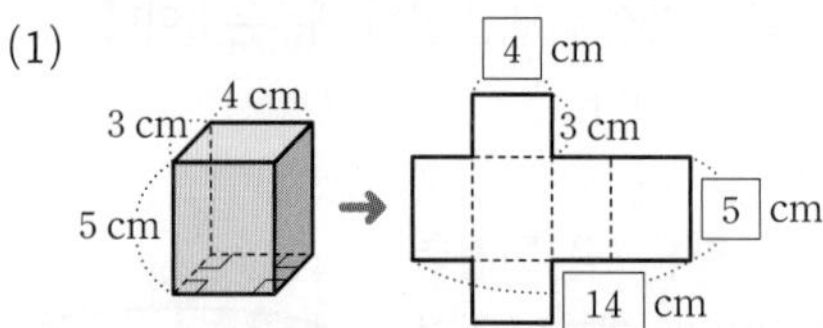

① (밑넓이)$=4\times3=12(cm^2)$
② (옆넓이)$=14\times5=70(cm^2)$
③ (겉넓이)$=12\times2+70=94(cm^2)$

(2)

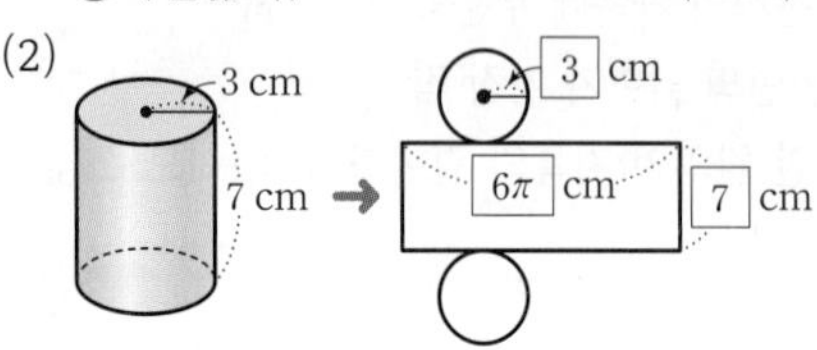

① (밑넓이)$=\pi\times3^2=9\pi(cm^2)$
② (옆넓이)$=6\pi\times7=42\pi(cm^2)$
③ (겉넓이)$=9\pi\times2+42\pi=60\pi(cm^2)$

01-1 답 (1) $288\,cm^2$ (2) $120\pi\,cm^2$

(1) (밑넓이)$=\frac{1}{2}\times6\times8=24(cm^2)$
(옆넓이)$=(6+8+10)\times10=240(cm^2)$
∴ (겉넓이)$=24\times2+240=288(cm^2)$
(2) (밑넓이)$=\pi\times5^2=25\pi(cm^2)$
(옆넓이)$=(2\pi\times5)\times7=70\pi(cm^2)$
∴ (겉넓이)$=25\pi\times2+70\pi=120\pi(cm^2)$

필수 유형 익히기

96~97쪽

01 $495\,cm^3$ **01-1** $150\pi\,cm^3$ **02** $96\,cm^2$
02-1 $130\pi\,cm^2$ **03** ④ **03-1** 4
04 5 **04-1** $10\,cm$ **05** ② **05-1** $18\pi\,cm^3$
06 ⑤ **06-1** $(144\pi+120)\,cm^2$
07 (1) $96\pi\,cm^3$ (2) $128\pi\,cm^2$
07-1 (1) $126\,cm^3$ (2) $246\,cm^2$

01

(밑넓이)$=\frac{1}{2}\times6\times11=33(cm^2)$
(높이)$=15\,cm$
∴ (부피)$=33\times15=495(cm^3)$

01-1

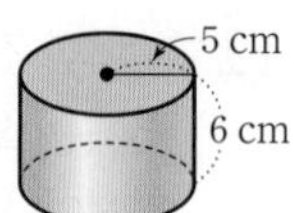

주어진 직사각형을 직선 l을 회전축으로 하여 1회전 시킬 때 생기는 회전체는 오른쪽 그림과 같다.
(밑넓이)$=\pi\times5^2=25\pi(cm^2)$
(높이)$=6\,cm$
∴ (부피)$=25\pi\times6=150\pi(cm^3)$

02

(밑넓이)$=\frac{1}{2}\times3\times4=6(cm^2)$
(옆넓이)$=(3+4+5)\times7=84(cm^2)$
∴ (겉넓이)$=6\times2+84=96(cm^2)$

02-1

(밑넓이)$=\pi\times5^2=25\pi$(cm^2)

(옆넓이)$=(2\pi\times5)\times8=80\pi$(cm^2)

$\therefore$ (겉넓이)$=25\pi\times2+80\pi=130\pi$(cm^2)

03

밑면의 반지름의 길이를 r cm라 하면

(밑넓이)$=\pi r^2$ cm^2, (높이)$=10$ cm이므로

(부피)$=10\pi r^2$ cm^3

$10\pi r^2=250\pi$에서 $r^2=25=5^2$이므로 $r=5$

따라서 밑면의 반지름의 길이는 5 cm이다.

03-1

(밑넓이)$=6\times6=36$(cm^2)

이므로

(부피)$=36\times h=36h$(cm^3)

$36h=144$에서 $h=4$

04

(밑넓이)$=\frac{1}{2}\times6\times8=24$(cm^2)

(옆넓이)$=(6+8+10)\times h=24h$(cm^2)

이므로

(겉넓이)$=24\times2+24h=48+24h$(cm^2)

$48+24h=168$에서 $24h=120$

$\therefore h=5$

04-1

원기둥의 높이를 h cm라 하면

(밑넓이)$=\pi\times6^2=36\pi$(cm^2)

이므로

(겉넓이)$=36\pi\times2+(2\pi\times6)\times h$

$=72\pi+12\pi h$(cm^2)

$72\pi+12\pi h=192\pi$에서 $12\pi h=120\pi$

$\therefore h=10$

따라서 원기둥의 높이는 10 cm이다.

05

(밑넓이)$=\pi\times12^2\times\frac{30}{360}=12\pi$(cm^2)

(높이)$=5$ cm

$\therefore$ (부피)$=12\pi\times5=60\pi$(cm^3)

05-1

(밑넓이)$=\pi\times3^2\times\frac{120}{360}=3\pi$(cm^2)

(높이)$=6$ cm

$\therefore$ (부피)$=3\pi\times6=18\pi$(cm^3)

06

(밑넓이)$=\pi\times2^2\times\frac{180}{360}=2\pi$(cm^2)

(옆넓이)$=\left(2\pi\times2\times\frac{180}{360}\right)\times5+4\times5=10\pi+20$(cm^2)

$\therefore$ (겉넓이)$=2\pi\times2+(10\pi+20)$

$=14\pi+20$(cm^2)

06-1

(밑넓이)$=\pi\times6^2\times\frac{270}{360}=27\pi$(cm^2)

(옆넓이)$=\left(2\pi\times6\times\frac{270}{360}\right)\times10+(10\times6)\times2$

$=90\pi+120$(cm^2)

$\therefore$ (겉넓이)$=27\pi\times2+(90\pi+120)$

$=144\pi+120$(cm^2)

07

(1) (구멍이 뚫린 입체도형의 부피)

=(큰 원기둥의 부피)−(작은 원기둥의 부피)

$=\pi\times5^2\times6-\pi\times3^2\times6$

$=150\pi-54\pi$

$=96\pi$(cm^3)

(2) (구멍이 뚫린 입체도형의 겉넓이)

=(구멍이 뚫린 입체도형의 밑넓이)×2

+(큰 원기둥의 옆넓이)+(작은 원기둥의 옆넓이)

$=(\pi\times5^2-\pi\times3^2)\times2+(2\pi\times5)\times6+(2\pi\times3)\times6$

$=32\pi+60\pi+36\pi$

$=128\pi$(cm^2)

07-1

(1) (구멍이 뚫린 입체도형의 부피)

=(큰 사각기둥의 부피)−(작은 사각기둥의 부피)

$=(5\times6)\times6-(3\times3)\times6$

$=180-54$

$=126$(cm^3)

(2) (구멍이 뚫린 입체도형의 겉넓이)

=(구멍이 뚫린 입체도형의 밑넓이)×2

+(큰 사각기둥의 옆넓이)+(작은 사각기둥의 옆넓이)

$=(5\times6-3\times3)\times2+(5+6+5+6)\times6$

$+(3+3+3+3)\times6$

$=42+132+72=246$(cm^2)

02 뿔의 부피와 겉넓이

개념 3 98쪽

개념 Bridge 답 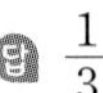 $\frac{1}{3}$

개념 check

01 답 (1) ① $56\,\text{cm}^2$ ② $9\,\text{cm}$ ③ $168\,\text{cm}^3$
(2) ① $16\pi\,\text{cm}^2$ ② $9\,\text{cm}$ ③ $48\pi\,\text{cm}^3$

(1) ① (밑넓이)$=7\times8=56(\text{cm}^2)$
② (높이)$=9\,\text{cm}$
③ (부피)$=\frac{1}{3}\times56\times9=168(\text{cm}^3)$

(2) ① (밑넓이)$=\pi\times4^2=16\pi(\text{cm}^2)$
② (높이)$=9\,\text{cm}$
③ (부피)$=\frac{1}{3}\times16\pi\times9=48\pi(\text{cm}^3)$

01-1 답 (1) $28\,\text{cm}^3$ (2) $50\pi\,\text{cm}^3$

(1) (밑넓이)$=\frac{1}{2}\times4\times7=14(\text{cm}^2)$
(높이)$=6\,\text{cm}$
∴ (부피)$=\frac{1}{3}\times14\times6=28(\text{cm}^3)$

(2) (밑넓이)$=\pi\times5^2=25\pi(\text{cm}^2)$
(높이)$=6\,\text{cm}$
∴ (부피)$=\frac{1}{3}\times25\pi\times6=50\pi(\text{cm}^3)$

개념 4 99쪽

개념 Bridge 답 옆넓이

개념 check

01 답 (1) 풀이 참조 (2) 풀이 참조

(1)

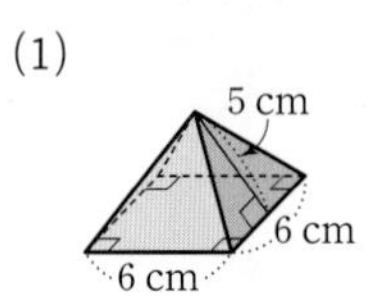

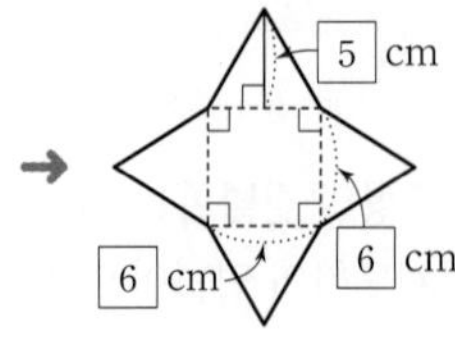

① (밑넓이)$=6\times6=36(\text{cm}^2)$
② (옆넓이)$=\left(\frac{1}{2}\times6\times5\right)\times4=60(\text{cm}^2)$
③ (겉넓이)$=36+60=96(\text{cm}^2)$

(2)

11 cm, 5 cm → 11 cm, 10π cm, 5 cm

① (밑넓이)$=\pi\times5^2=25\pi(\text{cm}^2)$
② (옆넓이)$=\frac{1}{2}\times11\times10\pi=55\pi(\text{cm}^2)$
③ (겉넓이)$=25\pi+55\pi=80\pi(\text{cm}^2)$

01-1 답 (1) $95\,\text{cm}^2$ (2) $40\pi\,\text{cm}^2$

(1) (밑넓이)$=5\times5=25(\text{cm}^2)$
(옆넓이)$=\left(\frac{1}{2}\times5\times7\right)\times4=70(\text{cm}^2)$
∴ (겉넓이)$=25+70=95(\text{cm}^2)$

(2) (밑넓이)$=\pi\times4^2=16\pi(\text{cm}^2)$
(옆넓이)$=\frac{1}{2}\times6\times(2\pi\times4)=24\pi(\text{cm}^2)$
∴ (겉넓이)$=16\pi+24\pi=40\pi(\text{cm}^2)$

필수 유형 익히기 100~101쪽

01 $140\,\text{cm}^3$ **01-1** $144\pi\,\text{cm}^3$
02 $340\,\text{cm}^2$ **02-1** $30\pi\,\text{cm}^2$
03 9 cm **03-1** 6 cm **04** 13 **04-1** 5
05 (1) $32\,\text{cm}^3$ (2) $4\,\text{cm}^3$ (3) $28\,\text{cm}^3$ **05-1** $42\pi\,\text{cm}^3$
06 (1) $4\pi\,\text{cm}^2$ (2) $16\pi\,\text{cm}^2$ (3) $36\pi\,\text{cm}^2$ (4) $56\pi\,\text{cm}^2$
06-1 $117\,\text{cm}^2$

01

(밑넓이)$=\frac{1}{2}\times7\times10=35(\text{cm}^2)$
(높이)$=12\,\text{cm}$
∴ (부피)$=\frac{1}{3}\times35\times12=140(\text{cm}^3)$

01-1

두 원뿔의 밑넓이는 모두 $\pi\times6^2=36\pi(\text{cm}^2)$이고
(위쪽 원뿔의 높이)$=4\,\text{cm}$, (아래쪽 원뿔의 높이)$=8\,\text{cm}$
이므로
(주어진 입체도형의 부피)
$=$(위쪽 원뿔의 부피)$+$(아래쪽 원뿔의 부피)
$=\frac{1}{3}\times36\pi\times4+\frac{1}{3}\times36\pi\times8=48\pi+96\pi=144\pi(\text{cm}^3)$

02

(밑넓이)$=10\times10=100(\text{cm}^2)$

(옆넓이)$=\left(\frac{1}{2}\times10\times12\right)\times4=240(\text{cm}^2)$

$\therefore$ (겉넓이)$=100+240=340(\text{cm}^2)$

02-1

(밑넓이)$=\pi\times3^2=9\pi(\text{cm}^2)$

(옆넓이)$=\frac{1}{2}\times7\times(2\pi\times3)=21\pi(\text{cm}^2)$

$\therefore$ (겉넓이)$=9\pi+21\pi=30\pi(\text{cm}^2)$

03

원뿔의 높이를 h cm라 하면
(밑넓이)$=\pi\times4^2=16\pi(\text{cm}^2)$
이므로

(부피)$=\frac{1}{3}\times16\pi\times h=\frac{16}{3}\pi h(\text{cm}^3)$

$\frac{16}{3}\pi h=48\pi$에서 $h=9$

따라서 원뿔의 높이는 9 cm이다.

03-1

밑면의 한 변의 길이를 x cm라 하면
(밑넓이)$=x^2\text{ cm}^2$, (높이)$=8$ cm
이므로

(부피)$=\frac{1}{3}\times x^2\times8=\frac{8}{3}x^2(\text{cm}^2)$

$\frac{8}{3}x^2=96$에서 $x^2=36=6^2$

$\therefore x=6$

따라서 사각뿔의 밑면의 한 변의 길이는 6 cm이다.

04

(밑넓이)$=10\times10=100(\text{cm}^2)$

(옆넓이)$=\left(\frac{1}{2}\times10\times h\right)\times4=20h(\text{cm}^2)$

이므로
(겉넓이)$=100+20h(\text{cm}^2)$
$100+20h=360$에서 $20h=260$
$\therefore h=13$

04-1

(밑넓이)$=\pi\times3^2=9\pi(\text{cm}^2)$

(옆넓이)$=\frac{1}{2}\times l\times(2\pi\times3)=3\pi l(\text{cm}^2)$

이므로
(겉넓이)$=9\pi+3\pi l=(9+3l)\pi(\text{cm}^2)$
$(9+3l)\pi=24\pi$에서 $9+3l=24$
$3l=15$
$\therefore l=5$

05

(1) (밑넓이)$=4\times4=16(\text{cm}^2)$
(높이)$=3+3=6(\text{cm})$

(부피)$=\frac{1}{3}\times16\times6=32(\text{cm}^3)$

(2) (밑넓이)$=2\times2=4(\text{cm}^2)$
(높이)$=3$ cm

(부피)$=\frac{1}{3}\times4\times3=4(\text{cm}^3)$

(3) (사각뿔대의 부피)
=(큰 사각뿔의 부피)−(작은 사각뿔의 부피)
$=32-4=28(\text{cm}^3)$

05-1

큰 원뿔의
(밑넓이)$=\pi\times6^2=36\pi(\text{cm}^2)$
(높이)$=2+2=4(\text{cm})$

(부피)$=\frac{1}{3}\times36\pi\times4=48\pi(\text{cm}^3)$

작은 원뿔의
(밑넓이)$=\pi\times3^2=9\pi(\text{cm}^2)$
(높이)$=2$ cm

(부피)$=\frac{1}{3}\times9\pi\times2=6\pi(\text{cm}^3)$

$\therefore$ (원뿔대의 부피)
=(큰 원뿔의 부피)−(작은 원뿔의 부피)
$=48\pi-6\pi=42\pi(\text{cm}^3)$

06

(1) (작은 밑면의 넓이)$=\pi\times2^2=4\pi(\text{cm}^2)$
(2) (큰 밑면의 넓이)$=\pi\times4^2=16\pi(\text{cm}^2)$
(3) (원뿔대의 옆넓이)
=(큰 부채꼴의 넓이)−(작은 부채꼴의 넓이)

$=\frac{1}{2}\times12\times(2\pi\times4)-\frac{1}{2}\times6\times(2\pi\times2)$

$=36\pi(\text{cm}^2)$

(4) (원뿔대의 겉넓이)
=(작은 밑면의 넓이)+(큰 밑면의 넓이)+(옆넓이)
$=4\pi+16\pi+36\pi$
$=56\pi(\text{cm}^2)$

06-1

(작은 밑면의 넓이)$=3\times3=9(\text{cm}^2)$

(큰 밑면의 넓이)$=6\times6=36(\text{cm}^2)$

(각뿔대의 옆넓이)$=\left\{\frac{1}{2}\times(3+6)\times4\right\}\times4$

$=72(\text{cm}^2)$

∴ (각뿔대의 겉넓이)

=(작은 밑면의 넓이)+(큰 밑면의 넓이)+(옆넓이)

$=9+36+72$

$=117(\text{cm}^2)$

03 구의 부피와 겉넓이

개념 5

102쪽

개념 Bridge 답 (1) $\frac{4}{3}$, 9, 972π (2) 4, 9, 324π

개념 check

01 답 $36\pi\text{ cm}^3$, $36\pi\text{ cm}^2$

(부피)$=\frac{4}{3}\pi\times3^3=36\pi(\text{cm}^3)$

(겉넓이)$=4\pi\times3^2=36\pi(\text{cm}^2)$

01-1 답 (1) $\frac{32}{3}\pi\text{ cm}^3$ (2) $\frac{1024}{3}\pi\text{ cm}^3$

(1) (부피)$=\frac{4}{3}\pi\times2^3=\frac{32}{3}\pi(\text{cm}^3)$

(2) (부피)$=\frac{1}{2}\times\left(\frac{4}{3}\pi\times8^3\right)=\frac{1024}{3}\pi(\text{cm}^3)$

01-2 답 (1) $100\pi\text{ cm}^2$ (2) $48\pi\text{ cm}^2$

(1) (겉넓이)$=4\pi\times5^2=100\pi(\text{cm}^2)$

(2) (겉넓이)$=\frac{1}{2}\times(4\pi\times4^2)+\pi\times4^2$

$=32\pi+16\pi$

$=48\pi(\text{cm}^2)$

필수 유형 익히기

103쪽

01 $\frac{52}{3}\pi\text{ cm}^3$ **01-1** $240\pi\text{ cm}^3$

02 $147\pi\text{ cm}^2$ **02-1** $256\pi\text{ cm}^2$

03 (1) $18\pi\text{ cm}^3$, $36\pi\text{ cm}^3$, $54\pi\text{ cm}^3$ (2) 1 : 2 : 3

03-1 $24\pi\text{ cm}^3$

01

(주어진 입체도형의 부피)=(반구의 부피)+(원기둥의 부피)

$=\frac{1}{2}\times\frac{4}{3}\pi\times2^3+\pi\times2^2\times3$

$=\frac{16}{3}\pi+12\pi=\frac{52}{3}\pi(\text{cm}^3)$

01-1

(주어진 입체도형의 부피)=(반구의 부피)+(원뿔의 부피)

$=\frac{1}{2}\times\frac{4}{3}\pi\times6^3+\frac{1}{3}\times\pi\times6^2\times8$

$=144\pi+96\pi=240\pi(\text{cm}^3)$

02

주어진 부채꼴을 직선 l을 회전축으로 하여 1회전 시킬 때 생기는 회전체는 오른쪽 그림과 같은 반구이다.

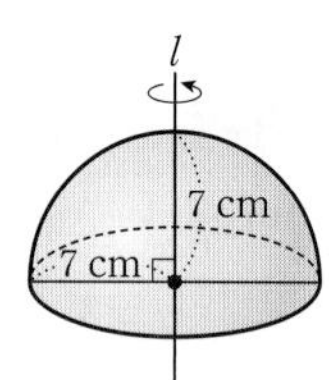

∴ (겉넓이)$=\frac{1}{2}\times$(구의 겉넓이)

+(원의 넓이)

$=\frac{1}{2}\times4\pi\times7^2+\pi\times7^2$

$=98\pi+49\pi=147\pi(\text{cm}^2)$

02-1

(주어진 입체도형의 겉넓이)

=(구의 겉넓이)$\times\frac{3}{4}$+(반원의 넓이)$\times2$

$=4\pi\times8^2\times\frac{3}{4}+\pi\times8^2\times\frac{1}{2}\times2$

$=192\pi+64\pi=256\pi(\text{cm}^2)$

03

(1) (원뿔의 부피)$=\frac{1}{3}\times\pi\times3^2\times6=18\pi(\text{cm}^3)$

(구의 부피)$=\frac{4}{3}\pi\times3^3=36\pi(\text{cm}^3)$

(원기둥의 부피)$=\pi\times3^2\times6=54\pi(\text{cm}^3)$

(2) (원뿔의 부피) : (구의 부피) : (원기둥의 부피)

$=18\pi : 36\pi : 54\pi$

$=1:2:3$

03-1

구의 반지름의 길이를 r cm라 하면

$\frac{4}{3}\pi r^3=16\pi \quad \therefore r^3=12$

이때 원기둥의 밑면의 반지름의 길이는 r cm, 높이는 $2r$ cm이므로

(원기둥의 부피)$=\pi r^2\times 2r=2\pi r^3$
$=2\pi\times 12=24\pi(\text{cm}^3)$

다른 풀이

(구의 부피) : (원기둥의 부피)$=2:3$이므로

16π : (원기둥의 부피)$=2:3$

$2\times$(원기둥의 부피)$=48\pi$

$\therefore$ (원기둥의 부피)$=24\pi\ (\text{cm}^3)$

서술형 감잡기

104쪽

01	20 cm	**01-1**	4 cm
02	16π cm^2	**02-1**	14π cm^2

01

① 단계 기둥의 밑넓이 구하기 ◀ 50%

(밑넓이)$=\left(\frac{1}{2}\times\boxed{10}\times 5\right)+\left(\frac{1}{2}\times 10\times\boxed{4}\right)$
$=25+20=\boxed{45}(\text{cm}^2)$

② 단계 기둥의 높이 구하기 ◀ 50%

사각기둥의 높이를 h cm라 하면

$\boxed{45}\times h=900 \quad \therefore h=\boxed{20}$

따라서 사각기둥의 높이는 $\boxed{20}$ cm이다.

01-1

① 단계 기둥의 밑넓이 구하기 ◀ 50%

(밑넓이)$=\left(\frac{1}{2}\times 8\times 3\right)+\left(\frac{1}{2}\times 8\times 5\right)$
$=12+20=32(\text{cm}^2)$

② 단계 기둥의 높이 구하기 ◀ 50%

사각기둥의 높이를 h cm라 하면

$32h=128 \quad \therefore h=4$

따라서 사각기둥의 높이는 4 cm이다.

02

① 단계 원뿔의 밑면의 반지름의 길이 구하기 ◀ 50%

밑면의 반지름의 길이를 r cm라 하면

$2\pi\times 6\times\frac{\boxed{120}}{360}=2\pi\times\boxed{r} \quad \therefore r=\boxed{2}$

따라서 밑면의 반지름의 길이는 $\boxed{2}$ cm이다.

② 단계 원뿔의 겉넓이 구하기 ◀ 50%

$\therefore$ (원뿔의 겉넓이)$=\pi\times\boxed{2}^2+\frac{1}{2}\times 6\times(2\pi\times\boxed{2})$
$=4\pi+12\pi=\boxed{16\pi}(\text{cm}^2)$

02-1

① 단계 옆면인 부채꼴의 반지름의 길이 구하기 ◀ 50%

옆면인 부채꼴의 반지름의 길이를 r cm라 하면

$2\pi r\times\frac{144}{360}=2\pi\times 2$

$\frac{4}{5}\pi r=4\pi \quad \therefore r=5$

따라서 옆면인 부채꼴의 반지름의 길이는 5 cm이다.

② 단계 원뿔의 겉넓이 구하기 ◀ 50%

$\therefore$ (원뿔의 겉넓이)$=\pi\times 2^2+\frac{1}{2}\times 5\times 2\pi\times 2$
$=4\pi+10\pi=14\pi(\text{cm}^2)$

단원 마무리하기

105~106쪽

01	②	**02**	80π cm^2	**03**	32π cm^3
04	$(94+8\pi)$ cm^2	**05**	63π cm^3	**06**	11 cm
07	1 : 7	**08**	④	**09**	3
10	16π cm^3, 48π cm^3			**11**	10

01 (밑넓이)$=\frac{1}{2}\times(3+6)\times 4=18(\text{cm}^2)$

(높이)$=6$ cm

$\therefore$ (부피)$=18\times 6=108(\text{cm}^3)$

02 밑면의 반지름의 길이를 r cm라 하면

$2\pi r=8\pi$에서 $r=4$

즉, 밑면의 반지름의 길이가 4 cm이므로

(밑넓이)$=\pi\times 4^2=16\pi(\text{cm}^2)$

(옆넓이)$=8\pi\times 6=48\pi(\text{cm}^2)$

$\therefore$ (겉넓이)$=16\pi\times 2+48\pi=80\pi(\text{cm}^2)$

03 (밑넓이)$=\pi\times4^2\times\frac{120}{360}=\frac{16}{3}\pi(\text{cm}^2)$

(높이)$=6\,\text{cm}$

$\therefore$ (부피)$=\frac{16}{3}\pi\times6=32\pi(\text{cm}^3)$

04 ①단계 밑넓이 구하기 ◀ 30%

(밑넓이)$=3\times4-\pi\times1^2=12-\pi(\text{cm}^2)$

②단계 옆넓이 구하기 ◀ 30%

(사각기둥의 옆넓이)$=(3+4+3+4)\times5=70(\text{cm}^2)$

(원기둥의 옆넓이)$=(2\pi\times1)\times5=10\pi(\text{cm}^2)$

이므로

(주어진 입체도형의 옆넓이)$=70+10\pi(\text{cm}^2)$

③단계 겉넓이 구하기 ◀ 40%

$\therefore$ (주어진 입체도형의 겉넓이)

$=(12-\pi)\times2+(70+10\pi)=94+8\pi(\text{cm}^2)$

05 (원뿔의 부피)$=\frac{1}{3}\times\pi\times3^2\times3=9\pi(\text{cm}^3)$

(원기둥의 부피)$=\pi\times3^2\times6=54\pi(\text{cm}^3)$

$\therefore$ (주어진 입체도형의 부피)

=(원뿔의 부피)+(원기둥의 부피)

$=9\pi+54\pi=63\pi(\text{cm}^3)$

06 모선의 길이를 l cm라 하면

$\frac{1}{2}\times l\times(2\pi\times8)+\pi\times8^2=152\pi$에서

$8\pi l+64\pi=152\pi,\ 8\pi l=88\pi$

$\therefore l=11$

따라서 모선의 길이는 11 cm이다.

07 ①단계 두 사각뿔의 부피 각각 구하기 ◀ 40%

(작은 사각뿔의 부피)$=\frac{1}{3}\times3\times3\times4=12(\text{cm}^3)$

(큰 사각뿔의 부피)$=\frac{1}{3}\times6\times6\times8=96(\text{cm}^3)$

②단계 사각뿔대의 부피 구하기 ◀ 40%

(사각뿔대의 부피)

=(큰 사각뿔의 부피)−(작은 사각뿔의 부피)

$=96-12=84(\text{cm}^3)$

③단계 작은 사각뿔과 사각뿔대의 부피의 비 구하기 ◀ 20%

$\therefore$ (작은 사각뿔의 부피) : (사각뿔대의 부피)

$=12:84=1:7$

08 주어진 평면도형을 직선 l을 회전축으로 하여 1회전 시킬 때 생기는 회전체는 오른쪽 그림과 같다.

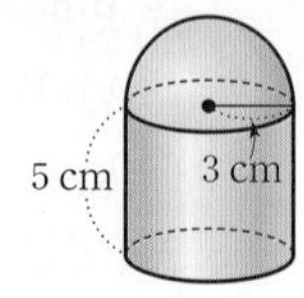

$\therefore$ (겉넓이)$=\frac{1}{2}\times$(구의 겉넓이)

+(원기둥의 옆넓이)+(원기둥의 밑넓이)

$=\frac{1}{2}\times4\pi\times3^2+(2\pi\times3)\times5+\pi\times3^2$

$=18\pi+30\pi+9\pi=57\pi(\text{cm}^2)$

09 (구의 부피)$=\frac{4}{3}\pi\times3^3=36\pi(\text{cm}^3)$

(원뿔의 부피)$=\frac{1}{3}\times\pi\times x^2\times12=4\pi x^2(\text{cm}^3)$

$36\pi=4\pi x^2$에서 $x^2=9=3^2 \qquad \therefore x=3$

10 구의 반지름의 길이를 r cm라 하면

$\frac{4}{3}\pi r^3=32\pi$에서 $r^3=24$

$\therefore$ (원뿔의 부피)$=\frac{1}{3}\times\pi r^2\times2r$

$=\frac{2}{3}\pi r^3=\frac{2}{3}\pi\times24=16\pi(\text{cm}^3)$

(원기둥의 부피)$=\pi\times r^2\times2r$

$=2\pi r^3=2\pi\times24=48\pi(\text{cm}^3)$

다른 풀이

구의 부피가 $32\pi\ \text{cm}^3$이므로

(원뿔의 부피) : (구의 부피)$=1:2$에서

(구의 부피)$=2\times$(원뿔의 부피)

$\therefore$ (원뿔의 부피)$=\frac{1}{2}\times32\pi=16\pi(\text{cm}^3)$

(구의 부피) : (원기둥의 부피)$=2:3$에서

$2\times$(원기둥의 부피)$=3\times$(구의 부피)

$\therefore$ (원기둥의 부피)$=\frac{3}{2}\times32\pi=48\pi(\text{cm}^3)$

11 왼쪽 그릇에 담겨 있는 물의 양은 삼각뿔의 부피와 같으므로

$\frac{1}{3}\times\left(\frac{1}{2}\times10\times12\right)\times5=100(\text{cm}^3)$

오른쪽 그릇에 담겨 있는 물의 양은 삼각기둥의 부피와 같으므로

$\left(\frac{1}{2}\times5\times x\right)\times4=10x(\text{cm}^3)$

이때 두 그릇에 담겨 있는 물의 양이 같으므로

$100=10x \qquad \therefore x=10$

7 자료의 정리와 해석

01 대푯값

개념 1 108쪽

개념 Bridge 답 40, 5 / 40, 5, 8

개념 check

01 답 (1) 5 (2) 6

(2) $(\text{평균})=\dfrac{5+8+4+7+6}{5}=6$

01-1 답 (1) 6 (2) 11

(2) $(\text{평균})=\dfrac{10+13+11+12+7+13}{6}=11$

개념 2 108~109쪽

개념 Bridge 답 7, 4, 5, 4.5

개념 check

01 답 (1) 7 (2) 12

(1) 자료의 변량은 5개이고 변량을 작은 값부터 순서대로 나열하면 5, 6, 7, 9, 10이므로 중앙값은 3번째 값인 7이다.

(2) 자료의 변량은 6개이고 변량을 작은 값부터 순서대로 나열하면 6, 7, 9, 15, 16, 18이므로 중앙값은 3번째 값 9와 4번째 값 15의 평균인 $\dfrac{9+15}{2}=12$이다.

01-1 답 (1) 6 (2) 16

(1) 자료의 변량은 7개이고 변량을 작은 값부터 순서대로 나열하면 2, 3, 5, 6, 8, 8, 9이므로 중앙값은 4번째 값인 6이다.

(2) 자료의 변량은 8개이고 변량을 작은 값부터 순서대로 나열하면 10, 10, 13, 14, 18, 19, 21, 22이므로 중앙값은 4번째 값 14와 5번째 값 18의 평균인 $\dfrac{14+18}{2}=16$이다.

개념 3 109쪽

개념 Bridge 답 10, 15, 떡볶이

개념 check

01 답 (1) 9 (2) 3, 5

(1) 자료의 변량 중에서 9가 가장 많이 나타나므로 최빈값은 9이다.

(2) 자료의 변량 중에서 3과 5가 가장 많이 나타나므로 최빈값은 3, 5이다.

01-1 답 (1) 7 (2) 26, 31 (3) 바나나

(1) 자료의 변량 중에서 7이 가장 많이 나타나므로 최빈값은 7이다.

(2) 자료의 변량 중에서 26과 31이 가장 많이 나타나므로 최빈값은 26, 31이다.

(3) 자료의 변량 중에서 바나나가 가장 많이 나타나므로 최빈값은 바나나이다.

필수 유형 익히기 110~111쪽

01 16	**01-1** 8	**02** 12.5	**02-1** 13
03 야구	**03-1** 6단	**04** 42	**04-1** 12
05 7회	**05-1** 7		

06 (1) 평균: 25.75인치, 중앙값: 26인치, 최빈값: 28인치
(2) 최빈값

06-1 중앙값, 16.5초

01

$(\text{평균})=\dfrac{12+17+20+15+16}{5}=16$

01-1

$(\text{평균})=\dfrac{7+8+10+3+6+14+8}{7}=8$

02

A 모둠의 변량은 7개이고 변량을 작은 값부터 순서대로 나열하면 1, 3, 4, 5, 6, 7, 10이므로 중앙값은 4번째 값인 5점이다.

$\therefore x=5$

B 모둠의 변량은 8개이고 변량을 작은 값부터 순서대로 나열하면 4, 5, 6, 7, 8, 9, 10, 10이므로 중앙값은 4번째 값 7과 5번째 값 8의 평균인 $\dfrac{7+8}{2}=7.5(\text{점})$이다.

$\therefore y=7.5$

$\therefore x+y=5+7.5=12.5$

02-1

A 모둠의 변량은 6개이고 변량을 작은 값부터 순서대로 나열하면 4, 5, 6, 8, 9, 11이므로 중앙값은 3번째 값 6과 4번째 값 8의 평균인 $\dfrac{6+8}{2}=7(\text{회})$이다.

$\therefore x=7$

B 모둠의 변량은 7개이고 변량을 작은 값부터 순서대로 나열하면 2, 3, 5, 6, 8, 8, 9이므로 중앙값은 4번째 값인 6회이다.

$\therefore y=6$

$\therefore x+y=7+6=13$

03

야구가 7명으로 가장 많으므로 최빈값은 야구이다.

03-1

6단이 12명으로 가장 많으므로 최빈값은 6단이다.

04

주어진 자료의 변량은 6개이므로 중앙값은 3번째 값 40과 4번째 값 x의 평균이다.

즉, $\frac{40+x}{2}=41$이므로 $40+x=82$

$\therefore x=42$

04-1

주어진 자료의 변량은 5개이므로 중앙값은 3번째 값인 9이다.
이때 평균과 중앙값이 같으므로

$\frac{6+7+9+11+x}{5}=9,\ 33+x=45 \qquad \therefore x=12$

05

최빈값이 8회이므로 $x=8$
자료의 변량은 7개이고 변량을 작은 값부터 순서대로 나열하면 5, 6, 7, 7, 8, 8, 8이므로 중앙값은 4번째 값인 7회이다.

05-1

x를 제외한 변량 중에서 6은 3번 나타나고 나머지 변량은 모두 한 번씩 나타나므로 x의 값에 관계없이 주어진 자료의 최빈값은 6이다.
이때 평균과 최빈값이 같으므로

$\frac{2+7+6+6+x+8+6}{7}=6,\ 35+x=42 \qquad \therefore x=7$

06

(1) $(\text{평균})=\frac{28+22+26+25+23+28+26+28}{8}$

$=25.75(\text{인치})$

주어진 자료의 변량은 8개이고 변량을 작은 값부터 순서대로 나열하면 22, 23, 25, 26, 26, 28, 28, 28이므로 중앙값은 4번째 값 26과 5번째 값 26의 평균인 $\frac{26+26}{2}=26(\text{인치})$이다.

자료의 변량 중에서 28이 가장 많이 나타나므로 최빈값은 28인치이다.

(2) 가장 많이 판매된 치수의 청바지를 준비하는 것이 합리적이므로 평균과 중앙값보다 최빈값이 이 자료의 대푯값으로 적절하다.

06-1

주어진 자료의 변량 중에 1초라는 극단적인 값이 있으므로 평균은 이 자료의 대푯값으로 적절하지 않다.
또, 변량 10개 중에서 최빈값 20초보다 작은 변량이 7개이므로 최빈값은 이 자료의 대푯값으로 적절하지 않다.
따라서 중앙값이 자료의 대푯값으로 적절하다.
주어진 자료의 변량은 10개이고 변량을 작은 값부터 순서대로 나열하면 1, 11, 12, 13, 15, 18, 19, 20, 20, 20이므로 중앙값은 5번째 값 15와 6번째 값 18의 평균인 $\frac{15+18}{2}=16.5(\text{초})$이다.

02 줄기와 잎 그림, 도수분포표

개념 4 112쪽

개념 Bridge 답 9 / 8, 7

개념 check

01 답

줄넘기 기록 (1 | 6은 16회)

줄기	잎				
1	6	9			
2	0	4	5	8	8
3	1	5	6		

(1) 1 (2) 중앙값: 26.5회, 최빈값: 28회

(1) 줄기가 1인 잎: 6, 9의 2개
줄기가 2인 잎: 0, 4, 5, 8, 8의 5개
줄기가 3인 잎: 1, 5, 6의 3개
따라서 잎이 가장 적은 줄기는 1이다.

(2) 주어진 자료의 변량은 10개이므로 중앙값은 변량을 작은 값부터 순서대로 나열했을 때 5번째 값인 25와 6번째 값인 28의 평균이다.

$\therefore (\text{중앙값})=\frac{25+28}{2}=26.5(\text{회})$

또, 자료의 변량 중에서 28이 가장 많이 나타나므로 최빈값은 28회이다.

01-1 답 (1) 18 (2) 9 (3) 중앙값: 79.5점, 최빈값: 82점

(1) $(\text{전체 학생 수})=2+3+4+5+4=18$

(2) 국어 성적이 80점 이상인 학생 수는 줄기 8, 9에 해당하는 잎의 개수와 같으므로 $5+4=9$

(3) 주어진 자료의 변량은 18개이므로 중앙값은 변량을 작은 값부터 순서대로 나열했을 때 9번째 값인 79와 10번째 값인 80의 평균이다.

$\therefore (\text{중앙값})=\frac{79+80}{2}=79.5(\text{점})$

또, 자료의 변량 중에서 82가 가장 많이 나타나므로 최빈값은 82점이다.

개념 5 113쪽

개념 Bridge 답 20, 6, 10

개념 check

01 답

사용 시간(시간)	도수(명)	
$4^{이상} \sim 6^{미만}$	//	2
6 ~ 8	////\	5
8 ~ 10	////\ ///	8
10 ~ 12	////\	5
합계	20	

(1) 2시간 (2) 4 (3) 8시간 이상 10시간 미만

(1) (계급의 크기)$=6-4=8-6=10-8=12-10=2$(시간)

(2) 계급은 4시간 이상 6시간 미만, 6시간 이상 8시간 미만, 8시간 이상 10시간 미만, 10시간 이상 12시간 미만의 4개이다.

필수 유형 익히기 114~115쪽

01 ⑤	01-1 ③	02 ㄱ, ㄷ	02-1 ㄱ, ㄴ
03 ⑤	03-1 ⑤	04 51%	04-1 40%

01

① (전체 학생 수)$=5+6+7+4=22$

④ 통학 시간이 15분 이상 30분 미만인 학생은
16분, 17분, 19분, 20분, 21분, 21분, 22분, 24분, 25분, 28분의 10명이다.

⑤ 전체 학생 수는 22이므로 중앙값은 11번째 값 19와 12번째 값 20의 평균인 $\frac{19+20}{2}=19.5$(분)이다.

따라서 옳지 않은 것은 ⑤이다.

01-1

① 줄기가 1인 잎은 0, 1, 4, 6, 8의 5개이다.

② 이 자료의 최빈값은 30살이다.

③ 나이가 23살 미만인 사람은
9살, 10살, 11살, 14살, 16살, 18살, 21살
의 7명이다.

④ (전체 사람 수)$=1+5+6+4=16$

⑤ 나이가 가장 적은 사람의 나이는 9살이고, 나이가 가장 많은 사람의 나이는 36살이므로 두 나이의 합은
$9+36=45$(살)

따라서 옳은 것은 ③이다.

02

ㄴ. 각 계급에 속하는 변량의 개수를 도수라 한다.

ㄹ. 도수의 총합은 일정하지 않다.

따라서 옳은 것은 ㄱ, ㄷ이다.

02-1

ㄱ. 계급은 5개~15개 정도가 적당하고, 계급의 개수가 너무 많아도 자료의 분포 상태를 잘 알 수 없다.

ㄴ. 변량을 일정한 간격으로 나눈 구간을 계급이라 한다.

따라서 옳지 않은 것은 ㄱ, ㄴ이다.

03

① $A=50-(15+24+4+1)=6$

③ (계급의 크기)$=40-30=50-40=60-50$
$=70-60=80-70$
$=10$(kg)

④ 도수가 가장 큰 계급은 40 kg 이상 50 kg 미만으로 이 계급의 도수는 24이다.

⑤ 가장 무거운 참가자의 몸무게는 알 수 없다.

따라서 옳지 않은 것은 ⑤이다.

03-1

① (계급의 크기)$=60-50=70-60=80-70$
$=90-80=100-90$
$=10$(점)

② $A=30-(2+7+9+4)=8$

③ 음악 성적이 70점 미만인 학생 수는 $2+7=9$

⑤ 성적이 60점 미만인 학생 수는 2, 70점 미만인 학생 수는 $2+7=9$이므로 성적이 5번째로 낮은 학생이 속하는 계급은 60점 이상 70점 미만이다.

따라서 옳지 않은 것은 ⑤이다.

04

$A=100-(5+32+12+26+8)=17$

성적이 70점 이상인 학생 수는

$26+17+8=51$

이므로 전체의

$\frac{51}{100}\times 100=51(\%)$

04-1

$A=30-(5+6+7+9)=3$

운동 시간이 50분 이상인 학생 수는

$9+3=12$

이므로 전체의

$\frac{12}{30}\times 100=40(\%)$

03 히스토그램과 도수분포다각형

116~117쪽

개념 Bridge 답

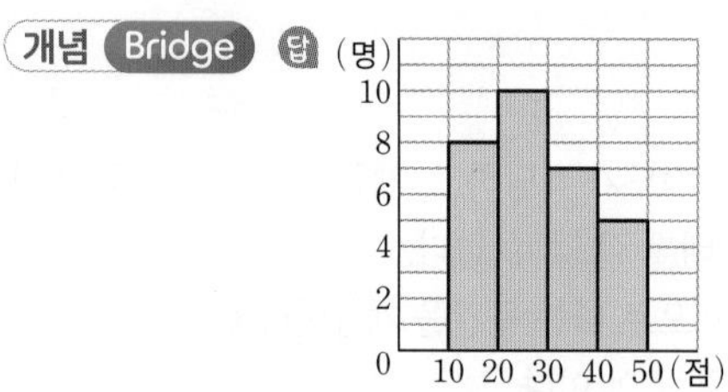

개념 check

01 답

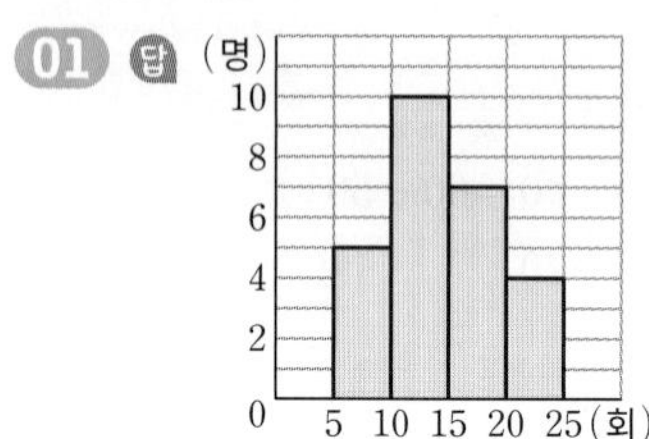

01-1 답 (1) 4회, 5 (2) 25 (3) 100

(1) (계급의 크기)=(직사각형의 가로의 길이)

=8−4=12−8=16−12=20−16

=24−20=4(회)

(계급의 개수)=(직사각형의 개수)=5

(2) (전체 학생 수)=2+5+10+7+1=25

(3) (직사각형의 넓이의 합)=(계급의 크기)×(도수의 총합)

=4×25=100

117~118쪽

개념 Bridge 답

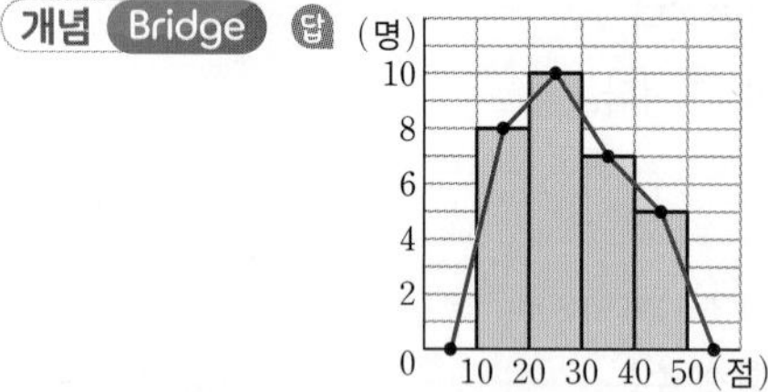

개념 check

01 답

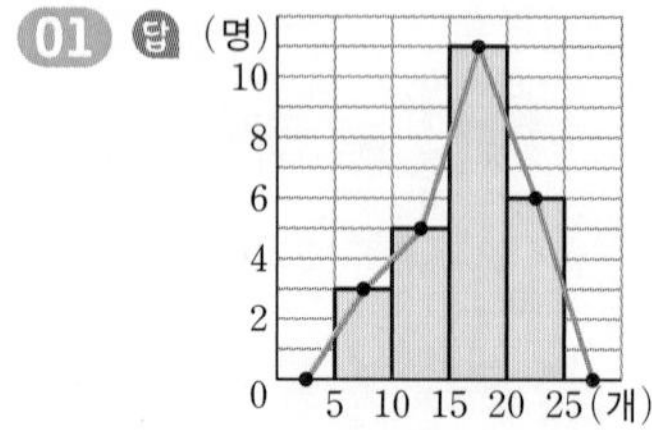

01-1 답 (1) 5 (2) 21 (3) 14

(1) (계급의 개수)=(직사각형의 개수)=5

(2) (전체 학생 수)=1+6+4+8+2=21

(3) (비행 시간이 15초 이상인 학생 수)=4+8+2=14

01-2 답 (1) 36 (2) 17시간 이상 19시간 미만 (3) 72

(1) (전체 학생 수)=3+7+15+9+2=36

(2) TV 시청 시간이 19시간 이상인 학생 수는 2, 17시간 이상인 학생 수는 9+2=11이므로 TV 시청 시간이 7번째로 긴 학생이 속하는 계급은 17시간 이상 19시간 미만이다.

(3) (도수분포다각형과 가로축으로 둘러싸인 부분의 넓이)

=(계급의 크기)×(도수의 총합)

=(13−11)×36=72

필수 유형 익히기

119쪽

01 ⑤ 01-1 ㄱ, ㄹ 02 ④ 02-1 ㄱ, ㄷ, ㄹ

01

① (계급의 개수)=(직사각형의 개수)=5

② (계급의 크기)=5−3=7−5=9−7=11−9

=13−11=2(개)

③ (전체 학생 수)=6+8+9+10+7=40

④ 도수가 가장 큰 계급은 9개 이상 11개 미만이므로 그 계급의 도수는 10이다.

⑤ 관찰일지의 개수가 5개 미만인 학생 수는 6, 7개 미만인 학생 수는 6+8=14이므로 작성한 관찰일지의 개수가 8번째로 적은 학생이 속하는 계급은 5개 이상 7개 미만이다.

따라서 옳지 않은 것은 ⑤이다.

01-1

ㄱ. (전체 학생 수)=5+6+7+4+3=25

ㄴ. 사용 시간이 60분 미만인 학생 수는 5+6=11이므로 사용 시간이 60분 미만인 학생은 전체의 $\frac{11}{25}\times100=44(\%)$

ㄷ. 사용 시간이 가장 많은 학생의 사용 시간은 알 수 없다.

ㄹ. (직사각형의 넓이의 합)

=(계급의 크기)×(도수의 총합)=(40−20)×25=500

따라서 옳은 것은 ㄱ, ㄹ이다.

02

① 계급의 개수는 5이다.

② (전체 학생 수)=2+6+9+5+3=25

③ 사회 성적이 70점 이상 90점 미만인 학생 수는 9+5=14

④ 사회 성적이 60점 미만인 학생 수는 2, 70점 미만인 학생 수는 2+6=8이므로 사회 성적이 4번째로 낮은 학생이 속하는 계급은 60점 이상 70점 미만이다.

⑤ 사회 성적이 70점 미만인 학생 수는 2+6=8이므로 전체의 $\frac{8}{25}\times100=32(\%)$

따라서 옳은 것은 ④이다.

02-1

ㄱ. (전체 학생 수)$=6+6+10+9+3+2=36$

ㄴ. 방문 횟수가 9회 미만인 학생 수는 $6+6=12$

ㄷ. 방문 횟수가 18회 이상인 학생 수는 2, 15회 이상인 학생 수는 $3+2=5$이므로 방문 횟수가 5번째로 많은 학생이 속하는 계급은 15회 이상 18회 미만이고, 그 계급의 도수는 3이다.

ㄹ. (도수분포다각형과 가로축으로 둘러싸인 부분의 넓이)
$=$(계급의 크기)$\times$(도수의 총합)
$=(6-3)\times 36=108$

따라서 옳은 것은 ㄱ, ㄷ, ㄹ이다.

04 상대도수와 그 그래프

개념 8 120쪽

개념 check

01 답 (1)

달린 거리(km)	도수(명)	상대도수
10 이상 ~ 12 미만	5	$\frac{5}{50}=0.1$
12 ~ 14	15	$\frac{\boxed{15}}{50}=\boxed{0.3}$
14 ~ 16	20	$\boxed{0.4}$
16 ~ 18	$50\times\boxed{0.2}=\boxed{10}$	0.2
합계	50	$\boxed{1}$

(2) 14 km 이상 16 km 미만

01-1 답 (1) $A=4$, $B=0.2$, $C=16$, $D=0.3$, $E=1$
(2) 70%

(1) $A=40\times 0.1=4$, $B=\frac{8}{40}=0.2$,
$C=40\times 0.4=16$, $D=\frac{12}{40}=0.3$, $E=1$

(2) 이메일 수가 20통 이상인 계급의 상대도수의 합은
$0.4+0.3=0.7$이므로 $0.7\times 100=70(\%)$

개념 9 121쪽

개념 check

01 답

(상대도수)
0.4
0.3
0.2
0.1
0
17 25 33 41 49 57(m/s)

(1) 33 m/s 이상 41 m/s 미만 (2) 4

(1) 각 계급의 상대도수는 그 계급의 도수에 정비례하므로 도수가 가장 큰 계급은 상대도수가 0.4로 가장 큰 계급인 33 m/s 이상 41 m/s 미만이다.

(2) 최대 풍속이 25 m/s 이상 33 m/s 미만인 계급의 상대도수는 0.2이므로 구하는 도수는
$20\times 0.2=4$

01-1 답 (1) 160 cm 이상 170 cm 미만 (2) 10 (3) 40%

(1) 각 계급의 상대도수는 그 계급의 도수에 정비례하므로 도수가 가장 작은 계급은 상대도수가 0.05로 가장 작은 계급인
160 cm 이상 170 cm 미만이다.

(2) 기록이 200 cm 이상인 계급의 상대도수의 합은
$0.15+0.1=0.25$이므로 구하는 학생 수는
$40\times 0.25=10$

(3) 기록이 190 cm 미만인 계급의 상대도수의 합은
$0.05+0.15+0.2=0.4$이므로
$0.4\times 100=40(\%)$

필수 유형 익히기 122~123쪽

01 (1) $A=0.3$, $B=16$, $C=0.4$, $D=40$ (2) 0.3 (3) 60%
01-1 (1) $A=0.25$, $B=4$, $C=0.2$, $D=0.15$, $E=2$ (2) 0.15 (3) 75%
02 (1) 5 (2) 32% (3) 18
02-1 (1) 200 (2) 70 (3) 55%
03 ㄱ, ㄷ
03-1 ③
04 (1) 40 (2) 8
04-1 (1) 40 (2) 10

01

(1) $D=\frac{8}{0.2}=40$, $B=40-(4+12+8)=16$,
$A=\frac{12}{40}=0.3$, $C=\frac{16}{40}=0.4$

(2) 용돈이 2만 원 미만인 학생 수는 4, 3만 원 미만인 학생 수는 $4+12=16$이므로 용돈이 10번째로 적은 학생이 속하는 계급은 2만 원 이상 3만 원 미만이다.
따라서 이 계급의 상대도수는 0.3이다.

(3) 용돈이 3만 원 이상인 계급의 상대도수의 합은
$0.4+0.2=0.6$이므로 $0.6\times 100=60(\%)$

01-1

(1) $A=\frac{5}{20}=0.25$, $D=\frac{3}{20}=0.15$,
$E=20\times 0.1=2$, $B=20-(5+6+3+2)=4$,
$C=\frac{4}{20}=0.2$

(2) 운동 시간이 8시간 이상인 학생 수는 2, 6시간 이상인 학생 수는 $3+2=5$이므로 운동 시간이 5번째로 많은 학생이 속하는 계급은 6시간 이상 8시간 미만이다.
따라서 이 계급의 상대도수는 0.15이다.

(3) 운동 시간이 6시간 미만인 계급의 상대도수의 합은
$0.25+0.3+0.2=0.75$
이므로
$0.75\times100=75(\%)$

02

(1) 상대도수가 가장 작은 계급은 65분 이상 70분 미만이고 이 계급의 상대도수는 0.1이므로 구하는 도수는
$50\times0.1=5$

(2) 상영 시간이 60분 이상인 계급의 상대도수의 합은
$0.22+0.1=0.32$이므로
$0.32\times100=32(\%)$

(3) 상영 시간이 50분 미만인 계급의 상대도수의 합은
$0.12+0.24=0.36$이므로 구하는 영화의 수는
$50\times0.36=18$

02-1

(1) 40분 이상 50분 미만인 계급의 도수가 20이고, 이 계급의 상대도수가 0.1이므로
$(\text{전체 학생 수})=\frac{20}{0.1}=200$

(2) 도수가 가장 큰 계급은 상대도수가 가장 큰 계급인 60분 이상 70분 미만이고, 이 계급의 상대도수는 0.35이므로 구하는 학생 수는
$200\times0.35=70$

(3) 대화 시간이 50분 이상 70분 미만인 계급의 상대도수의 합은 $0.2+0.35=0.55$이므로 $0.55\times100=55(\%)$

03

ㄱ. 남학생의 여가 활동 시간을 나타내는 그래프가 여학생의 여가 활동 시간을 나타내는 그래프보다 오른쪽으로 치우쳐 있으므로 남학생이 여학생보다 여가 활동 시간이 많은 편이다.

ㄴ. 남학생 중 여가 활동 시간이 15시간 미만인 계급의 상대도수의 합은 $0.05+0.15=0.2$이므로 $0.2\times100=20(\%)$

ㄷ. 남학생, 여학생의 계급의 크기와 상대도수의 총합이 각각 같으므로 상대도수의 분포를 나타낸 그래프와 가로축으로 둘러싸인 부분의 넓이는 서로 같다.

따라서 옳은 것은 ㄱ, ㄷ이다.

03-1

① 남학생과 여학생의 전체 학생 수는 알 수 없다.

② 여학생의 그래프가 남학생의 그래프보다 오른쪽으로 치우쳐 있으므로 여학생들이 물을 더 많이 마시는 편이다.

③ 여학생 중 마신 물의 양이 1.2 L 미만인 계급의 상대도수의 합은 $0.05+0.1+0.3=0.45$이므로 $0.45\times100=45(\%)$

④ 여학생 중 마신 물의 양이 0.9 L 이상 1.2 L 미만인 계급의 도수가 18이고, 이 계급의 상대도수가 0.3이므로
$(\text{전체 여학생의 수})=\frac{18}{0.3}=60$

⑤ 남학생, 여학생의 계급의 크기와 상대도수의 총합이 각각 같으므로 상대도수의 분포를 나타낸 그래프와 가로축으로 둘러싸인 부분의 넓이는 서로 같다.

따라서 옳은 것은 ③이다.

04

(1) $(\text{전체 학생 수})=\frac{3}{0.075}=40$

(2) 과학 성적이 60점 이상 70점 미만인 학생 수는
$40\times0.2=8$

04-1

(1) 몸무게가 35 kg 이상 40 kg 미만인 계급의 도수가 8명이고, 그 계급의 상대도수가 0.2이므로
$(\text{전체 학생 수})=\frac{8}{0.2}=40$

(2) 몸무게가 50 kg 이상 55 kg 미만인 계급의 상대도수는
$1-(0.2+0.15+0.2+0.15+0.05)=0.25$
이므로 구하는 학생 수는
$40\times0.25=10$

서술형 감잡기

124쪽

01 6 **01-1** 5 **02** 13 **02-1** 7

01

①단계 $x+y$의 값 구하기 ◀ 30%

평균이 5이므로
$\frac{10+3+7+x+0+y+9+6+1}{\boxed{9}}=\boxed{5}$
$\therefore x+y=\boxed{9}$

②단계 x, y의 값 각각 구하기 ◀ 40%

최빈값이 7이므로 x, y 중 적어도 하나는 $\boxed{7}$이어야 한다.
이때 $x>y$이므로 $x=\boxed{7}$, $y=\boxed{2}$

③단계 중앙값 구하기 ◀ 30%

따라서 변량을 작은 값부터 순서대로 나열하면
$0, 1, \boxed{2}, 3, 6, 7, \boxed{7}, 9, 10$
이므로 중앙값은 $\boxed{5}$번째 값인 $\boxed{6}$이다.

01-1

①단계 $a+b$의 값 구하기 ◀ 30%

평균이 2이므로

$\frac{-3+5+a+7+8+(-7)+b}{7}=2$

$\therefore a+b=4$

②단계 a, b의 값 각각 구하기 ◀ 40%

최빈값이 5이므로 a, b 중 적어도 하나는 5이어야 한다.

이때 $a<b$이므로

$a=-1$, $b=5$

③단계 중앙값 구하기 ◀ 30%

따라서 변량을 작은 값부터 순서대로 나열하면

-7, -3, -1, 5, 5, 7, 8

이므로 중앙값은 4번째 값인 5이다.

02

①단계 전체 학생 수 구하기 ◀ 70%

데이터 사용량이 45 MB 이상 50 MB 미만인 학생이 전체의

25%이므로 $\frac{\boxed{10}}{(\text{전체 학생 수})}\times 100=25$

$\therefore$ (전체 학생 수)$=\boxed{40}$

②단계 데이터 사용량이 50 MB 이상 55 MB 미만인 학생 수 구하기 ◀ 30%

$\therefore$ (학생 수)$=\boxed{40}-(5+10+7+5)=\boxed{13}$

02-1

①단계 전체 학생 수 구하기 ◀ 70%

식사 시간이 16분 이상 18분 미만인 학생이 전체의 40%이므로

$\frac{12}{(\text{전체 학생 수})}\times 100=40$ $\therefore$ (전체 학생 수)$=30$

②단계 식사 시간이 14분 이상 16분 미만인 학생 수 구하기 ◀ 30%

$\therefore$ (학생 수)$=30-(4+12+5+2)=7$

단원 마무리하기 125~127쪽

01 평균: 7.9시간, 중앙값: 8시간, 최빈값: 7시간, 8시간
02 8점 **03** ④ **04** ㄱ, ㄴ **05** 1 **06** ②, ④
07 ㄱ, ㄷ **08** ㄴ, ㄷ **09** ④ **10** 0.16
11 0.32 **12** ㄱ, ㄴ, ㄹ **13** 7 **14** 9 : 8

01 (평균)$=\frac{7+8+9+8+6+7+7+8+10+9}{10}=7.9$(시간)

주어진 자료의 변량은 10개이고 변량을 작은 값부터 순서대로 나열하면

6, 7, 7, 7, 8, 8, 8, 9, 9, 10

이므로 중앙값은 5번째 값 8과 6번째 값 8의 평균인 8시간이다.

자료의 변량 중에서 7과 8이 가장 많이 나타나므로 최빈값은 7시간, 8시간이다.

02 x를 제외한 변량 중에서 8은 3번 나타나고 나머지 변량은 모두 한 번씩 나타나므로 x의 값에 관계없이 주어진 자료의 최빈값은 8점이다.

이때 평균과 최빈값이 같으므로

$\frac{5+7+x+8+9+8+8}{7}=8$ $\therefore x=11$

따라서 변량을 작은 값부터 순서대로 나열하면

5, 7, 8, 8, 8, 9, 11

이므로 중앙값은 4번째 값인 8점이다.

03 ④ 35라는 극단적인 값이 있으므로 평균보다 중앙값이 자료의 중심적인 경향을 더 잘 나타낸다.

04 ㄴ. 무게가 315 g 이상 325 g 미만인 사과는
315 g, 317 g, 321 g, 323 g, 323 g의 5개이다.

ㄷ. (전체 사과 수)$=6+5+8+6=25$
이고 무게가 310 g 미만인 사과는
303 g, 304 g, 304 g, 305 g, 308 g, 309 g의 6개이므로
$\frac{6}{25}\times 100=24(\%)$

따라서 옳은 것은 ㄱ, ㄴ이다.

05 ①단계 a의 값 구하기 ◀ 40%

(평균)

$=\frac{3+6+8+12+15+15+17+19+20+20+21+24}{12}$

$=15$(회)

$\therefore a=15$

②단계 b의 값 구하기 ◀ 40%

전체 회원 수는 12이므로 중앙값은 6번째 값 15와 7번째 값 17의 평균인 $\frac{15+17}{2}=16$(회)이다. $\therefore b=16$

③단계 $b-a$의 값 구하기 ◀ 20%

$\therefore b-a=16-15=1$

06 ① $A=35-(3+12+9+7)=4$

② (계급의 크기)$=2-0=4-2=\cdots=10-8=2$(편)

③ 도수가 가장 큰 계급은 4편 이상 6편 미만이고 이 계급의 도수는 12이다.

④ 관람한 영화가 8편 이상인 학생 수는 7, 6편 이상인 학생 수는 $9+7=16$이므로 영화를 10번째로 많이 관람한 학생이 속하는 계급은 6편 이상 8편 미만이다.

⑤ 관람한 영화가 4편 미만인 학생 수는 $3+4=7$이므로 전체의 $\frac{7}{35}\times100=20(\%)$

따라서 옳지 않은 것은 ②, ④이다.

07 ㄱ. 기록이 33회인 학생이 속하는 계급은 30회 이상 35회 미만이고 이 계급의 도수는 11이다.

ㄴ. 기록이 가장 좋은 학생의 기록은 알 수 없다.

ㄷ. 전체 학생 수는 $1+3+7+11+10+6+2=40$

기록이 35회 이상인 학생 수는 $10+6+2=18$이므로 전체의 $\frac{18}{40}\times100=45(\%)$

ㄹ. 기록이 20회 미만인 학생 수는 1,

기록이 25회 미만인 학생 수는 $1+3=4$,

기록이 30회 미만인 학생 수는 $1+3+7=11$

이므로 기록이 8번째로 낮은 학생이 속하는 계급은 25회 이상 30회 미만이다.

ㅁ. (모든 직사각형의 넓이의 합)

=(계급의 크기)×(도수의 총합)

$=(20-15)\times40=200$

따라서 옳은 것은 ㄱ, ㄷ이다.

08 ㄱ. (전체 학생 수)$=5+7+10+8+4+2=36$

ㄴ. (계급의 크기)$=6-3=9-6=12-9=15-12$

$=18-15=21-18=3$(분)

계급은 3분 이상 6분 미만, 6분 이상 9분 미만, 9분 이상 12분 미만, 12분 이상 15분 미만, 15분 이상 18분 미만, 18분 이상 21분 미만의 6개이다.

ㄷ. 음악 감상 시간이 9분 미만인 학생 수는 $5+7=12$

ㄹ. 음악 감상 시간이 18분 이상인 학생 수는 2, 15분 이상인 학생 수는 $2+4=6$이므로 음악 감상 시간이 5번째로 많은 학생이 속하는 계급은 15분 이상 18분 미만이고 이 계급의 도수는 4이다.

따라서 옳지 않은 것은 ㄴ, ㄷ이다.

09 $A=50\times0.1=5$, $B=\frac{8}{50}=0.16$,

$C=50\times0.3=15$, $D=\frac{13}{50}=0.26$,

$E=1$

10 ①단계 전체 학생 수 구하기 ◀ 50%

10회 이상 20회 미만인 계급의 도수가 3이고 상대도수가 0.06이므로

(전체 학생 수)$=\frac{3}{0.06}=50$

②단계 20회 이상 30회 미만인 계급의 상대도수 구하기 ◀ 50%

전체 학생 수가 50이고 20회 이상 30회 미만인 계급의 도수가 8이므로 그 계급의 상대도수는 $\frac{8}{50}=0.16$

11 독서 시간이 9시간 이상인 학생 수가 36이므로 독서 시간이 9시간 이상인 계급의 상대도수의 합은 $\frac{36}{200}=0.18$

따라서 독서 시간이 8시간 이상 9시간 미만인 계급의 상대도수는

$1-(0.06+0.14+0.3+0.18)=0.32$

12 ㄱ. 상대도수가 가장 큰 계급이 도수도 가장 크므로 B 중학교에서 도수가 가장 큰 계급은 8회 이상 10회 미만이다.

ㄴ. A 중학교에서 4회 이상 6회 미만인 계급의 상대도수는 0.2이므로 구하는 학생 수는 $200\times0.2=40$

ㄷ. A, B 중학교에서 2회 이상 4회 미만, 4회 이상 6회 미만인 계급의 상대도수의 합은 각각

A 중학교: $0.1+0.2=0.3$

B 중학교: $0.05+0.15=0.2$

따라서 봉사 활동 횟수가 2회 이상 6회 미만인 학생의 전체에 대한 비율은 A 중학교가 더 높다.

ㄹ. B 중학교의 그래프가 A 중학교의 그래프보다 오른쪽으로 치우쳐 있으므로 B 중학교 학생들의 봉사 활동 횟수가 A 중학교 학생들의 봉사 활동 횟수보다 많은 편이다.

따라서 옳은 것은 ㄱ, ㄴ, ㄹ이다.

13 조건 (가)의 자료 6, 8, 13, 14, a의 중앙값은 8이므로 $a\le8$

조건 (나)의 자료 5, 12, a, b, 15에서 b를 제외한 나머지 변량을 작은 값부터 순서대로 나열하면

5, a, 12 ,15 또는 a, 5, 12, 15

이다.

이때 중앙값이 10이므로 $b=10$

또, 조건 (나)의 자료 5, 12, a, 10, 15의 평균은 9이므로

$\frac{5+12+a+10+15}{5}=9$ $\quad\therefore a=3$

$\therefore b-a=10-3=7$

14 1반과 2반의 전체 학생 수를 각각 $4a$, $3a$라 하고 안경을 낀 학생 수를 각각 $3b$, $2b$라 하면 구하는 상대도수의 비는

$\frac{3b}{4a}:\frac{2b}{3a}=\frac{9b}{12a}:\frac{8b}{12a}=9:8$

1 기본 도형

01 점, 선, 면

개념 1 4쪽

01 답 (1) 교점의 개수: 5, 교선은 없다.
(2) 교점의 개수: 8, 교선의 개수: 12
(3) 교점의 개수: 4, 교선의 개수: 6
(4) 교점의 개수: 10, 교선의 개수: 15

개념 2 4쪽

01 답 풀이 참조

(1) $\overleftrightarrow{AB}$

$\overleftrightarrow{BC}$

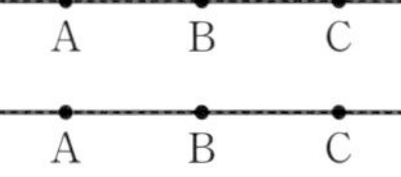

→ $\overleftrightarrow{AB}$ ⊜ $\overleftrightarrow{BC}$

(2) $\overrightarrow{AB}$

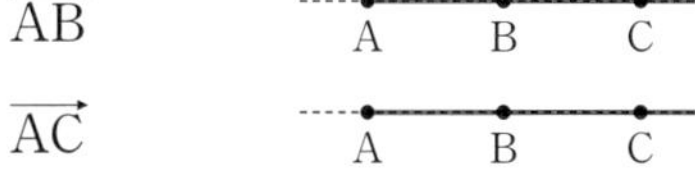

$\overrightarrow{AC}$

→ $\overrightarrow{AB}$ ⊜ $\overrightarrow{AC}$

(3) $\overrightarrow{BA}$

$\overrightarrow{BC}$

→ $\overrightarrow{BA}$ ≠ $\overrightarrow{BC}$

(4) $\overline{AB}$

$\overline{CB}$

→ $\overline{AB}$ ≠ $\overline{CB}$

(5) $\overline{AC}$

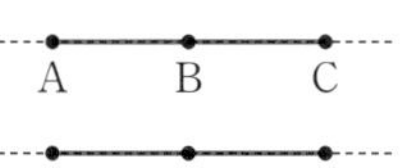

$\overline{CA}$

→ $\overline{AC}$ ⊜ $\overline{CA}$

개념 3 5쪽

01 답 (1) 12 (2) $\frac{1}{2}$ (3) 2, 24

02 답 (1) $\frac{1}{2}$, 16 (2) $\frac{1}{2}$, 8 (3) 16, 8, 24

03 답 (1) 8 cm (2) 16 cm

(1) $\overline{AM}=2\overline{NM}=2\times4=8$(cm)

(2) $\overline{AB}=2\overline{AM}=2\times8=16$(cm)

한번 더 필수 유형 익히기 5~7쪽

01 ㄱ, ㄷ	02 ③, ⑤	03 ③	04 18
05 ㄱ, ㄹ	06 $\overrightarrow{CA}$	07 9	08 3, 6, 3
09 ㄴ, ㄷ	10 ⑤	11 ④	12 28 cm

01

ㄴ. 교점은 선과 선 또는 선과 면이 만나는 경우에 생긴다.
ㄹ. 시작점과 뻗어 나가는 방향이 모두 같아야 같은 반직선이다.
따라서 옳은 것은 ㄱ, ㄷ이다.

02

③ 면과 면이 만나서 생기는 교선은 직선 또는 곡선이다.
⑤ 직육면체에서 교점의 개수는 꼭짓점의 개수와 같으므로 8이고, 모서리의 개수는 12이다.
따라서 옳지 않은 것은 ③, ⑤이다.

03

교점의 개수는 꼭짓점의 개수와 같고, 꼭짓점이 12개이므로
$a=12$
교선의 개수는 모서리의 개수와 같고, 모서리가 18개이므로
$b=18$
$\therefore b-a=18-12=6$

04

교점의 개수는 꼭짓점의 개수와 같고, 꼭짓점이 10개이므로
$a=10$
교선의 개수는 모서리의 개수와 같고, 모서리가 15개이므로
$b=15$
면의 개수는 7이므로 $c=7$
$\therefore a+b-c=10+15-7=18$

05

ㄴ. $\overrightarrow{AC}$와 $\overrightarrow{CA}$는 시작점과 뻗어 나가는 방향이 모두 다르므로
$\overrightarrow{AC}\neq\overrightarrow{CA}$
ㄷ. $\overrightarrow{BA}$와 $\overrightarrow{CA}$는 뻗어 나가는 방향은 같지만 시작점이 다르므로
$\overrightarrow{BA}\neq\overrightarrow{CA}$
따라서 옳은 것은 ㄱ, ㄹ이다.

06

두 반직선이 서로 같으려면 시작점과 뻗어 나가는 방향이 모두 같아야 하므로 $\overrightarrow{CB}=\overrightarrow{CA}$

07

두 점을 지나는 서로 다른 직선은

$\overleftrightarrow{AB}$, $\overleftrightarrow{BC}$, $\overleftrightarrow{CA}$
의 3개이므로 $x=3$
두 점을 지나는 서로 다른 반직선은
$\overrightarrow{AB}$, $\overrightarrow{BA}$, $\overrightarrow{BC}$, $\overrightarrow{CB}$, $\overrightarrow{CA}$, $\overrightarrow{AC}$
의 6개이므로 $y=6$
$\therefore x+y=3+6=9$

08

두 점을 지나는 서로 다른 직선은
$\overleftrightarrow{AB}$, $\overleftrightarrow{BC}$, $\overleftrightarrow{CA}$
의 3개이다.
두 점을 지나는 서로 다른 반직선은
$\overrightarrow{AB}$, $\overrightarrow{BA}$, $\overrightarrow{BC}$, $\overrightarrow{CB}$, $\overrightarrow{CA}$, $\overrightarrow{AC}$
의 6개이다.
두 점을 지나는 서로 다른 선분은
$\overline{AB}$, $\overline{BC}$, $\overline{CA}$
의 3개이다.

09

ㄱ. $\overline{AB}=2\overline{MB}=2\times2\overline{MN}=4\overline{MN}$
ㄷ. $\overline{AM}=\overline{MB}=\overline{MN}+\overline{NB}$
ㄹ. $\overline{MN}=\frac{1}{2}\overline{MB}=\frac{1}{2}\overline{AM}$
따라서 옳은 것은 ㄴ, ㄷ이다.

10

④ $\overline{AC}=\overline{AB}+\overline{BC}=\frac{1}{3}\overline{AD}+\frac{1}{3}\overline{AD}=\frac{2}{3}\overline{AD}$
⑤ $\overline{CD}=\frac{1}{2}\overline{AC}$
따라서 옳지 않은 것은 ⑤이다.

11

점 M이 $\overline{AB}$의 중점이므로
$\overline{AM}=\overline{MB}=\frac{1}{2}\overline{AB}=\frac{1}{2}\times24=12\,(\text{cm})$
점 N이 $\overline{MB}$의 중점이므로
$\overline{MN}=\frac{1}{2}\overline{MB}=\frac{1}{2}\times12=6\,(\text{cm})$
$\therefore \overline{AN}=\overline{AM}+\overline{MN}=12+6=18\,(\text{cm})$

12

점 N이 $\overline{AM}$의 중점이므로
$\overline{AM}=2\overline{NM}=2\times7=14\,(\text{cm})$
점 M이 $\overline{AB}$의 중점이므로
$\overline{AB}=2\overline{AM}=2\times14=28\,(\text{cm})$

02 각

개념 4 7쪽

01 답 (1) 45° (2) 35° (3) 40° (4) 10°
(1) $\angle x+135°=180°$ $\quad\therefore \angle x=45°$
(2) $\angle x+55°=90°$ $\quad\therefore \angle x=35°$
(3) $\angle x+60°+2\angle x=180°$
$3\angle x=120°$ $\quad\therefore \angle x=40°$
(4) $4\angle x+5\angle x=90°$
$9\angle x=90°$ $\quad\therefore \angle x=10°$

개념 5 7쪽

01 답 (1) $\angle x=70°$, $\angle y=110°$ (2) $\angle x=49°$, $\angle y=56°$
(1) 맞꼭지각의 크기는 서로 같으므로 $\angle y=110°$
$110°+\angle x=180°$ $\quad\therefore \angle x=70°$
(2) 맞꼭지각의 크기는 서로 같으므로 $\angle y=56°$
$\angle x+75°+56°=180°$
$\angle x+131°=180°$ $\quad\therefore \angle x=49°$

02 답 (1) 15° (2) 18°
(1) 맞꼭지각의 크기는 서로 같으므로
$8\angle x-55°=65°$
$8\angle x=120°$ $\quad\therefore \angle x=15°$
(2) 맞꼭지각의 크기는 서로 같으므로
$5\angle x-10°=80°$
$5\angle x=90°$ $\quad\therefore \angle x=18°$

개념 6 8쪽

01 답 (1) 직교 (2) 90 (3) 수선 (4) 수선의 발

02 답 (1) 8 cm (2) 90°
(1) 직선 PQ가 $\overline{AB}$의 수직이등분선이므로 $\overline{AH}=\overline{BH}$
$\therefore \overline{BH}=\overline{AH}=8\,\text{cm}$
(2) 직선 PQ가 $\overline{AB}$의 수직이등분선이므로 $\overleftrightarrow{PQ}\perp\overline{AB}$
$\therefore \angle AHP=90°$

03 답 (1) 점 B (2) $\overline{PB}$ (3) 7 cm

04 답 (1) $\overline{CD}$ (2) 점 D (3) $\overline{AD}$ (4) 6 cm

필수 유형 한 번 더 익히기 9~10쪽

01 ③	02 $85°$	03 $60°$	04 ①
05 ③	06 $\angle x=42°$, $\angle y=132°$	07 $95°$	
08 $16°$	09 ①, ④	10 8 cm	11 $30°$
12 $120°$			

01
$45°+90°+(\angle x+30°)=180°$이므로
$\angle x+165°=180°$
$\therefore\ \angle x=15°$

02
$(\angle x+25°)+(\angle y-10°)+80°=180°$이므로
$\angle x+\angle y+95°=180°$
$\therefore\ \angle x+\angle y=85°$

03
$\angle b=180°\times\frac{4}{5+4+3}=180°\times\frac{1}{3}=60°$

04
$\angle x=180°\times\frac{5}{5+7+8}=180°\times\frac{1}{4}=45°$

05
$\angle x=30°+\angle y$ (맞꼭지각)
$\therefore\ \angle x-\angle y=30°$

06
$\angle x+90°+48°=180°$
$\angle x+138°=180°$ $\quad\therefore\ \angle x=42°$
$\angle y=\angle x+90°$ (맞꼭지각)
$=42°+90°=132°$

07
오른쪽 그림에서
$(\angle x-35°)+2\angle y+(\angle x+25°)=180°$
$2\angle x+2\angle y-10°=180°$
$2(\angle x+\angle y)=190°$
$\therefore\ \angle x+\angle y=95°$

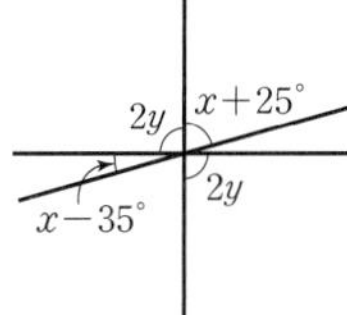

08
오른쪽 그림에서
$(2\angle x+50°)+(2\angle x+10°)$
$+(\angle x+40°)=180°$
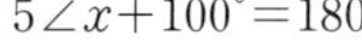
$5\angle x+100°=180°$
$5\angle x=80°$ $\quad\therefore\ \angle x=16°$

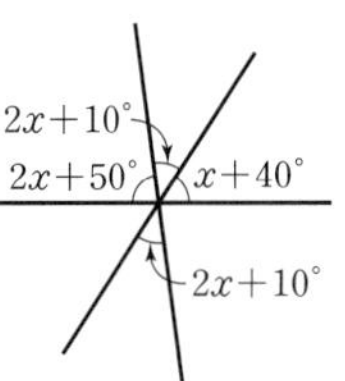

09
② 점 B에서 $\overline{AD}$에 내린 수선의 발은 점 E이다.
③ 점 D와 $\overline{BE}$ 사이의 거리는 $\overline{DE}$의 길이와 같으므로 6 cm이다.
④ $\overline{AD}$와 수직으로 만나는 선분은 $\overline{BE}$, $\overline{CD}$의 2개이다.
따라서 옳은 것은 ①, ④이다.

10
점 C와 $\overline{AB}$ 사이의 거리는 $\overline{BC}$의 길이와 같으므로 8 cm이다.

11
$\angle AOC=\angle a$라 하면
$\angle DOB=2\angle AOC=2\angle a$이므로
$\angle a+90°+2\angle a=180°$
$3\angle a=90°$ $\quad\therefore\ \angle a=30°$
$\therefore\ \angle AOC=\angle a=30°$

12
$\angle BOC=\angle a$, $\angle COD=\angle b$라 하면
$\angle AOB=\frac{1}{2}\angle BOC=\frac{1}{2}\angle a$, $\angle DOE=\frac{1}{2}\angle COD=\frac{1}{2}\angle b$
$\angle AOB+\angle BOC+\angle COD+\angle DOE=180°$이므로
$\frac{1}{2}\angle a+\angle a+\angle b+\frac{1}{2}\angle b=180°$, $\frac{3}{2}\angle a+\frac{3}{2}\angle b=180°$
$\therefore\ \angle a+\angle b=120°$
$\therefore\ \angle BOD=\angle a+\angle b=120°$

03 위치 관계

개념 7 11쪽

01 답 (1) 점 A, 점 C (2) 점 B, 점 D (3) 점 C
(4) 점 A, 점 B, 점 D

02 답 (1) $\overline{BC}$ (2) $\overline{AD}$, $\overline{BC}$ (3) $\overline{BC}$와 $\overline{CD}$

개념 8 11쪽

01 답 (1) $\overline{AB}$, $\overline{AD}$, $\overline{AE}$, $\overline{BC}$, $\overline{CD}$ (2) $\overline{CD}$ (3) $\overline{AD}$, $\overline{AE}$

02 답 (1) $\overline{CG}$, $\overline{DH}$, $\overline{EH}$, $\overline{FG}$
(2) $\overline{AE}$, $\overline{DH}$, $\overline{EF}$, $\overline{GH}$
(3) $\overline{AB}$, $\overline{BC}$, $\overline{EF}$, $\overline{GF}$

개념 9 12쪽

01 답 (1) $\overline{AD}$, $\overline{BE}$, $\overline{CF}$ (2) 면 ABC, 면 ADFC
(3) $\overline{BE}$ (4) $\overline{BC}$, $\overline{EF}$

02 답 (1) $\overline{AD}$, $\overline{EH}$, $\overline{FG}$, $\overline{BC}$
(2) 면 AEHD, 면 DHGC
(3) $\overline{BF}$, $\overline{CG}$, $\overline{BC}$, $\overline{FG}$
(4) $\overline{AE}$, $\overline{BF}$, $\overline{CG}$, $\overline{DH}$

필수 유형 한번더 익히기 12~14쪽

01 ②, ④	02 ④	03 ①, ③	
04 $\overleftrightarrow{BG}$, $\overleftrightarrow{CH}$, $\overleftrightarrow{GH}$, $\overleftrightarrow{FJ}$		05 ②, ⑤	06 ③
07 ④	08 4	09 13	
10 $\overline{AE}$, $\overline{BF}$, $\overline{CG}$, $\overline{DH}$		11 ⑤	12 $\overline{JH}$, $\overline{CE}$

01
② $\overleftrightarrow{AD} /\!/ \overleftrightarrow{BC}$
④ $\overleftrightarrow{AB}$와 $\overleftrightarrow{BC}$는 수직으로 만난다.
따라서 옳지 않은 것은 ②, ④이다.

02
①, ②, ③, ⑤ 한 점에서 만난다.
④ 평행하다.

03
$\overline{CE}$와 꼬인 위치에 있는 모서리는 $\overline{CE}$와 만나지도 않고 평행하지도 않은 모서리이므로 $\overline{AB}$, $\overline{AD}$이다.
$\overline{CE}$와 $\overline{AC}$, $\overline{BC}$, $\overline{DE}$는 한 점에서 만난다.

04
한 점에서 만난다.: $\overleftrightarrow{AB}$, $\overleftrightarrow{BC}$, $\overleftrightarrow{DI}$
꼬인 위치에 있다.: $\overleftrightarrow{BG}$, $\overleftrightarrow{CH}$, $\overleftrightarrow{GH}$, $\overleftrightarrow{FJ}$
평행하다.: $\overleftrightarrow{IJ}$

05
② 모서리 BC와 모서리 EF는 꼬인 위치에 있다.
④ 모서리 EF와 한 점에서 만나는 모서리는 $\overline{AE}$, $\overline{EH}$, $\overline{BF}$, $\overline{FG}$의 4개이다.
⑤ $\overline{AC}$와 수직으로 만나는 모서리는 $\overline{AE}$, $\overline{CG}$의 2개이다.
따라서 옳지 않은 것은 ②, ⑤이다.

06
①, ②, ④, ⑤ 한 점에서 만난다.
③ 꼬인 위치에 있다.

07
① 면 ABCD에 포함된 모서리는 $\overline{AB}$, $\overline{BC}$, $\overline{CD}$, $\overline{AD}$의 4개이다.
② 면 ABFE와 평행한 모서리는 $\overline{CD}$, $\overline{CG}$, $\overline{GH}$, $\overline{DH}$의 4개이다.
③ 면 BFGC와 수직인 모서리는 $\overline{AB}$, $\overline{CD}$, $\overline{EF}$, $\overline{GH}$의 4개이다.
④ 면 EFGH와 한 점에서 만나는 모서리는 $\overline{AE}$, $\overline{BF}$, $\overline{CG}$, $\overline{DH}$의 4개이다.
⑤ 점 A와 모서리 AD를 포함하는 면은 면 ABCD, 면 AEHD의 2개이다.
따라서 옳은 것은 ④이다.

08
면 ABCD와 평행한 모서리는 $\overline{EF}$의 1개이므로 $a=1$
면 DCF와 수직인 모서리는 $\overline{AD}$, $\overline{BC}$, $\overline{EF}$의 3개이므로 $b=3$
$\therefore a+b=1+3=4$

09
점 A와 면 DEF 사이의 거리는 $\overline{AD}$의 길이와 같으므로
$\overline{AD}=\overline{CF}=7\,\text{cm}$
$\therefore x=7$
점 D와 면 BEFC 사이의 거리는 $\overline{DE}$의 길이와 같으므로
$\overline{DE}=\overline{AB}=6\,\text{cm}$
$\therefore y=6$
$\therefore x+y=7+6=13$

10
점 A와 면 EFGH 사이의 거리는 $\overline{AE}$의 길이와 같다.
따라서 점 A와 면 EFGH 사이의 거리와 길이가 같은 모서리는 $\overline{AE}$, $\overline{BF}$, $\overline{CG}$, $\overline{DH}$이다.

11
주어진 전개도로 만들어지는 입체도형은 오른쪽 그림과 같다.
따라서 모서리 AD와 꼬인 위치에 있는 모서리는 $\overline{EF}$이다.

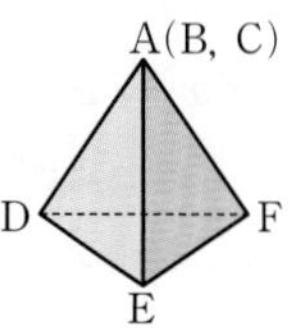

12
주어진 전개도로 만들어지는 삼각기둥은 오른쪽 그림과 같다.
따라서 모서리 ID와 꼬인 위치에 있는 모서리는 $\overline{JH}$, $\overline{CE}$이다.

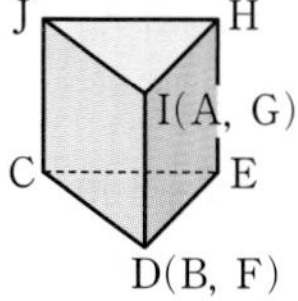

04 평행선의 성질

개념 10 14쪽

01 답 (1) $\angle d$, 140° (2) $\angle e$, 140° (3) $\angle f$, 40° (4) $\angle c$, 120°

(1) $\angle d=180^\circ-40^\circ=140^\circ$
(2) $\angle e=180^\circ-40^\circ=140^\circ$
(3) $\angle f=40^\circ$ (맞꼭지각)
(4) $\angle c=180^\circ-60^\circ=120^\circ$

개념 11 14~15쪽

01 답 (1) 85° (2) 135° (3) 80° (4) 135°

$l /\!/ m$이므로
(3) 오른쪽 그림에서 $\angle x=80^\circ$ (동위각)

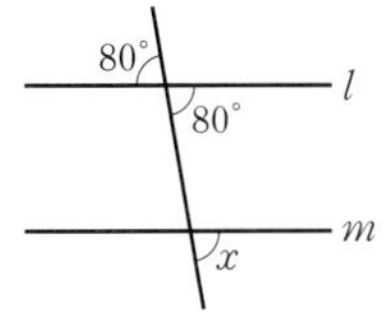

(4) 오른쪽 그림에서
$\angle x=180^\circ-45^\circ=135^\circ$

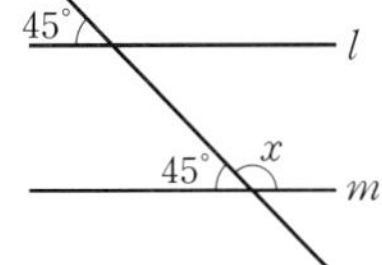

02 답 (1) $\angle x=65^\circ$, $\angle y=115^\circ$ (2) $\angle x=110^\circ$, $\angle y=70^\circ$ (3) $\angle x=150^\circ$, $\angle y=30^\circ$ (4) $\angle x=140^\circ$, $\angle y=40^\circ$

(1) $\angle x=65^\circ$ (동위각)
$\angle y=180^\circ-65^\circ=115^\circ$
(2) $\angle y=70^\circ$ (동위각)
$\angle x=180^\circ-70^\circ=110^\circ$
(3) $\angle y=30^\circ$ (엇각)
$\angle x=180^\circ-30^\circ=150^\circ$
(4) $\angle x=140^\circ$ (엇각)
$\angle y=180^\circ-140^\circ=40^\circ$

03 답 (1) ○ (2) × (3) ○ (4) × (5) ○

(1) 동위각의 크기가 같으므로 두 직선 l, m은 평행하다.
(2) 엇각의 크기가 같지 않으므로 두 직선 l, m은 평행하지 않다.
(3) 오른쪽 그림에서 동위각의 크기가 같으므로 두 직선 l, m은 평행하다.

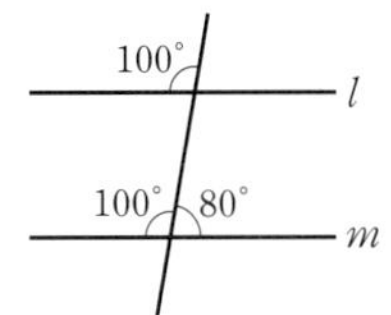

(4) 오른쪽 그림에서 동위각의 크기가 같지 않으므로 두 직선 l, m은 평행하지 않다.

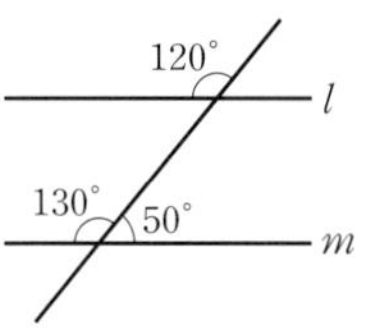

(5) 오른쪽 그림에서 엇각의 크기가 같으므로 두 직선 l, m은 평행하다.

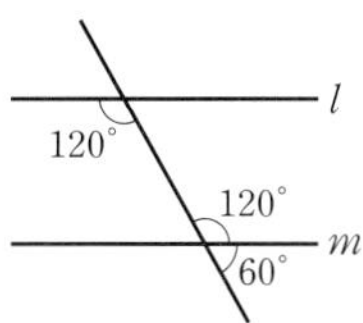

한 번 더 필수 유형 익히기 16~17쪽

01 ③, ⑤	**02** ②, ⑤	**03** 40°	**04** 50°
05 55°	**06** 20°	**07** 10°	**08** 125°
09 ④	**10** ㄱ, ㄴ	**11** 40°	**12** 46°

01

① $\angle a$의 동위각은 $\angle e$이고 $\angle e=180^\circ-120^\circ=60^\circ$
② $\angle b$의 엇각은 $\angle d$이고 $\angle d=120^\circ$ (맞꼭지각)
③ $\angle c$의 동위각은 $\angle f$이고 $\angle f=180^\circ-120^\circ=60^\circ$
④ $\angle d$의 엇각은 $\angle b$이고 $\angle b=105^\circ$ (맞꼭지각)
⑤ $\angle f$의 엇각은 $\angle a$이고 $\angle a=180^\circ-105^\circ=75^\circ$
따라서 옳지 않은 것은 ③, ⑤이다.

02

② $\angle f$의 동위각은 $\angle b$, $\angle j$이다.
⑤ $\angle c$의 크기와 $\angle l$의 크기가 같은지 알 수 없다.
따라서 옳지 않은 것은 ②, ⑤이다.

03

오른쪽 그림에서 $l /\!/ m$이므로
$\angle x+(3\angle x+20^\circ)=180^\circ$
$4\angle x+20^\circ=180^\circ$
$4\angle x=160^\circ$ $\therefore \angle x=40^\circ$

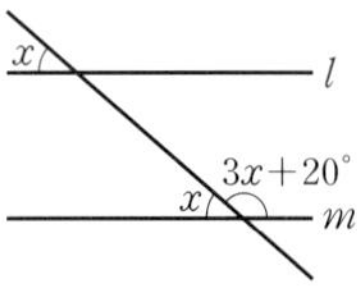

04

오른쪽 그림에서 $l /\!/ m$이므로
$\angle x+55^\circ=105^\circ$ (엇각)
$\therefore \angle x=50^\circ$

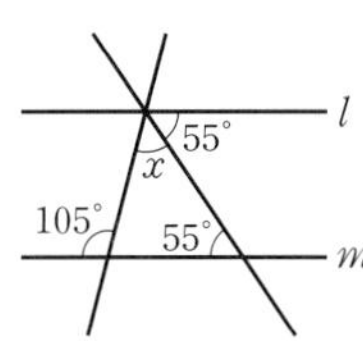

05

오른쪽 그림에서 $l /\!/ m$이고 삼각형의 세 각의 크기의 합은 180°이므로
$\angle x+25^\circ+100^\circ=180^\circ$
$\therefore \angle x=55^\circ$

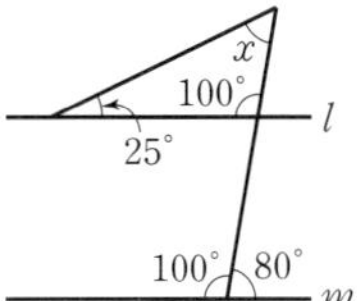

06

오른쪽 그림에서 $l /\!/ m$이고 삼각형의 세 각의 크기의 합은 180°이므로

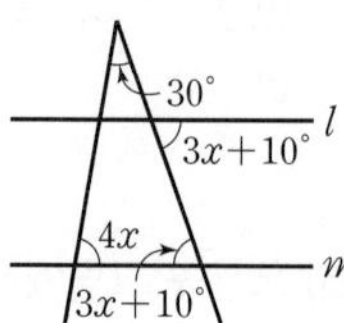

$30^\circ + 4\angle x + (3\angle x + 10^\circ) = 180^\circ$

$7\angle x + 40^\circ = 180^\circ$

$7\angle x = 140^\circ \qquad \therefore \angle x = 20^\circ$

07

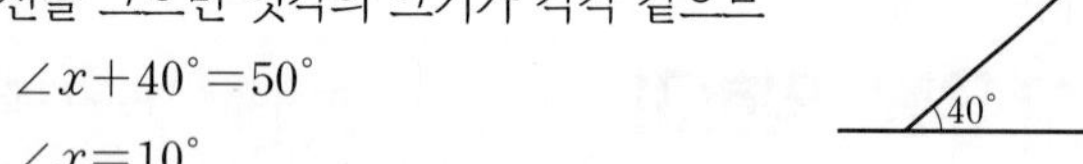

오른쪽 그림과 같이 두 직선 l, m에 평행한 직선을 그으면 엇각의 크기가 각각 같으므로 $\angle x + 40^\circ = 50^\circ$

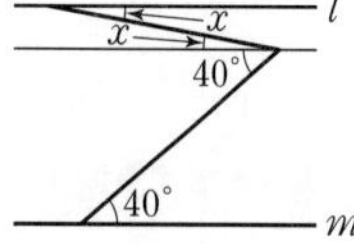

$\therefore \angle x = 10^\circ$

08

오른쪽 그림과 같이 두 직선 l, m에 평행한 직선을 그으면 엇각의 크기가 각각 같으므로 $\angle x + 55^\circ = 180^\circ$

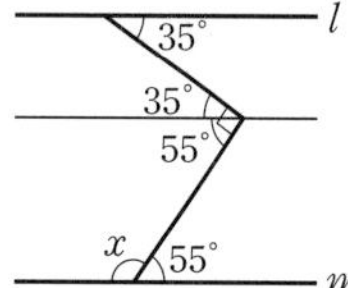

$\therefore \angle x = 125^\circ$

09

① 동위각의 크기가 같으므로 두 직선 l, m은 평행하다.

② 엇각의 크기가 같으므로 두 직선 l, m은 평행하다.

③ 오른쪽 그림에서 동위각의 크기가 같으므로 두 직선 l, m은 평행하다.

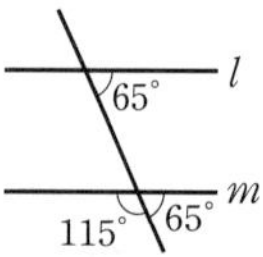

④ 오른쪽 그림에서 동위각의 크기가 같지 않으므로 두 직선 l, m은 평행하지 않다.

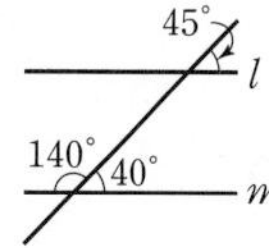

⑤ 오른쪽 그림에서 동위각의 크기가 같으므로 두 직선 l, m은 평행하다.

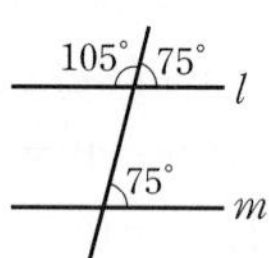

따라서 두 직선 l, m이 평행하지 않은 것은 ④이다.

10

ㄱ. 동위각의 크기가 같으므로 두 직선 l, m은 평행하다.

ㄴ. 오른쪽 그림에서 엇각의 크기가 같으므로 두 직선 l, m은 평행하다.

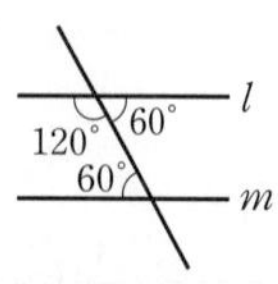

ㄷ. 오른쪽 그림에서 동위각의 크기가 같지 않으므로 두 직선 l, m은 평행하지 않다.

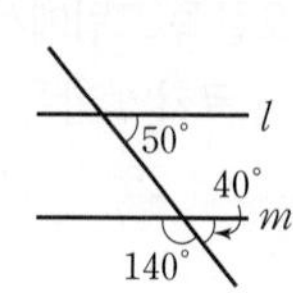

ㄹ. 오른쪽 그림에서 동위각의 크기가 같지 않으므로 두 직선 l, m은 평행하지 않다.

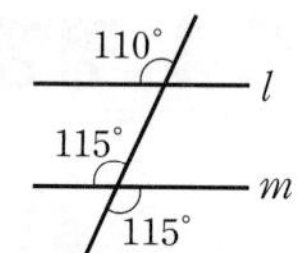

따라서 두 직선 l, m이 평행한 것은 ㄱ, ㄴ이다.

11

오른쪽 그림에서 $\overleftrightarrow{AB} /\!/ \overleftrightarrow{CD}$이므로

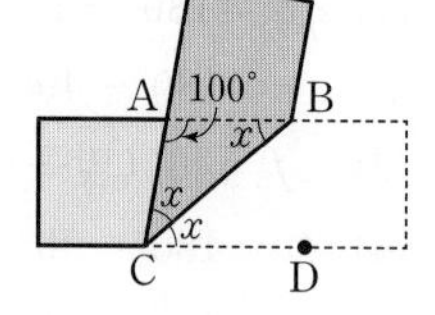

$\angle BCD = \angle ABC = \angle x$ (엇각)

$\angle ACB = \angle BCD = \angle x$ (접은 각)

삼각형 ABC에서

$100^\circ + \angle x + \angle x = 180^\circ$

$2\angle x = 80^\circ \qquad \therefore \angle x = 40^\circ$

12

오른쪽 그림에서

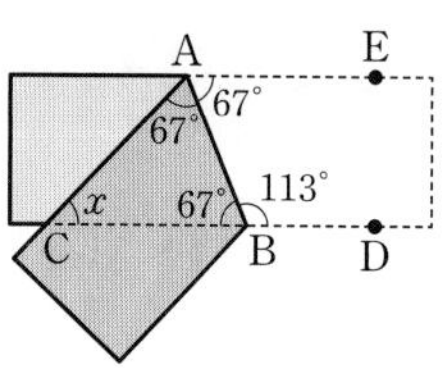

$\angle ABC = 180^\circ - 113^\circ = 67^\circ$이고

$\overleftrightarrow{AE} /\!/ \overleftrightarrow{BD}$이므로

$\angle EAB = \angle ABC = 67^\circ$ (엇각)

$\angle CAB = \angle EAB = 67^\circ$ (접은 각)

삼각형 ACB에서 $\angle x + 67^\circ + 67^\circ = 180^\circ$

$\angle x + 134^\circ = 180^\circ \qquad \therefore \angle x = 46^\circ$

확실히 서술형 감잡기 18쪽

01 12 cm **02** 75° **03** 50° **04** 6

01

① 단계 $\overline{MB}$, $\overline{BN}$을 각각 $\overline{AB}$, $\overline{BC}$를 사용하여 나타내기 ◀ 50%

점 M이 $\overline{AB}$의 중점이므로 $\overline{MB} = \frac{1}{2}\overline{AB}$

점 N이 $\overline{BC}$의 중점이므로 $\overline{BN} = \frac{1}{2}\overline{BC}$

② 단계 $\overline{MN}$의 길이 구하기 ◀ 50%

$\therefore \overline{MN} = \overline{MB} + \overline{BN} = \frac{1}{2}\overline{AB} + \frac{1}{2}\overline{BC}$

$= \frac{1}{2}(\overline{AB} + \overline{BC}) = \frac{1}{2}\overline{AC}$

$= \frac{1}{2}(8+16) = \frac{1}{2} \times 24 = 12\,(\text{cm})$

02

① 단계 $\angle x$의 크기 구하기 ◀ 40%

평각의 크기는 180°이므로

$(3\angle x - 35^\circ) + 90^\circ + (\angle x + 25^\circ) = 180^\circ$

$4\angle x + 80^\circ = 180^\circ$, $4\angle x = 100^\circ$

$\therefore \angle x = 25^\circ$

②단계 $\angle y$의 크기 구하기 ◀ 40%

맞꼭지각의 크기는 서로 같으므로

$\angle y=\angle x+25^\circ=25^\circ+25^\circ=50^\circ$

③단계 $\angle x+\angle y$의 크기 구하기 ◀ 20%

$\therefore \angle x+\angle y=25^\circ+50^\circ=75^\circ$

03

①단계 $\angle DOE$의 크기 구하기 ◀ 40%

오른쪽 그림에서 $\angle DOE=\angle a$라 하면

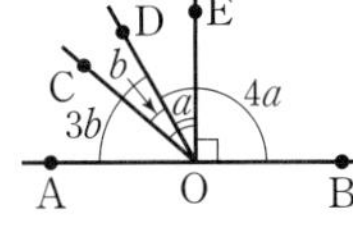

$\angle DOB=4\angle DOE=4\angle a$

이때 $\angle DOB=\angle DOE+\angle EOB$이므로

$4\angle a=\angle a+90^\circ$

$3\angle a=90^\circ \quad \therefore \angle a=30^\circ$

$\therefore \angle DOE=30^\circ$

②단계 $\angle COD$의 크기 구하기 ◀ 40%

$\angle COD=\angle b$라 하면 $\angle AOD=3\angle COD=3\angle b$

이때 $\angle AOE=\angle AOD+\angle DOE$이므로

$90^\circ=3\angle b+30^\circ$

$3\angle b=60^\circ \quad \therefore \angle b=20^\circ$

$\therefore \angle COD=20^\circ$

③단계 $\angle COE$의 크기 구하기 ◀ 20%

$\therefore \angle COE=\angle COD+\angle DOE$

$=20^\circ+30^\circ=50^\circ$

04

①단계 a의 값 구하기 ◀ 40%

모서리 AD와 꼬인 위치에 있는 모서리는 $\overline{BF}$, $\overline{CG}$, $\overline{EF}$, $\overline{GH}$의 4개이므로 $a=4$

②단계 b의 값 구하기 ◀ 40%

모서리 AE와 수직인 면은 면 ABCD, 면 EFGH의 2개이므로 $b=2$

③단계 $a+b$의 값 구하기 ◀ 20%

$\therefore a+b=4+2=6$

쌍둥이

단원 마무리하기 19~21쪽

01 ④ 02 ㄱ, ㄷ 03 4 cm 04 40°
05 $\angle x=108^\circ$, $\angle y=48^\circ$, $\angle z=24^\circ$ 06 ③ 07 60°
08 ⑤ 09 ①, ④ 10 ㄱ, ㄴ 11 ⑤
12 ④ 13 55° 14 ③ 15 ㄹ 16 40°
17 5 cm 18 10 19 88°

01 교점의 개수는 꼭짓점의 개수와 같고, 꼭짓점이 5개이므로 $a=5$

교선의 개수는 모서리의 개수와 같고, 모서리가 8개이므로 $b=8$

면의 개수는 5이므로 $c=5$

$\therefore a+b+c=5+8+5=18$

02 ㄴ. $\overrightarrow{CA}$와 $\overrightarrow{AB}$는 시작점과 뻗어 나가는 방향이 모두 다르므로 $\overrightarrow{CA}\neq\overrightarrow{AB}$

ㄹ. $\overrightarrow{BA}$와 $\overrightarrow{BC}$는 시작점은 같지만 뻗어 나가는 방향이 다르므로 $\overrightarrow{BA}\neq\overrightarrow{BC}$

따라서 옳은 것은 ㄱ, ㄷ이다.

03 점 M이 $\overline{AB}$의 중점이므로 $\overline{MB}=\frac{1}{2}\overline{AB}$

점 N이 $\overline{BC}$의 중점이므로 $\overline{BN}=\frac{1}{2}\overline{BC}$

$\therefore \overline{MN}=\overline{MB}+\overline{BN}=\frac{1}{2}\overline{AB}+\frac{1}{2}\overline{BC}$

$=\frac{1}{2}(\overline{AB}+\overline{BC})=\frac{1}{2}\overline{AC}$

$=\frac{1}{2}\times 8=4(\text{cm})$

04 $(\angle x+30^\circ)+30^\circ+2\angle x=180^\circ$이므로

$3\angle x+60^\circ=180^\circ$, $3\angle x=120^\circ$

$\therefore \angle x=40^\circ$

05 $\angle x=180^\circ\times\frac{9}{9+4+2}=180^\circ\times\frac{9}{15}=108^\circ$

$\angle y=180^\circ\times\frac{4}{9+4+2}=180^\circ\times\frac{4}{15}=48^\circ$

$\angle z=180^\circ\times\frac{2}{9+4+2}=180^\circ\times\frac{2}{15}=24^\circ$

06 오른쪽 그림에서 $\angle BOC=\angle a$라 하면 $\angle AOB=3\angle BOC=3\angle a$

$\angle COD=\angle b$라 하면

$\angle COD=\frac{1}{3}\angle DOE$이므로 $\angle DOE=3\angle COD=3\angle b$

이때

$\angle AOB+\angle BOC+\angle COD+\angle DOE=180^\circ$이므로

$3\angle a+\angle a+\angle b+3\angle b=180^\circ$

$4\angle a+4\angle b=180^\circ$, $\angle a+\angle b=45^\circ$

$\therefore \angle BOD=\angle BOC+\angle COD=\angle a+\angle b=45^\circ$

07 ①단계 $\angle x$의 크기 구하기 ◀ 40%

오른쪽 그림에서

$(2\angle x+20^\circ)+\angle x+(3\angle x+10^\circ)=180^\circ$

이므로

$6\angle x+30^\circ=180^\circ$, $6\angle x=150^\circ$

$\therefore \angle x=25^\circ$

②단계 $\angle y$의 크기 구하기 ◀ 40%

$\angle y=3\angle x+10^\circ$ (맞꼭지각)이므로

$\angle y=3\times 25^\circ+10^\circ=85^\circ$

③단계 $\angle y-\angle x$의 크기 구하기 ◀ 20%

$\therefore \angle y-\angle x=85^\circ-25^\circ=60^\circ$

08 ⑤ 점 D와 $\overline{BC}$ 사이의 거리는 $\overline{AB}$의 길이와 같으므로 3 cm이다.

따라서 옳지 않은 것은 ⑤이다.

09 대각선 AG와 꼬인 위치에 있는 모서리는

$\overline{BC}$, $\overline{BF}$, $\overline{CD}$, $\overline{DH}$, $\overline{EF}$, $\overline{EH}$

모서리 CD와 꼬인 위치에 있는 모서리는

$\overline{AE}$, $\overline{BF}$, $\overline{EH}$, $\overline{FG}$

따라서 대각선 AG, 모서리 CD와 동시에 꼬인 위치에 있는 모서리는 $\overline{BF}$, $\overline{EH}$이다.

10 ㄱ. 모서리 AB와 꼬인 위치에 있는 모서리는 $\overline{CF}$, $\overline{DF}$, $\overline{EF}$의 3개이다.

ㄴ. 모서리 DE와 수직으로 만나는 모서리는 $\overline{AD}$, $\overline{BE}$, $\overline{DF}$의 3개이다.

ㄷ. 모서리 BE와 평행한 면은 면 ADFC의 1개이다.

따라서 옳은 것은 ㄱ, ㄴ이다.

11 주어진 전개도로 만들어지는 삼각기둥은 오른쪽 그림과 같으므로 면 JIDC와 평행한 모서리는 $\overline{HE}$이다.

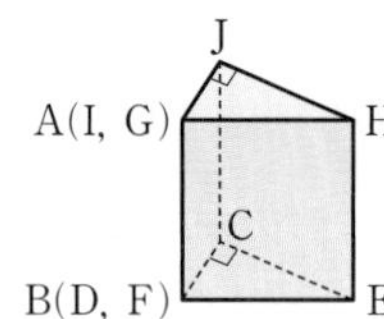

12 오른쪽 그림에서

($\angle x$의 모든 동위각의 크기의 합)

$=(180^\circ-45^\circ)+(180^\circ-60^\circ)$

$=135^\circ+120^\circ$

$=255^\circ$

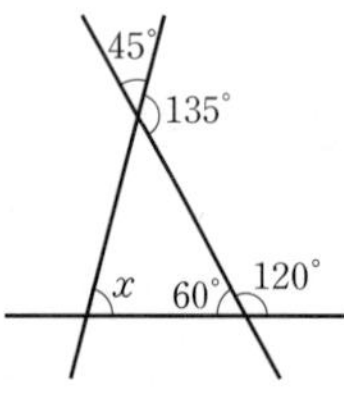

13 ①단계 $\angle$CAB의 크기 구하기 ◀ 50%

오른쪽 그림에서 $l /\!/ m$이므로

$\angle CAB=50^\circ$ (엇각)

②단계 $\angle x$의 크기 구하기 ◀ 50%

삼각형 ABC에서 세 각의 크기의 합은 180°이므로

$50^\circ+\angle x+75^\circ=180^\circ$

$\angle x+125^\circ=180^\circ \quad \therefore \angle x=55^\circ$

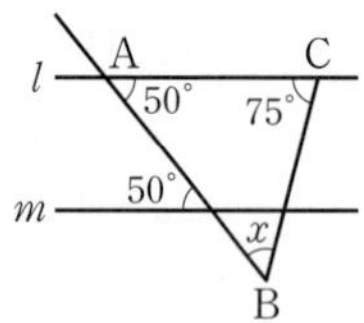

14 오른쪽 그림과 같이 두 직선 l, m에 평행한 두 직선을 그으면

$\angle x=95^\circ+35^\circ=130^\circ$

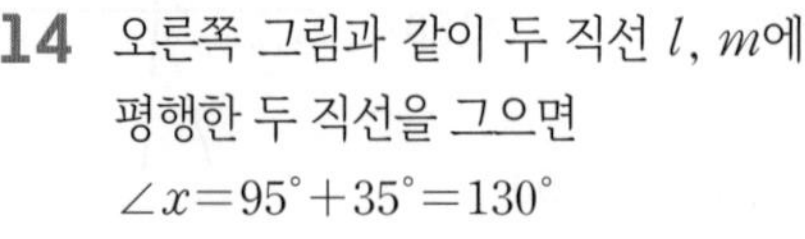

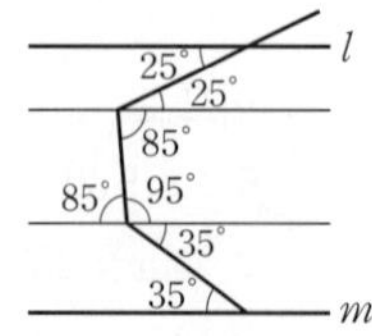

15 $\angle e=75^\circ$ (맞꼭지각), $\angle g=\angle f=180^\circ-75^\circ=105^\circ$

ㄱ. $\angle a=75^\circ$이면 $\angle a=\angle e=75^\circ$

즉, 동위각의 크기가 같으므로 $l /\!/ m$이다.

ㄴ. $\angle b=105^\circ$이면 $\angle b=\angle f=105^\circ$

즉, 동위각의 크기가 같으므로 $l /\!/ m$이다.

ㄷ. $\angle c=75^\circ$이면 동위각의 크기가 같으므로 $l /\!/ m$이다.

따라서 $l /\!/ m$이 되기 위한 조건이 아닌 것은 ㄹ이다.

16 ①단계 $\angle x$의 크기 구하기 ◀ 40%

오른쪽 그림에서 $\overleftrightarrow{AC} /\!/ \overleftrightarrow{BE}$이므로

$\angle CAB=\angle ABE$

$=\angle x$ (엇각)

평각의 크기는 180°이므로

$\angle x+140^\circ=180^\circ$

$\therefore \angle x=40^\circ$

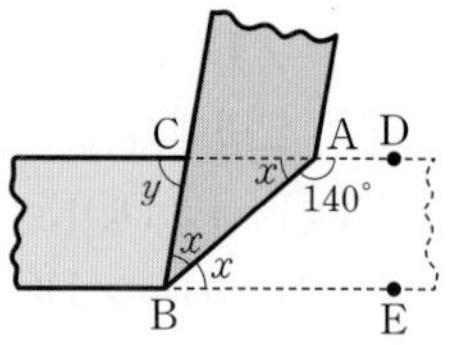

②단계 $\angle y$의 크기 구하기 ◀ 40%

$\angle CBA=\angle ABE=40^\circ$ (접은 각)이고

$\overleftrightarrow{AC} /\!/ \overleftrightarrow{BE}$이므로

$\angle y=\angle CBE$ (엇각)

따라서 $\angle y=40^\circ+40^\circ=80^\circ$

③단계 $\angle y-\angle x$의 크기 구하기 ◀ 20%

$\therefore \angle y-\angle x=80^\circ-40^\circ=40^\circ$

17 점 C가 $\overline{AB}$의 중점이므로

$\overline{AC}=\overline{CB}=\frac{1}{2}\overline{AB}=\frac{1}{2}\times 40=20\,(\text{cm})$

점 D가 $\overline{CB}$의 중점이므로

$\overline{CD}=\overline{DB}=\frac{1}{2}\overline{CB}=\frac{1}{2}\times 20=10\,(\text{cm})$

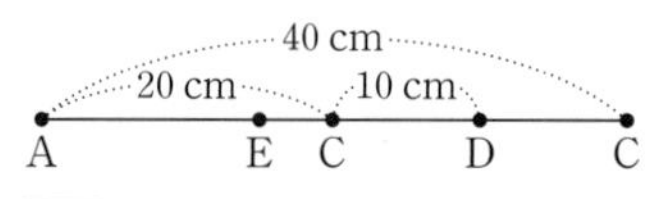

이때 점 E가 $\overline{AD}$의 중점이므로

$\overline{AE}=\overline{ED}=\frac{1}{2}\overline{AD}=\frac{1}{2}(\overline{AC}+\overline{CD})$

$=\frac{1}{2}(20+10)=15\,(\text{cm})$

$\therefore \overline{EC}=\overline{AC}-\overline{AE}=20-15=5\,(\text{cm})$

18 직선 CD와 꼬인 위치에 있는 직선은

$\overleftrightarrow{AB}$, $\overleftrightarrow{AF}$, $\overleftrightarrow{AG}$, $\overleftrightarrow{EF}$, $\overleftrightarrow{FJ}$, $\overleftrightarrow{GH}$, $\overleftrightarrow{GJ}$, $\overleftrightarrow{IJ}$

의 8개이므로 $a=8$

직선 AF와 평행한 면은

면 BHIDC, 면 GHIJ

의 2개이므로 $b=2$

$\therefore a+b=8+2=10$

19 오른쪽 그림과 같이 두 직선 l, m에 평행한 두 직선을 그으면 동위각과 엇각의 크기가 각각 같으므로

$\angle x+\angle y+\angle z=88^\circ$

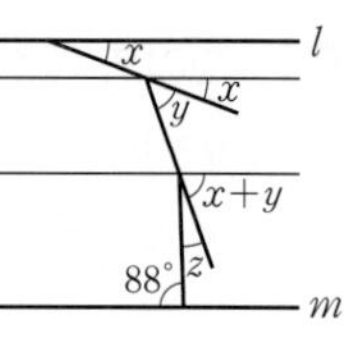

2 작도와 합동

01 삼각형의 작도

개념 1 24쪽

01 답 (1) × (2) × (3) ○ (4) ×

(1) 작도할 때는 눈금 없는 자, 컴퍼스를 사용한다.
(2) 선분의 길이를 다른 직선으로 옮길 때는 컴퍼스를 사용한다.
(4) 크기가 같은 각을 작도할 때는 눈금 없는 자와 컴퍼스를 사용한다.

02 답 눈금없는 자, 컴퍼스, P, $\overline{AB}$, $\overline{AB}$

개념 2 24쪽

01 답 ㉤, ㉠, ㉣

02 답 ㉤ → ㉢ → ㉠ → ㉣ → ㉡ → ㉥

개념 3 25쪽

01 답 (1) 6 cm (2) 8 cm (3) 70° (4) 65°

(1) ∠B의 대변은 변 AC이므로 $\overline{AC}=6$ cm
(2) ∠C의 대변은 변 AB이므로 $\overline{AB}=8$ cm
(3) 변 BC의 대각은 ∠A이므로 $\angle A=70°$
(4) 변 AB의 대각은 ∠C이므로
$\angle C=180°-(70°+45°)=65°$

02 답 (1) ○ (2) × (3) ○ (4) × (5) ○ (6) ○

(1) $4<2+3$ (2) $7>2+4$ (3) $4<4+4$
(4) $8=3+5$ (5) $6<4+5$ (6) $11<5+7$

개념 4 25쪽

01 답 ㉢ → ㉠ → ㉡

개념 5 25쪽

01 답 (1) ○ (2) × (3) × (4) ○

(1) 세 변의 길이가 주어지고 $10<6+8$이므로 삼각형이 하나로 정해진다.
(2) 세 변의 길이가 주어졌으나 $12=5+7$이므로 삼각형이 그려지지 않는다.
(3) 두 변의 길이와 그 끼인각이 아닌 다른 한 각의 크기가 주어졌으므로 삼각형이 하나로 정해지지 않는다.
(4) $\angle C=180°-(50°+70°)=60°$이므로 한 변의 길이와 그 양 끝 각의 크기가 주어진 경우이다. 따라서 삼각형이 하나로 정해진다.

필수 유형 한 번 더 익히기 26~28쪽

01 ① **02** (1) ㄱ, ㄴ (2) ㄷ, ㄹ
03 (1) 컴퍼스 (2) ㉡ → ㉠ → ㉢ → ㉣ **04** ④
05 ② **06** Q, A, B, C, $\overline{AB}$, $\overline{AB}$, D
07 ㄱ, ㄴ, ㄷ **08** 9 **09** ⑤
10 ㉢ → ㉠ → ㉡ **11** ②, ③ **12** ⑤
13 ①, ④ **14** ㄱ, ㄷ **15** ㄱ, ㄹ

05

$\overline{OA}=\overline{OB}=\overline{PC}=\overline{PD}$, $\overline{AB}=\overline{CD}$
따라서 옳지 않은 것은 ②이다.

07

ㄹ. $\angle AQB=\angle CPD$
ㅁ. 작도 순서는 ㉡ → ㉤ → ㉠ → ㉥ → ㉢ → ㉣이다.
따라서 옳은 것은 ㄱ, ㄴ, ㄷ이다.

08

(i) 가장 긴 변의 길이가 x cm일 때
$x<5+11$ $\therefore x<16$
(ii) 가장 긴 변의 길이가 11 cm일 때
$11<x+5$ $\therefore x>6$
(i), (ii)에서 x의 값이 될 수 있는 자연수는 7, 8, 9, 10, 11, 12, 13, 14, 15의 9개이다.

09

(i) 가장 긴 변의 길이가 a일 때
$a<4+9$ $\therefore a<13$
(ii) 가장 긴 변의 길이가 9일 때
$9<4+a$ $\therefore a>5$
(i), (ii)에서 a의 값이 될 수 있는 자연수는 6, 7, 8, 9, 10, 11, 12이다.
따라서 a의 값이 될 수 없는 자연수는 ⑤ 14이다.

12

⑤ 세 각의 크기가 주어지면 모양은 같지만 크기가 다른 삼각형이 무수히 많이 그려진다.

13

② $\angle C$는 $\overline{AB}$와 $\overline{BC}$의 끼인각이 아니므로 삼각형이 하나로 정해지지 않는다.
③ $\angle B$는 $\overline{BC}$와 $\overline{AC}$의 끼인각이 아니므로 삼각형이 하나로 정해지지 않는다.
⑤ 세 각의 크기가 주어지면 모양은 같지만 크기가 다른 삼각형이 무수히 많이 그려진다.
따라서 $\triangle ABC$가 하나로 정해지는 것은 ①, ④이다.

14

두 변의 길이가 주어졌으므로 나머지 한 변인 $\overline{AC}$의 길이가 주어지거나 끼인각인 $\angle B$의 크기가 주어지면 $\triangle ABC$가 하나로 정해진다. 따라서 $\triangle ABC$가 하나로 정해지기 위해 필요한 조건으로 알맞은 것은 ㄱ, ㄷ이다.

15

ㄱ. 한 변의 길이와 양 끝 각의 크기가 주어진 경우이므로 $\triangle ABC$가 하나로 정해진다.
ㄴ. $\angle B+\angle C=180^\circ$이므로 $\triangle ABC$가 그려지지 않는다.
ㄷ. $\angle B$는 $\overline{AB}$와 $\overline{AC}$의 끼인각이 아니므로 $\triangle ABC$가 하나로 정해지지 않는다.
ㄹ. 두 변의 길이와 그 끼인각의 크기가 주어진 경우이므로 $\triangle ABC$가 하나로 정해진다.
따라서 $\triangle ABC$가 하나로 정해지기 위해 필요한 나머지 한 조건으로 알맞은 것은 ㄱ, ㄹ이다.

02 삼각형의 합동

개념 6 29쪽

01 답 (1) 4 cm (2) 7 cm (3) 45°
(1) $\overline{AB}=\overline{DE}=4$ cm
(2) $\overline{EF}=\overline{BC}=7$ cm
(3) $\angle E=\angle B=45^\circ$

02 답 (1) 4 cm (2) 70° (3) 75°
(1) $\overline{FG}=\overline{BC}=4$ cm
(2) $\angle E=\angle A=70^\circ$
(3) $\angle G=\angle C=75^\circ$

개념 7 29쪽

01 답 (1) $\triangle ABC\equiv\triangle FED$, SSS 합동
(2) $\triangle ABC\equiv\triangle EFD$, SAS 합동
(1) $\overline{AB}=\overline{FE}=5$ cm, $\overline{BC}=\overline{ED}=4$ cm, $\overline{AC}=\overline{FD}=3$ cm 이므로 $\triangle ABC\equiv\triangle FED$ (SSS 합동)
(2) $\overline{AB}=\overline{EF}=7$ cm, $\overline{AC}=\overline{ED}=5$ cm, $\angle A=\angle E=80^\circ$ 이므로 $\triangle ABC\equiv\triangle EFD$ (SAS 합동)

02 답 ㄱ과 ㅁ, SSS 합동 / ㄴ과 ㄹ, ASA 합동 / ㄷ과 ㅂ, SAS 합동
[ㄱ과 ㅁ] 세 변의 길이가 12 cm, 10 cm, 9 cm로 각각 같으므로 SSS 합동이다.
[ㄴ과 ㄹ] 한 변의 길이가 14 cm로 같고 그 양 끝 각의 크기가 각각 70°, 50°로 같으므로 ASA 합동이다.
[ㄷ과 ㅂ] 두 변의 길이가 16 cm, 8 cm로 각각 같고 그 끼인각의 크기가 60°로 같으므로 SAS 합동이다.

필수 유형 한 번 더 익히기 30~31쪽

01 $x=80$, $y=5$	**02** ④	**03** ②
04 ④	**05** ㄱ, ㄷ	**06** ①, ②
07 $\overline{BD}$, SSS	**08** $\overline{AC}$, SAS	
09 $\triangle OAB\equiv\triangle OCD$, SAS 합동		
10 $\angle PBO$, $\angle OPB$, $\overline{OP}$, ASA		
11 $\triangle ABC\equiv\triangle DEF$, ASA 합동		

01

$\angle C=\angle F=180^\circ-(60^\circ+40^\circ)=80^\circ$ $\quad\therefore x=80$
$\overline{DF}=\overline{AC}=5$ cm $\quad\therefore y=5$

02

① $\overline{BC}=\overline{FG}=8$ cm
② $\overline{EF}=\overline{AB}=5$ cm
③ $\angle B=\angle F=70^\circ$
④, ⑤ $\angle H=\angle D=80^\circ$이므로
$\angle E=360^\circ-(80^\circ+65^\circ+70^\circ)=145^\circ$
따라서 옳지 않은 것은 ④이다.

03

① 대응하는 세 변의 길이가 각각 같으므로 $\triangle ABC\equiv\triangle PQR$(SSS 합동)
② 대응하는 두 변의 길이가 각각 같지만, 그 끼인각이 아닌 다른 한 각의 크기가 같으므로 $\triangle ABC$와 $\triangle PQR$은 서로 합동이라 할 수 없다.
③ 대응하는 한 변의 길이가 같고, 그 양 끝 각의 크기가 각각 같으므로 $\triangle ABC\equiv\triangle PQR$(ASA 합동)
④ $\angle C=180^\circ-(\angle A+\angle B)=180^\circ-(\angle P+\angle Q)=\angle R$
즉, 대응하는 한 변의 길이가 같고, 그 양 끝 각의 크기가 각각 같으므로 $\triangle ABC\equiv\triangle PQR$(ASA 합동)

⑤ 대응하는 두 변의 길이가 각각 같고, 그 끼인각의 크기가 같으므로 $\triangle ABC \equiv \triangle PQR$(SAS 합동)
따라서 $\triangle ABC \equiv \triangle PQR$이라 할 수 없는 것은 ②이다.

04

주어진 삼각형의 나머지 한 각의 크기는 $180° - (60° + 70°) = 50°$
④ 한 변의 길이가 5 cm로 같고 그 양 끝 각의 크기가 각각 70°, 50°로 같으므로 주어진 삼각형과 ASA 합동이다.

05

ㄱ. SSS 합동　　ㄷ. SAS 합동
따라서 필요한 나머지 한 조건은 ㄱ, ㄷ이다.

06

③ SAS 합동　　④ ASA 합동
⑤ $\angle B = \angle E$, $\angle C = \angle F$이면 $\angle A = \angle D$이므로 ASA 합동이다.
따라서 필요한 나머지 한 조건이 아닌 것은 ①, ②이다.

09

$\triangle OAB$와 $\triangle OCD$에서
$\overline{OA} = \overline{OC}$, $\overline{OB} = \overline{OD}$, $\angle AOB = \angle COD$ (맞꼭지각)
$\therefore \triangle OAB \equiv \triangle OCD$ (SAS 합동)

11

$\overline{AB} /\!/ \overline{ED}$이므로 $\angle B = \angle E$ (엇각)
$\overline{AC} /\!/ \overline{FD}$이므로 $\angle C = \angle F$ (엇각)
$\overline{BC} = \overline{BF} + \overline{FC} = \overline{EC} + \overline{FC} = \overline{EF}$
$\therefore \triangle ABC \equiv \triangle DEF$ (ASA 합동)

확실히 서술형 감잡기　32쪽

01 7	**02** 137
03 $\triangle PBM$, SAS 합동	**04** 11 cm

01

① 단계 가장 긴 변의 길이가 x cm일 때 x의 값의 범위 구하기 ◀ 30%
가장 긴 변의 길이가 x cm일 때
$x < 4 + 7$　　$\therefore x < 11$
② 단계 가장 긴 변의 길이가 7 cm일 때 x의 값의 범위 구하기 ◀ 30%
가장 긴 변의 길이가 7 cm일 때
$7 < 4 + x$　　$\therefore x > 3$
③ 단계 x의 값이 될 수 있는 자연수의 개수 구하기 ◀ 40%
따라서 x의 값이 될 수 있는 자연수는 4, 5, 6, 7, 8, 9, 10의 7개이다.

02

① 단계 x의 값 구하기 ◀ 40%
$\overline{CD}$의 대응변은 $\overline{QP}$이므로
$\overline{CD} = \overline{QP} = 9$ cm　　$\therefore x = 9$
② 단계 y의 값 구하기 ◀ 40%
$\angle A$의 대응각은 $\angle S$이므로
$\angle A = \angle S = 360° - (84° + 70° + 78°) = 128°$　　$\therefore y = 128$
③ 단계 $x + y$의 값 구하기 ◀ 20%
$\therefore x + y = 9 + 128 = 137$

03

① 단계 $\triangle PAM$과 합동인 삼각형 찾기 ◀ 50%
$\triangle PAM$과 $\triangle PBM$에서
$\overline{AM} = \overline{BM}$, $\angle PMA = \angle PMB = 90°$, $\overline{PM}$은 공통
$\therefore \triangle PAM \equiv \triangle PBM$
② 단계 이용된 합동 조건 말하기 ◀ 50%
$\triangle PAM$과 $\triangle PBM$은 대응하는 두 변의 길이가 각각 같고, 그 끼인각의 크기가 같으므로 SAS 합동이다.

04

① 단계 $\triangle ABD$와 $\triangle CAE$가 서로 합동임을 알기 ◀ 70%
$\triangle ABD$와 $\triangle CAE$에서
$\overline{AB} = \overline{CA}$, $\angle ABD = 90° - \angle BAD = \angle CAE$,
$\angle DAB = 90° - \angle CAE = \angle ECA$
$\therefore \triangle ABD \equiv \triangle CAE$ (ASA 합동)
② 단계 $\overline{DE}$의 길이 구하기 ◀ 30%
따라서 $\overline{DA} = \overline{EC} = 8$ cm, $\overline{AE} = \overline{BD} = 3$ cm이므로
$\overline{DE} = \overline{DA} + \overline{AE} = 8 + 3 = 11$ (cm)

쌍둥이 단원 마무리하기　33~35쪽

01 ②, ④　**02** ④　**03** ⑤　**04** ②, ③
05 ②　**06** 9　**07** ㄷ　**08** ①, ⑤　**09** ②
10 ⑤　**11** ①　**12** ㄱ, ㄴ　**13** ㄱ, ㄷ, ㄹ
14 $\triangle BCE$, SAS 합동　**15** 100°
16 3　**17** 90°　**18** ⑤

01 눈금 없는 자는 선분을 연장하거나 두 점을 연결하여 선분을 그리는 데 사용한다.

03 ①, ②, ③ $\overline{OA} = \overline{OB} = \overline{PC} = \overline{PD}$, $\overline{AB} = \overline{CD}$
⑤ 작도 순서는 ㉠ → ㉤ → ㉡ → ㉣ → ㉢이다.
따라서 옳지 않은 것은 ⑤이다.

04 ⑤ 작도 순서는 ㉤ → ㉡ → ㉣ → ㉢ → ㉠ → ㉥이다.

05 ② $\angle B$의 대변은 $\overline{AC}$이고, $\overline{AC}$의 길이는 알 수 없다

06 ①단계 가장 긴 변의 길이가 x cm일 때 x의 값의 범위 구하기 ◀ 30%

가장 긴 변의 길이가 x cm일 때

$x<5+12 \qquad \therefore x<17$

②단계 가장 긴 변의 길이가 12 cm일 때 x의 값의 범위 구하기 ◀ 30%

가장 긴 변의 길이가 12 cm일 때

$12<x+5 \qquad \therefore x>7$

③단계 x의 값이 될 수 있는 자연수의 개수 구하기 ◀ 40%

따라서 x의 값이 될 수 있는 자연수는 8, 9, 10, 11, 12, 13, 14, 15, 16의 9개이다.

07 작도 순서는

ㄱ → ㄹ → ㄴ → ㄷ 또는 ㄴ → ㄹ → ㄱ → ㄷ

또는 ㄹ → ㄱ → ㄴ → ㄷ 또는 ㄹ → ㄴ → ㄱ → ㄷ이다.

08 ① 세 각의 크기가 주어지면 모양은 같지만 크기가 다른 삼각형이 무수히 많이 그려진다.

②, ③ 한 변의 길이와 그 양 끝 각이 주어졌으므로 삼각형이 하나로 정해진다.

④ 두 변의 길이와 그 끼인각의 크기가 주어졌으므로 삼각형이 하나로 정해진다.

⑤ 두 변의 길이와 그 끼인각이 아닌 한 각의 크기가 주어졌으므로 삼각형이 하나로 정해지지 않는다.

따라서 $\triangle ABC$가 하나로 정해지기 위해 더 필요한 조건이 아닌 것은 ①, ⑤이다.

09 $\overline{BC}=\overline{EF}=10$ cm $\qquad \therefore x=10$

$\angle F=\angle C=40^\circ \qquad \therefore y=40$

$\therefore x+y=10+40=50$

10 ㄱ. 두 정삼각형의 크기가 다르면 합동이 아니다.

ㄴ. 오른쪽 그림의 두 이등변삼각형은 넓이가 같지만 합동이 아니다.

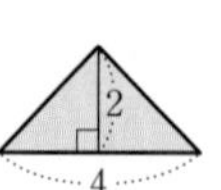

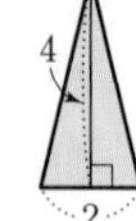

따라서 옳은 것은 ㄷ, ㄹ이다.

11 ① 나머지 한 각의 크기는 $180^\circ-(40^\circ+80^\circ)=60^\circ$이므로 주어진 삼각형과 ASA 합동이다.

12 대응하는 두 변의 길이가 같으므로 나머지 한 변의 길이가 같거나 끼인각의 크기가 같으면 합동이다.

따라서 필요한 나머지 한 조건은 ㄱ, ㄴ이다.

13 ㄱ. $\triangle ABO$와 $\triangle DCO$에서

$\overline{AO}=\overline{DO}$, $\overline{BO}=\overline{CO}$, $\angle AOB=\angle DOC$ (맞꼭지각)

이므로 $\triangle ABO\equiv\triangle DCO$ (SAS 합동)

ㄷ, ㄹ. $\triangle ABC$와 $\triangle DCB$에서

$\overline{AC}=\overline{DB}$, $\overline{BC}$는 공통,

$\triangle OBC$는 $\overline{BO}=\overline{CO}$인 이등변삼각형이므로

$\angle ACB=\angle DBC$

$\therefore \triangle ABC\equiv\triangle DCB$ (SAS 합동)

이때 $\angle BAC$의 대응각은 $\angle CDB$이므로

$\angle BAC=\angle CDB$

따라서 옳은 것은 ㄱ, ㄷ, ㄹ이다.

14 $\triangle ABD$와 $\triangle BCE$에서

$\overline{AB}=\overline{BC}$, $\angle ABD=\angle BCE=60^\circ$, $\overline{BD}=\overline{CE}$

이므로 $\triangle ABD\equiv\triangle BCE$ (SAS 합동)

15 ①단계 $\triangle ABC\equiv\triangle ADE$임을 알기 ◀ 60%

$\triangle ABC$와 $\triangle ADE$에서

$\overline{AC}=\overline{AE}$, $\overline{AB}=\overline{AE}+\overline{EB}=\overline{AC}+\overline{CD}=\overline{AD}$,

$\angle A$는 공통이므로

$\triangle ABC\equiv\triangle ADE$ (SAS 합동)

②단계 $\angle ACB$의 크기 구하기 ◀ 40%

이때 $\angle ACB$의 대응각은 $\angle AED$이므로

$\angle ACB=\angle AED=180^\circ-(55^\circ+25^\circ)=100^\circ$

16 (i) 가장 긴 변의 길이가 11 cm인 경우는

(5 cm, 7 cm, 11 cm), (6 cm, 7 cm, 11 cm)의 2개이다.

(ii) 가장 긴 변의 길이가 7 cm인 경우는

(5 cm, 6 cm, 7 cm)의 1개이다.

(i), (ii)에서 만들 수 있는 서로 다른 삼각형의 개수는

$2+1=3$

17 $\triangle ABE$와 $\triangle BCF$에서

$\overline{AB}=\overline{BC}$, $\overline{BE}=\overline{CF}$, $\angle ABE=\angle BCF=90^\circ$이므로

$\triangle ABE\equiv\triangle BCF$ (SAS 합동)

$\overline{AE}$와 $\overline{BF}$의 교점을 P라 하고

$\angle BAE=\angle CBF=\angle a$,

$\angle AEB=\angle BFC=\angle b$

라 하면

$\triangle ABE$에서 $\angle a+\angle b=180^\circ-90^\circ=90^\circ$이고 $\triangle PBE$에서

$\angle x=\angle BPE=180^\circ-(\angle a+\angle b)=90^\circ$

18 $\triangle ACE$와 $\triangle DCB$에서

$\overline{AC}=\overline{DC}$ (①), $\overline{CE}=\overline{CB}$ (②)

이고 $\angle ACD=\angle ECB=60^\circ$이므로

$\angle ACE=\angle ACD+\angle DCE=\angle ECB+\angle DCE$

$=\angle DCB$ (③)

$\therefore \triangle ACE\equiv\triangle DCB$ (SAS 합동) (④)

이때 $\angle AEC$와 $\angle CDB$는 대응각이 아니므로

$\angle AEC=\angle CDB$라고 할 수 없다.

다각형

01 다각형

개념 1 38쪽

01 답 풀이 참조 / $100°$

$\triangle ABC$에서 $\angle C$의 외각은 오른쪽 그림과 같고, 그 크기는 $180°-80°=100°$

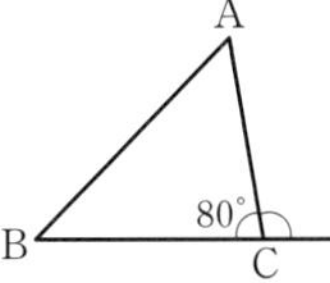

02 답 풀이 참조 / $110°$

사각형 ABCD에서 $\angle B$의 외각은 오른쪽 그림과 같고, 그 크기는 $180°-70°=110°$

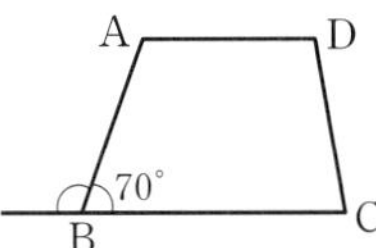

03 답 (1) $55°$ (2) $120°$

(1) $\angle C$의 내각의 크기는 $180°-125°=55°$

(2) $\angle A$의 외각의 크기는 $180°-60°=120°$

04 답 (1) $110°$ (2) $85°$

(1) $\angle D$의 내각의 크기는 $180°-70°=110°$

(2) $\angle A$의 외각의 크기는 $180°-95°=85°$

개념 2 38쪽

01 답 (1) 3 (2) 9

(1) 육각형의 한 꼭짓점에서 그을 수 있는 대각선의 개수는 $6-3=3$

(2) 육각형의 대각선의 개수는 $\dfrac{6\times(6-3)}{2}=9$

02 답 (1) 5 (2) 14

(1) 오각형의 대각선의 개수는 $\dfrac{5\times(5-3)}{2}=5$

(2) 칠각형의 대각선의 개수는 $\dfrac{7\times(7-3)}{2}=14$

03 답 7, 10, 십각형

04 답 (1) 오각형 (2) 십일각형

(1) 구하는 다각형을 n각형이라 하면

$n-3=2$ $\therefore n=5$

따라서 구하는 다각형은 오각형이다.

(2) 구하는 다각형을 n각형이라 하면

$n-3=8$ $\therefore n=11$

따라서 구하는 다각형은 십일각형이다.

개념 3 39쪽

01 답 (1) $50°$ (2) $110°$ (3) $135°$ (4) $60°$

(1) $70°+\angle x+60°=180°$ $\therefore \angle x=50°$

(2) $30°+40°+\angle x=180°$ $\therefore \angle x=110°$

(3) $\angle x=75°+60°=135°$

(4) $150°=90°+\angle x$ $\therefore \angle x=60°$

02 답 (1) $25°$ (2) $100°$ (3) $60°$ (4) $35°$

(1) $105°+2\angle x+\angle x=180°$

$3\angle x+105°=180°$, $3\angle x=75°$

$\therefore \angle x=25°$

(2) $\angle x+30°+(\angle x-50°)=180°$

$2\angle x-20°=180°$, $2\angle x=200°$

$\therefore \angle x=100°$

(3) $(180°-115°)+\angle x+(180°-125°)=180°$

$65°+\angle x+55°=180°$, $\angle x+120°=180°$

$\therefore \angle x=60°$

(4) $\angle x+80°=60°+55°$, $\angle x+80°=115°$

$\therefore \angle x=35°$

한 번 더 필수 유형 익히기 39~41쪽

01 ③	**02** ⑤	**03** ①	**04** 117
05 8	**06** ⑤	**07** $80°$	**08** $45°$
09 $32°$	**10** ②	**11** $\angle x=75°$, $\angle y=35°$	
12 $\angle x=75°$, $\angle y=40°$		**13** $60°$	**14** $40°$

01

$\angle x=180°-135°=45°$

$\angle y=180°-60°=120°$

$\therefore \angle y-\angle x=120°-45°=75°$

02

$\angle x=180°-110°=70°$

$\angle y=180°-50°=130°$

$\therefore \angle x+\angle y=70°+130°=200°$

03

십일각형의 한 꼭짓점에서 그을 수 있는 대각선의 개수는 $11-3=8$이므로 $a=8$

십일각형의 대각선의 개수는 $\frac{11\times(11-3)}{2}=44$이므로 $b=44$

$\therefore b-a=44-8=36$

04

십육각형의 한 꼭짓점에서 그을 수 있는 대각선의 개수는 $16-3=13$이므로 $a=13$

십육각형의 대각선의 개수는 $\frac{16\times(16-3)}{2}=104$이므로 $b=104$

$\therefore a+b=13+104=117$

05

주어진 다각형을 n각형이라 하면

$\frac{n(n-3)}{2}=20$

$n(n-3)=40$, $n(n-3)=8\times5$

$\therefore n=8$

따라서 팔각형의 꼭짓점의 개수는 8이다.

06

구하는 다각형을 n각형이라 하면 $\frac{n(n-3)}{2}=135$

$n(n-3)=270$, $n(n-3)=18\times15$ $\quad\therefore n=18$

따라서 구하는 다각형은 십팔각형이다.

07

$\angle ACB=180^\circ-120^\circ=60^\circ$이므로

$\angle x+40^\circ+60^\circ=180^\circ$, $\angle x+100^\circ=180^\circ$

$\therefore \angle x=80^\circ$

08

$(2\angle x-20^\circ)+(\angle x+25^\circ)+40^\circ=180^\circ$

$3\angle x+45^\circ=180^\circ$, $3\angle x=135^\circ$ $\quad\therefore \angle x=45^\circ$

09

$120^\circ=(2\angle x+10^\circ)+(3\angle x-50^\circ)$

$5\angle x-40^\circ=120^\circ$, $5\angle x=160^\circ$ $\quad\therefore \angle x=32^\circ$

10

$\angle CAB=180^\circ-125^\circ=55^\circ$이므로

$5\angle x+40^\circ=55^\circ+(2\angle x+30^\circ)$

$3\angle x=45^\circ$ $\quad\therefore \angle x=15^\circ$

11

$\angle x=25^\circ+50^\circ=75^\circ$

$75^\circ=40^\circ+\angle y$ $\quad\therefore \angle y=35^\circ$

12

$\triangle ABD$에서 $\angle x=40^\circ+35^\circ=75^\circ$

$\triangle ADC$에서 $\angle y+75^\circ+65^\circ=180^\circ$

$\therefore \angle y=40^\circ$

13

$\triangle ABD$에서 $\overline{AD}=\overline{DB}$이므로

$\angle ABD=\angle BAD=30^\circ$

$\therefore \angle BDC=30^\circ+30^\circ=60^\circ$

따라서 $\triangle BCD$에서 $\overline{BC}=\overline{BD}$이므로

$\angle x=\angle BDC=60^\circ$

14

$\triangle ACD$에서 $\overline{CA}=\overline{CD}$이므로

$\angle CAD=\angle CDA=180^\circ-130^\circ=50^\circ$

$\therefore \angle ACB=50^\circ+50^\circ=100^\circ$

따라서 $\triangle ABC$에서 $\overline{CA}=\overline{CB}$이므로

$\angle x=\angle CAB=\frac{1}{2}\times(180^\circ-100^\circ)=40^\circ$

02 다각형의 내각과 외각

개념 4

41쪽

01 답 (1) 1080° (2) 1620°

(1) $180^\circ\times(8-2)=1080^\circ$

(2) $180^\circ\times(11-2)=1620^\circ$

02 답 540°, 112°

오각형의 내각의 크기의 합은

$180^\circ\times(5-2)=540^\circ$

$\therefore \angle x=540^\circ-(92^\circ+116^\circ+135^\circ+85^\circ)=112^\circ$

03 답 (1) 120° (2) 140°

(1) $\frac{180^\circ\times(6-2)}{6}=120^\circ$

(2) $\frac{180^\circ\times(9-2)}{9}=140^\circ$

04 답 (1) 정오각형 (2) 정십이각형

(1) 구하는 정다각형을 정n각형이라 하면

$\frac{180^\circ\times(n-2)}{n}=108^\circ$, $180^\circ\times n-360^\circ=108^\circ\times n$

$72^\circ\times n=360^\circ$ $\quad\therefore n=5$

따라서 구하는 정다각형은 정오각형이다.

(2) 구하는 정다각형을 정n각형이라 하면

$\frac{180° \times (n-2)}{n} = 150°$, $180° \times n - 360° = 150° \times n$

$30° \times n = 360°$ $\therefore n = 12$

따라서 구하는 정다각형은 정십이각형이다.

개념 5 42쪽

01 답 (1) 130° (2) 80° (3) 99° (4) 55°

다각형의 외각의 크기의 합은 360°이므로

(1) $\angle x = 360° - (110° + 120°) = 130°$

(2) $\angle x = 360° - (95° + 120° + 65°) = 80°$

(3) $93° + (180° - \angle x) + 105° + 81° = 360°$

$\therefore \angle x = 99°$

(4) $40° + 2\angle x + 30° + 45° + 3\angle x + 50° + 70° = 360°$

$5\angle x = 125°$ $\therefore \angle x = 25°$

02 답 (1) 45° (2) 20°

(1) $\frac{360°}{8} = 45°$

(2) $\frac{360°}{18} = 20°$

03 답 (1) 정십이각형 (2) 정십육각형

(1) 구하는 정다각형을 정n각형이라 하면

$\frac{360°}{n} = 30°$, $360° = 30° \times n$ $\therefore n = 12$

따라서 구하는 정다각형은 정십이각형이다.

(2) 구하는 정다각형을 정n각형이라 하면

$\frac{360°}{n} = 22.5°$, $360° = 22.5° \times n$ $\therefore n = 16$

따라서 구하는 정다각형은 정십육각형이다.

한 번 더 필수 유형 익히기 42~43쪽

01 905	**02** 9	**03** (1) 80° (2) 140°	
04 (1) 70° (2) 40°		**05** ①	**06** 144°
07 55°	**08** $\angle x = 85°$, $\angle y = 40°$		**09** 9
10 30°	**11** 36°, 정십각형		**12** ⑤

01

칠각형은 한 꼭짓점에서 그은 대각선에 의해 $7-2=5$(개)의 삼각형으로 나누어지므로 $a=5$

칠각형의 내각의 크기의 합은 $180° \times 5 = 900°$이므로 $b = 900$

$\therefore a + b = 5 + 900 = 905$

02

주어진 다각형을 n각형이라 하면

$180° \times (n-2) = 1260°$, $180° \times n - 360° = 1260°$

$180° \times n = 1620°$ $\therefore n = 9$

따라서 구각형의 꼭짓점의 개수는 9이다.

03

(1) 사각형의 내각의 크기의 합은 $180° \times (4-2) = 360°$이므로

$120° + 90° + 70° + \angle x = 360°$ $\therefore \angle x = 80°$

(2) 오각형의 내각의 크기의 합은 $180° \times (5-2) = 540°$이므로

$\angle x + 105° + 120° + 80° + 95° = 540°$

$\therefore \angle x = 140°$

04

(1) 사각형의 내각의 크기의 합은 $180° \times (4-2) = 360°$이므로

$95° + \angle x + (180° - 100°) + 115° = 360°$

$\therefore \angle x = 70°$

(2) 오각형의 내각의 크기의 합은 $180° \times (5-2) = 540°$이므로

$3\angle x + 110° + 110° + (180° - 60°) + 2\angle x = 540°$

$5\angle x = 200°$ $\therefore \angle x = 40°$

05

구하는 정다각형을 정n각형이라 하면

$\frac{180° \times (n-2)}{n} = 135°$, $180° \times n - 360° = 135° \times n$

$45° \times n = 360°$ $\therefore n = 8$

따라서 구하는 정다각형은 정팔각형이다.

06

주어진 정다각형을 정n각형이라 하면

$n - 3 = 7$ $\therefore n = 10$

따라서 정십각형의 한 내각의 크기는

$\frac{180° \times (10-2)}{10} = 144°$

07

다각형의 외각의 크기의 합은 360°이므로

$110° + 30° + \angle x + 70° + \angle x + (180° - 140°) = 360°$

$2\angle x = 110°$ $\therefore \angle x = 55°$

08

$\angle x=180°-95°=85°$

다각형의 외각의 크기의 합은 360°이므로

$85°+(180°-110°)+\angle y+85°+80°=360°$

$\therefore \angle y=40°$

09

주어진 정다각형을 정n각형이라 하면

$\frac{360°}{n}=60°$, $60°\times n=360°$ $\quad\therefore n=6$

따라서 정육각형의 대각선의 개수는

$\frac{6\times(6-3)}{2}=9$

10

주어진 정다각형을 정n각형이라 하면

$\frac{n(n-3)}{2}=54$

$n(n-3)=108$, $n(n-3)=12\times9$ $\quad\therefore n=12$

따라서 정십이각형의 한 외각의 크기는

$\frac{360°}{12}=30°$

11

$(\text{한 외각의 크기})=180°\times\frac{1}{4+1}=36°$

구하는 정다각형을 정n각형이라 하면

$\frac{360°}{n}=36°$, $36°\times n=360°$ $\quad\therefore n=10$

따라서 구하는 정다각형은 정십각형이다.

12

$(\text{한 외각의 크기})=180°\times\frac{2}{13+2}=24°$

구하는 정다각형을 정n각형이라 하면

$\frac{360°}{n}=24°$, $24°\times n=360°$ $\quad\therefore n=15$

따라서 구하는 정다각형은 정십오각형이다.

서술형 확실히 잡기

44쪽

01 30° **02** 14 **03** 36° **04** 45°

01

①단계 $\angle ABC+\angle ACB$의 크기 구하기 ◀ 30%

$\triangle ABC$에서

$\angle ABC+\angle ACB=180°-65°=115°$

②단계 $\angle DBC+\angle DCB$의 크기 구하기 ◀ 30%

$\triangle DBC$에서

$\angle DBC+\angle DCB=180°-125°=55°$

③단계 $\angle x$의 크기 구하기 ◀ 40%

$$\begin{aligned}\angle DBC+\angle DCB&=(\angle ABC-\angle x)+(\angle ACB-30°)\\&=(\angle ABC+\angle ACB)-\angle x-30°\\&=115°-\angle x-30°\\&=85°-\angle x\end{aligned}$$

따라서 $85°-\angle x=55°$이므로

$\angle x=30°$

02

①단계 주어진 다각형 구하기 ◀ 50%

주어진 다각형을 n각형이라 하면

$180°\times(n-2)=900°$, $180°\times n-360°=900°$

$180°\times n=1260°$ $\quad\therefore n=7$

따라서 주어진 다각형은 칠각형이다.

②단계 대각선의 개수 구하기 ◀ 50%

칠각형의 대각선의 개수는

$\frac{7\times(7-3)}{2}=14$

03

①단계 $\angle DBC$의 크기 구하기 ◀ 35%

$\triangle ABC$에서 $\angle ABC=180°-(72°+48°)=60°$

$\therefore \angle DBC=\frac{1}{2}\angle ABC=\frac{1}{2}\times60°=30°$

②단계 $\angle DCF$의 크기 구하기 ◀ 35%

$\angle ACF=180°-48°=132°$이므로

$\angle DCF=\frac{1}{2}\angle ACF=\frac{1}{2}\times132°=66°$

③단계 $\angle x$의 크기 구하기 ◀ 30%

$\triangle DBC$에서

$66°=\angle x+30°$ $\quad\therefore \angle x=36°$

04

①단계 조건을 만족시키는 정다각형 구하기 ◀ 70%

주어진 정다각형을 정n각형이라 하면 정n각형의 내각의 합은 $180°\times(n-2)$이고, 외각의 크기의 합은 360°이므로

$180°\times(n-2)+360°=1440°$

$180°\times n=1440°$ $\quad\therefore n=8$

즉, 주어진 정다각형은 정팔각형이다.

②단계 조건을 만족시키는 정다각형의 한 외각의 크기 구하기 ◀ 30%

따라서 정팔각형의 한 외각의 크기는

$\frac{360°}{8}=45°$

쌍둥이

단원 마무리하기 45~47쪽

01 ①	**02** 118	**03** 정십각형	**04** 16°	**05** ④
06 ③	**07** 65°	**08** 108° **09** 1620°		**10** 71°
11 ⑤	**12** ④	**13** ②	**14** 3960°	**15** 117°
16 15	**17** 35°	**18** 360°		

01 $\angle x=180^\circ-78^\circ=102^\circ$
$\angle y=180^\circ-128^\circ=52^\circ$
$\therefore \angle x-\angle y=102^\circ-52^\circ=50^\circ$

02 ①단계 a의 값 구하기 ◀ 40%
십육각형의 한 꼭짓점에서 대각선을 그었을 때 생기는 삼각형의 개수는 $16-2=14$이므로 $a=14$
②단계 b의 값 구하기 ◀ 40%
십육각형의 대각선의 개수는
$\frac{16\times(16-3)}{2}=104$이므로 $b=104$
③단계 $a+b$의 값 구하기 ◀ 20%
$\therefore a+b=14+104=118$

03 조건 (가)를 만족시키는 다각형은 정다각형이다.
구하는 정다각형을 정n각형이라 하면 조건 (나)에 의하여
$\frac{n(n-3)}{2}=35$, $n(n-3)=70$
$n(n-3)=10\times7 \qquad \therefore n=10$
따라서 구하는 다각형은 정십각형이다.

04 $(2\angle x+10^\circ)+75^\circ+(3\angle x+15^\circ)=180^\circ$
$5\angle x=80^\circ \qquad \therefore \angle x=16^\circ$

05 $180^\circ\times\frac{5}{3+4+5}=75^\circ$

06 $\triangle$ABC에서 $\overline{AB}=\overline{AC}$이므로
$\angle ACB=\angle ABC=26^\circ$
$\angle DAC=26^\circ+26^\circ=52^\circ$
$\triangle$ACD에서 $\overline{AC}=\overline{CD}$이므로
$\angle CDA=\angle CAD=52^\circ$
$\triangle$DBC에서
$\angle x=\angle DBC+\angle BDC=26^\circ+52^\circ=78^\circ$

07 ①단계 $\angle$ABC의 크기 구하기 ◀ 30%
$\triangle$ABC에서
$\angle ABC=180^\circ-(45^\circ+95^\circ)=40^\circ$
②단계 $\angle$DBC의 크기 구하기 ◀ 30%
$\angle DBC=\frac{1}{2}\angle ABC=\frac{1}{2}\times40^\circ=20^\circ$
③단계 $\angle x$의 크기 구하기 ◀ 40%
따라서 $\triangle$DBC에서
$\angle x=180^\circ-(20^\circ+95^\circ)=65^\circ$

08 $\triangle$ABC에서
$\angle ABC+\angle ACB=180^\circ-56^\circ=124^\circ$
$\angle DBC+\angle DCB=(\angle ABC-28^\circ)+(\angle ACB-24^\circ)$
$=(\angle ABC+\angle ACB)-52^\circ$
$=124^\circ-52^\circ$
$=72^\circ$
따라서 $\triangle$DBC에서
$\angle x=180^\circ-(\angle DBC+\angle DCB)$
$=180^\circ-72^\circ=108^\circ$

09 주어진 다각형을 n각형이라 하면
$\frac{n(n-3)}{2}=44$, $n(n-3)=88$
$n(n-3)=11\times8 \qquad \therefore n=11$
따라서 십일각형의 내각의 크기의 합은
$180^\circ\times(11-2)=1620^\circ$

10 육각형의 내각의 크기의 합은 $180^\circ\times(6-2)=720^\circ$이므로
$\angle x+124^\circ+115^\circ+132^\circ+(180^\circ-\angle y)+98^\circ=720^\circ$
$\angle x-\angle y+649^\circ=720^\circ$
$\therefore \angle x-\angle y=71^\circ$

11 다각형의 외각의 크기의 합은 360°이므로
$(180^\circ-95^\circ)+60^\circ+\angle y+110^\circ+\angle x=360^\circ$
$\angle x+\angle y+255^\circ=360^\circ$
$\therefore \angle x+\angle y=105^\circ$

12 ① $9-3=6$
② $\frac{9\times(9-3)}{2}=27$
③ $180^\circ\times(9-2)=1260^\circ$
④ $\frac{180^\circ\times(9-2)}{9}=140^\circ$
⑤ $\frac{360^\circ}{9}=40^\circ$
따라서 옳지 않은 것은 ④이다.

13 주어진 정다각형을 정n각형이라 하면
$180^\circ\times(n-2)=2340^\circ$, $180^\circ\times n-360^\circ=2340^\circ$
$180^\circ\times n=2700^\circ$
$\therefore n=15$
따라서 정십오각형의 한 외각의 크기는
$\frac{360^\circ}{15}=24^\circ$

14 (한 내각의 크기) : (한 외각의 크기) $=11:1$ 이므로

(한 외각의 크기) $=180^\circ\times\frac{1}{11+1}=15^\circ$

주어진 정다각형을 정n각형이라 하면

$\frac{360^\circ}{n}=15^\circ$ $\quad\therefore n=24$

따라서 정이십사각형의 내각의 크기의 합은

$180^\circ\times(24-2)=3960^\circ$

15 ① 단계 정오각형의 한 외각의 크기 구하기 ◀ 40%

정오각형의 한 외각의 크기는 $\frac{360^\circ}{5}=72^\circ$

② 단계 정팔각형의 한 외각의 크기 구하기 ◀ 40%

정팔각형의 한 외각의 크기는 $\frac{360^\circ}{8}=45^\circ$

③ 단계 $\angle x$의 크기 구하기 ◀ 20%

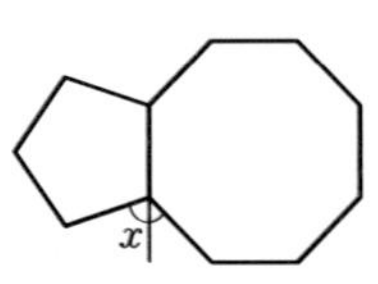

오른쪽 그림에서 $\angle x$의 크기는 정오각형의 한 외각의 크기와 정팔각형의 한 외각의 크기의 합과 같으므로

$\angle x=72^\circ+45^\circ=117^\circ$

16 6개의 마을 사이의 버스 노선의 개수는 오른쪽 그림과 같이 육각형의 변의 개수와 대각선의 개수의 합과 같다.

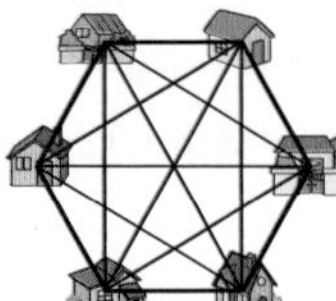

따라서 만들 수 있는 버스 노선의 개수는

$6+\frac{6\times(6-3)}{2}=6+9=15$

17 $\triangle JIE$에서 $\angle JIE+40^\circ=110^\circ$이므로

$\angle JIE=70^\circ$

$\triangle ACI$에서 $\angle AIE=\angle x+35^\circ$이므로

$70^\circ=\angle x+35^\circ$

$\therefore \angle x=35^\circ$

18 오른쪽 그림과 같이 보조선을 그으면

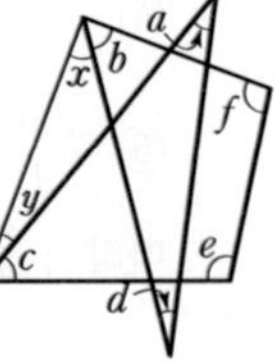

$\angle a+\angle d=\angle x+\angle y$이므로

$\angle a+\angle b+\angle c+\angle d+\angle e+\angle f$

$=\angle x+\angle y+\angle b+\angle c+\angle e+\angle f$

$=$(사각형의 내각의 크기의 합)

$=180^\circ\times(4-2)$

$=360^\circ$

4 원과 부채꼴

01 원과 부채꼴

개념 1 50쪽

01 답 (1) A (2) D (3) C (4) B (5) E

02 답 (1) $\overset{\frown}{CD}$ (2) $\overline{DE}$ (3) $\angle DOE$ (4) $\angle COD$

개념 2 50쪽

01 답 (1) 6 (2) 50

(1) 한 원에서 부채꼴의 호의 길이는 중심각의 크기에 정비례하므로

$60:40=x:4$에서

$3:2=x:4$, $2x=12$

$\therefore x=6$

(2) 한 원에서 부채꼴의 넓이는 중심각의 크기에 정비례하므로

$30:150=10:x$에서

$1:5=10:x$ $\quad\therefore x=50$

02 답 (1) 80 (2) 120

(1) 한 원에서 부채꼴의 호의 길이는 중심각의 크기에 정비례하므로

$x:40=6:3$에서

$x:40=2:1$ $\quad\therefore x=80$

(2) 한 원에서 부채꼴의 넓이는 중심각의 크기에 정비례하므로

$40:x=4:12$에서

$40:x=1:3$ $\quad\therefore x=120$

개념 3 50쪽

01 답 (1) 8 (2) 30

(1) 한 원에서 중심각의 크기가 같은 두 부채꼴의 현의 길이는 같으므로 $x=8$

(2) 한 원에서 현의 길이가 같은 두 부채꼴의 중심각의 크기는 같으므로 $x=30$

02 답 (1) 6 (2) 35

(1) 한 원에서 중심각의 크기가 같은 두 부채꼴의 현의 길이는 같으므로 $x=6$

(2) 한 원에서 현의 길이가 같은 두 부채꼴의 중심각의 크기는 같으므로 $x=35$

필수 유형 한번 더 익히기 51~52쪽

01 ②	**02** ㄱ, ㄴ, ㄹ	**03** 2	
04 $x=24$, $y=50$		**05** 120°	**06** 45°
07 $30\,cm^2$	**08** ③	**09** 60°	**10** 70°
11 ㄱ, ㄹ	**12** 132°	**13** $10\,cm$	

01
② $\overline{BC}$는 현이다.

02
ㄷ. 현과 호로 이루어진 도형은 활꼴이다.
ㄹ. 반원은 활꼴이면서 중심각의 크기가 180°인 부채꼴이다.
따라서 옳은 것은 ㄱ, ㄴ, ㄹ이다.

03
$30:90=x:6$에서 $1:3=x:6$
$3x=6$　　$\therefore x=2$

04
$30:120=6:x$에서 $1:4=6:x$
$\therefore x=24$
$30:y=6:10$에서 $30:y=3:5$, $3y=150$
$\therefore y=50$

05
$\widehat{AC}:\widehat{BC}=2:1$이므로 $\angle AOC:\angle COB=2:1$
$\therefore \angle AOC=180^\circ\times\frac{2}{2+1}=120^\circ$

06
$\widehat{AC}=3\widehat{BC}$이므로 $\widehat{AC}:\widehat{BC}=3:1$
즉, $\angle AOC:\angle COB=3:1$이므로
$\angle COB=180^\circ\times\frac{1}{3+1}=45^\circ$

07
부채꼴 COD의 넓이를 $x\,cm^2$라 하면
$35:175=6:x$에서 $1:5=6:x$　　$\therefore x=30$
따라서 부채꼴 COD의 넓이는 $30\,cm^2$이다.

08
부채꼴 AOB의 넓이를 $x\,cm^2$라 하면
$120:360=x:72$에서 $1:3=x:72$
$3x=72$　　$\therefore x=24$
따라서 부채꼴 AOB의 넓이는 $24\,cm^2$이다.

09
$\overline{AB}=\overline{CD}=\overline{DE}$이므로 $\angle AOB=\angle COD=\angle DOE$
$\angle COE=2\angle AOB$에서 $2\angle AOB=120^\circ$
$\therefore \angle AOB=60^\circ$

10
$\overline{AB}=\overline{CD}=\overline{DE}$이므로
$\angle COD=\angle DOE=\angle AOB=35^\circ$
$\therefore \angle COE=\angle COD+\angle DOE=35^\circ+35^\circ=70^\circ$

11
ㄴ, ㄷ. 현의 길이와 삼각형의 넓이는 중심각의 크기에 정비례하지 않는다.
따라서 옳은 것은 ㄱ, ㄹ이다.

12
$\overline{CO}/\!/\overline{DB}$이므로 $\angle OBD=\angle AOC=24^\circ$(동위각)
$\triangle DOB$는 $\overline{BO}=\overline{DO}$인 이등변삼각형이므로
$\angle ODB=\angle OBD=24^\circ$
$\therefore \angle BOD=180^\circ-(24^\circ+24)=132^\circ$

13
$\overline{AB}/\!/\overline{CD}$이므로 $\angle CDO=\angle BOD=45^\circ$(엇각)
$\triangle COD$는 $\overline{CO}=\overline{DO}$인 이등변삼각형이므로
$\angle DCO=\angle CDO=45^\circ$
$\therefore \angle COD=180^\circ-(45^\circ+45^\circ)=90^\circ$
$90:45=\widehat{CD}:5$에서 $2:1=\widehat{CD}:5$
$\therefore \widehat{CD}=10\,cm$

02 부채꼴의 호의 길이와 넓이

개념 4 53쪽

01 답 $l=10\pi\,cm$, $S=25\pi\,cm^2$
$l=2\pi\times5=10\pi(cm)$
$S=\pi\times5^2=25\pi(cm^2)$

02 답 $l=8\pi\,cm$, $S=16\pi\,cm^2$
원의 반지름의 길이는 $\frac{1}{2}\times8=4(cm)$이므로
$l=2\pi\times4=8\pi(cm)$
$S=\pi\times4^2=16\pi(cm^2)$

03 답 (1) 7 cm (2) 9 cm

(1) 원의 반지름의 길이를 r cm라 하면

$2\pi r=14\pi \quad \therefore r=7$

따라서 원의 반지름의 길이는 7 cm이다.

(2) 원의 반지름의 길이를 r cm라 하면

$2\pi r=18\pi \quad \therefore r=9$

따라서 원의 반지름의 길이는 9 cm이다.

04 답 (1) 6 cm (2) 12 cm

(1) 원의 반지름의 길이를 r cm라 하면

$\pi r^2=36\pi,\ r^2=36=6^2 \quad \therefore r=6$

따라서 원의 반지름의 길이는 6 cm이다.

(2) 원의 반지름의 길이를 r cm라 하면

$\pi r^2=144\pi,\ r^2=144=12^2 \quad \therefore r=12$

따라서 원의 반지름의 길이는 12 cm이다.

개념 5

53쪽

01 답 $l=2\pi$ cm, $S=8\pi$ cm^2

$l=2\pi\times8\times\frac{45}{360}=2\pi(\text{cm})$

$S=\pi\times8^2\times\frac{45}{360}=8\pi(\text{cm}^2)$

02 답 $l=10\pi$ cm, $S=60\pi$ cm^2

$l=2\pi\times12\times\frac{150}{360}=10\pi(\text{cm})$

$S=\pi\times12^2\times\frac{150}{360}=60\pi(\text{cm}^2)$

03 답 12π cm^2

$\frac{1}{2}\times8\times3\pi=12\pi(\text{cm}^2)$

04 답 96π cm^2

$\frac{1}{2}\times16\times12\pi=96\pi(\text{cm}^2)$

한 번 더 필수 유형 익히기

54~55쪽

01 20π cm, 20π cm^2 **02** 20π cm, 12π cm^2
03 240° **04** 15 cm **05** 6π cm
06 8 cm, 225° **07** $(10\pi+8)$ cm, 20π cm^2
08 $(12\pi+16)$ cm, 48π cm^2
09 $(5\pi+20)$ cm, $(100-25\pi)$ cm^2
10 $(24\pi+24)$ cm, 72π cm^2
11 98 cm^2 **12** 18π cm^2

01

(색칠한 부분의 둘레의 길이)

=(원 O의 둘레의 길이)+(원 O′의 둘레의 길이)

$=2\pi\times6+2\pi\times4$

$=12\pi+8\pi$

$=20\pi(\text{cm})$

(색칠한 부분의 넓이)=(원 O의 넓이)−(원 O′의 넓이)

$=\pi\times6^2-\pi\times4^2$

$=36\pi-16\pi$

$=20\pi(\text{cm}^2)$

02

세 원의 반지름의 길이는 작은 것부터 차례대로

$\frac{4}{2}=2(\text{cm}),\ \frac{6}{2}=3(\text{cm}),\ \frac{6+4}{2}=5(\text{cm})$이므로

(색칠한 부분의 둘레의 길이)

$=2\pi\times2+2\pi\times3+2\pi\times5$

$=4\pi+6\pi+10\pi=20\pi(\text{cm})$

(색칠한 부분의 넓이)

$=\pi\times5^2-(\pi\times2^2+\pi\times3^2)$

$=25\pi-(4\pi+9\pi)=25\pi-13\pi$

$=12\pi(\text{cm}^2)$

03

부채꼴의 중심각의 크기를 $x°$라 하면

$2\pi\times6\times\frac{x}{360}=8\pi \quad \therefore x=240$

따라서 부채꼴의 중심각의 크기는 240°이다.

04

부채꼴의 반지름의 길이를 r cm라 하면

$\pi r^2\times\frac{60}{360}=\frac{75}{2}\pi,\ r^2=225=15^2 \quad \therefore r=15$

따라서 부채꼴의 반지름의 길이는 15 cm이다.

05

부채꼴의 호의 길이를 l cm라 하면

$\frac{1}{2}\times9\times l=27\pi \quad \therefore l=6\pi$

따라서 부채꼴의 호의 길이는 6π cm이다.

다른 풀이

부채꼴의 중심각의 크기를 $x°$라 하면

$\pi\times9^2\times\frac{x}{360}=27\pi \quad \therefore x=120$

따라서 부채꼴의 중심각의 크기가 120°이므로 호의 길이는

$2\pi\times9\times\frac{120}{360}=6\pi(\text{cm})$

06

부채꼴의 반지름의 길이를 r cm라 하면

$\frac{1}{2}\times r\times 10\pi=40\pi \qquad \therefore r=8$

부채꼴의 중심각의 크기를 $x°$라 하면

$2\pi\times 8\times\frac{x}{360}=10\pi \qquad \therefore x=225$

따라서 부채꼴의 반지름의 길이는 8 cm, 중심각의 크기는 225° 이다.

다른 풀이

부채꼴의 중심각의 크기를 $x°$라 하면

$\pi\times 8^2\times\frac{x}{360}=40\pi \qquad \therefore x=225$

07

(색칠한 부분의 둘레의 길이)

$=2\pi\times 8\times\frac{150}{360}+2\pi\times 4\times\frac{150}{360}+4\times 2$

$=\frac{20}{3}\pi+\frac{10}{3}\pi+8$

$=10\pi+8(\text{cm})$

(색칠한 부분의 넓이)

$=\pi\times 8^2\times\frac{150}{360}-\pi\times 4^2\times\frac{150}{360}$

$=\frac{80}{3}\pi-\frac{20}{3}\pi$

$=20\pi(\text{cm}^2)$

08

(색칠한 부분의 둘레의 길이)

$=2\pi\times 16\times\frac{90}{360}+2\pi\times 8\times\frac{90}{360}+8\times 2$

$=8\pi+4\pi+16$

$=12\pi+16(\text{cm})$

(색칠한 부분의 넓이)

$=\pi\times 16^2\times\frac{90}{360}-\pi\times 8^2\times\frac{90}{360}$

$=64\pi-16\pi$

$=48\pi(\text{cm}^2)$

09

(색칠한 부분의 둘레의 길이)

$=2\pi\times 10\times\frac{90}{360}+10\times 2$

$=5\pi+20(\text{cm})$

(색칠한 부분의 넓이)

$=10\times 10-\pi\times 10^2\times\frac{90}{360}$

$=100-25\pi(\text{cm}^2)$

10

(색칠한 부분의 둘레의 길이)

$=2\pi\times 24\times\frac{90}{360}+2\pi\times 12\times\frac{180}{360}+24$

$=12\pi+12\pi+24$

$=24\pi+24(\text{cm})$

(색칠한 부분의 넓이) $=\pi\times 24^2\times\frac{90}{360}-\pi\times 12^2\times\frac{180}{360}$

$=144\pi-72\pi$

$=72\pi(\text{cm}^2)$

11

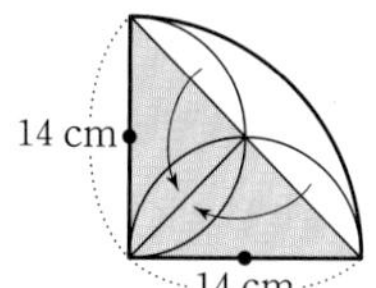

오른쪽 그림과 같이 색칠한 부분의 일부를 이동하면 구하는 넓이는 직각삼각형의 넓이와 같다.

$\therefore$ (색칠한 부분의 넓이)

$=\frac{1}{2}\times 14\times 14=98(\text{cm}^2)$

12

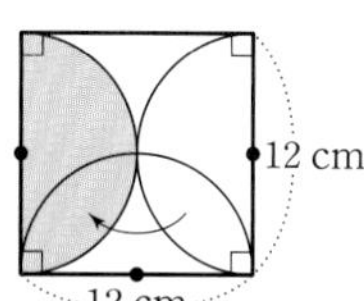

오른쪽 그림과 같이 색칠한 부분의 일부를 이동하면 구하는 넓이는 반원의 넓이와 같다.

$\therefore$ (색칠한 부분의 넓이) $=\pi\times 6^2\times\frac{180}{360}$

$=18\pi(\text{cm}^2)$

01 4 cm **02** 26π cm **03** 54π cm^2
04 $(16\pi+24)$cm, $(72-18\pi)$cm^2

01

① 단계 $\angle$OAB의 크기 구하기 ◀ 30%

$\triangle$AOB는 $\overline{OA}=\overline{OB}$인 이등변삼각형이므로

$\angle OAB=\angle OBA=\frac{1}{2}\times(180°-120°)=30°$

② 단계 $\angle$AOC의 크기 구하기 ◀ 30%

$\overline{AB}/\!/\overline{CD}$이므로

$\angle AOC=\angle OAB=30°$(엇각)

③ 단계 $\widehat{AC}$의 길이 구하기 ◀ 40%

$\angle AOB:\angle AOC=\widehat{AB}:\widehat{AC}$이므로

$120:30=16:\widehat{AC}$에서 $4:1=16:\widehat{AC}$

$4\widehat{AC}=16 \qquad \therefore \widehat{AC}=4$ cm

02

① 단계 원 O의 반지름의 길이 구하기 ◀ 60%

원 O의 반지름의 길이를 r cm라 하면

$\pi r^2=169\pi$, $r^2=169=13^2$

$\therefore r=13$

따라서 원 O의 반지름의 길이는 13 cm이다.

② 단계 원 O의 둘레의 길이 구하기 ◀ 40%

$\therefore$ (원의 둘레의 길이)$=2\pi\times 13=26\pi$(cm)

03

① 단계 ∠AOB의 크기 구하기 ◀ 30%

$\angle AOB : \angle BOC=3:1$이므로

$\angle AOB=180^\circ\times\frac{3}{3+1}=135^\circ$

② 단계 원 O의 반지름의 길이 구하기 ◀ 30%

원 O의 반지름의 길이를 r cm라 하면

$2\pi r\times\frac{135}{360}=9\pi \quad \therefore r=12$

③ 단계 부채꼴 AOB의 넓이 구하기 ◀ 40%

$\therefore$ (부채꼴 AOB의 넓이)$=\pi\times 12^2\times\frac{135}{360}=54\pi(\text{cm}^2)$

04

① 단계 둘레의 길이 구하기 ◀ 50%

(둘레의 길이)

$=$(부채꼴의 호의 길이)$\times 2+$(정사각형의 둘레의 길이)

$=\left(2\pi\times 6\times\frac{90}{360}\right)\times 2+6\times 4$

$=6\pi+24$(cm)

② 단계 넓이 구하기 ◀ 50%

색칠한 부분의 넓이는 다음과 같이 구할 수 있다.

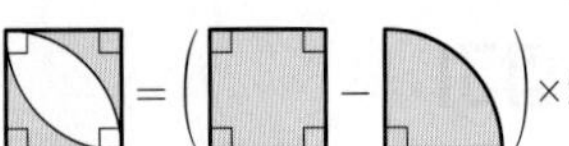

$\therefore$ (넓이)$=\{$(정사각형의 넓이)$-$(부채꼴의 넓이)$\}\times 2$

$=\left(6\times 6-\pi\times 6^2\times\frac{90}{360}\right)\times 2$

$=(36-9\pi)\times 2$

$=72-18\pi(\text{cm}^2)$

쌍둥이

단원 마무리하기 57~59쪽

01 ② 02 2 03 70° 04 90 cm² 05 6 cm
06 ② 07 40° 08 3 cm 09 32π cm² 10 ④
11 6π 12 $\left(\frac{15}{2}\pi+4\right)$ cm 13 21π cm²
14 36π cm, 72π cm² 15 ③ 16 5 cm
17 ③ 18 30π cm²

01 $45:150=x:20$에서 $3:10=x:20$

$10x=60 \quad \therefore x=6$

$y:150=4:20$에서 $y:150=1:5$

$5y=150 \quad \therefore y=30$

02 $110:55=(3x+4):(x+3)$에서

$2:1=(3x+4):(x+3)$, $3x+4=2(x+3)$

$3x+4=2x+6$

$\therefore x=2$

03 $\angle AOB=x^\circ$라 하면 $x:140=8:16$에서

$x:140=1:2$, $2x=140$

$\therefore x=70$

따라서 ∠AOB의 크기는 70°이다.

04 ① 단계 ∠COB의 크기 구하기 ◀ 40%

△AOC는 $\overline{OA}=\overline{OC}$인 이등변삼각형이므로

$\angle OCA=\angle OAC=20^\circ$

△AOC에서 $\angle COB=20^\circ+20^\circ=40^\circ$

② 단계 원 O의 넓이 구하기 ◀ 60%

원 O의 넓이를 x cm²라 하면

$40:360=10:x$에서 $1:9=10:x$

$\therefore x=90$

따라서 원 O의 넓이는 90 cm²이다.

05 한 원에서 중심각의 크기가 같으면 현의 길이도 같으므로

$\overline{BC}=\overline{CD}=\overline{AB}=3$ cm

$\therefore \overline{BC}+\overline{CD}=3+3=6$(cm)

06 ② 현의 길이는 중심각의 크기에 정비례하지 않는다.

③, ④ △AOB는 $\overline{OA}=\overline{OB}$인 이등변삼각형이므로

$\angle OAB=\angle OBA=\frac{1}{2}\times(180^\circ-60^\circ)=60^\circ$

즉, △AOB는 정삼각형이므로 $\overline{OA}=\overline{OB}=\overline{AB}$이다.

이때 $\overline{OA}=\overline{OB}=\overline{OC}=\overline{OD}$이므로 $\overline{AB}=\overline{OD}$이다.

따라서 옳지 않은 것은 ②이다.

07 오른쪽 그림과 같이 $\overline{OC}$를 그으면

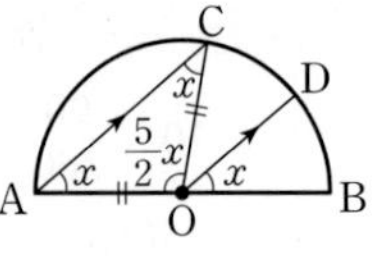

$\widehat{AC}=\frac{5}{2}\widehat{DB}$에서 $\widehat{AC}:\widehat{DB}=5:2$

이므로 $\angle AOC:\angle DOB=5:2$

즉, $\angle AOC=\frac{5}{2}\angle DOB=\frac{5}{2}\angle x$

$\overline{AC}/\!/\overline{OD}$이므로

$\angle CAO=\angle DOB=\angle x$(동위각)

$\triangle$AOC는 $\overline{OA}=\overline{OC}$인 이등변삼각형이므로

$\angle ACO=\angle CAO=\angle x$

따라서 $\triangle$AOC에서

$\angle x+\angle x+\frac{5}{2}\angle x=180^\circ$, $\frac{9}{2}\angle x=180^\circ$

$\therefore \angle x=40^\circ$

08 ① 단계 $\angle$OAD의 크기 구하기 ◀ 20%

$\overline{AD}/\!/\overline{OC}$이므로

$\angle OAD=\angle BOC=30^\circ$(동위각)

② 단계 $\angle$AOD의 크기 구하기 ◀ 40%

오른쪽 그림과 같이 $\overline{OD}$를 그으면 $\triangle$AOD는 $\overline{OA}=\overline{OD}$인 이등변삼각형이므로

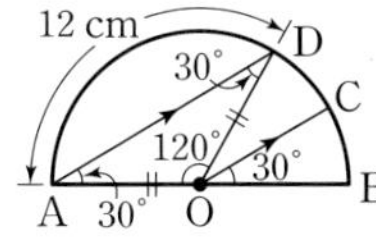

$\angle ODA=\angle OAD=30^\circ$

$\therefore \angle AOD=180^\circ-(30^\circ+30^\circ)=120^\circ$

③ 단계 $\widehat{BC}$의 길이 구하기 ◀ 40%

$120:30=12:\widehat{BC}$에서 $4:1=12:\widehat{BC}$

$4\widehat{BC}=12$ $\therefore \widehat{BC}=3$ cm

09 (색칠한 부분의 넓이)

=(지름의 길이가 12 cm인 원의 넓이)

−(지름의 길이가 4 cm인 원의 넓이)

$=\pi\times6^2-\pi\times2^2$

$=36\pi-4\pi$

$=32\pi(\text{cm}^2)$

10 부채꼴의 반지름의 길이를 r cm라 하면

$2\pi r\times\frac{120}{360}=6\pi$ $\therefore r=9$

따라서 부채꼴의 넓이는

$\pi\times9^2\times\frac{120}{360}=27\pi(\text{cm}^2)$

11 (부채꼴 A의 넓이)$=\pi\times15^2\times\frac{48}{360}=30\pi$ (cm²)

(부채꼴 B의 넓이)$=\frac{1}{2}\times10\times x=5x$ (cm²)

이므로

$5x=30\pi$ $\therefore x=6\pi$

12 (색칠한 부분의 둘레의 길이)

$=2\pi\times6\times\frac{135}{360}+2\pi\times4\times\frac{135}{360}+2\times2$

$=\frac{9}{2}\pi+3\pi+4=\frac{15}{2}\pi+4(\text{cm})$

13 (색칠한 부분의 넓이)

$=\left(\pi\times6^2\times\frac{240}{360}-\pi\times3^2\times\frac{240}{360}\right)+\pi\times3^2\times\frac{120}{360}$

$=(24\pi-6\pi)+3\pi=21\pi(\text{cm}^2)$

14 ① 단계 둘레의 길이 구하기 ◀ 50%

색칠한 부분의 둘레의 길이는 지름의 길이가 12 cm인 원의 둘레의 길이의 2배와 반지름의 길이가 12 cm인 원의 둘레의 길이의 $\frac{1}{2}$배의 합과 같으므로

$(2\pi\times6)\times2+(2\pi\times12)\times\frac{1}{2}=24\pi+12\pi=36\pi(\text{cm})$

② 단계 넓이 구하기 ◀ 50%

오른쪽 그림과 같이 색칠한 부분의 일부를 이동하면

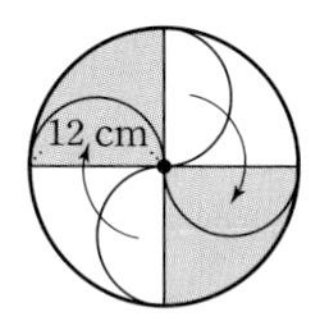

(색칠한 부분의 넓이)

$=\left(\pi\times12^2\times\frac{90}{360}\right)\times2$

$=72\pi(\text{cm}^2)$

15 오른쪽 그림과 같이 색칠한 부분의 일부를 이동하면

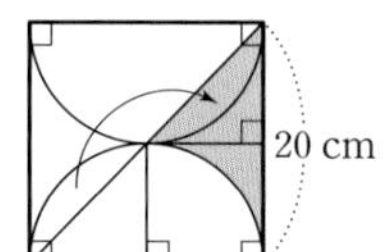

(색칠한 부분의 넓이)

=(빗변이 아닌 두 변의 길이가 10 cm인 직각이등변삼각형의 넓이)

+{(한 변의 길이가 10 cm인 정사각형의 넓이)

−(반지름의 길이가 10 cm이고 중심각의 크기가 90°인 부채꼴의 넓이)}

$=\frac{1}{2}\times10\times10+\left(10\times10-\pi\times10^2\times\frac{90}{360}\right)$

$=50+(100-25\pi)$

$=150-25\pi(\text{cm}^2)$

16 $\triangle$COP는 $\overline{PC}=\overline{CO}$인 이등변삼각형이므로

$\angle POC=\angle P=30^\circ$

$\therefore \angle OCD=30^\circ+30^\circ=60^\circ$

$\triangle$OCD는 $\overline{OC}=\overline{OD}$인 이등변삼각형이므로

$\angle ODC=\angle OCD=60^\circ$

$\triangle$OPD에서 $\angle BOD=30^\circ+60^\circ=90^\circ$

$30:90=\widehat{AC}:15$에서 $1:3=\widehat{AC}:15$

$3\widehat{AC}=15$ $\therefore \widehat{AC}=5$ cm

17 오른쪽 그림과 같이 색칠한 부분의 일부를 이동하면 색칠한 부분의 넓이는 반지름의 길이가 6 cm이고 중심각의 크기가 30°인 부채꼴의 넓이와 같으므로

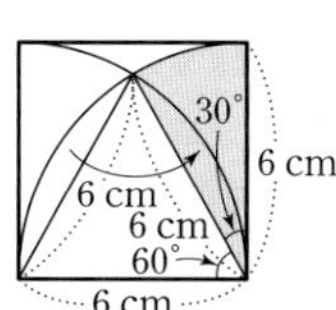

(색칠한 부분의 넓이)=(부채꼴의 넓이)

$=\pi\times6^2\times\frac{30}{360}=3\pi(\text{cm}^2)$

18 정오각형의 한 내각의 크기는 $\frac{180^\circ\times(5-2)}{5}=108^\circ$이므로 색칠한 부채꼴의 중심각의 크기는 108°이다.

$\therefore$ (색칠한 부채꼴의 넓이)$=\pi\times10^2\times\frac{108}{360}=30\pi(\text{cm}^2)$

다면체와 회전체

01 다면체

개념 1 62쪽

01 답 (1) ○ (2) × (3) × (4) ○

(2) 곡면이 포함되어 있으므로 다면체가 아니다.
(3) 입체도형이 아니므로 다면체가 아니다.

02 답 (1) 육면체, 모서리의 개수: 10, 꼭짓점의 개수: 6
(2) 팔면체, 모서리의 개수: 12, 꼭짓점의 개수: 6

(1) 주어진 다면체의 면의 개수는 6이므로 육면체이고, 모서리의 개수는 10, 꼭짓점의 개수는 6이다.
(2) 주어진 다면체의 면의 개수는 8이므로 팔면체이고, 모서리의 개수는 12, 꼭짓점의 개수는 6이다.

03 답 풀이 참조

다면체			
다면체의 이름	사각기둥	사각뿔	사각뿔대
면의 개수	6	5	6
몇 면체인가?	육면체	오면체	육면체
모서리의 개수	12	8	12
꼭짓점의 개수	8	5	8

필수 유형 한 번 더 익히기 62~63쪽

01 ⑤	02 3	03 ④	04 ②
05 ②	06 ④	07 ④	08 20
09 ①	10 ③	11 ④	12 칠각뿔대

01

⑤ 원뿔은 다각형이 아닌 원과 곡면으로 둘러싸여 있으므로 다면체가 아니다.

02

다면체는 ㄱ, ㄷ, ㅁ의 3개이다.

03

주어진 입체도형은 면의 개수가 7이므로 칠면체이다.

04

① 삼각기둥의 면의 개수는 $3+2=5$이므로 오면체이다.
② 삼각뿔대의 면의 개수는 $3+2=5$이므로 오면체이다.
③ 사각뿔의 면의 개수는 $4+1=5$이므로 오면체이다.
④ 오각기둥의 면의 개수는 $5+2=7$이므로 칠면체이다.
⑤ 육각기둥의 면의 개수는 $6+2=8$이므로 팔면체이다.
따라서 바르게 짝 지어진 것은 ②이다.

05

각 다면체의 모서리의 개수는
① $3\times3=9$ ② $5\times3=15$ ③ $6\times2=12$
④ $8\times3=24$ ⑤ $8\times3=24$
따라서 모서리의 개수가 15인 것은 ② 오각기둥이다.

06

각 다면체의 꼭짓점의 개수는
① 8 ② $4\times2=8$ ③ $4\times2=8$
④ $6+1=7$ ⑤ $7+1=8$
따라서 꼭짓점의 개수가 나머지 넷과 다른 하나는 ④ 육각뿔이다.

07

칠각기둥의 모서리의 개수는 $7\times3=21$이므로 $x=21$
팔각뿔의 꼭짓점의 개수는 $8+1=9$이므로 $y=9$
$\therefore x+y=21+9=30$

08

오각뿔의 면의 개수는 $5+1=6$이므로 $a=6$
칠각뿔대의 꼭짓점의 개수는 $7\times2=14$이므로 $b=14$
$\therefore a+b=6+14=20$

09

각기둥의 옆면의 모양은 직사각형, 각뿔의 옆면의 모양은 삼각형, 각뿔대의 옆면의 모양은 사다리꼴이다.
따라서 바르게 짝지어진 것은 ①이다.

10

옆면의 모양은
① 사다리꼴 ② 직사각형 ③ 삼각형 ④ 직사각형 ⑤ 사다리꼴
따라서 옆면의 모양이 사각형이 아닌 것은 ③ 육각뿔이다.

11

① 사각기둥의 면의 개수는 $4+2=6$이므로 육면체이다.
② 각뿔대의 옆면의 모양은 사다리꼴이다.
③ 각기둥의 두 밑면은 서로 평행하다.
⑤ 팔각뿔의 모서리의 개수는 $8\times2=16$이다.
따라서 옳은 것은 ④이다.

12

조건 (가), (나)를 만족시키는 다면체는 각뿔대이다.
구하는 각뿔대를 n각뿔대라 하면 조건 (다)에 의하여 면의 개수가 9이므로
$n+2=9$ $\quad\therefore n=7$
따라서 주어진 다면체는 칠각뿔대이다.

02 정다면체

01 답 (1) ㄴ (2) ㄹ (3) ㄷ (4) ㅁ

02 답 풀이 참조

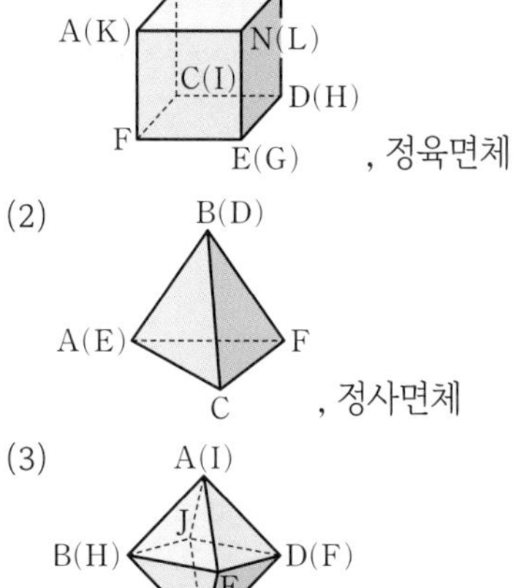

01 ④	**02** ③	**03** ⑤
04 ㄷ, ㄹ	**05** ①, ⑤	**06** $\overline{CF}$

01

④ 정팔면체의 모서리의 개수는 12이다.

02

정육면체의 꼭짓점의 개수는 8이므로 $a=8$
정팔면체의 모서리의 개수는 12이므로 $b=12$
정십이면체의 한 꼭짓점에 모인 면의 개수는 3이므로 $c=3$
$\therefore a+b+c=8+12+3=23$

03

⑤ 면의 개수가 가장 적은 정다면체는 정사면체이고, 정사면체의 모서리의 개수는 6이다.
따라서 옳지 않은 것은 ⑤이다.

04

ㄱ. 면의 모양이 정삼각형인 정다면체는 정사면체, 정팔면체, 정이십면체의 3개이다.
ㄴ. 정육면체의 면의 개수는 6이다.
ㄷ. 한 꼭짓점에 모인 면의 개수가 4인 정다면체는 정팔면체이고, 정팔면체의 한 면의 모양은 정삼각형이다.
ㄹ. 정십이면체의 모서리의 개수와 정이십면체의 모서리의 개수는 30으로 같다.
따라서 옳은 것은 ㄷ, ㄹ이다.

05

주어진 전개도로 만들어지는 정육면체는 오른쪽 그림과 같다.
따라서 점 A와 겹치는 꼭짓점은 점 I, 점 M이다.

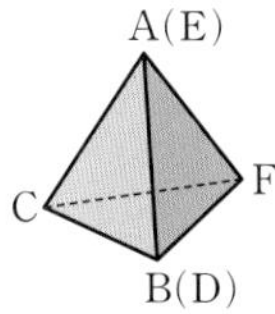

06

주어진 전개도로 만들어지는 정사면체는 오른쪽 그림과 같다.
따라서 $\overline{AB}$와 꼬인 위치에 있는 모서리는 $\overline{CF}$이다.

A(E)
C
F
B(D)

03 회전체

개념 3 65쪽

01 답

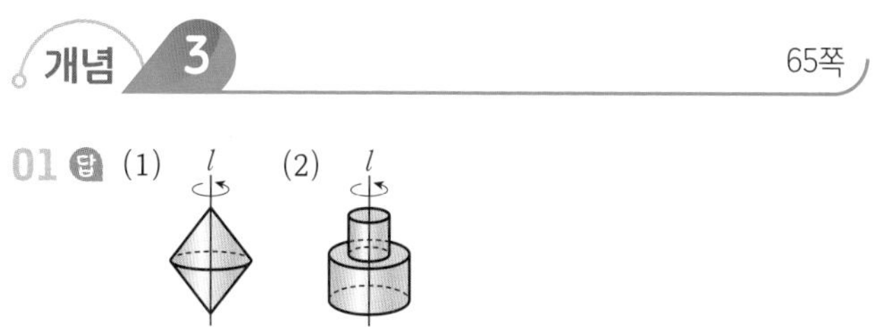

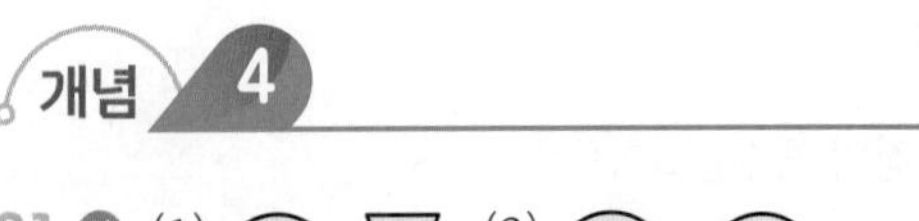

개념 4 65쪽

01 답 (1) ○, ⧗ (2) ○, ◓ (3) ◎, ▯▯

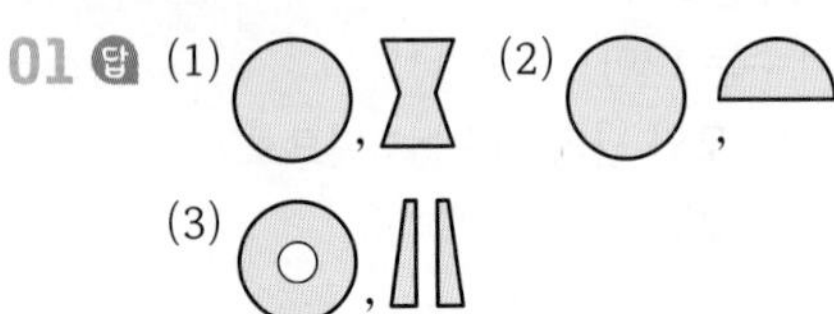

개념 5 66쪽

01 답 풀이 참조

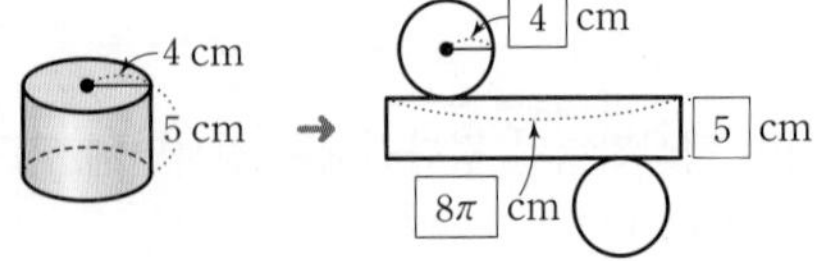

(1) (직사각형의 가로의 길이)$=2\pi\times\boxed{4}=\boxed{8\pi}$(cm)

(2) (직사각형의 세로의 길이)$=\boxed{5}$(cm)

02 답 풀이 참조

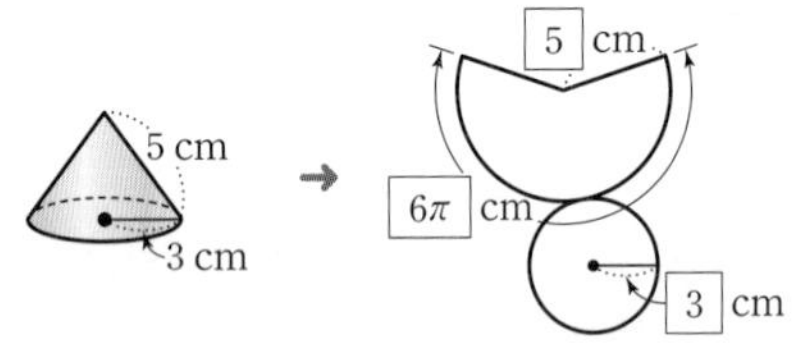

(1) (부채꼴의 호의 길이)$=2\pi\times\boxed{3}=\boxed{6\pi}$(cm)

(2) (부채꼴의 반지름의 길이)$=\boxed{5}$ cm

03 답 풀이 참조

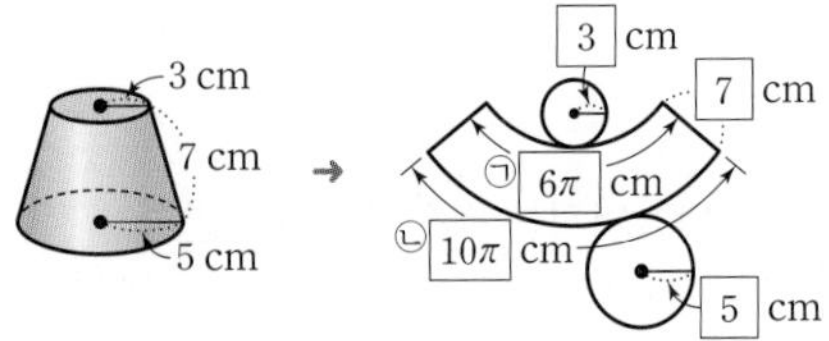

(1) (㉠의 길이)$=2\pi\times\boxed{3}=\boxed{6\pi}$(cm)

(2) (㉡의 길이)$=2\pi\times\boxed{5}=\boxed{10\pi}$(cm)

한 번 더 필수 유형 익히기 66~67쪽

01 ③	02 ㄹ, ㅁ	03 ⑤	04 ③
05 720π	06 $a=6$, $b=8\pi$, $c=4$		07 ②
08 (1) 49π cm² (2) 49π cm²			09 48 cm²

01

③은 다면체이다.

02

ㄱ, ㄴ, ㅂ은 다면체, ㄷ은 평면도형, ㄹ, ㅁ은 회전체이다.

03

⑤ 주어진 평면도형을 직선 l을 회전축으로 하여 1회전 시킬 때 생기는 회전체는 오른쪽 그림과 같다.

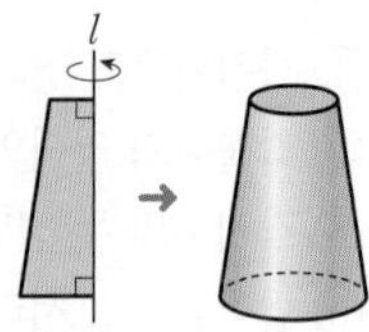

04

회전체를 회전축을 포함하는 평면으로 자를 때 생기는 단면의 모양은 다음과 같다.

① 구 – 원 ② 원뿔대 – 사다리꼴

④ 원뿔 – 이등변삼각형 ⑤ 원기둥 – 직사각형

따라서 바르게 짝 지어진 것은 ③이다.

05

주어진 직사각형을 직선 l을 회전축으로 하여 1회전 시킬 때 생기는 회전체는 밑면의 반지름의 길이가 6 cm이고, 높이가 10 cm인 원기둥이다.

따라서 $x=6$, $y=2\pi\times6=12\pi$, $z=10$이므로

$xyz=6\times12\pi\times10=720\pi$

06

원뿔의 전개도에서

부채꼴의 반지름의 길이는 원뿔의 모선의 길이와 같으므로

$a=6$

부채꼴의 호의 길이는 밑면인 원의 둘레의 길이와 같으므로

$b=2\pi\times4=8\pi$

원뿔의 밑면의 반지름의 길이는 4 cm이므로

$c=4$

07

② 원기둥의 회전축은 1개이다.

08

회전체는 반지름의 길이가 7 cm인 구이다.

(1) 회전축을 포함하는 평면으로 자를 때 생기는 단면은 반지름의 길이가 7 cm인 원이다.

$\therefore$ (단면의 넓이)$=\pi\times7^2=49\pi$(cm²)

(2) 회전축에 수직인 평면으로 자른 단면의 넓이가 가장 클 때는 단면인 원의 반지름의 길이가 구의 반지름의 길이와 같을 때이다.

$\therefore$ (단면의 넓이)$=\pi\times7^2=49\pi$(cm²)

09

회전축을 포함하는 평면으로 자를 때 생기는 단면은 밑변의 길이가 12 cm, 높이가 8 cm인 이등변삼각형이다.

$\therefore$ (단면의 넓이)$=\frac{1}{2}\times12\times8=48$(cm²)

확실히 **서술형 감잡기** 68쪽

01 25 **02** 42 **03** $25\pi\ \text{cm}^2$
04 $144\pi\ \text{cm}^2$

01

① 단계 조건을 만족시키는 입체도형의 이름 말하기 ◀ 40%
주어진 각뿔을 n각뿔이라 하면
$n+1=9$ $\quad\therefore n=8$
따라서 주어진 입체도형은 팔각뿔이다.
② 단계 a, b의 값 각각 구하기 ◀ 40%
팔각뿔의 모서리의 개수는 $8\times2=16$이므로 $a=16$
팔각뿔의 꼭짓점의 개수는 $8+1=9$이므로 $b=9$
③ 단계 $a+b$의 값 구하기 ◀ 20%
$\therefore a+b=16+9=25$

02

① 단계 a의 값 구하기 ◀ 40%
면의 개수가 가장 많은 정다면체는 정이십면체이고 정이십면체의 꼭짓점의 개수는 12이다. $\quad\therefore a=12$
② 단계 b의 값 구하기 ◀ 40%
꼭짓점의 개수가 가장 많은 정다면체는 정십이면체이고 정십이면체의 모서리의 개수는 30이다. $\quad\therefore b=30$
③ 단계 $a+b$의 값 구하기 ◀ 20%
$\therefore a+b=12+30=42$

03

① 단계 밑면인 원의 반지름의 길이 구하기 ◀ 60%
부채꼴의 호의 길이는 밑면인 원의 둘레의 길이와 같으므로 밑면인 원의 반지름을 r cm라 하면
$2\pi r=10\pi$ $\quad\therefore r=5$
따라서 밑면인 원의 반지름의 길이는 5 cm이다.
② 단계 밑면인 원의 넓이 구하기 ◀ 40%
따라서 원뿔의 밑면의 넓이는 $\pi\times5^2=25\pi(\text{cm}^2)$

04

① 단계 회전체의 모양 구하기 ◀ 30%
주어진 직각삼각형을 직선 l을 회전축으로 하여 1회전 시킬 때 생기는 회전체는 오른쪽 그림과 같다.

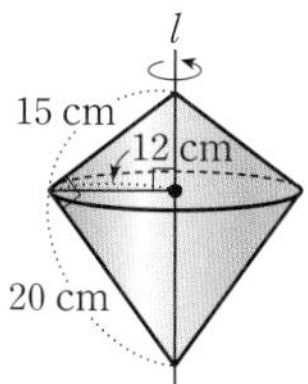

② 단계 넓이가 가장 큰 단면 구하기 ◀ 50%
이 회전체를 회전축에 수직인 평면으로 자를 때 생기는 단면 중 넓이가 가장 큰 단면은 반지름의 길이가 12 cm인 원이다.
③ 단계 단면의 넓이 구하기 ◀ 20%
$\therefore$ (단면의 넓이)$=\pi\times12^2=144\pi(\text{cm}^2)$

쌍둥이 **단원 마무리하기** 69~71쪽

01 ④, ⑤ **02** ⑤ **03** ① **04** 50
05 ㄱ, ㄷ, ㄹ **06** ③ **07** 팔각뿔대 **08** 2
09 정이십면체 **10** ③ **11** ② **12** ③ **13** ⑤
14 ① **15** $\frac{16}{9}\pi\ \text{cm}^2$ **16** ④
17 팔각기둥, 구각뿔, 팔각뿔대, 42 **18** ⑤
19 $8\pi\ \text{cm}^2$

02 각 다면체의 모서리의 개수는
① $4\times3=12$ ② $5\times3=15$
③ $7\times2=14$ ④ $8\times2=16$
⑤ $9\times3=27$
따라서 모서리의 개수가 가장 많은 다면체는 ⑤ 구각기둥이다.

03 각 다면체의 꼭짓점의 개수는
① $3\times2=6$ ② $5\times2=10$ ③ $6+1=7$
④ $8\times2=16$ ⑤ $8\times2=16$
따라서 바르게 짝 지어지지 않은 것은 ①이다.

04 ① 단계 a, b, c의 값 각각 구하기 ◀ 80%
칠각기둥의 모서리의 개수는 $7\times3=21$이므로 $a=21$
십이각뿔의 면의 개수는 $12+1=13$이므로 $b=13$
팔각뿔대의 꼭짓점의 개수는 $8\times2=16$이므로 $c=16$
② 단계 $a+b+c$의 값 구하기 ◀ 20%
$\therefore a+b+c=21+13+16=50$

05 ㄱ, ㅂ. 직사각형
ㅁ. 사다리꼴
따라서 옆면의 모양이 삼각형인 것은 ㄱ, ㄷ, ㄹ이다.

06 ③ n각뿔대의 모서리의 개수는 $3n$이다.
따라서 옳지 않은 것은 ③이다.

07 조건 (가), (나)를 만족시키는 다면체는 각뿔대이므로 이 다면체를 n각뿔대라 하면 조건 (다)에 의하여
$n\times2=16$ $\quad\therefore n=8$
따라서 구하는 다면체는 팔각뿔대이다.

08 ① 단계 x, y의 값 각각 구하기 ◀ 80%
면의 모양이 정사각형인 정다면체는 정육면체의 1가지이므로 $x=1$
한 꼭짓점에 모인 면의 개수가 5인 정다면체는 정이십면체의 1가지이므로 $y=1$
② 단계 $x+y$의 값 구하기 ◀ 20%
$\therefore x+y=1+1=2$

09 모든 면이 합동인 정삼각형인 정다면체는 정사면체, 정팔면체, 정이십면체이고 이 중 모서리의 개수가 30인 것은 정이십면체이다.

10 ③ 정삼각형이 한 꼭짓점에 4개씩 모인 정다면체는 정팔면체이다.
따라서 옳지 않은 것은 ③이다.

11 주어진 전개도로 만들어지는 정육면체는 오른쪽 그림과 같다.
따라서 $\overline{BC}$와 꼬인 위치에 있는 모서리는 ② $\overline{MH}$이다.

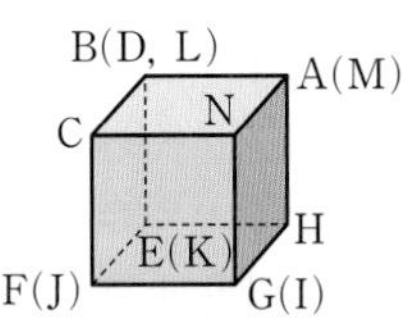

12 ③ 다면체이므로 회전체가 아니다.

13 각 도형을 직선 l을 회전축으로 하여 1회전 시킬 때 생기는 회전체는 다음과 같다.

① 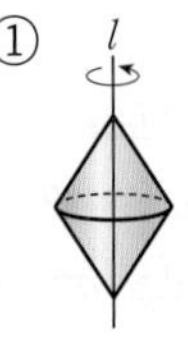

② 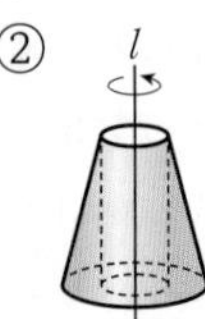

③ 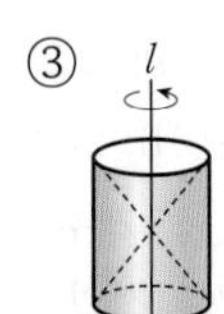

④ 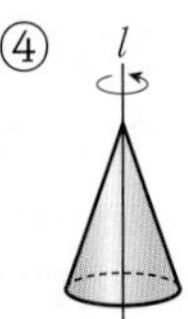

따라서 회전체가 주어진 입체도형이 되는 것은 ⑤이다.

14 회전축에 수직인 평면으로 자를 때 생기는 단면은
① 모두 합동인 원이다.
②, ③, ④, ⑤ 모두 원이지만 합동인 것은 아니다.

15 ① 단계 밑면인 원의 반지름의 길이 구하기 ◀ 60%
밑면인 원의 반지름의 길이를 r cm라 하면
(부채꼴의 호의 길이)=(밑면인 원의 둘레의 길이)
이므로
$2\pi\times8\times\frac{60}{360}=2\pi r$ $\quad\therefore r=\frac{4}{3}$
② 단계 밑면인 원의 넓이 구하기 ◀ 40%
$\therefore$ (밑면인 원의 넓이)$=\pi\times\left(\frac{4}{3}\right)^2=\frac{16}{9}\pi(\text{cm}^2)$

16 ① 원뿔은 회전체이다.
② 원뿔을 회전축에 수직인 평면으로 자르면 원뿔과 원뿔대가 생긴다.
③ 오른쪽 그림과 같이 직각삼각형 ABC의 빗변 $\overline{AC}$를 회전축으로 하여 1회전 시키면 원뿔이 되지 않는다.
⑤ 원뿔의 회전축은 1개이다.
따라서 옳은 것은 ④이다.

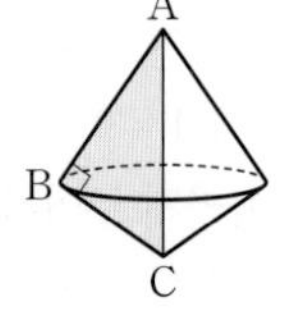

17 십면체인 각기둥을 a각기둥이라 하면
$a+2=10$ $\quad\therefore a=8$
팔각기둥의 꼭짓점의 개수는 $8\times2=16$
십면체인 각뿔을 b각뿔이라 하면
$b+1=10$ $\quad\therefore b=9$
구각뿔의 꼭짓점의 개수는 $9+1=10$
십면체인 각뿔대를 c각뿔대라 하면
$c+2=10$ $\quad\therefore c=8$
팔각뿔대의 꼭짓점의 개수는 $8\times2=16$
따라서 구하는 합은 $16+10+16=42$

18 주어진 전개도로 만들어지는 정다면체는 정이십면체이고, 정이십면체의 모서리의 개수는 30이다.
따라서 옳지 않은 것은 ⑤이다.

19 주어진 평면도형을 직선 l을 회전축으로 하여 1회전 시킬 때 생기는 회전체와 회전체에 수직인 평면으로 자를 때 생기는 단면은 다음 그림과 같다.

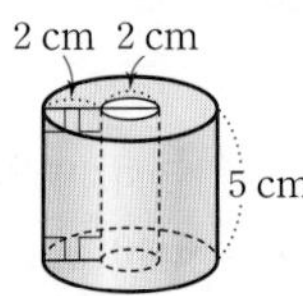

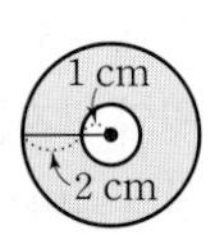

$\therefore$ (단면의 넓이)$=\pi\times3^2-\pi\times1^2=9\pi-\pi=8\pi(\text{cm}^2)$

입체도형의 부피와 겉넓이

01 기둥의 부피와 겉넓이

개념 1
74쪽

01 답 (1) $270\,cm^3$ (2) $120\,cm^3$ (3) $180\pi\,cm^3$

(1) (부피)$=30\times9=270(cm^3)$

(2) (부피)$=24\times5=120(cm^3)$

(3) (부피)$=36\pi\times5=180\pi(cm^3)$

02 답 (1) 3, 3, 12 (2) 7 (3) 12, 84

03 답 $120\,cm^3$

(부피)$=(5\times4)\times6=120(cm^3)$

04 답 (1) $2, 4\pi$ (2) 6 (3) $4\pi, 24\pi$

05 답 $486\pi\,cm^3$

(부피)$=(\pi\times9^2)\times6=486\pi(cm^3)$

개념 2
74~75쪽

01 답 풀이 참조 / (1) 5, 4, 26 (2) 22, 176 (3) 26, 176, 228

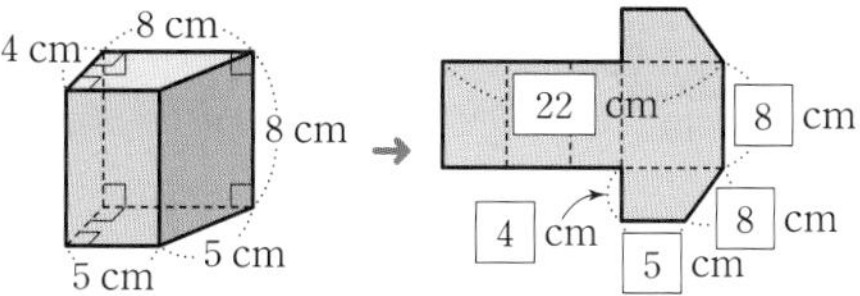

02 답 $192\,cm^2$

(밑넓이)$=\frac{1}{2}\times8\times6=24(cm^2)$

(옆넓이)$=(10+8+6)\times6=144(cm^2)$

$\therefore$ (겉넓이)$=24\times2+144=192(cm^2)$

03 답 풀이 참조 / (1) $3, 9\pi$ (2) $6\pi, 30\pi$ (3) $9\pi, 30\pi, 48\pi$

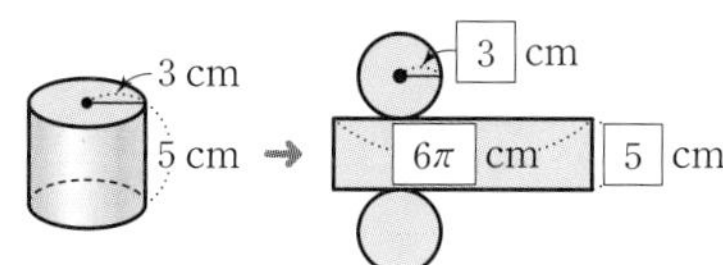

04 답 $90\pi\,cm^2$

(밑넓이)$=\pi\times5^2=25\pi(cm^2)$

(옆넓이)$=(2\pi\times5)\times4=40\pi(cm^2)$

$\therefore$ (겉넓이)$=25\pi\times2+40\pi=90\pi(cm^2)$

한번 더 필수 유형 익히기
75~77쪽

01 $120\,cm^3$	**02** $20\pi\,cm^3$	**03** $296\,cm^2$	**04** $88\pi\,cm^2$
05 4 cm	**06** 7 cm	**07** ②	**08** 9 cm
09 $81\pi\,cm^3$	**10** $(16\pi+30)\,cm^2$		
11 $72\pi\,cm^3$, $96\pi\,cm^2$		**12** $297\,cm^3$, $462\,cm^2$	

01

(부피)$=\left\{\frac{1}{2}\times(3+7)\times3\right\}\times8=120(cm^3)$

02

회전체는 밑면의 반지름의 길이가 2 cm, 높이가 5 cm인 원기둥이므로

(부피)$=(\pi\times2^2)\times5=20\pi(cm^3)$

03

(밑넓이)$=\frac{1}{2}\times(12+6)\times4=36(cm^2)$

(옆넓이)$=(6+5+12+5)\times8=224(cm^2)$

$\therefore$ (겉넓이)$=36\times2+224=296(cm^2)$

04

(밑넓이)$=\pi\times4^2=16\pi(cm^2)$

(옆넓이)$=(2\pi\times4)\times7=56\pi(cm^2)$

$\therefore$ (겉넓이)$=16\pi\times2+56\pi=88\pi(cm^2)$

05

밑면의 반지름의 길이를 r cm라 하면

$\pi r^2\times9=144\pi$, $r^2=16=4^2$

$\therefore r=4$

따라서 밑면의 반지름의 길이는 4 cm이다.

06

삼각기둥의 높이를 h cm라 하면

(부피)$=\left(\frac{1}{2}\times3\times4\right)\times h=6h(cm^3)$

$6h=42$에서 $h=7$

따라서 삼각기둥의 높이는 7 cm이다.

07

(밑넓이)$=\frac{1}{2}\times6\times8=24(cm^2)$

(옆넓이)$=(6+8+10)\times h=24h(cm^2)$

이므로

(겉넓이)$=24\times2+24\times h=48+24h(cm^2)$

$48+24h=240$에서 $24h=192$ $\quad\therefore h=8$

08

원기둥의 높이를 h cm라 하면

(밑넓이)$=\pi\times3^2=9\pi(\text{cm}^2)$

(옆넓이)$=(2\pi\times3)\times h=6\pi h(\text{cm}^2)$

이므로

(겉넓이)$=9\pi\times2+6\pi h=18\pi+6\pi h(\text{cm}^2)$

$18\pi+6\pi h=72\pi$에서 $6h=54$ $\quad\therefore h=9$

따라서 원기둥의 높이는 9 cm이다.

09

(부피)$=\left(\pi\times9^2\times\frac{45}{360}\right)\times8=81\pi(\text{cm}^3)$

10

(밑넓이)$=\pi\times3^2\times\frac{120}{360}=3\pi(\text{cm}^2)$

(옆넓이)$=\left(2\pi\times3\times\frac{120}{360}\right)\times5+(5\times3)\times2=10\pi+30(\text{cm}^2)$

$\therefore$ (겉넓이)$=3\pi\times2+(10\pi+30)=16\pi+30(\text{cm}^2)$

11

(구멍이 뚫린 입체도형의 부피)

=(큰 원기둥의 부피)−(작은 원기둥의 부피)

$=\pi\times4^2\times6-\pi\times2^2\times6=96\pi-24\pi=72\pi(\text{cm}^3)$

(구멍이 뚫린 입체도형의 겉넓이)

=(구멍이 뚫린 입체도형의 밑넓이)×2

+(큰 원기둥의 옆넓이)+(작은 원기둥의 옆넓이)

$=(\pi\times4^2-\pi+2^2)\times2+(2\pi\times4)\times6+(2\pi\times2)\times6$

$=24\pi+48\pi+24\pi=96\pi(\text{cm}^2)$

12

(구멍이 뚫린 입체도형의 부피)

=(큰 사각기둥의 부피)−(작은 사각기둥의 부피)

$=(6\times8)\times9-(5\times3)\times9=432-135=297(\text{cm}^3)$

(구멍이 뚫린 입체도형의 겉넓이)

=(구멍이 뚫린 입체도형의 밑넓이)×2

+(큰 사각기둥의 옆넓이)+(작은 사각기둥의 옆넓이)

$=(6\times8-5\times3)\times2+(6+8+6+8)\times9$

$+(5+3+5+3)\times9$

$=66+252+144=462(\text{cm}^2)$

02 뿔의 부피와 겉넓이

개념 3
77~78쪽

01 답 (1) 75 cm^3 (2) $78\pi\text{ cm}^3$

(1) (부피)$=\frac{1}{3}\times25\times9=75(\text{cm}^3)$

(2) (부피)$=\frac{1}{3}\times39\pi\times6=78\pi(\text{cm}^3)$

02 답 (1) 9, $\frac{63}{2}$ (2) 8 (3) $\frac{63}{2}$, 84

03 답 50 cm^3

(밑넓이)$=5\times5=25(\text{cm}^2)$, (높이)$=6$ cm

$\therefore$ (부피)$=\frac{1}{3}\times25\times6=50(\text{cm}^3)$

04 답 (1) 6, 36π (2) 12 (3) 36π, 144π

05 답 $147\pi\text{ cm}^3$

(밑넓이)$=\pi\times7^2=49\pi(\text{cm}^2)$, (높이)$=9$ cm

$\therefore$ (부피)$=\frac{1}{3}\times49\pi\times9=147\pi(\text{cm}^3)$

개념 4
78쪽

01 답 풀이 참조 / (1) 3, 9 (2) 4, 24 (3) 24, 33

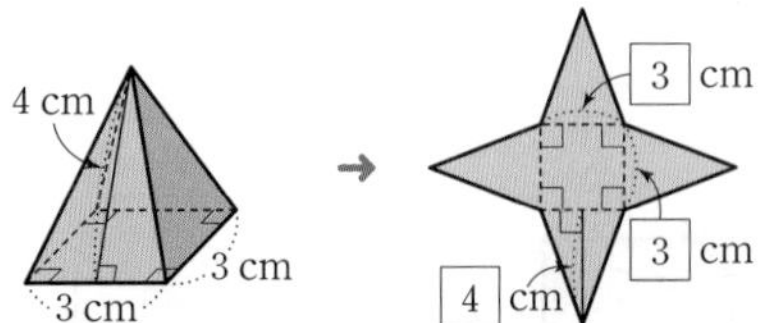

02 답 224 cm^2

(밑넓이)$=8\times8=64(\text{cm}^2)$

(옆넓이)$=\left(\frac{1}{2}\times8\times10\right)\times4=160(\text{cm}^2)$

$\therefore$ (겉넓이)$=64+160=224(\text{cm}^2)$

03 답 풀이 참조 / (1) 4, 16π (2) 8π, 36π (3) 36π, 52π

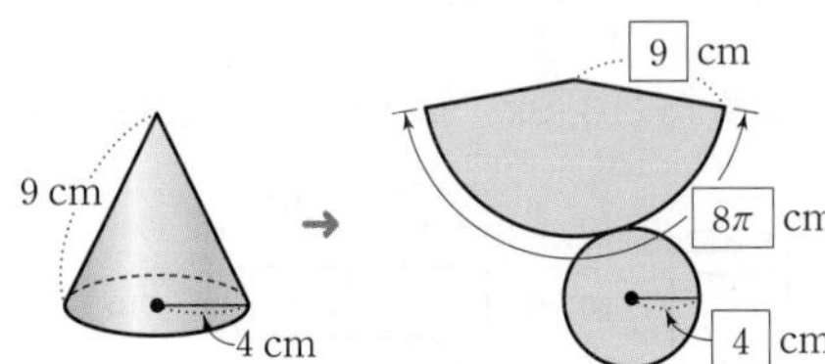

04 답 $108\pi\text{ cm}^2$

(밑넓이)$=\pi\times6^2=36\pi(\text{cm}^2)$

(옆넓이)$=\frac{1}{2}\times12\times12\pi=72\pi(\text{cm}^2)$

$\therefore$ (겉넓이)$=36\pi+72\pi=108\pi(\text{cm}^2)$

한번 더 필수 유형 익히기 79~80쪽

01 ⑤　02 ①　03 $56\,\text{cm}^2$　04 $33\pi\,\text{cm}^2$
05 $9\,\text{cm}$　06 $4\,\text{cm}$　07 $12\,\text{cm}$　08 6
09 (1) $256\pi\,\text{cm}^3$ (2) $32\pi\,\text{cm}^3$ (3) $224\pi\,\text{cm}^3$
10 $84\pi\,\text{cm}^3$
11 (1) $16\,\text{cm}^2$ (2) $36\,\text{cm}^2$ (3) $100\,\text{cm}^2$ (4) $152\,\text{cm}^2$
12 $140\pi\,\text{cm}^2$

01
(부피)$=\frac{1}{3}\times(5\times4)\times6=40(\text{cm}^3)$

02
(부피)$=\frac{1}{3}\times(\pi\times3^2)\times4+\frac{1}{3}\times(\pi\times3^2)\times6$
$=12\pi+18\pi=30\pi(\text{cm}^3)$

03
(겉넓이)$=4\times4+\left(\frac{1}{2}\times4\times5\right)\times4=16+40=56(\text{cm}^2)$

04
회전체는 밑면의 반지름의 길이가 $3\,\text{cm}$이고 모선의 길이가 $8\,\text{cm}$인 원뿔이므로
(겉넓이)$=\pi\times3^2+\frac{1}{2}\times8\times6\pi=9\pi+24\pi=33\pi(\text{cm}^2)$

05
사각뿔의 높이를 $h\,\text{cm}$라 하면
(부피)$=\frac{1}{3}\times(8\times6)\times h=16h(\text{cm}^3)$
이므로 $16h=144$ 　$\therefore h=9$
따라서 사각뿔의 높이는 $9\,\text{cm}$이다.

06
원뿔의 높이를 $h\,\text{cm}$라 하면
(부피)$=\frac{1}{3}\times(\pi\times3^2)\times h=3\pi h(\text{cm}^3)$
$3\pi h=12\pi$에서 $h=4$
따라서 원뿔의 높이는 $4\,\text{cm}$이다.

07
모선의 길이를 $l\,\text{cm}$라 하면
(겉넓이)$=\pi\times8^2+\frac{1}{2}\times l\times16\pi=64\pi+8\pi l(\text{cm}^2)$
$64\pi+8\pi l=160\pi$에서
$8\pi l=96\pi$ 　$\therefore l=12$
따라서 원뿔의 모선의 길이는 $12\,\text{cm}$이다.

08
(밑넓이)$=5\times5=25(\text{cm}^2)$
(옆넓이)$=\left(\frac{1}{2}\times5\times h\right)\times4=10h(\text{cm}^2)$
(겉넓이)$=25+10h(\text{cm}^2)$
$25+10h=85$에서 $10h=60$ 　$\therefore h=6$

09
(1) (큰 원뿔의 부피)$=\frac{1}{3}\times(\pi\times8^2)\times12=256\pi(\text{cm}^3)$
(2) (작은 원뿔의 부피)$=\frac{1}{3}\times(\pi\times4^2)\times6=32\pi(\text{cm}^3)$
(3) (원뿔대의 부피)$=256\pi-32\pi=224\pi(\text{cm}^3)$

10
(큰 사각뿔의 부피)$=\frac{1}{3}\times(6\times6)\times8=96(\text{cm}^3)$
(작은 사각뿔의 부피)$=\frac{1}{3}\times(3\times3)\times4=12(\text{cm}^3)$
$\therefore$ (사각뿔대의 부피)$=96-12=84(\text{cm}^3)$

11
(1) (작은 밑면의 넓이)$=4\times4=16(\text{cm}^2)$
(2) (큰 밑면의 넓이)$=6\times6=36(\text{cm}^2)$
(3) (옆넓이)$=\left\{\frac{1}{2}\times(4+6)\times5\right\}\times4=100(\text{cm}^2)$
(4) (겉넓이)$=16+36+100=152(\text{cm}^2)$

12
(작은 밑면의 넓이)$=\pi\times4^2=16\pi(\text{cm}^2)$
(큰 밑면의 넓이)$=\pi\times8^2=64\pi(\text{cm}^2)$
(옆넓이)$=\frac{1}{2}\times10\times16\pi-\frac{1}{2}\times5\times8\pi$
$=80\pi-20\pi=60\pi(\text{cm}^2)$
$\therefore$ (겉넓이)$=16\pi+64\pi+60\pi=140\pi(\text{cm}^2)$

03 구의 부피와 겉넓이

81쪽

01 답 $5,\ \frac{500}{3}\pi$　02 답 $4,\ 64\pi$

03 답 $\frac{1372}{3}\pi\,\text{cm}^3,\ 196\pi\,\text{cm}^2$
(부피)$=\frac{4}{3}\pi\times7^3=\frac{1372}{3}\pi(\text{cm}^3)$
(겉넓이)$=4\pi\times7^2=196\pi(\text{cm}^2)$

04 답 $6,\ 144\pi$

05 답 3, 3, 27π

06 답 $486\pi\ \text{cm}^3$, $243\pi\ \text{cm}^2$

$(\text{부피})=\frac{1}{2}\times\left(\frac{4}{3}\pi\times9^3\right)=486\pi(\text{cm}^3)$

$(\text{겉넓이})=\frac{1}{2}\times(4\pi\times9^2)+\pi\times9^2$
$=162\pi+81\pi=243\pi(\text{cm}^2)$

필수 유형 한 번 더 익히기 82쪽

01 $72\pi\ \text{cm}^3$ **02** $30\pi\ \text{cm}^3$ **03** $144\pi\ \text{cm}^2$ **04** $100\pi\ \text{cm}^2$
05 $\frac{128}{3}\pi\ \text{cm}^3$, $\frac{256}{3}\pi\ \text{cm}^3$, $128\pi\ \text{cm}^3$ **06** $32\pi\ \text{cm}^3$

01

(주어진 입체도형의 부피)=(반구의 부피)×2+(원기둥의 부피)

$=\left(\frac{1}{2}\times\frac{4}{3}\pi\times3^3\right)\times2+(\pi\times3^2)\times4$
$=36\pi+36\pi=72\pi(\text{cm}^3)$

02

(주어진 입체도형의 부피)=(원뿔의 부피)+(반구의 부피)

$=\frac{1}{3}\times(\pi\times3^2)\times4+\frac{1}{2}\times\left(\frac{4}{3}\pi\times3^3\right)$
$=12\pi+18\pi=30\pi(\text{cm}^3)$

03

주어진 반원을 직선 l을 회전축으로 하여 1회전 시키면 지름의 길이가 12 cm인 구이다.

$\therefore$ (겉넓이)$=4\pi\times6^2=144\pi(\text{cm}^2)$

04

(겉넓이)=(구의 겉넓이)$\times\frac{3}{4}$+(반원의 넓이)×2

$=(4\pi\times5^2)\times\frac{3}{4}+\left(\pi\times5^2\times\frac{1}{2}\right)\times2$
$=75\pi+25\pi=100\pi(\text{cm}^2)$

05

$(\text{원뿔의 부피})=\frac{1}{3}\times(\pi\times4^2)\times8=\frac{128}{3}\pi(\text{cm}^3)$

$(\text{구의 부피})=\frac{4}{3}\pi\times4^3=\frac{256}{3}\pi(\text{cm}^3)$

$(\text{원기둥의 부피})=\pi\times4^2\times8=128\pi(\text{cm}^3)$

06

구의 반지름의 길이를 r cm라 하면

$\frac{4}{3}\pi r^3=64\pi \qquad \therefore r^3=48$

$\therefore$ $(\text{원뿔의 부피})=\frac{1}{3}\times\pi r^2\times2r=\frac{2}{3}\pi r^3=\frac{2}{3}\pi\times48$
$=32\pi(\text{cm}^3)$

서술형 확실히 감잡기 83쪽

01 5 cm **02** $133\pi\ \text{cm}^2$
03 24번 **04** $\frac{304}{3}\pi\ \text{cm}^3$, $84\pi\ \text{cm}^2$

01

1단계 기둥의 밑넓이 구하기 ◀ 50%

$(\text{밑넓이})=\frac{1}{2}\times8\times2+\frac{1}{2}\times8\times4=24(\text{cm}^2)$

2단계 기둥의 높이 구하기 ◀ 50%

사각기둥의 높이를 h cm라 하면

$24h=120 \qquad \therefore h=5$

따라서 사각기둥의 높이는 5 cm이다.

02

1단계 원뿔의 밑면의 반지름의 길이 구하기 ◀ 50%

밑면의 반지름의 길이를 r cm라 하면

$2\pi\times12\times\frac{210}{360}=2\pi r,\ 14\pi=2\pi r \qquad \therefore r=7$

따라서 밑면의 반지름의 길이는 7 cm이다.

2단계 원뿔의 겉넓이 구하기 ◀ 50%

$(\text{밑넓이})=\pi\times7^2=49\pi(\text{cm}^2)$

$(\text{옆넓이})=\frac{1}{2}\times12\times14\pi=84\pi(\text{cm}^2)$

$\therefore$ $(\text{겉넓이})=49\pi+84\pi=133\pi(\text{cm}^2)$

03

1단계 원뿔 모양의 그릇의 부피 구하기 ◀ 30%

$(\text{원뿔 모양의 그릇의 부피})=\frac{1}{3}\times\pi\times2^2\times3=4\pi(\text{cm}^3)$

2단계 원기둥 모양의 그릇의 부피 구하기 ◀ 30%

$(\text{원기둥 모양의 그릇의 부피})=(\pi\times4^2)\times6=96\pi(\text{cm}^3)$

3단계 물을 최소 몇 번 부어야 하는지 구하기 ◀ 40%

원기둥 모양의 그릇의 부피는 원뿔 모양의 그릇의 부피의 $96\pi\div4\pi=24$(배)이므로 물을 최소 24번 부어야 한다.

04

1단계 회전체의 모양 알기 ◀ 20%

주어진 평면도형을 1회전 시킬 때 생기는 회전체는 오른쪽 그림과 같다.

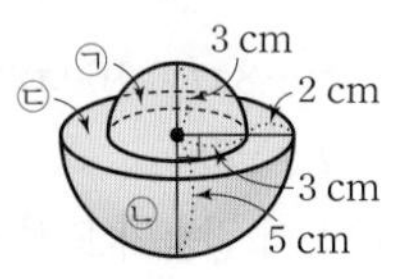

2단계 회전체의 부피 구하기 ◀ 40%

(회전체의 부피)=(작은 반구의 부피)+(큰 반구의 부피)
이므로

(작은 반구의 부피)$=\frac{4}{3}\pi\times3^3\times\frac{1}{2}=18\pi(\text{cm}^3)$

(큰 반구의 부피)$=\frac{4}{3}\pi\times5^3\times\frac{1}{2}=\frac{250}{3}\pi(\text{cm}^3)$

∴ (회전체의 부피)$=18\pi+\frac{250}{3}\pi=\frac{304}{3}\pi(\text{cm}^3)$

③단계 회전체의 겉넓이 구하기 ◀ 40%

(회전체의 겉넓이)=㉠+㉡+㉢이므로

㉠$=(4\pi\times3^2)\times\frac{1}{2}=18\pi(\text{cm}^2)$

㉡$=(4\pi\times5^2)\times\frac{1}{2}=50\pi(\text{cm}^2)$

㉢$=\pi\times5^2-\pi\times3^2=16\pi(\text{cm}^2)$

∴ (회전체의 겉넓이)=㉠+㉡+㉢$=18\pi+50\pi+16\pi$
$=84\pi(\text{cm}^2)$

쌍둥이

단원 마무리하기

84~85쪽

01 ③	02 ④	03 $48\pi\text{ cm}^3$	04 $(288+16\pi)\text{ cm}^2$
05 $128\pi\text{ cm}^3$	06 ⑤	07 392 cm^2	08 ④
09 $\frac{32}{3}$	10 원뿔: $24\pi\text{ cm}^3$, 원기둥: $72\pi\text{ cm}^3$	11 5	

01 (부피)$=\left\{\frac{1}{2}\times(8+4)\times4\right\}\times4=96(\text{cm}^3)$

02 밑면의 반지름의 길이를 r cm라 하면
$2\pi r=12\pi$ ∴ $r=6$
따라서 밑면의 반지름의 길이는 6 cm이다.
(밑넓이)$=\pi\times6^2=36\pi(\text{cm}^2)$
(옆넓이)$=12\pi\times16=192\pi(\text{cm}^2)$
∴ (겉넓이)$=36\pi\times2+192\pi=264\pi(\text{cm}^2)$

03 (부피)$=\left(\pi\times6^2\times\frac{60}{360}\right)\times8=48\pi(\text{cm}^3)$

04 ①단계 밑넓이 구하기 ◀ 30%
(밑넓이)$=9\times6-\pi\times2^2=54-4\pi(\text{cm}^2)$
②단계 옆넓이 구하기 ◀ 30%
(사각기둥의 옆넓이)$=(9+6+9+6)\times6=180(\text{cm}^2)$
(원기둥의 옆넓이)$=(2\pi\times2)\times6=24\pi(\text{cm}^2)$
∴ (주어진 입체도형의 옆넓이)$=180+24\pi(\text{cm}^2)$
③단계 겉넓이 구하기 ◀ 40%
∴ (겉넓이)$=(54-4\pi)\times2+180+24\pi$
$=288+16\pi(\text{cm}^2)$

05 (원기둥의 부피)$=(\pi\times4^2)\times7=112\pi(\text{cm}^3)$
(원뿔의 부피)$=\frac{1}{3}\times(\pi\times4^2)\times3=16\pi(\text{cm}^3)$
∴ (부피)$=112\pi+16\pi=128\pi(\text{cm}^3)$

06 모선의 길이를 l cm라 하면
(밑넓이)$=\pi\times4^2=16\pi(\text{cm}^2)$
(옆넓이)$=\frac{1}{2}\times l\times8\pi=4\pi l(\text{cm}^2)$
$16\pi+4\pi l=56\pi$, $4\pi l=40\pi$ ∴ $l=10$
따라서 모선의 길이는 10 cm이다.

07 ①단계 두 밑넓이의 합 구하기 ◀ 40%
(작은 밑면의 넓이)$=6\times6=36(\text{cm}^2)$
(큰 밑면의 넓이)$=10\times10=100(\text{cm}^2)$
이므로
(두 밑넓이의 합)$=36+100=136(\text{cm}^2)$
②단계 옆넓이 구하기 ◀ 40%
(옆넓이)$=\left\{\frac{1}{2}\times(6+10)\times8\right\}\times4=256(\text{cm}^2)$
③단계 겉넓이 구하기 ◀ 20%
∴ (겉넓이)$=136+256=392(\text{cm}^2)$

08 회전체는 오른쪽 그림과 같으므로

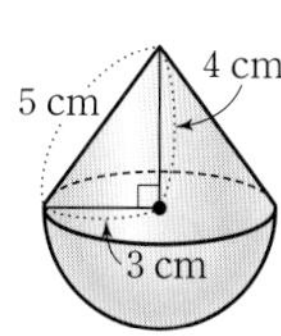

(겉넓이)$=\frac{1}{2}\times5\times6\pi+\frac{1}{2}\times(4\pi\times3^2)$
$=15\pi+18\pi=33\pi(\text{cm}^2)$

09 (원뿔의 부피)$=\frac{1}{3}\times(\pi\times9^2)\times x=27\pi x(\text{cm}^3)$
(구의 부피)$=\frac{4}{3}\times6^3=288\pi(\text{cm}^3)$
$27\pi x=288\pi$ ∴ $x=\frac{32}{3}$

10 구의 반지름의 길이를 r cm라 하면
$\frac{4}{3}\pi r^3=48\pi$ ∴ $r^3=36$
∴ (원뿔의 부피)$=\frac{1}{3}\times\pi r^2\times2r=\frac{2}{3}\pi r^3$
$=\frac{2}{3}\pi\times36=24\pi(\text{cm}^3)$
(원기둥의 부피)$=\pi r^2\times2r=2\pi r^3$
$=2\pi\times36=72\pi(\text{cm}^3)$

11 왼쪽 그릇에 담겨 있는 물의 양은 삼각뿔의 부피와 같으므로
$\frac{1}{3}\times\left(\frac{1}{2}\times10\times15\right)\times9=225(\text{cm}^3)$
오른쪽 그릇에 담겨 있는 물의 양은 사각기둥의 부피와 같으므로
$9\times5\times h=45h(\text{cm}^3)$
이때 두 그릇에 담겨 있는 물의 양이 같으므로
$45h=225$ ∴ $h=5$

7 자료의 정리와 해석

01 대푯값

개념 1~3 88쪽

01 답 (1) 변량의 개수: 6, 평균: 6
(2) 변량의 개수: 5, 평균: 6.4

(1) $(\text{평균})=\frac{1+3+5+7+9+11}{6}=6$

(2) $(\text{평균})=\frac{5+7+2+6+12}{5}=6.4$

02 답 (1) 4 (2) 5

(1) 자료의 변량은 5개이고 변량을 작은 값부터 순서대로 나열하면 1, 3, 4, 5, 8이므로 중앙값은 3번째 값인 4이다.
(2) 자료의 변량은 6개이고 변량을 작은 값부터 순서대로 나열하면 2, 3, 4, 6, 9, 10이므로 중앙값은 3번째 값 4와 4번째 값 6의 평균인 $\frac{4+6}{2}=5$이다.

03 답 (1) 8 (2) 3, 5 (3) 연필

(1) 자료의 변량 중에서 8이 가장 많이 나타나므로 최빈값은 8이다.
(2) 자료의 변량 중에서 3과 5가 가장 많이 나타나므로 최빈값은 3, 5이다.
(3) 자료의 변량 중에서 연필이 가장 많이 나타나므로 최빈값은 연필이다.

필수 유형 한 번 더 익히기 88~89쪽

01 6개 **02** 12 **03** 플루트
04 중앙값: 12, 최빈값: 9 **05** 14 **06** 72
07 7개 **08** 12
09 (1) 평균: 239.5 mm, 중앙값: 242.5 mm, 최빈값: 220 mm
(2) 최빈값
10 중앙값, 210만 원

01

$(\text{평균})=\frac{6+4+7+5+8+7+5}{7}=6(\text{개})$

02

A 모둠의 변량은 9개이고 변량을 작은 값부터 순서대로 나열하면 2, 3, 4, 4, 5, 7, 8, 9, 9이므로 중앙값은 5번째 값인 5시간이다.
$\therefore a=5$
B 모둠의 변량은 10개이고 변량을 작은 값부터 순서대로 나열하면 3, 4, 5, 5, 6, 8, 8, 9, 11, 12이므로 중앙값은 5번째 값 6과 6번째 값 8의 평균인 $\frac{6+8}{2}=7(\text{시간})$이다. $\therefore b=7$
$\therefore a+b=5+7=12$

03

플루트가 7명으로 가장 많으므로 최빈값은 플루트이다.

04

자료의 변량은 6개이고 변량을 작은 값부터 순서대로 나열하면 9, 9, 11, 13, 16, 38이므로 중앙값은 3번째 값 11과 4번째 값 13의 평균인 $\frac{11+13}{2}=12$이다.
또, 9가 가장 많이 나타나므로 최빈값은 9이다.

05

주어진 자료의 변량은 6개이므로 중앙값은 3번째 값 12와 4번째 값 x의 평균이다.
즉, $\frac{12+x}{2}=13$이므로 $12+x=26$ $\therefore x=14$

06

주어진 자료의 변량은 4개이므로 중앙값은 2번째 값 58과 3번째 값 64의 평균인 $\frac{58+64}{2}=61$이다.
이때 평균과 중앙값이 같으므로
$\frac{50+58+64+x}{4}=61$, $172+x=244$
$\therefore x=72$

07

최빈값이 7개이므로 $x=7$
자료의 변량은 9개이고 변량을 작은 값부터 순서대로 나열하면 0, 3, 3, 6, 7, 7, 7, 9, 10이므로 중앙값은 5번째 값인 7개이다.

08

x를 제외한 변량 중에서 8은 3번 나타나고 나머지 변량은 모두 한 번씩 나타나므로 x의 값에 관계없이 최빈값은 8이다.
이때 평균과 최빈값이 같으므로
$\frac{8+2+8+x+13+5+8}{7}=8$
$44+x=56$ $\therefore x=12$

09

(1) (평균) $=\frac{1}{10}(245+220+220+245+255$
$+250+240+220+240+260)$
$=239.5$(mm)

자료의 변량은 10개이고 변량을 작은 값부터 순서대로 나열하면 220, 220, 220, 240, 240, 245, 245, 250, 255, 260이므로 중앙값은 5번째 값 240과 6번째 값 245의 평균인

$\frac{240+245}{2}=242.5$(mm)이다.

자료의 변량 중에서 220이 가장 많이 나타나므로 최빈값은 220 mm이다.

(2) 가장 많이 판매된 치수의 신발을 주문하는 것이 합리적이므로 평균과 중앙값보다 최빈값이 이 자료의 대푯값으로 적절하다.

10

주어진 자료에서 850만 원이라는 극단적인 값이 포함되어 있으므로 평균은 대푯값으로 적절하지 않다. 또, 변량 10개 중에서 최빈값 170만 원보다 큰 변량이 7개이므로 최빈값은 이 자료의 대푯값으로 적절하지 않다.
따라서 중앙값이 대푯값으로 적절하다.
자료의 변량은 10개이고 변량을 작은 값부터 순서대로 나열하면 160, 170, 170, 190, 205, 215, 225, 250, 270, 850이므로 중앙값은 5번째 값 205와 6번째 값 215의 평균인

$\frac{205+215}{2}=210$(만 원)이다.

02 줄기와 잎 그림, 도수분포표

개념 4 90쪽

01 답

줄기	잎				
3	5	7	8		
4	1	2	2	7	8
5	0	2	3	8	

(1) 1, 2, 2, 7, 8 (2) 3 (3) 12
(4) 중앙값: 44.5 kg, 최빈값: 42 kg

(3) $3+5+4=12$

(4) (중앙값) $=\frac{42+47}{2}=44.5$(kg)

또, 42가 가장 많이 나타나므로 최빈값은 42 kg이다.

02 답 (1) 20 (2) 7 (3) 중앙값: 73점, 최빈값: 73점

(1) $6+7+5+2=20$

(2) 줄기가 8과 9인 잎의 개수와 같으므로 $5+2=7$

(3) (중앙값) $=\frac{73+73}{2}=73$(점)

또, 73이 가장 많이 나타나므로 최빈값은 73점이다.

개념 5 90쪽

01 답

영화의 수(개)	도수(명)	
1 이상 ~ 3 미만	//	2
3 ~ 5	卌 //	7
5 ~ 7	卌 /	6
7 ~ 9	////	4
9 ~ 11	/	1
합계	20	

(1) 2편 (2) 5 (3) 9편 이상 11편 미만 (4) 5

(1) (계급의 크기) $=3-1=5-3=7-5=9-7$
$=11-9=2$(편)

(3) 가장 작은 도수는 1이므로 도수가 가장 작은 계급은 9편 이상 11편 미만이다.

(4) $4+1=5$

02 답 (1) 10 cm (2) 3 (3) 140 cm 이상 150 cm 미만

(1) (계급의 크기) $=140-130=150-140$
$=160-150=170-160$
$=180-170=10$(cm)

(2) 키가 165 cm인 학생이 속하는 계급은 160 cm 이상 170 cm 미만이고 이 계급의 도수는 3이다.

(3) 키가 140 cm 미만인 학생 수는 3, 150 cm 미만인 학생 수는 $3+5=8$이므로 키가 4번째로 작은 학생이 속하는 계급은 140 cm 이상 150 cm 미만이다.

한 번 더 필수 유형 익히기 91~92쪽

01 (1) $a=0$, $b=5$ (2) 37 (3) 8 **02** ⑤
03 ④ **04** ④ **05** ④ **06** ④
07 (1) 6 (2) 20% **08** 24%

01

(1) 줄기가 3인 잎은 순서대로 0, 0, 5, 5, 8이므로 $a=0$
줄기가 4인 잎은 순서대로 0, 3, 3, 5, 7이므로 $b=5$

(2) 줄넘기를 가장 많이 한 학생의 줄넘기 횟수는 47, 가장 적게 한 학생의 줄넘기 횟수는 10이므로
$47-10=37$

(3) 줄넘기를 20회 이상 40회 미만 한 학생 수는 줄기가 2와 3인 잎의 개수와 같으므로 $3+5=8$

02

① (전체 학생 수)$=1+5+5+4=15$
⑤ 이 자료의 중앙값은 33분이다.
따라서 옳지 않은 것은 ⑤이다.

03

① (전체 학생 수)$=8+6+3+1=18$
② 줄기가 1인 잎의 개수는 8이다.
③ 책을 30권 이상 읽는 학생 수는 줄기가 3과 4인 잎의 개수와 같으므로 $3+1=4$
④ (중앙값)$=\dfrac{21+22}{2}=21.5$(권)
⑤ 10과 24가 가장 많이 나타나므로 이 자료의 최빈값은 10권, 24권이다.
따라서 옳은 것은 ④이다.

05

② (계급의 크기)$=20-10=30-20=40-30=50-40$
$=60-50=10$(m)
③ $A=30-(3+7+6+2)=12$
④ 던지기 기록이 30 m 이상 50 m 미만인 학생 수는
$12+6=18$
⑤ 던지기 기록이 27 m인 학생이 속하는 계급은 20 m 이상 30 m 미만이고 이 계급의 도수는 7이다.
따라서 옳지 않은 것은 ④이다.

06

② $A=25-(2+5+7+2+1)=8$
④ 키가 가장 큰 학생의 키는 알 수 없다.
⑤ 키가 175 cm 이상인 학생 수는 1, 170 cm 이상인 학생 수는 $2+1=3$, 165 cm 이상인 학생 수는 $8+2+1=11$이므로 키가 4번째로 큰 학생이 속하는 계급은 165 cm 이상 170 cm 미만이다.
따라서 옳지 않은 것은 ④이다.

07

(1) $A=30-(4+11+6+3)=6$
(2) $\dfrac{6}{30}\times100=20(\%)$

08

$A=25-(3+6+10+2)=4$
성적이 80점 이상인 학생 수는
$4+2=6$
이므로 전체의
$\dfrac{6}{25}\times100=24(\%)$

03 히스토그램과 도수분포다각형

93쪽

01 답

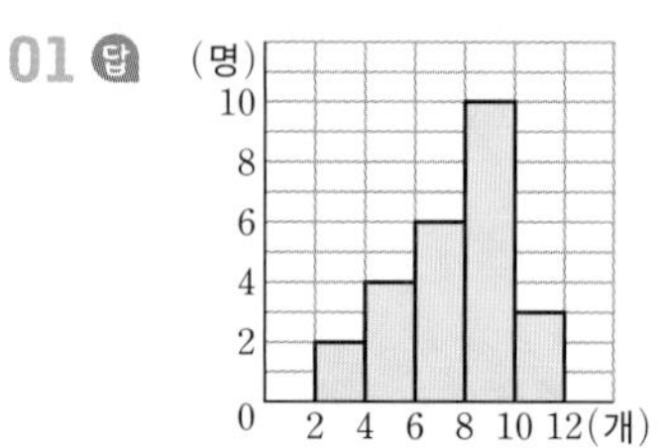

02 답 (1) 10 cm (2) 5 (3) 25 (4) 250

(1) (계급의 크기)$=150-140=160-150=170-160$
$=180-170=190-180$
$=10$(cm)
(3) (전체 나무 수)$=3+5+11+3+3=25$
(4) (히스토그램의 직사각형의 넓이의 합)
$=$(계급의 크기)$\times$(도수의 총합)
$=10\times25=250$

개념 7 93쪽

01 답

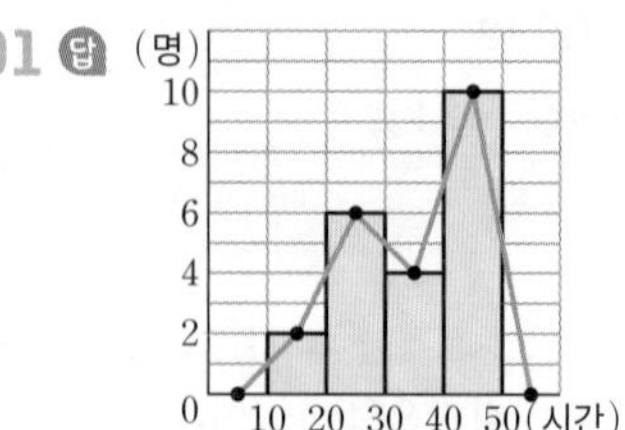

02 답 (1) 27 (2) 50회 이상 60회 미만 (3) 270

(1) (전체 학생 수)$=8+8+4+3+3+1=27$

(2) 윗몸 일으키기 횟수가 60회 이상인 학생 수는 1, 50회 이상인 학생 수는 $3+1=4$이므로 윗몸 일으키기 횟수가 3번째로 많은 학생이 속하는 계급은 50회 이상 60회 미만이다.

(3) (도수분포다각형과 가로축으로 둘러싸인 부분의 넓이)
$=$(계급의 크기)$\times$(도수의 총합)
$=(20-10)\times 27=270$

한 번 더 필수 유형 익히기 94쪽

01 ③ **02** ㄷ, ㄹ **03** ②, ④ **04** ④

01

③ (전체 학생 수)$=2+5+8+10+7+3=35$

⑤ 읽은 책의 수가 10인 학생이 속하는 계급은 10권 이상 12권 미만이므로 이 계급의 도수는 7이다.

따라서 옳지 않은 것은 ③이다.

02

ㄱ. (계급의 크기)$=7.5-7=8-7.5=8.5-8=9-8.5$
$=9.5-9=10-9.5=0.5$(초)

ㄴ. (전체 학생 수)$=4+6+10+7+2+1=30$

ㄷ. 달리기 기록이 9초 이상인 학생 수는 $2+1=3$이므로 전체의
$\frac{3}{30}\times 100=10(\%)$

ㄹ. (직사각형의 넓이의 합)$=$(계급의 크기)$\times$(도수의 총합)
$=0.5\times 30=15$

따라서 옳은 것은 ㄷ, ㄹ이다.

03

① 계급의 개수는 6이다.

③ (전체 학생 수)$=4+7+12+9+6+2=40$

⑤ 앉은키가 82 cm인 학생이 속하는 계급은 80 cm 이상 84 cm 미만이고 이 계급의 도수는 9이다.

따라서 옳은 것은 ②, ④이다.

04

② (전체 학생 수)$=3+5+11+8+2+1=30$

④ 영어 점수가 90점 이상인 학생 수는 1, 80점 이상인 학생 수는 $2+1=3$, 70점 이상인 학생 수는 $8+2+1=11$이므로 영어 점수가 4번째로 높은 학생이 속하는 계급은 70점 이상 80점 미만이다.

⑤ (도수분포다각형과 가로축으로 둘러싸인 부분의 넓이)
$=$(계급의 크기)$\times$(도수의 총합)
$=10\times 30=300$

따라서 옳지 않은 것은 ④이다.

04 상대도수와 그 그래프

01 답 (1) 7, 20, 0.35 (2) 20, 0.2, 4 (3) 3, 20, 0.15

02 답 (1) $A=0.16$, $B=18$, $C=0.3$, $D=6$, $E=1$
(2) 82 %

(1) $A=\frac{8}{50}=0.16$
$B=50\times 0.36=18$
$C=\frac{15}{50}=0.3$
$D=50\times 0.12=6$
$E=1$

(2) 통학 거리가 1.5 km 미만인 계급의 상대도수의 합은
$0.16+0.36+0.3=0.82$
이므로
$0.82\times 100=82(\%)$

01 답

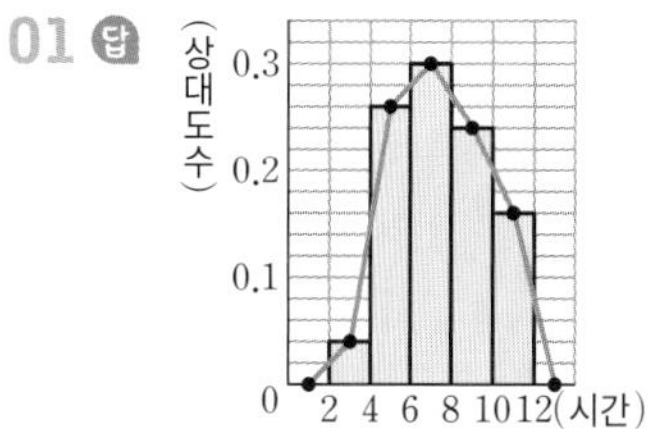

(1) 2시간 이상 4시간 미만 (2) 15

(1) 상대도수가 가장 작은 계급의 도수가 가장 작으므로 도수가 가장 작은 계급은 2시간 이상 4시간 미만이다.

(2) (계급의 도수)$=$(도수의 총합)$\times$(그 계급의 상대도수)
이므로 6시간 이상 8시간 미만인 계급의 도수는
$50\times 0.3=15$

02 답 (1) 45 kg 이상 50 kg 미만 (2) 16 (3) 50 %

(1) 상대도수가 가장 큰 계급의 도수가 가장 크므로 도수가 가장 큰 계급은 45 kg 이상 50 kg 미만이다.

(2) 몸무게가 55 kg 이상인 계급의 상대도수의 합은 $0.1+0.06=0.16$이므로 구하는 학생 수는 $100\times0.16=16$

(3) 몸무게가 45 kg 이상 55 kg 미만인 계급의 상대도수의 합은 $0.3+0.2=0.5$이므로
$0.5\times100=50(\%)$

필수 유형 한 번 더 익히기

96~97쪽

01 (1) $A=0.1$, $B=30$, $C=120$, $D=1$ (2) 0.25 (3) 35%
02 (1) $A=0.05$, $B=60$, $C=0.3$, $D=10$ (2) 0.4 (3) 70%
03 (1) 0.3 (2) 12 (3) 18 **04** (1) 30 (2) 9 (3) 80%
05 ⑤ **06** ㄴ, ㄹ
07 (1) 60 (2) 15 **08** (1) 60 (2) 18

01

(1) $C=\frac{18}{0.15}=120$, $A=\frac{12}{120}=0.1$
10회 이상 15회 미만인 계급의 도수는 $120\times0.3=36$이므로
$B=120-(12+36+24+18)=30$
$D=1$

(2) 관람 횟수가 5회 미만인 학생 수는 12, 10회 미만인 학생 수는 $30+12=42$이므로 관람 횟수가 20번째로 적은 학생이 속하는 계급은 5회 이상 10회 미만이고, 상대도수는 $\frac{30}{120}=0.25$이다.

(3) 관람 횟수가 15회 이상인 계급의 상대도수의 합은 $0.2+0.15=0.35$이므로 전체의 $0.35\times100=35(\%)$이다.

02

(1) $A=\frac{10}{200}=0.05$, $D=200\times0.05=10$
$B=200-(10+40+80+10)=60$
$C=\frac{60}{200}=0.3$

(2) 방문 횟수가 45회 이상인 학생 수는 10, 35회 이상인 학생 수는 $80+10=90$이므로 도서관 방문 횟수가 20번째로 많은 학생이 속하는 계급은 35회 이상 45회 미만이고, 상대도수는 0.4이다.

(3) 도서관 방문 횟수가 25회 이상 45회 미만인 계급의 상대도수의 합은 $0.3+0.4=0.7$이므로 전체의 $0.7\times100=70(\%)$이다.

03

(2) $40\times0.3=12$

(3) 40시간 이상 60시간 미만인 계급의 상대도수의 합은 $0.3+0.15=0.45$이므로 학생 수는 $40\times0.45=18$이다.

04

(1) 가장 큰 상대도수는 0.5이므로 전체 학생 수는 $\frac{15}{0.5}=30$

(2) 질문 횟수가 22회 이상 24회 미만인 계급의 상대도수는 0.3이므로 도수는 $30\times0.3=9$이다.

(3) 질문 횟수가 20회 이상인 계급의 상대도수의 합은 $0.5+0.3=0.8$이므로 전체의 $0.8\times100=80(\%)$이다.

05

② A 중학교에서 6분 이상 7분 미만인 계급의 상대도수는 0.3이므로 학생 수는 $100\times0.3=30$이다.

③ 상대도수가 가장 큰 계급의 도수가 가장 크므로 도수가 가장 큰 계급은 7분 이상 8분 미만이다.

④ A 중학교의 그래프가 B 중학교의 그래프보다 왼쪽으로 치우쳐 있으므로 A 중학교 학생들의 기록이 더 좋은 편이다.

⑤ B 중학교 학생 중 5분 미만의 기록을 가진 학생은 B 중학교 학생 전체의 $0.05\times100=5(\%)$이다.

따라서 옳지 않은 것은 ⑤이다.

06

ㄱ. 1학년과 2학년의 학생 수는 알 수 없다.

ㄴ. 1학년에서 TV 시청 시간이 4시간 이상 5시간 미만인 계급의 상대도수는 0.2이고 그 계급의 학생 수가 10이므로 1학년 전체 학생 수는 $\frac{10}{0.2}=50$이다.

ㄷ. TV 시청 시간이 가장 많은 학생이 몇 학년인지는 알 수 없다.

ㄹ. 2학년의 그래프가 1학년의 그래프보다 오른쪽으로 치우쳐 있으므로 1학년보다 2학년의 TV 시청 시간이 더 많다고 말할 수 있다.

따라서 옳은 것은 ㄴ, ㄹ이다.

07

(1) (전체 학생 수) $=\frac{18}{0.3}=60$

(2) 공부 시간이 1시간 미만인 학생 수는 $60\times0.25=15$

08

(1) (전체 학생 수) $=\frac{9}{0.15}=60$

(2) 줄넘기 횟수가 30회 이상 40회 미만인 계급의 상대도수는
$1-(0.1+0.25+0.2+0.15)=0.3$
따라서 줄넘기 횟수가 30회 이상 40회 미만인 학생 수는
$60\times0.3=18$

확실히 서술형 강잡기 98쪽

01 8.5	**02** $A=12$, $B=8$	**03** 80점	**04** 0.25

01

①단계 $a+b$의 값 구하기 ◀ 30%
평균이 8이므로
$\frac{a+b+10+11+6+7+6+10}{8}=8$
$\therefore a+b=14$
②단계 a, b의 값 각각 구하기 ◀ 40%
최빈값이 10이므로 a, b 중 적어도 하나는 10이어야 한다.
이때 $a<b$이므로 $a=4$, $b=10$
③단계 중앙값 구하기 ◀ 30%
따라서 변량을 작은 값부터 순서대로 나열하면
4, 6, 6, 7, 10, 10, 10, 11
이므로 중앙값은 4번째 값 7과 5번째 값 10의 평균인
$\frac{7+10}{2}=8.5$이다.

02

①단계 A의 값 구하기 ◀ 70%
책을 4권 미만 읽은 학생이 전체의 50 %이므로
$\frac{3+A}{30}\times100=50$, $3+A=15$ $\therefore A=12$
②단계 B의 값 구하기 ◀ 30%
$B=30-(3+12+5+2)=8$

03

①단계 전체 학생 수 구하기 ◀ 20%
전체 학생 수는
$5+8+11+10+4+2=40$
②단계 상위 15%에 속하는 학생 수 구하기 ◀ 40%
상위 15%에 속하는 학생 수는
$40\times\frac{15}{100}=6$
③단계 상위 15% 이내에 들려면 몇 점 이상 받아야 하는지 구하기 ◀ 40%
성적이 90점 이상인 학생 수는 2, 80점 이상인 학생 수는 $4+2=6$이므로 상위 15% 이내에 들려면 80점 이상을 받아야 한다.

04

①단계 수면 시간이 7시간 이상 9시간 미만인 학생 수 구하기 ◀ 20%
수면 시간이 7시간 이상 9시간 미만인 학생 수는
$12+8=20$
②단계 전체 학생 수 구하기 ◀ 40%
$\frac{20}{(\text{전체 학생 수})}\times100=50$ $\therefore$ (전체 학생 수)$=40$
③단계 수면 시간이 6시간 이상 7시간 미만인 계급의 상대도수 구하기 ◀ 40%
따라서 수면 시간이 6시간 이상 7시간 미만인 계급의 도수는
$40-(2+3+12+8+5)=10$
이므로 이 계급의 상대도수는 $\frac{10}{40}=0.25$이다.

쌍둥이 단원 마무리하기 99~101쪽

01 ④	**02** 3.5	**03** ①	**04** ㄱ, ㄹ	**05** 27.5
06 ④	**07** ⑤	**08** ③	**09** ①	**10** 0.25
11 0.25	**12** ㄱ, ㄹ	**13** 5	**14** 9 : 4	

01 (평균)$=\frac{7+9+5+8+6}{5}=7$
주어진 자료의 변량은 5개이고 변량을 작은 값부터 순서대로 나열하면 5, 6, 7, 8, 9이므로 중앙값은 3번째 값인 7이다.

02 최빈값이 3이므로 $a=3$, $b=3$
주어진 자료의 변량은 8개이고 변량을 작은 값부터 순서대로 나열하면 2, 3, 3, 3, 4, 4, 5, 6이므로 중앙값은 4번째 값 3과 5번째 값 4의 평균인 $\frac{3+4}{2}=3.5$이다.

03 ① 70이라는 극단적인 값이 있으므로 평균보다 중앙값이 대푯값으로 더 적절하다.

04 ㄴ. 성적이 8번째로 높은 학생의 점수는 81점이다.
ㄷ. 성적이 50점 이상 70점 미만인 학생 수는 줄기가 5와 6인 잎의 개수와 같으므로 $2+5=7$이다.
ㄹ. 전체 학생 수는 $2+5+9+6+3=25$이고 성적이 80점 이상인 학생 수는 줄기가 8과 9인 잎의 개수와 같으므로 $6+3=9$이다.
따라서 전체의 $\frac{9}{25}\times100=36(\%)$
따라서 옳은 것은 ㄱ, ㄹ이다.

05 ①단계 a의 값 구하기 ◀ 40%
(평균)$=\frac{5+7+8+12+13+15+16+18+20+21}{10}$
$=13.5$(권)
$\therefore a=13.5$

②단계 b의 값 구하기 ◀ 40%

전체 학생 수는 10이므로 중앙값은 5번째 값 13과 6번째 값 15의 평균인 $\frac{13+15}{2}=14$(권)이다.

$\therefore b=14$

③단계 $a+b$의 값 구하기 ◀ 20%

$\therefore a+b=13.5+14=27.5$

06 ① (계급의 크기) $=20-0=40-20=60-40$
$=80-60=100-80$
$=20$(회)

② $A=30-(1+9+4+10)=6$

④ 기록이 60회 이상인 학생 수는 $4+10=14$이다.

⑤ 줄넘기 기록이 80회 이상인 학생 수는 10, 60회 이상인 학생 수는 $4+10=14$, 40회 이상인 학생 수는 $9+4+10=23$이므로 줄넘기 기록이 15번째로 많은 학생이 속하는 계급은 40회 이상 60회 미만이고, 이 계급의 도수는 9이다.

따라서 옳지 않은 것은 ④이다.

07 ① (계급의 크기) $=50-40=60-50=70-60$
$=80-70=90-80=100-90$
$=10$(점)

② (전체 학생 수) $=4+7+8+13+6+2=40$

⑤ 미술 점수가 80점 이상인 학생 수는 $6+2=8$이므로 전체의 $\frac{8}{40}\times 100=20(\%)$이다.

따라서 옳지 않은 것은 ⑤이다.

08 ② (전체 학생 수) $=3+5+10+7+4+1=30$

③ 100 m 달리기 기록이 가장 빠른 학생의 기록은 알 수 없다.

④ 100 m 달리기 기록이 16초 이상인 학생 수는 $7+4+1=12$이므로 전체의 $\frac{12}{30}\times 100=40(\%)$이다.

⑤ 100 m 달리기 기록이 14초 이상 16초 미만인 학생 수는 $5+10=15$이다.

따라서 옳지 않은 것은 ③이다.

09 ① $A=\frac{6}{40}=0.15$

② $B=\frac{8}{40}=0.2$

③ $C=40\times 0.25=10$

④ $D=40\times 0.1=4$

⑤ $E=1$

따라서 옳은 것은 ①이다.

10 ①단계 전체 학생 수 구하기 ◀ 50%

(전체 학생 수) $=\frac{2}{0.1}=20$

②단계 65점 이상 75점 미만인 계급의 상대도수 구하기 ◀ 50%

전체 학생 수가 20이고 수학 성적이 65점 이상 75점 미만인 계급의 도수가 5이므로 그 계급의 상대도수는

$\frac{5}{20}=0.25$

11 통학 시간이 25분 이상인 학생 수가 11이므로 통학 시간이 25분 이상인 계급의 상대도수의 합은 $\frac{11}{40}=0.275$

따라서 통학 시간이 20분 이상 25분 미만인 계급의 상대도수는

$1-(0.075+0.1+0.3+0.275)=0.25$

12 ㄱ. 여학생의 몸무게를 나타내는 그래프가 남학생의 몸무게를 나타내는 그래프보다 왼쪽으로 치우쳐 있으므로 여학생이 남학생보다 가벼운 편이다.

ㄴ. 여학생 중 가장 가벼운 학생은 35 kg 이상 40 kg 미만인 계급에 속하고, 남학생 중 가장 가벼운 학생은 40 kg 이상 45 kg 미만인 계급에 속하므로 가장 가벼운 학생은 여학생 중에 있다.

ㄷ. 여학생에서 도수가 가장 큰 계급은 45 kg 이상 50 kg 미만이다.

ㄹ. 남학생, 여학생의 계급의 크기와 상대도수의 총합이 각각 같으므로 각각의 그래프와 가로축으로 둘러싸인 부분의 넓이는 서로 같다.

따라서 옳은 것은 ㄱ, ㄹ이다.

13 조건 (가)에서 6, 8, 15, 17, a의 중앙값은 8이므로

$a\le 8$

조건 (나)의 자료 2, 14, a, b, 15에서 b를 제외한 나머지 변량을 작은 값부터 순서대로 나열하면

2, a, 14, 15 또는 a, 2, 14, 15

이다.

이때 중앙값이 12이므로 $b=12$

또, 조건 (나)의 자료 2, 14, a, 12, 15의 평균은 10이므로

$\frac{2+14+a+12+15}{5}=10$, $43+a=50$

$\therefore a=7$

$\therefore b-a=12-7=5$

14 두 집단 A, B의 전체 도수를 각각 $2a$, $3a$라 하고, 어떤 계급의 도수를 각각 $3b$, $2b$라 하면 구하는 상대도수의 비는

$\frac{3b}{2a}:\frac{2b}{3a}=\frac{9b}{6a}:\frac{4b}{6a}=9:4$